Wolfgang Kundt
Ole Marggraf
Hans Baumann

Physikalische Mythen auf dem Prüfstand

Eine Sammlung begründeter Alternativtheorien von Geophysik über Kosmologie bis Teilchenphysik

Wolfgang Kundt

Ole Marggraf

Hans Baumann

Physikalische Mythen auf dem Prüfstand

Eine Sammlung begründeter Alternativtheorien von Geophysik über Kosmologie bis Teilchenphysik

Rediroma-Verlag

Bibliografische Information der Deutschen Nationalbibliothek:
Die Deutsche Nationalbibliothek verzeichnet diese Publikation in der Deutschen Nationalbibliografie; detaillierte bibliografische Daten sind im Internet über http://portal.dnb.de abrufbar.

Argelander-Institut für Astronomie / Rheinische Friedrich-Wilhelms Universität Bonn

Bearbeitung durch Christoph Hillemanns, Ole Marggraf

Herausgegeben durch Christoph Hillemanns, Ole Marggraf, Hans Baumann

Überarbeitete, 2. Ausgabe, April 2023

ISBN 978-3-98527-906-7

www.rediroma-verlag.de
27,95 Euro (D)

Inhaltsverzeichnis

Vorwort

Man erkennt den Irrtum daran, dass alle Welt ihn teilt.

Jean Giraudoux

Dieses Buch wendet sich an alle Leser, die Freude haben an den exakten Naturwissenschaften und ihren nicht ganz einfachen Problemen. Es will sie heranführen an suggestive Mehrdeutigkeiten der Beobachtungen, die oft im ersten Anlauf unglücklich (d.h. unrealistisch) gewählt wurden und sich sogleich zu Dogmen verhärtet haben. Dieses Phänomen ist in Fachkreisen bekannt als der ‚Gold-Effekt', geprägt und ausführlich erläutert im Jahre 1981 von dem inzwischen verstorbenen Cambridger Physiker Raymond Lyttleton, als ihn sein Kollege Thomas Gold darauf aufmerksam machte. Gold selbst ist bekannt als Ikonoklast, als wissenschaftlicher Revolutionär mit vielen außergewöhnlichen Ideen, deren Mehrzahl inzwischen bestätigt sind, ohne bereits fester Bestand der Lehrbuchliteratur geworden zu sein. Seine drei wichtigsten werden in diesem Buch nicht fehlen, s. auch [Gold 2012]. Die nachstehenden 86 Abschnitte – geordnet nach 10 Teilgebieten der Physik – werden sich solchen Alternativ-Deutungen zuwenden, kürzer auch ‚Alternativen' genannt, deren jede die gegenwärtigen Kenntnisse unserer Umwelt kritisch beleuchtet. In einer Anfangsphase hatten wir dieses Buch

‚Physik auf Abwegen' genannt, um auszudrücken, dass wir an die Existenz einer unzweideutigen, willkürfreien physikalischen Weltbeschreibung glauben, die sich zugleich durch die ihr innewohnende Ästhetik kundtut. Sie ist auf ständige Tests angewiesen, ohne die ihre Vorstöße ins Neuland nur allzu leicht auf Abwege geraten. Einige solcher Abwege bilden den Kern dieses Werkes.

Die Physik ist von Menschen entdeckt worden, auf unserem Planeten Erde, zur quantitativen Beschreibung unserer Umgebung. Sie ist gut dokumentiert etwa seit dem 15. Jahrhundert, vertreten durch die (bekanntesten, vor uns geborenen 71) Forscher: da Vinci, Kopernicus, Galilei, Kepler, Descartes, Huygens, Newton, Leibniz, Euler, Watt, Coulomb, Lavoisier, Laplace, Dalton, Gauß, Young, Ampère, Avogadro, Ohm, Fresnel, Humboldt, Faraday, Liebig, Darwin, Siemens, Joule, Foucault, Helmholtz, Clausius, Kirchhoff, Thomson, Maxwell, Gibbs, Boltzmann, Röntgen, Hertz, Planck, Lenard, Nernst, Curie, Rutherford, Hahn, Einstein, von Laue, Born, Bohr, Weyl, Schrödinger, de Broglie, Hund, Bose, Pauli, Fermi, Heisenberg, Dirac, Jordan, Wigner, Bethe, Teller, Landau, Wheeler, von Weizsäcker, Hoyle, Schwinger, Feynman, Bondi, Gold, Dyson, von Neumann, Gell-Mann, angeordnet in der Reihenfolge ihrer Geburten, von 1452 bis 1929, zur Gegenwart hin immer enger werdend. Dabei kennen viele Leser die meisten dieser Namen, sobald sie als *Dimensionen* in die Lehrbuch- oder Handbuch-Literatur eingegangen sind, z.B. Watt, Gauß, Ohm, Joule. Einige dieser Namen sind auch bekannt durch die physikalischen *Formeln* oder *Grundgleichungen*, die auf sie zurückgehen, z.B.: Kepler, Newton, Gauß, Maxwell, Einstein. Zwölf der letztgenannten Männer sind uns sogar persönlich bekannt, z.T. durch Tagungen oder Vorträge, z.T. auch durch rein private Begegnungen. Alle diese Männer und Frauen – gemeinsam mit Hunderten Ungenannter – haben entscheidend zur Entstehung unseres heutigen physikalischen Weltbildes beigetragen, beginnend mit der Kinematik und Dynamik von Probekörpern, fortfahrend mit den Gesetzen der Mechanik, Thermodynamik, Hydrodynamik, statistischen Physik, Elektrodynamik und Optik, Gravitation sowie der Chemie, im letzten Jahrhundert dann noch übergreifend auf die Physik im mikroskopisch Kleinen, die Quantentheorie, sowie die Physik bei sehr großen Geschwindigkeiten und sehr hohen Massendichten, die Spezielle und die Allgemeine Relativitätstheorie. Dabei drangen die neuen wissenschaftlichen Erkenntnisse zunehmend in unseren Alltag ein, durch technische Erfindungen, die einerseits den Städtebau ermöglichten, andererseits den schnelleren Verkehr auf Straßen, Schienen, im Wasser und in der Luft, sogar auch außerhalb der Erdatmosphäre, in den Weiten des Sonnensystems, mittels Raumsonden, sowie die zunehmend schnellere und ortsunabhängigere Kommunikation, mit bis zu Lichtgeschwindigkeit. Mehr noch: Die Physik der Atomkerne und ihrer Umwandlungen ineinander erlaubt uns den Bau zunehmend gefährlicherer Waffen sowie zunehmend lebensfeindlicherer Energieumsetzungen. Die Physik hat unseren Alltag erobert. Wie gut beherrschen wir sie?

Soeben begannen wir unseren geschichtlichen Überblick im 15. Jahrhundert. Gebildete verweisen uns noch weitere 2000 Jahre zurück in die Vergangenheit, bis zu: Thales von Milet, Pythagoras, Anaximander, Anaximenes, Leukipp, Empedokles, Demokrit, Euklid, Platon, Aristoteles, Epikur, Aristarch, Archimedes, Hipparchos, Lucretius und Ptolemäus, zwischen -700 und 100 Jahren unserer Zeitrechnung. Aber diese Kenntnisse sind erheblich ungewisser, sind mit der Unsicherheit aller historischen Kenntnisse weit stärker behaftet als diejenigen der jüngsten fünf Jahrhunderte. Die letztgenannten Forscher werden heute fast nur noch von Historikern gelesen.

Physik ist nur dann und dort zuverlässig, wo reproduzierbare Messungen möglich und unverfälscht aufgezeichnet sind. Dieses Buch wird sich um solche bemühen. Jedem der folgenden zehn Kapitel ist eine *Vorschau* vorangestellt, die dem Leser in groben Zügen verrät, welche Vorstellungen dem Stand der internationalen Forschung entsprechen und in welcher Weise wir davon abweichen. Noch klarer und detaillierter beginnt jeder ‚Abschnitt‘ der zehn Kapitel mit einem Abstrakt, der dem gleichen Ziel dient. Wir unterscheiden damit zwischen Behauptungen, die ein begabter und verantwortungsbewusster Nachwuchswissenschaftler vor bzw. nach einer wichtigen Prüfung kennen und beherzigen sollte.

Im Einzelnen beschäftigen sich die Kapitel 1 bis 8 mit unserer astronomischen Umwelt, beginnend mit unserem Heimatplaneten Erde und fortschreitend zu immer größeren Entfernungen, zu unserem Sonnensystem, zu den anderen Sternen und Sternsystemen unserer Milchstraße – einer großen Spiralgalaxie – und zu den Prozessen, die sich in ihr abspielen, zu den astrophysikalischen Jet-Quellen und schließlich zur Kosmologie, der Lehre von der Welt auf den allergrößten Längen- und Zeit-Skalen. Im Kapitel 9 kehren wir dann zu unserer Erde zurück, zu den oft noch ungeklärten Fragen der Biophysik, die uns Menschen naturgemäß besonders nahestehen, in ihrer Anschaulichkeit wie auch in ihrer Relevanz für unseren Alltag. Das 10. Kapitel schließlich, die Fundamentalphysik, greift Grundlagenprobleme der Physik heraus, die sich noch immer im Frontgebiet der Forschung befinden und deren Verständnis sowohl für die Welt im Großen als auch für die Welt im (quantentheoretisch) Kleinen von erheblichem Nutzen sein kann.

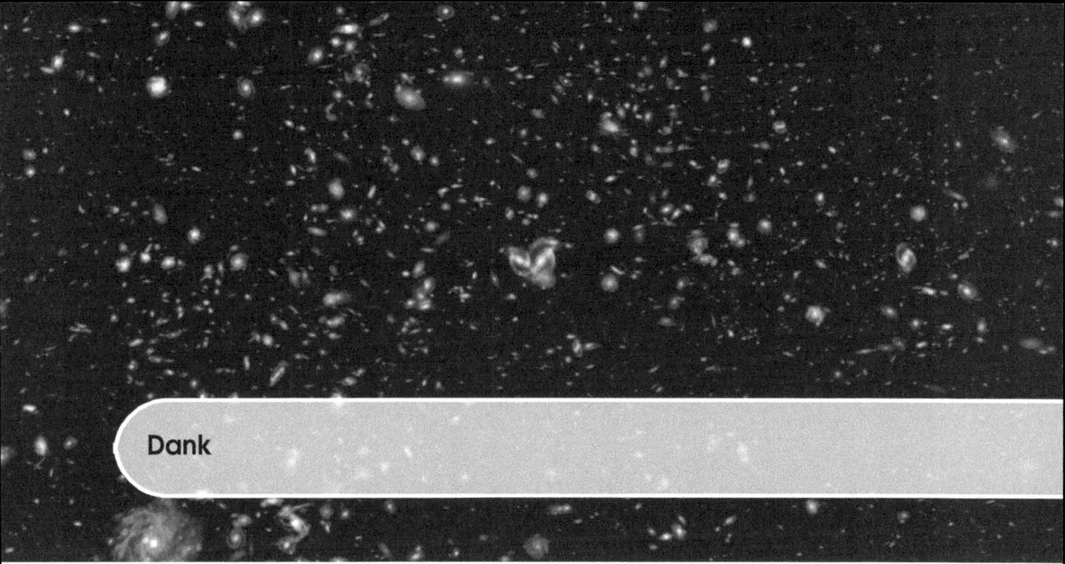

Dank

Bevor wir unsere Leser durch die vielseitigen zehn Kapitel dieses Buches mitzunehmen versuchen, möchten wir uns bedanken bei den folgenden lokalen und internationalen Kollegen, die vor allem während der über drei Jahre des Verfassens der ersten Version dieses Buches durch ihr beständiges Mitdenken, ihre starke Anteilnahme und/oder ihren organisatorischen Beistand geholfen haben, ein ehrgeiziges Projekt reifen zu lassen. Hierher gehören vor allem: Hans Baumann, Gernot Thuma, Christoph Hillemanns und Dennis Braun, ferner Klaus Hasselmann, Jürgen Ehlers, Wolf Beiglböck, Hajo Blome, Dieter Volkmann, Eva Gruber, Pavel Kroupa, Ingo Thies sowie Eckhard Krotscheck, Marko Robnik, Gopal Krishna, Mehmet Özel, Reinhold Schaaf, Axel Jessner, Hsiang-Kuang Chang, ferner Peter Scheuer, Franco Giovannelli, Martín López Corredoira, Alexander Unzicker sowie Mario Novello, Witek Wenta, Jutta Hartmann, Udo Wernick, Roland Rast, Pia und Jay Marciano. Thomas Gold wurde bereits im Vorwort genannt.

Einige nützliche Werte

$\alpha := \mathrm{e}^2/\hbar\mathrm{c}$	Feinstrukturkonstante	$1/137 = 10^{-2{,}1368}$
$\alpha_{\mathrm{G}} := \mathrm{G}m_{\mathrm{p}}^2/\hbar\mathrm{c}$	gravitative Feinstrukturkonstante	$10^{-38{,}23}$
$1\,\mathrm{AU}$	Astronomische Einheit	$10^{13{,}175}\,\mathrm{cm}$
c	Vakuumlichtgeschwindigkeit	$10^{10{,}4768}\,\mathrm{cm/s}$
e	Elektronenladung	$10^{-9{,}3185}\,\mathrm{esu}$
$1\,\mathrm{eV}$	Elektronenvolt	$10^{-11{,}7954}\,\mathrm{erg}$
G	Gravitationskonstante	$10^{-7{,}176}\,\mathrm{dyn\,cm^2/g^2}$
$\hbar := h/2\pi$	red. Plancksches Wirkungsquantum	$10^{-26{,}9769}\,\mathrm{erg\,s}$
k	Boltzmannkonstante	$10^{-15{,}8599}\,\mathrm{erg/K}$
$1\,\mathrm{lyr}$	Lichtjahr	$10^{17{,}9759}\,\mathrm{cm}$
$L_\odot$	Leuchtkraft der Sonne	$10^{33{,}5828}\,\mathrm{erg/s}$
m_{e}	Ruhemasse des Elektrons	$10^{-27{,}0405}\,\mathrm{g}$
m_{p}	Ruhemasse des Protons	$10^{-23{,}7766}\,\mathrm{g}$
$M_\odot$	Masse der Sonne	$10^{33{,}2986}\,\mathrm{g}$
$M_\oplus$	Masse der Erde	$10^{27{,}7765}\,\mathrm{g}$
$1\,\mathrm{pc}$	Parsec	$10^{18{,}4893}\,\mathrm{cm}$
$r_{\mathrm{e}} := e^2/m_{\mathrm{e}}\mathrm{c}^2$	klassischer Elektronenradius	$10^{-12{,}550}\,\mathrm{cm}$
$R_\odot$	Radius der Sonne	$10^{10.843}\,\mathrm{cm}$
$R_\oplus$	Radius der Erde	$10^{8{,}804}\,\mathrm{cm}$
$S_\odot$	Solarkonstante	$10^{6{,}1314}\,\mathrm{erg/cm^2\,s}$
$\sigma_{\mathrm{SB}} = (\pi^2/60)\mathrm{k}^4/\mathrm{c}^2\hbar^3$	Stefan-Boltzmann–Konstante	$10^{-4{,}246}\,\mathrm{erg/cm^2\,s\,K^4}$
$\sigma_{\mathrm{T}} = (8\pi/3)(e^2/m_{\mathrm{e}}\mathrm{c}^2)^2$	Thomson-Wirkungsquerschnitt	$10^{-24{,}177}\,\mathrm{cm^2}$
$T_\odot$	Temperatur der Sonne	$10^{3{,}76}\,\mathrm{K}$

$\log 2 = 0{,}30103$
$\log 3 = 0{,}47712$
$\log 5 = 0{,}69897$
$\log \mathrm{e} = 0{,}43429$
$\log \pi = 0{,}49715$

1. GEOPHYSIK, mit kosmischen Signalen

Geophysik ist die Lehre von der physikalischen Beschaffenheit unseres Heimatplaneten Erde. Wie gut wissen wir über sie Bescheid? Im Grunde ist unsere Erde der einzige Himmelskörper im Weltall, den wir einigermaßen gut kennen, weil Tausende von Forschern, Technikern und Reportern ihn fast überall aufgesucht und beschrieben haben. Jedoch es gibt Grenzen: Bohrungen ins Erdinnere haben bislang nur Tiefen von $\lesssim$12 km erreicht: Was befindet sich darunter, in den weiteren 6356 Tiefen-Kilometern? Erst allmählich erforschen wir die Beschaffenheit des Erdinnern, ferner der Tiefsee und der Ozeanböden, von ‚nur' $\lesssim$11 km Tiefe, und ähnlich verhält es sich mit den oberen Schichten der Atmosphäre, ihrer chemischen Zusammensetzung, ihrer elektrischen Leitfähigkeit, ihrem Tages- und Jahresgang und der sie umgebenden Magnetosphäre, die uns gegen den Sonnenwind und gegen den anzahlmäßigen Hauptteil der Kosmischen Strahlen abschirmt. Erst wenn wir unsere Erde gut verstanden haben, ihre Bewegungen und Veränderlichkeiten, können wir hoffen, auch fernere Himmelskörper und Gebiete des Weltraums richtig einzuschätzen. Diese ferneren Himmelskörper und Gebiete werden dann in den nachfolgenden sieben Kapiteln analysiert, geordnet nach zunehmender Entfernung von uns.

Und wo (auf der Erde) setzt unsere Kritik der Literatur ein? Sie beginnt bei der *Plattentektonik*, bei ihrem Antrieb: Alfred Wegener hatte richtig erkannt, dass sich große Stücke (‚Platten') des Erdmantels gegeneinander bewegen, mit Geschwindigkeiten von mehreren cm pro Jahr; aber wer oder was treibt diese Bewegung an? Wegeners Zeitgenosse Harold Jeffreys hatte ebenfalls recht, dass wir die erforderlichen Kräfte hierfür nicht kannten und selbst heute noch nicht gut kennen; sie sind stets kurzzeitig. Die moderne Literatur enthält fehl-weisende Erklärungen; sie vermittelt kein gutes Verständnis für die Plattentektonik und für die vielseitigen Spielarten des Vulkanismus.

In den folgenden Abschnitten geht es um die Herkunft unserer irdischen Brennstoffe, Erdgas, Erdöl und Kohle: biogen oder abiogen? Wie weit in die Zukunft hinein reichen unsere Vorräte? Ferner: Wie gelangten die 40 verschiedenen chemischen Elemente an die Erdoberfläche, ohne die die Biosphäre nicht existieren kann? Und: Wie wird das Erdmagnetfeld (beständig) nachverstärkt: thermisch, durch Sintern, oder durch differenzielle Rotation? Der 2. Hauptsatz der Thermodynamik kommt hierbei mit ins Spiel.

Andere Teilfragen der Geophysik erlauben neues Durchdenken: Wie entstand der viele Sand auf der Erde? Wodurch verschwinden Gebirge? Wie entstehen Geröll, Kies, Sand, Schluff und Ton? Welche Überraschungen hält der atmosphärische Treibhauseffekt für den Klimawandel bereit? Was können wir aus dem Rauschspektrum der irdischen Tageslänge für den Erdkern entnehmen? Wie kam die große Menge Sauerstoff in die Erdatmosphäre? Sicherlich nicht durch die blaugrünen Algen: Die Biosphäre ist nahezu zyklisch. Wodurch lädt sich die Hochatmosphäre beständig auf Hochspannung auf (Spannung $\lesssim$ 0,1 GV)? Sicherlich nicht durch troposphärische Gewitterwolken, die sind zu kleinskalig. Wie entstehen gelegentliche, schnell aufsteigende ‚Geisterwolken', und wie herabstürzender Mammuthagel? Hält das Bermuda-Dreieck Überraschungen in Reserve, und geben Blitzopfer in Florida einen Hinweis auf die Herkunft der Blitze? Und wie entstehen die regelmäßigen, von Louis Frank entdeckten UV-Löcher in unserer Hochatmosphäre?

Zu den weiteren Fragen dieses 1. Kapitels zählen: Kam die Ursache des großen Waldsterbens nahe Sibiriens steiniger Tunguska, am 30. Juni 1908 morgens kurz nach 7 Uhr Ortszeit, von ‚oben', oder war es ein tektonisches Ereignis, von unten, ein Kimberlit? Einstürze dieser Stärke aus dem Weltraum sind viel seltener als entsprechende terrestrische Katastrophen. Und: Wie heiß war die junge Erde kurz nach ihrer Geburt? Hat sie jemals ein Schneeballstadium erlebt, und überstanden? Und: wie stabil war ihre Spinrichtung in der Vergangenheit? Zuverlässige Antworten auf alle diese Fragen sind erwünscht für ein gutes Verständnis der Geschichte unseres Heimatplaneten.

Oder haben wir immer noch eine - sogar für uns besonders wichtige - Frage bisher unangesprochen gelassen? Wie steht es bestellt um die zukünftige Bewohnbarkeit unserer Erde ? Weiterhin ähnlich lange wie bisher, seit es Menschen auf ihr gibt: Millionen Jahre? Oder vielleicht nur wesentlich kürzer: ähnlich lange, wie es zivilisierte Menschen auf ihr gibt; die zugleich über Techniken verfügen, mit denen man unsere Erde unbewohnbar machen kann, z.B. durch Zerstörung ihres Klimas? Wenn man so etwas verhindern möchte, sollte man ihre Bevölkerungsdichte drastisch reduzieren, und zwar ab sofort. Denn wir sind gerade schon dabei, sie irreversibel zu verändern, mit unserer kräftig fortgeschrittenen Industrialisierung.

Im Übrigen empfehlen wir, für alle Veranschaulichungen dieses Buches, die hervorragende Foto-Kollektion in [David Malin & Katherine Roucoux 2006].

1.1 Wie funktionieren die Plattentektonik und die Gebirgsbildungen?

Unsere Erde ist nicht starr. Schon vor 100 Jahren erkannte Alfred Wegener, dass sich Südamerika von Afrika entfernt, aber Harold Jeffreys entgegnete, dass uns die hierfür nötigen Kräfte unbekannt seien. Beide Behauptungen sind bis heute bekräftigt worden, neuerdings vor allem mittels der direkten GPS-Vermessungen. Aber wie lautet dann des Rätsels Lösung? Oft liest man von ‚Zirkulationen des Erdmantels', obwohl die regelmäßigen Erdbeben gegen ein Fließen des (starren) Erdmantels sprechen und obwohl Gestein unter Zugspannungen leicht reißt. Wir bevorzugen (seit 1986) ein ruckartiges, streifenweises Auseinandergedrücktwerden gegenüberliegender Mantelabschnitte mittels gewaltiger episodischer Überdrücke, ausgeübt durch heißes, aus dem fluiden Erdkern aufsteigendes Magma, entlang sog. ***vulkanischer Zäune*.**

Haben Sie schon einmal ein starkes Erdbeben erlebt, bei dem der Boden unter Ihren Füßen sich verhielt wie an Bord eines kleinen Schiffes bei starkem Seegang, schwankte und sich hob und senkte, während einiger Sekunden bis zu einer Minute? Bei dem Wände, Böden und Decken Ihres Zimmers sich bewegten, als ob sie aus Gummi wären und von starker Hand geschüttelt würden. Erdbeben ereignen sich rund 50-mal pro Tag auf der Erde, meistens mit Zentren unter Meeresbodenniveau, mit unterschiedlicher Häufigkeit ihres Auftretens in unterschiedlichen Gebieten. Ein neuerliches großes Erdbeben, der

Stärke 7,0, zerstörte Haiti am 12. Januar 2010. (Erdbebenstärken werden logarithmisch angegeben, wobei eine *Magnitude* einen Faktor 10 in der lokalen Geschwindigkeit der Bodenbewegung bedeutet). Zwei Monate später, am 27. Februar 2010 nahe der chilenischen Stadt Concepción, wütete ein Beben der Stärke 8,8, knapp 50 Jahre nach dem stärksten dokumentierten Beben aller Zeiten, der Stärke 9,5, an fast dem gleichen Ort, am 22. Mai 1960 [Lay 2011]. Und am 11. März 2011 erzeugte ein Beben der Stärke 9,0 vor Japans Pazifikküste einen Tsunami der Schwellhöhe $\lesssim$10 m, der nicht nur riesige Schäden in Küstenstädten anrichtete, sondern zugleich mehrere Kernkraftwerke zerstörte; das Beben versetzte die japanische Insel um 2m gegenüber dem asiatischen Kontinent. Besitzt unser Planet Erde ein bewegtes Innenleben? Bis zu welcher Tiefe unter der Erdoberfläche? Ist der steinerne Mantel unserer Erde denn gar nicht starr? Für den, der nach verlässlichen Abschätzungen über das Innere der Planeten sucht, lohnt ein Blick in das Buch von Cook [1980].

So ganz starr kann der Mantel der Erde sicherlich nicht sein, sonst gäbe es keine Gebirge, feuerspeienden Berge, Vulkane, Geysire, mit Auswurfhöhen bis fast zu einem km (!), Schlammvulkane, Asphalt-Vulkane, Pingos (= Eisvulkane), oder (heiße oder kalte) Springbrunnen. Aber die Geologen haben herausgefunden, dass es sogar Bewegungen auf den größten Längenskalen der Erde gibt, über Tausende von km hinweg, mit typischen Geschwindigkeiten zwischen ein und zwanzig cm pro Jahr, deren Netz die gesamte Erdoberfläche umspannt. Wahrscheinlich bildeten alle heutigen Kontinente früher einmal einen Superkontinent, vor 0,23 Milliarden Jahren, ‚*Pangaea*' genannt, von ungefährer Kreisscheibengestalt. In noch früherer Vergangenheit mag auch Pangaea wieder aus mehreren getrennten Schollen bestanden haben; aber hier verliert sich unsere Zuversicht beim Fortschreiten in Richtung Vergangenheit in der Ungewissheit alles Historischen. Immerhin mag das (alte) Ural-Gebirge seine Existenz einem damaligen kontinentalen Zusammenstoß verdanken. Interessanterweise sieht eine Weltkarte der Erdbebenstärken ganz ähnlich aus wie eine Weltkarte der jungen Gebirge, Abb. 1.1.1.

Das Phänomen der *Plattentektonik* – der Wanderung der (weit über 12) großen Kontinentalplatten – wurde von Alfred Wegener vor und während des Ersten Weltkrieges

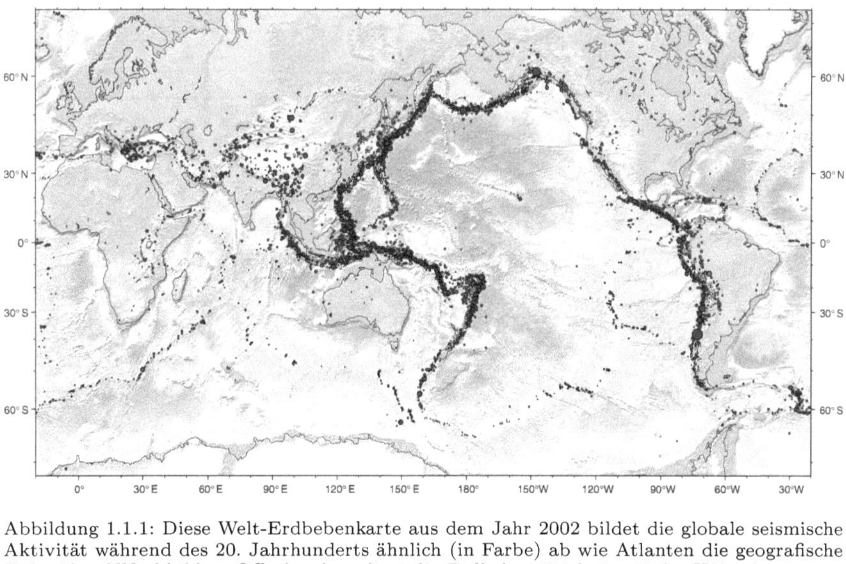

Abbildung 1.1.1: Diese Welt-Erdbebenkarte aus dem Jahr 2002 bildet die globale seismische Aktivität während des 20. Jahrhunderts ähnlich (in Farbe) ab wie Atlanten die geografische Höhe über NN abbilden. Offenbar korreliert die Erdbebentätigkeit mit der Höhe der jungen Gebirge, an Land ebenso wie unterseeisch.

erkannt [1915], und zwar aus der vorzüglichen Passform der Ostküste von Südamerika mit der Westküste von Afrika sowie aus deren ähnlichen Bodenbeschaffenheiten, Pflanzen- und Tier-Welten. Harold Jeffreys wies diese phänomenologische These jedoch zurück mit der Begründung, die uns bekannten Kräfte im Erdmantel reichten bei weitem nicht aus, solch große Gesteinsplatten zu bewegen [1975]. Beide hatten wohl recht, wenn man gegenwartsnahe Literatur liest.

Dass Wegener recht hatte, bewiesen gründliche Untersuchungen der Ozeanböden (bereits während der späten 1960-er Jahre), deren Magnetisierung(srichtung) eine weltweite Streifenstruktur aufzeigt: Ausgehend von den Verbindungskurven der Spreizungszentren (= ‚*Spreizungslinien*') – auch ‚*aktive Rücken*' genannt, weil dort oft mehrere-km-hohe Bergrücken entstehen – treiben die Streifen unterschiedlicher Magnetisierung nach beiden Seiten auseinander, mit den schon oben genannten Geschwindigkeiten von mehreren cm pro Jahr, s. Abb. 1.1.2. Neuerdings sind die Driften auch weltweit direkt gemessen worden, mittels des Netzes der GPS-Stationen. Werden die Streifen auseinandergedrückt, oder auseinander gezogen, oder beides? Wie dick sind die gleitenden Platten? Die ‚*subduzierten*' ozeanischen Platten, die unter leichtere, meist kontinentale Platten abtauchen, bestehen aus sog. ‚Krusten' der ungefähren Dicke 10 km, welche fest auf weit dickeren ‚lithosphärischen' Schichten aufliegen, mit Vertikalausmaßen zwischen 50 km und 150 km. Diese Kenntnisse stammen aus Vermessungen von akustischen Erdbebenwellen und künstlichen Schall-Signalen, an nahezu allen Subduktionszonen der Erde, und ergeben typische subduzierte Gesamt-Plattendicken zwischen 60 km und 160 km. Sie sind seit über 30 Jahren bekannt [Strobach 1991, Faccenda et al 2009], werden aber in neuerer Literatur bisweilen viel dünner gezeichnet. Vielleicht schon deswegen, weil es schwerfällt sich vorzustellen, dass sich 100 km dicke Felsplatten langsam und friedvoll verbiegen lassen, oft bis zu 45 Grad.

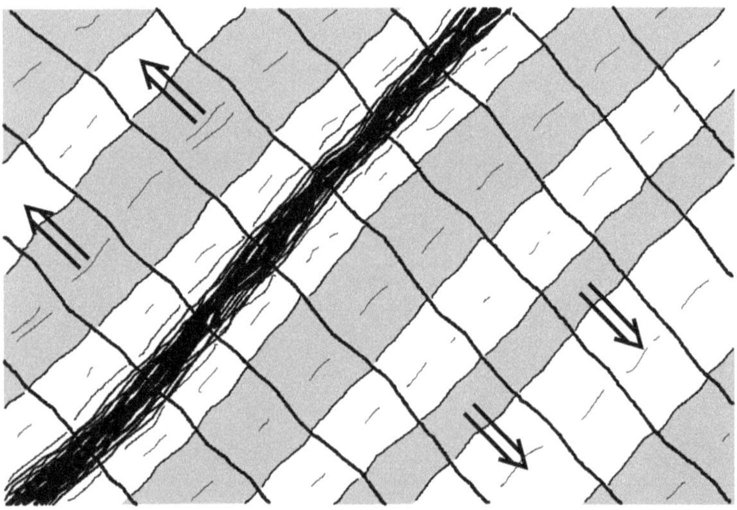

Abbildung 1.1.2: Selbstgefertigte Skizze des magnetischen Streifenmusters am Meeresboden, das Wegeners These der *Plattenbewegungen* beweist: Die Platten rutschen streifenweise nach beiden Seiten von der Reißlinie – dem mittelozeanischen Rücken – auseinander, während jeweils nur etwa einer Sekunde, wobei benachbarte Streifen durch ‚*Kontakt-Diskontinuitäten*' (Schweißnähte).voneinander getrennt werden. Senkrecht zu den rutschenden Plattenstreifen erkennt man das eingefrorene magnetische Streifenmuster.

Derartige Verbiegungen dicker Gesteinsplatten, selbst wenn sie sich dafür mehr als 10 Millionen Jahre Zeit lassen, gehören nicht zu unserer Alltagserfahrung; sie gehen einher mit ‚Serpentinisierung'. An ihrer Unterseite werden die Platten gestaucht, an ihrer Oberseite gedehnt, sodass sie reißen, wodurch Meerwasser in die Hohlräume eindringt und chemische Reaktionen auslösen bzw. fortführen kann, z.B. Erdölerzeugung aus Sedimentationsprodukten sowie teilweise Verbrennung des Erdöls. Diese kühn-dreiste Behauptung ist nur indirekt in [Gold 1999] nachzulesen; sie wird aber gestützt durch unser Wissen um die vielen küstennahen Erdölreservoire, durch die weltweit reichhaltigen Methanhydratbeläge der Meeresböden, und vor allem durch das Faktum, dass sich über den subduzierten Platten durchweg glutflüssige Magmakammern befinden, über denen Gebirge wachsen. Auf jeden Fall befindet sich ihr Oberflächenmaterial unter Zugspannung, und das hat wahrscheinlich dazu beigetragen, in der Literatur die Meinung aufkommen zu lassen, dass sich die gesamten Platten – über Tausende von km hinweg – unter Zugspannung befänden. Dies, obwohl Gesteine viel anfälliger sind gegen negative Drücke als gegen positive, und obwohl solche Zugspannungen Kräfte der gleichen Größenordnung erfordern würden wie entsprechende Druckspannungen, wenn sie die Bewegung der Platten antreiben sollen. Daher sind Jeffreys Bedenken nach wie vor in vollem Maße berechtigt: Der Antrieb der Plattentektonik ist unverstanden, vgl. Abb. 1.1.3, 1.1.4.

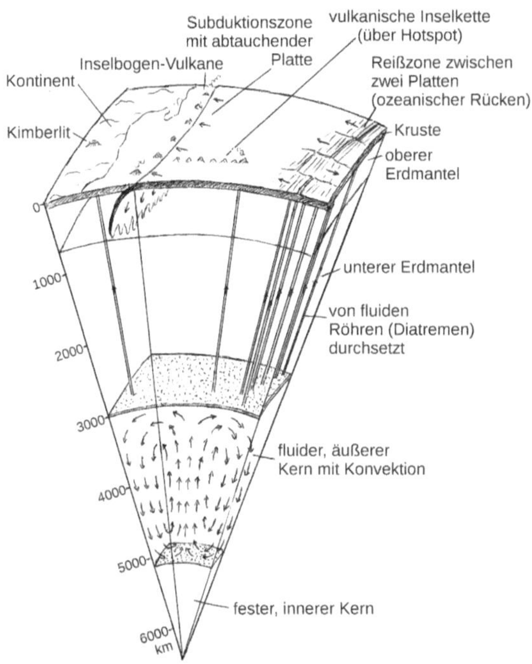

Abbildung 1.1.3: Schematischer, kegelförmiger Ausschnitt aus unserer Erde, nach Strobach [1991: S.187]. Der heiße, fluide Erdkern rammt vertikale Magma-Röhren zur Oberfläche, durch eine Kombination aus Schmelzen und Überdruck – energetisiert durch Auftrieb – wofür das gelöste (leichtere) Methan unentbehrlich sein dürfte.

Für einen Physiker ist solch eine Situation unbefriedigend; sie lässt ihn nicht in den Schlaf kommen. Und deshalb gibt es lange Artikel mit vielen Worten und Formeln, die den Leser überzeugen sollen, dass z.B. subduzierte Plattenenden als Zugpferde dienen könnten, oder dass die gebirgigen (aktiven) Rücken bei ihrem ‚Zerfließen' schieben könnten, oder aber, dass der ganze dicke Erdmantel, der Dicke dreitausend km (= 3 Mm), beim Schieben oder Ziehen ihrer Deckplatten helfen würde, als Folge konvektiven Kühlens des heißen Erdinneren. Ihre Autoren haben offenbar nicht nachgerechnet, wie groß solche Kräfte sein müssen. Ein Pferd schafft es marginal, einen Eisenbahnwaggon auf ebenen

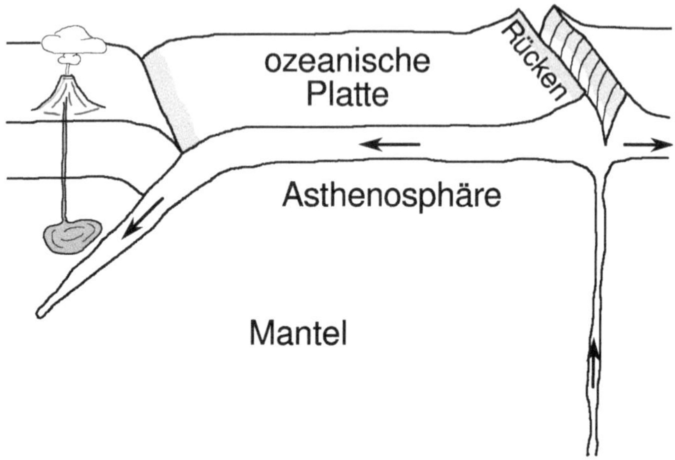

Abbildung 1.1.4: Selbstgefertigte Skizze des beobachteten Schemas der *Plattentektonik*: Zwei benachbarte Platten des Erdmantels werden durch kurzzeitigen, gewaltigen Überdruck in ihrer vertikalen Grenzschicht (streifenweise, ruckartig) auseinandergedrückt. Dabei wächst ein Gebirgsstreifen über der Reißzone, und am gegenüberliegenden Plattenende werden selbige anschließend subduziert, unter die etwas leichteren Kontinentalplatten gerammt, oft erst Jahre später. Über den ruckweise in die Erdkruste eintauchenden Plattenenden wird das Gestein sodann aufgeschmolzen, durch Reibungswärme, und über den hierbei gebildeten Magma-Kammern wachsen neue, flachwurzelnde Vulkane.

Schienen zu bewegen, (bei rollender Reibung!). Eine Mm lange Platte ist etwa so lang wie 10^5 Waggons, und etwa 10^6-mal dicker (an Masse), würde also 10^{11} Pferdestärken pro Waggonbreite verlangen bei rollender Reibung, und noch mindestens 10-mal mehr bei gleitender Reibung, macht 10^{12} Pferdestärken. Aber die besprochenen Felsplatten sind nicht wegziehbar gelagert, sondern an ihrer Unterseite mit ihrer Unterlage ‚verwachsen'. Will man sie nicht in ihrer Gänze wegschieben, sondern jeweils nur streifenweise – von der Breite des Abstandes zweier benachbarter ‚*Kontaktdiskontinuitäten*' – so müssen auch noch diese seitlichen Reißkräfte aufgebracht werden, zusätzlich zu den Reibungskräften an ihren Auflageflächen, und wir errechnen eine notwendige Gesamtkraft von 10^{14} Pferdestärken. Das ist etwa 10^8-mal mehr, als uns konvektives Kühlen des Erdinneren zur Verfügung stellt, als zufällige, d.h. ungesteuerte Horizontalkraft. Wir teilen Jeffreys Bedenken.

Diese Bedenken lassen sich geringfügig abschwächen, wenn man mittels akustischer Wellen und Laborchemie eine dünne Schicht im Erdmantel ausfindig macht, innerhalb der ‚Asthenosphäre', in einer Tiefe von (140 ± 80) km und von nur wenigen km Dicke, die ihrem Schmelzpunkt nahe und daher von nur geringer Zähigkeit ist [Keppler 2009]. Jedoch wie ausgedehnt und gleichförmig ist diese Schicht, um den effektiven Platten-Reibungskoeffizienten maßgeblich herabzusetzen? Hilft sie vielleicht mit einem Faktor drei? Selbst dann bliebe das Grundproblem ungelöst: Es fehlen die gigantischen, geordneten horizontalen Schubkräfte.

Und wodurch entstand das geordnete System der Kontaktdiskontinuitäten, auch ‚Transformstörungen' genannt, mit wasserdicht kaltverschweißten Reißnähten in Richtung der Plattenbewegung, oft über 1 Mm lang, längs derer sich offenbar Nachbarstreifen in der Vergangenheit aneinander vorbeibewegt haben? Erfolgte die (schleichende) Plattenbewegung vielleicht ruckartig, etwa um 0,5 m (auf jeder Seite) alle 50 Jahre? Zu dieser Vermutung kommt man nicht nur rein theoretisch, durch das Phänomen der ‚Hotspot'-Vulkane, wie Hawaii, sondern auch durch die Gesteinsmorphologie am Afar-Dreieck (in

Äthiopien), wo neugebildetes Plattengestein (an der Spreizungslinie) in diskreten Streifen sichtbar ist, in Scheiben der Dicke 0,5 m.

Damit kommen wir zu der Deutung durch einen ‚*vulkanischen Zaun*' [Kundt & Jessner 1986, Kundt 1998b], der in quasi regelmäßigen zeitlichen Abständen (von etwa 50 Jahren) je zwei einander gegenüberliegende Streifen benachbarter Platten ruckartig auseinanderdrückt, um insgesamt einen Meter, binnen ca einer Sekunde; s. Abb. 1.1.4. (Denn: deutlich langsamerer Druckaufbau wäre ineffektiv, deutlich schnellerer Druckaufbau hingegen würde zu hohe kinetische Energien erfordern. Dabei entstehen neue Kontaktunstetigkeiten, dicht bei den alten und nur etwa halb so lang wie der (über 1000 km lange) verschobene und gestauchte Plattenstreifen; jenseits davon werden die aufgestauten Spannungen nur langsam und in vielen kleinen Schüben abgebaut, während der Folgejahre, die größeren unter ihnen als Erdbeben spürbar. Eine stetige Plattenbewegung über große Entfernungen hinweg wird also vorgetäuscht durch viele kleine diskrete Schritte ihrer Teil-Streifen, die größten unter ihnen, an ihren Enden, mit (lokalen) Schrittweiten bis zu mehreren Metern, realisiert bei den stärksten Erdbeben.

Und wie funktioniert ein vulkanischer Zaun im Detail? Jede einzelne Zaunlatte ist ein ‚Hotspot'. Sie bildet sich anfangs stochastisch, in der Tiefe, an der Grenze des kristallinen Erdmantels über seiner Schmelze, dem fluiden Erdkern. Die lokalen Berge der welligen Grenzfläche (genannt D") sind instabil, sie wachsen, weil die fluide, konvektive Phase besser nachgeheizt wird als die benachbarte, diffusiv wärmeleitende Gesteinsschicht. So werden aus anfänglich kleinen Hügeln bald lange vertikale, heiße Röhren – ‚Diapire' genannt – deren Druck langsamer mit der Höhe abnimmt als im benachbarten Fels, weil ihr Substrat (deutlich) leichter ist. Hierbei hilft es, wenn unser Erdkern reichlich Erdgas eingelagert enthält, hauptsächlich Methan (CH_4), im Einklang mit den Erkenntnissen von Thomas Gold [1999]. Diese heißen Röhren wachsen durch ‚*overhead stoping*': Ihr Überdruck lässt das Gestein über Kopf reißen und schmelzen, kalte Brocken fallen in Richtung Erdkern, während sich der heiße Kopf der Röhre weiter nach oben vorarbeitet. Mit zunehmender Höhe wächst der Überdruck einer Röhre, eben weil sie leichter ist als ihre Umgebung. Der Überdruck des Diatrems erreicht sein Maximum kurz vor Erreichen der Erdoberfläche, an seinem Rammkopf; er beträgt dort einen signifikanten Teil des Drucks im Erdkern, genauer: den Druck im Erdkern vermindert um denjenigen seines eigenen Gewichts. Mittels Auftrieb wird also kurzzeitig fast der gewaltige Druck des Erdinnern an seine Oberfläche geholt. Dieser Druck reicht gerade aus, einen Plattenstreifen ruckartig wegzudrücken, (binnen einer Sekunde). Gleichzeitig wird der ‚aktive Rücken' erneut angehoben, durch die nachstömende Lava. Gleich nach dem Schub entspannt sich der transient extrem hohe Druck wieder, und ein nicht allzu naher Beobachter mag glauben, es sei kaum etwas geschehen; s. Abb. 1.1.5.

Solch ein vulkanischer Zaun arbeitet also umschichtig, alternierend bei Nachbarlatten entlang den Globus-umspannenden Spreizungslinien. Nebenher gibt es auch isolierte Zaunlatten, wie Hawaii, ohne direkte Nachbarn; sie werden von der lokalen Plattenbewegung mitgenommen, als gleichförmig wandernde ‚*Hotspots*', perlschnurartig, bisweilen aber auch mal mit einem Knick in ihrer Marschroute, wenn die sie verbiegende Platte ihre Bewegungsrichtung ändert. Derartig perlschnurartige ‚Inselketten' sind in etwa gleich häufig wie Spreizungslinien und können auch auf dem Festland auftreten, wie der Yellowstone Park im Nordwesten von Wyoming als bekanntestes Beispiel lehrt.

Nach dieser Erklärung der Plattentektonik werden die kontinentalen und ozeanischen Platten also von einem erdumspannenden System von weit über tausend langen, heißen, vertikalen Röhren gedrückt, angehoben und geschoben, wobei die auf die Platten ausgeübten Kräfte kurzzeitig mehr als hundertfach über ihre Normalwerte hinauswachsen, als aus der Tiefe gezapfte Auftriebskräfte im Schwerefeld der Erde, und wobei lebenswichtige *Rohstoffe* aus dem fluiden Erdkern in die Biosphäre gefördert werden. Ohne Plattentektonik gäbe es kein Leben.

Gleich noch einmal, mit etwas anderen Worten: Offenbar übt ein vertikales *Röhrensystem* im Mantel unserer Erde – ein vulkanischer Zaun – in gleichmäßigen zeitlichen Abständen gigantische Kräfte aus, durch welche die auf ihm lastenden Platten strei-

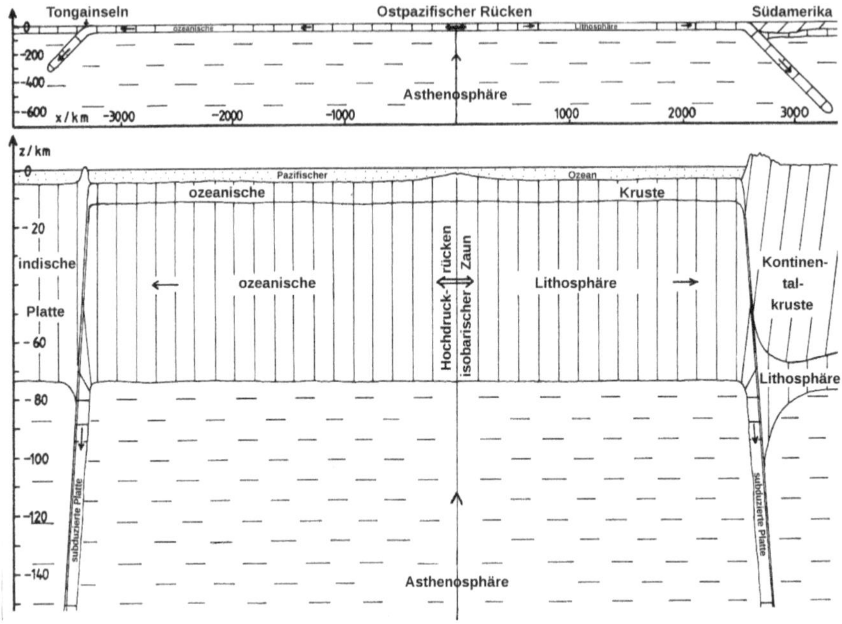

Abbildung 1.1.5: Modell der *Plattentektonik* nach [Kundt & Jessner 1986], angetrieben durch einen ‚*vulkanischen Zaun*', der im fluiden Erdkern wurzelt und lokal in quasi-periodischen zeitlichen Abständen ($\gtrsim$50 a) die Oberfläche erreicht und ruckartig ($\approx$1 s) auseinanderdrückt; vgl. Abbn. 1.1.3 und 1.1.4. Der obere Streifen der Abbildung ist maßstabsgetreu, der untere Streifen hingegen in vertikaler Richtung überhöht, um den Faktor 20.

fenweise ruckartig verschoben werden. Der Erdmantel zirkuliert nicht, ist vielmehr fast überall starr, wird aber entlang dieser Röhren immer wieder neu mit Stoffen aus dem Erdkern angereichert. Im kommenden Abschnitt wollen wir uns mit den Treibgasen befassen, die beim Aufstieg in diesen Röhren entscheidend mithelfen, und dabei auch auf die chemischen Anforderungen der Biosphäre zurückkommen.

Doch zuvor die zögerliche Frage: Haben wir mit diesen Erklärungen bereits alle Möglichkeiten und Formen der terrestrischen *Gebirgsbildung* erfasst? Wohl kaum. Sonst würden wir u.a. über (bessere) Erdbeben-Vorhersagen verfügen. Immerhin haben wir uns mit Mechanismen vertraut gemacht, die geeignet sind, starke Horizontal- und Vertikal-Kräfte an der Erdoberfläche auszuüben und damit Berge zu erzeugen. Gemeint sind *Mantel*-Diapire, heiße, vertikale Röhren, die emporwachsen aus einem heißen, unter hohem Druck stehenden Magma-Becken, indem sie sich mittels Überdruck und Aufschmelzen (overhead stoping) einen Schacht bis an die Oberfläche rammen. Wir haben bereits die vulkanischen Zäune als solche Röhrensysteme erörtert, als die Erzeuger der erdumspannenden ‚mittel*ozeanischen Rücken*', deren Kämme sich um mehrere km über ihre Umgebung erheben, als linienförmige Gebirge, meist unterseeisch; Ausnahmen (vom Unterwassertum) bilden Island und das Afar-Dreieck. Zu ihnen zählen vielleicht auch ganz junge *Reißzonen*, wie in Nordost-Afrika der Tanganjika-See, oder in Nordost-Asien der Baikal-See, wo tiefe Gräben aufgestemmt worden sind – mit Geschwindigkeiten von 2 cm/Jahr – flankiert von ansehnlichen Bergrücken.

Reiß- oder Spreizungs-Zonen implizieren *Subduktionszonen*, am ‚hinteren' Ende einer wandernden ozeanischen Platte, wo ihre (schwerere) Überschussmaterie unter die (leichtere) kontinentale Platte subduziert (abgetaucht) wird und dabei die blockierende

Platte anhebt. Der Subduktion mit ihren selbst-erzeugten Magma-Kammern verdanken die erdumspannenden Küstengebirge ihre Existenz, allen voran die Westküste von Süd- und Nord-Amerika (Anden, usw) sowie die Inselketten am Westrand des Pazifik, mit Japan als bekanntestem Beispiel, außerdem das Himalaya-Gebirge als einstiger ‚Auffahr-Unfall' des von Süden kommenden, wandernden indischen Kontinents, vor $\lesssim$50 Ma. Allerdings ist ihr Baumaterial oberflächennäher, saurer und zäher als das Erdkernmaterial, und ihre Diatreme wurzeln nicht im fluiden Erdkern – in $\lesssim$3000 km Tiefe – sondern im oberen Mantel, im Subduktionsbereich ($\gtrsim 10^2$ km Tiefe), wo die Reibungs- und Verbrennungs-Wärme der stoßweise abtauchenden Platte lokal Magmakammern erzeugt, durch Aufschmelzen des dortigen Gesteins.

Berge (oder sogar Vulkane) entstehen aber nicht nur entlang Reiß- und Subduktionszonen, sondern auch isoliert – wie oben bereits erklärt – aus tief wurzelnden Diapiren, auch ‚Hotspots' genannt, mit Basis im fluiden Erdkern, wie bei den mittelozeanischen Rücken. Man spricht auch von *Inselketten-Vulkanismus*, weil ein einzelner ‚heißer Fleck' im tiefen Erdinnern immer wieder neue Auswurfkegel hervorbringt, während die ozeanische Platte über ihm gleichmäßig weiterwandert und dadurch eine lineare ‚Bergkette' entstehen lässt, deren jüngster i.A. noch vulkanisch aktiv ist. Beste Beispiele sind die Insel(gruppe) Hawaii (im Pazifik) und das Vulkan-Massiv im Yellowstone Park (in Wyoming, d.h. an Land). Berücksichtigt man, dass der Meeresboden um den Mauna Kea herum über 6 km tief liegt, so ist der Mauna Kea mit seinen 4214 m Höhe über NN als Berg deutlich höher als der Mount Everest. Die Energie hierfür hat er, wie alle mittelozeanischen Rücken, der potenziellen Auftriebsenergie leichter Komponenten des heißen, fluiden Erdkerns entnommen.

Welche irdischen Gebirge haben wir jetzt noch in unserer Aufzählung vergessen? Die nordamerikanischen Rocky Mountains – zu denen allerdings das Yellowstone-Massiv gehört, als Ketten-Vulkan – dann aber auch das Hochland von Tibet sowie die gigantische eurasische Gebirgskette, von Spanien durch die Pyrenäen, Alpen, Türkei, Kaukasus, Iran und China bis hin zum Baikal-See, zu der letztlich auch die französischen und süddeutschen Mittelgebirge zählen. Alle flachwurzelnd? Keineswegs: zumindest nicht der Yellowstone-Komplex, aber auch nicht der (äußerlich recht unscheinbare) Tunguska-Kimberlit von 1908, s. Abschnitt 1.11. Andererseits dürfte der fast überall feste Erdmantel trotzdem eine Vielzahl lokalisierter (heißer) Magmakammern besitzen, nämlich dort, wo potenzielle Gravitationsenergie durch Bewegung und Reibung abgebaut und – unterstützt durch abiogene Brennstoffe – verheizt worden ist. Man denke nur an die Tausende kartierter Unterwasser-Berge (*sea mounts*), zu denen u.a. die Kanarischen Inseln gehören. Und man denke an den mexikanischen Paricutín, der im Laufe des Jahres 1943 aus einem Maisfeld herauswuchs, zu einer Höhe von 335 m und mehr. Zusammen mit dem versehentlich ‚geweckten' Schlammvulkan bei Sidoarjo vom 29. Mai 2006, ca 30 km südlich von Surabaya, stellt der Paricutín den Geschwindigkeitsrekord terrestrischer Verformungen dar, und zwar mit einer Hubgeschwindigkeit von rund 1 m/Tag, statt der sonst typischen $\lesssim$10 cm/Jahr, s. Abb. 1.1.6b. Hierfür wurde offenbar das fluide Innere unserer Erde angezapft, wo es brodelt.

Und wie entstanden das Hochland von Tibet und das Große Becken im nordamerikanischen Westen? Sie ruhen auf riesigen Volumina (leichter) kontinentaler Kruste, die nicht vulkanisch gefördert sein können, sondern wahrscheinlich dorthin subduziert wurden, bei kontinentalen Zusammenstößen in der Vergangenheit. Für Tibet macht man den ehemalig indischen Kontinent verantwortlich, dessen Vorrücken nach Norden noch heute durch seine Erdbebenserien nachvollzogen werden. Offenbar sind in der Plattentektonik gewaltige dynamische Trägheiten gespeichert, die noch heute die großräumigen Geschwindigkeiten der Verformungen diktieren; s. auch [Kundt, 2005, 14].

Abbildung 1.1.6: Früh- und Spätphase des terrestrischen Vulkanismus. **a)** Eine vorübergehende Flankeneruption des Kilauea im Januar 1960, aus einer Zuckerrohrplantage nahe Kapoho (Hawaii). **b)** Nach einem ähnlichen, feurigen Magma-Ausbruch – in der Nacht zum 20. Februar 1943 – wuchs der heute *Paricutín* genannte Vulkan im Laufe eines Jahres zu einer Höhe von 335 m, aus einem Maisfeld im Südwesten Mexikos, und vernichtete dabei zwei Dörfer. Er realisierte die größte uns bekannte vulkanische Wachstumsgeschwindigkeit.

1.2 Die abiogene Herkunft der meisten Brennstoffe

Seit Jahrhunderten bedient sich die Menschheit beim Feuermachen der natürlichen Brennstoffe aus der Biosphäre: Holz, Torf, Braun- und Steinkohle, Koks, Anthrazit, neuerdings auch zunehmend der gasförmigen und flüssigen Brennstoffe Erdgas und Erdöl, denen man meistens ihre organische Herkunft direkt ansieht, und zwar durch eingelagerte Pflanzenteile und/oder durch fossile Bakterien, die bei ihrer Entstehung geholfen haben. Aber gab es in der Vergangenheit derartig viele Hochmoore, dass wir heutzutage fast überall auf der Erde beim Bohren auf Lagerstätten von Gas, Öl und Kohle stoßen, und ist die Biosphäre nicht eher *zyklisch*, derart, dass kaum mehr organisches Material im Sommer nachwächst als während eines Jahres durch Tiere gefressen und durch Fäulnis, Kompostierung und Brände wieder an den Erdboden und die Atmosphäre zurückgegeben wird? Wir folgen vor allem Thomas Gold, wenn wir uns der letzteren Meinung anschließen: Fast alle der oben aufgezählten Brennstoffe sind *abiogener Herkunft*, entstanden in der Kruste der Erde, durch Begasung aus dem Erdinnern, wobei gewöhnlich organisches Ausgangsmaterial als Katalysator gedient hat.

Woher kommen die chemischen Brennstoffe Erdgas, Erdöl und Kohle, die wir vielerorts an und nahe der Oberfläche unserer Erde finden? Genauer sollten wir zwischen den verschiedenen Gasen, Ölen und Kohlen unterscheiden, die an verschiedenen Orten der Erde und in unterschiedlichen Tiefen gefunden werden. Liegen diese Verschiedenheiten nicht einfach an der Verschiedenheit der Sümpfe oder Urwälder, die sie erzeugt haben? Einige wenige Forscher in West und Ost haben auf diese Frage mit einem eindeutigen „Nein“ geantwortet, seit weit über hundert Jahren. Erdgas, Erdöl (= Petroleum) und alle Kohlen – außer Braunkohle und Torf – sind abiogenen Ursprungs, behaupten u.a. die Arbeiten von Plotts [1940], Kropotkin [1997], und Gold [1999], deren diesbezügliche Kenntnisse bis weit ins 19. Jahrhundert zurückreichen.

Genauer besteht die Vorstellung, dass Erdöl und alle amorphen Kohlen teils spontan (autokatalytisch), teils von unterirdischen, anaeroben Bakterien erzeugt worden sind, aus aufsteigendem Erdgas, das ihnen als Nahrung diente. Sie sind partielle Abbauprodukte des Erdgases, das aus dem fluiden Erdkern bis (fast) an die Oberfläche aufsteigt, durch Röhren, Risse, Spalten, Hohlräume und durchlässige Schichten im steinernen Mantel der Erde. Gold beschreibt Laborexperimente, die quantitativ nachvollziehen, wie im Erdmantel aufsteigendes Methan schrittweise seinen Kohlenstoffanteil anreichert – bei den dort herrschenden (höheren) Temperaturen und Drücken – vergleichbar einer bei Sauerstoffmangel rußenden Kerzenflamme, wobei einsetzende Kohleabscheidungen den Prozess autokatalytisch beschleunigen.

Aber bestehen solche Ausgasungen nicht vielfach aus Kohlenstoffdioxid, dem vollständigen Verbrennungsprodukt des Methans? Das ist in der Tat der Fall. Bekannt sind auch vereinzelte Gasausbrüche aus Lagern davon, die sich am Boden von Seen gebildet hatten und dann z.B. über Nacht ausströmten und die Bewohner eines ganzen (bergab gelegenen) Dorfes nebst ihrem Vieh erstickten. Kohlenstoffdioxid, chemisch beschrieben durch CO_2, ist 53% schwerer als Luft und für unsere Nasen nahezu geruchlos. In der Erdatmosphäre ist es (heutzutage) nur sehr schwach vertreten, zu $0,03$ % bis $0,06$ %. Wenn seine Konzentration in der Atemluft einige Prozent wesentlich überschreitet, verdrängt es den Sauerstoff in unseren roten Blutkörperchen, und wir ersticken. Kohlenstoffdioxid gast überall dort aus, wo aufsteigendes Methan unterwegs vollständig oxidiert worden ist, durch den schwächer gebundenen Sauerstoff im Gestein des Erdmantels; andernfalls dominiert Methan in der Zusammensetzung des Erdgases, mit 80 % bis 95 %, über Wasserstoff, Helium und einige höhere Kohlenwasserstoffe.

Doch zurück zum Thema: Warum wird von einer Minorität von Autoren behauptet, dass die meisten chemischen Brennstoffe, die wir durch Bohren und Graben finden, von abiogener Herkunft sind, statt Überbleibsel früherer Generationen von Pflanzen und

Tieren zu sein? Die Argumente sind sowohl quantitativer als auch qualitativer Art. Zu den quantitativen Argumenten zählt die Einsicht, dass sich die Biosphäre nahezu zyklisch verhält: Sterbende Pflanzen werden fast vollkommen recycelt, durch Pflanzenfresser, Würmer, Bakterien, Brände und/oder Gewässer. Nur ein sehr kleiner Prozentsatz aller abgestorbenen Pflanzen wird konserviert, als Torf, Braunkohle, oder Versteinerung. Ferner gibt es in allen Kontinenten Kohle-Lagerstätten der verschiedensten Mächtigkeiten; die größten, reinen Anthrazit-Lagerstätten sind bis zu 300 m dick! Sie enthalten amorphen Kohlenstoff entsprechend mehr als 10^4 Generationen üppiger Urwälder oder Sümpfe, nahezu unverdünnt durch höhere Kohlenwasserstoffe und die anderen ($\gtrsim 5$ %) pflanzlichen Baumaterialien, die gleichzeitig vorhanden sein müssten, außerdem ohne die Materialien, die sie jeweils anschließend verschüttet und konserviert hätten – eine aussichtslos unrealistische Herkunft.

Und die qualitativen Gegenargumente? Verweisen vor allem auf ihre Lagerstätten, die über ganze Kontinente hinweg (schwach) geneigte Schichten vormals konstanter Temperatur (und konstanten Druckes) sind, begleitend und/oder alternierend mit den primären Lagerstätten von Eisen, Salzen, Lehm und anderen Mineralen, wobei sich die ölführenden Schichten stets unterhalb der Kohleschichten befinden, und die flüssiggas-reichen Schichten wiederum unterhalb der erdölreichen. Offenbar ist stets das (hochkomprimierte) Gas das Ausgangsmaterial, aus dem sich anschließend Petroleum, Kohle und auch Teer gebildet haben, in Abhängigkeit hauptsächlich von Temperatur, Druck und Wassergehalt der jeweiligen Schicht, s. Abb. 1.2.1. Der Erdmantel war während der vergangenen Jahrmilliarden Brutstätte gigantischer unterirdischer Lager von Brennstoffen und ist es bis heute geblieben. Die meisten, jahrhundertealten Fundstätten von Gas und Öl haben sich immer wieder aufgefüllt, statt zu versiegen, und auch unsere Kohle-Lagerstätten werden noch beständig angereichert, bis in die Gegenwart hinein, durch aufwallendes Methan. Auch dürfte die Herkunft der großen ozeanischen Ölvorkommen, unter den Kontinentalsockeln, schwer auf biogenem Wege erklärbar sein.

Dabei dienten wohl oft poröse, organische Schichten als Kondensationskeime, als biologische Anlasser für (anfangs) horizontale Lagerstätten, wie bei der Braunkohle. In Ausnahmefällen werden solche ausgedehnten horizontalen Lager vertikal durchsetzt von Baumstämmen oder Flözen, die in den durchquerten Schichten unterschiedlich stark prozessiert worden sind, je nach Stärke der Begasung. Und die immer wieder auftretenden ‚schlagenden Wetter' in – selbst gut belüfteten – Kohle-Bergwerken legen Beweis dafür ab, dass die Nachlieferung von Erdgas aus dem Erdinnern noch heute anhält.

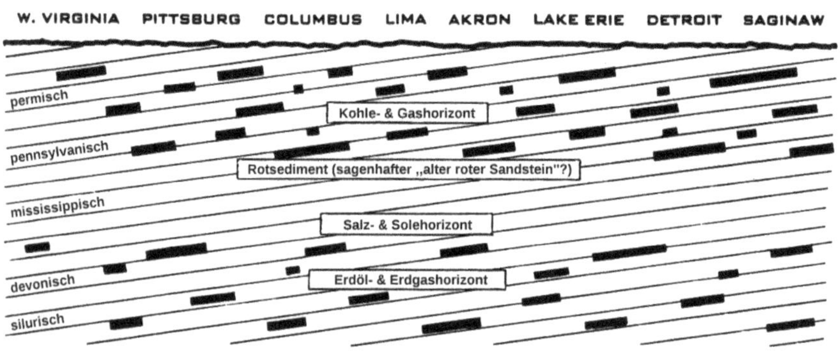

Abbildung 1.2.1: Westöstlicher Schnitt durch die unterirdischen nordamerikanischen *Mineral-Lagerstätten*, an Hunderte von km voneinander entfernten Orten. Er wurde von dem kalifornischen ‚Brunnen-Bohrer' William Plotts [Plotts 1940] skizziert und lässt systematische geothermische Bildungsprozesse erkennen.

Ganz entscheidend und einleuchtend ist auch das Argument, dass Steinkohle und Anthrazit oft tonnenweise gewonnen werden als homogenes Material, ohne einen einzigen erkennbaren biologischen Einschluss. In denjenigen Fällen, wo man erkennbare Einschlüsse findet, sind diese schwerer als ihre biologischen Ausgangsprodukte, nämlich angereichert mit amorpher Kohle, ähnlich wie die ‚versteinerten Wälder' zwar die Gestalt ihrer früheren Baumstämme haben, jedoch mit Silika als Baumaterial statt Holz: Sie sind weit schwerer als ihr Ausgangsmaterial, brechen leicht quer zur Faser mit glatten Bruchflächen und haben auch sonst veränderte Festigkeitseigenschaften.

Woraus besteht eigentlich die Biosphäre? Von den Pflanzen wissen wir, dass sie als Düngemittel eine sog. A bis Z-Mischung benötigen, d.h. mindestens 26 verschiedene chemische Elemente enthalten. Wir Menschen und höheren Tiere haben in unseren Körpern sogar an die 40 verschiedene chemische Elemente, allen voran Kohlenstoff, Wasserstoff, Sauerstoff, Stickstoff, Schwefel und Phosphor – gemeinsam abgekürzt als PONSCH – dazu Chlor und eine Reihe von Metallen: Natrium, Magnesium, Kalium und Calcium. Dies sind die 11 allernotwendigsten; sie und die weiteren fast 30 lebensnotwendigen chemischen Elemente sind also in jedem biologischen Abfall enthalten, im Kompost wie in der Asche (bis auf das entwichene Wasser und CO_2), und wurden bereits bei der Entstehung des Lebens an der Erdoberfläche benötigt. Ohne Plattentektonik und den damit einhergehenden Vulkanismus wären die Bedingungen für die Entstehung und Existenz des Lebens auf der Erde wohl gar nicht gegeben gewesen.

Wahrscheinlich ist daher unser Leben hier auf der Erde entstanden, nicht irgendwo draußen im lebensfeindlichen interplanetaren Raum (im Sonnensystem), und schon gar nicht noch weiter draußen, im interstellaren Galaktischen Raum. Die oft diskutierte Möglichkeit eines ‚Panspermia' – eines Ursprungs des Lebens irgendwo in den Weiten des Alls – ist nie konkretisiert worden. Und wahrscheinlich ist es, das Leben, auch nicht an der unabgeschirmten Oberfläche entstanden, im Schlachtfeld des kosmischen Bombardements, das noch nach Bildung der Erde ein paar hundert Millionen Jahre lang massiv angehalten haben dürfte. Ruhigere und geeignetere Plätze für die Urzeugung des Lebens könnte es in den embryonalen Ozeanen und/oder Teichen der jungen Erde gegeben haben. Aber noch viel millionenfach größere und geeignetere Räume für die Urzeugung dürfte die feste Erdkruste bereitgestellt haben, mit ihren warmen bis heißen, Druck- und Temperatur-stabilisierten Spalten und Kämmerchen, in den obersten 1 bis 10 km unter der Oberfläche. Ein riesiges, ideal ausgestattetes Volumen für die Erzeugung von ersten, wärmeliebenden Bakterien, sog. Thermophilen, oder gar Viren [Ward 2005], falls es dort (in der Kruste) auch genügend Nahrung gab, d.h. genügend Baumaterial und chemische Energie; s. auch [Kundt, 2005]

Diese Einsicht führt uns zurück zum zentralen Thema dieses Abschnitts, nämlich dass die Kruste der Erde – heute wie bereits vor 3,5 Milliarden Jahren – ein ideales Quartier für die Entstehung und Existenz von primitivem Leben dargestellt haben dürfte, sofern es in ihr genügend flüssige Brennstoffe gab (und gibt). Und Letzteres trifft zu, sofern unsere Grundthese stimmt: dass (fast) alle unsere einstmals „fossil" genannten Brennstoffe, Erdgas, Petroleum und Kohle, in Wahrheit durch Ausgasen des fluiden Erdkerns an die Erdoberfläche gelangt sind, als abiogene Brennstoffe und zugleich als vollwertige Nahrung für die niedrigste Stufe des Lebens.

1.3 Was erzeugt das Erdmagnetfeld?

Unsere Erde besitzt ein globales Magnetfeld, das wurde schon früh erkannt und vor allem in der globusumspannenden Seefahrt ausgenutzt. War dieses Feld schon seit der Entstehung der Erde vorhanden, von der gleichen Stärke? Sicherlich nicht, denn jedes Magnetfeld zerfällt mit einer Geschwindigkeit, die abnimmt mit zunehmender elektrischer Leitfähigkeit des Materials, das es verankert. Nur in extrem guten Leitern kann sich ein Magnetfeld ein Weltalter lang halten; für unsere Erde liegt die Zerfallszeit bereits bei 10^4 Jahren. Damit erhebt sich die Frage nach dem Mechanismus, mit dem unsere

Erde ihr Feld beständig nachverstärkt, und an dieser Stelle setzt unsere Kritik an den Lehrbüchern ein: Der gesuchte magnetische Dynamo muss nicht nur energiereich genug sein, sondern er muss zusätzlich dem 2. Hauptsatz der Thermodynamik gehorchen, dem Entropiesatz. Danach lässt sich z.B. Rotationsenergie vollständig in magnetische Energie umwandeln, d.h. mit dem *Wirkungsgrad* eins, keineswegs hingegen Wärmeenergie oder turbulente Energie. Die Maschinen der anorganischen Natur – ohne einen überwachenden Techniker – müssen noch robuster arbeiten als die Maschinen der menschlichen Zivilisation.

Schon früh in der Geschichte der Menschheit wurde der Kompass erfunden, mit dessen Hilfe man u.a. die Kontinente umsegeln konnte, weil er selbst bei trübem Wetter und bei Nacht erlaubte, den Kurs einer Bootsfahrt unter Kontrolle zu halten. Und weil man herausgefunden hatte, dass unsere Erdkugel ein ungefähres magnetisches Dipolfeld der Stärke $\lesssim$ 0,6 Gauß an ihrer Oberfläche besitzt, doppelt so stark an den Polen wie am Äquator. Wie hat sie das bekommen, und wie hält sie es fest? Vergleiche Abb. 1.3.1a, b.

Um diese Frage verlässlich zu beantworten, hilft es, ein wenig mehr über das Erdmagnetfeld und seine Geschichte zu wissen. Schon im Abschnitt 1.1 wurde berichtet, dass die in die ozeanischen Plattenstreifen eingefrorenen Magnetfelder oft in der Vergangenheit ihre Richtung umgekehrt haben, sozusagen den Nordpol mit dem Südpol vertauscht haben, wobei der Dipol dann zwischendurch jeweils für kurze Zeit verschwunden sein sollte. Altersbestimmungen mittels radioaktiver Zerfallsdaten lehren, dass sich diese Nulldurchgänge des Dipols in der Vergangenheit auf Zeitskalen zwischen 5000 und 50 Millionen Jahren wiederholt haben, neuerdings ungefähr einmal alle 10^5 Jahre, genauer mit einer Poisson-Verteilung der Zeitkonstante $10^5 a$ $(1 + t\ /10^{7,1}a)$ während der letzten t/a Jahre, ($a :=$ annum; s. [Merrill & Mc Elhinny 1983]). D.h. je weiter wir in die Vergangenheit zurückblicken, desto länger war das mittlere Zeitintervall zwischen zwei Nulldurchgängen; in der kosmischen Gegenwart sind die Feldumkehrungen (etwas) häufiger geworden.

Aber Nulldurchgänge des Dipols bedeuten nicht Feldfreiheit. In den Jahren 1965 bis 1985 hat der MAGSAT-Satellit die niedrigsten 29 Multipolkomponenten des Erdmagnetfeldes gemessen und gefunden, dass die ersten 14 davon ungefähr gleiche Energiedichten

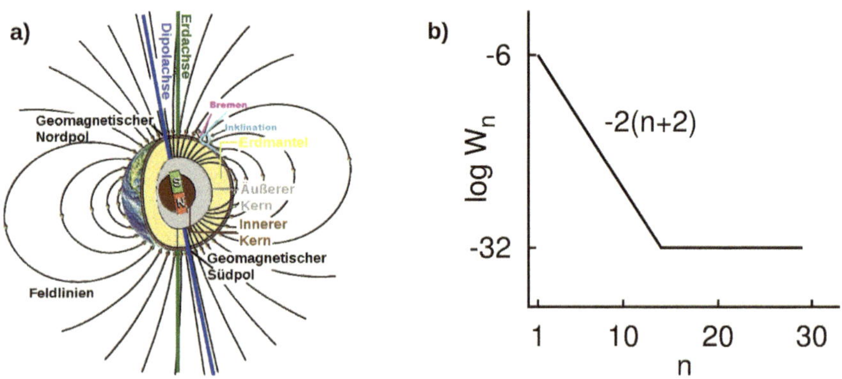

Abbildung 1.3.1: Unser Planet Erde: **a)** sein *Spin* und sein *Magnetfeld*, nach Wikipedia (2013), Autor T. Frederichs; sowie **b)** seine von MAGSAT gemessenen (n =) 29 niedrigsten *magnetischen Multipolmomente* W_n, logarithmisch aufgetragen, nach J. Meyer (1986). Beide Größen, Spin und magnetischer Dipol, sind zeitlich stark veränderlich. So wandert der Durchstoßpunkt der Dipolachse durch die Erdoberfläche gegenwärtig bis zu 10^2 km/Jahr, unter Kippwinkeln zwischen $\approx$10 und $\approx$20 Breitengraden.

haben in einer Tiefe von (3050 ± 50) km, etwa 150 km unterhalb der Oberfläche des fluiden Kerns, während die nächsthöheren 15 Komponenten ungefähr gleiche Energiedichten an der Erdoberfläche haben, vermutlich erzeugt durch Inhomogenitäten im Erdmantel. Sie driften alle westwärts, mit unterschiedlichen Geschwindigkeiten bis zu 0,3 Grad pro Jahr, entsprechend einem voreilenden Erdmantel; der Pol des terrestrischen Dipolfeldes wandert gegenwärtig mit einer Geschwindigkeit von 30 km pro Jahr. Ferner hat MAGSAT gemessen, dass die ersten 14 Multipolkomponenten zeitlich rasch variieren, auf der Skala von zwei Jahrhunderten, wobei aber die Summe ihrer Energien in 3050 km Tiefe konstant bleibt. Offenbar werden sie nahezu verlustfrei ineinander umgewandelt, im ständig konvektiv durchmischten fluiden Kern.

Hierbei muss erklärt werden, dass Magnetfelder mit Lichtgeschwindigkeit auseinanderlaufen, wenn sie nicht in einem guten elektrischen Leiter ‚eingefroren', d.h. verankert sind. Der fluide Erdkern sollte gut genug leiten, um sein Magnetfeld $10^4 a$ lang festzuhalten, (elektrische Leitfähigkeit $= \sigma_K \gtrsim 10^{14}\ \mathrm{s}^{-1}$), während der Erdmantel – mit seiner geringen Leitfähigkeit σ_M (des Minerals Perovskit, nur $10^8\ \mathrm{s}^{-1}$) – magnetisch so gut wie durchlässig sein dürfte. Deshalb nimmt die Feldstärke der n-ten Multipolkomponente wie $r^{-(n+2)}$ mit wachsendem Mittelpunktsabstand r ab, beginnend mit $n = 1$ für den Dipol, ihre Energiedichte sogar quadratisch mit der Feldstärke, wie $r^{-2(n+2)}$, und an der Erdoberfläche dominiert der Dipol immer dann, wenn er nicht gerade mal durch null geht. Dann aber übernehmen dort die Quadrupol- und Oktupol-Komponente die zeitweilige Dominanz.

Noch einmal anders ausgedrückt: Das Erdmagnetfeld ist zeitlich langsam veränderlich. Gegenwärtig nimmt seine Dipolkomponente ab, als ob sie in einem Jahrtausend verschwinden wolle; dann würde uns wahrscheinlich der Quadrupol zwischenzeitlich aushelfen. Auf jeden Fall aber würde das Gesamtfeld zerfallen, wenn es nicht alle $10^4 a$ nachverstärkt werden würde. Man meint, die Erde habe ihr Magnetfeld bereits bei ihrer Geburt mitbekommen, in etwa von der gleichen Stärke wie heute, vielleicht aber auch massiv stärker. Die Entscheidung hierüber hängt ab von dem Mechanismus seiner ständigen Nachverstärkung, auf der Zeitskala von $10^4 a$, und darüber ist man sich keineswegs einig: Wird die Energie dafür ihrem Wärmevorrat entnommen, oder ihrem gravischen Potenzial, oder aber ihrer Rotation um die eigene Achse (Spin), dem geringsten dieser drei Energietöpfe, dafür aber dem geeignetsten?

Bei magneto-thermodynamischen Problemen hat der 2. Hauptsatz der Thermodynamik ein entscheidendes Wort mitzureden – der Entropiesatz – und dieser erlaubt eine fast 100 %-ige Umwandlung von Spin-Energie in magnetische Energie, in krassem Gegensatz zu Wärmekraftmaschinen. Magnetfeld-Verstärkung durch Flusswickeln ist ein robuster Mechanismus, der sich gleichermaßen auf alle anderen rotierenden Himmelskörper anwenden lässt: auf unsere Sonne, auf andere Sterne, auf die anderen Planeten, deren Monde und auf Akkretionsscheiben. Sie dürften sämtlich die Energie ihrer Magnetfelder aus ihrer differenziellen Rotation bezogen haben. Dabei werden magnetische Flussschläuche auf gut leitende Kerne gewickelt, wie Seidenraupenfäden auf eine Spule, und die fluiden Kerne wandeln die so erhaltenen toroidalen (magnetischen) Bandagen fortgesetzt um in breite Multipolverteilungen nahezu gleicher Energie, in energetische Gleichverteilungen. So jedenfalls lassen sich die 14 niedrigsten Multipolkomponenten unseres Erdmagnetfeldes beschreiben, wobei sie beständig umkonfiguriert werden [Kundt & Volland 1989].

Unsere Erde rotierte bei ihrer Geburt wahrscheinlich viel schneller als heute, mit beinahe maximaler Umlaufgeschwindigkeit bzgl. Massenverlust am Äquator durch Fliehkräfte, nämlich mit einer Spinperiode von $\mathrm{P} \gtrsim \sqrt{3\pi/G\rho} \approx$ Stunde, wie die meisten Kleinkörper im Sonnensystem und wie alle (ganz jungen) Prä-T-Tauri-Sterne. Nur so konnte die Erde unseren Mond (durch Gezeitenkräfte) auf seine heutige, ferne Bahn schieben. Dann aber hatte sie früher wahrscheinlich ein viel ((5±1)-fach) stärkeres Magnetfeld als heute, mit vielleicht 30-mal stärkeren Drücken, konnte den frühen Sonnenwind leichter von ihrer Oberfläche fernhalten, mittels ihrer sog. ‚Magnetosphäre', und konnte unserem Mond schneller zu seinen zwei verschiedenen Hemisphären verhelfen, deren hintere er nur den Raumsonden offenbart – sowohl heute als auch (im Prinzip) früher – weil er synchron mit seiner Bahnbewegung um seine Achse rotiert, uns daher beständig die gleiche Hemisphäre zuwendet. Doch davon später, im 2. und 3. Kapitel.

1.4 Wie entstand der Sand auf der Erde?

Das Alter unserer Erde wird auf 3,8 bis 4,5 Gigajahre geschätzt, das reicht weit über unseren direkten wie auch indirekten Erfahrungsbereich hinaus, und man könnte meinen, solch ein steiniger Himmelskörper wie unsere Erde sollte nach so langer Zeit beinahe in seinen thermodynamisch stabilsten Zustand übergegangen sein: in eine Kugel einheitlich flacher Oberflächenstruktur. Das Gegenteil ist der Fall: Es gibt Ozeane und Gebirge, die höchsten darunter ungefähr so hoch, wie es die Festigkeit ihrer Unterlagen zulässt, die Meere ähnlich tief wie die Berge hoch, es gibt Wüsten und üppige Urwälder, es gibt Steine, Geröll, Kies, Sand, Schluff und Ton, dazu auch ‚einfach' Ackerböden, keinesfalls alles gleichmäßig durchmischt. Unsere Erde ist thermodynamisch jung, sie wird durch *tektonische Kräfte* immer wieder umgestaltet. Nach welchen Plänen? Einfache Antworten auf diese grundlegenden Fragen haben wir nicht in den Büchern gefunden oder von unseren Kollegen erfahren, deshalb haben wir uns unsere eigenen Gedanken dazu gemacht, bereit, uns von unseren Lesern korrigieren zu lassen: Wir meinen, der meiste Sand stammt aus früheren, zerriebenen Gebirgen.

„Wie Sand am Meer" gibt es irgendwo etwas, hört man im Gespräch schon mal jemanden sagen. Und damit ist dann eine riesige Anzahl gemeint, vermutlich die Anzahl der Sandkörner in einer Meeresbucht. Diese kann in der Tat recht groß sein, an vielen Stränden der Erde, wenn schon keinesfalls unendlich. Und oft ist sie auch stark variabel, von Badesaison zu Badesaison, infolge starker Meeresströmungen, und wird dann durch aufwendige Technik groß gehalten, wenn andernfalls die Beliebtheit und der Zuspruch eines Strandes gefährdet sind.

Aber Sand gibt es nicht nur an den Ufern der Ozeane, wo es dem Betrachter an Sturmtagen nicht schwerfällt, sich vorzustellen, wie er entstanden ist: durch Zerrieb größerer Steinbrocken. Es gibt Sand ebenfalls in den Flussbetten von Bächen und Strömen, vor allem aber auch in den (beiden) Wüstengürteln der Erde, nördlich und südlich des Äquators, in den Rossbreiten, wo absteigende Westwinde für wolkenfreien Himmel sorgen. Während ozeanische Küsten und kontinentale Flüsse nur quasi eindimensionale Gebiete der Erdoberfläche sind, deren Dicke sich bequem in Metern angeben lässt, sind Wüsten mindestens zweidimensional, oft sogar echt dreidimensional, mit Dicken von Hunderten von Metern, und Volumina von Tausenden von km^3. Wüsten sind hauptsächlich felsig, oft aber auch sandig, und enthalten viel mehr Sand als alle Ozeanbecken und Stromtäler zusammen. Wo wurde dieser viele Sand produziert?

Sand ist wahrscheinlich ein Zerfallsprodukt früherer Gebirge, ein Abrieb, bewirkt durch zerstörerische Kräfte von bewegten Wassermassen, Stürmen, Temperatursprüngen und chemischen Umwandlungen sowie von dort lebenden Pflanzen und Tieren. Er besteht hauptsächlich aus Quarz, mit allerlei Beimengungen. Seine größten Wanderungen vollzieht Sand in Gestalt von (Wander-) Dünen, die sich in Sonderfällen sogar durchdringen können, als angebliche Solitonen, s. Abb. 1.4.1. Sand kann also wandern, ist daher fast überall auf der Erde anzutreffen. Sand ist ein hartes, feinkörniges Abbauprodukt von Gestein.

Die Geologen haben es aber nicht nur mit Gestein und Sand zu tun, sondern auch mit Geröll, Kies, Schluff und Ton. Wie schon gesagt, bestehen all diese Abbauprodukte von Gebirgen hauptsächlich aus Quarzsand, SiO_2, mit unterschiedlichen chemischen Beimengungen und daher auch sehr unterschiedlichen Farben. Sie unterscheiden sich vor allem im Durchmesser ihrer quasi kugelförmigen Bausteine oder ‚Körner' und wurden soeben der Größe nach aufgezählt: Die Durchmesser von ‚Kieselsteinen' liegen verabredungsgemäß oberhalb von 2 mm, bis hinauf in den Zentimeterbereich. Von ‚Sandkörnern' spricht man bei Korngrößen zwischen 2 mm und 0,063 mm, von ‚Schluff' zwischen 0,063 mm und 2 μm (= 0,002 mm), und von ‚Ton' bei weniger als 2 μm Durchmesser.

Diese Einteilung erfolgt also in gleichmäßigen logarithmischen Schritten vom Faktor $\sqrt{1000} \approx 32$ im Korn-Durchmesser. Kies ist beliebt für Gartenpfade, Sand für Kinderspielplätze und als eine der drei Komponenten zur Betonbereitung (neben Zement und Wasser), Schluff ist eine Form von Staub, lässt sich daher durch Stürme weltweit transportieren, und Ton ist so fein, dass er in feuchter Form zusammenklebt und daher als Ausgangsmaterial für jedwede Keramik verwendet wird. Nebenher gibt es im deutschen Sprachgebrauch auch noch das Wort ‚Lehm', als Gemisch aus Ton und den beiden gröberen Abbauprodukten Schluff und Sand; er klebt auch, wennschon weniger fest und glatt als Ton. Und eine kleine Warnung: Nach der soeben ausgesprochenen Definition sind weitreichende ‚Sandstürme' eher ‚Staubstürme'; hier fließen die Grenzen des Sprachgebrauchs, natürlich auch mit der Stärke der Stürme und mit den Entfernungen des Lufttransports.

Ist denn Sand wirklich das Abbauprodukt früherer Gebirge? Gab es wirklich genügend viele Gebirge? Sicherlich wird Sand heutzutage viel schneller an den Küsten der Weltmeere erzeugt als an sonnigen, windstillen Tagen auf einer Almwiese in den Alpen. Unsere jungen Gebirge, z.B. der Himalaya, wachsen sogar noch, mit bis zu 10 cm pro Jahr (an Höhe). Andererseits sollte es (hohe) Gebirge bereits seit Beginn des Vulkanismus gegeben haben, d.h. wohl seit der Geburt der Erde, vor fast 4,6 Milliarden Jahren, also rund 1000-mal älter als die heute noch wachsenden jungen Gebirge, die dabei gleichzeitig auch schon anfangen zu zerfallen, im (nahezu) stationären Zustand vergleichbaren Wachstums und Zerfalls. Dann aber hätten die früheren Gebirge – die es heute meist gar nicht mehr gibt – genug Zeit gehabt, die riesigen Sandvolumina der Gegenwart aufzufüllen, bei

Abbildung 1.4.1: Sogar windgetriebene *Sanddünen können sich* solitonartig verhalten, d.h. beim Wandern über größere Entfernungen hinweg ihre Größe und Gestalt beibehalten und sich dabei sogar gegenseitig überholen, laut Nature 426, 619-620 (2003); vgl. auch: 437, 720-723 (2005). Man beachte: es gibt große Mengen Sand an unserer (heutigen) Erdoberfläche.

nur 1000-fach geringerer (lokaler) Produktionsrate als unsere heutigen Meeresküsten. Die Bilanz scheint aufzugehen. Wobei wir uns einig sein müssen, dass ein Gebirge nicht dadurch verschwindet, dass es in seinen (quasi-fluiden) Untergrund einsinkt, wie ein auf einen Gletscher gebautes Hochhaus, sondern dadurch, dass tektonische im Verein mit Unwetter-Kräften seine Substanz zerbröseln und auflösen, bis hinunter zu Kies, Sand, Schluff und Ton.

Sand ist ein ganz besonderes Material, sowohl im trockenen als auch im nassen Zustand, mit allerlei außergewöhnlichen mechanischen Eigenschaften. Er ist ein ideales Spielzeug-Material für alle Altersklassen und Temperamente. Wir verdanken ihn den Gebirgen von gestern.

1.5 Wie funktioniert der Treibhauseffekt der Erdatmosphäre?

Das Klimaproblem und der Treibhauseffekt zählen zu den brennendsten politischen Problemen der Gegenwart, indem wir Menschen die riesige, instabile Anzahl von $\lesssim 10^{10}$ erreicht haben, dazu hinreichend destabilisierende technische Kenntnisse, um in der Lage zu sein, das Weltklima zu beeinflussen, alle großen Tiere (und Insekten) zu entfernen, alle Urwälder zu zerstören, große Gebiete unbewohnbar zu machen – z.B. durch radioaktive Verseuchung – und damit dann auch unser Klima entscheidend zu verändern. Wir sind u.a. in der Lage, die Erde unbewohnbar zu machen. Um dies nach Kräften zu verhindern, bemüht man sich, umweltzerstörerisches Verhalten der Großindustrie durch Aufpreise einzudämmen. Hierfür wiederum versuchen die Weltmächte, zunehmend verlässlichere Abschätzungen von erwarteten Klimaschädigungen zu erarbeiten. Das Problem ist komplexer und damit schwieriger, als dass es sich durch Großrechner der Gegenwart zuverlässig berechnen ließe.

In diesem Abschnitt bemühen wir uns, die einfachsten Grundphänomene des Treibhauseffektes quantitativ abzuschätzen. Dabei fällt uns u.a. auf, dass der (diffusive) Heizeffekt durch Erhöhung der atmosphärischen CO_2-Konzentration und CH4-Konzentration über ihre (ohnehin schon hohen) Gegenwartswerte hinaus verglichen werden sollte mit dem gegenläufigen Effekt zunehmender *konvektiver* Kühlung sowie dessen Verstärkung von Unwettern.

Die mittlere Temperatur T der Erdoberfläche in Meeresspiegelhöhe beträgt in diesen Jahren 288 Kelvin $\approx$ 15 °Celsius, mit deutlich höheren Temperaturen ($\Delta T \lesssim 30$ K) in äquatornahen Zonen, und deutlich tieferen Temperaturen ($-\Delta T \lesssim 60$ K) in polnahen Zonen. Bekanntlich war das nicht immer so: In der Vergangenheit gab es sowohl Eiszeiten als auch Warmzeiten, während derer sich die mittlere Temperatur (angeblich) um $|\Delta T| \lesssim 10$ K nach unten bzw. oben bewegte, sodass große Teile der Ozeane oberflächlich gefroren und weite Gebiete der Kontinente schneebedeckt waren bzw. sodass Eis und Schnee schmolzen und der steigende Pegel der Ozeane die Kontinentalflächen schrumpfen ließ. Oder enthält Letzteres gar einen Fehlschluss? In Abschnitt 1.13 werden wir hierauf zurückkommen. Immer jedoch sollte es in großen Gebieten der Erdoberfläche flüssiges Wasser gegeben haben, d.h. sollten sich die Temperaturen regelmäßig zwischen der Gefriertemperatur 0 °C und der Verdampfungstemperatur 100 °C von (reinem) Wasser bewegt haben, weil andernfalls die Biosphäre vernichtet worden wäre. Denn sowohl der Saft in den Gefäßen der Pflanzen als auch das Blut in den Gefäßen der höheren Tiere besteht hauptsächlich aus (flüssigem) Wasser, dem unentbehrlichen Transportmittel alles Lebendigen.

Noch immer ist unsere Erde der einzige uns bekannte Planet im Weltall, der offenbar während der letzten paar Milliarden Jahre beständig in obigem Sinne temperaturstabilisiert war, d.h. sich in einer bewohnbaren (‚habitablen‘) Zone um unsere Sonne herum bewegt hat: Alle ($\gtrsim$ 400) uns z.Z. bekannten extrasolaren Planeten mit fester Oberfläche umkreisen ihre wärmespendenden Muttersterne auf zu kleinen, oder zu großen, oder auch zu veränderlichen (exzentrischen) Ellipsenbahnen, um habitabel zu sein. Die mittlere Temperatur T wird nämlich bestimmt durch die Bedingung, dass die (auf eine Hemisphäre) des Planeten (vom Radius R) einfallende (hauptsächlich optische) Strahlung der Sonne $\alpha 2\pi R^2 S_\odot$ gleich sein soll der von der Planetenoberfläche (in alle Richtungen) abgegebenen Wärmestrahlung $\varepsilon 4\pi R^2 \sigma_{SB} T^4$, worin der Koeffizient α die mittlere Absorptivität der Planetenoberfläche (im Sichtbaren) angibt und der Koeffizient ε die mittlere Emissivität (im Thermischen), vgl. (2.7.1). Die Werte von α und ε liegen definitionsgemäß zwischen 0 und 1. Für unsere heutige Erde gilt näherungsweise $\{\alpha\ ,\ \varepsilon\} \approx \{0,7,\ 0,6\}$, und wir finden für T durch Gleichsetzen der obigen beiden Strahlungsleistungen: $T = 278$ $\mathrm{K}(\mathrm{AE}/r)^{1/2}(\alpha/\varepsilon)^{1/4} = 288$ K, wie schon eingangs vorweggenommen wurde; vgl. Abb. 1.5.1.

Gleichzeitig lehrt diese Formel, dass ein in seiner Umlaufbahn benachbarter Kleinkörper der Erde, der vollständig (wie ein ‚schwarzer' Körper) absorbiert und re-emittiert, d.h.$\{\alpha\ ,\ \varepsilon\} = \{1,\ 1\}$ realisiert, eine Temperatur von 278 K = 5 °C haben würde, d.h. 10 K kühler wäre, ohne von einem Eismantel überzogen zu sein. In Analogie zu gläsernen Gewächshäusern spricht man hierbei vom ‚Treibhauseffekt' der irdischen Troposphäre, welche in hohem Maße durchlässig ist für das einfallende Sonnenlicht (ohne Wolken), hingegen weit weniger durchlässig ist für die ausgesandte Wärmestrahlung der Erdoberfläche, die ohne eine isolierende Gasschicht direkt in den 3 K kalten Nachthimmel entweichen würde. Das Strahlungs-Gleichgewicht stellt sich erst bei einer um 10 K höheren Oberflächentemperatur der Erde ein. Die ausgesandte Wärmestrahlung wird hauptsächlich von der Oberseite der Troposphäre abgegeben, bei deutlich niedrigeren Temperaturen (als am Boden), wie bei einem Treibhaus.

In der Meteorologie hat sich eine geringfügig andere Sprechweise eingebürgert: Da bezeichnet man als ‚Treibhauseffekt' die erhöhte Temperatur (eines Planeten) gegenüber einem Vergleichs-Himmelskörper, der überhaupt nicht wärmeisoliert ist, jedoch die gleiche Absorptivität im Sichtbaren hat, d.h. für den $\{\alpha\ ,\ \varepsilon\} = \{0,7,\ 1\}$ gilt. Auf der Erdbahn hätte der Vergleichskörper dann nur eine Temperatur von 254 K, und der Treibhauseffekt der Erde betrüge volle 34 K, (statt der obigen 10 K). Diese Sprechweise halten wir

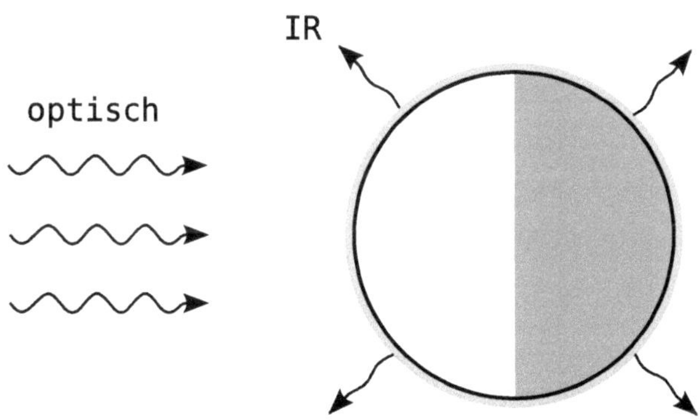

Abbildung 1.5.1: *Treibhauseffekt* der Erdatmosphäre: Von der Sonne (einseitig) eingestrahltes *Tageslicht* durchsetzt weitgehend die wolkenfreien Bereiche der Atmosphäre und erwärmt die bestrahlten Gebiete der Erdoberfläche, während nur ein kleiner Teil der Oberflächenwärme ungeschwächt durch die Atmosphäre in den (3 K kalten) Weltenraum entweicht, durch eine Kombination aus Wärmeleitung und Wärmestrahlung. Hiermit wird die Erde (an ihrer Oberfläche) durch die Sonne erhitzt. Gleichzeitig kühlt das Erdinnere beständig langsam ab, wird aber radioaktiv, chemisch und durch Sintern nachgeheizt. Außerdem dringt beständig ein wenig kosmische Strahlung verschiedener Frequenzintervalle in die Atmosphäre unseres Planeten ein, ohne wieder zu entweichen. Vorsicht: In unserer Skizze ist die Dicke der Atmosphäre etwas übertrieben dargestellt, um als solche klar erkennbar zu sein.

für unglücklich, weil die Güte eines Treibhauses ja stets durch die Werte seiner *beiden* Koeffizienten α und ε gekennzeichnet ist, d.h. durch seine hohe Transparenz in der einfallenden und geringe Transparenz in der entweichenden Strahlung. Uns erscheinen die obigen (kleinen) Vergleichskörper mit $\{\alpha, \varepsilon\}=\{1, 1\}$ angemessener. Aber Vereinbarungen sind letztlich willkürlich, man sollte ihretwegen kein Kriegsbeil ausgraben.

Einig sind wir uns alle darüber, dass die (mehr oder weniger geringe) Wärmedurchlässigkeit unserer Troposphäre entscheidenden Einfluss ausübt auf unser ‚Klima', d.h. auf das Schmelzen der Gletscher, auf die Höhe des Meeresspiegels (s. jedoch 1.13) und auf die Stärke der heftigen Unwetter. In den vergangenen Jahr-Hunderttausenden wurde das Klima hauptsächlich moduliert durch die schwankende Primäreinstrahlung der Sonne und die weltweiten Vulkanausbrüche (unterschiedlicher Stärke), in diesem Jahrhundert bewirkt die noch ständig im Wachsen befindliche Technologie der im Wachsen befindlichen Menschheit mindestens Vergleichbares.

Und wodurch genau wird die wärmeisolierende Wirkung unserer Troposphäre beeinflusst? Am meisten diskutiert wird ein Übermaß an *Kohlenstoffdioxid*, ferner an Methan und an Wasserdampf, aber auch erhöhte Konzentrationen einer Reihe weiterer, seltenerer atmosphärischer Gase. Ihre Moleküle absorbieren stark im infraroten Spektralbereich, durch Resonanzen ihrer Rotationen und Schwingungen, die von Molekül zu Molekül in unterschiedlichen Frequenzintervallen liegen und damit unterschiedliche Spektralfenster der Troposphäre mehr oder weniger schließen können, durch Streuung und/oder Absorption, wenn sie in übernatürlichen Häufigkeiten auftreten. Diese Häufigkeiten werden gepuffert durch die Biosphäre, vor allem durch die Regenwälder, aber auch durch die Silikate der (felsigen) Erdkruste, die gemäß dem Urey-Prozess in Karbonate ‚verwittern' können, und auch durch die Ozeane, die unterschiedlich viel von ihnen schlucken bzw. abblasen können. Vor allem aber darf die wärmeisolierende Wirkung der *Verdampfung* von Wasser nicht unterschätzt werden: Wasserdampf isoliert ebenfalls im Thermischen, darüber hinaus im Sichtbaren – durch Wolkenbildung – und kann sich daher unter dem Strich stark kühlend auswirken.

Im Wettstreit dieser mehr oder weniger wärmeisolierenden Komponenten der Troposphäre ist unser Planet Gaia offenbar in seiner Vergangenheit bisher den Gefahren von Skylla und Charybdis entgangen, nämlich entweder vollständig zu vereisen, oder aber vollständig auszutrocknen; wonach eine Rückkehr zu gemäßigteren Klimaten kaum möglich gewesen wäre [Rampino & Caldeira 1994]. Nähern wir uns gegenwärtig der Charybdis, d.h. dem Wärmetod? Oder kann Gaia noch eine Notbremse ziehen und konvektiv kühlen? Sobald nämlich die unteren Lagen der Troposphäre eine kritische Überhitzung gegenüber den oberen Lagen erreichen, infolge einer zu starken Wärmeisolierung durch Treibhausgase, hilft sich Gaia durch *Konvektion*, bei der dann große, warme Luftpakete schnell aufsteigen und ihre Wärme an der Oberseite der Troposphäre ebenso schnell wieder abgeben, durch Strahlung in den kalten Weltenraum. Dieser konvektive Kühlmodus ist den großen Raubvögeln und Segelfliegern schon in kleinem Rahmen (d.h. lokal) vertraut, die sich gern davon emportragen lassen, bis hinauf zu den höchsten Berggipfeln. Schwer vorherzusagen ist jedoch, ob dieser zusätzliche Kühlmechanismus bereits früh genug einsetzt, um Bangladesch vor seiner (dauernden oder kurzzeitigen) Überflutung durch den indischen Ozean zu bewahren. Wobei auch diese Gefahr in Abschnitt 1.13 als geringer erkannt werden wird als oft prognostiziert, weil Kontinente schwimmen, und weil Ozeanbecken nicht streng steif sind, sondern mit zunehmender Belastung zunehmend durchhängen.

Stabilisierend auf unser Klima wirkt aber nicht nur das Maß an konvektiver Kühlung der Atmosphäre, sondern wahrscheinlich auch der Grad an Bewölkung; wobei Wolken einerseits zusätzlich wärmeisolierend wirken, andererseits die solare Einstrahlung am oberen Rand der Troposphäre abfangen. Und in welchem (geringen) Maß stabilisiert uns die Erdkruste unter unseren Füßen? Unvermeidbar scheint hingegen zu sein, dass zunehmende Erwärmung der Troposphäre zunehmende Unwetterschäden impliziert, weil mehr Energie in sie hineingepumpt wird, die sogleich wieder abgebaut (dissipiert) werden möchte.

1.6 Warum schwankt die Tageslänge über Jahrzehnte?

Jetzt gelangen wir wieder in ruhigere Fahrwasser, mit eher akademischen als politischen Auswirkungen: Es geht um die Rotation unseres Heimatplaneten Erde auf langen Zeitskalen, wobei dessen fluider Kern und der darin enthaltene feste innere Kern nicht ganz starr aneinander gekoppelt sind. Insbesondere der *fluide Kern* steht in schwachem Drehimpulsaustausch mit den inselförmigen Leitfähigkeitsinhomogenitäten im Erdmantel wie auch mit dem außen vorbeistreichenden Sonnenwind. Die uns vorliegenden Messserien sind empfindlich genug, um nicht einfach unerklärte Schwankungen der Periode in gewissen Teilbereichen einer seiner Komponenten zuordnen zu können, wofür wir ein Beispiel angeben. Aus einer vollständigen Analyse des gemessenen Rotationsverlaufs unserer Erde erfahren wir u.a. Einschränkungen über ihre vergangenen Verformungen. Zugleich machen wir uns ein paar Gedanken über das, was sich z.B. aus Energieverteilungen (Flacker-Rauschen) erschließen lässt.

Unser Leben ist intim auf die Tagesperiode abgestimmt, mit der nächtlichen Schlafpause – wann immer wir sie uns leisten können – mit den Mahlzeiten, den Schaffens-, Denk- und Erholungs-Phasen. Sowohl die Tiere als auch die Pflanzen fühlen diese Periode, oft auf wenige Minuten genau, selbst wenn sie ein paar Tage lang eingesperrt werden, in dunkle Bunker, fernab vom Sonnenlicht, vom Verkehrslärm und von verführerischen, tageszeitlich wechselnden Düften. (Dies trifft nicht mehr notwendig zu auf länger anhaltende Experimente, der Dauer von mehreren Wochen). Wahrscheinlich haben wir uns auf die Tagesperiode eingestellt, durch langjähriges Training, könnten uns aber binnen weniger Wochen auf eine neue Periode umstellen, falls wir auf einen anderen Himmelskörper übersiedeln wollten. Unser Heimatplanet wird uns eine solche Umstellung so schnell nicht zumuten, denn sein Eigen-Drehimpuls oder ‚Spin', bleibt erhalten, solange die Erde nicht mit gewaltigen, außerirdischen Massen in enge dynamische Wechselwirkung gerät, etwa durch den nahen Vorbeiflug an einem Schwesterplaneten oder dessen Mond. Mit zwei geringen, aber wichtigen Ausnahmen: Die von Mond und Sonne ausgeübten Gezeitenkräfte – bekannt durch Ebbe und Flut der großen Gewässer – bremsen den Spin der Erde gemeinsam ab, mit einer gegenwärtig mittleren Rate von $(1,6 \pm 0,2)$ msec pro Jahrhundert. Und: Der die Erdmagnetosphäre umströmende Sonnenwind bremst den fluiden Erdkern geringfügig.

Das jedenfalls fordert der Drehimpulssatz, solange wir die Erde als starren Körper voraussetzen. Tatsächlich trifft diese Annahme aber nur näherungsweise auf den festen Erdmantel zu, während die Atmosphäre, die Ozeane und der fluide und feste Erdkern beständig mehr oder weniger abkoppeln, d.h. mit geringfügig versetzten Winkelgeschwindigkeiten umlaufen. So führen beispielsweise starke zeitweilige troposphärische Westwinde zu einer (zeitweiligen) Verlängerung der Tageslänge, desgleichen ein stärkerer polarer (ozeanischer) Ringstrom oder ein stärker subrotierender Erdkern. Vorsicht Vorzeichen: Wir meinen, vgl. Abschnitt 1.3, dass unser fluider Erdkern beständig von außen her magnetisch gebremst wird, durch Reibung am uns umströmenden Sonnenwind, sodass eine zeitweilig stärkere Bremsung wiederum zu einer Verlängerung der Tageslänge führen sollte, einerseits wegen der nicht ganz vernachlässigbaren mechanischen Kern-Mantel-Reibung und andererseits wegen einer schwachen effektiven Reibung des den Erdmantel durchsetzenden Magnetfeldes an seinen inselförmigen elektrisch-leitenden Einschlüssen, s. Abb. 1.6.1.

Was ist bekannt seitens der Messdaten? Wie genau hält die Drehung des Erdmantels ihre Spin-Periode ein? Etwa auf $0,03$ Mikro-Sekunden, wie das (1958 eingeführte) LORAN-System, mit seiner langfristigen Uhren-Genauigkeit von 10^{-15}, neuerdings sogar 10^{-18}, oder sogar 10^{-20}? Keineswegs! (Dabei steht „LORAN" für „LOng RAnge Navigation"). Messungen der Tageslänge P lassen sich, bei Mittelung über fünf aufeinanderfolgende Tage, mit einer absoluten Genauigkeit von $0,02$ ms ausführen, entsprechend einer relativen

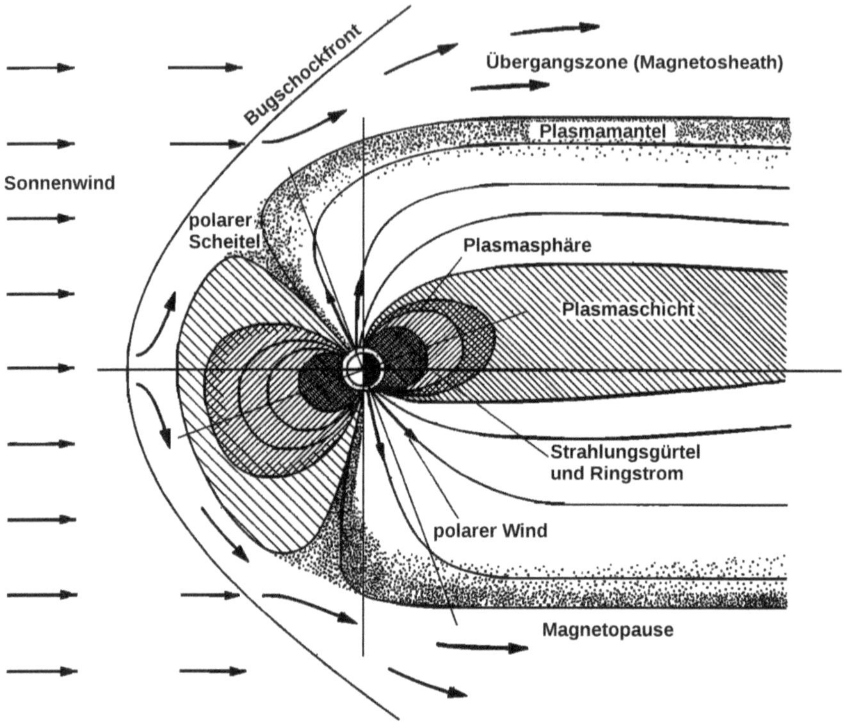

Abbildung 1.6.1: *Reibung* der Erdrotation *am Sonnenwind*: Durch ihre *korotierende Magnetosphäre* wird die Erde beständig geringfügig vom vorbeistreichenden Sonnenwind gebremst. Das irdische Magnetfeld ist dabei hauptsächlich in ihrem fluiden Kern verankert, tendiert aber andererseits, in den (elektrisch) gut leitenden Sonnenwind einzudringen und von ihm mitgerissen zu werden. Hierdurch wird Drehimpuls vom Erdkern auf den entweichenden Sonnenwind übertragen, mithin die Erde abgebremst. Die Literatur enthält unterschiedliche Antworten hinsichtlich der Stärke dieses Effekts, s. [Kundt & Volland 1989].

Messgenauigkeit von $10^{-9,7}$ [Ward 1989]. Jahrzehntelange Messreihen zeigen, dass die Tageslänge auf allen Zeitskalen schwankt, die länger sind als eine Woche. Subtrahiert man ihre o.g. lineare Zunahme von 1,6 ms pro Jahrhundert, so bleibt in etwa ein ‚*Flacker-Rauschen*‘ übrig, d.h. eine ungefähre Potenz-Verteilung der Messwerte, deren ‚Leistung‘ logarithmisch gleichverteilt ist über alle (erfassten) Frequenzen, d.h. in der weder ‚blaue‘ (hochfrequente) noch ‚rote‘ (niederfrequente) Beiträge im Spektrum dominieren und die sowohl im Limes $f \to 0$ als auch im Limes $f \to \infty$ langsam divergiert, $f :=$ Frequenz. Etwas technischer spricht man auch von ‚1/f-Rauschen‘. Bei Flackerrauschen steckt in jeder Frequenz-Oktave (oder -Dekade) gleich viel Leistung, s. Abb. 1.6.2, und [Press 1978].

Weitere Beispiele für Flacker-Rauschen sind die Ströme in elektrischen Leitern, die Ganggenauigkeit von Präzisionsuhren auf langen Zeitskalen, Flussgeschwindigkeit von irdischen Strömen (Nil) oder auch von Sanduhren, seismisches Rauschen, Sonnenfleckenzahlen, Temperaturschwankungen, Lichtkurven galaktischer Kerne (QSOs), aber auch Aktienkurse, oder Schallausgabe von Radiosendungen, oder auch deren Nulldurchgänge. Kurz: Fast alles ‚flackert‘, wenn man es nur lange genug und gründlich genug beobachtet. Als Spezialfall solcher *Zufallsverteilungen* gehören hierher auch die Massenverteilung (m) der verschiedenen Aerosole in der Erdatmosphäre, $m^2 dN/dm = \mathrm{const}$, von interplanetaren Kleinkörpern im Sonnensystem sowie die Energieverteilung (ϵ) der relativistischen Elektronen und Positronen in den Köpfen der Jet-Quellen, $\epsilon^2 dN/d\epsilon = \mathrm{const}$, auf die wir in 7.2 zurückkommen werden. Diese in der Astrophysik oft anzutreffenden *logarithmischen Gleichverteilungen* von Masse oder Energie – $\epsilon\ dN/d\ln\epsilon = \mathrm{const}$ – entstehen wahrscheinlich bei der Umverteilung als Folge von {Masse, Energie}-Erhaltung unter Berücksichtigung des Entropiesatzes, der nur im Idealfall verlustfreier Umwandlung logarithmische Gleichverteilung bis zu den höchsten Energien hinauf erlaubt.

Noch einmal zurück zur Tageslänge, mit anderen Worten: Wir kennen ihre Schwankungen δt auf Zeitskalen zwischen einer Woche und 100 Jahren. Sie betragen ± 5 ms auf der Zeitskala von 30 Jahren, und wachsen betragsmäßig mit dem Zeitintervall t wie $\sqrt{t}$ an. In geringfügiger Abweichung von diesem Gesetz sind die Perioden ‚Monat' und ‚Jahr' und ihre ersten ‚Oberwellen' (14-tägig und halbjährig) etwas stärker vertreten, d.h. ragen aus dem Rauschspektrum geringfügig heraus, als Resonanzen, bewirkt durch die (fluktuierenden) Gezeitenkräfte von Mond und Sonne. Alle übrigen, quasi-kontinuierlichen ‚Exkursionen' der Tageslänge sollten dann verstanden werden als verursacht durch 1) die schwach angekoppelte Atmosphäre, 2) die noch schwächer angekoppelten Ozeane, 3) einen sich langzeitlich verformenden Erdmantel, und ggf. 4) durch den fluiden und festen

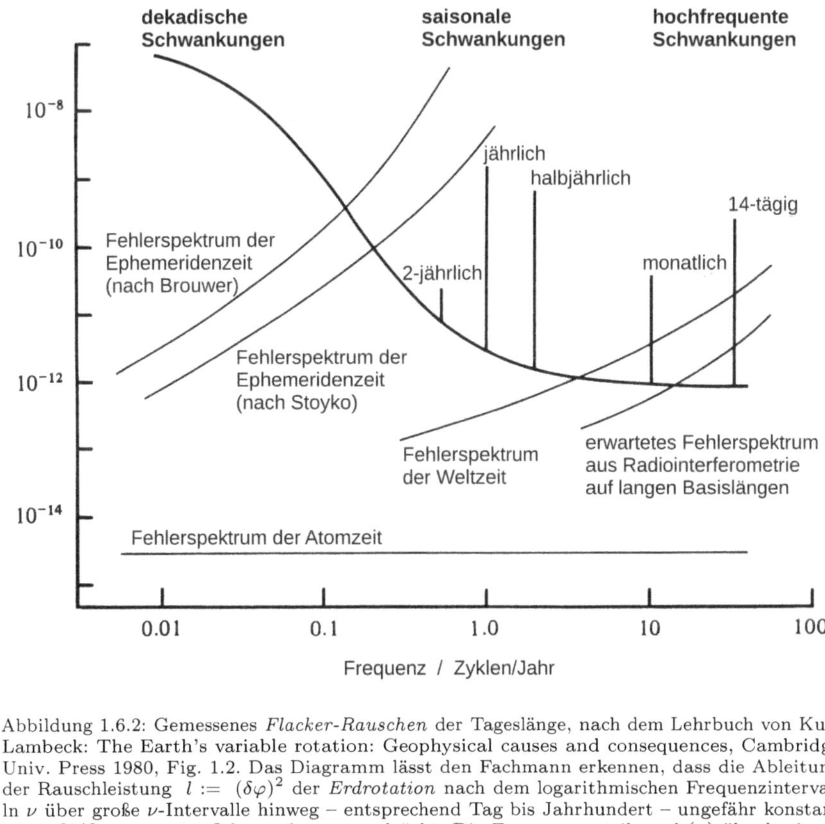

Abbildung 1.6.2: Gemessenes *Flacker-Rauschen* der Tageslänge, nach dem Lehrbuch von Kurt Lambeck: The Earth's variable rotation: Geophysical causes and consequences, Cambridge Univ. Press 1980, Fig. 1.2. Das Diagramm lässt den Fachmann erkennen, dass die Ableitung der Rauschleistung $l := (\delta\varphi)^2$ der *Erdrotation* nach dem logarithmischen Frequenzintervall $\ln\nu$ über große ν-Intervalle hinweg – entsprechend Tag bis Jahrhundert – ungefähr konstant ist: $\nu\ \partial l/\partial\nu \approx \mathrm{const}$. Oder anders ausgedrückt: Die Frequenzverteilung $l\ (\nu)$ ähnelt einem Flackerrauschen, $\partial l/\partial\nu \sim 1/\nu$.

Erdkern. Diese vierte mögliche Rausch-Ursache, ein schwach angekoppelter Erdkern, wurde in der Literatur gern zur Erklärung der ‚dekadischen' Fluktuationen herangezogen, konnte aber durch uns ausgeschlossen werden, in Amplitude wie auch in Phase [Kundt & Volland 1989].

Damit verbleiben also zur Erklärung des Rausch-Spektrums der Tageslänge nur mehr 1) die ungleichförmig bewegte Atmosphäre, besonders auf den kurzen Zeitskalen (von Wochen bis Monaten), 2) die ungleichförmig bewegten Ozeane, wennschon etwa zehnfach schwächer schwankend, weil in ihren Becken fester eingesperrt, und 3) die langsame Verformbarkeit des Erdmantels, mit seinen Gebirgsauffaltungen und wechselnden Vereisungen und Schneelasten, die sich vor allem auf den langen (dekadischen und super-dekadischen) Zeitskalen auswirken sollte. Wir wohnen auf einem dynamisch aktiven Planeten!

Natürlich nehmen unsere Kenntnisse all dieser dynamischen Wechselwirkungen immer noch zu, bei wachsender Genauigkeit ihrer Vermessungen und zunehmendem öffentlichen Interesse am Klima-Problem. Dabei bewährt sich eine unabhängige Diskussion der Zeitableitung dP/dt der Tageslänge P(t) (statt von P selbst): Sie korreliert enger mit den schwankenden Drehmomenten auf den Erdmantel, ist dimensionslos und von der Größenordnung 10^{-8}, und kann mindestens auf 10 % genau bestimmt werden. Sie erlaubt uns noch besser, den Pulsschlag unseres Heimatplaneten zu kontrollieren. Wie bereits angedeutet, haben wir auf diese Weise gefunden, dass sich (auch) unser Erdmantel zeitlich verändert: Sein Trägheitsmoment $I = \int r_\perp^2\, dm$ schwankt auf der Zeitskala von Dekaden, geringfügig aber messbar, durch Gebirgsbildungen, Vereisungen und Verschneiungen. So bedeutet eine zusätzliche globale Eisschicht der Dicke 1cm eine Vergrößerung des Mantel-Trägheitsmoments der relativen Größenordnung $10^{-9,5}$, marginal groß genug, um unseren Messkurven nicht zu entgehen.

Oben sprachen wir vom LORAN-System. Sowohl moderne Technik als auch astronomische Präzisionsmessungen (VLA, VLBI, VLBA) brauchen höhere Messgenauigkeiten (als $10^{-9,7}$). Das seit über zehn Jahren international eingeführte Globale Positions-System *GPS* arbeitet gegenwärtig mit *Nanosekunden*-Genauigkeit, was bei vermessenen Zeitintervallen von {Stunde, Tag, Jahr, Jahrzehnt} relativen Messgenauigkeiten von $\{\lesssim 10^{-12}, 10^{-14}, 10^{-16,5}, 10^{-17,5}\}$ entspricht, die unsere besten Atomuhren ablesen und realisieren können, seit der Erfindung der Frequenzkämme. Sekundenanzahlen kann der Mensch ohne Hilfen ablesen, nicht hingegen viel kürzere Zeitintervalle. Werden kürzere Ablesezeiten erforderlich, müssen die Atomuhren miteinander und mit den von ihnen vermessenen Prozessen über elektromagnetische Signale kommunizieren. Dann muss bei der physikalischen Auswertung auf der (schweren, rotierenden) Erde auch die Allgemeine Relativitätstheorie berücksichtigt werden. In Abschnitt 10.1 werden wir hierauf zurückkommen, im Zusammenhang mit der schwierigen (und zwischenzeitlich fehlerhaften) Geschwindigkeitsmessung der CNGS-Neutrinos, (:= CERN ns), wo neugebildetes Plattengestein (an der Spreizungslinie) in diskreten Streifen sichtbar ist, in Scheiben der Dicke 0,5 m.

Damit kommen wir zu der Deutung durch einen ‚*vulkanischen Zaun*' [Kundt & Jessner 1986, Kundt 1998b], der in quasi regelmäßigen zeitlichen Abständen (von etwa 50 Jahren) je zwei einander gegenüberliegende Streifen benachbarter Platten ruckartig auseinanderdrückt, um insgesamt einen Meter, binnen ca einer Sekunde; s. Abb. 1.1.4. (Denn: deutlich langsamerer Druckaufbau wäre ineffektiv, deutlich schnellerer Druckaufbau hingegen würde zu hohe kinetische Energien erfordern. Dabei entstehen neue Kontaktunstetigkeiten, dicht bei den alten und nur etwa halb so lang wie der (über 1000 km lange) verschobene und gestauchte Plattenstreifen; jenseits davon werden die aufgestauten Spannungen nur langsam und in vielen kleinen Schüben abgebaut, während der Folgejahre, die größeren unter ihnen als Erdbeben spürbar. Eine stetige Plattenbewegung über große Entfernungen hinweg wird also vorgetäuscht durch viele kleine diskrete Schritte ihrer Teil-Streifen, die größten unter ihnen, an ihren Enden, mit (lokalen) Schrittweiten bis zu mehreren Metern, realisiert bei den stärksten Erdbeben.

Und wie funktioniert ein vulkanischer Zaun im Detail? Jede einzelne Zaunlatte ist ein ‚Hotspot'. Sie bildet sich anfangs stochastisch, in der Tiefe, an der Grenze des kristallinen

Erdmantels über seiner Schmelze, dem fluiden Erdkern. Die lokalen Berge der welligen Grenzfläche (genannt D") sind instabil, sie wachsen, weil die fluide, konvektive Phase besser nachgeheizt wird als die benachbarte, diffusiv wärmeleitende Gesteinsschicht. So werden aus anfänglich kleinen Hügeln bald lange vertikale, heiße Röhren – ‚Diapire' genannt – deren Druck langsamer mit der Höhe abnimmt als im benachbarten Fe Neutrinos (empfangen im) Gran Sasso tunnel im Jahr 2012, durch Torben Ferber et al).

1.7 Wie kam der Sauerstoff in die Erdatmosphäre?

Als Vorreiter der Weltraumforschung ist der Amerikaner Carl Edward Sagan (1934-1996) noch heute kein Unbekannter. Schon frühzeitig stellte er sich die Frage, wie man dem fernen Planeten eines fernen Sterns von der Erde aus ansehen könne, ob auch er Leben beherbergt. Als Kriterium wollte er dabei das (reichliche) Vorhandensein von Sauerstoff in seiner Atmosphäre benutzen, denn es schien Sagan plausibel, dass etwaiges Leben auf anderen Planeten ebenfalls auf die Oxidation von Nahrung zur Energiegewinnung angewiesen wäre, und dass insbesondere der irdische Luftsauerstoff von der Biosphäre selbst bereitgestellt worden sei, nämlich vor allem von den küstennahen blaugrünen Algen in den äquatornahen Ozeanen, von denen man noch heute bei kräftiger Sonneneinstrahlung Sauerstoffblasen an die Wasseroberfläche aufsteigen sieht. Hiermit sind wir nicht einverstanden.

Wir werden argumentieren, dass einerseits die Biosphäre weitgehend *zyklisch* arbeitet, d.h. dass Pflanzen den beim Wachsen freigesetzten Sauerstoff später wieder binden, beim Verwesen oder Verbrennen, und dass es andererseits rein *anorganische* Prozesse gibt, die wahrscheinlich den Luftsauerstoff auf der Erde freigesetzt haben.

Oft kann man als gebildeter Mensch hören oder lesen, unser Planet Erde zeichne sich vor anderen Planeten und Monden aus durch den hohen Sauerstoffgehalt seiner Atmosphäre, 21 Volumenprozente, ein Signal irdischen Lebens. Diesen Sauerstoff habe nämlich seine Biosphäre freigesetzt, in grauer Vorzeit, z.B. in Gestalt der blaugrünen Algen in den flachen Küstenstreifen West-Australiens, wo sie sich auf Stromatolithen angesiedelt haben und mithilfe von Cyanobakterien Photosynthese betreiben. Bei der Photosynthese wird Kohlenstoffdioxid reduziert zu Kohlenstoff und Sauerstoff, solange die Sonne scheint. Kulturfilme zeigen, wie der unter Wasser freigesetzte Sauerstoff blasenweise aufsteigt, heutzutage wie vor fast 3,5 Milliarden Jahren, aus dem Ozean in die Atmosphäre, die dadurch laufend angereichert wird mit dem Gas, ohne welches wir und alle höheren Lebewesen nicht atmen könnten.

Aber sind denn die blaugrünen Algen die einzigen Pflanzen, die Sauerstoff an die Atmosphäre abgeben? Tun das nicht letztlich alle höheren Pflanzen, bei ihrer Photosynthese? Besteht nicht die Meinung, dass Pflanzen zwar auch atmen, wie Tiere, um Energie für ihr Wachstum freizusetzen, jedoch deutlich mehr Sauerstoff freisetzen, wenn sie bei der Photosynthese das eingeatmete CO_2 aufspalten in den primären Baustoff C und in stark überschüssiges O_2? Richtig. Und da die Stromatolithen nur anzutreffen sind in äquatornahen Flachwasserstreifen, der mittleren Breite und Tiefe von 10m, in weniger als 10^{-7} der Gesamtoberfläche der Erde (vom Umfang 40000 km), sollten alle die anderen Pflanzen einen mindestens millionenmal größeren Beitrag zur Sauerstoff-Freisetzung geliefert haben als die blaugrünen Algen, bei vergleichbarer Produktionsrate. Irgendetwas scheint hier nicht zu stimmen.

Tatsächlich arbeitet die Biosphäre weitgehend zyklisch: Wenn die blaugrünen Algen sterben, lassen sie Karbonate zurück, d.h. (chemisch) verbrannten Kohlenstoff, genauso viel, wie sie zu Lebzeiten als Baumaterial benötigten. Und genauso verhalten sich alle übrigen Pflanzen: Der Sauerstoff, den sie zu Lebzeiten freisetzen, wird anschließend wieder gebunden, bei ihrer Verbrennung, ganz gleich, ob dies in einem Tiermagen stattfindet, bei einem Waldbrand, bei ihrer Kompostierung oder bei einer anderweitigen chemischen

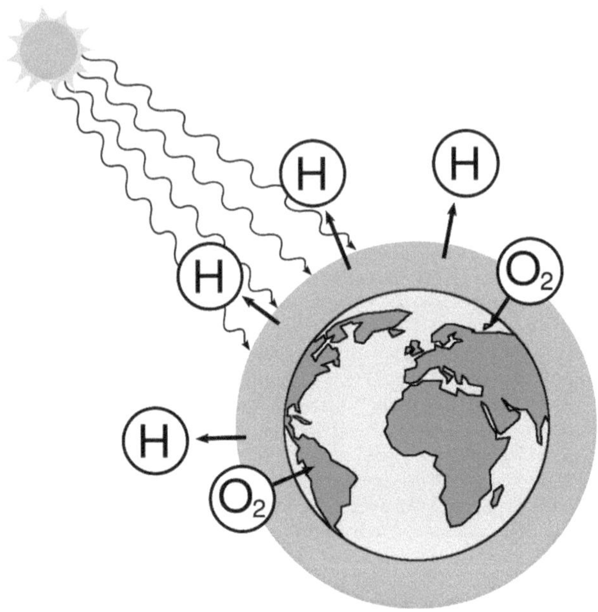

Abbildung 1.7.1: Wie gelangten die (heutigen) 21% *Sauerstoff* in die irdische Atmosphäre? Vermutlich nicht durch die Biosphäre, die fast immer zyklisch arbeitet, d.h. die beim Absterben im Mittel gleich viel Sauerstoff bindet wie sie beim pflanzlichen Wachstum (durch Photosynthese) freisetzt, sondern hauptsächlich *abiogen*, durch Aufspaltung von Wasserdampf in der Hochatmosphäre ($\gtrsim$400 km Höhe), mittels solarem UV-Licht, gefolgt vom Abdampfen des einatomigen Wasserstoffs durch die Exosphäre, während sich der einatomige Sauerstoff mit seinesgleichen verbindet und als O_2 in die Atmosphäre zurückfällt. Vorsicht: Die Dicke der Atmosphäre wurde hier stärker übertrieben als in Abb. 1.5.1.

Umsetzung. Unter dem Strich bleibt fast kein Sauerstoff übrig, wobei sich das „fast“ auf die geringe Ausnahmemenge von Fossilien bezieht, auf Torf, Braunkohle und auf partielle Versteinerungen, die durch rechtzeitige ‚Begräbnisse‘ organischen Materials unter Sauerstoffabschluss entstehen, in Sümpfen, oder abgedeckt durch Vulkanasche, vgl. 1.2. Nirgendwo wird der – organisch stark angereicherte – Mutterboden dicker als ein paar Dezimeter.

Wenn also unsere Biosphäre (nahezu) zyklisch arbeitet, woher kam dann der viele Sauerstoff, der sich in unserer heutigen Atmosphäre befindet? Im Mantel der Erde ist der Sauerstoff an das Silizium gebunden, als SiO_2 , von dem er sich ungern trennt. Vulkanismus fördert vorwiegend reduzierende Stoffe: Methan, Wasserstoff, Schwefel, gelegentlich auch Metalle, d.h. keinen Sauerstoff, vielmehr Brennstoffe, die gern Sauerstoff an sich binden. Uns ist nur ein einziger Weg bekannt, Sauerstoff an der Erdoberfläche freizusetzen, damals wie heute: nämlich durch Aufspaltung von Wasserdampf in der Hochatmosphäre, in Sauerstoff und Wasserstoff, durch solares UV-Licht. Von dort aus steigt der (leichte!) Wasserstoff weiter auf, durch Auftrieb, bis zur Basis der Exosphäre (in 400 km Höhe), und verdampft anschließend in den interplanetaren Raum, mit mindestens Entweichgeschwindigkeit (von der Erde), während sich das partnerfreie Sauerstoffatom eher oder später mit einem anderen solchen zu einem Sauerstoffmolekül vereint und der tieferen Atmosphäre eingliedert, s. Abb. 1.7.1.

Dieser Prozess der abiogenen Sauerstoff-Freisetzung aus Wasserdampf sollte begonnen haben, sobald es Wasserdampf an der Erdoberfläche gab, und sollte seitdem nie wieder ausgesetzt haben. Seine Ergiebigkeit lässt sich abschätzen durch den diffusiven, vertikalen Fluss von Wasserdampf, von der Stratosphäre zur Ionosphäre, zwischen 10 und 100 km Höhe: Hunten [1997] nennt eine gemessene vertikale Entweichrate von $10^{8,5}/cm^2s$ Wasserstoffatomen. Integriert über das Erdalter seit der Existenz von Ozeanen und multipliziert mit dem atomaren Massenverhältnis 8 von Sauerstoff zu Wasserstoff (im Wassermolekül) entspricht dieser Wasserstoff-Abstrom einer hinterbliebenen Sauerstoffmasse von $10^{2,6}$ g/cm^2, etwa dem Doppelten der heute in der Lufthülle vorhandenen. Der Sauerstoff-Überschuss dürfte hauptsächlich Ferrit-Bildung und Sulfat-Bildung an der Erdoberfläche bewirkt haben: $FeO + O \rightarrow Fe_2O_3$ sowie: $M_2SO_3 + O \rightarrow M_2SO_4$.

Die blaugrünen Algen sind daher augenscheinlich zu unrecht verdächtigt worden, als Sauerstoffproduzenten für die Biosphäre gedient zu haben. Zerlegung von Wasserdampf in der Ionosphäre, bewirkt durch solare UV-Strahlung, hatte und hat just die geeignete Ergiebigkeit, irdisches Leben zu ermöglichen. Nach Michael Hart [1978] wird dieser Prozess in etwa 0,5 Gigajahren die obere Grenzdichte (von 35 %) erreicht haben, jenseits welcher die Biosphäre durch eine einzige unentsorgte Zigarette in Flammen aufgeht.

1.8 Wodurch wird die Erdatmosphäre auf Hochspannung aufgeladen?

Seit alters her ist bekannt, dass irdische Wolken nicht nur die Vorstufe von Niederschlägen sind, sondern vielfach zugleich die Vorstufe heftiger Gewitter, vor denen es gut tut, sich in acht zu nehmen. Seit Benjamin Franklin (1706-1790) schützt man sich vor ihnen durch Blitzableiter auf den Häusern. Was bewirkt die elektrische Aufladung der Gewitterwolken? Schon in den 1920-er Jahren konnte man im Handbuch der Physik von „trostloser Hilflosigkeit“ (im Verständnis) lesen, aber spätere Generationen gewöhnten sich an diese Erklärungslücke, sogar bis hin zu Richard Feynman, und trauten es den Wolken selbst zu, die Batterien der Luftelektrizität zu sein, mit einem permanent fließenden atmosphärischen Strom (von einem kA (= kilo Ampere)), der gemessen wurde. Dabei liegt an der Troposphäre im Mittel eine Spannung von 0,4 MV (=MegaVolt). Dieses Paradoxon (eines Dauerstroms bei konstanter Entladung) verstärkte sich dann noch im 20. Jahrhundert, als entdeckt wurde, dass die Ionosphäre oft sogar auf +0,1 GV gegenüber dem Erdboden aufgeladen ist und gelegentliche Gammastrahlblitze nach oben aussendet.

Folgende Lösung dieses Paradoxons schlagen wir vor: Die Aufladung erfolgt durch von außen einfallende *Kosmische Strahlen*. Diese erzeugen relativistisch schnelle Elektronenströme durch die Mesosphäre, deren Aufladung von der Stratosphäre bis hin zum Erdboden fortgesetzt wird – durch die Troposphäre – von den fallenden *schweren Ärosolen*. Vernünftigerweise verschwindet der vertikale Gesamtstrom (im Mittel), weil der Ladestrom gleichzeitig durch den Strom troposphärischer Mini-Ionen kompensiert wird. Gewitterwolken verstärken diese permanente atmosphärische Aufladung lokal mittels Charles T.R. Wilsons fallender polarisierter Tropfen, die sich alternierend elektrisch aufladen. Hierbei - so meinen wir - entstehen dann auch (die meisten der) FRBs - "schnelle Radio-Blitze" - deren übergalaktisch große Dispersionsmaße in der Literatur gewöhnlich zu extragalaktischen Deutungen geführt haben, die wir für Fehldeutungen halten, s. Abb. 1.8.1, und auf die wir in Abschnitt 5.4 ein weiteres Mal zu sprechen kommen werden. Bei ihrer gleich anschließenden Neutralisierung entstehen (nach oben gerichtete) irdische Gammastrahl-Blitze, die von Astronauten gesehen wurden. Unsere Hochatmosphäre strahlt stochastisch!

Wir Erdenbürger sind an Gewitter gewöhnt, besonders in äquatornahen Zonen, wenn die zunehmende Sonneneinstrahlung am Vormittag zu verstärkter Wolkenbildung führt, die mit Gewitterschauern, Blitzen und Donnergetöse den Nachmittag für Spaziergänger oft ungemütlich gestaltet. Aber warum laden sich Wolken manchmal elektrisch auf, meistens hingegen gar nicht, oder jedenfalls nicht auffällig? Müssen die Wolken ihre Spannung selbst aufbauen, oder lediglich eine bereits in der Lufthülle vorhandene Spannung nachverstärken? Und wodurch wird überhaupt die – i.A. neutrale – Lufthülle elektrisch aufgeladen? Warum befinden wir uns vor unserer Haustür, d.h. unter freiem Himmel, gewöhnlich in einem vertikalen Spannungsfeld von (125±15) V/m, ohne dies zu merken, mit zeitweiligen Schwankungen bis zu ±5 kV/m, nahe starken Gewittern? Nicht einmal das Genie Richard Feynman [1964] kannte die volle Antwort auf diese einfache Frage aus dem Alltagsleben. Und Alejandro Luque & Ute Ebert [2010] beharren auf einer unrealistischen numerischen Simulation.

Die Frage ist mindestens so alt wie die fundamentalen Maxwellschen Gleichungen der Elektrodynamik, die alle elektromagnetischen Erscheinungen quantitativ zu beschreiben gestatten. Letztere implizieren u.a., dass sich eine neutrale Sphäre (Kugeloberfläche) nicht durch Induktionsprozesse aufladen lässt, d.h. nicht durch Prozesse, bei denen bereits vor Ort vorhandene elektrische Ladungen lediglich vorübergehend getrennt werden; wie z.B. im Fall unserer Erde durch Gewitter, oder durch magnetosphärische Prozesse [Gaisser 1990]. Die Situation ist noch drastischer: Gemessen wird ein beständiger elektrischer Strom des irdischen (dünnen, sphärischen) Kondensators, zwischen Erdoberfläche und Ionosphäre, von etwa einem kilo Ampere (kA), vertikal durch die (schlecht leitende) Atmosphäre, wobei die Erdkugel negativ aufgeladen ist, auf etwa 0,4 MV bereits gegenüber der Stratosphäre. Bei konstantem Stromfluss müsste ihre Spannung linear mit der Zeit anwachsen, um 1 MV pro 10 Sekunden (für einen Kugelkondensator der Dicke 10^2 km im Vakuum). Stattdessen liegt ein quasi-stationärer Zustand vor, mit geringen tageszeitlichen Schwankungen (±15 %) um ihren Mittelwert, und mit Maximum bei 19 Uhr GMT (Greenwich-Zeit), Schwankungen, die weltweit durch das Messschiff Carnegie aufgezeichnet wurden und deshalb als ‚Carnegie-Kurve' bekannt geworden sind. Statt linear mit der Zeit anzuwachsen, gehorcht die troposphärische Spannung weltweit der oszillatorischen Carnegie-Kurve! Nach jahrelangem Durchdenken bezeichnete Benndorf diesen Kenntnisstand im Handbuch der Experimentalphysik von 1928 als einen von „trostloser Hilflosigkeit" (im Verständnis).

Nur ganz wenige Physiker gestehen sich gern ein, wenn sie ein Phänomen nicht verstanden haben; Benndorf war einer von ihnen. Er konnte 1928 noch nicht wissen, dass es starke elektrische Entladungen bis hinauf zu 90 km Höhe gibt, in Gestalt faserig-knotiger, blutroter, vertikaler ‚Kobolde' oder ‚Trolls', geneigter, blauer und auch ‚gigantischer' ‚Jets' oberhalb der Troposphäre und kreisförmiger, oft mit Überlichtgeschwindigkeit expandierender ‚Elfen' (an der Grenze zur Ionosphäre), die erst gegen Ende des 20. Jahrhunderts von Flugzeugpiloten gesichtet und berichtet wurden, s. Abb. 1.8.1. Ferner entdeckten amerikanische Erdsatelliten in den 1990-er Jahren terrestrische Gammastrahl-Blitze (γ-Blitze), mit Röntgen-Energien bis hinauf zu 0,1 GeV (!), die von nach oben schießenden, relativistischen ‚runaway'-Elektronen ausgesandt worden sein sollten, deren Existenz auf zeitweilige Spannungen des terrestrischen Kondensators von bis zu 0,1 GV schließen ließ. Auch das Phänomen der sog. *Kosmischen Strahlen* (cosmic rays) war 1928 noch ziemlich unvertraut; wobei wir unter den ‚Kosmischen Strahlen' diejenigen hochenergetischen Ionen und übrigen geladenen Teilchen verstehen wollen, die fortwährend aus dem Weltraum auf die Erde herniederprasseln, mit Energien bis hinauf zu $10^{20,5}$ eV pro Teilchen. Sie werden oft auch ‚Kosmische Strahlung' genannt, verwechselbar mit der photonischen kosmischen Strahlung; (dieser sprachlichen Mehrdeutigkeit schließen wir uns nicht an). Aber all diese neueren Zusatzkenntnisse klären nicht, wieso sich der Erdkondensator augenscheinlich in einem quasi-stationären Zustand befindet, obwohl beständig ein Ladestrom fließt.

Und wie lautet die Lösung all dieser scheinbaren Widersprüchlichkeiten? Das (quasi-stationäre) Kondensatorproblem verlangt einen im Mittel verschwindenden elektrischen

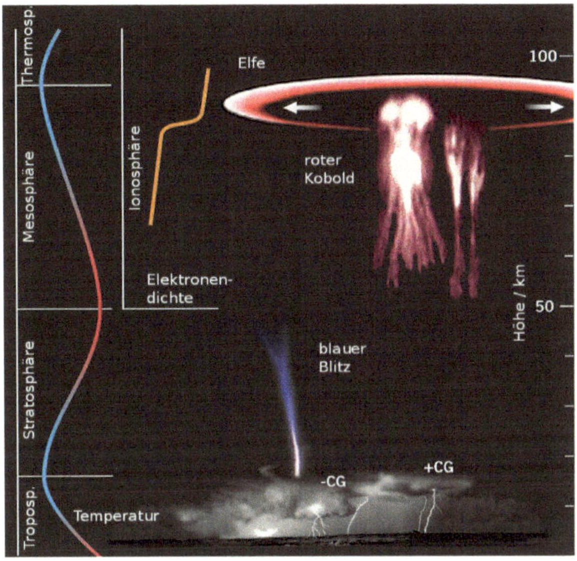

Abbildung 1.8.1: *Subionosphärische Gewitter*: Unsere Erdatmosphäre wird beständig elektrisch aufgeladen, auf $\lesssim$0,1 GV, zwischen Ionosphäre und Troposphäre, durch die einfallenden Kosmischen Strahlen, die beim Aufprall auf die Hochatmosphäre den atmosphärischen Gasmolekülen ihre Elektronen abschlagen, in Einfallsrichtung, mit transrelativistischen Geschwindigkeiten. Hierdurch fließen dünne, jedoch fast lichtschnelle Elektronenströme nach unten und laden die Troposphäre negativ auf gegenüber der Ionosphäre. Die Elektronen werden spätestens in der unteren Stratosphäre wieder abgebremst und von hochgewirbelten Aerosolen absorbiert, mit denen viele dann bis zum Erdboden (weiter-) fallen, bei hinreichendem Masse/Ladung-Verhältnis der Aerosole, sozusagen per Anhalter; sie setzen den atmosphärischen Stromfluss (abgeschwächt) bis zum Erdboden fort. Die Erdoberfläche wird hierdurch permanent negativ aufgeladen, bis zu Spannungen von 0,4 MV, wobei atmosphärische Mini-Ionen für kompensierende partielle Entladungen sorgen. Gewitterwolken bewirken lokale elektrische Nachverstärkungen in der Troposphäre, durch fallende, geladene Wassertröpfchen, bis zu Feldstärken von $\pm$5 kV/m, sowie bis zu Spannungen von 10 MV. Die sich jeweils anschließenden, schlagartigen Entladungen bei lokalen Spannungsüberhöhungen wurden z.T. erst gegen Ende des 20. Jahrhunderts bekannt. Sie werden nicht nur als troposphärische *Blitze* beobachtet, in und nahe troposphärischen Gewitterwolken, sondern auch als stratosphärische, aufwärts gerichtete, farbige (blaue) ‚*Jets*', als fallende, blutrote ‚*Kobolde*' (*Sprite*) in der Mesosphäre, und als über-lichtschnell expandierende, konzentrische rote Ringe, genannt ‚*Elfen*', am Unterrand der Ionosphäre. Auch tragen die stärksten mesosphärischen Entladungen zum Phänomen der (terrestrischen) γ-Strahl-Blitze (*GRBs*) bei, durch umgelenkte, aufwärts beschleunigte Elektronen der kinetischen Energie $\lesssim$0,1 GeV. Zur Beschriftung: „−CG" steht für negative Entladungen zwischen Wolke (Cloud) und Boden (Grund).

Vertikalstrom: d.h. zum einen den bekannten Strom (durch sog. ‚Mini-Ionen', der ungefähren Gesamtstromstärke kA), bei dem sich negativ aufgeladene Moleküle (mit angedockten Molekül-Halos) diffusiv nach oben bewegen und gleichzeitig positiv geladene (ionisierte) Moleküle (ebenfalls mit angedockten Halos) diffusiv nach unten bewegen, bei dem also der Kondensator nicht aufgeladen, sondern vielmehr entladen wird, und zum anderen einen ebenso starken Strom in Gegenrichtung, den Ladestrom, bei dem negativ geladene (und hinreichend schwere) Aerosole im Gravitationsfeld der Erde fallen, nachdem sie zuvor – noch elektrisch neutral – durch Aufwinde hochgewirbelt worden waren, z.T. bis hinauf in die Stratosphäre. Dieser zuerst in [Kundt & Thuma 1999] ausgesprochene Vorschlag ist unseres Wissens bis heute nicht quantitativ nachgemessen worden. Er erfüllt aber alle

Randbedingungen in der Troposphäre, sobald sichergestellt ist, dass die überwiegende Mehrzahl der fallenden Aerosole (hinreichend stark) negativ aufgeladen sind.

Die *Aerosole* sind übrigens seit Beginn der Ballonaufstiege und der Luftschifffahrt bekannt: Es handelt sich bei ihnen um Schwebeteilchen in der Luft, vom Radius zwischen 0,1 μm und 0,1 mm, die sich beständig in der Troposphäre befinden, hochgewirbelt durch Aufwinde, mit ungefähr gleichen Masse-Anteilen pro Dekade ihrer Masse (im angegebenen Bereich). Sie bestehen aus mindestens vier verschiedenen Sorten: 1) aus Überresten von Sandstürmen, d.h. aus verwitterten Gesteinen, 2) aus Rauch, von Vulkanen, von Waldbränden, oder aus von Menschenhand entfachten Feuern, bestehend hauptsächlich aus Mineralasche, Sulfaten, und Nitraten, 3) aus Produkten der Biosphäre: Duftstoffen, Isoprenen, Pollen, Sporen, und Ruß, sowie 4) aus den Schaumkronen der Meere, d.h. aus Meeressalzen. Sie alle schweben beständig in unserer Troposphäre, z.T. sogar bis zur Stratosphäre hinauf, und fallen anschließend wieder auf den Boden herab, umso schneller, je schwerer sie sind: mit Schnecken- bis Radfahrergeschwindigkeit. Beim Herunterfallen, so behaupten wir, nehmen sie jeweils ein paar Elektronen per Anhalter mit, eines bis Tausende pro Aerosol, und sorgen damit für immerfortige, kaum wahrnehmbare, negative Aufladung der Erdkugel.

Solch ein permanenter Elektronentransport durch die Troposphäre nach unten setzt voraus, dass es in stratosphärischen Höhen einen großen Überschuss an freien Elektronen gibt. Und dies ist nicht nur gelegentlich in situ gemessen worden, sondern ist auch theoretisch erwartet, als Sekundärprodukt der (aus wechselnden Richtungen einfallenden) Kosmischen Strahlen. Wenn nämlich die Kosmischen Strahlenteilchen – hauptsächlich Protonen, Elektronen und Positronen – mit fast Lichtgeschwindigkeit aus dem Weltenraum in unsere Hochatmosphäre einfallen, stoßen sie dort hauptsächlich auf Stickstoff- und Sauerstoffmoleküle und schlagen aus ihnen wiederholt ein bis mehrere Elektronen heraus, hauptsächlich in Einfallsrichtung, und nicht selten mit so großer Wucht, dass die ‚sekundären' Stoßpartner ihrerseits beinahe mit Lichtgeschwindigkeit davonfliegen. Die so erzeugte, negativ geladene ‚Wolke' aus oft Tausenden von Sekundärelektronen pro einfallendem Primärion – mit Bremswegen von bis zu Dutzenden von km – bedeutet einen kräftigen elektrischen Strom; sie lässt einen Schweif aus positiven Stickstoff- und Sauerstoff-Ionen hinter sich zurück, dicht unterhalb der Ionosphäre, und kommt erst in der unteren Stratosphäre wieder zum Halten, nach vielen weiteren Stößen. Die dortige Luftschicht reichert sie an mit unzähligen überschüssigen Elektronen, bereit, sich von den in derselben Schicht auf sie wartenden Aerosolen per Anhalter weiter in Richtung Erdboden mitnehmen zu lassen.

Womit der gedankliche Kreislauf geschlossen wäre: Der primäre Ladestrom des Erdkondensators besteht aus den transrelativistischen Sekundärelektronen der Kosmischen Strahlen, die beständig von den aus dem Weltenraum auf die Erde einfallenden Ionen erzeugt werden und zum großen Teil erst in der Stratosphäre wieder zur Ruhe kommen, während die Luftmoleküle, an die sie vorher gebunden waren, als positive Mini-Ionen in den höheren und höchsten sub-ionosphärischen Luftschichten zurückbleiben, wie auch die abgebremsten Primärionen, durch die sie losgeschlagen wurden. Hierdurch wird die Hochatmosphäre beständig aufgeladen, zwischen 10 und 90 km Höhe, im oberen Teil positiv, im unteren Teil negativ. Innerhalb der Ionosphäre gleichen sich elektrische Spannungsunterschiede beinahe mit Lichtgeschwindigkeit aus, durch freie Elektronen bei geringer Gasdichte, in weniger als einer zehntel Sekunde; sie besitzt daher ein nahezu konstantes Potenzial. Sehr viel langsamer hingegen erfolgen Ladungsausgleiche in der Stratosphäre, wegen ihrer höheren Dichte und ihres geringeren Ionisationsgrades und damit weit geringerer Leitfähigkeit, sodass die lokalen Feldstärken in großen Gebieten immer wieder auf kV/m anwachsen, entsprechend (vorübergehenden) Spannungen von bis zu 0,1 GV zwischen Ionosphäre und Boden, vgl. [Su et al 2003]. Solche hohen, zwischenzeitlich erreichten Spannungen führen dann zu den farbenprächtigen Entladungen, die bereits oben genannt wurden.

Ionosphärische Spannungen der Stärke 0,1 GV waren in den 1990-er Jahren eine überraschende Botschaft: Zuvor hatten die Experten eher $\lesssim$MV erwartet. Neu war die

Erkenntnis, dass ‚runaway'-Elektronen in Richtung Weltraum existieren können, die dabei die terrestrischen γ-Blitze emittieren. Diese sich aufwärts bewegenden, harten Elektronen haben typische Energien von MeV und können bei Kollision mit thermischen Photonen diese auf ähnliche Härte (MeV) nachbeschleunigen. Sie können diese hohen Energien nicht auf einer sehr langen Rennbahn erlangt haben, weil ihr Stoßquerschnitt an atmosphärischen Molekülen zwischen 1 und 10 MeV ein ausgeprägtes Minimum durchläuft: Außerhalb dieses Energie-Intervalls ist der Stoßquerschnitt viel größer. Die ‚runaway'- Elektronen benötigen beschleunigende Feldstärken der Stärke kV/m, entsprechend MV/km, oder sogar 0,1 GV/10^2km. Andernfalls werden sie durch Stöße an den Gasmolekülen stärker gebremst als durch das Potenzial beschleunigt. Dieser Schluss trifft gleichermaßen auf Elektronen in troposphärischen Gewitterwolken zu, sowie auf mittel-atmosphärische Entladungen, bei denen sogar Photonen der Energie 10^2 MeV gemessen wurden. Der Schluss auf gelegentliche 0,1 GV (des Gesamtkondensators) scheint unausweichlich.

Und noch einmal, mit etwas anderen Worten: Zwischen 90 km und 10 km Höhe wird unsere Atmosphäre beständig durch Sekundärelektronen der Kosmischen Strahlen aufgeladen, die ihren Geburtsmolekülen abgeschlagen wurden und erst sehr viel weiter unten wieder zur Ruhe kommen. Viele von ihnen setzen ihren ‚Flug' nach unten dann auf der Oberfläche eines schweren Aerosols fort, während andere wieder in ihre Geburtshöhen auftreiben, teilweise gewitterartig, in den nach oben schießenden (blauen und/oder gigantischen) Jets. In welchem Zahlenverhältnis? Aus Stromerhaltungsgründen kann der troposphärische Aerosolstrom nie stärker werden als der mesosphärische Ladestrom der transrelativistischen Elektronen, von dem er seine Ladungen bezieht. Andererseits ist der troposphärische Strom limitiert durch die troposphärischen Aufwinde, die die Aerosole in der Höhe anliefern. Diese Ungleichung zwischen einfallenden und weitertransportierten Elektronen, mit Übergabe der Ladungen in der unteren Stratosphäre, ist offenbar stabil erfüllt in unserer Atmosphäre in dem Sinne, dass mehr – aber nicht sehr viel mehr – Elektronen von außen einfallen als unten ankommen; eine kosmische Konspiration? Würden die meisten Elektronen nach oben zurückkehren, gäbe es viel mehr mesosphärische Gewitter, d.h. viel mehr Kobolde, Elfen, Jets, und γ-Blitze. Die Ladeströme der Hochatmosphäre sind stärker – aber nur wenig stärker – als diejenigen der Troposphäre.

Doch zurück zu den troposphärischen Gewittern, die der Menschheit seit jeher Furcht und Schrecken eingejagt haben, derart, dass Martin Luther ohne sie wohl nicht sein Jurastudium abgebrochen hätte und ins Kloster der Augustinereremiten in Erfurt eingetreten wäre, um dann in Deutschland das Protestantentum ins Leben zu rufen. In Todesangst vor einem Blitz hatte er dieses Verhalten in seinem Gebet der heiligen Anna versprochen.

Wie entstehen Gewitter? Bekanntlich gibt es (selbst) in Schönwettergebieten eine ausgedehnte, positiv geladene sog. Inversionsschicht, in wenigen km Höhe. Durch lokale Aufwinde kann diese Schicht angehoben werden, wobei ihre Spannung (gegenüber dem Boden) proportional zu ihrer Höhe anwächst, nach dem Schema des Pauthenier'schen Hochspannungs-Staubgenerators [Riezler 1944]. Sobald jetzt die ersten Regentropfen fallen, oder auch Schneeflocken, Graupel oder Hagelkörner, werden diese durch das vorherrschende Feld elektrisch polarisiert, und die an ihnen vorbeistreichende Luft lädt sie selektiv auf, über Strecken der Länge $\lesssim$ km, mit dem Ladungsvorzeichen ihrer (entfernten) Oberseite. Dieser von Nobel-Preisträger C.T.R. Wilson [1920] vorgeschlagene Mechanismus sollte bis maximal zur Durchschlagsspannung von (0,5 $\pm$ 0,1) MV/m wirksam sein, wobei die fallende Tropfenschicht hinter sich das umgekehrte Ladungsvorzeichen angereichert zurücklässt, das die Ausbildung einer neuen Schicht mit entgegengesetztem Vorzeichen einleitet. Auf diese Weise bilden sich übereinander Wolkenschichten alternierender Aufladung, der ungefähren Dicke km und der jeweiligen Spannung bis zu $\pm$0,1 GV, jedoch derart, dass die vertikale Gesamtspannung einer Gewitterwolke kaum über ein MV hinaus wächst, vgl. Abb. 1.8.2. Immerhin reichen diese Spannungen bequem aus für die oft furchterregenden Blitzschläge, mit denen sich Gewitterwolken bald nach ihrer

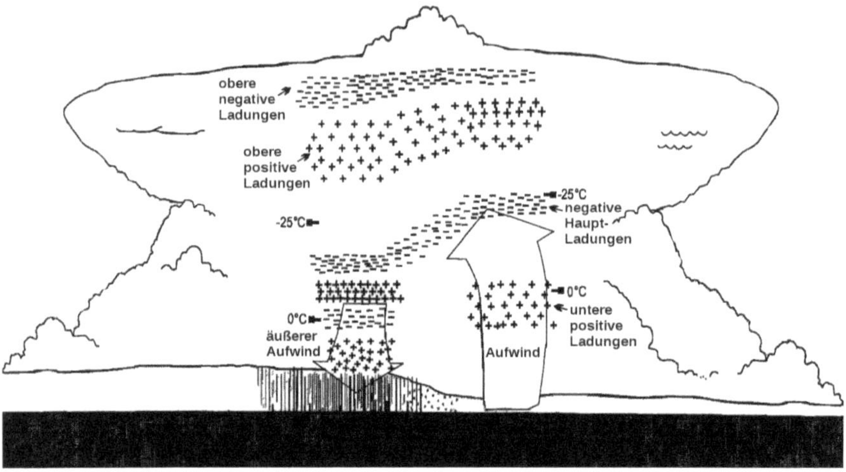

Abbildung 1.8.2: *Troposphärische Gewitter:* Skizze der Messergebnisse mittels Ballonaufstiegen durch (äquatornahe) Wolkentürme, nach M. Stolzenburg et al, J. Geophys. Res. 103, D12 (1998). Man beachte: Gewitterwolken laden sich oft vielfach alternierend auf, jeweils bis zu Spannungen der Maximalstärke 10 MV.

Entstehung wieder mehr oder weniger entladen. Sturmenergie wurde partiell in gravische und in elektrische Energie umgewandelt; beide wurden anschließend wieder verheizt, jedoch nicht ohne dabei stark geleuchtet und getost zu haben – von Radiofrequenzen über optische und Röntgen-Energien bis hin zu γ-Energien – und auch nicht ohne ein wenig Luftstickstoff in pflanzlich begehrte Nitrate überführt zu haben.

Und warum spüren wir Menschen i.A. nichts von dieser beständigen atmosphärischen elektrischen Aufladung? Wir bestehen zu 71 Gewichtsprozenten aus Wasser, das allerlei Ionen enthält, sind daher gute elektrische Leiter, wie die (mindestens feuchte) Erdoberfläche. Deshalb werden wir bei langsamen Spannungsänderungen sozusagen Teil der unteren Kondensatorelektrode, die Äquipotenzialflächen machen einen großen Bogen um uns herum, und nur ein kleiner Prozentsatz der Spannungsdifferenz auf den ersten, sagen wir, 1,80 m über dem Erdboden fällt durch unseren Körper ab, mit einem großen Vorschaltwiderstand der umgebenden Luft; wir spüren nichts! Etwas anders liegen die Verhältnisse schon beim Schlurfen über gewisse Teppiche in trockenen Korridoren, nach dem uns die nächstbeste Türklinke erdet und dabei einen spürbaren Schlag verpasst, und wiederum anders bei einem Gewitter im Freien, das leicht zum letzten Gewitter werden kann, das wir erleben. Elektrizität ist nur denjenigen nützlich, die sie im Griff haben.

1.9 Herkunft der Geisterwolken und der seltenen, gigantischen Hagelkörner

Spukgeschichten hat es schon immer gegeben, aber manche davon haben wahrere Kerne als andere. Ein Phänomen kann leicht zum Gegenstand einer Spukgeschichte werden, wenn es hinreichend selten auftritt und/oder hinreichend schwer zu beobachten ist. Wir meinen, dass sowohl die Geisterwolken (‚mystery clouds') als auch die gigantischen Hagelkörner zu dieser Kategorie gehören, d.h. dass sie ernst zu nehmen sind. Beide Phänomene sind sorgfältig von (uns befreundeten) Physikern untersucht worden und können als Folge sporadischer Erdgas-Austritte aus dem Erdinnern verstanden werden, sowohl

aus den Weltmeeren als auch aus den Kontinenten. Sie hängen wahrscheinlich eng miteinander zusammen. Die schnell aufsteigenden *Wölkchen* sind wiederholt von Flugzeugpiloten und von Raumfahrern beobachtet worden.

Auf unserem vielerorts hochtechnisierten Heimatplaneten passieren bisweilen ganz unerwartete Unfälle, von denen wir gar nicht wüssten, wenn wir nicht weltweit ein recht engmaschiges Informationsnetz besäßen. Hierher gehören seltene Flugzeugunglücke bei gutem Wetter, seltene unverstandene Schiffsunglücke, und seltene Bombardements und/oder Blitze aus heiterem Himmel. Berühmt- berüchtigt ist das sog. Bermuda-Dreieck, für das bisweilen spurlose Verschwinden von Schiffen und/oder Flugzeugen bei freundlichem Wetter, bis hin zum zeitgleichen Verschwinden ganzer Fluzeuggeschwader. Kann es sich bei all diesen isolierten Unfällen um ein einheitliches, seltenes, irdisches Phänomen handeln? Urteilen Sie selbst. Hierbei denken wir zuerst an das Phänomen der sog. ‚mystery clouds' (Geisterwolken), die gelegentlich aus den Ozeanen, aber auch von Land auftreiben, und an das Phänomen der isolierten, seltenen, großen Hagelkörner aus heiterem Himmel. Beide Phänomene könnten sogar eng miteinander zusammenhängen.

Was sind die Geisterwolken? Bisweilen berichten Flugzeugführer, dass sie unförmige, weißliche Gebilde schnell aufsteigen sehen, aus dem Wasser der Ozeane, gelegentlich auch über Land; wenn über Land, dann fangen diese Gebilde meist an zu brennen. Satellitenbilder bestätigen diese Berichte. Ende 1998 bekam ein Verkehrsflugzeug von United Airlines auf dem Flug von Tokyo nach Honolulu bei ruhiger Luft plötzlich einen Stoß nach oben und direkt anschließend ($\lesssim$sec), mit vierfacher zusätzlicher Fallbeschleunigung, einen weit mächtigeren Stoß nach unten, (wie der Fahrtenschreiber registrierte), wobei viele Passagiere leicht bis schwer verwundet wurden.

Alle diese Phänomene passen zu sporadischen Erdgasausbrüchen, eine Vielzahl pro Jahr – mit denen wir uns bereits in Abschnitt 1.2 auseiandergesetzt haben – an denen diejenigen Meeresböden bevorzugt beteiligt sein dürften, deren Wassertemperatur unter 7 °C liegt, der Schmelztemperatur der viele-Meter-dicken, gefrorenen Methan-Hydrat Ablagerungen. Schmilzt dort ein Stück einer Methan-Eis-Schicht, oder tritt neues Erdgas aus dem Erdinnern aus, so entstehen große Erdgasblasen, die beschleunigt durch das Wasser auftreiben und anschließend bis in die Stratosphäre steigen, dabei weiter expandieren, sich abkühlen und oberflächlich weiß färben durch kondensierenden Wasserdampf aus der Umgebung. Bei Austritt über Land, aus Erdlöchern, laden sich entsprechende Blasen elektrisch auf und entzünden sich durch selbsterzeugte Blitze, hingegen kaum bei Austritt aus dem Wasser. Obiger Flugzeugunfall geschah vermutlich – laut Tom Gold – beim Durchfliegen einer solchen rasch aufsteigenden Methangas-Blase, wobei sich ihr brennbares Gas-Luft-Gemisch an den heißen Abgasen der Flugzeugdüsen entzündete, oberhalb der Maschine explodierte und sie hart nach unten stieß, nachdem sie sie kurz zuvor noch nach oben mitgerissen hatte; s. [Kundt 2001a].

Entsprechend bilden solche Geisterwölkchen eine Gefahr für die kommerzielle Seefahrt: Etwa 6 % der Meeresböden sind von muldenförmigen ‚Pockenmarken' bedeckt, die offenbar durch gelegentlichen Gasaustritt gebildet wurden. Eine dieser Pocken, das sog. ‚Hexenloch' in der Nordsee, umschließt ein unversehrtes, dampfgetriebenes Fischerboot aus dem vorigen Jahrhundert, das offenbar dort kenterte und versank, zur Zeit eines Gasausbruchs. Und das Bermuda-Dreieck? Meeresgebiet verstärkter Emissionen, welche die Schifffahrt und Luftschifffahrt gleichermaßen bedrohen? Die Liste solcher heimtückischer Unfälle wird jedes Jahr länger.

Und was haben die Geisterwolken mit den seltenen, gigantischen Hagelkörnern zu tun, von denen Jesus Martínez-Frías uns im Herbst 2004 berichtete? Er nannte sie ‚Megacryometeorites', auch ‚giant hailstones', oder ‚icy blocks'. Vielleicht sind diese jeweils einzelnen, großen, aus heiterem Himmel herniederstürzenden Eisbrocken die Überbleibsel von Geisterwolken. Weit über 100 solcher isolierter Einstürze sind bekannt, neuerdings mit irdischen Gesamtraten von 10 bis 20 pro Jahr, mit Massen, die zwischen weniger als einem kg und mehr als 0,4 Tonnen variieren, vergleichbar mit den Gewichten der größeren Tiere auf der Erde. Vor ein paar Jahrhunderten soll in Indien sogar einmal ein elefantengroßer Eisklumpen vom Himmel gefallen sein, dessen Schmelzen drei Tage in Anspruch nahm. Berücksichtigt man, dass die Statistik der berichteten Ereignisse sicher unvollständig ist, besonders am kleinen Massenende der Verteilung, so zeigt sich hier (wieder einmal) eine logarithmische Gleichverteilung der einstürzenden Massen, d.h. gleich viel Masse pro Dekade, über mindestens drei Größenordnungen ihrer Gewichte, typisch für Prozesse, an denen eine Vielzahl unabhängiger Einwirkungen beteiligt sind.

Genauer handelt es sich bei den seltenen, gigantischen Hagelkörnern um poröse, vielschalige ($\lesssim$50), schmutzige Eisbälle, vom spezifischen Gewicht deutlich kleiner als dasjenige von Eis (wegen der vielen Hohlräume), und mit chemisch ermittelten Verunreinigungen durch die negativen Ionen Cl^-, Br^-, SO_4^{2-}, NO_3^- , F^-, HCO_3^-, HPO_4^{2-}, die der Zusammensetzung der oberen Troposphäre entsprechen. Es handelt sich bei ihnen also nicht um Rückstände der Luftfahrt oder sonstiger technologischer Prozesse, sondern recht eindeutig um ein Erzeugnis aus der Tropopause, oder noch genauer: aus einer von 10 km Höhe auf 7 km Höhe abgesenkten Tropopause. Gibt es dort oben lokalisierte Wasserdampfgeneratoren, gekoppelt mit Kühlschränken? Und warum gibt es nicht das entsprechende Phänomen in wärmeren Gebieten, mit Wasser statt Eis? Diese letzte Frage lässt sich leicht beantworten: Wir haben einmal versucht, nach Feierabend, in Gesellschaft eines unserer Institutsdirektoren, einen vollen Wassereimer vom Dach unseres Instituts (im vierten Stock) auf nichtsahnende Straßenpassanten tief unter uns zu entleeren. Das Experiment mislang: Die Passanten haben gar nichts davon bemerkt! Das Wasser erreichte den Fußweg als eine Art verdünnter Nebel, es war restlos zerstoben und bereits teilweise verdampft. Der Luftwiderstand hatte es pfannkuchenartig auseinandersprühen lassen.

Doch zurück zu unserem großen Hagelkorn, wie ist es am wolkenlosen Firmament entstanden? Ist es vielleicht das Überbleibsel einer Geisterwolke? Wahrscheinlich! Denn die Geisterwolke kühlt sich beim Auftreiben ab, durch adiabatische Expansion, um ca 20 °C, wie Infrarot-Aufnahmen durch Erdsatelliten bestätigt haben. An ihrer Oberfläche kondensiert der Wasserdampf der umgebenden Luft. Außerdem sorgt verbrennendes Methan für zusätzliche Wasserdampfbildung. Der umgebende Luftdruck presst gleich anschließend den gesamten aufgesammelten Wasserdampf in die Luftsäule unter der aufsteigenden Erdgaswolke, und bei hinreichender Kälte gefriert er zu Schnee und/oder Graupel, wodurch die Säule etwas (30 %) schwerer wird als benachbarte Luftsäulen, (entsprechend einer von 10 km auf 7 km Höhe reduzierten Tropopause). Sobald sich sodann ein Eiskorn am Kopf der Säule bildet, beginnt es zu fallen, und binnen weniger als einer Minute fegt es die mit Schnee und Graupel angereicherte Luftsäule unter sich auf, vom etwaigen Querschnitt $\lesssim$ m^2, mit einer optimistischen Höchstmasse von einigen Tonnen Eis. Sogar die Größenordnung des Effekts entspricht also den Fakten. Sind Sie überzeugt? Falls nicht: Wie sonst wollen Sie die Randbedingungen von (großer) Eismasse mit Luftlöchern, (vielfacher) Schalenstruktur, und korrekter Chemie am wolkenlosen Himmel realisieren, s. Abb. 1.9.1 ?

Noch ein weiteres seltenes Phänomen mag hiermit zusammenhängen: die „mehreren" jährlichen Blitzopfer in Colorado und Florida, bei wolkenlosem Himmel. Falls sie nicht auf Fehlnachrichten beruhen, sehen wir wiederum keine überzeugendere Erklärung als diejenige durch Geisterwolken: Ihre elektrische Selbstaufladung führt erfahrungsgemäß zu Blitzen, und warum soll nicht einer von ihnen einen Kanal nach unten finden, der in einem Golfspieler unter scheinbar wolkenlosem Himmel endet? Wo andernfalls eine Gewitterwolke die hohe Spannung erzeugt haben sollte, schafft es vielleicht gelegentlich auch eine – nahezu unsichtbare – Geisterwolke.

1.10 Woher kommen die kurzzeitigen UV-Löcher in der Erdatmosphäre?

Der Amerikaner Louis Frank hat jahrelang mit seinen Kollegen aus der Raumfahrt gehadert, weil sie ihm ein Phänomen nicht glauben wollten, das er wiederholt beobachtet hatte. Beim Betrachten der sonnenbeschienenen

Erdatmosphäre von ‚außen', im UV-Licht, sah er immer wieder minutenlang dunkle Flecken der Größe $\lesssim$30 km, die er als Einschläge hausgroßer Brocken aus dem Weltraum deutete. Seine publizierte Einschlagsrate passt nicht zu der bekannten Potenzverteilung von Kleinkörpern im inneren Sonnensystem, sie liegt um Größenordnungen zu hoch, und also wurde er nicht ernst genommen. Offenbar fehlte es ihm an einem pfiffigen Kollegen, so meinen wir, der ihn darauf hingewiesen hätte, dass man solche großen Löcher vielleicht sogar mittels nur *kirschgroßer Eisbrocken* erzeugen kann, die bei ihrem Hochgeschwindigkeitsaufprall auf die Hochatmosphäre verdampfen und kurzzeitig zylinderförmige *Quasivakua*freifegen.

Im Jahr 1986 erregte Louis Frank großes Aufsehen mit seiner Entdeckung, dass im Ultravioletten aufgenommene Bilder unseres Planeten (von außerhalb der Erdatmosphäre) fortwährend große ‚Löcher' aufwiesen. Genauer ermittelte er aus seinen Beobachtungen eine Einschlagsrate von drei Löchern pro Minute für die gesamte Erdoberfläche, Löcher der Größe $\lesssim$ 30 km, die jeweils nur auf der sonnenbeschienenen Seite der Erde zu sehen sind und nach etwa einer Minute wieder verschwinden. Er schloss auf den Einschlag von hausgroßen Eisklumpen, die sich durch Reibung an der Hochatmosphäre erhitzen, dadurch verdampfen, im Volumen um mehr als einen Faktor 1000 expandieren und atmosphärische Schläuche vom Durchmesser 30 km vorübergehend mit Wasserdampf auffüllen, der das solare UV-Licht absorbiert [Frank & Huyghe 1990]. Hätte er mit diesem Schluss recht gehabt, hätte er mit dieser (hohen) Wasser-Einschlagsrate (seit Bestehen der Erde) bequem die Ozeanbecken der Erde auffüllen und zum Überlaufen bringen können. Die obige Einfallsrate dürfte sogar die gesamte vulkanische Ausgasrate der Erde (knapp) übertreffen. Auch passt sie ganz und gar nicht zu den bekannten meteoritischen Einfallsraten. Deshalb hielten ihn viele seiner Kollegen für unseriös und ignorierten seine

Abbildung 1.9.1: *Geisterwolken*, gigantische *Hagelkörner* und Blitze aus heiterem Himmel: Während uns die fast mit Schallgeschwindigkeit aufsteigenden Geisterwölkchen, über den Kontinenten wie auch über den Weltmeeren, nur aus Berichten von Flugzeugpiloten und Raumfahrern bekannt sind, und während es nur weit weniger Augenzeugen von ‚Blitz-Opfern' aus heiterem Himmel gibt, brauchen gigantische Hagelkörner oft Stunden bis Tage nach ihrem Absturz, um durch Schmelzen wieder zu verschwinden. Diese Abbildung zeigt das Foto eines solchen, etwa 18 kg schweren Eisklumpens, der am 27.1.2002 in der spanischen Provinz Soria einschlug.

Botschaft auch noch im Jahre 1997, als seine Beobachtungen mit weit höherer Signifikanz bestätigt wurden.

Wie zwingend war der Schluss von ‚Lou Frank', dass die gesichteten UV-Löcher durch hausgroße Eis-Meteoriten erzeugt würden? Genügt nicht vielleicht eine weit kleinere Masse der einstürzenden Brocken, um 30 km große Löcher zu erzeugen? Die verschiedentlich gemessene Rate beträgt $M^2\ \partial\dot{N}\ /\ \partial\ M = 10^{-19\pm2}$ g/cm^{2}sec für meteoritische Einfallsraten $\dot{N}$(M) (:= dN/dt) im (gigantischen) Massenintervall zwischen $M = 10^{-18}$ g , nämlich Staub, und $M = 10^{18}$ g , nämlich Asteroiden, gewonnen aus der Statistik der großen Einsturzkrater auf Mond und Erde sowie aus Direktmessungen von Kleinkörpern durch Raumsonden [Kundt 2005, p.6]. Integriert man über die Erdoberfläche ($4\pi R_\oplus^2 = 10^{18,7}$ cm^2), so bekommt man für die hier gefragten Einfallsraten (von $\dot{N} = 1/20$ sec) erwartete Massen von $M \approx 10$ g, (viel kleiner als von Frank und Mitarbeitern angenommen!). Kann solch eine (dicke) ‚Eiskirsche', der Masse 10 g, 30-km-große UV-Löcher erzeugen? Wir meinen ‚Ja', s. Abb. 1.10.1.

Um diese Frage korrekt zu beantworten, muss man sich sorgfältig in die vorliegenden Bedingungen hineindenken. Eine auf die Erde einfallende Eiskirsche wird sich beim Durchfallen des Bugschocks der Erdmagnetosphäre etwas vorwärmen, bevor sie sich dann beim Eintritt in die Hochatmosphäre auf (riesige) Temperaturen erhitzt, deren zugehörige thermische Geschwindigkeiten von der Größenordnung ihrer Einfallsgeschwindigkeit v ($\lesssim$ 30 km/s) sind. Aus $T_8 = v_8^2$ für H, und $v \lesssim 10^{6,5}$ cm/sec folgen Einfallstemperaturen T $\lesssim 10^5$ K, bei denen die Eiskirsche explosiv verdampft [Kundt 2005, pp.2,10]. Die Massendichten unserer Hochatmosphäre, zwischen 10^3 km und $10^{2,5}$ km Höhe, liegen zwischen 10^{-17} g/cm^3 und 10^{-14} g/cm^3, d.h. sind 10^{17} bzw. 10^{14} mal niedriger als diejenige von Eis, mithin können die explodierenden Eiskirschen ihr Volumen um diese riesigen Faktoren vergrößern, bevor ihre Massendichte auf diejenige ihrer Umgebung abgesunken ist. Aus cm-großen Sternschnuppen werden mehrere-km-große Wasserdampfwolken, die

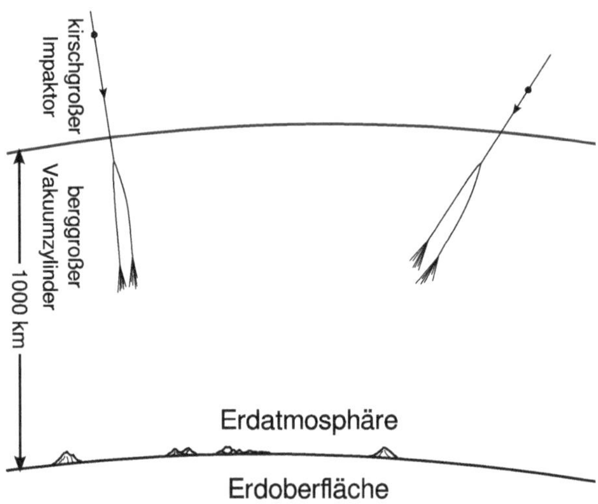

Abbildung 1.10.1: Transiente *UV-Löcher* in der Hochatmosphäre: Prinzipskizze unserer Vorstellung von der Geometrie dieser immer wieder beobachteten, kurzzeitigen UV-Löcher, als ungefähr zylinderförmige Vakua von berggroßem Querschnitt, hervorgerufen durch (nur) kirschgroße Meteoriten, die sich beim Einsturz in die Hochatmosphäre stark erhitzen und verdampfen [Frank & Huyghe 1990].

mit Geschwindigkeiten $\lesssim$ 30 km/s auseinanderstieben und dabei ihr Umgebungsgas vor sich her schieben, bis sie sich dabei auf dessen (Umgebungs-) Temperaturen (von $\approx 10^3$ K) abgekühlt haben, bei Radien von $\gtrsim$15 km, entsprechend Durchmessern von $\gtrsim$30 km. Sie fegen damit lange, zylinderförmige Volumina der Hochatmosphäre quasi frei von Stickstoff und Sauerstoff, für die Dauer einer Minute, wonach diese großen evakuierten Röhren wieder zusammengestürzt sind, mit (transsonischen) Geschwindigkeiten einiger km/s.

Mit dieser neuen, bisher unveröffentlichten Deutung des Phänomens der minütlichen hochatmosphärischen UV-Löcher hat Louis Frank, unserer Meinung nach, nicht nur ein wichtiges Teilproblem der Meteoritenforschung aufgedeckt, sondern zugleich neue Rahmenbedingungen für die terrestrische Hochatmosphärenphysik geschaffen, ferner einen neuen Messpunkt für die Häufigkeit von Wasser im Sonnensystem geliefert und auch eine unabhängige Messschranke gesetzt für kosmisches Bombardement im extraterrestrischen Raum, die bei Langzeit-Missionen nicht außer acht gelassen werden sollte: Raumfahrt birgt Gefahren, gegen die wir Erdenbürger mehrere Milliarden Jahre lang durch unsere Atmosphäre abgeschirmt worden sind.

1.11 Eine (tektonische) Erklärung der Tunguska-Katastrophe von 1908

Am 30. Juni 2008 luden Moskau und einige kleinere russische Städte zum 100. Jahrestag der größten historischen Katastrophe unseres Planeten ein, bei der ‚aus heiterem Himmel' ein sibirisches Waldgebiet von der Größe des Saarlandes heftig zerstört wurde, binnen weniger als einer Stunde. Zwischen den beiden Weltkriegen hatte Leonid Kulik, im Zuge mehrjähriger, strapaziöser Expeditionen, nach einem Eisen-Nickel-Meteoriten am Ort des Geschehens gesucht, dessen Einsturz die Katastrophe bewirkt haben sollte, hatte aber im Epizentrum statt Eisen nur einen wohlbehaltenen Baumstumpf gefunden, am Boden eines verdächtigen, entwässerten ‚Einsturztrichters'. Bereits vor Ende des 20. Jahrhunderts haben wir dann von Daniel Fischer erfahren, dass der Moskauer Andrei Yuryevich Ol'khovatov die Katastrophe als ein tektonisches Ereignis deutet, als einen starken *Erdgasausbruch*. In Austausch mit ihm konnten wir uns seitdem von der Widerspruchsfreiheit der Auswurfthese überzeugen, durch eine Vielzahl dokumentierter Aussagen wie auch unabhängiger, rein physikalischer Argumente. Danach war das Tunguska-Ereignis ein *Kimberlit* der Neuzeit.

Am 30. Juni 1908 krachte es in der sibirischen Taiga, morgens um (7:17 $\pm$ 0:15) Uhr Ortszeit, nahe dem Fluss ‚Steinige Tunguska', rund 900 km nordwestlich vom – geologisch hochinteressanten – Baikal-See. Flammen und Blitze erleuchteten den morgendlich-fahlen Himmel, Gesteinsbrocken fielen dröhnend auf den Erdboden (zurück), und eine starke atmosphärische Druckwelle warf Menschen von ihren Bänken oder auch um, warf auch viele Pferde um (und/oder „auf ihre Knie"), in Entfernungen von 65 km (Wanowara) bis zu $\gtrsim$ 600 km (!) vom Epizentrum, und wurde in mehreren asiatischen und europäischen Observatorien registriert. Sie raste einmal um den Erdball: Potsdam registrierte sie noch ein zweites Mal, bei ihrer Wiederkehr nach 25,83 Stunden, mit einer mittleren Geschwindigkeit von 317,9 m/s entsprechend einer (troposphärischen) Höhe von 5,3 km. Auch eine seismische Oberflächenwelle wurde am Irkutsk-Observatorium gemessen, mit einer unverstanden langen Dauer von 1,5 Stunden, mit 2,0-minütigem ‚Einsatz' und drei ähnlichen Erregungen nach 45 Minuten, die von Voznesensky als ‚durch starke Luftwellen' erzeugte seismische Wellen gedeutet wurden, aufgrund ihrer Ausbreitung mit der Geschwindigkeit 330 m/s. Und ein vom Epizentrum ausgehender Orkan tobte etwa eine Dreiviertelstunde lang und fällte oder köpfte dabei 80 Millionen Bäume in einem schmetterlingsförmigen Gebiet von der Größe des Saarlandes, vom Durchmesser $\approx$50 km, der Fläche $\approx$2000 km^2. Eine Scheune brannte ab, Rentiere brachen aus, Hirten und Jäger wurden in ihren Zelten aus dem Schlaf gepoltert, während der Sturm ihre Zelte wegblies. Mehrstündige magnetische Fluktuationen wurden in nahen Observatorien gemessen, auch seltene atmosphärische Leuchterscheinungen, vor allem aber nächtliche Helligkeiten (am Nordhimmel) in Europa und Westasien, die bis *hinab* nach Taschkent (42 Grad nördlicher Breite) sichtbar waren, sodass man noch um Mitternacht im Freien Zeitung lesen konnte. Diese Leuchterscheinungen begannen bereits wenige Stunden nach der Katastrophe, kulminierten in der Nacht des 30. Juni, und verblassten in derjenigen des 2.Juli. Solch ein Phänomen heller Nächte hatte man zuvor nur beim Vulkanausbruch auf Krakatau im Jahre 1883 erlebt. Und die lokalen Erdbeben des Jahres 1908 häuften sich bei Annäherung an die Schreckensnacht, um anschließend wieder abzuklingen. Vieles hiervon, und noch weit mehr, ist ausführlich beschrieben in den Büchern von Krinov [1966] und von Verma [2006].

Was war geschehen? Die Einheimischen – die Evenken – hatten so etwas weder erlebt, noch hatten sie je von so etwas gehört. Einwohner der nächstgelegenen Siedlung Wanowara, 65 km vom Epizentrum entfernt, unternahmen als erste im Frühjahr 1910 einen Vorstoß ins Schadensgebiet, unter Leitung des einflussreichen Kaufmanns und Goldschmiedes Susdalsky, der ihnen bei ihrer Rückkehr Schweigen auferlegte. Hatten sie Diamanten und/oder Gold gefunden? Ins Gespräch kam ein mehrere km langer ‚trockener Graben mit Steinen', oder ‚Riss im Boden', am Lakura-Hügel, der offenbar in der Schreckensnacht entstanden war und $\gtrsim$20 Jahre später nicht mehr gefunden wurde, als Leonid Kulik – zwischen 1921 und 1942 – seine wiederholten zielstrebigen Expeditionen (zuerst) in die Nähe von und später, ab 1928, bis ins Katastrophengebiet leitete. Kulik und seine Begleiter hatten stark mit den Unwirtlichkeiten des Permafrost-Geländes zu kämpfen: mit dem Urwald und den Sümpfen, dem Wasserreichtum nach der Schneeschmelze, den Mückengeschwadern und Krankheiten, den kurzen, heißen Sommern und dem zeitig im Herbst wieder einsetzenden beißenden Frost. Er fand den Krater des Eisen-Nickel-Meteoriten nicht, den er als Ursache der Katastrophe beharrlich suchte. Weder er noch spätere Expeditionen fanden ein einziges Gramm des vermeintlichen, 0,2 Megatonnen schweren Meteoriten, während in (leichteren) Vergleichsfällen bis zu einem Drittel des geschätzten Gesamtmaterials binnen weniger Monate des Suchens geborgen worden waren. Das bedeutet ein Fehlverhältnis von $10^{-10,8}$(!), zwischen gefundenen und erwarteten Überresten, sowohl für Eisen-Nickel-Meteoriten als auch für steinige Asteroiden. Ein eisiger Kometenkopf als Schadensverursacher, der ebenfalls stark im Gespräch war, hätte stattdessen bereits in der Stratosphäre verdampft sein sollen, sodass sich seine Festbestandteile über weite irdische Gebiete verteilt hätten. Dann aber bliebe u.a. das (geordnete) Waldsterben unerklärt.

Aber es gibt noch weit mehr Gründe – z.Z. insgesamt 30 an der Zahl – warum die Tunguska-Katastrophe nicht durch einen Einschlag verursacht worden ist, sondern vielmehr durch einen Auswurf: durch den explosionsartigen Austritt von etwa zehn Megatonnen Erdgas aus dem tiefen Erdinnern, einen sog. ‚Kimberliten', wie es sie einige Male in allen Erdteilen gegeben hat. Benannt sind die Kimberlite nach der Stadt Kimberley in Südafrika, in deren Nähe zuerst ein solcher vulkanischer Auswurfkegel entdeckt und dann durch systematisches Graben ausgeschlachtet worden ist, das größte je von Menschenhand gegrabene Loch. Es lohnte sich: Man fand große Mengen an Diamanten und Gold. Offenbar handelt es sich bei den Kimberliten um niedrig-viskose, alkalische Magma-Erdgasgemische, wahrscheinlich aus dem fluiden Erdkern stammend, die zwischenzeitlich bei ihrem Aufsteigen durch den Erdmantel durch eine dicke, horizontale Basaltplatte aufgestaut werden, bis sie sich eines Tages ganz zur Erdoberfläche durchschmelzen. Dicht unterhalb der Erdoberfläche, mit abnehmendem Druck, trennt sich das (treibende, noch komprimierte) Erdgas von der Gesteinsschmelze, entweicht mit Donnergetöse als ‚Geisterwolke', vgl. Abschnitte 1.1 und 1.9, und entzündet sich dabei teilweise durch selbsterzeugte Blitze. In solchen hoch-komprimierten Aufstiegs- und Auswurfröhren wird ein Teil ihres mitgeführten Kohlenstoffs als Diamanten ausgefällt, durch deren Funde (in Bachbetten) die Kimberlite einst entdeckt worden sind, vgl. [Gold 1999].

Welcher dieser beiden Fälle lag bei Tunguska (1908) vor: Hochgeschwindigkeitseinsturz eines Kleinkörpers aus dem Sonnensystem oder ein extrem seltenes tektonisches Ereignis, die Entstehung eines Kimberlits? Die Kontinente unserer Erde tragen die Spuren von mindestens 175 Meteoriten-Einschlägen. Aber seit dem Jahr 1998 argumentiert der Moskauer Andrei Yuryevich Ol'khovatov im Internet, dass im Fall von Tunguska mehrere Fakten eindeutig gegen einen Einschlag sprechen. In der Tat passen bereits einige der vielen Dutzend Augenzeugenberichte aus dem Jahr 1908 weit schlechter zu einem Einschlag als zu einem Auswurf: Man sprach von großem Lärm (‚Barisal guns', ‚brontides'), dem erst anschließend ‚Feuersäulen' folgten, d.h., das Licht kam deutlich später als der Schall! In Wanowara spürte man Hitze auf der Haut; von einem brennenden Osterfeuer weiß man, dass hierfür ein großer Teil der Sehsphäre lange genug heiß genug sein muss, länger als der (höchstens sekundenlange) Vorbeiflug eines fernen Meteoriten. Die Katastrophe dauerte nicht Sekundenbruchteile, sondern eher eine Stunde: Ein Mann ging in sein Badehaus, um dem Tod sauber zu begegnen. Hierbei soll und kann man sich beim Durchdenken aller Augenzeugenberichte die drei wichtigsten Ausbreitungsgeschwindigkeiten bewusst machen: optische und Hitze-Signale mit Lichtgeschwindigkeit, d.h. quasi instantan für irdische Entfernungen, seismische Signale mit 8 km/s, d.h.$\lesssim$ 2 min vom Epizentrum bis nach Irkutsk, und akustische Signale (nur) mit Schallgeschwindigkeit, 0,33 km/s $T_{2,5}^{1/2}$, zugleich anwendbar auf die o.g. Druckwelle, wobei Lufttemperatur T und Umwege (durch Beugung und/oder Streuung) berücksichtigt werden müssen. Wenn z.B. (in Wanowara) der Krach und die Hitzewelle (fast) gleichzeitig bei Herrn Semenov eintrafen und ihn erst wenige Minuten später von seiner Bank warfen, so schließen wir, dass die Katastrophe mit Krach begann, während die (hohen) Flammen und die Stoßwelle erst Minuten später – jedoch dann fast zeitgleich – über dem Epizentrum erzeugt wurden.

Und die oft erwähnten, nachträglich aus Augenzeugenberichten ermittelten (angeblichen) Einflugschneisen des Meteoriten? Sie unterscheiden sich in ihren verschiedenen Richtungen um mehr als 90 Grad; sie entsprechen eher den (etwa fünf) durch das Epizentrum verlaufenden tektonischen Faltungslinien, aus denen wahrscheinlich zur gleichen Zeit hohe Flammen herausgeschossen sind.

Zu den weiteren Fakten, die gegen einen Einschlag sprechen, zählt vor allem das Baumfallmuster, Abb. 1.11.1: Es ist *radial*, d.h., es hat den Gesamtimpuls null; ein flach einfallender Himmelskörper würde ein paralleles Baumfallmuster (in Einfallsrichtung) erzeugen. Wer dieses Faktum ignoriert, ist kein Physiker. Ein russisches Experiment mit einer Seilbahn, das das (gut imitierte) Baumfallmuster erzeugte, erreichte dies durch eine zusätzliche Explosion von Sprengstoff (mit dem Impuls Null!). Desgleichen gibt es immer wieder numerische Simulationen der von einem angeblich explodierenden Meteoriten erzeugten atmosphärischen Stoßwelle (‚airburst'), bei denen die Energie des am Zielort – in Sekundenschnelle – zerplatzenden Körpers nicht seiner Bewegung entnommen, sondern einfach ad hoc einprogrammiert wird. Realistische Einschläge, die durch Erzeugung einer Stoßwelle zum Stillstand kommen sollen, müssten ihren Impuls auf die bremsende Luft übertragen. Tatsächlich sind Meteoriteneinschläge rund 30-mal seltener als tektonische Katastrophen der gleichen Zerstörungsenergie und daher noch ziemlich unverstanden [Kundt 2007].

Das Baumfallmuster enthält noch viel mehr Information: es ist nahezu radial, folgt jedoch den Höhenrücken, mit einem Krinov-Profil: Die Bäume auf den Kämmen sind umgeworfen, an den Abhängen haben sie ihre Wipfel verloren, und in den Tälern sind sie oft unversehrt. Der Sturm blies also nicht ‚von oben', sondern nahezu horizontal. In seinem Zentralgebiet gibt es nicht *ein* Zentrum, sondern mindestens vier Zentren, die km-weit auseinanderliegen. Ferner gibt es im Zentralgebiet, dem ‚Cauldron' (Hexenkessel), viele sog. ‚Telegrafenmasten': Baumstämme, die überlebten, nachdem sie alle ihre Äste abgestreift bekommen hatten. Dieses Phänomen ist vertraut seit der den Zweiten Weltkrieg terminierenden Nuklearbombe auf Hiroshima, wo es oft als ‚von oben kommend' gedeutet wurde. Eine uns besser erscheinende Erklärung der Telegraphenmasten verlangt eine (Überschall-) Stoßwelle, die die Baumäste schneller verbiegt und abbricht, als diese den

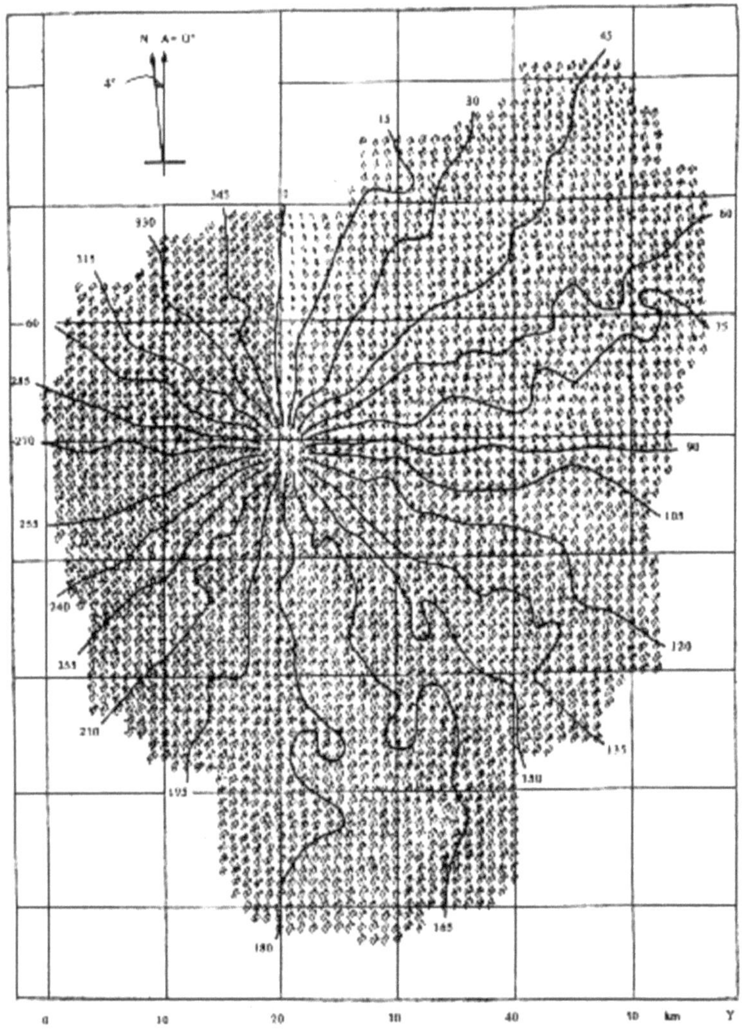

Abbildung 1.11.1: Das *Baumfallmuster* der Tunguska-Katastrophe, mit seinen $\gtrsim$5 Zentren im gegenseitigen Abstand von nur wenigen km, sowie außen den Tälern folgend, von Kulik ermittelt aus wochenlangen Serien von Aufnahmen aus einem Vermessungs-Flugzeug.

Schub auf den Stamm übertragen können; die Äste werden abgetrennt, bevor sie den Stamm überkritisch verbogen haben, vgl. Abb. 1.11.2.

Das Zentralgebiet der Zerstörungen vom 30. Juni weist noch weitere Besonderheiten auf: Statt *eines* (großen) Kraters zeigt es Dutzende kleiner, trichterförmiger Teiche und Moore, vom Durchmesser $\lesssim$ 50 m, die laut Augenzeugenberichten im Unglücksjahr entstanden sind. Der am besten untersuchte von ihnen, das ‚Suslov-Loch', enthielt nach

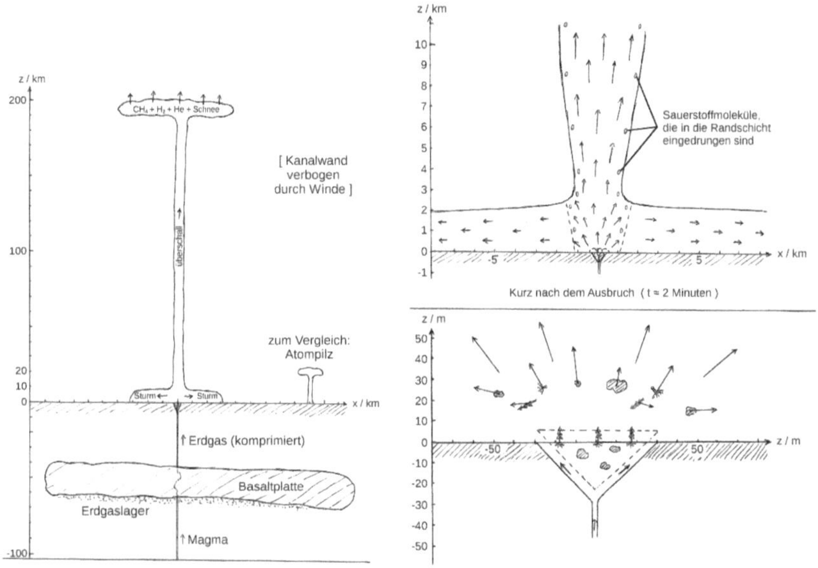

Abbildung 1.11.2: Unsere Deutung der *Tunguska-Katastrophe*: ein (seltener) *Erdgasausbruch* aus dem fluiden Erdkern, der sich jedoch auf allen großen Kontinenten in der Vergangenheit wiederholt ereignet hat; z.T. übernommen aus [Kundt 2001a]. Während des Ausbruchs verdampft das Erdgas und expandiert mit Überschallgeschwindigkeit, wird aufgestaut am Rand der Nahzone ($\lesssim$km) durch die umgebende Atmosphäre und bildet anschließend einen vertikalen Überschallstrahl, bis in 200 km Höhe.

seiner Entwässerung (durch einen vom Kulik-Team gegrabenen, 8m langen und 4m tiefen Graben) einen gut erhaltenen Baumstumpf nahe seinem Tiefstpunkt, (und in seiner Böschung einen Kiefernzapfen, der Ende Juni abgefallen sein sollte; dazu große Eislinsen). Der Baumstumpf überzeugte Kulik, dass es sich (beim Suslov-Loch) nicht um einen Einschlagskrater handeln konnte. Ferner wurden im ‚Hexenkessel' Dutzende herumliegender Wurzelstöcke gefunden, deren Herkunftsgruben nicht erkennbar waren – offenbar von weither geschleudert – sowie ‚Johns Stein', ein zehn Tonnen schwerer Findling am Berghang, der (ebenfalls) dorthin geschleudert – oder gefördert? – worden sein dürfte. Dabei steht Kuliks ‚Hexenkessel' symbolisch für den 250 Megajahre alten ‚Kulikovskii-Krater', der noch heute auf IR-Bildern aus der Satellitenbahn deutlich ins Auge fällt, s. Abb. 1.11.3. Er liegt im Maximum des asiatischen Wärmestroms der Erde, zugleich im lokalen Zentrum geomagnetischer Anomalien sowie der MOHO-Isohypsen (benannt nach dem jugoslavischen Geologen Mohorowičić), d.h. repräsentiert das asiatische ‚Kraton', einen geologisch ausgezeichneten Ort der Erdoberfläche. Ferner: Alle in Torfproben gefundenen chemischen und Isotopie-Anomalien der Jahres-Schicht von 1908 zeigen anomale Häufigkeitsverhältnisse „wie nach Ausgasungen und Erdbeben". Und: Jason Phipps Morgan weist auf silikathaltige Hochdruck-Kristalleinschlüsse im Sandstein des Mount Stoikovisz hin, die von einem Auswurf aus großer Tiefe herstammen sollten.

Schließlich die dreieinhalb hellen Nächte, während derer die Astronomen an ihrer Arbeit gehindert wurden: In diesen Nächten wurde das Sonnenlicht durch Wolken in bis zu 700 km Höhe gestreut, um sogar noch Taschkent (als Extremfall) zu beleuchten. In 700 km Höhe besteht die Atmosphäre hauptsächlich aus einatomigem Sauerstoff und Helium, mit Volumenprozenten 55 % und 43 %, entsprechend einem mittleren Molekulargewicht von 10,6. Hier hinauf können (zusätzlich) nur ganz leichte Stoffe

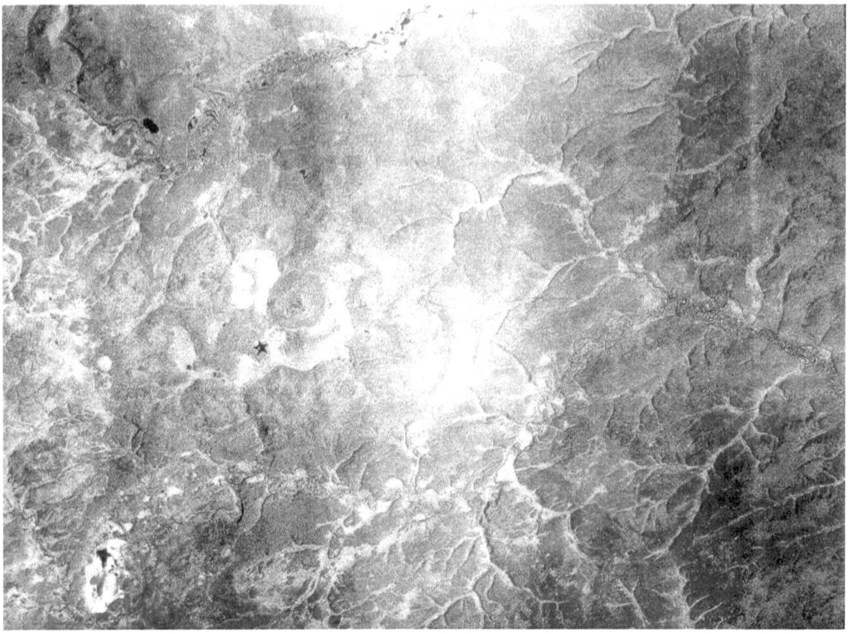

Abbildung 1.11.3: *Tunguska (1908)*: Der 250 *Ma* alte Kulikovskii-Krater am Ort der Katastrophe, noch heute ($\lesssim$2000) auf (falsch-farbigen) Satellitenaufnahmen im nahen Infrarot klar zu erkennen.

aufsteigen, wie Wasserstoff, Methan und Schneeflocken, nicht hingegen Kometenstaub oder meteoritische Fragmente. Die hellen Nächte von Krakatau und Tunguska wurden wahrscheinlich durch Schneewölkchen in dieser Höhe verursacht, die durch (dort oben vorherrschende) Ostwinde langsam in Richtung Europa drifteten [Kundt 2001a].

Durch alle diese Funde und Aufzeichnungen, die im Verlauf der letzten Jahrzehnte wiederholt vor Ort und auf internationalen Tagungen diskutiert und auch vielerorts verfilmt wurden, sind wir zu der Überzeugung gelangt, dass die Tunguska-Katastrophe von 1908 den stärksten und best-dokumentierten Erdgas-Ausbruch der Neuzeit darstellt. Dank der niedrigen Besiedlungsdichte dieses herben sibirischen Landstriches kamen seinerzeit die meisten Ansässigen mit einem (mächtigen) Schrecken davon. Die internationale Forschung erhielt starke Denkanstöße [Passig & Scholz 2007]. Wir leben auf einem tektonisch noch jungen Planeten.

1.12 Wie heiß war die Erde bei ihrer Entstehung?

Irdisches Leben ist an die außerordentlich lebensfreundlichen Eigenschaften unseres Heimatplaneten gebunden, auch wenn gelegentliche Naturkatastrophen lokal den gegenteiligen Eindruck erwecken: Wo gehobelt wird, da fallen (zwangsläufig) auch Späne. Wie begann das Leben? Welche Bedingungen herrschten zu Anfang, als vielleicht noch nicht einmal Viren und/oder Einzeller die Erde bewohnten? Wann genau begann das Leben? Um diese und verwandte Fragen zu beantworten, spielen die damals vorherrschenden Temperaturen sicherlich eine entscheidende Rolle. Finden wir diese in der weitgestreuten Literatur? Wiederholt fanden wir Aussagen, denen wir uns nicht

anschließen konnten. Deshalb haben wir in diesem Abschnitt zusammengetragen, zu welchen eigenen Vorstellungen uns die *Thermodynamik* geführt hat.

Die heutige Oberflächentemperaturverteilung unseres Heimatplaneten Erde ist uns wohlbekannt: Wir erleben sie stichprobenhaft vor der Haustür und auf Reisen, können sie auch andernorts durch Rundfunk, Fernsehen und Presse erfahren, und ihr typischer Jahresverlauf findet sich bereits in unseren Schulatlanten. In Abschnitt 1.5 haben wir ihren gegenwärtigen Mittelwert erfahren: 288 K, oder 15 °C. Aber wie kalt oder wie heiß war unsere Erde bei ihrer Geburt? Begann sie so heiß, dass es an ihrer Oberfläche flüssige Magma-Ozeane gab, wie man gelegentlich lesen kann? Das hätte Konsequenzen gehabt u.a. für ihre oberflächennahe Chemie, die durch Abdampfen leichtflüchtiger chemischer Elemente stark an diesen abgereichert worden wäre, aber auch für ihre Topografie, die sehr homogen und eben begonnen hätte, weil flüssig, und nur durch verspätete Einschläge aus der planetaren Umgebung ‚aufgerauht' worden wäre, während des anfänglichen ‚schweren Bombardements'. Und wie haben sich anschließend die Kontinentalplatten gebildet?

Wir sind der Meinung, dass es allein aus Energiegründen solch ein infernalisches (glutflüssiges) Anfangsstadium (der inneren, sonnennahen Planeten) nicht gegeben hat, dass Kühlung durch Abstrahlung von Anfang an effektiv genug war, um eine feste Kruste entstehen zu lassen. Diese Erwartung kann sich leider (noch) nicht auf direkte Beobachtungen in unserem oder in benachbarten Sonnensystemen stützen; sie sollte aber wichtig sein für die Entstehung des Lebens auf der Erde – mit oder ohne Panspermia? – und auch für die gegenwärtige Temperaturverteilung im Erdinnern, die ihrerseits nicht nur für Tiefbohrungen ($\gtrsim$12 km) von großem Interesse ist, sondern auch für ein gründliches Verständnis des Vulkanismus und der Plattentektonik, Abschnitt 1.1, der abiogenen Herkunft der Brennstoffe, 1.2, und der Erzeugung des Erdmagnetfeldes, 1.3; alle diese Fragenkomplexe hängen eng miteinander zusammen. Wie entstand unsere Erde?

Wir haben den Eindruck, dass sich während des letzten Halbjahrhunderts die folgende Bildungsweise von Sternen und Planetensystemen als plausibel durchgesetzt hat, vgl. [Kundt 1985, 2005]: Sterne entstehen durch den lokalen Gravitationskollaps von Gas- und Staub-Verdichtungen im Innern von molekularen Wolken, sobald diese sich hinreichend abgekühlt haben. Virialsatz, Drehimpulserhaltung und magnetische Flusserhaltung während ihrer Kontraktion lassen dabei schnell rotierende Scheiben entstehen, vom etwaigen Öffnungswinkel 1 %. Durch die differenzielle Rotation der Scheiben werden zugleich ihre mitgeführten Magnetfelder verschert und bis zur druckmäßigen Gleichverteilung nachverstärkt; sie machen die Scheiben derart zäh, dass das Scheibenmaterial sich reibt und zügig in Richtung Zentrum spiraliert, wo es zur Sternbildung mit nuklearem Brennen kommt, sobald Flüssigkeitsdichten erreicht und überschritten werden. Solche neugebildeten Sterne – oder auch Doppel- und/oder Mehrfachsterne, falls resonantes Klumpen in der Scheibe schneller verläuft als das spiralenförmige Nachrücken des äußeren Scheibenmaterials – sind weiterhin von staubigen Gasscheiben umgeben, von inzwischen geringerer Masse und mit radial variierender chemischer Zusammensetzung (wegen der physikochemischen Prozesse, die sich beim Hineinspiralieren abgespielt haben), aus denen sich dann Planeten bilden, die ihrerseits noch von Restscheiben umgeben sind. Aus den Restscheiben der Planeten bilden sich anschließend ihre Monde wie auch die Asteroiden und Kometen, und übrig bleibt eine mitrotierende, breite Potenzverteilung von Klein- und Kleinstkörpern, bis hinunter zu molekularen Teilchenmassen.

Dieses soeben grob geschilderte Schema des ‚hierarchischen Gravitationskollapses', mit erhaltenem Drehimpuls und entsprechender Magnetisierung, dürfte sich in ganz ähnlicher Form auch auf viel größeren, superstellaren Massenskalen abspielen bzw. abgespielt haben, bei der Bildung von Galaxien, wobei sich in deren Kernen dann ebenfalls stellare Dichten und nukleares Brennen einstellen. Auf diesen Prozess werden wir in den Abschnitten 6.5 und 8.2 zurückkommen, im Zusammenhang mit der Frage nach den supermassiven Schwarzen Löchern in ihren Zentren – an deren mögliche Existenz wir heute nicht mehr glauben - aber noch sind wir im Kapitel Geophysik.

Zurück zur Planetenbildung, zu den überkritischen, vermutlich haufenförmigen (clustered) lokalen Verdichtungen einer Restscheibe unserer Sonne: Wie heiß ist es dort? Scheiben – selbst ohne chemisches oder nukleares Brennen – erhitzen sich durch innere Reibung (oder Dissipation), infolge differenzieller Rotation. Ihre (relativ) großen Oberflächen bewirken aber starke Kühlung, durch Abstrahlung in den (3 K kalten) Nachthimmel; sie werden daher nicht sehr warm, abgesehen von gelegentlichen Blitzentladungen, die kurzzeitig zu Aufheizungen entlang ihrer Kanäle führen. Die lokalen – geklumpten – Verdichtungen einer solchen ‚protoplanetaren Scheibe', der Masse M, zehren im Wesentlichen von ihrer gravischen Energie, der Freifall-Energie auf die Oberfläche von Kondensationskeimen, mit Geschwindigkeiten $v \lesssim \sqrt{GM/r} \approx (10^6\ cm/s)\sqrt{(M/r)_{17}}$, wobei für M/r terrestrische Zahlenwerte eingesetzt wurden. Aus der schon in 1.10 benutzen Formel $T_8 = v_8^2$ schließen wir hiermit auf maximale Temperaturen der frisch gebildeten Erde von $T_\oplus \lesssim 10^4$ K.

Sorgfältigere Berechnungen der Planetenbildung durch sukzessive ‚Akkretion' aus einer geklumpten (stellaren) Restscheibe berücksichtigen das zeitliche Anwachsen des Protoplaneten, seine inneren Umkonfigurationen beim Wachsen sowie seine Kühlung durch Strahlung von der (zunehmenden) Oberfläche, und finden erwartete Anfangstemperaturen der Erde in ihrem Inneren zwischen 3000 K und 5000 K. Diese sollten in der Folgezeit noch anwachsen, im Inneren, durch radioaktives Nachheizen mittels zerfallendem Kalium, Uran und Thorium wie auch durch Schrumpfen und durch Sintern, d.h. durch Verdichtung und dadurch, dass die schwereren Stoffe, wie Eisen und Nickel, nach innen fallen oder fließen, während die leichteren Stoffe, wie Methan, nach außen auftreiben, mit Silizium und Sauerstoff hauptsächlich vertreten im dazwischenliegenden Mantelbereich, als Gestein, geprägt durch Einschlüsse von Aluminium und Magnesium. Dabei sollte sich dann langsam ein monotones radiales Temperaturprofil einstellen, mit den höchsten Temperaturen (5 kK) im inneren Kern, und den tiefsten Temperaturen (0,3 kK) an der Oberfläche, mit annähernd konstantem Wärmestrom (von $10^{20,5}$ erg/s) durch den Mantel nach außen, und mit den Oberflächen des fluiden äußeren Kerns (heute in 2,9 Mm Tiefe) und des festen inneren Kerns (in 5,2 Mm Tiefe) fixiert durch die Schmelztemperaturen der benachbarten Substrate bei den jeweiligen Drücken und der jeweiligen (detaillierten) chemischen Zusammensetzung. Solche Randbedingungen ergeben heutige Kerntemperaturen zwischen 3,5 kK und 4,5 kK, und Temperaturen oberhalb von 1,5 kK im tieferen Mantel ($\gtrsim$0,4 Mm tief), s. Abb. 1.12.1.

Und diese anfängliche Wärmeverteilung im Innern dürfte sich ausgeglichen und stabilisiert haben zur gegenwärtigen, denn die Erde hat bekanntlich eine negative Wärmekapazität: Kühlt sie sich ab (durch Strahlung), so tendiert sie zu schrumpfen, heizt sich dabei sogleich wieder auf und bremst die Schrumpfung, sodass sich ihr Volumen und ihre oberflächennahe Temperaturverteilung nur wenig ändern während kosmischer Zeiten. Der gegenwärtige Wärmestrom aus ihrem Innern, $\approx$ 60 erg/cm^{2}s, wenn zeitlich nur schwach veränderlich, besagt, dass ihr heutiger Wärmevorrat nicht stark von seinem Anfangswert abweicht, (nämlich 10^{38} erg). Die solare Oberflächenheizung macht sich offenbar gar nicht in ihrem Inneren bemerkbar; ihre (solare) Einstrahlung ist $10^{3,6}$-mal stärker als die terrestrische Kühlstrahlung. D.h., die heutige Wärmeabgabe des Erdinneren nach außen, an den Weltenraum, wird vollständig überdeckt durch die $10^{3,6}$-fach stärkere Wärmeabstrahlung von der Erd-Oberfläche und Atmosphäre, die Rückstrahlung der täglichen quasiperiodischen Sonneneinstrahlung auf die (rotierende) Erdoberfläche, gemäß dem in 1.5 besprochenen Treibhauseffekt.

Wie schnell sollte sich nach diesen Überlegungen die Kruste der jungen Erde verfestigt haben, für den Fall, dass sie jemals auf flüssige Temperaturen (>3 kK) aufgeheizt worden wäre? Planck-Strahlung von der Oberfläche könnte bei schneller, turbulenter Durchmischung eine Außenschicht der Dicke 1 km binnen einem Monat auf deutlich unter 1000 K abkühlen, womit alles Magma zu festem Gestein erstarrt wäre. Sobald sich jedoch eine feste Außenhaut gebildet hat, verlangsamt sich die Kühlung erheblich: Die Temperaturwelle dringt z.B. (bei den heutigen Bedingungen) im Laufe eines Tages nur 21 cm in den Erdboden ein, im Verlaufe eines Jahres nur 4 m, usw, proportional

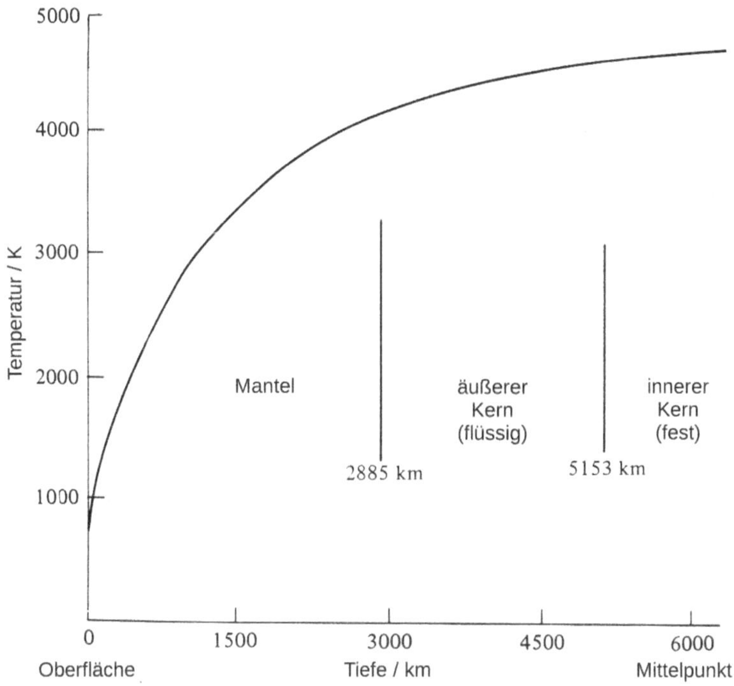

Abbildung 1.12.1: Errechnetes *Temperaturprofil* des Erdinneren, nach [Cook 1980]. Danach ist unsere Erde noch heute glühheiß in ihrem Kern.

zur Quadratwurzel aus dem Kühlzeitintervall. Um den (festen) obersten km der Erde deutlich unter 1kK zu kühlen, sind danach fast 10^5 Jahre erforderlich; selbst das ist eine kurze Zeitspanne, verglichen mit den heutigen 4,5 Gigajahren des Erdalters. Aber oberflächennahes Gestein ist selbst noch bei 3000 K fest; ein anfänglicher Magma-Ozean sollte sich kaum je an der Erdoberfläche gebildet haben, nicht einmal für die Dauer einer Woche. Die inneren Planeten des Sonnensystems wurden aller Wahrscheinlichkeit nach mit festen Oberflächen geboren.

1.13 Hat die Erde je ein Schneeballstadium durchlaufen?

Dieser Abschnitt hat ganz ähnliche Motive wie der vorangegangene – nämlich thermische Probleme der Vergangenheit – außer dass wir uns jetzt der Gegenwart mit ihren Klima-Problemen nähern und damit gleichzeitig festeren Boden unter unseren Füßen gewinnen und uns von alternativen Vorstellungen unserer Kollegen konfrontiert sehen. War unsere Erde jemals ganz mit Eis und/oder Schnee bedeckt, wie namhafte Kollegen ernsthaft unlängst erwogen haben, und hätte sie sich von solch einem *Schneemantel* wieder befreien können? Die Aussagen in der Literatur sind geteilt. Wir versuchen, eine Entscheidung zwischen den beiden entgegengesetzten Meinungen herbeizuführen.

‚Klima' ist in diesen Jahren eines der politischsten Themen physikalischer Forschung: Bewirkt die rasant anwachsende Weltbevölkerung mit ihrer rasant anwachsenden Technik und Industrie eine drastische Klima-Änderung in naher Zukunft? Müssen wir uns fürchten vor einer erneuten Eiszeit, die unsere Nahrung schrumpfen lassen würde, sowohl pflanzlicher als auch tierischer Art, oder müssen wir uns fürchten vor einer erneuten Heißzeit, die die bewohnbare Kontinentalfläche deutlich reduzieren würde, durch den vielleicht ansteigenden Meeresspiegel, sodass unsere technisierten Lebensansprüche die Natur weiter zurückdrängen würden und damit erneut die Grundlage für eine weltweit gesündere, wohlernährtere und damit friedvollere Lebensweise entziehen würden? Rampino & Caldeira [1994] haben das Goldilocks-Problem sorgfältig diskutiert: Wodurch ist unser Planet Erde thermisch stabil ausgestattet, derart, dass er seit Anbeginn höherer Lebensformen stets den Gefahren von Skylla und Charybdis – Kälte- oder Wärmetod – entkam, d.h. niemals die Grenzen einer tolerierbaren Thermik überschritten hat, die eine Rückkehr zu bewohnbaren Klimaten unmöglich gemacht hätte? Offenbar war unsere Erde stets thermisch stabil, gegenüber allen Fluktuationen der Sonnenleuchtkraft, und gegenüber wechselnden Ausrichtungen unserer Spinachse, allerdings ohne all die technisch-industriellen Zusatzbelastungen der gegenwärtigen Zivilisationsexplosion. Sie befand sich in der (engen) ‚habitablen Zone' der Sonne, im Abstand von *einer* astronomischen Einheit, $10^{8,2}$ km. Der Planet Venus ist dafür viel zu nahe, der Planet Mars viel zu fern.

Bereits in Abschnitt 1.5 (zum Treibhauseffekt der Atmosphäre) haben wir ähnliche Überlegungen angestellt und auf einen möglichen Fehlschluss hingewiesen: Ist es erwiesen, dass ein Abschmelzen der kontinentalen Gletscher den Meeresspiegel um viele Meter ansteigen lassen würde? Welche Voraussetzungen gehen in diesen Schluss ein? Wahrscheinlich ist Ihnen die Antwort auf die einfache Frage bekannt: „Wie verhält sich der Wasserspiegel in Ihrem Whiskyglas mit Eiswürfel, wenn der Eiswürfel schmilzt?" Antwort: „Er bleibt unverändert", weil das Schmelzwasservolumen dem Whiskyvolumen gleicht, das zuvor der Eiswürfel verdrängte. Nach dieser Vorüberlegung können wir uns an das schwierigere Problem der schmelzenden Arktis-, Antarktika- und Himalaya-Gletscher heranwagen. Das Abschmelzen verlagert kontinentales Eis und Wasser in ozeanisches Wasser, wodurch der Meeresspiegel steigt, sagen wir, um einen Meter. Die Ozeane bedecken 2,42-mal so viel Fläche wie die Kontinente, also fehlen den Kontinenten neuerdings (im Mittel) 2,42 Meter (belastendes) Wasser. Die Verlagerung bedeutet einen neuerlichen Gewichtsunterschied von 3,42 Meter Wasserhöhe zwischen Land und Meer. Nun ist unsere Erdoberfläche ziemlich gut im isostatischen Gleichgewicht: Die Kontinentalsockel sind leichter als die Ozeansockel, die Kontinente schwimmen quasi im Erdmantel auf. Ihre Substanz der obersten 10 km ist höchstens dreimal schwerer als Wasser. Im Falle perfekter Isostasie würden die Ozeansockel also neuerdings absinken, relativ zu den benachbarten Kontinentalsockeln, um mehr als 1,14 Meter, und der Meeresspiegel würde (geringfügig) sinken, um mehr als 14 cm! Wenn trotzdem die Messungen ein Ansteigen des Meeresspiegels der Größenordnung 1 mm/Jahr zeigen, so mag das daran liegen, dass eine mittlere Erwärmung des Ozeanwassers um 1 K eine Meeresspiegelerhöhung von fast einem halben Meter bewirkt, wegen der thermischen Ausdehnung des Wassers um 0,018 % pro Grad Kelvin (zwischen 10 °C und 20 °C). Geophysik ist oft komplex.

Diese Überlegung (zu den Folgen einer Erderwärmung) setzte perfekte Isostasie voraus, die sich bekanntlich für die Erde nur langsam einstellt, vermutlich auf der Zeitskala von $\lesssim$10 Jahren, weil der Mantel der Erde ziemlich steif ist; dies werden wir im kommenden Abschnitt aus der Nutationsdämpfung erschließen. Immerhin sollte sie uns zu denken geben: Vielleicht wirkt sich ‚global warming' weniger lebensfeindlich aus als z.B. nukleare Unfälle, und nukleare Kriege. Vielleicht hält Gaia noch ein paar stabilisierende Effekte in Reserve.

Eine andere Deutungsmöglichkeit einer lokal veränderlichen *Meeresspiegelhöhe* sollte nicht undurchdacht bleiben: eine *Verformung* von *Ozeanbecken*, durch Anheben, Absenken, Auffüllen oder auch durch Wegspülen. Wenn z.B. unsere Nordsee noch während der Bronzezeit besiedelt war, vor (4300 ± 100) Jahren, und zur selben Zeit England von Frankreich aus zu Fuß erreichbar war, während heute die Nordsee und der Ärmelkanal Wassertiefen zwischen 10 m und 200 m aufweisen, so muss sich der Wasserspiegel der Weltmeere deswegen nicht um mehr als z.B. zwei Meter gehoben haben. Die Arktis könnte sich gegenüber Europa um $\lesssim$50 m angehoben haben, durch Gletscherschmelzen (und damit Entlasten), wodurch lokal Wasser abgeflossen wäre und die Nordsee beflutet hätte. Ozeanbecken sind nicht starr. Insbesondere könnte der Festlandsockel zwischen England und seinen europäischen Nachbarländern weitgehend angeschwemmt gewesen sein, durch Flüsse und Sturmfluten, und sich bei zunehmender Bewässerung auch wieder haben wegspülen lassen, wie noch heutzutage der Sand vor der Insel Sylt, zur Besorgnis der Strandhüter. So konnte sich während weniger Jahrhunderte der Meeresspiegel der Nordsee um 50 oder mehr Meter anheben und Ackerbau und Viehzucht in Küstenfischerei verwandeln, ohne die weltweite Meeresspiegelhöhe drastisch anzuheben.

Doch jetzt zur eventuellen Abkühlung: Wie gefährlich wäre eine thermische Grenzannäherung der Erde zum Kalten hin? Eine unterkühlte Erde reflektiert durch ihre Eis- und Schneeflächen fast alle einfallende Solarstrahlung in den Weltenraum, sodass die Oberflächentemperaturen dauerhaft unter den Gefrierpunkt von Wasser sinken. Noch vor einem halben Jahrhundert wurde in Fachkreisen der Kältetod als eine reale Gefahr der nahen Zukunft diskutiert, und Carl Sagan erläuterte die Möglichkeit eines ‚nuklearen Winters'. Hat unsere belebte Erde jemals ein Schneeballstadium durchgemacht, eine Vereisung, die dann sogar eine primitive Biosphäre überlebt hätte? Biologie-Nobelpreisträger Craig Mello hält so etwas nicht nur für möglich, sondern sogar für plausibel, gestützt u.a. auf Arbeiten des Caltech-Geologen Joseph Kirschvink. Grundsätzlich gibt es eine Vielzahl niederer Lebewesen, die an negative Celsius-Temperaturen angepasst sind, u.a. durch Einbau geeigneter Frostschutzmittel in ihre flüssigen Kompartimente, und die dabei auch noch Photosynthese betreiben. Leben auf und unter einer dünnen Eisdecke ist möglich, das haben sogar die Goldfische bewiesen, die einen von uns beim Schlittschuhlaufen auf seinem gefrorenen Gartenteich begleitet haben. Die entscheidende Frage dieses Abschnitts ist, ob die Rückkehr vom Schneeballstadium ins Grüne möglich ist, d.h. ob ein Schneeballstadium reversibel sein kann. Genannt wird der Vulkanismus, der Löcher ins Eis schmelzen und die Atmosphäre mit Treibhausgasen anreichern kann. Wir bezweifeln diese Möglichkeit, vgl. Abb. 1.5.1.

Unsere Zweifel verlangen quantitative Abschätzungen, es geht ums Detail. Die Sonneneinstrahlung auf unseren Planeten - genannt ' Solarkonstante' - beträgt $S_{\odot} = 10^{6,13}$ erg/cm^{2}s; sie wird von der Tageshemisphäre empfangen, moduliert durch den Treibhauseffekt von Wolken, Aerosolen und Treibhausgasen. Schaltet man ihre Absorption weitgehend aus, durch reflektierende Schneefelder, so bleibt zur Wiedererwärmung der Erde noch der Wärmestrom aus dem Erdinnern, $S_{\oplus} = 10^{1,8}$ erg/cm^{2}s, empfangen von unten aus dem vollen Raumwinkel – das ist $10^{3,7}$-mal weniger als der solare Input – sowie die Heizung durch Vulkane, die im zeitlichen Mittel noch geringer ist. Wenn wir jetzt die Temperatur-Formel $T = 278$ K$(\mathrm{AE}/r)^{1/2}(\alpha/\varepsilon)^{1/4}$ von Abschnitt 1.5 anwenden, mit Absorptionskoeffizient α in Einheiten von 10 %, und Emissionskoeffizient $\varepsilon \gtrsim 0,5$, so folgt: $T = 108$ K $(\alpha_{-1}/\varepsilon)^{1/4} \gtrsim$ -165 °C für $\alpha/\varepsilon \gtrsim$ 0,1, ein grausam kalter Wert, der ein Wiederauftauen ausschließt. Bei der Abschätzung von α/ε haben wir zugelassen, dass gelegentliche Vulkanausbrüche die äußere Schneedecke gebietsweise stark verschmutzen können ($\alpha \approx 0,1$) sowie dass selbst eine mit Treibhausgasen gesättigte Erdatmosphäre nicht perfekt isoliert, $\varepsilon \gtrsim 0,5$, weil sie konvektiv instabil wird, sobald es an ihrer Basis warm genug ist. Ein Schneeball Erde – ohne Nuklearenergie – wäre wahrscheinlich nicht wieder aufgetaut.

1.14 Wie eng hängen Spinachse und Figurenachse der Erde aneinander?

Hier erreichen wir die schwierigste Frage dieses Kapitels: eine zuverlässige Rekonstruktion der geografischen Weltkarten unserer irdischen Vergangenheit. Wir geben das wieder, was wir von unseren befreundeten Kollegen Bondi und Gold aus deren Jugendjahren [1955] gelernt haben, womit sie die Lehrmeinung provozierten. Bekannt ist, dass die Kontinentalplatten wandern, vgl. 1.1. Bekannt ist auch, dass sich das magnetische Multipolfeld der Erde

beständig im Wandel befindet, vgl. 1.3, auf allen Zeitskalen zwischen Jahren und Jahrmilliarden. Wie können wir dann herausfinden, wo und wie sich z.B. der Baikalsee vor 10 M*a* befand, oder wie das Uralgebirge vor 225 M*a* aussah? Zwar erlaubt uns der Erhaltungssatz vom Drehimpuls zu schließen, in welche Himmelsrichtung die Spinachse der Erde damals zeigte, wobei wir die bremsenden Gezeitendrehmomente von Mond und Sonne zurückintegrieren müssen bis zu dem gefragten Zeitpunkt, als Korrektur zu ihrer heutigen Orientierung. Doch dann bleibt noch immer die schwer zu klärende Unsicherheit, wann und wie sehr sich das System der Kontinentalplatten zwischendurch gedreht hat, relativ zu ihrem Spin. Denn selbst bei Drehimpulserhaltung kann sich das System der Kontinentalplatten – sprich die *Figurenachse* – fast ohne Kraftaufwand relativ zur Spinachse drehen, angeregt wahrscheinlich durch Gebirgsauffaltungen und Polkappenvereisungen. Wo verlief damals der Äquator, und wo befanden sich die Pole?

Immer, wenn wir uns nach der geologischen Vorgeschichte unseres Planeten fragen – nach dessen Topografie, Vulkanismus, Gebirgen, Bodenschätzen, Meeresströmungen, Klimaetappen, Ökologie, Naturkatastrophen – bemühen wir uns, diese zu rekonstruieren aus Bodenproben, Funden, Leitfossilien, deren (radioaktiv bestimmtem) Alter und deren ‚eingefrorenen' Magnetfeldern. Auf diese Weise ist es u.a. gelungen, die frühere Gestalt und Lage der Kontinente bis zurück zu 225 Millionen Jahren zu rekonstruieren, dem Zeitpunkt, an dem alle Kontinente zu dem nahezu kreisförmigen Superkontinent Pangaea zusammengerückt waren, oder gar doppelt so weit in die Vergangenheit, als sie wieder voneinander getrennt waren. Solche vorzeitlichen Erdkarten sind sogar bis in die Schulatlanten vorgedrungen, als erlernbares Wissen. Aber mit welcher Gewissheit? Um zuverlässige Aussagen zu gewinnen, müssen wir u.a. wissen, ob die ‚Figurenachse' (Polachse) unserer Erde auch in der Vergangenheit die heutige Orientierung relativ zu ihrer Spinachse hatte. Genau dies wurde aber bereits vor über 50 Jahren stark angezweifelt, von Tom Gold in Zusammenarbeit mit Hermann Bondi [1955]. Auch müssten wir wissen, wie das Magnetfeld der Erde früher orientiert (und strukturiert) war, vgl. 1.3.

Die Frage nach der früheren Lage der Kontinente hängt eng zusammen mit der Frage nach der früheren Ausrichtung der Spinachse der Erde, (Spin = Rotation um die eigene Achse), und schon die ist keineswegs fest im Raum. Das merken u.a. Astronomen, wenn sie in aufeinanderfolgenden Nächten ihr Fernrohr auf die gleiche Position am Himmel zu richten versuchen. Nicht allein brauchen sie dafür sehr genaue Uhren, sodass sie den gleichen Augenblick (Winkel) bei der täglichen Rotation der Erde um ihre Achse erwischen, sondern sie müssen außerdem den jährlichen Umlauf der Erde um die Sonne berücksichtigen, der für nahe Himmelskörper einer (etwas) unterschiedlichen Himmelsposition (‚Parallaxe') entspricht, ferner eine (langsame) ‚Präzession' der Spinachse um das Lot auf der Ebene der Ekliptik, in der die Erde um die Sonne umläuft – mit der Periode von 25800 Jahren – erzwungen durch die Summe aus den Gezeitendrehmomenten von Mond und Sonne, im ungefähren Verhältnis 2 : 1, sowie eine kleine Korrektur mit den Perioden 12 und 14 Monate, bekannt als ‚Jahresperiode' und als Chandlers ‚Nutationsperiode'. Ja, und nach all diesen streng vorherberechenbaren Korrekturen des Koordinatensystems auf der Himmelssphäre bleibt immer noch ein kleines sog. *Rauschen* der Spinbewegung übrig, ein Wackeln (wobble) der Nutation, das davon herrührt, dass unsere Erde kein (völlig) starrer Körper ist und dass die Gezeitendrehmomente und/oder Polkappenvereisungen fluktuieren; ein Rauschen, das unter geeigneten Umständen auch einmal auf sehr große Amplituden anwachsen kann, entsprechend einem Umkippen der Polachse, bis zu 90° und mehr. Mit anderen Worten: Die neue Polachse könnte dann im Extremfall durch zwei frühere, antipodische Äquatorpunkte verlaufen, während der neue Äquator die beiden früheren Pole enthält. Solch ein Kippen der Polachse um große Winkel mag sich in der Vergangenheit vielleicht nur ganz selten, vielleicht aber auch häufig abgespielt haben, jeweils innerhalb von nur 10^5 bis 10^6 Jahren [Gold 1955]. Besteht etwa ein kausaler Zusammenhang mit den vier letzten Eiszeiten, während der vergangenen 0,4 *Ma* ?

Bevor wir uns an dieses recht wenig bekannte und nicht ganz leicht nachzuvollziehende Problem aus der Kreiseltheorie heranwagen, hilft es wahrscheinlich, wenn wir uns mit der folgenden, vereinfachten Preisfrage vertraut machen: Ein Schwimmbadbesitzer denke sich einen besonderen Badespaß aus, als Attraktion für seine kleinen Gäste. Er lasse eine große, schwere Kugel fertigen, etwa 6m im Durchmesser, jedoch deutlich leichter als Wasser, mit angenehm weicher Oberfläche, auf welche ein Netz aus Längen- und Breitenkreisen gut sichtbar gemalt ist, und lasse diese Kugel in ein hinreichend tiefes Schwimmbecken einbringen. Ferner lasse er die Kugel in schnelle Rotation um ihre Vertikalachse versetzen und ermögliche sodann seinen kleinen Gästen durch einen fahrbaren Turm, bequem auf die aus dem Wasser herausragende Polkappe der Kugel zu gelangen, um auf ihr herumzutollen. Fallen sie dabei ins Schwimmbecken, dürfen sie sogleich wieder neu aufsteigen, immer wieder, bis schließlich der Tag zur Neige geht. Weil die große Kugel sehr schwer ist gegenüber ihren kleinen Reitern und gegenüber der etwas bremsenden Wasserreibung, wird sie am Abend immer noch um ihre Vertikalachse rotieren, wegen Drehimpulserhaltung. Aber welche Orientierung haben dann ihre Längen- und Breitenkreise? Die gleiche wie zu Beginn, oder vielleicht eine deutlich gekippte? Sie ahnen die Antwort?

In den Naturwissenschaften kann man alles verstehen, wenn man dafür nur genug Geduld aufbringt. Fast alles, was bisher in diesem Abschnitt in gedrängter Form gesagt wurde, war bereits Leonhard Euler bekannt und ist eine Anwendung der Theorie der Drehbewegungen eines festen Körpers. Ein rotierender Körper, auch ‚Kreisel' genannt, lässt sich bekanntlich beschreiben durch seinen Winkelgeschwindigkeitsvektor $\overrightarrow{\omega}$, seine (symmetrische) Trägheitsmomentenmatrix $\overleftrightarrow{\Theta}$, und durch seinen Drehimpulsvektor $\overrightarrow{S}$, die miteinander in der Beziehung stehen: $\overrightarrow{S} = \overleftrightarrow{\Theta} \cdot \overrightarrow{\omega}$ (im Sinne der Matrizenmultiplikation). Nun lässt sich jede symmetrische Matrix durch eine geeignete Drehung des Koordinatensystems auf Hauptachsenform bringen, entsprechend der Tatsache, dass jeder Kreisel drei – paarweise aufeinander senkrecht stehende – Hauptachsen besitzt, mit i.A. drei verschiedenen Trägheitsmomenten Θ_j, den Eigenwerten der Matrix $\overleftrightarrow{\Theta}$. Und es lässt sich leicht zeigen, dass der Kreisel nur um seine Achse größten Trägheitsmomentes Θ_1 stabil rotieren kann. Für diese ist nämlich seine Rotationsenergie minimal. (Um seine Achse kleinsten Trägheitsmoments rotiert er ‚metastabil', d.h. nur stabil für kleine Störungen, und um diejenige mittleren Trägheitsmoments instabil oder ‚labil'). Alle isolierten Himmelskörper – Sterne, Planeten und Monde – rotieren also (sehr angenähert) um ihre Achse größten Trägheitsmoments. Auch sind sie in guter Näherung axialsymmetrisch, haben die Gestalt von sog. ‚Geoiden', und es gilt: $\Theta_1 > \Theta_2 = \Theta_3$. Ein Geoid ist, grob gesprochen, eine Kugel mit ‚Äquatorwulst'. Für unsere Erde hat der Äquatorwulst eine effektive Höhe von 20 km.

Dieser Äquatorwulst unserer Erde ist aber nicht eigentlich starr und unveränderlich: Er würde zerfließen, sobald die Erde abgebremst wird. Das erschließen wir nicht nur aus seiner sehr guten Übereinstimmung mit der Gestalt einer flüssigen Erde (mit der heutigen Winkelgeschwindigkeit), sondern auch aus unseren Kenntnissen über die Festigkeit des Erdmantels. Unsere Erde ist damit nicht sehr verschieden von einem ‚entarteten' Kreisel: einem Kreisel mit drei gleichen Trägheitsmomenten – z.B. einer starren Kugel, oder auch einem Würfel – für den es keine ausgezeichnete, stabile Rotationsachse gibt. Die Figurenachse eines entarteten Kreisels ist willkürlich, oder unbestimmt; sie kann sich beliebig gegenüber der instantanen Rotationsachse bewegen. Solch eine Bewegung (der Figurenachse gegenüber der Spinachse) erfolgt langsam bei kleinen Störkräften, kann aber beliebig große Entfernungen zurücklegen. Bei diesen langsamen Bewegungen verlagert sich dann auch der Äquatorwulst, jeweils derart, dass die Spinachse zur (neuen) instantanen Hauptträgheitsachse hinstrebt. Weiter unten werden wir hierauf zurückkommen.

Kehren wir noch einmal zurück zur allgemeinen Kreiseltheorie. Man unterscheidet zwischen dem ‚schweren' Kreisel, an dem ein äußeres Drehmoment angreift – z.B. dem Kreisel, den Kinder im Sommer auf der Straße peitschen – und dem ‚(kräfte-) freien'

Kreisel, auf den kein äußeres Drehmoment einwirkt. Die Himmelskörper sind alle ziemlich freie Kreisel, je nach ihrem Abstand vom nächsten Nachbarn. Trotzdem ist unsere Erde nicht gänzlich kräftefrei: Mond und Sonne üben Drehmomente auf ihren Äquatorwulst aus, die ihren – um 23,5 Grad gekippten – Spin aufzurichten versuchen, senkrecht zur Ebene, in der sie umeinander umlaufen. Trotz seiner kleinen Masse übt der Mond ein rund zweimal so starkes Drehmoment aus wie die Sonne, weil er uns viel näher umläuft. Beide Drehmomente variieren zeitlich mit variierenden Umlaufwinkeln φ_j, proportional zu $\cos^2\varphi_j$; wie schon oben gesagt, bewirken sie im zeitlichen Mittel eine Präzession von $\overrightarrow{S}$ mit der Periode 25800 Jahre, s. Abb. 1.14.1.

Für unsere astronomischen Beobachtungen ist die erzwungene Präzession von $\overrightarrow{S}$ meist vernachlässigbar klein: In erster Näherung können wir $\overrightarrow{S}$ als konstant ansehen. Dann verhält sich die Erde wie ein freier Kreisel, beschrieben durch $\overrightarrow{S}$, $\overleftrightarrow{\Theta}$, $\overrightarrow{\omega}$ und die Figurenachse $\overrightarrow{e}$, mit konstanten $\overrightarrow{S}$ und $\overleftrightarrow{\Theta}$; und Eulers Kreiseltheorie lehrt, dass die drei Vektoren $\overrightarrow{S}$, $\overrightarrow{\omega}$, $\overrightarrow{e}$ stets in einer Ebene liegen und sich mit fester Winkelgeschwindigkeit $S\ /\ \Theta_2 \approx \omega$ um die Richtung von $\overrightarrow{S}$ drehen, falls die Erde starr wäre. Dabei liegen $\overrightarrow{e}$ und $\overrightarrow{\omega}$ auf gegenüberliegenden Seiten von $\overrightarrow{S}$, unter den kleinen Winkeln $\alpha = 10^{-1}$" und $\beta = 10^{-2{,}48}$" (" = Bogensekunde = $10^{-5{,}3}$ im Bogenmaß). Den Winkel α hat man gemessen durch die sog. ‚Polhöhenschwankung' $\delta \pm \alpha$, d.h. die Schwankung der Höhe des Pols am Himmel, gemessen bei der geographischen Breite δ, die alle 428 Tage extrem wird; und β hängt mit α zusammen über $\beta/\alpha = \Delta\Theta/\Theta_2 = 3{,}3\cdot 10^{-3}$, $\Delta\Theta := \Theta_1 - \Theta_2$.

α und (erst recht) β sind kleine Winkel: Für den Amateurastronomen fallen die Richtungen von Drehimpuls, Spin und Polachse der Erde praktisch zusammen. Bedenkt man jedoch, dass unsere besten Geräte heute Genauigkeiten von bis zu Mikro-Bogensekunden erzielen, so rückt die Wichtigkeit dieser Feinheiten in ein anderes Licht. Aber abgesehen

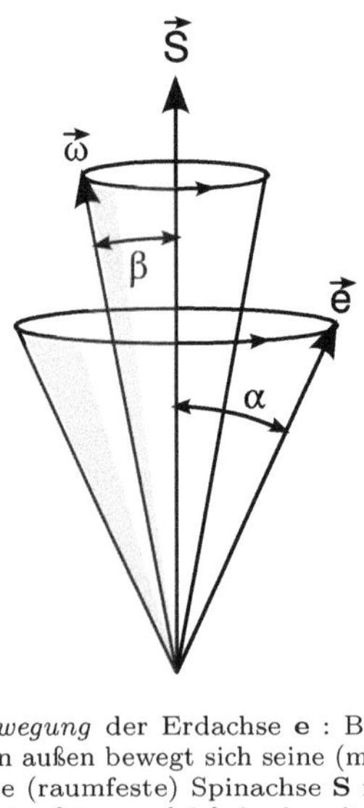

Abbildung 1.14.1: Freie *Spinbewegung* der Erdachse **e** : Bei der Rotation eines beliebigen Körpers ohne Kraftwirkungen von außen bewegt sich seine (magnetisch bedingte) Figurenachse **e** auf einem Kegelmantel um die (raumfeste) Spinachse **S** mit festem Inklinationswinkel α, wobei der Winkelgeschwindigkeitsvektor ω gleichsinnig mitrotiert, unter dem Winkel β, der für Rotationsellipsoide ähnlich unserer Erde (mit nur geringem Äquatorwulst) viel kleiner ist als α und positiv, (d.h., **e** und ω liegen auf gegenüberliegenden Seiten von **S**, wie gezeichnet). Für unsere Erde gilt $\beta\ /\ \alpha = \Delta I\ /\ I_\perp \approx 0{,}003$, (I := Trägheitsmoment).

davon kommt jetzt der Knüller: Unsere Erde ist nicht starr, und aus Bruchteilen von Bogensekunden können 90° werden, wenn Bondi und Gold recht behalten! Zunächst einmal hat man gefunden, dass sich die Nutation nicht streng an obige Gesetzmäßigkeiten hält: Nicht nur variiert α periodisch, mit den bereits genannten Perioden 12 und 14 Monate, sondern seine Veränderlichkeitskurve zeigt obendrein noch ein Rauschen, ein zeitliches Ab- und Anschwellen. Hierbei versteht man die 12-Monats-Periode als eine Folge jahreszeitlich schwankender Sturmsysteme der Erdatmosphäre, vielleicht auch als eine teilweise Folge des periodisch modulierten Gezeitendrehmoments der Sonne. Und die 14-Monats-Periode lässt sich errechnen als Chandlers Nutationsperiode für einen axialsymmetrischen Körper der Elastizität von Stahl, mit den relativen Trägheitsmomenten $\Delta\Theta/\Theta_2 = 0,0033$.

Aber warum zeigt α ein Rauschen? Warum wird die Nutation nicht einfach gedämpft, d.h. klingt zeitlich auf Null ab? Aus dem gemsssenen An- und Abschwellen der Nutation hat man eine Dämpfungszeit (Ver-etel-fachungszeit) von $\lesssim$10 Jahren entnommen, wodurch dann zugleich auf eine anhaltende Anfachung der Nutation geschlossen werden muss. Und wodurch? Bondi und Gold [1955] schließen den Kern der Erde aus, als quantitativ zu unbedeutend (für eine so starke Dämpfung), und folgern, dass die Nutation der Erde durch Veränderungen ihres Mantels sowohl angeregt als auch gedämpft wird: durch veränderliche Vereisung der Kontinente sowie durch Gebirgsauffaltungen, die jeweils anschließend wieder dissipiert werden, u.a. durch plastisches Fließen des Mantels, hauptsächlich bei Tiefen von über 100 km, d.h. bei Tiefen mit hinreichendem Auflagedruck. Man beachte hierbei, dass die Kruste der Erde, d.h. in etwa ihre obersten 100 km, deutliche Abweichungen von der Isostasie aufweist, z.B. in Gebirgen, sogar über Zeiträume von mehr als 10 M*a* hinweg; bei der Isostasie muss man also unterscheiden zwischen *lokalen* und *globalen* Verformungen der Erdoberfläche, deren Ausgleichszeiten um mehr als einen Faktor 10^6 differieren können.

Und damit kehren wir zurück zu der schon oben ausgesprochenen Behauptung, dass die Polachse unserer Erde vielleicht in der Vergangenheit mehrmals ausgewandert ist, d.h. ihre Rolle als Hauptträgheitsachse an eine neue solche abgegeben hat. Die notwendigen langsamen aber monotonen Auswanderungen könnten die Folge größerer tektonischer Umlagerungen gewesen sein, wobei Auffaltungen oder Vereisungen bei mittleren geografischen Breiten dem heutigen Äquatorwulst Konkurrenz gemacht hätten und ihn seine dominante Rolle hätten abtreten lassen, auf der Zeitskala von 10^5 bis 10^6 Jahren, an andere Gebiete der Erdoberfläche. Diese plausible Möglichkeit macht die Ermittlung unserer geologischen Vergangenheit (für Zeitspannen $>10^7$ Jahre) außerordentlich unsicher. Eine zeitweilige geringfügige Auswanderung der Polachse in historischer Vergangenheit mag z.B. verantwortlich gewesen sein für die letzten vier Eiszeiten – der ungefähren Dauer $10^{4,8}$ Jahre [Petit et al 1999], s. auch [Marshall 2013] – und/oder für das angebliche vorübergehende Trockenfallen und Wiederauffüllen des Mittelmeeres (bis vor 5 M*a*), s. Nature 422, 602-605 (2003).

Soeben erwähnten wir eine angestrebte „Ermittlung unserer geologischen Vergangenheit für Zeitspannen $>10^7$ Jahre". Auf solch kosmisch langen Zeitskalen, länger als mehrere Megajahre, dürfen wir nicht ohne Weiteres die (winzigen) Drehmomente der übrigen Körper des Sonnensystems vergessen, allen voran Jupiter und Saturn, die zusätzlich auf den Spin der Erde einwirken und ihn im Resonanzfall erheblich auswandern lassen können. Mit dieser Möglichkeit haben sich vor allem numerische Arbeiten von Laskar et al beschäftigt, mit dem Ergebnis [1993], dass unser (naher, großer) Mond mit seinem starken und hochfrequenten Drehmoment evtl. ein solches ‚chaotisches' Auswandern der Spinachse der Erde verhindert hat, im Gegensatz z.B. zu unserem Bruderplaneten Mars. Aber wie zuverlässig sind solche numerischen Ergebnisse? Waren die hierbei gemachten vereinfachenden Annahmen sämtlich zulässig? Und außerdem beantworten sie die Frage nach den Bewegungen der Spinachse relativ zu einem Trägheitssystem, nicht hingegen die Frage dieses Abschnitts (von Gold und Bondi), nach den erlaubten Relativbewegungen zwischen Spinachse und Figurenachse.

LITERATUR (KAPITEL 1)

[Bondi & Gold 1955] Bondi, Hermann, Gold, Tom, 1955: On the damping of the free nutation of the Earth, *MNRAS* **115**, 41-46.

[Cook 1980] Cook, Alan H., 1980: *Interiors of the Planets*, Cambridge Planetary Science Series, Cambridge, 1-348.

[Faccenda et al. 2009] Faccenda, M., Gerya, T.V., Burlini, L., 2009: Deep slab hydration induced by bending-related variations in tectonic pressure, *Nature Geoscience* **2**, 790-793.

[Feynman 1964] Feynman, Richard, 1964: Electricity in the Atmosphere, Ch. 9 in: *The Feynman Lectures on Physics*, Vol. II, Caltech.

[Frank & Huyghe 1990] Frank, Louis A., Huyghe, Patrick, 1990: *The Big Splash*, Birch Lane Press.

[Gaisser 1990] Gaisser, Thomas K., 1990: Cosmic Rays and Particle Physics, Cambridge University Press, 1-279.

[Gold 1955] Gold, Tom, 1955: Instability of the Earth's axis of rotation, *Nature* **175**, 526-529.

[Gold 1999] Gold, Thomas, 1999: *The Deep Hot Biosphere*, Copernicus, Springer-Verlag, 1-235.

[Gold 2012] Gold, Thomas, 2012: *Taking the Back off the Watch*, ed. Simon Mitton, Astrophys. and Space Sci. Library **381**, 1-232.

[Hart 1978] Hart, Michael H., 1978: The Evolution of the Atmosphere of the Earth, *Icarus* **33**, 23-39.

[Hunten 1997] Hunten, Donald M., 1997: Pipelines to the planets, *Nature* **389**,125-126.

[Jeffreys 1975] Jeffreys, Harold, 1975: *The Earth*, Cambridge Univ. Press, Cambridge, 1-420.

[Keppler 2009] Keppler, Hans, 2009: Plate Tectonics, *europhysics news* **40**/4, 27-30.

[Krinov 1966] Krinov, Evgenij L., 1966: *Giant Meteorites*, Pergamon, pp.125-265.

[Kropotkin 1997] Kropotkin, Peter N., 1997: On the history of science: Prof. N.A. Koudryavtsev (1893-1971) and the development of the theory of origin of oil and gas, *Earth Sciences History* **16**(1), 17-20.

[Kundt 1985] Kundt, Wolfgang, 1985: *Die Physik des Sonnensystems und der Kometen*, Bouvier, 1-215.

[Kundt 1998b] Kundt, Wolfgang, 1998b: The Gold Effect: Odyssey of Scientific Research, in: *Understanding Physics*, ed. A.K.Richter, Copernicus Ges.e.V., Katlenburg-Lindau, 220. Also: astro-ph/9810059.

[Kundt 2001a] Kundt, Wolfgang, 2001a: The 1908 Tunguska catastrophe: An alternative explanation, *Current Science* **81**, No.4, 399-407.

[Kundt 2005] Kundt, Wolfgang, 2005: *Astrophysics, A new Approach*, Springer, 1-223.

[Kundt 2007] Kundt, Wolfgang, 2007: Tunguska (1908) and its Relevance for Comet/Asteroid Impact Statistics, in: *Comet/Asteroid Impact and Human Society*, eds. Peter Bobrowsky & Hans Rickman, Springer, 331-339.

[Kundt 2017] Kundt, Wolfgang, 2017: Astrophysical Fashions – A Warning, Proceedings of Science (FRAPWS2016) 012, 1-14.

[Kundt Publikationsliste] `https://www.astro.uni-bonn.de/~wkundt`

[Kundt & Jessner 1986] Kundt, Wolfgang, Jessner, Axel, 1986: Volcanoes, fountains, earth quakes, and continental motion – what causes them?, *Journal of Geophysics* **60**, 33-40.

[Kundt & Thuma 1999] Kundt, Wolfgang, Thuma, Gernot, 1999: Geoelectricity: atmospheric charging and thunderstorms, *J. of Atmospheric and Solar-Terrestrial Physics* **61**, 955-963.

[Kundt & Volland 1989] Kundt, Wolfgang, Volland, Hans, 1989: Dekadenfluktuation der Erdrotation und Westwärtsdrift des Erdmagnetfeldes, *Naturwissenschaften* **76**, 305-309.

[Laskar et al 1993] Laskar, Jacques, Joutel, F., Robutel, P., 1993: Stabilization of the Eath's obliquity by the Moon, *Nature* **361**, 615-617.

[Lay 2011] Lay, Thorne, 2011: A Chilean surprise, *Nature* **471**, 174-175.

[Luque & Ebert 2010] Luque, Alejandro, Ebert, Ute, 2010: Lightning above the Clouds, *europhysics news* **41**/5, 19-22.

[Malin & Roucoux 2006] Malin, David, Roucoux, Katherine, 2006: *Himmel & Erde, Verborgene Welten*, Phaidon, 1-392.

[Marshall 2013] Marshall, Shawn, 2013: Solution proposed for ice-age mystery, *Nature* **500**, 159-160.

[Merrill & Mc Elhinny 1983] Merrill, Ronald T., Mc Elhinny, Michael W., 1983: *The Earth's Magnetic Field*, Academic Press, 1-401.

[Passig & Scholz 2007] Passig, Kathrin, Scholz, Aleks, 2007: Tunguska-Ereignis, in: *Lexikon des Unwissens*, Rowohlt-Berlin, 222-230.

[Petit et al 1999] Petit, J.R., et al (19 authors) 1999: Climate and atmospheric history of the past 420,000 years from the Vostok ice core, Antarctica, *Nature* **399**, 429-436.

[Plotts 1940] Plotts, William, 1940: *Isogeotherm, or Monist Theory of Stratified Mineral Occurrence and Origin*, Olinda, California, 1-55.

[Press 1978] Press. William, 1978: Flicker Noises in Astronomy and Elsewhere, Comments on Astrophysics 7, no.4, 103-119.

[Rampino & Caldeira 1994] Rampino, Michael R., Caldeira, Ken, 1994: The Goldilocks Problem: Climatic Evolution and Long-Term Habitability of Terrestrial Planets, *Annual Rev. Astron. Astrophys.* **32**, 83-114.

[Riezler 1944] Riezler, Wolfgang, 1944: *Einführung in die Kernphysik*, BI, Leipzig, S. 60.

[Strobach 1991] Strobach, Klaus, 1991: *Unser Planet Erde*, Gebrüder Borntraeger, Berlin-Stuttgart, 1-253.

[Su et al 2003] Su, H.T., et al (9 authors), 2003: Gigantic Jets between a thundercloud and the ionosphere, *Nature* **423**, 974-976.

[Verma 2006] Verma, Surendra, 2006: *The Mystery of the Tunguska Fireball*, Icon Books, Paperback, 1-277.

[Ward 1989] Ward, John M., 1989: Changes in the Length of the Day and Atmospheric Angular Momentum, *Physics Today* **5**, 46.

[Ward 2005] Ward, Peter, 2005: *Life as we do not know it*, Penguin Books, 1-298.

[Wegener 1915] Wegener, Alfred, 1915: Die Entstehung der Kontinente und der Ozeane, *Sammlung Vieweg Braunschweig*, **23**, 1-94.

[Wilson 1920] Wilson, Charles T.R., 1920: Gegenstromtheorie zur Aufrechterhaltung des luftelektrischen Feldes, *Phil. Trans. Roy. Soc. London Ser.A* **221**, S.73.

2. UNSER SONNENSYSTEM

Wie gut kennen wir unsere Sonne, ihre Planeten und deren viele Monde? Woher haben sie ihre Magnetfelder, und wie veränderlich sind diese? Gibt es eine einfache ‚Dynamogleichung' zur Berechnung ihrer magnetischen Multipolfelder? Wie schnell rotierten die Sonne, ihre Planeten und deren Monde bei ihrer Entstehung? War die junge Sonne ebenfalls eine Jet-Quelle, wie die meisten Prä-T-Tauri-Sterne? Was passiert bei den immer wiederkehrenden Null-Durchgängen des irdischen magnetischen Dipols?

Nach diesen teils allgemeinen, teils speziellen Überlegungen zum Spin und zu den magnetischen Momenten der Großkörper im Sonnensystem fragen wir uns in diesem zweiten Kapitel nach dem Grund, warum unser Mond uns immer nur die eine seiner beiden Oberflächenhälften zuwendet, und warum seine ‚Vorderseite' glatter ist als seine Rückseite. Durch verstärkte Einwirkung des durch die Erdmagnetosphäre modifizierten Sonnenwindes, einmal pro Monat, mittels höherer elektrischer Aufladung? Oder als Vermächtnis aus seiner Jugendzeit, als er unserer Erde noch ganz nahe war? Entstand unser Mond aus einer protoplanetaren Gas- und Staubscheibe, wie vermutlich alle die anderen 171 Monde im Sonnensystem, oder etwa durch frühe Kollision der Erde mit einem anderen Himmelskörper, wie oft behauptet wird? Und warum verletzt der Planet Venus gegenwärtig das *Isochronieprinzip*, nach dem (fast) alle Sekundärkörper im Sonnensystem bei ihrer Geburt gleichsinnig mit ihrem Zentralkörper (Stern) um ihre Achse rotieren, in Vorwärtsrichtung relativ zu ihrer Bahnbewegung?

Wie lebensfreundlich waren oder sind unsere Nachbarplaneten? Gab oder gibt es dauerhaft flüssiges Wasser auf dem Mars? Wie heiß waren die Krusten der inneren Planeten bei ihrer Entstehung? Hat einer der inneren Planeten jemals ein Schneeballstadium durchlaufen? Es versteht sich, dass solche und ähnliche Fragen aufkommen bei der Planung von Weltraummissionen. Und was hat zuerst Ludwig Biermann aus der Beobachtung von Kometenschweifen über die Beschaffenheit des Windes geschlossen, den unsere Sonne beständig in alle Richtungen abbläst?

Neue, durchdenkenswerte Probleme werfen die großen Gasplaneten auf, Jupiter, Saturn, Uranus und Neptun, mit ihren streifenweise super- und subrotierenden äußeren Atmosphären und deren großen, farbigen, zirkulierenden Flecken. Offenbar wechselwirken die Planeten mit ihren inneren, ringförmig verdichteten Staub-, Gas- und Plasma-Scheiben, vermittelt durch ihre angespannten Magnetfelder, entfernt vergleichbar den Kraftübertragungen beim Stabhochsprung.

Und wie sieht unsere Milchstraße jenseits unseres Planetensystems aus, dort, wo der uns umströmende Sonnenwind sich aufgestaut hat und endlich gegen ähnliche Plasmawände benachbarter Sterne anläuft, die ihn einengen? Füllt der seit einigen Milliarden Jahren aufgestaute Sonnenwind ein ungefähr kugelförmiges Volumen aus, vom Radius eines Lichtjahres, aus Masse-Erhaltungsgründen? Oder wurde der Sonnenwind durch starke Gebläse aus der Umgebung seitlich abgelenkt und fokussiert, wie ein Kometenschweif, bei vielleicht nur einem Tausendstel dieser Dicke, so wie es die Abbildungen in den Lehrbüchern und die Plakate in unseren Korridoren zeigen? Im Jahr 1977 wurden die beiden amerikanischen Raumsonden Voyager 1 und 2 gestartet, in Richtung Jupiter und Saturn. Sie haben inzwischen, in den Jahren 2004 bzw. 2007, die Grenze zwischen Überschall- und Unterschallgeschwindigkeit des Sonnenwindes durchstoßen, den sog. inneren oder Terminations-Stoß, und nähern sich jetzt dem Rand der *Heliosphäre*, der *Heliopause*. Wann werden sie diesen Rand erreichen? NASA-Mitarbeiter rechnen mit $\lesssim$ Monaten bis zu diesem Ereignis, während wir eher mit 10^4 Jahren rechnen. Vorhersagen werden erst dann zu Gewissheiten, wenn Messungen sie bestätigen. Immerhin haben die Voyager-Sonden bereits jetzt einen höheren Fluss an Kosmischen Strahlen aus unserer Milchstraßen-Nachbarschaft gemessen, als man noch vor kurzem erwartet hatte.

Im vorletzten Abschnitt dieses zweiten Kapitels spekulieren wir darüber, wie sehr sich unser Sonnensystem von den anderen Sonnensystemen unterscheidet, vor allem im Hinblick auf die Existenz ‚bewohnbarer' Planeten (wie unserer Erde), auf denen es für die Mindestdauer von Gigajahren beständig flüssiges Wasser gibt. Sind wir Erdbewohner allein in unserer Milchstraße? Vielleicht, aber nicht unbedingt.

Und der letzte Abschnitt ist einigen Schwierigkeiten bei der Auswertung geflogener und noch fliegender Raumsondenexperimente gewidmet: Bedürfen die Grundgleichungen der Newton'schen oder gar Einstein'schen Gravitationstheorie auf großen Längenskalen einer geringfügigen Abänderung? Wir bevorzugen banalere Erklärungen.

2.1 Wo verankert unsere Sonne ihren Magnetfluss?

Das variable Oberflächen-Magnetfeld unserer Sonne ist auf unzähligen Abbildungen deutlich zu erkennen, und wir bekommen es sogar noch indirekt zu spüren, wenn seine Ausläufer die Magnetosphäre unserer Erde umströmen, mitgeführt durch den vorbeistreichenden Sonnenwind. Dann nämlich vergrößert bzw. verkleinert sich der Abstand des solaren Bugschocks von der Erdoberfläche, je nachdem, ob die aufeinander prallenden Felder gleich- oder entgegengerichtet sind. Aber wo im Inneren der Sonne wird ihr Magnetfluss erzeugt oder verankert? Die ältere Literatur sprach recht einmütig von der felderzeugenden Turbulenz der solaren Konvektionszone, die das Oberflächenfeld alle 11,1 Jahre neu entstehen ließe, mit variabler Sonnenfleckenzahl, die im Verlauf eines Zyklus von höheren zu niedrigeren heliografischen Breiten wandern, in einem Schmetterlingsmuster. Die Konvektionszone hat jedoch eine so geringe elektrische Leitfähigkeit, wegen ihrer Turbulenz, dass magnetische Inhomogenitäten binnen 11,1 Jahren durch sie hindurchwandern. Dagegen ist der große, radiative Kern der Sonne ein hervorragender Leiter, der ein Anfangs-Magnetfeld länger als 10^{13} Jahre lang festhalten kann.

Deshalb meinen wir (seit $\gtrsim$ 20 Jahren), dass unsere Sonne bei ihrer Geburt einen ungefähren Äquipartitions-Magnetfluss geerbt hat, in ihrem Kern – vermutlich in Gestalt eines *spinparallelen Quadrupols* – dessen konstituierende Dipole seither alternierend alle 11,1 Jahre an ihre Oberfläche auftreiben und in starkem Maße vom Sonnenwind mitgerissen werden.

Magnetfelder zählen zu den Kraftfeldern mit der längsten Reichweite auf der Erde, im Sonnensystem, in den Galaxien, in den Jets (von bisweilen gigantischen Ausmaßen) und sogar in den leuchtenden Plasmen zwischen den Galaxien innerhalb von Superhaufen. Ihre Entdeckung verdanken sie ihrer Eigenschaft, das emittierte, absorbierte oder auch gestreute Licht linear und/oder zirkular zu polarisieren. Wie sind die Felder erzeugt worden? Aus welchem Energietopf wurden sie gespeist? Bereits in Abschnitt 1.3 (über das Erdmagnetfeld) haben wir uns hierzu Gedanken gemacht. Jetzt möchten wir gern wissen, ob sich unsere bei der Erde gewonnenen Einsichten auch auf unseren Heimatstern, die Sonne, auf die anderen Planeten in unserem Sonnensystem, sowie auf alle anderen Sterne im Kosmos anwenden lassen.

Fest steht seitens der Maxwell'schen Theorie, dass Magnetfelder ohne restaurierende Nachbeschleunigungen der (erforderlichen) strömenden Ladungen nur zerfallen können: Die Felder können einerseits in ihrer Ausdehnung schrumpfen, unter Induktion elektrischer Ströme in überstrichenen Leitern, (die dabei geheizt werden), andererseits können sie mit $\leq$ Lichtgeschwindigkeit als Wellen ins räumlich Unendliche entweichen. Sollen Magnetfelder aufgebaut oder verstärkt werden, müssen elektrische Stromsysteme transportiert oder induziert werden, im gesamten zu magnetisierenden Gebiet: Das lässt sich den Maxwell'schen Differentialgleichungen leicht ansehen. So verbietet die Divergenzfreiheit des magnetischen Feldes, dass eine Feldlinie irgendwo abreißt. Beobachtet man also ein Magnetfeld einheitlicher Richtung im zentralen Plasma eines Superhaufens, der Ausdehnung $\lesssim$Mpc, Stärke $\lesssim 10\ \mu$G, so mussten hierfür feldverankernde Plasmen über Distanzen von mindestens Mpc hinweg geordnet bewegt werden, z.B. durch radialen Einfall im Schwerefeld des Haufens. Womit sich sogleich Erzeugungsmöglichkeiten auftun: Magnetfluss kann aus Drehimpuls aufgebaut werden, z.B. durch (zusätzliche) Verscherung bereits vorhandener Saatfelder, wozu auch unsymmetrischer Einfall im starken Schwerefeld zählt. Der Energietopf ist dann kinetische Energie, oder letztlich potenzielle Gravitationsenergie.

In der Literatur werden für die Erzeugung und/oder Nachverstärkung kosmischer Magnetfelder neben dem geordneten Dynamo durch (i) *differenzielle Rotation* auch der (ii) *gravische* durch *Sintern* sowie der ungeordnete Dynamo aus (iii) *turbulenter* oder aus (iv) *thermischer* Bewegung (infolge eines vertikalen Wärmegradienten) in Betracht gezogen, sodass insgesamt vier verschiedene Mechanismen angeboten werden. Wie jedoch bereits in Abschnitt 1.3 erwähnt, wird hierbei leicht der Entropiesatz außer acht gelassen, der einer Umwandlung von ungeordneter (kinetischer) in geordnete (magnetische) Energie einen niedrigen Wirkungsgrad auferlegt und der bereits seit über 70 Jahren in Gestalt von Anti-Dynamo-Theoremen auf sich aufmerksam gemacht hat; vgl. [Todoeschuck & Rochester 1980, Kundt 1992, 1993, 2005] sowie 2.3. In [Kundt 2005] ist insbesondere gezeigt worden, dass die üblicherweise herangezogenen Formeln des turbulenten Dynamos inkonsistent sind mit einem dort gebrachten (strengen) Integraltheorem, sowie inkonsistent mit der Existenz dünner magnetischer Flussröhren; s. auch [Layzer et al 1979]. Schließlich haben turbulente Plasmen eine ziemlich geringe elektrische Leitfähigkeit, $\sigma_{turb} \approx \mathrm{c}/4\mathrm{h}\beta_{turb}$, mit h := der durch das Schwerefeld bestimmten Skalenhöhe, so gering, dass sie magnetisch durchlässig sind. Sie erlauben es der infragekommenden Kugelschale gar nicht, den notwendigen magnetischen Fluss während einer Schwingungsperiode des Dynamos zu verankern (speichern). Anwendung auf unsere Sonne ergibt, dass ihr 22,2-jähriger Hale-Zyklus gerade die (doppelte) Zeitskala misst, die das solare Magnetfeld benötigt, um die Konvektionszone der Sonne zu durchqueren.

Damit ergibt sich folgende, seit o.g. Arbeiten neue Vorstellung für unsere Sonne: Ihre (turbulente) Konvektionszone, der Dicke $\Delta \mathrm{R} \approx \mathrm{R}/3$, ist magnetisch durchlässig auf der Zeitskala von 11,1 Jahren. Sie ist kein Fluss-Generator, sondern vielmehr ein *Fluss-Modulator*. Das magnetische Moment der Sonne ist *eingefroren* in ihren hervorragend leitenden, radiativen Kern, auf der Flusszerfallszeitskala von $\gtrsim 10^{13}$ Jahren, in Gestalt eines *spinparallelen Quadrupols*, der sich laut Flowers & Ruderman [1977] stabil einstellt, wenn sich ein starkes Dipolfeld in einer gut-leitenden Flüssigkeit befindet. Der Dipol spaltet sich nämlich spontan auf in zwei parallele Hälften, die sich unter Energie-Abgabe gegeneinander um 180 Grad verdrehen, eben zu o.g. spinparallelem Quadrupol. Fortan bremst sich die Sonne ab, durch (magnetische) Nachbeschleunigung ihres Windes, von einer anfänglichen $\lesssim$4-stündigen Spinperiode auf die heutigen 27,3 Tage, wobei die nur schwach angekoppelte Konvektionszone heutzutage um 8 % voreilt. Durch dieses Voreilen der Konvektionszone wird das nukleare Quadrupolfeld der Sonne aufgewickelt derart, dass alle 11,1 Jahre alternierend mal der eine, dann der andere ehemalige Dipol ihres Kernfeldes an der Oberfläche dominiert, entsprechend einer ungefähren Umkehr ihres vorherigen Oberflächenfeldes, s. Abb. 2.1.1.

In der soeben skizzierten Entstehungsgeschichte des solaren Magnetfeldes gehen wir also davon aus, dass unsere Sonne ihr anfängliches Dipolfeld aus ihrer Geburts-Akkretionsscheibe erbte, entsprechend der Tatsache, dass alle uns bekannten rotierenden Gasscheiben am Himmel spiralige Magnetfelder erkennen lassen, und dass sie das geerbte Feld in ihrem gut-leitenden Kern in einen achsenparallelen Quadrupol umgewandelt hat. Alles Weitere entsprach dann unserem Standardwissen über sonnenähnliche Sterne, dass die in ihrem Kern durch nukleares Hauptreihenbrennen freigesetzte Wärmeenergie zunächst diffusiv aufsteigt, in Gestalt eines anfangs 10^7 K heißen Photonengases, sich dann aber weiter oben, am Boden der Konvektionszone, dergestalt staut, dass ihr bis dorthin radiatives Kühlen (bei $\lesssim 10^7$ K) in konvektives Kühlen bei stark sinkenden Temperaturen (bis zu $10^{3,76}$ K) übergeht. Durch diese konvektiv kühlende obere Zone steigen also beständig aufgewickelte Dipolfelder alternierender Ausrichtung auf, um anschließend vom abströmenden Sonnenwind mit in die Heliosphäre transportiert zu werden.

Diese rein theoretisch erschlossene Struktur unserer Sonne passt gut zu den empirischen Befunden der vergangenen Jahrzehnte, seit 1970, in denen das oszillierende Muster ihrer fünfminütigen Oberflächenschwingungen systematisch registriert wurde, durch GONG, SOHO und SOI, unter dem Namen *Helioseismologie,* wobei mehrere 10^5 ihrer Eigenschwingungen (als Lösungen der Laplace-Gleichung) pausenlos registriert wurden. Es besteht die Hoffnung, auf diesem Wege die Innenstruktur unseres Muttergestirns zuverlässiger zu verstehen.

Zusammenfassend noch einmal gesagt: Das Magnetfeld unserer Sonne ist in ihren Kern eingefroren, es zerfällt fast gar nicht (auf der heutigen Zeitskala von $10^{9,7}$ Jahren), braucht also auch gar nicht nachverstärkt zu werden. Eine oft diskutierte Dynamotheorie übersieht den 2. Hauptsatz der Thermodynamik (Entropiesatz). Aber wie ist der Magnetfluss in

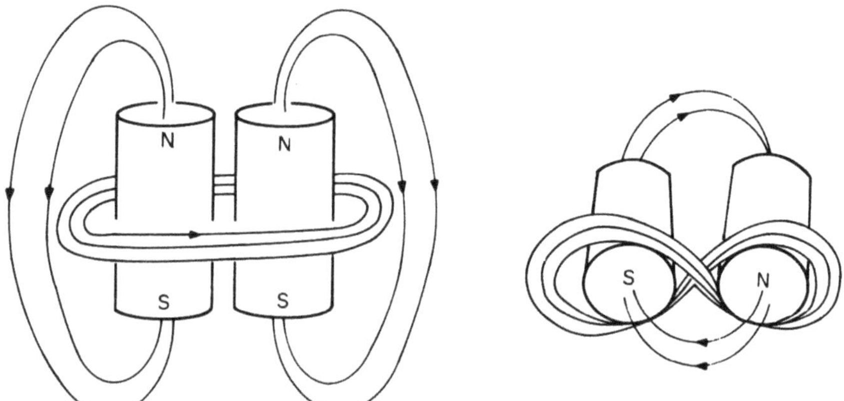

Abbildung 2.1.1: Das magnetische Kernfeld unserer Sonne ist wahrscheinlich ein axialer *Quadrupol,* wie skizziert. Denn Flowers & Ruderman [1977] haben argumentiert, dass ein anfänglicher magnetischer Dipol in einem gut leitenden, fluiden Körper dynamisch instabil wäre: Er würde sich mittig aufspalten und, getrieben durch magnetische Abstoßungskräfte, in die rechte Konfiguration verdrehen, die dann stabil ist.

die Scheibe gelangt, aus der ihn die Sonne übernommen hat? In den folgenden beiden Abschnitten werden wir erneut hierauf zurückkommen; s. auch Abb.2.11.1.

2.2 Wurde unsere Sonne mit maximalem Spin geboren?

Die genaue Rotations-Geschwindigkeit unserer Sonne ist gar nicht so leicht zu messen, denn ihre Oberflächenbewegungen hängen systematisch ab von ihrem Abstand vom Äquator – wo sie am schnellsten umlaufen – und außerdem erscheinen sie langsamer auf kurzen Beobachtungszeitskalen (von Tagen) als auf längeren (von Monaten): *Magnetische Flussschläuche* werden durch die Oberfläche nach außen gezogen und scheinen dadurch langsamer umzulaufen als im zeitlichen Mittel. Aber abgesehen von diesen Feinheiten: Die Sonne braucht fast einen Monat für eine Umdrehung um ihre Achse, und lässt keine nennenswerte Abbremsung erkennen, sollte also ähnlich langsam rotierend geboren worden sein wie heute.

Als wir vor 20 Jahren diese Lehrmeinung anzweifelten, machten wir uns bei einigen Kollegen unbeliebt. Aber warum soll das Bremsgesetz der Sterne linear sein, für alle Altersklassen? Gibt es nicht auch jüngere, schneller rotierende Sterne? Und durchlaufen nicht alle jungen Sterne ein YSO-Stadium, in dem sie Jets erzeugen, wofür sie starke, schnell veränderliche Magnetfelder benötigen? War nicht unsere Sonne einer von ihnen?! Heute erscheint uns dieses – stark nicht-lineare – Evolutionsschema in allen Einzelheiten bestätigt.

Gegenwärtig rotiert unsere Sonne mit einer Umlaufszeit von (27,3 ± 0,5) Tagen um ihre Achse, mit der sog. Carrington-Periode. Ihre (äußere) Konvektionszone rotiert keineswegs starr: Die äquatorialen Zonen brauchen nur 25 Tage für einen Umlauf, während sich die polnahen Zonen bis zu 37 Tage Zeit lassen. Genauere Vermessungen haben gelehrt, dass es sich bei diesen differenziellen Rotationen der Sonne nicht nur um bloßes Schneller- oder Langsamer-Strömen handelt, sondern um ein Strömen, das überlagert ist von oszillierenden Bewegungen, mit der Hale-Periode von (22,2 ± 2) Jahren. Die Realität ist sogar noch komplizierter: Von diesen oszillatorischen Oberflächenbewegungen gibt es zwei verschiedene Sorten, nämlich eine starre und eine tordierte (oder verschraubte), bei der die Nord- und Süd-Hemisphäre gegenläufig schwingen. Es sind also sprungfederartige Kräfte im Spiel, elastische Rückstellkräfte, aller Wahrscheinlichkeit nach magnetischer Natur. Nämlich Kräfte, die u.a. in der Lage sind, Verschraubungen zeitweilig zu bremsen und anschließend wieder anzuregen. Gewöhnliche thermohydrodynamische Strömungen sind zu so etwas nicht fähig: Ohne Antrieb nehmen ihre Relativgeschwindigkeiten monoton ab, bis zum Stillstand.

Seit etwa 400 Jahren beobachten Astronomen die Bewegungen der Sonnenoberfläche, damals vor allem erkennbar an ihren dunklen Flecken und Fleckengruppen, den bevorzugten Austrittsgebieten von Magnetfluss aus der Konvektionszone, deren kühlere Temperaturen sie dunkel aussehen lassen. Später erlaubten dann tägliche, breitbandige Beobachtungen mit Spezial-Teleskopen viel mehr Einzelheiten zu verfolgen, nämlich lokale Schwankungen der Temperatur, Magnetfeldstruktur und chemischen Zusammensetzung nebst ihren Geschwindigkeitsfeldern. Dabei fand man die schon oben angesprochene erstaunliche Vielfalt an solaren Oberflächenbewegungen: nämlich breitenabhängig unterschiedlich schnelle Rotation, 22-jährig moduliert durch Oszillationen mit und ohne Verschraubung. Ferner sind kurzzeitige Geschwindigkeiten der radialen Magnetfeldstärke, gemessen während weniger Tage, um $\lesssim$10 % langsamer als über einen Umlauf gemittelte (Stenflo 1989)[1]. Auch laufen verschiedene Gebilde (tracer) verschieden schnell um, insbe-

[1] Die weit überdurchschnittlich vielen Literaturhinweise in diesem Abschnitt – in runde statt eckige Klammern eingeschlossen – würden den Rahmen dieses Buches sprengen; sie sind unten nicht einzeln aufgeführt, sondern den beiden Arbeiten [Kundt 1992, 1993] entnommen.

sondere verschieden große Gebilde, desgleichen verschieden schnell bei unterschiedlicher Höhe über der Photosphäre, (der Fläche, bis zu der man gewöhnliches Licht sehen kann) (Howard 1984, Snodgrass 1985, Schröter 1985). Fast bietet uns die Sonnenoberfläche einen ähnlich unruhigen Anblick wie eine irdische Großstadt während einer ‚Rushhour', wenn man sie z.B. vom Erdsatelliten aus betrachten würde. Dabei beobachtet man eine hohe dynamische Feinstruktur: Einzelne magnetische Flussfäden haben Durchmesser von weniger als 200 km, das sind nur 0,03 % des Sonnenradius; dabei haben sie (hohe) Feldstärken von $\lesssim$3 kGauß.

Andererseits tauchen in diesem unruhigen Durcheinander gelegentlich ‚aktive Längen' auf (Bogart 1982), oder ‚aktive Regionen' (Sawyer 1968), die sich über bis zu 16 aufeinanderfolgende Zyklen haben verfolgen lassen. Und je zweimal pro Hale-Zyklus bilden sich neue Sonnenfleckengruppen, die äquatorwärts wandern, jeweils mit entgegengesetzter Polarität, in Gestalt von Maunders ‚*Schmetterlings-Diagramm*', das sich inzwischen auch bei hohen heliographischen Breiten ablesen lässt, d.h. quasi auf der gesamten Sonnenscheibe (Wilson et al 1988). Aus diesen und weiteren Regelmäßigkeiten hat Ron Bracewell (1953) auf ein ‚*Schwungrad*' im Innern der Sonne geschlossen, oder Robert Dicke (1978) auf ein ‚*Chronometer*', desgleichen Layzer, Rosner & Doyle [1979]. Man erkennt eine langreichweitige raumzeitliche Ordnung, die nicht vom Zufall regiert wird, s. Abb. 2.2.1.

Wie lässt sich solch ein kompliziertes, wennschon quasi-periodisches Bewegungsmuster der Sonnenoberfläche verstehen? Sicherlich nicht mit Hilfe einer turbulenten Dynamo-

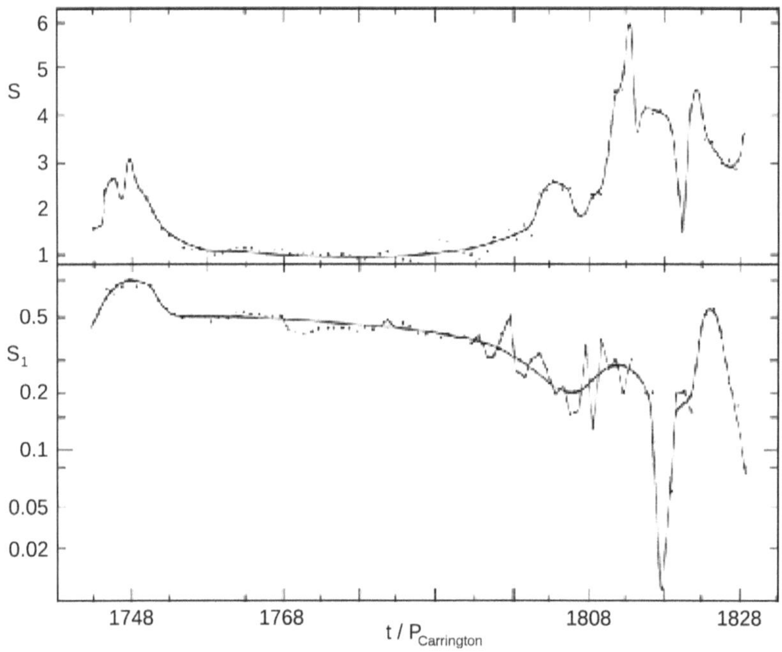

Abbildung 2.2.1: Die gemessenen *magnetischen Multipolfelder* an der Sonnenoberfläche während einer Viertel Hale-Periode P_H (von P_H = 22,2 Jahren), als Funktionen der Zeit, in Einheiten der Carrington-Periode (von (27,3 ± 0,5) Tagen), [Kundt 1993, 2005]. Und zwar ist oben deren magnetische Gesamtenergie im linearen Maßstab aufgetragen, unten hingegen nur die Energie ihres Dipolanteils, jedoch logarithmisch, weil sie viel stärker variiert, zumal sich das Vorzeichen des Dipols während jeder Hale-Periode zweimal umkehrt, wobei jedesmal die Dipolenergie durch Null geht.

Theorie. Das haben Layzer et al [1979] in voller Klarheit ausgesprochen, z.T. aufbauend auf Cowling's ‚Anti-Dynamo Theoremen' [1933]. Sie widersprechen damit zugleich dem Rettungsversuch (der Dynamo-Theorien) von Todoeschuck & Rochester [1980], durch Verzicht auf die Voraussetzung „inkompressibler" Plasmabewegungen: „Turbulente Dynamotheorien sind weder mathematisch gültig noch physikalisch plausibel", schreiben sie. Die Nachverstärkung der kosmischen Magnetfelder erfolgt vielmehr geordnet, durch *differenzielle Rotation.*

Zu dieser Einsicht sind wir ganz unabhängig gelangt, 13 Jahre später [Kundt 1992,1993], beim Durchdenken der umfangreichen neuen Sonnenbeobachtungen: Was für ein Drehmoment erzeugt die äquatoriale *Superrotation* der solaren Konvektionszone, ungeachtet des 2. Hauptsatzes der Thermodynamik (Schröter 1985)?! (Wir werden in Abschnitt 2.10 darauf zurückkommen). Warum *oszilliert* der solare Dipol? Wer erzeugt die hohe Ordnung all der magnetischen *Multipolmomente*, deren *quasi-periodisches* Verhalten messend verfolgt worden ist, bis hin zum neunzigsten (Hoeksema 1990); wobei die Momente ungerader Ordnung meist stärker angeregt sind als diejenigen gerader Ordnung (bei der Sonne; nicht hingegen bei der Erde!)? Wer oder was bewirkt deren *strukturiertes*, periodisches Auftreten, mit einem kleinen Maximum der Dipolenergie im Minimum der magnetischen Gesamtenergie aller übrigen Multipolmomente? Warum werden *kurzzeitige* Bewegungen von zeitlich gemittelten überholt? Warum gibt es auf der Sonnenoberfläche große *feldfreie* Gebiete? Warum weicht unmagnetisiertes Plasma den Magnetfeldflecken aus, durch *Umströmen*? Und warum gibt es wiederholt Hale-Perioden fast verschwindender Fleckentätigkeit, wie das *Maunder-Minimum*? Der 22,2-jährige Hale-Zyklus lässt sich überdies wiederfinden in den terrestrischen *Aurora*-Zyklen, den *Dürre*-Zyklen in den amerikanischen Hochebenen, dem D/H-Verhältnis in den *Baumringen* zweier alter Kiefern, den p-Moden der solaren *Eigenschwingungen*, mehreren Besonderheiten des *Sonnenspektrums*, und der *Sonnenwindstärke*. Alle diese Fakten lassen eine im Inneren der Sonne verankerte, nicht-lokale *Ordnung* erkennen, die ihre Energie aus der Rotation bezieht.

Wie schon im vorigen Abschnitt gesagt, meinen wir, dass unsere Sonne bei ihrer Geburt ein stattliches Magnetfeld aus ihrer protoplanetaren Scheibe mitbekommen hat, das heute vornehmlich als spin-paralleler Quadrupol in ihrem (heißen, elektrisch gut leitenden) radiativen Kern verankert ist, mit einer Zerfallszeit von über 10^{13} Jahren. Über dem radiativen Kern liegt die recht *schlecht leitende*, weil turbulent bewegte Konvektionszone der Sonne, ihre äußeren $\gtrsim$30 % im Radius. In ihr erfahren Magnetfeldschläuche typischer Dicke so starke *Auftriebskräfte*, dass sie binnen 11 Jahren von ihrem Boden bis zur Oberfläche aufsteigen. (Magnetische Energiedichte wiegt wenig). Solche Schläuche verbinden den Kern der Sonne, ihre inneren $\lesssim$70 %, mit dem nach außen entweichenden Sonnenwind derart, dass der Wind zu partieller Korotation gezwungen wird und schließlich, am ‚Alfvén-Radius', durch Flieh- und Druckkräfte zum Abströmen gezwungen wird. Hier liegt zugleich sein ‚*Schallpunkt*' (sonic point), die Übergangsdistanz von Unterschall- zu Überschall-Geschwindigkeit, wie am engsten Querschnitt einer deLaval-Düse. Die Rotation der Sonne wird also durch ihren abströmenden Wind gebremst, wobei ihr Magnetfeld das vermittelnde *Drehmoment* ausübt, das den Wind beschleunigt und dabei gleichzeitig den Kern abbremst.

Dieses komplexe Abströmungsphänomen des magnetisierten Sternwindes darf man sich vereinfacht als System mit vielen dünnen, halbelastischen Stahldrähten vorstellen, die die Flussschläuche symbolisieren: Die Drähte sind fest verankert im Kern, und ebenfalls fest verankert im entweichenden Wind, wegen ihrer hohen Leitfähigkeiten. Dazwischen werden sie von der vor- bzw. nacheilenden Konvektionszone verbogen, geschoben und locker aufgewickelt, wie auf eine Spule, sodass sie sie spiralförmig durchsetzen; außerhalb davon verlaufen sie dann wieder zunehmend radial. Ihr Reibungswiderstand innerhalb der Konvektionszone wickelt sie zwar auf, ist andererseits so gering, dass diese Zone im Mittel weniger gebremst wird als der Kern und also vorwiegend *superrotiert*, besonders am Äquator, und dass die Schläuche außerdem langsam nach außen wandern, durch Auftrieb angetrieben. Hierdurch wird die Hale-Periode bestimmt. Denn wenn hinreichend viel Magnetfluss der einen Sorte nach außen entwichen ist, kehrt sich das Vorzeichen des Dipols um, zugunsten der anderen Sorte, in der zweiten Halbzeit. Außerdem treibt die (geringe) variable Reibung der aufgewickelten Flussschläuche das oben besprochene komplexe Schwingungssystem der Konvektionszone an. Und es wird verständlich, warum kurzzeitige Sonnenfleckengeschwindigkeiten kleiner sein können als langzeitig gemittelte: sozusagen durch *Herausreißen von Flussschläuchen* aus der Oberfläche, was langsamere Relativbewegungen von kurzzeitiger Dauer erzeugt.

Bisher in diesem Abschnitt haben wir erneut über die vorherige Frage nachgedacht, wo unsere Sonne ihren Magnetfluss verankert. Das war zugleich nötig, um auf ihren Geburts-Spin zurückzurechnen. Ihre gegenwärtige Abbremszeit I Ω/D beträgt $10^{10,9}$ Jahre, mit I := Trägheitsmoment, Ω := Winkelgeschwindigkeit und D := Drehmoment, lässt also auf eine Geburtsperiode schließen, die nur wenig kürzer war als ihre heutige, vorausgesetzt, alle Größen in der verwendeten Gleichung haben sich in den $10^{9,7}$ Jahren seit ihrer Geburt nur wenig verändert. In der Tat ist diese Ansicht noch vor 20 Jahren in maßgeblicher Literatur vertreten worden, obwohl man damals schon wusste, dass viele junge Sterne eine Phase durchlaufen – die *Prä-T-Tauri*-Phase – in der sie (pc-) lange, dünne, hochenergetische Strahlen (Jets) erzeugen, auf die wir im siebten.Kapitel näher eingehen werden. Die Erzeugung solcher Strahlen verlangt einen schnell rotierenden, starken Magneten, werden wir argumentieren. Das Phänomen ist inzwischen derartig oft beobachtet worden, dass offenbar jeder neugeborene Stern dieses Stadium durchläuft, u.a. also auch unsere Sonne. Dann aber sollte sie anfangs fast so schnell rotiert haben, wie es die Fliehkräfte erlauben, mit einer Spinperiode von nur wenigen Stunden, und mit einem Magnetfeld der Stärke MegaGauß (statt kiloGauß), entsprechend den viel stärkeren erwarteten Plasma-Staudrücken. Dabei wäre sie dann anfangs viel schneller abgebremst worden, als Folge eines viel stärkeren Drehmoments D, trotz der gleichzeitig viel höheren Winkelgeschwindigkeit Ω, und hätte ihre heutige, langsame Spätphase bereits vor langer Zeit erreicht, wahrscheinlich schon vor dem Beginn des Lebens auf der Erde. Ihre Abbremskurve wäre am Anfang stark gekrümmt, statt linear.

Unsere Antwort auf die Frage des Titels lautet demnach „Ja“: Wahrscheinlich werden fast alle Sterne mit nahezu maximalem Spin geboren, und unser Zentralstern dürfte der langbewährten *Kopernikanischen Regel* gehorchen, nämlich ein *typischer* Stern zu sein, an typischem Ort in einer typischen Galaxie. Wir kennen keine echte Ausnahme von dieser physikalischen Arbeitshypothese. Andererseits werden wir besonders in 2.12 erkennen, dass unser (lebenspendendes) Sonnensystem noch viele Zusatzeigenschaften besitzt, die keineswegs in jedem *Planetensystem* realisiert sind.

2.3 Wie erzeugen die Planeten und Monde ihre magnetischen Momente?

Zum Thema planetarer und stellarer Magnetfelder haben wir uns bereits in den Abschnitten 1.3 und 2.1 Gedanken gemacht, nicht hingegen zu den möglichen Magnetfeldern ihrer Monde. Wie sind denn überhaupt die Monde entstanden? Nach dem gleichen Schema, durch Kondensation aus protoplanetaren Scheiben? Hierüber herrscht in der Literatur keineswegs Einmütigkeit. Desgleichen herrscht keine Einigkeit über die Felderzeugung. Wir meinen, dass hierfür der Entropiesatz nicht außer acht gelassen werden sollte, nach dem ein starr rotierender Himmelskörper keine Chance zur Verstärkung von Saatmagnetfeldern hat. Welche Monde haben *differenziell rotierende Kerne*?

Wir haben bereits über die Magnetfelder der Erde und der Sonne nachgedacht; können wir die dort gewonnenen Einsichten ohne Weiteres auf die Magnetfelder von Jupiter, Saturn, Uranus und Neptun und ihre Monde übertragen, aber auch auf diejenigen der inneren Planeten Merkur, Venus und Mars? Nur eingeschränkt, denn uns fehlen direkte Beobachtungen des inneren Aufbaus dieser Himmelskörper, vor allem ihres elektrischen

Leitfähigkeitsprofils. Immerhin steht fest: 1) Jedes Magnetfeld zerfällt, wenn es nicht in einem guten elektrischen Leiter verankert ist. Und: 2) Magnetfelder besitzen Energie. Diese Energie wird freigesetzt, sobald wir dem Magnetfeld seinen Anker entziehen: in Form eines elektrischen Stromes, oder auch eines auseinanderlaufenden Wellenfeldes. Es muss also Arbeit geleistet werden, wenn ein Planet, oder ein Mond, ein globales Magnetfeld bekommen soll. Und selbst dann muss noch weiterhin (etwas) Arbeit geleistet werden, um dem langsamen Zerfall dieses Feldes entgegenzuwirken. Wer leistet diese Arbeit?

Noch sind wir nicht Zeuge einer Planeten- oder Mondgeburt geworden, weder in unserem Sonnensystem, noch in einem benachbarten solchen, sind daher bei der Beantwortung dieser Frage auf theoretische Mutmaßungen angewiesen. Immerhin muss bei der Kontraktion einer galaktischen Wolke zu einem Sonnensystem reichlich viel Drehimpuls an die Umgebung abgeführt werden, und das geht am bequemsten auf dem Weg über eine differenziell rotierende Gasscheibe, ähnlich den Gasscheiben der Spiralgalaxien, von denen es viele eindrucksvolle Abbildungen gibt. Solche Scheiben sind recht flach, vom ungefähren Öffnungswinkel $\lesssim 1°$, rotieren außen viel langsamer im Winkelmaß (v/r) als innen, infolge des Kräftegleichgewichts $GM(r)/r^2 = v^2/r$ bei der jeweiligen Entfernung r vom Mittelpunkt, und lassen dadurch ihre Masse langsam nach innen spiralieren, weil sich jedes Massenelement der Scheibe an seinen Nachbarelementen reibt. Es lässt sich dabei in Strenge vorrechnen, als Folge einer Drehimpulsbilanz mit magnetischer Zähigkeit, dass die gesamte Scheibenmaterie langsam in Richtung ihres Mittelpunktes nach innen spiraliert, wobei ihr anfänglich viel größerer Drehimpuls nach außen abgegeben wird, an immer weniger Materie bei ständig zunehmendem Mittelpunktsabstand r. Für galaktische Scheiben kommt man dabei auf Massen-Einfallsraten wenig unterhalb einer Sonnenmasse pro Jahr; für stellare Scheiben proportional v^3 weniger, etwa tausend Jahre für unsere Sonne [Kundt 2005].

Wenn sich dann also nach etwa 1000 Jahren unsere Sonne im Mittelpunkt ihrer Geburtsscheibe gebildet hat, hat sie wahrscheinlich zugleich ein magnetisches Moment mitbekommen, aus dieser Scheibe, das noch heute in ihrem gut leitenden Kern verankert ist; s. vorigen Abschnitt. Denn wir kennen keine (ionisierte) Scheibe ohne Magnetfelder, und zwar im quasi Staudruck-Gleichgewicht: $\rho v^2 \approx B^2/8\pi$. Die starke differenzielle Rotation einer Scheibe verstärkt nämlich jedes magnetische Saatfeld (aus ihrer galaktischen Geburtswolke) zügig bis zur Äquipartition der Drücke. Kaum strahlt unsere Sonne ihr erstes Licht ab – anfangs auf Kosten ihrer gravischen Bindungsenergie, gleich anschließend auf Kosten ihres nuklearen Brennvorrats – erweist sich das von ihr zurückgelassene, sich weiter abkühlende Gas ihrer Geburtsscheibe als instabil und ballt sich in Klumpen zusammen: zuerst als größere Moleküle und Staubkörner, die sich bei leichten Zusammenstößen zu größeren Körnern zusammenfügen, bis zu Tennisballgröße, sodann in eine dünne, molekulare Zentralscheibe absinken und sich weiter abkühlen, dort erneut gravisch wachsen, sich zu Haufen zusammenscharen und schließlich durch weitere gravische Koagulierung die Größe von Protoplaneten und Planeten erreichen. Die frisch entstandenen Planeten sind dann immer noch von staubigen Rest-Gasscheiben umringt, die auf entsprechende Weise zur Bildung ihrer Monde führen. So jedenfalls haben es sich Alfvén & Arrhenius [1970] und mehrere ihrer Zeitgenossen bereits vor 40 Jahren vorgestellt. Und noch heute kennen wir keine überzeugenderen Bildungsmechanismen.

Oder doch? In Abschnitt 2.5 werden wir uns mit dem neuerdings häufig geäußerten Vorschlag beschäftigen, der Erdmond bilde eine Ausnahme unter den z.Z insgesamt 172 bekannten Monden (von Planeten) im Sonnensystem: Er sei auf andere Weise entstanden, nämlich durch Zusammenstoß der Erde, in grauer Vorzeit, mit einem anderen Himmelskörper. Uns hat dieser neuerliche Vorschlag keineswegs überzeugt; doch davon später.

Nehmen wir also im Folgenden an, die Planeten und Monde seien sämtlich in den Zentren magnetisierter Gasscheiben entstanden, ähnlich den Sternen. Dann hätten sie alle bei ihrer Geburt aus ihren Scheiben Saat-Magnetfelder mitbekommen, die sie noch heute haben sollten, sofern ihre Kerne beständig hinreichend gute elektrische Leiter waren. Dies trifft offensichtlich zu für die großen Gasplaneten Jupiter, Saturn, Uranus und Neptun, und sogar bei Jupiters Mond Ganymed hat man Oberflächen-Magnetfelder der Stärke 10^{-2} G gemessen. Sind sie alle primordialen Ursprungs, oder werden ihre – langsam zerfallenden – Felder laufend nachverstärkt, und wodurch?

Schon in den beiden vorigen Abschnitten haben wir gewarnt, dass die hierfür zuständige Dynamotheorie unerlaubte Approximationen verwendet, d.h. mit unrealistischen Grundgleichungen arbeitet: Unter anderem zeigen die solaren Oberflächen-Magnetfelder dünne Flussröhren, über die die Dynamotheorie ersatzlos hinwegmittelt. Auch vergisst sie oft den 2. Hauptsatz der Thermodynamik, wonach die Umwandlung von turbulenter (mechanischer) Energie in geordnete magnetische Energie höchstens mit geringer Effektivität erfolgen kann. Als zuverlässiger Mechanismus für Magnetflussverstärkung lässt sich die Kompression magnetischer Flussröhren quer zu ihren Feldlinien nennen, und als Mechanismus zur Erhöhung des magnetisierten Volumens die Dehnung magnetischer Flussröhren parallel zu ihren Feldlinien. Beide Mechanismen sind voll im Einsatz bei differenzieller Rotation. Deshalb sind ionisierte Gasscheiben stets maximal magnetisiert, und deshalb werden die planetaren und lunaren Kernfelder beständig nachverstärkt, meinen wir, auf ihre bekannten, hohen Werte. Magnetischer Fluss in ihrem Inneren wird mehr oder weniger verheizt, infolge unzureichender elektrischer Leitfähigkeit, und wird durch partielle Abbremsung von differenzieller Rotation vertikal übereinander liegender Kugelschalen in gleichem Maße nachgeliefert, z.B. durch Abbremsung der Hülle gegenüber ihrem Kern, wie gegenwärtig bei Erde und Sonne, (deren Mäntel voreilen). Auch unser Mond passt in dieses Schema, denn seine gegenwärtigen $10^{-4 \pm 1}$ G Oberflächenfeldstärke mögen das Restfeld sein, das seine heute abgeklungene, frühere differenzielle Rotation zwischen Kern und Mantel erzeugt hat, vgl. *Nature* 479, 163-184 (2011). Auf Jupiter und seine großen Schwestern kommen wir in 2.10 zurück.

2.4 Wie sieht unser Mond von hinten aus?

Unser Mond zeigt uns beständig nahezu das gleiche ‚Gesicht': die gleiche Hemisphäre. Seine Massenverteilung ist (durch Einschläge und Gezeitenkräfte) nicht streng kugelförmig, sondern u.a. ein wenig zigarrenförmig ausgebeult, derart, dass die Zigarre beständig zur Erde weisen möchte. Genauer führt der Mond geringfügige Schwingungen um die Gleichgewichtslage aus, ‚Libration' genannt, so als schüttele er sein Haupt. Soweit so gut. Doch warum hat der Mond zwei Gesichter, d.h. sieht ‚von hinten' anders aus als ‚von vorn'? Bereits während der 1960-er Jahre bemerkte Thomas Gold, dass es auf der Vorderseite des Mondes keine tiefen Täler gibt, im Unterschied zu seiner Rückseite, und erklärte dies durch das episodische Fließen seines Sandes bei hinreichender elektrostatischer Aufladung seiner Oberfläche, nämlich allmonatlich immer dann, wenn der terrestrische *Magnetschweif* des Sonnenwindes über seine Vorderseite streicht. Oder sollten wir seine heutige Asymmetrie als ein Vermächtnis aus seiner Jugendzeit verstehen, als er unserer Erde noch ganz nahe war? Vielleicht.

Unser Mond zeigt uns beständig das gleiche ‚Gesicht', während er seine nahezu Kreisbahn (ε=5,5 %) um unsere Erde beschreibt. Mit anderen Worten: Seine Winkelgeschwindigkeit um die eigene Achse gleicht ungefähr der Winkelgeschwidigkeit seiner Bahnbewegung um die Erde. Da letztere deutlich abnimmt mit zunehmendem Abstand r , nämlich wie $r^{-3/2}$ – wobei sich der Mond gegenwärtig mit 3,7 cm/Jahr von der Erde entfernt – sollte die Gleichheit der beiden Winkelgeschwindigkeiten kein Zufall unseres Jahrhunderts sein, vielmehr durch Gezeitenkräfte der Erde erzwungen werden. Dafür wiederum darf der Mond keine exakte Kugelgestalt seiner Massenverteilung haben, weil das auf eine Kugel ausgeübte Gezeitendrehmoment verschwindet; das folgt bereits aus Symmetriegründen. Um der Erde stets die gleiche Hemisphäre zuzuwenden, muss also die Massenverteilung des Mondes von derjenigen einer Kugel deutlich abweichen; Einschläge großer Asteroiden können so etwas (vorübergehend) bewirken. Vor allem aber müssen Gezeitenkräfte der Erde seinen Spin beständig in gleichem Maße bremsen wie die von ihm auf die Erde ausgeübten Gezeitenkräfte (durch Ebbe und Flut) seine eigene Umlaufsdauer verlängern. Passt das?

In der Tat haben Raumsonden bei ihren Mondumrundungen gemessen, dass der Schwerpunkt des Mondes nicht mit dem geometrischen Mittelpunkt seiner Oberfläche zusammenfällt: Der Schwerpunkt liegt 1,8 km näher zu uns, (entsprechend fast 0,1 % seines Radius, R = 1738 km). Diese geringe Unrundheit der Massenverteilung des Mondes darf man zur Abschätzung des stabilisierenden Drehmoments der Erde als zigarrenförmige Verformung annähern, oder einfacher als *Dreipunktverteilung*, wobei sich fast seine gesamte Masse in seinem Schwerpunkt befindet, während eine kleine Restmasse auf der Achse sitzt, je zur Hälfte im gleichen, wohl bestimmten Mittelpunktsabstand, vgl. Abb. 2.4.1. Die Erde agiert dabei wie eine Punktmasse, die beständig dafür sorgt, die Achse auf sich auszurichten, indem sie an der ihr näheren Restmasse stärker zieht als an der ihr ferneren. Man sagt auch, der Mond sei durch die Erde ‚*in Korotation eingefangen*'. Solche Gezeiten-Kopplungen treten oft auf bei hinreichend engen Doppelgestirnen.

Die Rückseite des Mondes wurde zuerst im Jahre 1959 erspäht, durch eine russische Raumsonde, und seitdem noch viele weitere Male. Sie weist größere Höhenunterschiede zwischen Bergen und Tälern auf – nämlich $\lesssim$16 km – als ihre uns zugewandte Vorderseite ($\lesssim$12 km), ferner weniger Maria, mehr Hochländer, und mehr Asteroideneinschlagskrater. Vor allem aber ist sie im Kleinen *rauer* als die Vorderseite. Haben die beiden Hemisphären des Mondes in ihrer Vergangenheit unterschiedliche Behandlungen erfahren? Thomas Gold erzählte einem von uns anlässlich seines Besuches der Cornell Universität im Jahre 1979, wie er sich die Unterschiedlichkeit der beiden Mond-Hemisphären erklärte: Die uns zugewandte Seite des Mondes wird pro Monat einmal vom Magnetschweif der Erde überstrichen, den der Sonnenwind bläst, nicht hingegen seine Kehrseite. Im Magnetschweif gibt es weit stärkere Magnetfelder als anderwo im Sonnenwind, sowie Magnetfeld-Umkonfigurationen mit zwischenzeitlich starken elektrischen Feldern. Beim Überstreichen seiner Oberfläche wird diese episodisch stärker aufgeladen als gewöhnlich.

Dabei verstehen wir unter ‚gewöhnlich', dass unser Mond vom Sonnenwind mit Überschallgeschwindigkeit umströmt wird, wobei er hinter sich einen Schattenbereich erzeugt, in den die Protonen und sonstigen Ionen des Windes kaum gelangen, weil ihre

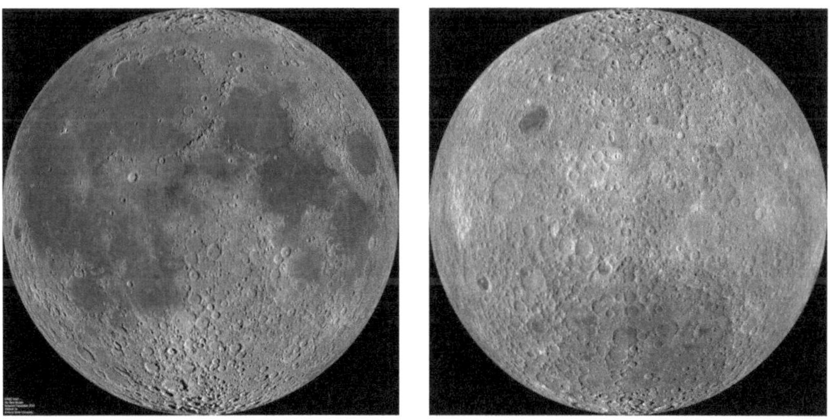

Abbildung 2.4.1: Fotos unseres (Erd-) Mondes, ‚von vorn' und ‚von hinten'. Bereits bei bloßem Hinschauen zeigen seine beiden Hemisphären unterschiedliche Topographien, deren Ursachen bis in die Frühzeit des Erde-Mond-Systems zurückreichen, als der Mond der Erde noch viel näher war.

geringe Temperatur (von $\gtrsim 10^5$ K) nur kleinen ungeordneten Geschwindigkeiten (von $\gtrsim 30$ km/s) entspricht. (Der Sonnenwind bläst üblicherweise mit 400 bis 800 km/s). Die zu den Ionen gehörenden Elektronen hingegen haben im Mittel $\sqrt{m_p/m_e} = \sqrt{1836} = 43$-mal größere Geschwindigkeiten, wegen ihrer 1836-mal kleineren Masse (bei überdies etwas höherer Temperatur, $\gtrsim 10^{5,6}$ K), tendieren daher dazu, das Schattengebiet auszufüllen und damit zugleich die sonnenabgewandte Hemisphäre des Mondes negativ aufzuladen. Soll der Gesamt-Mond ungeladen bleiben, wird sich seine sonnenzugewandte Hemisphäre positiv aufladen, durch Abstoßen gleich vieler, durch Ionisation freigesetzter Elektronen. So jedenfalls stellt man sich die ‚gewöhnliche' Dipolaufladung vor, mit schwacher Levitation von feinem Staub.

Im Gegensatz hierzu handelt es sich bei der vermuteten allmonatlichen Aufladung durch den Magnetschweif der Erde um starke elektrische Multipolfelder, die vorübergehend erhöhte ortsweise Levitation des Staubes bewirken, durch seine geladene Komponente. Der Staub beginnt dadurch zu fließen und die Mulden zu füllen und zu glätten, wobei er gleichzeitig zur Abtragung der Gebirge beiträgt. Die trockene, starken Temperaturschwankungen ausgesetzte Mondoberfläche sollte auf diese Weise regelmäßig von elektrisch getragenen Staubstürmen heimgesucht werden. Hinweise hierauf enthielten bereits die ersten Photos der Apollo-Mission, auf denen die Raumfahrer von Heiligenscheinen umgeben waren. Auch hatten die Raumfahrer anfangs Probleme, die Stecker ihrer Sauerstoffflaschen in die (staubverklebte) Steckdose ihrer Mondfähre einzuführen.

In der Literatur werden oft andere Erklärungen für die beiden unterschiedlichen Hemisphären des Mondes gegeben, z.B. unterschiedlich robuste (Gesteins-) Krusten, oder unterschiedlich starke Asteroideneinschläge. Aber wirkt unsere kaum massereichere Erde wirklich regulierend auf die Einschlagsraten auf dem Mond? Und falls ‚Ja', wirkt sie nicht eher fokussierend als zerstreuend? Gab es vielleicht in der Vergangenheit noch ganz andere Asymmetrien für den einstmals viel näheren Mond? Bei seiner gegenwärtigen Spiralbewegung fort von uns, mit 3,7 cm/Jahr Radialgeschwindigkeit nach außen, sollte er uns vor rund 3 Milliarden Jahren recht nahe gewesen sein. Seinerzeit waren die lunaren Gezeitenkräfte dann noch wesentlich stärker als heute, ungefähr in Proportion zu r^{-6}, alle Winkelgeschwindigkeiten waren ebenfalls rascher, aber derart, dass der Mond von Anfang an durch Gezeitenkräfte auf uns ausgerichtet war; und zwar früher noch kräftiger als heute. Damals war seine uns zugewandte Seite dann sicherlich durch unseren Heimatplaneten gegen Einschläge abgeschirmt, in Einklang mit der neuerlichen Beobachtung, dass sich alle ($\gtrsim 3$ *Ga*) alten Einschlagskrater auf seiner von uns abgewandten Seite befinden. Unsere Rechnung scheint aufzugehen.

2.5 Bildete sich unser Mond aus einer Akkretionsscheibe der frühen Erde?

Wie entstand unser Mond, der treue Begleiter? Ähnlich wie all die anderen 171 Monde im Sonnensystem, durch Kondensation aus den Resten ihrer protoplanetaren Scheibe oder aber deutlich spektakulärer, durch Zusammenstoß der Erde mit einem seltenen Großkörper des frühen Sonnensystems, wie neuerdings wieder oft zu lesen ist? Seine geringere Eisenhaltigkeit scheint dafür zu sprechen. Aber bereits Alfvén und Arrhenius [1970] äußerten ein starkes Argument gegen die Kollisionshypothese, die Drehimpulsbilanz: Die Splitter einer solchen Kollision in einem Sonnensystem fliegen auf (Kepler-) Bahnen davon, die sie mindestens zweimal pro Umlauf erneut zusammentreffen und stoßen lassen, so lange, bis ihre Relativgeschwindigkeiten zur Erde aufgezehrt sind und sie wieder mit dieser fusionieren. Den Splittern fehlt es an dem nötigen *Drehimpuls relativ zur Erde*, den der Mond auf seiner Bahn um die Erde besitzt.

Der Mond ist unser nächster Nachbar im Weltenraum und nur wenig später entstanden als unser Heimatplanet Erde. Seine chemische Zusammensetzung ist derjenigen der Erde ziemlich ähnlich, haben wir inzwischen aus Spektren und Bodenproben erfahren, allerdings mit deutlich weniger Eisen. Ist er ein Stück unserer selbst, so wie laut Bibel Eva aus einer Rippe von Adam entstand? Alfvén & Arrhenius [1970] kamen ohne eine solche Vermutung aus, bei ihren ausführlichen Überlegungen zur Entstehung des Sonnensystems. Wenn sie auch vor über 40 Jahren noch nicht von allen z.Z. 172 bekannten Monden unseres Sonnensystems wussten, so schien ihnen doch eine Entstehung der Monde aus staub-, gas- und/oder plasmaförmigen Restscheiben der jungen Planeten plausibel: Nachdem die Sonne im Mittelpunkt ihrer protostellaren Gasscheibe entstanden war, kondensierten zuerst die Planeten aus den Staub- und Gasresten dieser Scheibe und anschließend die Monde aus den dann noch verbliebenen Staub- und Gasresten der proto-lunaren Scheiben, die die Planeten umgaben. Ist diese Deutung nicht plausibel? Eine große Scheibe flockt nach und nach aus in nahezu kugelförmige Himmelskörper, der mittleren spezifischen Gewichte $\{1{,}64,\ 1{,}25,\ 0{,}705,\ 1{,}34,\ 3{,}94,\ 5{,}52,\ 5{,}24,\ 5{,}43\}\mathrm{g/cm^3}$ im Fall der Planeten {Neptun, Uranus, Saturn, Jupiter, Mars, Erde, Venus, Merkur}, die dann immer noch von Resten der einstigen protosolaren Scheibe umgeben sind. Aus solchen Restscheiben bildeten sich dann anschließend die Monde. Trotz seiner inzwischen 61 Monde ist der Saturn heute noch von einer auffälligen Restscheibe umgeben: nämlich von seinen Ringen.

Über unseren Erdmond wissen wir am meisten, weit mehr als nur seine im Verhältnis zur Erde recht große Masse, sein kleineres mittleres spezifisches Gewicht (von 3,34 $\mathrm{g/cm^3}$) und seine chemische Oberflächenzusammensetzung, die zwar recht ähnlich derjenigen der Erde ist, aber doch nicht identisch mit ihr. Seine eingefangene Spinbewegung, d.h. gleiche Winkelgeschwindigkeit von Spin- und Bahnbewegung, lässt erwarten, dass er früher einmal viel schneller um seine Achse rotierte und dabei der Erde viel näher war (als 60 $R_\oplus$), mit ausgeprägteren Gezeiten als heute. Dann aber muss auch unsere Erde früher deutlich schneller rotiert haben – bei ungefähr erhaltenem Gesamtdrehimpuls des Erde-Mond-Systems – entsprechend einer Tageslänge von vielleicht $\lesssim 5$ Stunden. Und in solch einer engen Frühphase des Erde-Mond Systems waren die Vorder- und Rückseite des Mondes zweifellos nicht dem gleichen interstellaren Bombardement ausgesetzt. Solche Vorstellungen sind noch wenig durchdacht. Stattdessen sind einige Planetenforscher auf die Idee gekommen, der Mond sei vielleicht ganz anders entstanden, z.B. durch Kollision der jungen Erde mit einem etwas leichteren Himmelskörper (namens Theia), der ihn aus ihr herausschlug, als Folge des heftigen Zusammenstoßes.

Diese Alternativdeutung der Entstehung des Mondes stößt jedoch auf Schwierigkeiten, die schon von Alfvén und Arrhenius [1970] diskutiert wurden und die letztlich wiederum mit der Drehimpulserhaltung zusammenhängen. Bei einem Zusammenstoß zweier Himmelskörper laufen nämlich die Trümmer gleich nach dem Stoß strahlenförmig auseinander, mit relativem Drehimpuls null, entgegen der Forderung, dass der junge Mond die Erde auf einer ungefähren Kreisbahn umrunden soll. Man könnte zwar wähnen, die gegenseitigen Anziehungen aller beteiligten Stoßpartner des betrachteten, durch Sonnenanziehung beschleunigt bewegten Vielkörperproblems seien schwer zu überblicken. Tatsächlich haben aber einfache Abschätzungen im Verein mit numerischen Simulationen gezeigt, dass sich die Kollisionsfragmente beim Keplerproblem nach jeweils halben Umläufen wiederbegegnen, in eng begrenzten Raumgebieten und nahezu gleichzeitig. Dadurch kommt es schnell zu weiteren Kollisionen, bei denen nach und nach alle Relativgeschwindigkeiten abgebaut und verheizt werden und sich schließlich alle Fragmente zu einem größeren Körper zusammenballen. Zusammenstöße bewirken schnellere Klumpung, nicht Trennung. Vielleicht aus diesem Grunde schlägt Wikipedia noch vier weitere Entstehungsmöglichkeiten des Mondes vor, die uns aber auch nicht überzeugen.

Wir sehen insbesondere keine Notwendigkeit, einen Zusammenstoß unserer Erde mit einem hypothetischen Partner (Theia) vor einigen Gigajahren zu postulieren; es würde sich um den ersten ‚Unfall' dieser Art handeln, von dem wir erfahren bzw. den wir hiermit ‚erschließen'. Uns ist auch kein Grund bekannt, warum nicht alle Sterne, Planeten und Monde in prinzipiell gleicher Weise aus protostellaren Scheiben entstehen sollten, durch hierarchische Klumpung. Solche Scheiben dürften alles andere als homogen sein: Ihre chemischen Komponenten, Temperaturen, Magnetfelder und Drücke dürften radial wie auch vertikal stark variieren. Fontänen und Sinterungen würden immer wieder die leichteren von den schwereren Komponenten trennen. Restscheiben sollten zwar ähnliche chemische Zusammensetzungen haben wie ihre Ausgangsscheiben, jedoch keineswegs identische Zusammensetzungen, weil zeitlich nacheinander entstanden, nach vorangegangener Auslese durch ihren Vorgänger in der Hierarchie.

So hat unser Mond wahrscheinlich deswegen keinen Eisenkern, weil das (schwerere) Eisen bei einer Astronomischen Einheit (AE) Sonnenabstand bereits seinen Weg in die Erde gefunden hatte. Die Temperaturen bei r = AE waren wahrscheinlich inzwischen, zur Zeit der Mondbildung, deutlich angestiegen – durch die ‚aufgehende' Sonne und die noch immer bombardiert werdende Erde – derart, dass auch die leichtest flüchtigen Gas-Komponenten an der nachträglichen Kondensation in den Mond nicht mehr gleichermaßen teilnahmen. Wenn Sterne, ihre Planeten und deren Monde nacheinander aus der gleichen Ausgangsscheibe entstehen, so kann daraus keineswegs geschlossen werden, dass ihre chemischen Zusammensetzungen einander gleichen. Für Inhomogenitäten gibt es ausreichende Gründe. Uns scheinen noch immer alle Indizien für die einfachste – weil für alle gleiche – Entstehungsweise der Monde zu sprechen: ihre hierarchische Ausfällung aus den planetaren Restscheiben. Unser Mond tat es wahrscheinlich all den anderen Monden gleich.

2.6 Warum rotiert der Planet Venus rückwärts?

Unser Schwesterplanet Venus kommt uns bei seinen Umläufen um die Sonne in regelmäßigen Zeitabständen besonders nahe, sozusagen beim Überholen (im Winkelmaß), und zeigt uns dann immer das gleiche Gesicht, ähnlich wie der Mond. Wobei im Fall der Venus das Gesicht nur für Radio-Augen erkennbar ist, die durch ihre dichte Wolkendecke hindurchschauen können. Außerdem bedurfte es der scharfen Radioaugen von Irwin I. Shapiro am Massachusetts Institute of Technology (M.I.T.), um die Übereinstimmung der Ausrichtung auf vier geltende Ziffern genau messen zu können. Trotzdem war Kundt [1977] von dieser Deutung (eines Spin-Resonanzeinfangs durch die Erde) nicht überzeugt. Sein errechnetes Drehmoment reichte nicht hin, vor allem bei Berücksichtigung einer erwarteten anfänglich prograden Spinbewegung, entsprechend dem *Isochronie-Gesetz*, nach dem alle Planeten mit Vorwärts-Spin geboren werden. Zwei Jahre später bestätigte Shapiro diese Vorhersage, denn Venus war dabei, den Resonanzbereich zu verlassen.

Fast alle Körper in Sonnensystemen rotieren ‚*prograd*', oder ‚vorwärts', d.h. im gleichen Drehsinn wie ihr Zentralgestirn: sowohl um ihre eigene Achse (Spin), als auch bei ihrem (Bahn-) Umlauf, angefangen beim Zentralstern, und bis hinab (in Größe) zu den Asteroiden. Dabei liegt ihre Winkelgeschwindigkeit ω mehr oder weniger dicht unter der maximalen, durch Fliehkraft-Instabilität erlaubten: $\omega \lesssim \sqrt{4G\rho}$, entsprechend einer Periode P = $2\pi/\omega$ von einigen Stunden, (G = Gravitationskonstante = $10^{-7,18}$dyn cm^2g^{-2}, ρ = Massendichte). Folgt das prograde Vorzeichen – das ‚*Isochronie*'-Gesetz – aus ihrer Bildungsweise? Ausnahmen ‚vor der Haustür' bilden die Planeten Venus und Uranus sowie ein paar äußere Monde der äußeren Planeten. Waren diese bei ihrer Geburt ebenfalls prograd? Oder lässt sich z.B. ausschließen, dass der heute um 97,9 Grad gekippt (also retrograd) rotierende Eis-Planet Uranus ebenfalls prograd geboren wurde und inzwischen, während der vergangenen $\gtrsim$4 Gigajahre, durch solare Spin-Bahn-Kopplung geschwenkt worden ist? Ein kleines, aber beständiges senkrechtes Drehmoment, ausgeübt auf ein geeignetes (permanentes und/oder induziertes) Quadrupolmoment und in Resonanz mit der Bahnbewegung, kann einen großen Spin kippen.

Es sollte sich besser nicht ausschließen lassen, das Isochronie-Gesetz, sondern vielmehr herleiten lassen, mithilfe einer bisher unbeachteten Eigenschaft von Teilscheiben, die aus einer gravitierenden Gasscheibe ausflocken und dabei von ihr in etwa den (prograden) Teil des Drehimpulses erben, der ihrem Energieanteil entspricht. Für schwerkraftgehaltene Scheiben ist dieser Anteil wahrscheinlich stets prograd: Das Ausflocken der Teilscheiben erfolgt nämlich spontan, im Einklang mit einem unvermeidbaren Anwachsen der Entropie bei der Kontraktion einer Scheibe, welche retrograde Spins verbietet; vgl. die Farbfilme in der Dissertation von Ingo Thies am Bonner AIfA-Institut. Von den zwei disjunkten Möglichkeiten – prograd oder retrograd – wählt jede lokale Teilscheibe um einen Kondensationskern stets die prograde aus. Heutige Ausnahmen vom Isochronie Gesetz sollten sich also als evolutionsverursacht erklären lassen. In diesem Abschnitt wollen wir uns nun auf das krasseste retrograde Beispiel konzentrieren und argumentieren, dass unser Schwester-Planet Venus ebenfalls prograd geboren wurde, wie all die anderen Planeten [Kundt 1977]. Es geht mithin um eine detaillierte historische Rekonstruktion der Spinbewegung von Venus, bis vor 4,5 Gigajahren, unter Berücksichtigung aller Drehmomente, die auf den Planeten mit der dichtesten Atmosphäre in unserem Sonnensystem eingewirkt haben. Welche sind das?

Die Venus befindet sich hauptsächlich im Anziehungsfeld der Sonne, der Erde, und des Merkur, mit Kräften, die proportional sind zu ihren Massen und umgekehrt proportional zu den Quadraten ihrer gegenseitigen Abstände. Diese drei Kräfte bestimmen ihre nahezu kreisförmige Bahnbewegung um die Sonne, ($\varepsilon = 0{,}68\ \%$), wobei Erde und Merkur nur vernachlässigbare, quasi-periodische Störungen ihrer Kepler-Ellipse bewirken. Für die Belange dieses Abschnitts reicht die Annahme einer durchweg ungestörten Kreisbewegung. Uns interessieren ausschließlich die Drehmomente, die auf die Venus ausgeübt worden sind, wobei erneut der Merkur unberücksichtigt bleiben darf. Drehmomente verändern die Spin-Bewegung. Sie kommen zum Tragen, sobald die Massenverteilung des angezogenen Objekts von der Kugelsymmetrie abweicht. Dies bewirken Berge und Täler, Ozeane und Atmosphäre, aber auch Asymmetrien der Massenverteilung im Innern des Planeten. Ihre Abweichungen von der Kugelsymmetrie werden durch Massen-Multipolmomente beschrieben, vor allem durch ihr Quadrupolmoment. (Das Dipolmoment verschwindet im Schwerpunktsystem, per definitionem). Diese Abweichungen können permanent oder auch variabel sein, letzteres bei Wasser und Luft, aber auch bei Gezeitenverformungen und bei Vulkanismus.

Gezeitendrehmomente bremsen: Sie treten auf, sobald ein rotierender Himmelskörper durch die Anziehung einer entfernten Punktmasse zigarrenförmig verformt wird. Da sich die Zigarrengestalt nicht instantan einstellt, als elastische Verformung, sondern verzögert, als angeregte, stark gedämpfte Schwingung, weist sie nicht genau in die Richtung des anziehenden Massenmonopols, (d.h. der Sonne), sondern mehr oder weniger in den Nachmittagssektor, s. Abb. 2.6.1. Hierdurch übt die Sonne ein bremsendes Drehmoment auf die beiden Enden der Zigarre aus. Und die Spins aller hinreichend sonnennahen Körper werden so lange gebremst, bis sie schließlich beinahe oder exakt korotieren. Beim Merkur ist dieser Zustand quasi eingetreten: Er ist in der 2/3-Resonanz von der Sonne eingefangen, vermutlich bereits seit langer Zeit, aber auch bei der Venus sollte die Abbremsung auf Korotation bereits innerhalb ihres ersten Gigajahres erreicht worden sein. Das jedenfalls lehren numerische Abschätzungen, in denen plausible Annahmen über den Dämpfungsfaktor ihres primordialen Gesteinsmantels und/oder ihr primordiales Magnetfeld gemacht wurden.

Nun zeigt aber die Atmosphäre der Venus einige Besonderheiten: Sie ist etwa 100-mal dichter als die irdische, und ihre Stratosphäre rast binnen 4 Tagen einmal um den Planeten, mit nahezu Schallgeschwindigkeit; wer treibt sie an? Offenbar sind es ebenfalls Gezeitenkräfte der Sonne, diesmal ausgeübt auf ihre obere (äußere) Atmosphäre; das haben wir von Thomas Gold, Peter Goldreich, Stanton Peale und Steven Soter gelernt. Diesmal wirken die Gezeitenkräfte beschleunigend statt bremsend: Die Stratosphäre wird nämlich tagsüber aufgeheizt, durch Sonneneinstrahlung, und nachts abgekühlt, durch Ausstrahlung in den Weltenraum. Sie ist daher nachmittags am wärmsten, und spätnachts am kältesten. Bei ungefähr konstantem Druck ist die Stratosphäre daher im Nachmittagsektor am leichtesten und im spätnächtlichen am schwersten. Das Gezeitendrehmoment spricht auf

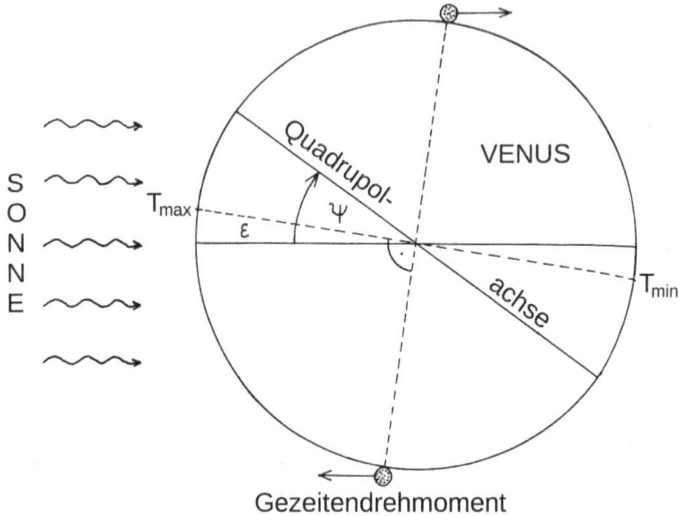

Abbildung 2.6.1: Prinzipskizze der *Gezeitendrehmomente* der Sonne, ausgeübt auf unseren Schwesterplaneten Venus: Während das (rein gravische) Drehmoment auf den Festkörper der Venus ihren Spin stets gebremst hat, treibt heute das thermisch induzierte Drehmoment auf ihre (schnell bewegte) Atmosphäre deren Rotation stark an, bis in die Nähe der Schallgeschwindigkeit, nach [Kundt 1977], derart, dass ihr (negativer) Spin immer noch anwächst.

solche Dichteschwankungen nur durch ihr Quadrupolmoment an, und dieses wiederum ist durch die zweite Harmonische einer Fourierentwicklung der stratosphärischen Dichte nach der Längenkoordinate bestimmt; alle anderen Fourierkomponenten heben sich bei Integration über die Stratosphäre identisch heraus. Ergebnis: Die Dichteverteilung der Stratosphäre wird durch die Sonne derart gestört, dass Massenüberschüsse am frühen Morgen und am frühen Abend entstehen, deren unterschiedlich starke solare Anziehung die Stratosphäre in Spinrichtung beschleunigt, d.h. retrograd.

Das war sicher nicht immer so. Planeten werden ohne Atmosphären geboren. Ihr großer Spin bei der Geburt wurde durch Gezeitenkräfte gebremst, je näher an der Sonne, desto schneller. Und so sollte auch für die Venus der Tag gekommen sein – oder besser: das Jahrhunderttausend, die kritische Periode – während deren sich ihr Spin derart verlangsamt hatte, dass er übergehen wollte von Rotation zu Oszillation (Libration); wie bei einer Kastenschaukel, die man so kräftig in Schwung versetzen kann, dass ihre Libration (zeitweilig) in Rotation übergeht, und umgekehrt. Diese Abbremsung der Venus sollte etwa ein Gigajahr gedauert haben, währenddessen sich ihre Atmosphäre ausgebildet haben sollte, durch Ausgasen. Und die Schwingungsperiode dieses längsten Tages in der Geschichte der Venus sollte die ungefähre Dauer von 10^5 Jahren gehabt haben, während deren ihre Vorderseite siedend heiß wurde und ihre Rückseite erstarrend kalt. Ihre junge, stark asymmetrische Atmosphäre nahm diese Gelegenheit wahr, wie ein Insasse der Kastenschaukel, holte Schwung und invertierte die Spinrichtung ihres Planeten: Statt gebremster Libration wurde aus ihrem Rückschwung eine Umkehr der Rotation, von prograd nach retrograd. Fortan blieb die Atmosphäre bei ihrer retrograden Umlaufrichtung, wurde von Periode zu Periode schneller, angetrieben durch das thermische solare Drehmoment, bis sie ihre heutige (retrograde) Umlaufzeit von vier Tagen erreichte und fortan nur noch ihren Planeten unter sich beschleunigte, bis zu seiner gegenwärtigen Spinperiode von 243,1 Tagen.

Bei dieser Periode sehen wir Erdenbürger stets die gleiche Hemisphäre der Venus während ihrer nahen Vorbeiflüge, alle 1,597 Jahre, wenn sie uns auf ihrer engeren Keplerellipse überholt. Das jedenfalls hatte Irwin I. Shapiro (1976) gemessen, und es sah so aus, als sei ihre Spinausrichtung in einer Resonanz mit der Erde gefangen, durch ein kleines, permanentes, transversales Quadrupolmoment, an dem die Erde bei jedem nahen Vorbeiflug verstärkt angreift. Jedoch dann hätte es in der Vergangenheit schon 10 weitere, stärkere solche Resonanzen (mit der Erde) gegeben haben müssen, bei den Spinperioden {224,7, 278, 365, 531, 975, 5922, -1455, -648, -417, -307, -243,16} Tage, bei zunehmendem retrogradem Spin, in die die Venus eingefangen worden wäre. Deshalb wurde diese Möglichkeit in [Kundt 1977] als unwahrscheinlich bezeichnet. Und in der Tat publizierten Shapiro et al im Jahre 1979 die neuerlich bestimmte Periode (-243,01±0,03) d, die ein Eingefangensein durch die Erde ausschließt. Es war also ein gewisser Zufall, der den Spin der Venus vor etwa 3,5 Gigajahren sich umkehren ließ – statt sich in synchrone Rotation einfangen zu lassen – angetrieben durch das beschleunigende Drehmoment der Sonne auf ihre gerade rechtzeitig entstandene Atmosphäre.

2.7 War der Planet Mars jemals warm genug für stehende Gewässer?

Wieder einmal geht es um Temperaturen, diesmal um diejenigen an der Oberfläche unseres Nachbarplaneten Mars: Waren seine Oberflächentemperaturen jemals hoch genug für stehende Gewässer? Unsere Abschätzungen sprechen dagegen: Flüssiges Oberflächenwasser könnte ggf. zu günstigen Tageszeiten an sonnenbeschienenen Abhängen entstehen, oder auch vorübergehend *vulkanischen* Auswürfen entstammen. Andere Möglichkeiten sehen wir nicht, auch wenn oft in der Literatur davon gesprochen wird. Schließlich haben wir keine Veranlassung, die Gültigkeit der thermodynamischen Grundgesetze anderswo in der Milchstraße anzuzweifeln.

Unser irdisches Leben, Pflanzen, Tiere, Homines sapientes, funktioniert nicht ohne flüssiges Wasser: als Transportmittel, Baustoff und Kühlmittel. Der Saft der Pflanzen und das Blut der Tiere werden hierbei als (angereichertes) Wasser betrachtet. Dieses Wasser darf weder zu Eiskristallen gefrieren noch verdampfen, wenn sein Besitzer nicht sterben soll. Deshalb spricht man von der „bewohnbaren Zone“ (habitable zone) eines Sonnensystems als der schmalen Kugelschale um einen langlebigen (Hauptreihen-) Stern herum, innerhalb derer flüssiges Wasser hinreichend lange ($\gg$Gigajahr) garantiert werden kann. Unser Heimatplanet Erde erfüllt diese Eigenschaften: Er dürfte nicht mehr als einige Prozent im Abstand weiter oder weniger weit entfernt sein von der Sonne, um diese habitable Zone nicht zu verlassen. Venus ist viel zu heiß, und Mars viel zu kalt. Um dies quantitativ nachzuvollziehen, hilft es, sich die ungefähren Abstände der Planeten von der Sonne einzuprägen in der Form: r_n / 0,2 AE = $(\sqrt{3})^n$ mit n = {1, 2, 3, 4, 5, 6, 7, 8, 9} für {Merkur, Venus, Erde, Mars, Asteroidengürtel, Jupiter, Saturn, Uranus, Neptun}. Demnach folgen die Planeten einander in angenähert gleich-langen (logarithmischen) Schritten der Faktorlänge $\sqrt{3}$, bis auf die Asteroidenlücke bei n = 5, die nur ganz schwach (in Masse) besetzt ist. Genauer betragen die Abstandsverhältnisse der Erde von ihren beiden Nachbarplaneten {1,38, 1,52}, das ist zwar nicht exakt gleich $\sqrt{3} = 1{,}732$, aber z.B. für das Abstandsverhältnis zwischen Neptun und Merkur ist obige Näherung ‚81‘ nicht weit entfernt vom wahren Wert ‚78‘.

Für die mittlere Temperatur T eines Planeten ist sein Sonnenabstand r ausschlaggebend, sie nimmt ab mit r wie $r^{1/2}$, d.h. im Mittel um einen Faktor 1,32 zum jeweilig direkten Nachbarn; das ist ein großer Schritt. In [Kundt 2005] wurde für T (statt der Titius-Bodeschen Regel) die handliche Formel angegeben

$$T = \{(\alpha/\varepsilon)(S_\odot/4\sigma_{SB})\}^{1/4} = 278\ K\ (AE/r)^{1/2}(\alpha/\varepsilon)^{1/4} \qquad (2.1)$$

mit $S_\odot$:= solarem Energiestrom = $10^{6,13}$ erg/cm^{2}s, σ_{SB} := Stefan-Boltzmann Konstante, AE := Astronomische Einheit = $10^{13,175}$ cm, und mit $\{\alpha,\varepsilon\}$:= der mittleren {Absorptivität, Emissivität} der Erde im {Sichtbaren, Thermischen} $\approx$ {0,7, 0,6}. Die Formel folgt durch Gleichsetzen der absorbierten solaren Einstrahlung auf eine Hemisphäre mit der mittleren thermischen Emissivität in den vollen Raumwinkel 4π. Sie lehrt, dass Kleinkörper ‚vor der Haustür' der Erde, d.h. in einer Umlaufbahn um die Sonne mit r = 1 AE und mit $\alpha/\varepsilon = 1$, eine habitable Temperatur von 278 K = 5 °C haben und dass uns Erdenbürgern durch den Treibhauseffekt gegenwärtig die weit angenehmere mittlere Temperatur von 289 K = 16 °C bereitgestellt wird. All dies wurde bereits in Abschnitt 1.5 besprochen.

Ausgestattet mit dieser Formel können wir jetzt leicht erkennen, dass die Erde einen recht ausgezeichneten Platz im Weltraum einnimmt: Nicht nur ist sie der einzige Planet im Sonnensystem mit dieser (habitablen) Eigenschaft, sondern sie hätte diese lebensnotwendige Eigenschaft bereits vor geraumer Zeit verloren, wenn ihr Abstand von der Sonne auch nur um $\gtrsim$5 % größer oder kleiner gewesen wäre, entsprechend einer um $\gtrsim$ 6 K versetzten mittleren Temperatur. Die Erde hat den perfekten Abstand von der Sonne.

Und Mars, der äußere Nachbar, mit weit weniger Treibhauseffekt, sollte nach obiger Formel mittlere Oberflächentemperaturen in Höhe von 225 K $(\alpha/\varepsilon)^{1/4}$ haben. Können wir stehende Gewässer an seiner Oberfläche erwarten? Dann müssten dort entweder beständig Öfen brennen, jedenfalls an den Orten der Gewässer, oder sein Treibhauseffekt würde α/ε >2,2 verlangen, entsprechend über 50 %-iger thermischer Isolierung, ε <46 %. Uns erscheinen diese beiden Möglichkeiten fern der Realität. Wenn trotzdem immer wieder von Astronomen behauptet wird, sie hätten Flüsse oder Meere an der Marsoberfläche sehen oder erschließen können, oder auch nur von früheren Flüssen ausgewaschene Täler, so bleiben unserer Meinung nach nur zwei Möglichkeiten diskussionswürdig: Entweder handelt es sich bei den ehemaligen Flusstälern um vulkanische Auswürfe, deren heißes Wasser Stunden bis Tage gebraucht hat zu gefrieren, oder es handelt sich um voll sonnenbeschienene, im Windschatten liegende Abhänge, deren Eis vorübergehend oberflächlich schmilzt und den Abhang hinunterfließt, um dann sogleich wieder zu kristallisieren. Der Mars ist seit Gigajahren zu kalt für stehende Gewässer.

2.8 Primordiale Magma-Ozeane und prähistorische Schneeballstadien?

In ihrer Pionierarbeit zur langfristigen Bewohnbarkeit unseres Heimatplaneten haben Rampino und Caldeira [1994] argumentiert, dass unsere Erde wahrscheinlich einen derartigen Platz im Sonnensystem bekommen habe, dass sie von den lebensbedrohenden Gefahren eines globalen Verbrennens oder einer globalen Vereisung verschont bliebe. Diese – auch als (James Lovelocks) *Gaia*-Problem bekannten – Gefahren und ihre Entrinnbarkeit sind in der Zwischenzeit immer wieder aufgegriffen und keineswegs einmütig beantwortet worden, wie bereits in den Abschnitten 1.12 und 1.13 angesprochen wurde, vgl. [Kump 2009]. An dieser Stelle möchten wir uns skeptisch zur Ausbildung primordialer Magma-Seen äußern.

Soeben haben wir uns Gedanken gemacht über eventuelles Leben auf dem Mars, mit recht negativem Ergebnis: weil es dort ganz einfach zu kalt sein sollte, selbst für Leben auf der untersten Stufe, der Stufe der Bakterien oder gar Viren [Ward 2005]. In diesem Zusammenhang (der Temperaturen im Sonnensystem) kann man bisweilen lesen, sogar in guter Literatur, dass es an den Oberflächen der neu gebildeten Planeten anfänglich vielleicht (heiße!) Magma-Seen gegeben habe; oder auch, dass unser Heimatplanet Erde vielleicht einmal ein Schneeballstadium durchlaufen habe, in grauer Vorzeit, jedoch bereits nach der Entstehung des Lebens. Diesen beiden Denkmöglichkeiten möchten wir wenig Plausibilität einräumen.

Zur zweiten dieser beiden Fragestellungen, den prähistorischen Schneeballstadien (der Erde), haben wir bereits in Abschnitt 1.13 ausführlich Stellung genommen und sind dort zu dem Ergebnis gelangt, dass sie höchstwahrscheinlich irreversibel gewesen wären: Der Wärmenachschub von innen, unterstützt durch denjenigen von außen, hätte nicht für ein Wieder-Aufschmelzen gereicht. Wem dies unplausibel vorkommt, der möge bitte nach 1.13 zurückblättern. Verbleibt für den vorliegenden Abschnitt nur mehr die Frage nach den Geburtstemperaturen der (inneren) Planeten, wie hoch waren diese wohl?

Das Ausgangsmaterial der (inneren) Planeten, eine große, *protoplanetare Gasscheibe* vom ungefähren Radius 10^2 AE, lässt sich in unserer galaktischen Nachbarschaft bestenfalls im fernen Infrarotlicht glühen sehen, dürfte also kaum wärmer sein als 300 K. Durch Abstrahlung in den Weltenraum würde die Scheibe außerdem schnell auf (kosmische) Wolkentemperaturen (von $\gtrsim 10$ K) abkühlen, falls sich nicht zufällig in ihrer unmittelbaren Nähe mehrere kräftige Heizsonnen befinden. Die entscheidende Energie für ein Aufschmelzen seiner Oberflächen-Gesteine (oder auch seiner Metalle) müsste ein Planet also selbst mitbringen, in Gestalt seiner gravischen Bindungsenergie und seines Anteils an schnell zerfallenden radioaktiven Elementen. Und das ist nicht leicht zu schaffen. Denn die gravische Bindungsenergie $\mathbf{E}\mathrm{uB} = \mathrm{GM}_\oplus \mathrm{m}/\mathrm{R}_\oplus = 10^{-11}$ erg für Moleküle der Masse m im Schwerefeld der Erde (der Masse $\mathrm{M}_\oplus$, am Radius $\mathrm{R}_\oplus$) entspricht einer maximal erreichbaren *Temperatur* T von $\mathrm{T} \lesssim (\mathrm{E}_B/\mathrm{k})(\mathrm{m}_p/\mathrm{m}) = 10^4$ K, beim Einfall aus großer Entfernung. Ist das viel?

Wie hoch liegen *Schmelztemperaturen*? Ein Festkörper schmilzt, wenn die thermischen Energien seiner Atome oder Moleküle deren Bindungsenergien im Gitter erreichen; letztere liegen gewöhnlich unterhalb von einem Elektronenvolt ($\mathrm{eV} = 10^{-11{,}8}$ erg), entsprechend 10^4 K. Bei Berücksichtigung der stets vorhandenen Energie-Schwankungen in einem Temperaturbad ergeben sich hieraus Schmelztemperaturen der schwer schmelzbaren Stoffe zwischen (nur) 1000 K und 3000 K. Leicht schmelzbare Stoffe schmelzen bei niedrigeren Temperaturen.

Wenn also gravische Einschläge recht hohe Temperaturen (von 10^4 K) lokal erzeugen können, gegen Ende der Akkretionsphase, jeweils kurz nach dem Einfall, so doch jeweils nur von einer dem Impaktor vergleichbaren Materiemenge, nahe der Oberfläche. Die freigesetzte, recht hohe lokale Einsturzwärme dürfte jeweils schnell wieder abgestrahlt werden, anfangs auf der Zeitskala von Sekunden bis Minuten, später proportional zu T^{-3}, als angenäherte *Planck'sche Schwarzkörperstrahlung*, und absinkend auf Temperaturen unter 10^3 K innerhalb von Tagen bis Wochen, wobei die schlechte Wärmeleitung nahe der Oberfläche verzögernd wirkt. Man erinnere die Prozesse, die sich bei Vulkanausbrüchen abspielen. Spätestens ein paar Wochen nach größeren Einstürzen – während des (frühen) irdischen Zeitalters des ‚*schweren kosmischen Bombardements*' – sollte sich ein junger Lava-See abgekühlt haben und erstarrt sein. Diese Erwartung ist im Einklang mit der Beobachtung, dass der Gesteinsmantel der Erde voll ist von Inhomogenitäten, keineswegs wie aus *einem* Guss.

Wir glauben also nicht an eine frühe Ära mit weltweiten Lava-Ozeanen auf unserem neu geborenen Planeten.

2.9 Was können wir von Kometenschweifen lernen?

Kometenschweife am Himmel sind oft gut beobachtbar, und bei genauem Hinschauen können wir u.a. von ihnen lernen, wie sich magnetisierte Plasmen bei gegenseitigem Anströmen verhalten, ein Problem, das unseres Wissens weder im Labor noch rechnerisch abschließend gelöst worden ist: Wie *langreichweitig* ist *magnetische Zähigkeit*? Magnetisierte Plasmen sind allgegenwärtig in unserer galaktischen Umgebung. Und schon bei der Frage, wie stark unser Erdkern durch den die Erde umströmenden Sonnenwind abgebremst wird, kommen wir zum gegenteiligen Schluss von Feynmans Schwester Joan

Hirshberg, bei der Impulsbilanz: Der Erdkern spürt die Reibung! Die unterschiedlich ausgerichteten Gas- und Staubschweife der Kometen haben es dokumentiert.

Kometen sind stark eishaltige Kleinkörper im Sonnensystem auf langen, exzentrischen Bahnen, die der Sonne im Perihel so nahe kommen, dass ein Teil ihres Oberflächenmaterials verdampft und durch (optischen) Strahlungsdruck und Sonnenwinddruck von ihr weggeblasen wird. Ihre Gas- und Staub-Schweife werden dabei i.A. von der Sonne so hell beleuchtet, dass sie uns als die viel besungenen Kometenschweife bekannt sind. Genauer besitzt jeder Komet einen langen, nahezu geradlinigen und einen kürzeren, oft gekrümmten Schweif, den ‚Plasma'- und den ‚Staub-Schweif'. Wie kommen die beiden zustande?

Jeder Stern leuchtet, und jeder Stern bläst einen Wind ab. Während sich das Licht stets mit der gleichen Geschwindigkeit $c = 10^{5,5}$ km/s ausbreitet, können stellare Winde sehr unterschiedliche Geschwindigkeiten haben, zwischen 10 km/s und 10^3 km/s, und sehr unterschiedliche Massenraten $\dot{M}$ abblasen, zwischen $\lesssim 10^{-14}$ $M_\odot/a$ und 10^{-4} $M_\odot/a$, ($M_\odot/a$:= Sonnenmasse pro Jahr). Entsprechend können die Impulsflüsse L/c und $\dot{M}$v der Strahlung und des Windes von Fall zu Fall sehr unterschiedliche Verhältnisse haben, d.h., Strahlung und Wind können unterschiedlich stark drücken; einmal dominiert die Strahlung, ein andermal der Wind. Bei unserer Sonne dominiert gegenwärtig der Strahlungsdruck, sogar $10^{2,7}$-fach. Wenn jetzt beide vereint auf die – ziemlich kompakte – Windzone eines verdampfenden Kometenkopfes treffen, wird deren Material nicht nur (weiter) aufgeheizt und teilweise ionisiert, sondern die ionisierte (Plasma-) Komponente wird außerdem durch die in den Sonnenwind eingefrorenen Magnetfelder mitgerissen, in den langen Plasma-Schweif, der Länge $\lesssim$ Megakilometer, vergleichbar der Entfernung Erde-Mond. (Das Plasma ist optisch weitgehend durchsichtig). Der andere Schweif, bestehend aus Neutralgas sowie aus (schwerem) Staub, wird durch den Strahlungsdruck in dessen Richtung beschleunigt; hierbei sind die Staubkörner so schwer, dass sie das Magnetfeld gar nicht spüren, selbst wenn sie schwach geladen sein sollten. Hierdurch entstehen die beiden Schweife, Plasma und Staub getrennt, in geringfügig unterschiedlichen Richtungen, der erste leichter und länger als der zweite. Beide leuchten durch ihr gestreutes Sonnenlicht, in etwas unterschiedlichen Farben. Verlässt ein Kometenkopf die Sonnennähe auf seiner exzentrischen Bahn, bei $r \gtrsim 3$ AE, verschwinden seine Schweife, und erst nach vielen bis sehr vielen Jahren kehrt er dorthin zurück.

Von den Plasmaschweifen der Kometen haben wir einiges gelernt: Wie erhalten ihre Ionen die starke Beschleunigung, bis zur halben Sonnenwindgeschwindigkeit, und wie werden sie dabei noch komprimiert, obwohl sie bereits fast 10^2-mal dichter sind als der sie beschleunigende Sonnenwind? Man spricht vom Phänomen des sich ‚faltenden Schirmes', des ‚folding umbrella', beobachtet bei umklappenden Magnetfeldrichtungen: Wenn der Komet eine Sektorgrenze im Sonnenwind durchfliegt, wobei das lokale Magnetfeld durch Null geht, reißt sein Schweif vorübergehend ab. Anschließend bildet er sich neu und ‚der Schirm wird wieder gefaltet', sein Plasma wird zunehmend komprimiert, bis zur 10^2-fachen Dichte, s. Abb. 2.9.1. Unsere Erklärung geht auf Hannes Alfvéns ‚wind-sock'-Modell zurück; sie macht für die notwendige Kraftübertragung das Magnetfeld $\vec{B}$ verantwortlich, das in den Sonnenwind eingefroren ist [Kundt & Krishan 1988]. Durch die lokalen $\vec{j}$ x $\vec{B}$-Kräfte, $\vec{j}$:= elektrische Stromdichte, wird der Sonnenwind steif, fängt die Kometenkorona ein und reißt sie wie mit einem Schleppnetz mit, wobei der zehnfache Schleppnetzradius, verglichen mit dem (beinahe) axialsymmetrischen Schweif, bewirkt, dass sich das hundertfache Windvolumen am Schieben beteiligt, seinen Impuls mit dem Plasma der Kometenkorona teilt. Das Problem hat bislang keine geschlossene Lösung gefunden; dafür ist es zu komplex, weil es insbesondere keine globalen Symmetrien besitzt: Das transversale Magnetfeld zerstört die Axialsymmetrie des schlanken Schweifes. Immerhin lassen sich Teile davon quantitativ abschätzen, darunter Faserigkeiten und helikale Unterstrukturen, in erfreulicher Übereinstimmung mit den beobachteten Fakten.

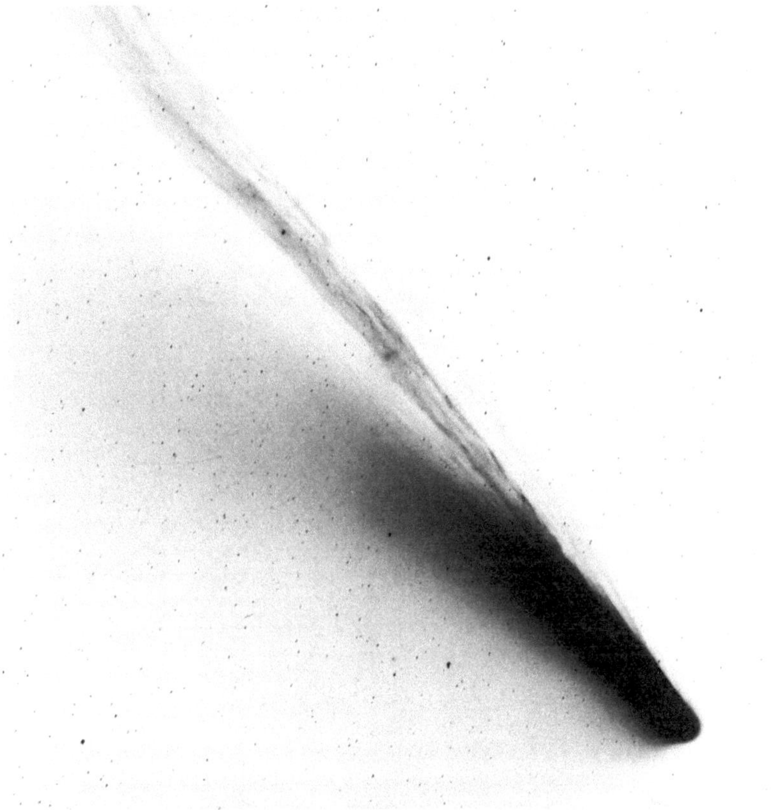

Abbildung 2.9.1: Die magnetisch regulierte Dynamik der *Kometenschweife*: Kometen sind Kleinkörper im Sonnensystem, bestehend aus Staub und Eis, auf stark exzentrischen Bahnen, die bei hinreichender Annäherung an die Sonne ($\lesssim$ 3 AE) partiell verdampfen und helle Schweife erzeugen. Sie entstanden wahrscheinlich im *Edgeworth-Kuiper-Gürtel*, d.h. (ebenfalls) in der Ebene der Ekliptik, bei großen Sonnenabständen (von $\lesssim 10^3$ AE), und wurden beim Nach-innen-Spiralieren gelegentlich durch die Planeten Neptun, Saturn und Jupiter in das nahezu sphärische *Oort-Reservoir* gestreut, bevor sie dann wieder in Richtung Sonne fielen. In Sonnennähe wachsen den Kometen zwei Schweife: ein staubreicher, hellerer, kürzerer, gekrümmter, fast-neutraler ‚*Staubschweif*' und ein gasförmiger, längerer, geradliniger, ionisierter, von der Sonne wegweisender ‚*Gasschweif*', bzw. erzeugt durch den (dominanten) Strahlungsdruck und durch den (500-fach schwächeren) Winddruck der Sonne, der jedoch durch seine eingefrorenen Magnetfelder die ionisierte Komponente des verdampfenden Kometenkopfes zuverlässig einfängt und nachbeschleunigt, bis zu $\lesssim$ halber Sonnenwind-Geschwindigkeit. Nach (gelegentlicher) Magnetfeldumkehr im Sonnenwind zeigt der Gasschweif das Phänomen des ‚sich zusammenfaltenden *Schirmes*'.

Die dynamische Rolle, die hierbei das interplanetare Magnetfeld spielt, ist uns aus Laborexperimenten kaum vertraut, während sie in unserer kosmischen Nachbarschaft vielerorts ausschlaggebenden Einfluss ausübt: nämlich beim zentrifugalen Abblasen des Sonnenwindes durch den radiativen Kern der Sonne (2.1, 2.2), beim Abbremsen des Erdkerns am vorbeiströmenden Sonnenwind (2.3), in den oberen Atmosphären der großen Gasplaneten (2.10), in allen (zähen) Akkretionsscheiben (Kap. 3), in allen Windzonen magnetisierter Sterne (Kap. 4, 5), zwischen Supernova-Filamenten und ihrem zirkumstellaren Medium (Kap. 5), in den Kokons der vielfältigen Jet-Quellen (Kap. 7), in den kosmischen Ly-α-Absorbern, und in den Plasmaströmen in den großen Galaxien-Haufen (Kap. 8), um nur die augenfälligsten Beispiele zu nennen. Im Grunde würde die gesamte Astrophysik nicht ohne magnetische Kräfte funktionieren, jedenfalls nicht in der eindrucksvollen Weise, in der wir sie nach und nach erfahren haben. Von den Kometenschweifen nahe unserer Sonne haben wir 1951 durch Ludwig Biermann gelernt, dass es überhaupt einen Sonnenwind gibt. Und nachfolgende Beobachtungen haben sie zu unserem besten Anschauungsmaterial für magnetisierte Plasmen werden lassen. Magnetfelder machen Plasmen steif und erlauben ihnen großräumige Kraftübertragungen.

2.10 Die zonalen atmosphärischen Superrotationen der Gasplaneten

Die großen Gasplaneten in unserem Sonnensystem, vor allem Jupiter, Saturn und Neptun, fallen dem Beschauer auf durch die farbigen Muster ihrer atmosphärischen Streifensysteme, senkrecht zu ihren Spinachsen, jedoch ohne ersichtliche Zuordnung zu ihren magnetischen Momenten. Sorgfältige Messungen haben gezeigt, dass die Streifen alternierend super- und subrotieren, bei oft starker Superrotation des äquatorialen Streifens, besonders bei Jupiter und Saturn, sowie jeweils mit einem großen, farbigen Wirbel zwischen zwei Breitenkreisen extremer Windgeschwindigkeit. Versteht sich, dass das Streifensystem beständig angetrieben wird, durch geordnete Kräfte, weil es andernfalls durch Reibungskräfte längst – binnen $\lesssim$ Jahrzehnten – zum Stillstand gekommen wäre, zur starren Korotation. Die Fachwelt war sich jahrelang nicht einig über die Dicke der superrotierenden Schichten, und schon gar nicht über den antreibenden Mechanismus.

Wir meinen, seit [Kundt & Lüttgens 1998], dass die Bewegungen in den (ionisierten) Hochatmosphären der Gasplaneten durch *magnetische Kopplungen* einerseits mit ihren Kernen, andererseits mit ihren Akkretionsscheiben und deren Monden und Ringen zustande kommen – entfernt verwandt der Kraftübertragung beim Stabhochsprung – wobei leichte, elektrisch neutrale Gasschichten kraftfrei umlaufen.

Gleich auf den ersten Blick sehen wir es den großen Gasplaneten an, Jupiter und Saturn, aber auch Uranus und Neptun: dass ihre Atmosphären mit beeindruckenden Geschwindigkeiten um ihren Planeten jagen, ähnlich der Atmosphäre der Venus, beinahe mit Schallgeschwindigkeit. Aber aus unterschiedlichen Gründen, und mit unterschiedlichem Detail: Während die Venusatmosphäre nahezu starr rotiert, und zwar infolge atmosphärischer Gezeiten, angetrieben durch periodische Sonneneinstrahlung (2.5), befinden sich die Gasplaneten in zu großer Sonnenferne für Gezeitenantrieb. Auch rotieren ihre Atmosphären nicht starr, sondern abwechselnd mal schneller, mal langsamer, in Breitenstreifen. Am Äquator rotieren sie gewöhnlich schneller als der Planet unter ihnen – daher das Wort ‚Superrotation' in der Überschrift – danach jedoch alternierend ‚sub' und ‚super' mit wachsender Annäherung an ihre Pole, bis zu 13-mal in einer Hemisphäre, s. Abb. 2.10.1. Dabei konnte man am 30.7.2009 in *Nature* lesen, dass die wahre Spinperiode des Saturn sieben Minuten länger ist als seine Periode bei km-langen Radiowellen, (auf die man sich zuvor verlassen hatte), womit das Muster seiner atmosphärischen Super- und Sub-Rotationen symmetrischer geworden ist (bzgl. Korotation als 0-Marke), sehr ähnlich demjenigen von Jupiter.

Ein *alternierendes Geschwindigkeitsmuster* will angetrieben werden, sonst käme es schnell zum Stillstand, binnen Jahren bis Jahrzehnten. Auch besitzen die großen Planeten große *atmosphärische Wirbel*, als farbige Flecken sichtbar, bei planetographischen Breiten maximaler Schergeschwindigkeit ihrer Stratosphären: Jupiters Fleck ist rot, Saturns Fleck braun, Neptuns Fleck blau. Zusätzlich zu den großen Wirbeln gibt es zahlreiche

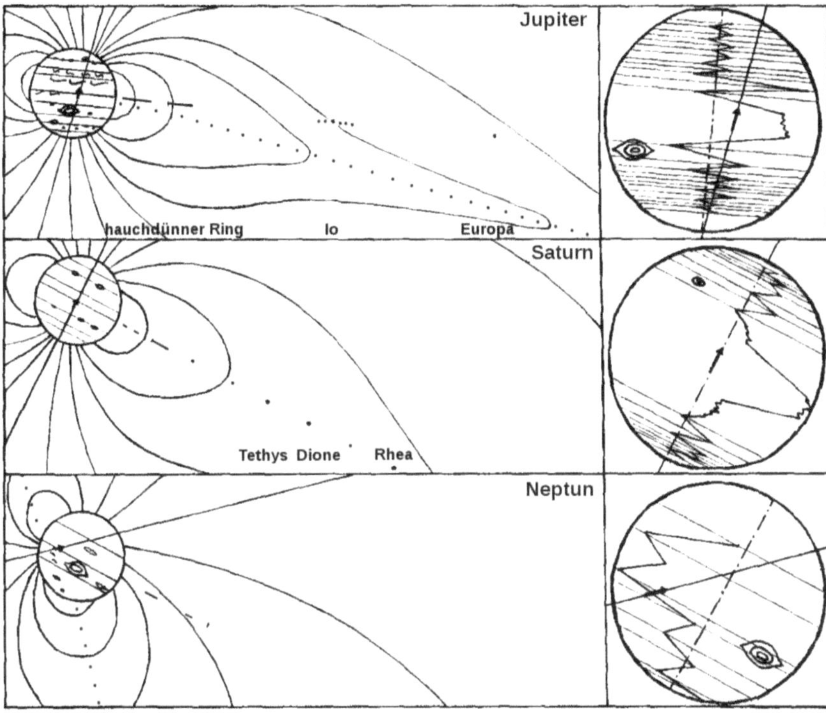

Abbildung 2.10.1: Alternierende zonale Super- und Subrotationen der *Ionosphären* der großen Gasplaneten *Jupiter*, *Saturn* und *Neptun*: Die äußeren, großen Gasplaneten im Sonnensystem zeigen starke zonale atmosphärische Super- und Subrotationen, bis hin zur Schallgeschwindigkeit, in Streifen konstanter planetarer Breite, die sich verstehen lassen als magnetische Kopplungen ihrer Ionosphären mit ihren inneren Plasma-Scheiben und Monden, entfernt verwandt der Drehimpulsübertragung beim Stabhochsprung [Kundt & Lüttgens 1998]. Diese magnetische Kopplung wird (sogar) gelegentlich in Gestalt von Radiosignalen im Dekameter-Bereich beobachtet, ähnlich denjenigen der Pulsare. Man beachte auch die unterschiedlichen, gegeneinander gekippten Ebenen des umlaufenden Neutralgases und der Monde gegenüber den (ionisierten) Plasmascheiben.

kleinere Wirbelgruppen, in symmetrischen Positionen. Ferner besitzen die großen Planeten *Expulsionsscheiben*, sichtbar in Gestalt ihrer staubigen Ringe und kleinen Monde, die ihre Magnetosphären nach außen vor sich her schieben und ausbeulen, genauer: vom Korotationsradius weg nach innen bzw. außen schieben, wobei die *Korotationsradien* r_{cor} unserer vier großen Planeten üblicherweise 2 bis 3 Planetenradien messen. Alle diese Phänomene lassen sich verstehen als magnetisch gekoppelte Bewegungen, wobei ein starkes magnetisches Moment in den Planetenkern eingefroren ist und mit ihm korotiert. Das korotierende Magnetfeld dringt in die differenziell rotierenden Ringe und Monde ein, wird von ihnen streckenweise mitgenommen, gespannt und schließlich wieder losgelassen, wie bei einem Katapult, in Gestalt von Kippschwingungen, die durch unterschiedliche Haft- und Gleitreibung zustande kommen. Jim Kemp sprach von ‚*magnetischem Peitschen*'. Diese *Torsions-Kippschwingungen* bremsen den Planeten, wenn sie außerhalb seines Korotationsradius r_{cor} angreifen, und machen ihn schneller, wenn sie innerhalb davon angreifen, vgl. [Kundt & Lüttgens 1998].

Und zwar kann man sich die hier auftretende *magnetische Steifigkeit* vorstellen ähnlich den elastischen Stäben beim Stabhochsprung, vgl. den vorangehenden Abschnitt über den Sonnenwind (mit seinen Fangnetzen), der die Plasmaschweife der Kometen beschleunigt und fokussiert: Wird ein magnetischer Flussschlauch draußen in der Magnetosphäre eines Planeten durch Ringe und/oder Monde toroidal beschleunigt oder gebremst, überträgt er das zugehörige *Drehmoment* unmittelbar auf das innen nächst benachbarte Plasma, das gleichzeitig an ihm angreift, nämlich auf die (ionisierte) *Stratosphäre,* und zieht bzw. bremst diese. Die Stratosphäre ihrerseits lastet auf der neutralen Atmosphäre und gibt einen Teil des empfangenen Drehimpulses an letztere weiter, einen anderen Teil magnetisch an den Planetenkern. Hierdurch wird *stratosphärische Superrotation* angeregt durch alle magnetischen Flussschläuche, die die Expulsionsscheibe innerhalb von r_{cor} durchsetzen, und Subrotation durch alle Komplementärschläuche, die sie außerhalb von r_{cor} durchsetzen. Auf etwas größerer (raumzeitlicher) Skala wird hierdurch der Planet abgebremst, über seinen feldverankernden Kern und seine Magnetosphäre, deren Flußschläuche die Expansion seiner Expulsionsscheibe antreiben, die ihrerseits den gewonnenen Drehimpuls an das interplanetare Medium weiterreicht: Der Planet reibt sich am umgebenden Plasma.

Dieses komplexe dynamische System involviert im Detail Materieinjektionen in die Expulsionsscheibe, vor allem durch die Vulkane, Gewitter und magnetisches Peitschen der kleinen Monde, ferner Ionisationen des Neutralgases in den Ringen und an den Mondoberflächen, die ihre elektrische Leitfähigkeit erhöhen, u.a. durch hochenergetische Teilchen, die bei den ruckartigen Rekonfigurationen der Magnetosphäre entstehen, und natürlich auch Verwirbelungen und Ionisationen der Atmosphäre, deren ionisierte Teilbereiche fortwährend magnetisch gezerrt werden und die sich dann wieder am Neutralgas reiben. Alle diese Prozesse beziehen letztlich ihre Energie aus der Rotation des Planeten, der vermutlich mit einer Spinperiode von $\lesssim 5$ Stunden geboren wurde und bald danach auf die heutigen 10 Stunden abgebremst wurde, durch stärkere primordiale Magnetfelder und dadurch zugleich stärkeren Massenverlust als heute. In der Gegenwart wird ihre Rotation immer noch gebremst, jedoch bedeutend langsamer.

Können wir behaupten, wir hätten hiermit das Kräftespiel in den Magnetosphären der großen Planeten vollständig verstanden? Die numerischen Abschätzungen, die in [Kundt & Lüttgens 1998] durchgeführt werden, lassen uns zwar die soeben geschilderten Prozesse glaubhaft und konsistent erscheinen. Andererseits fehlt dort eine strenge Rechnung, die z.B. für Jupiter das atmosphärische Windprofil mit seinen 25 *alternierenden Geschwindigkeitsmaxima* (beiderlei Vorzeichen, als Funktion seiner Breite) hergeleitet hätte. Es wurde nur argumentiert, dass der Kern von Jupiter magnetisch gebremst wird, wodurch seine Neutralgas-Atmosphäre zur Superrotation tendiert, ferner dass seine äquatornahen Zonen stärker superrotieren sollten durch magnetisches Ankoppeln an seine innersten Ringe und Monde, während dieses Vorzeichen bereits bei $\lesssim \pm 20°$ umschlagen sollte in Subrotation, weil sein Korotationsradius schon bei 2,24 R_J liegt; (beobachtet wird $\lesssim \pm 18°$). Diese Näherung schien überzeugend. Hingegen wurden dort die weiteren 22 Vorzeichenwechsel bei höheren Breiten nicht mehr untersucht. Sie sollten zustande kommen als Überlagerung von Neutralgas-Superrotation und magnetischem Bremsen durch Expulsion, mit verstärktem Bremsen bei bevorzugten Breiten, diktiert durch Monde und Ringe. Unverstanden blieb dabei, warum sich solch ein beeindruckend symmetrisches Muster eingestellt hat, sehr ähnlich bei Jupiter und Saturn. Gibt es dafür eine plausible Erklärung, z.B. eine magnetisch gesteuerte Trägheit, die durch die felderzeugenden Ströme erzwungen wird? Physik im Frontgebiet!

Und schließlich: Jupiter hat unsere Beobachter wiederholt überrascht, wenn er kurzzeitig die *Pulsare* nachäffte, mit hellen Radiosignalen. Zwar dürfte seine schwere Atmosphäre keinen relativistischen Wind durchlassen; aber peitschende magnetische Flussschläuche haben es ebenfalls in sich [Keane et al 2011].

2.11 Hat die Heliosphäre Geoid-Gestalt?

Welche Gestalt hat unser Sonnensystem, einschließlich des seit Jahrmilliarden blasenden Sonnenwindes? Wo befindet sich der Rand unserer Heliosphäre, die *Heliopause*? In den neueren Lehrbüchern findet man teils nur Andeutungen, teils aber auch Abbildungen ähnlich derjenigen eines Kometen, oder ähnlich dem Umströmungsproblem der irdischen Magnetosphäre. Besonders klar und eindrucksvoll sind Plakate, die im zweiten Stock unseres Instituts hängen, seit vielen Jahren, von Weltexperten gefertigt. Sie zeigen ein paraboloidförmiges Umströmungsproblem der Sonne und verschweigen, dass es sich hierbei (nur) um einen ‚Cartoon' handelt, dessen wahre Gestalt erst die beiden Raumsonden Voyager 1 und 2 in den kommenden Wochen oder Monaten (2011) erkunden sollen.

Unsere eigene Erwartung ist anders. Die ehemaligen Windzonen explodierter Nachbarsterne kann man noch heute im Röntgenlicht ihrer Supernova glühen sehen, als verbeulte Kugeln, oder besser als *Geoide*. Welche interstellaren Strömungen sollten den starken, jungen Sonnenwind beiseite geblasen haben? Unsere Sonne bläst gegenwärtig 10^{-14} $M_\odot$ pro Jahr quasi radial in die (scheibenförmig approximierte, vgl. 6.1) Milchstraße. Bei den interstellar erwarteten Drücken sollten diese heute eine ungefähre Kugel vom Radius eines Lichtjahrs ausfüllen, deren Rand, die Heliopause, die Voyagersonden erst in 10^4 Jahren erreichen können. Wer wird recht behalten?

Wie bereits in 2.9 angesprochen, bläst der Wind unserer Sonne beständig durch unser Sonnensystem, schirmt uns ab gegen die Winde anderer Sterne und gegen manches, was sonst noch den Raum unserer Milchstraße außerhalb unseres Sonnensystems ausfüllen mag, solange er zäh genug und sein Staudruck (ρv^2) stark genug dafür ist. Das kann nur beschränkt weit gelingen, weil Staudrücke wie r^{-2} mit der Entfernung r von ihrer Quelle abnehmen. Schließlich stößt ein Wind auf zunehmenden Widerstand, wird sprunghaft von Überschallgeschwindigkeit auf Unterschallgeschwindigkeit abgebremst, in einer *Stoßfront*, und staut sich dahinter bis zum Druckgleichgewicht mit dem Medium, das sich ihm auf der anderen Seite entgegenstellt, jenseits einer *Kontaktunstetigkeit*. Befindet sich ‚auf der anderen Seite' ein ähnlicher Stern und bläst, so ereilt diesen ‚Gegenwind' ein ähnliches Schicksal, spiegelsymmetrisch gleich: Auch er wird in einer Stoßfront auf Unterschall abgebremst, und sein aufgestautes Medium trifft schließlich auf obige Kontaktdiskontinuität, sozusagen von hinten, längs der Fläche, längs der die beiden Medien sich fortan berühren. Sind ihre Drücke einander gleich, evtl. nach anfänglichem Abgleich, dann werden die beiden Stauzonen zunehmend dicker, und ihr Druck nimmt langsam zu. Grundsätzlich könnten sie so lange (nach innen) anwachsen, bis sie beiderseits ihre Wind-Quellen erdrosseln. Tatsächlich reicht dafür das Windmaterial i.A. nicht aus. Vielmehr kann irgendwo die räumliche Symmetrie verletzt werden, und die beiden Stauzonen fließen gemeinsam in eine seitliche Richtung ab, in ein Gebiet, in dem der Druck niedriger ist, kühlen sich dabei ab, schrumpfen, bilden neue (galaktische) ‚Wolken', neue Sterne, und ein neuer Zyklus (partiellen) nuklearen Brennens beginnt.

So etwa spielt sich der interstellare Kreislauf vom Werden und Vergehen der Sterne in den (Scheiben der) Galaxien ab, ist die gängige Vorstellung: Jeder Stern bläst einen Sternenwind ähnlich dem Sonnenwind, der Temperatur $10^{5\pm1}$ K, bestehend hauptsächlich aus (ionisiertem) Wasserstoff und Helium, den häufigsten chemischen Elementen im Weltall, und erzeugt dabei ein thermisches Fast-Vakuum, wie es uns auch viele astronomische Spektren signalisieren. Das gemessene, breitenabhängige Geschwindigkeitsprofil unseres Sonnenwindes ist in Abb. 2.11.1 wiedergegeben. Aber ist der interstellare Raum womöglich von noch viel heißerem Gas ausgefüllt – genauer von ‚*Plasma*' – weil Gas von über 10^5 K voll ionisiert ist, bei den in Galaxien vorherrschenden Drücken? Vielleicht sogar von relativistisch heißem Plasma, wie wir es in Gestalt der *Kosmischen Strahlen* bereits kennen, die beständig in unser Sonnensystem eindringen, bis zur Sonne selbst und bis fast an die Erdoberfläche: relativistisch heiße Elektronen, Positronen, Protonen sowie Ionen aller Art, das gesamte chemische Massenspektrum, sogar Antiprotonen, mit Teilchenenergien bis hinauf zu $10^{20,5}$ eV. Diese letztere Möglichkeit – die Milchstraße gebettet auf Kosmischen Strahlen – werden wir auch in der Folge als die nächstliegende Deutung erkennen. Außerdem haben wir durch die Pulsunregelmäßigkeiten der (Radio-) *Pulsare* erfahren, dass ihre Signale in der Milchstraße (frequenzabhängig) durch Elektronen der mittleren Dichte 0,03 cm^{-3} verzerrt werden. Diese Elektronen können z.T. stark inhomogen verteilt sein, u.a. durch Anhäufungen in HII-Regionen und Supernova-Überresten; auch haben sie weitgehend nichtrelativistische Geschwindigkeiten.

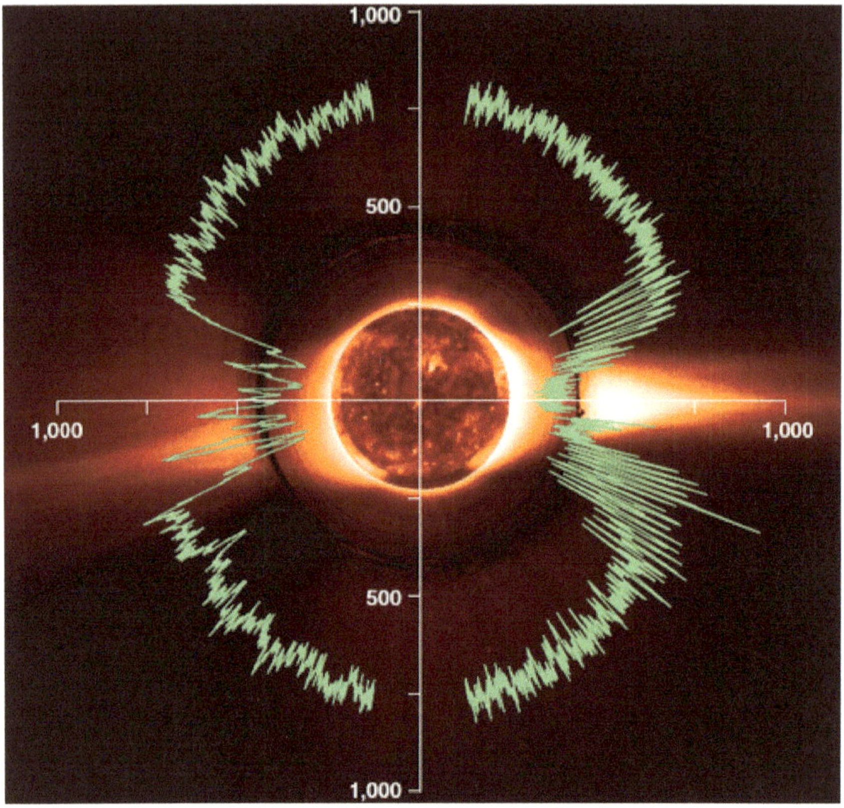

Abbildung 2.11.1: Das gemessene, stark breitenabhängige *Geschwindigkeitsprofil* des inneren Sonnenwindes – hier als grüne Kurve in einem UV-Bild der Sonne wiedergegeben – variiert grob zwischen 400 und 800 km/s, wobei der stärkere Massenverlust in den langsameren Äquatorzonen erfolgt, wegen der dort weit größeren Massendichten.

Aber haben wir damit schon alle Möglichkeiten des Abblasens, Abstrahlens, Explodierens und Einsaugens von Materie und Licht erfasst? Welche Medien befinden sich wirklich jenseits der Kontaktunstetigkeit des Sonnenwindes, jenseits der sog. *Heliopause*? Wie homogen oder inhomogen ist das *ISM*, das Inter-Stellare Medium? Noch haben es unsere fernsten Raumsonden nicht erreicht, allen voran die Voyager 1 und 2-Missionen der NASA. Genauer gesagt: Beide Missionen haben bereits die (innere) *Stoßfront* (termination shock) zum ISM durchflogen - in welcher der Sonnenwind auf Unterschallgeschwindigkeit abgebremst wird - nämlich Mitte Dezember 2004 bzw. Ende August 2007, auf unterschiedlichen Kursen, bei Entfernungen von bzw. {94,84} AE von der Sonne, aber noch nicht die Kontaktdiskontinuität, auf deren Durchfliegen die Fachwelt jetzt gespannt wartet. Aber wird sie darauf nicht noch einige 10^4 Jahre lang warten müssen? Denn wenn sich jenseits vom ‚Terminationsschock' mehr als 10^{-4} Sonnenmassen aufgestaut befinden, bei einer Dichte von $\lesssim 10^{-1}$ Ionen pro cm^3, dann ist deren äußerer Rand (bei angenommener Kugelsymmetrie) erst kurz vor 10^5 AE zu erwarten.

Dabei gab es allerlei Überraschungen, beim Erreichen und Stoßfront-Durchfliegen der Voyager-Sonden: Die Stoßfront verhielt sich keineswegs lehrbuchhaft. Einerseits kündigte sie sich bei beiden Raumsonden bereits 9 AE früher (zaghaft) an, durch relativistische Teilchenströme, entsprechend fast drei Flugjahren, als sog. ‚*Vorschock*', und merklich bremsend erst 0,7 AE vor der Stoßfront, entsprechend hundert Flugtagen. Andererseits tanzten ihre Messpunkte der Größen {Teilchendichte, Geschwindigkeit, Temperatur, Magnetfeld-Stärke und -Richtung} beim Durchfliegen der Stoßfront auf allen Zeitskalen zwischen Minuten und Tagen auf und ab, als wenn es ihnen schwerfiele, den physikalischen Erhaltungssätzen zu gehorchen. Offenbar haben wir es mit ‚*mehrfluiden*' Medien zu tun: mit Neutralgasen vermischt mit (magnetisierten) thermischen und relativistischen Plasmen. Genauer: Der anfangs heiße, magnetisierte Sonnenwind kühlt sich beim Abströmen ab, auf $\approx 10^4$ K, und neutralisiert sich dabei teilweise. Er trifft an der Stoßfront nicht nur auf seine Vorhut, den (partiell) auf Unterschall abgebremsten früheren Wind, die Stauzone, sondern zugleich auch auf die von außen kommenden *Kosmischen Strahlen*, die die Stauzone bereits voll durchsetzt haben und nunmehr auch unser Sonnensystem durchfluten möchten. Hierbei zwingt das Sonnenwind-*Magnetfeld* die eindringenden Ladungen der Kosmischen Strahlen auf seine weitläufige Spirale, (bis auf wenige, besonders energiereiche unter ihnen, die steif genug sind, geradeaus zu fliegen), was sich die Ladungen nur ungern gefallen lassen: Ihr Druck bremst den Sonnenwind auf insgesamt 3/4 seiner Geschwindigkeit ab, sie wirken als ‚Vorschock'. Dabei dominieren im Druck die leichtesten unter ihnen, das *trans-relativistische* $e^{\pm}$*-Paarplasma,* weil am häufigsten; seine lokalisierte ‚*Plasma-Strahlung*' wurde registriert [Richardson et al 2008]. Und mittels der Mehrfluidität der Stauzone lassen sich dann auch die anderen Unregelmäßigkeiten unmittelbar vor und nach dem Durchfliegen der Stoßfront verstehen: Dort ist die Strömung stark inhomogen, *mehrfluid* in der Fachsprache, wobei die Magnetfelder entscheidend zur Inhomogenität (und Anisotropie) beitragen.

Soeben sind wir auf einen ersten, starken Hinweis gestoßen dafür, dass unsere Milchstraße nicht allein von (10^4 K) ‚*warmem*' *Wasserstoff* gestützt wird, sondern offenbar noch stärker von den relativistisch heißen *Kosmischen Strahlen.* Schon vor über 20 Jahren hat Ron Reynolds [1990] gefunden, durch Vermessen der Strahlung des warmen Wasserstoffs, dass er höchstens 20 % der galaktischen Scheibe ausfüllt, dass also wahrscheinlich ein anderes, unsichtbares Medium diese Rolle spielt [Kundt 1997]. Dabei sollten wir uns klarmachen, dass Gase umso stärker drücken, je heißer sie sind: Ihr Druck $p = n\,k\,T$ wächst bei fester Teilchen-Anzahldichte n direkt proportional zu ihrer Temperatur T. Je heißer ein Gas, desto dünner und (daher) unsichtbarer, und desto stärker im Druck. Die heißeste Komponente des ISM sind die Kosmischen Strahlen, deren Teilchen sich fast mit Lichtgeschwindigkeit bewegen. Ihr Druck, jenseits der Heliosphäre, dürfte demjenigen des Sonnenwindes bei 10^2 AE beinahe gleichen ($p_{SW} \approx 10^{-11,5}$dyn/cm^2; $p_{CR} \gtrsim 10^{-12}$dyn/cm^2), und dürfte zugleich die gesamte Scheibe der Milchstraße gleichmäßig stützen. Diese Einsicht hat sich bislang nicht bis in die Lehrbücher vorgearbeitet, obwohl sie seit Jahrzehnten diskutiert worden ist.

Wer oder was erzeugt denn eine *relativistische Plasma-Komponente*? Sterne wie unsere heutige Sonne erzeugen davon ein wenig, in ihrer Korona, aber nur ganz schwach relativistisch, und mischen diese ihrem Wind bei; vor ein paar Gigajahren hat die Sonne wahrscheinlich viel mehr davon abgeblasen, als ‚junges sternartiges Objekt' (*YSO*). Weit stärkere relativistische Komponenten erzeugen die kompakten (Fermi-entarteten) Sterne: Weiße Zwerge und Neutronensterne, wegen ihrer weit schnelleren Rotation (Spin), und weit stärkeren Magnetfelder; in Kapitel 5 werden wir argumentieren, dass eine Teilklasse der Neutronensterne – die ‚Magnetare' – die Haupterzeuger der (Ionenkomponente der) Kosmischen Strahlen stellen dürfte, insbesondere am hochenergetischen Ende der Strahlen. Die meisten Neutronensterne zählen zugleich zur Klasse der *Jet-Quellen*, vgl. Kapitel 7, wobei sie hauptsächlich $e^{\pm}$-Paarplasma erzeugen, die ‚*leptonische Komponente*‘ der Kosmischen Strahlen, in großem Maße. Hierher gehören vor allem auch die galaktischen Zentrumsquellen, die *AGN* (Active Galactic Nuclei). Ferner dürften auch alle als ‚*Super-Novae*‘ bekannten Explosionen entwickelter massereicher Sterne zu den Erzeugern der Kosmischen Strahlen zählen. Elementare Abschätzungen haben gezeigt, dass die Gesamtheit der soeben aufgezählten Sterntypen problemlos die ganze Milchstraße mit Kosmischen Strahlen ausgefüllt haben dürften, und nicht allein dies: Sie sollten es sogar geschafft haben, den gesamten Halo unserer Milchstraße ebenfalls auszufüllen [Kundt 2005]. Dies bezeugen u.a. die Hunderte von ‚Schornsteinen‘, an den Rändern der Milchstraße, durch die wir die Kosmischen Strahlen aus der Scheibe in den Halo entweichen sehen [Kundt & Müller 1987].

Während die Lehrbücher also davon ausgehen, dass die Milchstraße hauptsächlich von (10^4 K) warmem Wasserstoff ausgefüllt ist, mit einer Schallgeschwindigkeit von ≈ 10 km/s, haben wir spätestens in diesem Abschnitt erfahren, dass vielmehr die (leichten) Kosmischen Strahlen volumenmäßig dominieren sowie für den Druck aufkommen sollten, mit einer (relativistischen) Schallgeschwindigkeit von $2c/3 = 10^{5,3}$ km/s, die dann aber durch ihre Magnetfelder stark an die thermischen Komponenten gekoppelt sein dürften, wodurch die effektive Schallgeschwindigkeit bis auf $\lesssim 10^2$ km/s absinken kann. Selbst dann noch würde das ISM die Heliosphäre – mit ihrer Relativgeschwindigkeit von (nur) 26 km/s gegenüber der thermischen Komponente des ISM – nicht mit Überschallgeschwindigkeit umströmen, in Gestalt eines Paraboloids oder Kometenschweifs, sondern mit Unterschallgeschwindigkeit, in Gestalt eines abgeplatteten Ellipsoides, genauer: ‚Geoids‘, spiegelsymmetrisch zur Einfallsebene. Welcher dieser beiden Fälle liegt vor? Wenn wir uns auf Richard Kerr [Nachricht vom 16.10.2009] verlassen können, haben die Raumsonden IBEX, CASSINI und STEREO A,B den ersten Fall bereits widerlegt. Und die (relativ) geringe Zahl von Pulsaren (≈ 20) mit leuchtenden Bugschocks ist ein unabhängiger Beleg, vgl. 4.8.

Die Beobachtungsmethode dieser drei Raummissionen ist neu in der Raumfluggeschichte: Beobachtet wurden schnelle Neutralteilchen, auch ‚energiereiche neutrale Atome‘ genannt, *ENA*s, die das Sonnensystem fast geradlinig durchqueren, ähnlich wie die Teilchen des Lichts. Sie erreichten die Sensoren aus einem schmalen, großkreisförmigen Streifen oder ‚*Band*‘ des Heliosphären-Randes, dessen Fläche senkrecht zum (lokalen) interstellaren Magnetfeld ausgerichtet ist; es lässt keinen ‚*Schweif*‘ einer Heliopause erkennen. Vermutlich entstanden die ENAs aus Protonen der Kosmischen Strahlen durch Elektroneneinfang, wonach sie ihre instantane Flugrichtung (als Neutralteilchen) beibehielten, ungeachtet der diversen Magnetfelder. Dabei ist das gefundene IBEX-Band ausgezeichnet als derjenige Streifen der Stoßfront, über dem das lokale galaktische Magnetfeld parallel zur Oberfläche verläuft. Hierdurch enthalten die Gyrationsebenen der einlaufenden Kosmischen Strahlen sämtlich die Richtung zur Sonne, und ENA-Emission in Sonnenrichtung erfolgt um ein Vielfaches häufiger als anderwo.

Jetzt endlich können wir sicher sein, dass unsere Heliosphäre eingebettet ist in ein Plasma aus *Kosmischen Strahlen*, angereichert (um ≈ 20 %) durch das von den normalen Sternen (einschließlich unserer Sonne) abgeblasene Windmaterial. Die Heliopause hat damit *Geoid*gestalt. Und es ist fragwürdig, ob unsere Raumsonden die *Heliopause* noch zu habitablen Zeiten unserer Erde durchfliegen werden.

2.12 Warum ist unser Sonnensystem so anders als all die anderen?

Von Jahr zu Jahr suchen die Astronomen optimistischer nach einem Planeten, der dem unseren ähnelt in seiner Eigenschaft, habitabel zu sein, d.h. Leben beherbergen zu können. Als Kriterium der *Habitabilität* gilt dabei

eine feste Oberfläche und die dauernde Existenz (genügend viel) flüssigen Wassers auf diesem ‚*Exoplaneten*', denn ohne Wasser ist erdähnliches Leben unmöglich, und „dauernd" bedeutet länger als Megajahre, besser Gigajahre, wenn wir unsere eigene Vergangenheit zum Vorbild nehmen. Gibt es noch mehr solcher Exoplaneten in unserer Milchstraße? Wahrscheinlich, denn die ersten Kandidaten tauchen bereits in der Presse auf, seit dem Jahr 2011, in Entfernungen von etwa 10^2 pc von uns. Noch fehlen genaue Abschätzungen von deren Temperaturkurve, Oberflächenchemie und vor allem Stabilität: Sind ihre Bahnen annähernde Kreise um Einzelsterne hinreichend konstanter Leuchtkraft, ohne nahe, störende Nachbarplaneten? Noch kennen wir nicht alle Antworten hierzu, denn die Suche hat sozusagen erst gestern begonnen, auch sind uns bislang keine hinterfragenswürdigen Behauptungen hierzu bekannt. Gern wüssten wir, ob unsere Erde typisch ist als Planet in der Milchstraße, oder aber eine extreme Ausnahme darstellt, wie es gegenwärtig noch immer den Anschein erweckt. Haben wir lediglich noch nicht gründlich genug gesucht?

Sind wir Erdenbürger allein im Weltall, oder gibt es noch weitere bewohnte Sonnensysteme im Kosmos, oder gar in unserer Milchstraße? Noch können wir diese Frage nicht mit Sicherheit beantworten, obwohl wir uns seit über zwei Jahrzehnten ernsthaft darum bemühen. Immerhin könnten wir innerhalb unserer Milchstraße durchaus die einzigen sein, wurde in [Kundt 2005] vorgerechnet. Beobachter haben mittels gezielter Himmelsbeobachtungen bereits fast 500 nahe Sterne ($\lesssim$100 pc) mit Planeten und/oder protoplanetaren Gasscheiben entdeckt (685 Planeten im Sptember 2011) – durch periodische Radialbewegungen ihrer Zentralsterne, durch seltene partielle Okkultationen, durch transiente Mikro-Gravitationslinsen oder auch durch Abdecken des (Lichtes des) Zentralsterns – sodass sich allmählich eine plausible Verteilung ihrer Massen und Abstände erkennen lässt. Bisher gibt es in keinem von ihnen einen habitablen Planeten, vgl 1.5. Soll das heißen, dass unser Sonnensystem einzig ist in der Welt? Nicht unbedingt. Denn noch sind unsere Kenntnisse systematisch verfälscht: Kleine Planeten, wie die vier inneren des Sonnensystems, sind bei den üblichen Entfernungen nur in seltenen Ausnahmefällen erkennbar und daher in den Daten systematisch unterrepräsentiert; wir sehen sie ganz einfach nicht. Trotzdem können wir schon jetzt behaupten, dass Sonnensysteme unserer Bauart, sprich: unserer radialen Massenverteilung, in unserer galaktischen Umgebung eher die Ausnahme sind als die Regel. Denn in der durchsuchten Nachbarschaft erkennen wir alle großen Planeten, wie Jupiter, und auch alle sehr zentrumsnahen Planeten, näher als Merkur. Wenn sich dann z.B. ein großer (gasförmiger) Planet auf einer (nahen) erdähnlichen Bahn befindet, kann es in diesem System keinen bewohnbaren Planeten geben, mit fester Oberfläche und ständig flüssigem Wasser: Er würde bei allen nahen Vorbeiflügen des großen Bruders derart aus seiner Umlaufbahn abgelenkt werden, dass er eher oder später die habitable Zone verlässt und vereist oder verdampft. Wir können uns glücklich preisen, dass Jupiter, Saturn, Uranus und Neptun alle weit weg sind von unserer Erde und auf ungefähren Kreisbahnen umlaufen, sodass sie uns nicht inkommodieren. Inzwischen kennen wir nur einen äußerst kleinen Prozentsatz anderer Sternsysteme, die diese Eigenschaft mit dem Sonnensystem teilen. Woher kommt das? Waren die Bedingungen bei der Entstehung unseres Sonnensystems so außergewöhnlich, statt Standard, dass unser System so lebensfreundlich geriet? Wohl kaum. Es könnte z.B. an der Nachlieferungsrate von Scheibenmaterial gelegen haben, bei seiner Bildung: Masse als Funktion der Zeit, mit der die Materie (von außen) nachgeliefert wurde. Wird z.B. nach der Bildung der großen Planeten von außen noch einmal ein großer Schwung an Masse nachgeliefert, können sich diese Großplaneten an dem neuen Scheibenmaterial reiben, beim Überholen (auf zentrumsnäheren Bahnen), hierdurch Drehimpuls verlieren und nach innen rutschen, in Richtung zur habitablen Zone; sie können zu zentrumsnahen Gasplaneten werden. Unser Sonnensystem ist diesem Schicksal entgangen, weil offenbar gleich nach der Bildung der vier Gasplaneten der Materienachschub von außen abbrach.

Sie wurden dadurch auf ihren zentrumsfernen Bahnen kinematisch eingefroren, können die Bahn der Erde (um die Sonne) nicht deutlich stören. Die Erde ist auf ihrer habitablen Bahn geblieben, auf der sie sich bildete, aus den vorwiegend schwerflüchtigen chemischen Elementen, die ihren spiraligen Weg durch die solare Scheibe bis zu einer Astronomischen Einheit Zentrumsabstand gefunden hatten. In dieser Eigenschaft dürfte unsere Erde auf ihrer Bahn um die Sonne einer Minderheit von Planeten angehören, die etwa in 10 % aller Sonnensysteme vorkommen. Das uneingeschränkte Kopernikanische Prinzip ist vielleicht schwach verletzt: Wir leben nicht in einem typischen, sondern in einem besonderen Sonnensystem. Das Phänomen ‚Leben' ist schwer zu realisieren; es verlangt sorgfältige Vorbereitungen bereits vor seiner Zeugung.

2.13 Wie wohlverstanden ist die Physik im Sonnensystem?

Unsere Weltraumexperimente werden immer besser, gleichzeitig steigt auch die Präzision, mit der solche Experimente ausgeführt und vermessen werden. Dabei sind dann im letzten Jahrzehnt Inkonsistenzen einiger am Jet Propulsion Laboratory (JPL, Los Angeles) ausgewerteten Experimente aufgetreten, mit einer Hartnäckigkeit, die die Welt hat aufhorchen lassen: stimmt etwa unsere Gravitationstheorie nicht mehr auf großen Längenskalen? Muss vielleicht die Newton'sche Theorie auf Längenskalen $\gtrsim$ 9 AE modifiziert werden? Und damit dann wohl auch gleich noch die Einstein'sche ART? Spätestens an dieser Stelle schrumpft unser Vertrauen in die Endgültigkeit der durchgeführten, hochgradig nicht-trivialen Experimente.

Unsere eigene Erfahrung, in mehrjähriger enger Zusammenarbeit mit dem JPL beim Raumprojekt HELIOS wie auch gleichzeitig im Bereich der physikalischen Grundlagentheorien, lässt uns eine „triviale" Lösung der ‚Anomalien' bevorzugen, d.h. eine Erklärung der Abweichungen durch Auswertefehler und/oder durch übersehene Zusatzeffekte, etwa Reibung an umlaufenden Kleinkörpern, oder asymmetrische Wärmeabstrahlung. Modifikationen von *Grundlagentheorien* sollten nie ad hoc und ohne hinreichende *Redundanz* kritischer Tests erwogen werden.

Im vergangenen Jahrzehnt häuften sich Veröffentlichungen über Zweifel an der Gültigkeit der altvertrauten Newton'schen Bewegungsgleichungen der Mechanik auf großen Längenskalen: Die Bahnen gut vermessener Raumsonden zeigten wiederholt Abweichungen von den Berechnungen; mit unerklärten Restbeschleunigungen der (geringen) Größe $\lesssim 10^{-7}$ cm/s^2. Dabei handelt es sich nicht etwa um (Albert Einsteins) Korrekturen bei hohen Geschwindigkeiten und/oder großen Materiedichten, wie sie die Spezielle bzw. Allgemeine Relativitätstheorie fordern, als wohlbegründete Verallgemeinerungen der Newton'schen Grundgleichungen, nahegelegt durch übergeordnete Symmetrieforderungen (bei Bezugsystemwechsel), sondern um unverstandene Abweichungen vom erwarteten Verhalten unter Bedingungen, unter denen die Newton'sche Näherung voll ausreichen sollte. Machen sich noch unbekannte, neue Naturgesetze bemerkbar? Sind die bekannten Gesetze inkorrekt angewendet worden? Oder sind bei der Vielzahl gleichzeitig auftretender Kräfte eine oder gar mehrere übersehen worden?

In diesem Abschnitt geht es uns einerseits um die behaupteten Gravitationsanomalien bei den amerikanischen Raumsonden-Missionen Pionier 10 und 11, Galileo, und der (aus der Ebene der Ekliptik extrem herausführenden) Mission Odysseus (=Ulysses), bei Sonnenabständen zwischen 5 AE und 80 AE [Anderson et al 1998, 2002, Turyshev et al 2011], andererseits um unverstandene Restbeschleunigungen bei $\geq$4 Schwungholmanövern (flyby maneuvers) an der Erde, die als Restgeschwindigkeiten von einigen mm/s gemessen worden sind [Lämmerzahl et al 2008]. Welche der drei obigen Erklärungen trifft auf sie zu? Die Meinungen in der Fachwelt sind geteilt.

Wir haben als einstige Investigatoren am HELIOS Projekt (1974-1977) erfahren, dass Experimente mit künstlichen Raumsonden außerordentlich schwer auszuwerten

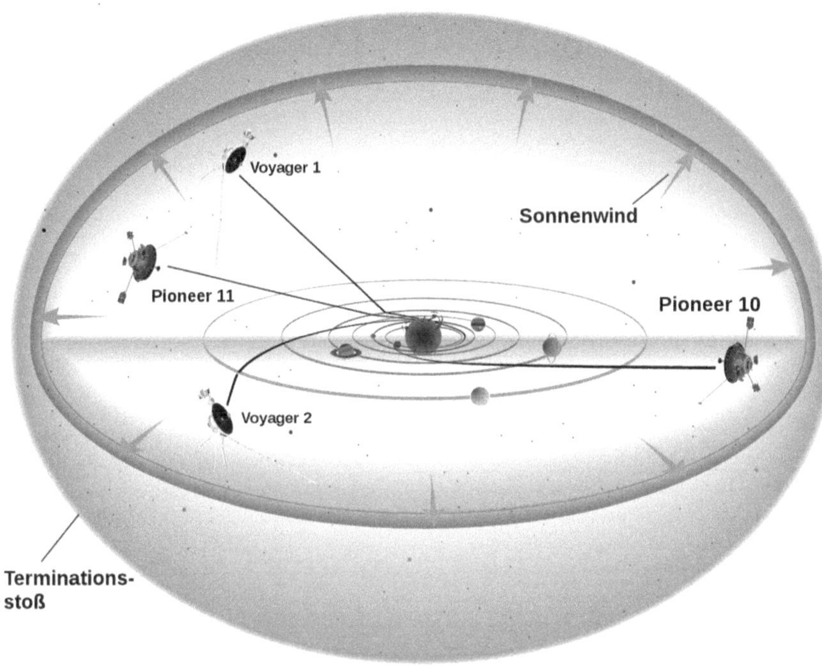

Abbildung 2.13.1: Bahnen einiger gegenwärtiger *Raumsondenexperimente* im Sonnensystem, nämlich von Pionier 10 und 11 und Voyager 1 und 2. Nahe dem inneren oder *Terminationsstoß* wird der entweichende Sonnenwind stufenweise von Überschall- auf Unterschallgeschwindigkeit abgebremst. Der Terminationsstoß ist hier ellipsoidisch gezeichnet, dürfte aber in Wahrheit nahezu sphärisch sein, und die dicke, rundliche, innere Kurve ist wohl als Fenster ins innere Sonnensystem gemeint.

sind, weil sie die fehlerfreie Zusammenarbeit einer Vielzahl von Wissenschaftlern und Technikern erfordern, die oft nicht einzeln den vollen Überblick über alle Teildisziplinen besitzen [Krotscheck & Kundt 1983]. Schließlich gilt es, die Bahn der Raumsonde im simultanen Gravitationsfeld von Sonne, Erde, Mond und allen sonstigen Planeten und Monden zu bestimmen, denen sich die Sonde während ihrer Mission hinreichend nähert, auf etwa 10 m genau bei den Einzelmessungen, zumindest in der Ebene der Ekliptik, entsprechend zeitlichen Genauigkeiten von $10\ \mathrm{m/c} = 10^{-7{,}5}$ Sekunden = 30 Nanosekunden. Hierbei müssen alle Signallaufzeiten umgerechnet werden in das (beschleunigte!) baryzentrische Bezugssystem des Erde-Mond-Paares, wobei Vakuumlaufzeiten gefragt sind, jedoch Plasma-Laufzeiten gemessen werden: Letztendlich laufen alle Signale durch die irdische Troposphäre und Ionosphäre und anschließend durch den orts-zeitlich veränderlichen Sonnenwind. Solche Umrechnungen sind möglich durch simultane Messungen der Relativgeschwindigkeit der Sonde, mittels des Dopplereffekts, und des Abstandes von der Sonde, mittels der Rückkehr-Signallaufzeit, weil diese beiden Messgrößen bzw. bestimmt sind durch die Phasen- und die Gruppengeschwindigkeit des Radiosignals im jeweiligen Plasma, die gegenläufig von der Plasmadichte abhängen und somit unabhängig ermittelt werden können, vgl. (3.1). Die Erfahrung der 1970-er Jahre hat gelehrt, dass die am JPL aufbereiteten Bahndaten oft intervallweise gegeneinander um mehrere Kilometer versetzt waren, obwohl sie einzeln mit Ungenauigkeiten von nur $\lesssim$10 m behaftet waren. Es handelte sich ganz einfach um komplexe und damit schwierige Experimente, die obendrein nicht leicht wiederholt werden konnten. Es fehlte die Redundanz, vgl. Abb. 2.13.1.

Bei solch schwierigen, einmaligen Experimenten (mit Raumsonden) ist es unserer Meinung nach nicht angesagt, neuen Ad-hoc-*Naturgesetzen* (wie ‚MOND', := MOdified Newtonian Dynamics) eine Chance einzuräumen: Es besteht die Gefahr, mit der Grundlagentheorie auf *Abwege* zu geraten. Selbst wenn man allen beteiligten Experimentatoren vertraut, dass sie ihr Handwerk fehlerfrei ausgeführt haben, bleibt immer noch die Möglichkeit übersehener Zusatzeffekte. So behaupten z.B. Scheffer [2003] und Turyshev et al [2011], dass die Anomalien bei den Pionier-Missionen erklärt werden können als Rückstoßeffekt anisotroper Wärmeabstrahlung der (beiden) Sonden, der Größenordnung $\lesssim 10^2$Watt. Oder könnte sich gar in der Ebene der Ekliptik genug fein verteilter kosmischer Staub befinden, zwischen Saturns Bahn und r = 60 AE, als Ausfluss (nach innen) aus dem Edgeworth-Kuiper-Gürtel – in dem wahrscheinlich alle Kometen geboren wurden – mit einer Gesamtmasse von $\lesssim 30$ Erdmassen? Dieser Staub würde nicht allein die aktive schwere Masse des inneren Sonnensystems anheben, sondern er würde sich zugleich bremsend auf Kleinkörper wie die Sonden auswirken, durch seinen Reibungsdruck ρv^2, bei Relativgeschwindigkeiten von rund 20 km/s, und zwar bereits bei 10^7-fach kleinerer Gesamtmasse als zuvor erwogen [Marmet 2003]. Unter den drei vorgenannten Effekten, (i) asymmetrische Wärmeabstrahlung, (ii) höhere anziehende Masse jenseits vom Saturn, und (iii) Reibung am fein verteilten Staub daselbst, erscheint uns neuerdings die von Turyshev [$\geq$2011] vertretene Deutung als die überzeugendste: anisotrope Wärmeabstrahlung in Vorwärtsrichtung, parallel zur Spinrichtung der beiden Missionen.

Und die vier Schwungholmanöver, mit unterschiedlich großen Verletzungen der Energieerhaltung? Sie sollten gar nicht energieerhaltend sein, weil sich unsere Erde gar nicht geodätisch (freifallend) bewegte: Sonnen- und Mondanziehung krümmten ihre Bahn während der etwa einstündigen Vorbeiflüge der schwungholenden Sonden, stark genug, um Restgeschwindigkeiten von $\lesssim$cm/s zu erzeugen. Noch mag es zu früh sein, an der Gültigkeit der uns lieb gewordenen physikalischen Grundgesetze der Physik im Sonnensystem zu zweifeln.

LITERATUR (KAPITEL 2)

[Alfvén & Arrhenius 1970] Alfvén, Hannes, Arrhenius, Gustaf, 1970: Structure and Evolutionary History of the Solar System, *Astrophys. & Space Science* **8**, 338-421, and: Origin and Evolution of the Solar System, *Astrophys. & Space Science* **9**, 3-33.

[Anderson et al 1998] Anderson, John D., Laing, Philip A., Lau, Eunice L., Liu, Anthony S., Nieto, Michael Martin, Turyshev, Slava G., 1998: Indication, from Pioneer 10/11, Galileo, and Ulysses Data, of an Apparent Anomalous, Weak, Long-Range Acceleration, *Phys. Rev. Lett.* **81**:2858-2861.

[Anderson et al 2002] Anderson, John D., Laing, Philip A., Lau, Eunice L., Liu, Anthony S., Nieto, Michael Martin, Turyshev, Slava G., 2002: Study of the anomalous acceleration of Pioneer 10 and 11, *Phys. Rev. D*, **65**, 082004, 1-50.

[Cowling 1933] Cowling, Thomas George, 1933: The Magnetic Field of Sunspots, *MNRAS* **94**, 39-48.

[Flowers & Ruderman 1977] Flowers, Elliott, Ruderman, Malvin, 1977: Evolution of Pulsar Magnetic Fields, *Astrophys. J.* **215**, 302-310.

[Keane et al 2011] Keane, E.F., Kramer, M., et al (5 Autoren), 2011: RRATs: New Discoveries, Timing Solutions & Musings, *MNRAS* **415**, Issue 4, 3065-3080.

[Kerr 2009] Kerr, Richard A., 2009, Tying Up the Solar System with a Ribbon of Charged Particles, *Science* **326**, 350-351.

[Krotscheck & Kundt 1983] Krotscheck, Eckhart, Kundt, Wolfgang, 1983: Das Himmelsexperiment (E11) von HELIOS, Forschungsbericht W 83-016 des BMFT, 1-95.

[Kump 2009] Kump, Lee R., 2009: A Second Opinion for Our Planet, *Science* **325**, 539-540.

[Kundt 1977] Kundt, Wolfgang, 1977: Spin and Atmospheric Tides of Venus, *Astronomy & Astrophysics* **60**, 85-91.

[Kundt 1992] Kundt, Wolfgang, 1992: The 22-year Cycle of the Sun, *Astrophys. Space Science* **187**, 75-85.

[Kundt 1993] Kundt, Wolfgang, 1993: Magnetic Field and Differential Rotation of the Sun, in: *The Cosmic Dynamo*, IAU Symp.157, eds. F. Krause, K.-H. Rädler, & G. Rüdiger, Kluwer, 77-82.

[Kundt 1997] Kundt, Wolfgang, 1997: Structure of the Galactic Halo and Disk, in: *The Physics of Galactic Halos*, eds. H. Lesch et al, Akademie Verlag, Berlin, 255-259.

[Kundt 2005] Kundt, Wolfgang, 2005: *Astrophysics, A new Approach*, Springer, 1-223.

[Kundt & Krishan 1988] Kundt, Wolfgang, Krishan, Vinod, 1988: Acceleration of Cometary Plasma Tails, *Astrophys. Space Science* **143**, 387-391.

[Kundt & Lüttgens 1998] Kundt, Wolfgang, Lüttgens, Gunnar, 1998: Rings around Planets, Atmospheric Superrotation, and their Great Spots, *Astrophys. Space Science* **257**, 33-47.

[Kundt & Müller 1987] Kundt, Wolfgang, Müller, Peter, 1987: Stockert's Chimney - a Galactic Fountain, *Astrophys. Space Science* **136**, 281-287.

[Lämmerzahl 2008] Lämmerzahl, Claus, Preuss, Oliver, Dittus, Hansjörg, 2008, Feb.7: Is the physics within the Solar system really understood? arXiv.gr-qc/0604052v1.

[Layzer et al. 1979] Layzer, David, Rosner, Robert, Doyle, H.T.: 1979, On the origin of solar magnetic fields, *Astrophys.J.* **229**, 1126-1137.

[Marmet 2003] Marmet, Paul: 2003, Anomalous Acceleration of Pioneer 10 and 11, Proceedings of International Scientific Meetings, PIRT, 334-337.

[Rampino & Caldeira 1994] Rampino, Michael, Caldeira, Ken, 1994: The Goldilocks Problem: Climatic Evolution and Long-Term Habitability of Terrestrial Planets, *Annual Reviews of Astronomy and Astrophysics* **32**, 83-114.

[Reynolds 1990] Reynolds, Ron, 1990: Faint optical line emission from the diffuse interstellar medium: observations and implications, in: *Galactic and Extragalactic Background Radiation*, IAU Symp. **139**, eds. S. Boyer & C. Leinert, Kluwer, 157-169.

[Richardson et al. 2008] Richardson, John D., et al (30 authors), 2008: 6 Letters on „the solar wind termination shock“, *Nature* **454**, 63-83.

[Scheffer 2003] Scheffer, Louis K., 2003: Conventional Forces can Explain the Anomalous Acceleration of Pioneer 10, Phys. Rev. D **67**, 084021; or: arXiv:gr-qc/0107092v5.

[Todoeschuck & Rochester 1980] Todoeschuck, J.P., Rochester, M.G., 1980: The effect of compressible flow on anti-dynamo theorems, *Nature* **284**, 250-251.

[Turyshev et al 2011] Turyshev, Slava G., Toth, Vktor T., Ellis, Jordan, Markwardt, Craig B., 2011: Support for Temporally Varying Behaviour of the Pioneer Anomaly from the Extended Pioneer 10 and 11 Doppler Data Sets, *Phys. Rev. Lett.* **107**, 081103(5pp).

[Ward 2005] Ward, Peter, 2005: *Life as we do not know it*, Penguin Books, 1-298.

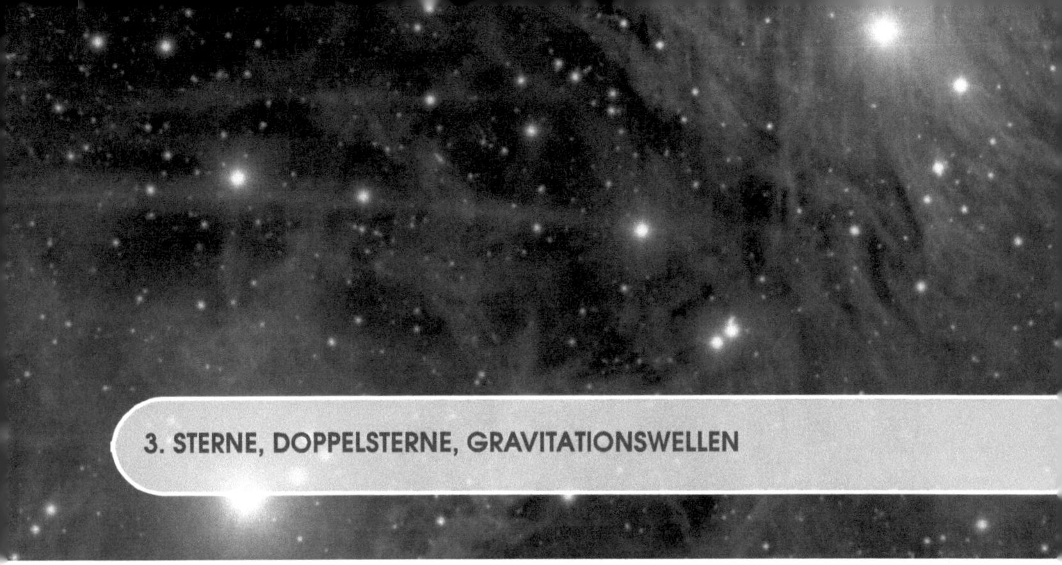

3. STERNE, DOPPELSTERNE, GRAVITATIONSWELLEN

Der Himmel ist voller Sterne, von denen man meint, sie verhielten sich ähnlich wie unsere Sonne; nämlich wie gewaltige Nuklearreaktoren, die ihre Verbrennungswärme hauptsächlich im sichtbaren Spektralbereich des elektromagnetischen Spektrums abstrahlen. Wie funktionieren sie bei näherer Analyse? Und welche Besonderheiten gibt es bei ihnen?

Sterne strahlen nicht nur, sie blasen auch starke *Sternwinde* ab, das haben wir bereits von unserer Sonne gelernt. Aber schon hier endet die Einmütigkeit der Theoretiker: Welche Kräfte treiben die Sternwinde an: der Strahlungsdruck ihrer entweichenden Photonen, oder aber die Fliehkräfte der Sternrotation, im Verein mit dem thermischen Auftrieb ihrer Atmosphären und den zähigkeitssteigernden, eingefrorenen Magnetfeldern? Oft wird übersehen, dass Photonen extrem geringe Impulse haben. Lediglich bei dem sehr dünnen, filamentreichen Wind des Crab-Nebels haben dessen (niederfrequente) 30-Hz-Wellen eine reale Chance der Nachbeschleunigung. Dabei wird bisweilen übersehen, dass turbulent bewegte Plasmen, wie die Konvektionszone unserer Sonne, recht schlechte elektrische Leiter sind und deswegen ungeeignet sind, Magnetfelder zu verankern.

Gravisch gebundene Doppelsterne und Mehrfachsterne sind nicht nur häufig anzutreffen, sondern zugleich schwerer zu analysieren als Einzelsterne. In den Abschnitten 3.3 bis 3.6 widmen wir uns solchen, beginnend mit dem Jet-blasenden Neutronen-Doppelstern SS 433, Zentralobjekt des Supernova-Restes W 50, sowie dem vermutlichen Dreifachstern Eta Carinae, Zentralstern im Homunculus-Nebel. Beide Systeme zeigen vielfache Spektrallinien und mehrfache Perioden, wodurch ihre Untersuchung zugleich aufwendiger wie auch redundanter und zuverlässiger wird, und wir können besonders viel von ihnen lernen. Besonderheiten bei sehr engen Mehrfachsternen zeigen diejenigen mit gemeinsamen, sie einhüllenden Atmosphären, sofern es solche überhaupt gibt, sowie die sorgfältig studierten Doppelsterne mit Superhöcker-Lichtkurven, deren Lichtkurven es fertigbringen, gelegentlich ihre (Umlaufs-) Bahnperiode vorübergehend zu ändern.

In den letzten drei Abschnitten dieses anspruchsvollen und vielseitigen dritten Kapitels wird zunächst über den Massentransport in Akkretionsscheiben nachgedacht: diffusiv, turbulent, oder vielmehr magnetisch unterstützt? Schließlich entstehen vielleicht alle Sterne auf dem Weg über solche Scheiben, deren Aufgabe es ist, den Abtransport des überschüssigen Drehimpulses nach außen hinreichend zu beschleunigen. Sodann geht es um die leuchtstarken, superweichen Röntgenquellen, die zuerst in den Katalogen des ROSAT-Satelliten als ‚Super-Soft Sources' (SSS-Quellen) auffielen: Welche Quellen strahlen so hell, bei ganz weichen Röntgenenergien? Weiße Zwerge? Sind diese nicht kleiner und heißer? Handelt es sich bei ihnen vielleicht um sich bildende, massereiche Akkretionsscheiben von Neutronensternen, die gewöhnlich als ‚Schwarzlochkandidaten' geführt werden, weil massereiche Scheiben den Ruf haben, instabil zu sein? Und als Kapitelabschluss *Planetarische Nebel*, jene besonders form- und farbenprächtigen Emissionsgebiete: Werden sie (alle) von sich bildenden Weißen Zwergen (als Zentralsterne) zum Leuchten gebracht? Weiße Zwerge werden gern als Vorgängersterne von Supernoven vom Typ Ia verdächtigt oder gar behauptet, statt im hier bevorzugten Sinne, als Zentralsterne Planetarischer Nebel.

3.1 Antrieb und Struktur der stellaren Windzonen

Sterne sind nukleare Reaktoren, deren heiße Atmosphären verdampfen, wobei Kernenergie in Expansionsenergie umgewandelt wird. Aber bereits unsere Sonne lehrt, dass Sternwinde (meist?) mit Überschallgeschwindigkeit abgeblasen werden, d.h. nicht nur quasistatisch abströmen, sondern permanent abgeblasen werden, wie die Abgase aus den Düsen eines Überschallflugzeuges. Haben sie derartig viel überschüssige Energie? Offenbar. Zwar reicht die Wärmeenergie einer $\approx 10^4$K heißen Sternatmosphäre aus, um ihr Plasma unbeschränkt hoch anzuheben, mit einer Dichte, die exponentiell mit der Höhe ihrer Atmosphäre abfällt. Aber das beobachtete Überschall-Abströmen des Sonnenwindes, mit mehrfacher Schallgeschwindigkeit (bei koronalem T $\gtrsim 10^6$K), verschluckt ein Vielfaches dieser Leistung. Deshalb behaupten namhafte Autoren, dass die Windleistung der Strahlung des Sterns entnommen wird.

Diese Behauptung haben wir nie verstanden. Denn die entweichende Sternstrahlung, selbst wenn sie vollständig von dem Windplasma absorbiert werden würde – was den Stern unsichtbar machen würde – enthält viel zu wenig radialen Impuls, um eine signifikante Nachbeschleunigung zu bewirken. Licht ist nahezu gewichtslos. Eine Strahlungsdruckbeschleunigung mittels vieler iterierter Stöße kann nur funktionieren, falls aufeinanderfolgende Stöße jeweils in antipodischen Sektoren der Windzone erfolgen, wie bei den thermischen Filamenten im Crab-Nebel. Für gewöhnliche Sternwinde sehen wir dagegen nur *eine* Lösung: Die beobachtete Nachbeschleunigung sollte der Sternrotation entnommen werden, d.h. durch *Fliehkräfte* erfolgen, ausgeübt mittels *magnetischer Zähigkeit*.

Sterne sind umgeben von Windzonen, durch die ihr Oberflächenmaterial abströmt in das sie umgebende interstellare Medium (ISM), mit Geschwindigkeiten zwischen 10 km/s und 10^3 km/s. Die dabei abströmenden Massenraten $\dot{M}$ variieren weit stärker, zwischen $\dot{M} \lesssim 10^{-14}$ $M_\odot/\mathfrak{a}$, bei unserer Sonne, und $\gtrsim 10^{-4}$ $M_\odot/\mathfrak{a}$, bei sehr schnell rotierenden, heißen Sternen. Wer treibt diese Winde an?

Bisweilen werden Sternenwinde verglichen mit dem Wasserdampf, der einem siedenden Kochtopf entströmt. Aber dieser Vergleich wird den weit größeren Massen der Sterne nicht gerecht, verglichen mit der moderaten Masse unseres Heimatplaneten. Würde ein Stern überhaupt nicht rotieren, und würde sich seine Atmosphäre gar nicht abkühlen beim (langsamen) Abdampfen, so hätte diese (isotherme) Atmosphäre eine statische, mit der Höhe langsam abnehmende Massendichte $\rho(r)$ von unbeschränkter Ausdehnung (nach hinreichend langer Zeit): $\rho(r) \sim e^{K/r}$ mit $K := r^2/H = \text{const}$, $H := kT/mg = H(r) =$ (r-abhängige) Skalenhöhe, wobei $m :=$ (mittlere) Molekülmasse, $g :=$ Fallbeschleunigung im Abstand r, und $T :=$ Temperatur. D.h., Sternwindzonen würden aneinanderstoßen und den ganzen vorhandenen (galaktischen) Zwischenraum ausfüllen, wie Schrebergärten in einer flächendeckenden Siedlung, allerdings nur extrem dünn ausgefüllt, als Ultra-

Hochvakuum, und auch nur im Limes langer Verdampfungszeiten, weil galaktische Volumina groß sind.

Tatsächlich rotieren aber alle Sterne, mehr oder weniger schnell, und geben ihre Rotation an ihre abdampfenden Atmosphären weiter, mittels der in ihnen verankerten Magnetfelder. Hierdurch werden die Magnetfelder zonenweise aufgewickelt und verstärkt, geometrisch ähnlich einem Rasensprenger, vgl. 2.1-2.3, sodass sie die abdampfenden Atmosphären zur Korotation antreiben und auf *Überschallgeschwindigkeiten* nachbeschleunigen. Auf diese Weise entstehen Sternwinde – wie unser Sonnenwind – mit den bereits oben genannten Geschwindigkeiten von $10^{2\,\pm\,1}$ km/s, deren Dichten wie r^{-2} nach außen abnehmen und die dann eher oder später auf das volumenfüllende ISM aufprallen, wo sie abgebremst und aufgestaut werden. Versteht sich fast von selbst, dass solche Winde umso stärker blasen, je schneller ihr Stern rotiert, je heißer seine Atmosphäre ist, und je stärker sie magnetisiert ist. Alles klar?

Nicht unbedingt: denn oft kann man stattdessen von durch *Strahlungsdruck* angetriebenen Winden lesen und/oder hören, d.h. von Sternatmosphären, die durch den Druck der heißen, aus ihrem Inneren kommenden Strahlung weggeblasen werden. Sternstrahlung kann hierfür durchaus energiereich genug sein. Energie ist wichtig, das wissen wir heutzutage mehr denn je; aber nicht weniger wichtig ist oft der Impuls. Das weiß z.B. jeder leidenschaftliche Billardspieler: Stößt eine schnelle Kugel frontal auf eine ruhende Kugel gleicher Masse, so überträgt sie ihren Impuls exakt auf die gestoßene Kugel und bleibt selbst liegen. Hätte die gestoßene Kugel etwa die neunfache Masse der stoßenden, würde sie nur mit 1/5 von deren Geschwindigkeit weiterrollen, während die stoßende Kugel nahezu reflektiert wird, nämlich mit 80 % ihrer Stoßgeschwindigkeit. Und noch viel krasser liegen die Verhältnisse, wenn (thermische) Photonen mit Atomen oder Molekülen (elastisch) zusammenstoßen: Dann liegt das Massenverhältnis der Stoßpartner nicht bei 1/9, sondern bei $\mathrm{h}\nu/mc^2 \approx 10^{-9}$, (h := Planck'sches Wirkungsquantum), und das stoßende Photon wird nahezu exakt reflektiert, ohne seine Energie an das Atom abzugeben, d.h. ohne es schneller zu machen. Stößt das Photon inelastisch, d.h. wird es beim Stoß absorbiert, so überträgt es dabei seinen Impuls und seine Energie auf das Atom, bekommt aber beide wieder zurück, sobald das Atom diese Anregungsenergie wieder abstrahlt.

Soll das stoßende Photon seine Energie uneingeschränkt in Bewegungsenergie eines Sternwind-Atoms umsetzen, muss es dieses Atom viele Male stoßen, uneingeschränkt viele Male in radialer Richtung, wobei es bei jedem Stoß den (maximalen) Impuls $2\mathrm{h}\nu/c$ auf das Atom überträgt mit einer Frequenz ν, die langsam gegen null geht, weil diese Impulsbilanz in Strenge nur im lokalen Ruhesystem des Atoms gilt, während das Atom zunehmend schneller in radialer Richtung davonläuft. Diese Form der radialen Impulsübertragung liegt wahrscheinlich vor im Crab-Nebel, bei den auslaufenden 30 Hz-Wellen, die die auslaufenden thermischen Filamente der SN-Explosion aus dem Jahre 1054 nachbeschleunigt haben, um 8 %, indem sie sich von ihnen haben reflektieren lassen, s. Abb. 3.1.1 und [Kundt & Krotscheck 1980]. Noch einmal anders ausgedrückt: Auslaufende Photonen können einen auslaufenden Sternenwind optimal nachbeschleunigen, indem sie sich fortgesetzt auf gegenüberliegenden Seiten von den Atomen und Molekülen des Windes reflektieren lassen. Hierdurch wird der Wind zunehmend geringfügig schneller, während die Photonen zunehmend röter werden, d.h. Energie verlieren.

Bei den meisten Sternwinden liegen jedoch deutlich andere Bedingungen (Stoßquerschnitte) vor als beim Crab, die den Photonen nicht erlauben, mehrfach ungestreut von einer Seite der Windzone auf die gegenüberliegende Seite zu fliegen. Vielmehr werden sie entweder nur ganz selten gestreut, oder aber sehr oft gestreut, jedoch jeweils nur innerhalb kleiner lokaler Gebiete, sog. ‚*Fang-Kugeln*' (trapping spheres), in denen sich die Impulsübertragungen aufeinanderfolgender Stöße im Mittel kompensieren (statt addieren), sodass netto keine Nachbeschleunigung des Windes stattfindet. Strahlungsdruck ist für Windbeschleunigung ungeeignet. Oft scheidet Strahlungsdruck bereits deswegen als dominanter Beschleuniger aus, weil der radiale Impuls des entweichenden Windes deutlich größer ist als derjenige der entweichenden Strahlung; z.B. bei kräftig blasenden Wolf-Rayet-Sternen. Ferner ist die – magnetisch bedingte – Hale-Periodizität des Sonnen-

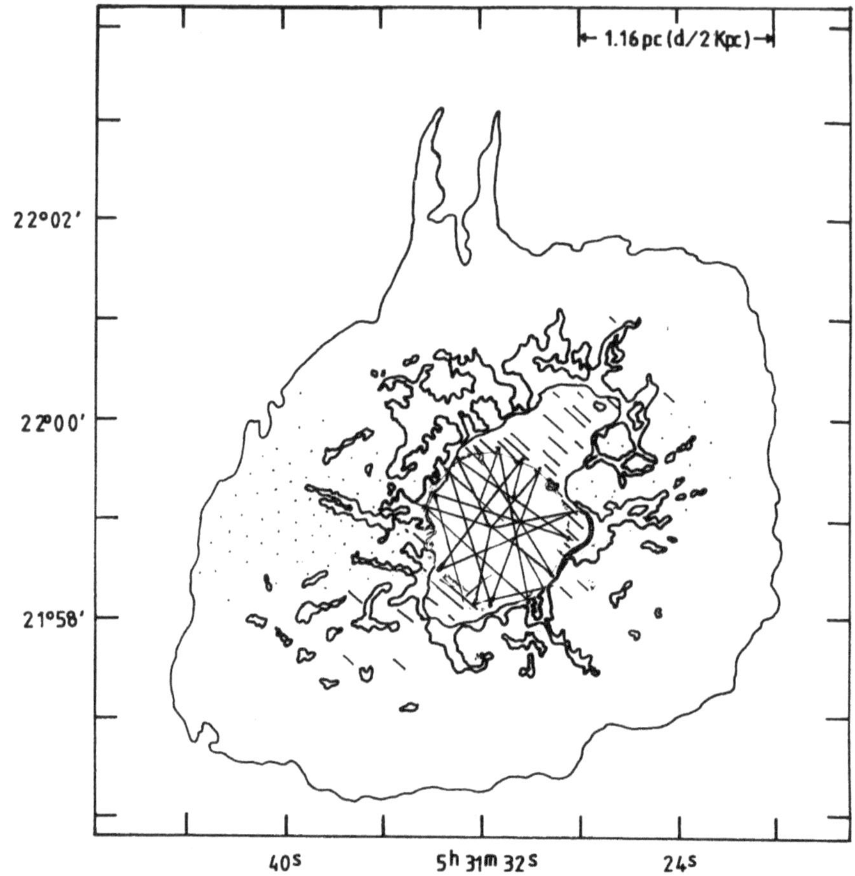

Abbildung 3.1.1: *Windzone* des *Crab-Pulsars*, durch starke, niederfrequente (30 Hz) elektromagnetische Wellen nachbeschleunigt, welche wiederholt (rund 30-mal) am (unscharfen) Innenrand des subsonisch expandierenden Nebels reflektiert worden sind. Unsere Skizze soll die ungefähre räumliche Ausdehnung dieser (behaupteten, seltenen) Wind-Nachbeschleunigung wiedergeben, vgl. [Kundt 2005].

windes offenbar eher die Regel als die Ausnahme unter den verschiedenen Sterntypen, deren Massenausflüsse in zunehmendem Maße als zyklisch variabel nachgewiesen worden sind [Kundt 1998c, sowie weitere Artikel in diesem Buch]; ein starkes Argument gegen Strahlungsdruckgetriebenheit.

Bisher haben wir noch gar nicht gesprochen über die extrem hellen Sterne, die Riesen und Überriesen, auf dem ‚*asymptotischen Riesenast*' (asymptotic giant branch, = AGB) des *Hertzsprung-Russell-Diagramms*, in das alle Sterne nach Oberflächentemperatur und Leuchtkraft geordnet aufgetragen sind, s. Abb. 3.1.2. Die Riesensterne blähen sich gewaltig auf, weil ihre nuklearen Öfen nicht nur in ihrem Kern brennen, sondern schalenförmig auch in ihren Hüllen, die sich dadurch zusätzlich erhitzen und aufblähen, wie ein flüssigkeitsgefüllter Topf auf dem Herd, den man überkochen lässt. In ihren ausgedehnten Atmosphären gibt es oft gleichzeitig aufsteigende (heißere) und absteigende (kühlere) Gas- und Plasmamassen, folglich Turbulenzen, Stoßwellen, mechanisches Nachheizen und stochastische Auswürfe, dazu Staubbildung in ihren kühleren Außenbereichen wie auch ausgedehnte umgebende Gebiete ionisierten Wasserstoffs, sog. HII-Gebiete. Werden ihre Winde bisweilen rein durch Abdampfen angetrieben, oder ist auch bei ihnen stets (partielle) Korotation für den Auswurf im Spiel?

Womit wir zwar gewarnt, jedoch zugleich gestärkt zu unserer obigen Behauptung zurückkehren: Sternwinde dürften fast ausnahmslos angetrieben werden durch das Zusammenspiel heißer, d.h. ausgedehnter Sternatmosphären, die durch schnelle Sternrotation und mittels magnetischer Zähigkeit bis an ihren Alfvén-Radius heran zur Korotation gezwungen werden, woselbst die Fliehkräfte das Werk ihrer Beschleunigung vollenden. Strahlungsdruck ist fast immer eine schwache Zusatzkraft, hingegen kann nukleares Schalenbrennen massiv helfen.

3.2 Wie erzeugen die Sterne ihre Magnetfelder?

Mit astrophysikalischen Magnetfeldern haben wir uns nun schon mehrfach beschäftigt, in den Abschnitten 1.3, 2.1 und 2.3, jedoch ein paar wichtige Spezialfälle sind noch unbeantwortet geblieben, Hier wollen wir uns mit den speziellen Sternklassen befassen, für die unser Lehrbuchwissen nicht zu dem passt, was wir über Dynamos zu wissen glauben, nämlich mit den magnetischen, (angeblich) voll-konvektiven Sternen, sowie mit den magnetischen, *außen radiativen* Sternen. Wo sind deren Felder verankert?

Unserer Meinung nach sollten *voll konvektive* Sterne ihren ererbten Magnetfluss schnell verlieren, weil schlecht leitend, d.h., wir bezweifeln ihre volle Konvektivität, (die sich ja wohl der direkten Beobachtung entzieht). Auch würden wir uns wundern, wenn die außen radiativen Sterne große *konvektive Kerne* besäßen, weil die Konvektion ja beständig angetrieben

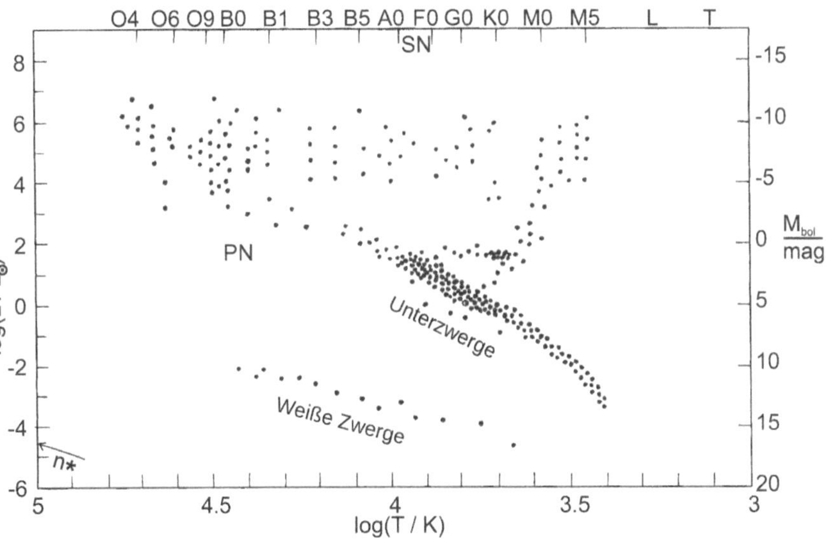

Abbildung 3.1.2: Das *Hertzsprung-Russell-Diagramm* sortiert die Sterne nach ihrer Leuchtkraft L und Temperatur T. Die hiesige Variante [Kundt 2005] bemüht sich, die Punktdichte der eingetragenen Sterne (grob) logarithmisch mit ihren Häufigkeiten in der Milchstraße anwachsen zu lassen. Man beachte: Die hellsten Sterne liegen am oberen Rand, die heißesten am linken Rand des Diagramms.

werden muss und weil es dann leicht zu einem Hitzestau unter der radiativen Außenhaut kommen könnte, der diese umwälzen würde. Sind solche Aspekte schon hinreichend berücksichtigt worden?

Der aufmerksame Leser mag sich bereits gefragt haben, ob denn der vorliegende Abschnitt nicht dieselbe Frage zu beantworten versucht wie Abschnitt 2.3: Worin unterscheiden sich Sterne von Planeten und Monden, außer dass sie größer, ferner von uns, und heißer sind, weil im Kern nuklear brennend? Wurde in den Abschnitten 2.1-2.3 nicht bereits alles über kosmische Magnetfelder gesagt, was zum Verständnis dieser nahen Variante erforderlich ist? Vielleicht. Auf jeden Fall interessieren sich die Astrophysiker für die Stärken der stellaren Magnetfelder, weil diese die Dynamik ihrer Windzonen beeinflussen; deshalb wollen wir dieser Frage nicht ausweichen, zumal es sich in der Wissenschaft fast immer lohnt, wohldefinierte Fragen nicht unbeantwortet zu lassen.

Haben denn alle Sterne Magnetfelder? Wahrscheinlich. Denn einerseits kann man den (polarisierten) Spektren ihrer Atmosphären Stärke und Orientierung der lokalen Magnetfelder entnehmen, sofern nicht undurchsichtige Materie zwischen ihnen und uns den Blick trübt, weil die Bahnen der emittierenden Elektronen durch Magnetfelder gekrümmt werden. Andererseits haben wir im vorigen Abschnitt erfahren, dass Sternwinde oft zyklische Fluktuationen aufweisen, die wahrscheinlich durch ihre veränderlichen magnetischen Momente verursacht werden. Wenn nun Sterne in den Zentren von Akkretionsscheiben geboren werden, sollten sie zumindest ihre Saat-Magnetfelder aus ihrer protostellaren Scheibe beziehen. Und überall in ihrem Innern, wo ihre elektrische Leitfähigkeit hoch genug ist, sollten sie diese Saat-Magnetfelder auch festhalten oder gar nachverstärken, durch differenzielle Rotation, bis zum Kräftegleichgewicht mit den jeweiligen Staudrücken des verankernden (einfrierenden) Plasmas.

Spätestens jetzt gabeln sich die Wege der Einsicht, wie schon früher diskutiert: Anhänger der ‚Dynamotheorie' würden auf ihre (vereinfachten) Differenzialgleichungssysteme verweisen, die wir als mit den Grundgleichungen unverträglich erklärt haben. Uns scheint eine Bilanz der im Innern eines Sterns angreifenden kinetischen und magnetischen Drehmomente auszureichen, um Zerfalls- und Anwachs-Zeitskalen der Magnetflüsse abzuschätzen, wenn man sich nicht auf aufwendige und unsichere numerische Simulationen verlassen will. Als Randbedingung gilt dabei, dass turbulente Gebiete schlechte Leitfähigkeiten haben, mithin magnetisch durchlässig sind, d.h. einen gegebenen Magnetfluss nicht einfrieren können, während heiße, laminar strömende Gebiete ihren Magnetfluss festhalten oder sogar nachverstärken lassen bis zu dessen Sättigung. Eine zweite Randbedingung liefern die schnellrotierenden kompakten Sterne: Weiße Zwerge und vor allem Neutronensterne, sowie die Supernova-Explosionen. Sie zeigen, statistisch, dass die Kerne schwerer Sterne – deutlich schwerer als unsere Sonne – weit schneller rotieren als ihre Oberflächen, nämlich mit Perioden P kleiner als 10 Minuten bei einem Radius von $r = 10^4$ km. Beim Kontrahieren einer rotierenden Kugel vom Radius r unter Drehimpulserhaltung schrumpft P wie r^2; also entspricht ‚$P = 10$ min bei $r = 10^4$ km' einer Periode P von {2 Monate, 0,6 ms} bei einem Radius von {10^6 km, 10 km}, d.h. bei einem typischen Stern bzw. Neutronenstern. Die Kerne der schweren Sterne dürfen bis zu ihrer Explosion als Supernova nicht stark abgebremst werden, sonst gäbe es keine Supernovae [Kundt 2008], und sonst rotierten ihre kompakten Spätstadien langsamer als beobachtet.

Mit anderen Worten: Brennende, *nicht entartete Sterne rotieren* nicht starr, sondern *differenziell.* Dann dürfen aber ihre magnetischen Kernfelder nicht bis an die Oberfläche reichen, vielmehr müssen sie durch eine turbulente Schale von den Oberflächenfeldern getrennt sein. Von unserer Sonne wissen wir, dass ihre (schlecht leitende) ‚Konvektionszone' außen liegt. Es gibt angeblich auch *vollkonvektive* Sterne mit Oberflächenmagnetfeldern, (mit größeren Massen). Das glauben wir nicht: Ihr tiefes Inneres sollte eine radiative, d.h. gut leitende Schale besitzen, oder einen radiativen Kern, um den Magnetfluss zu verankern. Oberhalb von 1,5 $M_\odot$ gibt es aber auch Sterne, deren äußere Massenschalen radiativ (und magnetisch) sind, und deren Kerne angeblich konvektiv sind. Wo sitzt deren feldverankernde Komponente? In der gesamten äußeren Massenschale? Und warum reicht deren Turbulenz, die ja beständig angetrieben werden muss, nicht ganz bis an ihre Oberfläche? Solange uns direkte Beobachtungen des tiefen Sterninneren verwehrt sind, behalten Aussagen über seine Struktur den Charakter von Vermutungen.

3.3 Die Wunderquelle SS 433 mit ihren schnell-laufenden Spektrallinien

Neben dem Crab Pulsar und unserer galaktischen Zentrumsquelle Sgr A* ist SS 433 wohl die vielseitigste und zugleich kontroverseste kompakte astrophysikalische Quelle des 20. Jahrhunderts. Nicht allein strahlt SS 433 breitbandig und stark variabel 10^{14}eV, von Radio- bis mindestens zu harten Röntgenfrequenzen, besitzt mehrere Periodizitäten, erzeugt einen präzedierenden Zwillings-Jet und steht im Zentrum des Supernovarestes W 50, sondern obendrein zeigen Scharen seiner optischen und Röntgen-Emissionslinien täglich veränderliche Rot- und Blauverschiebungen nahe bei der Lichtgeschwindigkeit der strahlenden Ionen! Trotz dieser Fülle beobachteter Fakten sind nahezu alle maßgeblichen Eigenschaften des SS 433-Systems kontrovers geblieben, über 33 Jahre hinweg: seine Entfernung, die Massen seiner Komponenten, seine Jet-Geschwindigkeit und sein Präzessionsmechanismus, seine Leistungen und Verhaltensweisen. Auch unser eigenes Verständnis dieses massereichen Radio- und Röntgen-Doppelsterns wich anfänglich in zwei maßgeblichen Details vom heutigen ab – genauer in über zehn Publikationen zwischen 1979 und 2011 – wennschon sich der Name Kundt von Anfang an mit einer Distanz (von SS 433) von (nur) 3 kpc assoziierte, mit (weichen) *Paarplasma-Jets*, mit Standard-Sternmassen und mit strahlgerammten Kanalwänden, im Unterschied zu den ballistischen ‚Geschossen' aus H und He des in der Literatur weitgehend bevorzugten ‚Standardmodells', in nahezu der doppelten Entfernung und mit entsprechend größeren Leistungen seiner Komponenten.

Wie in allen anderen 85 Abschnitten dieses Buches werden wir auch hier ein Modell beschreiben, das sich gleichsam ohne Ad-hoc-Annahmen in unser Bild von der Milchstraße einfügt, welches wir deshalb bevorzugen.

Das neunte (vorweihnachtliche) ‚Texas Symposium on Relativistic Astrophysics' fand im Jahre 1978 zum ersten Mal außerhalb der Vereinigten Staaten statt, und zwar in München. Zu seinen Höhepunkten zählte nicht nur Joe Taylors Binärpulsar 1913+16, von dessen Bahn-Energieverlust er zeigen konnte, dass er der Landau-Lifschitz-Formel für Gravitationswellen-Abstrahlung gehorcht, sondern auch Bruce Margons „exotische optische Entsprechung" zur Galaktischen Röntgenquelle A1909+04, der 433-ten Quelle im 1977-Katalog von Hα-Emisionslinien-Objekten von Stephenson & Sanduleak (ApJS) und zugleich aufgeführt im 1978-Katalog variabler Radioquellen von E.R. Seaquist, P.C. Gregory, & P.C. Crane, kurz: SS 433. Später erwies sich dieser breitbandig helle Punkt am Himmel als einer der jüngsten, variabelsten und zugleich kontroversesten Doppelsterne in der Milchstraße, mit präzedierenden Jets, die ihren 10^4-jährigen Geburts-Supernovaüberrest W50 erst seit ca Halbzeit durchstoßen (überholt) haben, mit vielfachen Periodizitäten und mit mehrfachen Systemen marginal-relativistisch oszillierender Spektrallinien. Wer sich gern überzeugen möchte, wie kontrovers diese Quelle noch heute in der Fachliteratur gedeutet wird, dem sei (als Kontrast zu der unsrigen) die Arbeit von Mitch Begelman et al [2006] empfohlen, deren drei Autoren uns seit über 35 Jahren freundschaftlich verbunden waren und eigentlich auch noch sind.

Wie fern von uns befindet sich diese energiereiche stellare Jet-Quelle? Bereits an dieser harmlosen Frage erhitzen sich die Gemüter: Die klassischen astronomischen Entfernungsmessmethoden, (i) mittels der (Radialgeschwindigkeit der) 21cm Radiolinie von neutralem Wasserstoff, (ii) durch Abbildung mittels der molekularen CO-Linie, (iii) mittels optischer Absorptionslinien und (iv) mittels weicher Röntgenabsorption (entsprechend einer Wasserstoffsäule von $10^{21,7}$ cm^{-2}) liefern einheitlich eine Entfernung von (3 ±0,5) kpc, entsprechend einer Systemgeschwindigkeit von 42 km/s von uns fort (infolge galaktischer Rotation, so nimmt man an), während die Deutung der mit Zeitraffer gefilmten Radio-Jets als bestehend aus trägen ‚Geschossen' zu einer größeren, inhärent unsicheren Entfernung von (4,85 ±1) kpc führt, je nach der Beobachtungsskala (VLA oder VLBI) und Epoche. Die nähere Anordnung von SS 433 – von 3 kpc – entspricht bereits einem (v) extrem großen Abstand (von 200 pc) von der galaktischen Ebene (für ein junges, schweres Doppelsternsystem), auch liegt die Größe von W50 damit bereits (vi) am oberen Rand der Durchmesser aller galaktischen Supernovaüberreste; ein weiterer Faktor $\lesssim 2$ in der Entfernung würde den Rahmen bekannter Statistiken ausbeulen.

Im Grunde geht es um das korrekte Jet-Modell: mittels ‚*weicher*' oder mittels ‚*harter*' Strahlen? D.h. realisierbar wie mit heißer Luft aus einem Haarföhn, oder aber wie mit Wasser aus einem schwenkenden Rasensprenger? Ist SS 433 repräsentativ für die recht einheitliche Klasse aller ‚bipolaren Flüsse', getrieben durch (quasi gewichtsloses), relativistisch strömendes Paarplasma, oder stellt es eine singuläre Ausnahme dar, vergleichbar dem Abfeuern von MG-Garben? Im letzteren Fall wäre zugleich eine vielhundertfache Energie involviert, wegen der fast doppelten Entfernung, und wegen der viel schwereren ‚Geschosse', Ionen statt Elektronen. Außerdem passt das Modell harter Strahlen überhaupt nicht zur Morphologie von W50, wo Infrarot- und Röntgenflecken den Durchgang (Aufprall) der Strahlen erkennen lassen, nicht als zwei projizierte Kreise, den aufsummierten Einschlägen der (extrapolierten) präzedierenden Geschossgarben, sondern als mehrere helle Flecken nahe der Strahlachse, wie die kompakten ‚Knoten' bei all den bipolaren Flüssen, mit weichen, d.h. leicht verbiegbaren und komprimierbaren Strahlen, s. Abb. 3.3.1.

Soeben haben wir uns auf der großen Längenskala von Hunderten von Lichtjahren bewegt, der Skala von W50, bis zu der hinaus die beiden antipodischen Strahlen offenbar inzwischen vorgedrungen sind und auf der sie ihre auffälligen Radiokeulen geblasen haben, auch ‚Ohren' genannt, oder vornehmer ‚Ansae', den inzwischen vertrauten ‚Kokons' aller bipolaren Flüsse. Mit ihnen werden wir uns ausführlicher im siebten Kapitel beschäftigen.

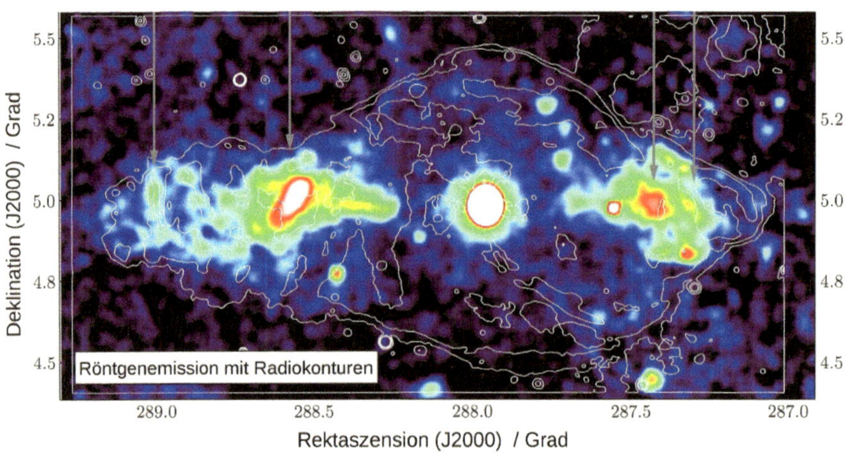

Abbildung 3.3.1: Die Spuren des (äußeren) Zwillingsjets von *SS 433*, (vom Eilek-Typ B), im SNR *W50*, *besonders* deutlich erkennbar bei Röntgenfrequenzen (grün bis rot mit wachsender Intensität), nach Goodall, Alouani-Bibi, Blundell, MNRAS 414, 2838-2859 (2011). Die Radiostrahlung ist durch weiße Isophoten wiedergegeben. Siehe auch Abb. 7.3.1a, wo stattdessen Röntgenintensitäten durch (weiße) Isophoten und Radiointensitäten durch (dort weiße) Tönung wiedergegeben sind, und Abb. 7.3.1b, wo zusätzlich IR-Intensitäten eingetragen sind.

Jetzt wollen wir uns wieder auf sein Zentrum konzentrieren, auf SS 433, den Entstehungsort der Strahlen, aufgelöst lediglich bei Radiofrequenzen, zwischen 10^{14} cm und 10^{17} cm, was entfernungsmäßig der Ausdehnung des Sonnensystems entspricht. D.h., das Doppelsternsystem SS 433 erzeugt zwei antipodische Strahlen, deren Röntgen- und optische Strahlung wir (noch immer) nicht abbilden können, wegen seiner zu großen Entfernung. Gern würden wir die Vorgänge innerhalb von 10^{15} cm ($\approx 10^2$ AE) Abstand von SS 433 individuell erfassen, in der Nahzone der zentralen Maschine, in der die Strahlen erzeugt und fokussiert werden. Wie schafft es der Doppelstern, zwei fadendünne, antipodische, Radio-emittierende Strahlen auszusenden, die sowohl optisch dünne visuelle als auch Röntgenstrahlung emittieren, d.h. Linienstrahlung (zusätzlich zur Kontinuumstrahlung), mit variabler roter (negativer) und blauer (positiver) Frequenzverschiebung, entsprechend 26 % der Lichtgeschwindigkeit? Wobei die Spektrallinien ausgesandt werden von Eisen, Nickel, Magnesium, Calcium, Silizium, Schwefel, Argon und Neon bei Röntgenenergien, und von Wasserstoff und Helium im Optischen. Bestehen die Strahlen wirklich aus all diesen verschiedenen chemischen Elementen, oder bestehen sie vielleicht nur aus relativistischen Elektronen und Positronen, die sich beim Abströmen an dem Windmaterial des B-Stern-Begleiters reiben und einen Teil davon mitreißen, mit Geschwindigkeiten bis zu 0,26 c? Wir bevorzugen heute ein Mittelding aus diesen beiden Deutungen: Paarplasma im Strahlinnern, ummantelt von dem schwereren, etwas langsameren Windmaterial, mit Röntgenemissionen bei $r \lesssim 10^{13}$ cm, und optischen Emissionen bei $r \lesssim 10^{15}$ cm.

Leider können wir bisher nicht in die Nahzone von SS 433 hineinschauen, nur ihre Spektren und veränderlichen Helligkeiten registrieren, auf den Zeitskalen des Bahnumlaufs: $P_B = 13{,}0820$ Tage, der Strahl-Präzession: $P_p = (164{,}0 \pm 4)$ Tage, deren Periode etwas rauscht, und einiger Schwebungsperioden niedriger Ordnung, vor allem der sog. ‚Nickperiode' (nodding): $(2P_B^{-1} + P_p^{-1})^{-1} \approx 6{,}292$ Tage. Ferner wurden korrelierte Veränderlichkeiten auf Zeitskalen bis hinab zu 5 Minuten gemessen; eine Fülle von Daten, aus denen sich trotzdem das Gesamtbild nur mit Mühe rekonstruieren lässt. Peitscht die Magnetosphäre eines stark magnetisierten, schnell rotierenden Neutronensterns gegen den scharfen Innenrand einer ihn umringenden Plasmascheibe? Erzeugt sie dabei magnetische Funken, in denen relativistisch schnelles Elektron-Positron-Paarplasma entsteht, das wegen seines extrem geringen Gewichts den Auftriebskräften in der Windzone des Doppelsterns folgt, wie Luftblasen in der Badewanne? Wobei der (enge) Doppelstern aus einem (massereichen) B-Stern besteht, um den der Neutronenstern samt Scheibe binnen 13 Tagen einmal umläuft, und wobei das laufend produzierte Paarplasma beim Abströmen aus dem tiefen gravischen Potenzialtopf nachbeschleunigt wird durch die starken auslaufenden, niederfrequenten magnetischen Dipolwellen, die der Neutronenstern beständig abstrahlt, s. Abb. 3.3.2a,b , sowie [Kundt 1996a, 2005].

Inzwischen kennen wir ca 30 ähnliche Quellen in unserer und in nahen Nachbargalaxien, deren Ausflüsse und Strahlungen alle direkt oder indirekt aus der Rotationsenergie eines Neutronensterns gespeist werden, wahrscheinlich stets umringt von einer Plasmascheibe. Trotzdem ist SS 433 bislang das einzige solche System geblieben, das Spektrallinien mit zeitlich variablen relativistischen Rot- und/oder Blauverschiebungen abstrahlt. Sind die Phasen solch extrem schneller, energiereicher Auswürfe sehr kurzlebig, oder sehr fokussiert, oder oft durch Vordergrundsmaterial verdeckt? Noch ist uns die Antwort auf diese Frage unbekannt. SS 433 bleibt vorerst eine Wunderquelle am Himmel.

Im Abstrakt sprachen wir von „zwei Details", bei denen sich unser Verständnis dieser Wunderquelle über die Jahre geändert habe. Das sind **1)** seine *Präzession* und **2)** seine laufenden, transrelativistschen *Emissionslinien.* Präzessionsbewegungen zeigen inzwischen die meisten Röntgen-Doppelsterne. Ihre Perioden schwanken meist geringfügig, und bei SS 433 fallen die erzwungenen Bewegungen sichtbar ins Auge, durch die veränderliche Gestalt ihrer inneren Jets. Offenbar werden sie verursacht durch Kräfte zwischen dem schnell rotierenden Neutronenstern und dem inneren Teil seiner Akkretionsscheibe, und es fehlt lediglich eine überzeugende, quantitative Beschreibung, bei allen diesen Systemen. **2**) Anders bei den (hellen) laufenden Linien, mit denen SS 433 bislang einzig dasteht: Will man mit wenig strahlendem Material auskommen, müssen die Linien entweder *kohärent*

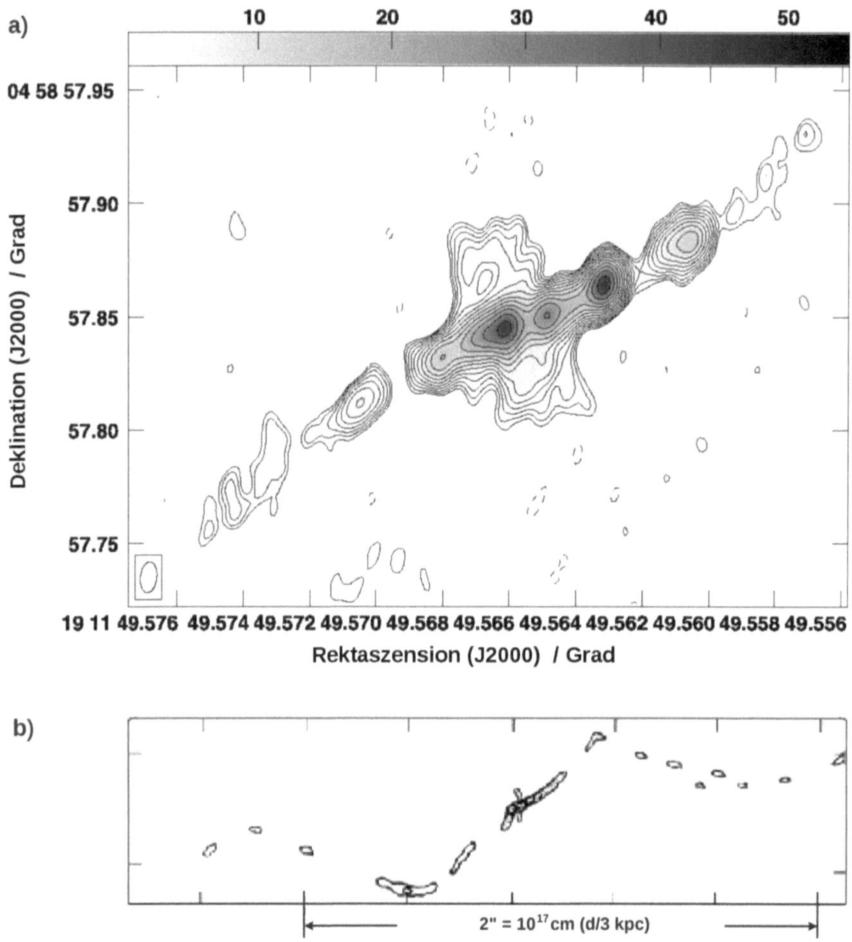

Abbildung 3.3.2: Der (spiralige) innere Zwillingsjet von *SS 433* bei Radiofrequenzen, auf 2 unterschiedlichen Längenskalen abgebildet von **a)** Blundell, Katherine M., Mioduszewski, Amy J., Muxlow, Tom W. B., Podsiadlowski, Philipp, Rupen, Michael P.: ApJ 562, L79-L82 (2001); bei höchster räumlicher Auflösung, sowie **b)** Kundt,W.: SS433 – Again, Ap&SpSc 134, L407-414 (1987), bis zu etwa 3-facher Länge.

abgestrahlt werden, oder *vielfach angeregt* werden. Anfangs wurde der Innenrand der Akkretionsscheibe als Tatort verdächtigt, aber dort dürften u.a. zu starke Magnetfelder vorherrschen. Sollen die Linien von den Kanalwänden der Paarplasma-Strahlen abgestrahlt werden, muss das Wandmaterial bis nahe an die Lichtgeschwindigkeit heran mitbewegt werden, trotz seines vieltausendfachen Gewichtes (pro Ion). Das kam uns jahrelang zu spekulativ vor. Erst das in Kapitel 7 zu beprechende analytische Jet-Modell von Kundt & Krishna [2004] lässt sich verallgemeinern auf ein Jet-Medium, das nahe der Quelle aus einem Gemisch aus Paarplasma und Windmaterial besteht und sich durch (stabile) Selbstorganisation derart umsortiert, dass innen die Paare mit Lorentzfaktor $\gamma \lesssim 10^4$ strömen und außen herum die Ionen mit (großen) Geschwindigkeiten $\beta \lesssim 1$, wobei alle Ladungen $\mathbf{E} \times \mathbf{B}$-driften in den Feldern mitbewegter Ladungs- und Stromdichten, bei

Äquipartition der Energien. Hunderte von Jet-Quellen aller Größenklassen demonstrieren die Stabilität solcher Jets, mit SS 433 als bisher einziger, in der das Wandmaterial geordnet mitströmt, statt quasi zu ruhen, (weil aus der Umgebung stammend). Die laufenden Linien von SS 433 wären hiermit in ihrer (bis jetztigen) Einmaligkeit verstanden. Im Abschnitt 7.3 werden wir noch einmal auf diese Quelle zurückkommen.

3.4 Wie viel wissen wir über Mehrfachsterne, z.B. η Carinae?

Sehr helle Sterne sind meist Mehrfachsterne, denn die stellare Leuchtkraftfunktion (der lokalen Gruppe) fällt oberhalb von 10^7 $L_\odot$ steil auf Null ab. Sterne mit über 100 Sonnenmassen – falls solche sich überhaupt bilden, z.B. in dichten Sternhaufen – würden möglicherweise als Schwarze Löcher (oder vielmehr Nackte Singularitäten) enden; Gründe, die dagegen sprechen, werden wir in Kapitel 7.6 diskutieren. Auch ist denkbar, dass selbst übergewichtige Sterne ihre nur schwach gebundenen Hüllen durch transientes Schalenbrennen wieder absprengen. Das System η Carinae (η Car) zählt zu den massereichsten Mehrfachsternen der Milchstraße und wird oft mit Komponentenmassen von über 10^2 $M_\odot$ modelliert.

Hier soll ein Modell für η Car vorgestellt werden, das alle bekannten Beobachtungsfakten mit anfänglichen Komponentenmassen von $\lesssim 60$ $M_\odot$ beschreibt, wobei insbesondere auf die Anwesenheit eines Neutronensterns mit schwerer Akkretionsscheibe im System geschlossen wird. Unsere Kenntnisse von solchen Systemen sind oft gering und haben selten endgültigen Charakter.

Mehrfachsternsysteme sind eher die Regel als die Ausnahme unter den Sternen, vor allem unter den massereichen. Wahrscheinlich entstehen sie ganz ähnlich wie Planetensysteme, aus sich abkühlenden Klumpen in den Akkretionsscheiben der Sternentstehungsgebiete, bei deren Kontraktion und Ausflockung. Und wie groß sind ihre Massen? Kippenhahn & Weigert [1989] schlossen auf eine ungefähre obere Grenzmasse der Sterne von 90 Sonnenmassen. Die Leuchtkraftfunktion der Sterne in der ‚lokalen Gruppe' von Galaxien fällt steil auf Null ab bei 10^7 $L_\odot = 10^{40,6}$ erg/s, entsprechend einer oberen stellaren Grenzmasse von $10^{2,3} M_\odot$, falls Sterne sich streng an die Eddington'sche Leuchtkraftbeschränkung halten würden. Sind wir auf zwei widersprüchliche Abschätzungen gestoßen? 90 ist doch weniger als $10^{2,3}$ (= 300)?

Sicherlich. Aber das Eddingtonsche Leuchtkraftkriterium $L_{Edd} \leq 10^{38,1}$ erg s^{-1} $(M/M_\odot)$ folgt aus der Annahme stabiler homogener Sternstrahlung, wonach der instantane Strahlungsdruck $L/4\pi R^2 c$ der ausgesandten Photonen nicht stärker sein darf als das Gewicht eines moleküldünnen, auf ihnen lastenden materiellen Films, sodass sich der Stern nicht zerbläst. Tatsächlich liegt hier eine instabile Schichtung vor, wie sie bereits in grauer Vorzeit von Rayleigh und Taylor erkannt wurde, jedoch erst im Jahr [2000] von Nir Shaviv auf das vorliegende Problem angewendet wurde: Luft lastet stabil auf Wasser, aber nicht umgekehrt. Entsprechend lastet normale Materie nicht stabil auf Photonen. Vielmehr bilden sich Zweistrom-Instabilitäten, wenn die schwerere Substanz auf der leichteren liegt. Bei heißen Sternen können sich die entweichenden Photonen schlauchartig durch den gleichzeitig abströmenden Sternenwind hindurchquetschen und dadurch die Eddingtonleuchtkraft um ein Mehrfaches überbieten; seine Atmosphäre wird in solchen Fällen *porös*. Insbesondere kann also ggf. eine Leuchtkraft von $10^7 L_\odot$ von einem nur $10^2 M_\odot$ schweren Stern emittiert werden, und obiger scheinbare Widerspruch verschwindet. Tatsächlich sind nur ganz wenige Sterne schwerer als 30 $M_\odot$, s. Abb. 3.4.1.

Natürlich fallen den Beobachtern die schwersten Sterne am ehesten auf, weil sie am hellsten strahlen. Und so gab es seit über 30 Jahren immer wieder einmal Pressemitteilungen von beobachteten Rekordwerten eines Sterngewichts, um das es später wieder ruhig wurde. Hatte man seine Entfernung überschätzt? Hatte man einen Doppelstern für einen Einzelstern gehalten? Oder hatte man vielleicht in einem Dreifachstern die kompakte dritte Komponente übersehen? Astronomie kann schwierig sein, weil oft nur ungenügend

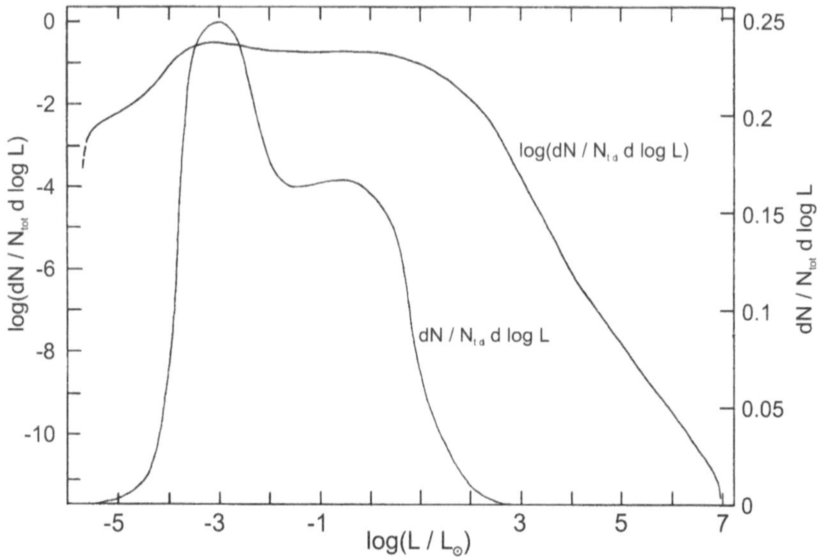

Abbildung 3.4.1: Die Verteilungsfunktion der stellaren *Leuchtkräfte* innerhalb der lokalen (Galaxien-) Gruppe, zusammengestellt in [Kundt 2005] aus mehreren Katalogen: Hierbei ist die untere Kurve im linearen Maßstab aufgetragen, die (vorwiegend) obere im logarithmischen Maßstab. (Seltene) superleuchtkräftige Sterne ($L \gtrsim 10^7$ $L_\odot$) wurden in den Katalogen bisher nicht erfasst.

viele und/oder scharfe Messdaten vorliegen. Die Quelle η Carinae, der siebthellste Stern im Sternbild Carina, ist wiederholt als Beispiel für Sterne mit mehrhundertfacher Sonnenmasse vorgeschlagen worden, während Kundt & Hillemanns [2003] keine Komponente mit mehr als 60 $M_\odot$ zu seiner Beschreibung zu benötigen glauben. Sie deuten das breitbandig helle ($10^{6,7}L_\odot$), gestaltenreiche, auf der Zeitskala von Jahrhunderten stark ($\lesssim$10-fach) variable System η Carinae (kürzer: Eta Car) nicht als einen Doppelstern, sondern als einen Dreifachstern, bestehend aus zwei – gegenwärtig unterschiedlich heißen – B-Sternen und einem Neutronenstern, letzterer umringt von einer ($\gtrsim$5 $M_\odot$) schweren Akkretionsscheibe. Wie sind sie zu dieser Deutung gekommen?

Eta Car zählt zu den ‚luminous blue variables', hell leuchtenden, blauen, stark veränderlichen Sternen, von deren Helligkeit es in der Milchstraße kaum mehr als ein Dutzend gibt. Die Quelle steht im Zentrum des hantelförmigen ‚Homunculus-Nebels', einer hell leuchtenden, expandierenden Gaswolke vom Durchmesser $\lesssim$ Lichtjahr, (1 Lichtjahr $= 10^{18}$ cm), der Masse $\lesssim$2 $M_\odot$, deren intensive Emissionslinien eine riesige, optisch dünne Windzone signalisieren. Aus unserer Blickrichtung ähnelt der Homunculus zwei antipodischen Artischocken mit dazwischenliegender kegelförmiger Halskrause, einzigartig im überschaubaren Universum, s. Abb. 3.4.2. Seine Entfernung von uns beträgt etwa siebentausend Lichtjahre (7 kLj), d.h., er ist etwas entfernter als der Crab-Nebel (6 kLj), jedoch näher als SS 433 (9 kLj). Gegenwärtig gipfelt seine Leuchtkraft im nahen Infrarot, bei Wellenlängen nahe 10 μm, weil offenbar noch immer ein Großteil seiner sichtbaren Strahlung von Staub absorbiert wird, der bei Gas-Ausbrüchen zwischen 1827 und 1858 ausgeschleudert wurde. Diese Auswürfe, kulminierend in den Jahren 1843,8±7,3 und 1885,8±6,5, erzeugten Geschwindigkeitsfelder $\mathbf{v}(\mathbf{r})$ von ungefährer Hubble-Gestalt: $\mathbf{v}(\mathbf{r}) \sim \mathbf{r}$ – qualitativ wie bei Supernova-Explosionen – mit Geschwindigkeitsbeträgen der Größe $\lesssim 10^{3,5}$ km/s, und lassen sich noch heute bis weit über den Homunculus-Nebel hinaus an ihren Eigenbewegungen erkennen, nämlich bis zu $r = 20$ Lj durch ihr Röntgenleuchten, und sogar bis zu 40 Lj durch ihre bipolare Gestalt. Sie bestehen wahrscheinlich aus einer Mischung aus thermischen und relativistischen (Paarplasma-) Komponenten, wodurch die eigenartige Artischockengeometrie zustande kommt, mit z.T. krummlinigen Bewegungen, und mit kometenartigen Kopf-Schweif-Erscheinungen am Rand des Homunculus, die nach innen weisen, ähnlich wie bei einigen Planetarischen Nebeln. Von den beiden Ausbrüchen im 19. Jahrhundert hatte der erste eine näherungsweise dreidimensionale (Hubble-) Geometrie, der zweite eine angenähert zweidimensionale solche, die sich in der Ebene der Bahnbewegung der B-Sterne (Halskrause) abspielte, senkrecht zur Symmetrieachse des Homunculus.

Was wissen wir über die Sternbewegungen in der Bahnebene? Da ist zuerst die 5,5-jährige Periode, genauer 5,534 $a = 2020$ d, mit der sich offenbar die beiden schwersten Sterne umeinander bewegen, mit einer großen Halbachse von $a \geq 12{,}5$ AE, entsprechend einer gegenwärtigen Gesamtmasse von $M = 90\ M_\odot (\Delta v\ /48\ km/s)^3$ im System. Beide Sterne blasen starke (thermische) Winde ab, die wahrscheinlich in einer hyperboloidischen Stoßfront aufeinanderprallen. Nahe dem Peri-Astron der 5,5-Jahresperiode wird die Stoßfront besonders dicht und heiß und streut und absorbiert besonders in Richtungen

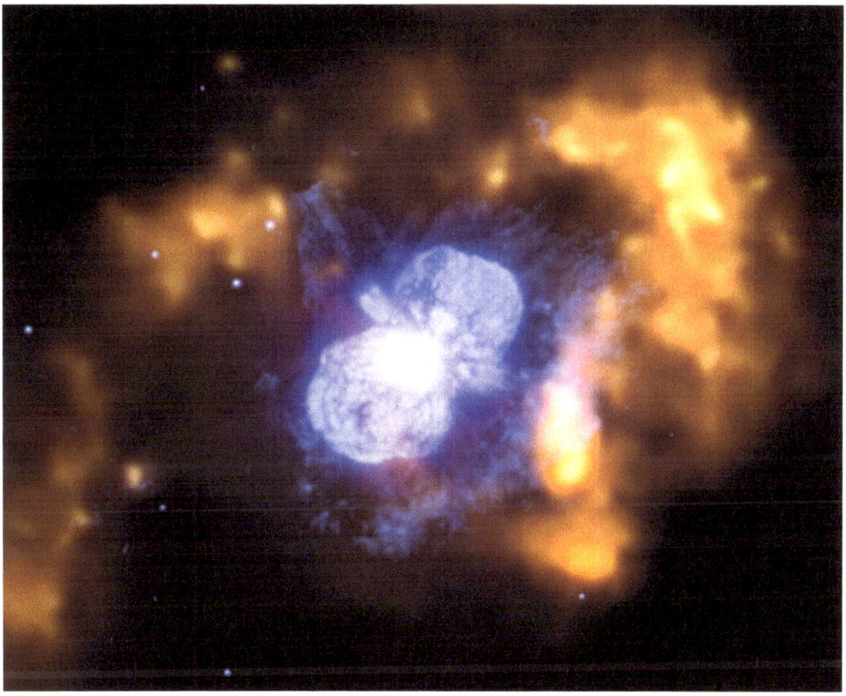

Abbildung 3.4.2: Der *Homunculus-Nebel*, erzeugt von dem (wahrscheinlichen) Dreifach-Sternsystem η *Carinae*, laut [Kundt & Hillemanns 2003]. Die Morphologie dieser beleuchteten Windzone eines nahen Mehrfach-Sternsystems ist bisher einzigartig – beschrieben als „Artischocke" von Kris Davidson – und auch seine Lichtkurven sind außergewöhnlich. Trotzdem lässt sich (selbst) η Car zwanglos ohne Schwarzloch-Komponente beschreiben. Diese Abbildung entstand durch Überlagerung von hellen, mehrkomponentigen, optischen Fotos der inneren Windzone mit einem kaum erkennbaren äußeren Röntgen-‚Nebel', der gewöhnlich unsichtbar ist und hier überbetont wird. Seine größte (Längs-) Ausdehnung beträgt 0,8', entsprechend 0,6 pc (bei einer Entfernung von $d = 2{,}3$ kpc).

ihrer Asymptoten. Dieser Schattenwurf bewirkt tiefe Minima in allen Lichtkurven, die in den Zentralgebieten des schweren Doppelsterns emittiert werden. Lediglich die Radiolichtkurven bleiben davon ziemlich verschont; sie zeigen stattdessen ein unregelmäßiges Aufflackern alle paar Wochen, das einhergeht mit schnellen Ausdehnungen der radiohellen Gebiete, bis zu Distanzen r von $\gtrsim 10^{16,5}$ cm, entsprechend einigen 10^2 Bahndurchmessern, deren Erregung offenbar nahezu mit Lichtgeschwindigkeit erfolgt. Schließlich ist noch die (gegenwärtig langsam anwachsende) Periode von 85 d hervorzuheben, mit der die Röntgenlichtkurve seit Jahren deutliche Maxima aufweist.

Wodurch verrät uns der Neutronenstern im System seine Anwesenheit? Zwar können wir ihn nicht direkt sehen. Aber ohne ihn finden wir bereits keine Erklärung für die gigantischen Leuchtkraftsteigerungen im 19. Jahrhundert, um Faktoren $\lesssim 10$, auf der (kurzen) Zeitskala der Bahnperiode. Der tiefe gravische Potenzialtopf eines Neutronensterns, fast ruhemassentief, hat keine Probleme damit: Man braucht ihn nur hinreichend stark zu füttern. Nicht viel weniger Energie wird freigesetzt, in Gestalt von Strahlung wie auch von Wind, wenn man um ihn herum eine (schwere) Akkretionsscheibe aufschüttet; sie erhitzt sich dabei zu superweichen Röntgentemperaturen, zwischen 20 eV und 60 eV, und füttert anschließend den Neutronenstern, um den sie kreist. Bei solchem Materietransfer entstehen leicht Gammastrahl-Blitze, s. Kapitel 5; auch sind (stark magnetisierte) Neutronensterne die kräftigsten Erzeuger von relativistischem Paarplasma, d.h. von leptonischen Winden. Das neuerlich entdeckte Lichtecho [Rest et al 2012], blauverschoben mit -210 km/s und T $\approx$ 5000 K, scheint dazu zu passen. Wurde damals der Homunculus-Nebel geblasen?

Und wie gelangte der Neutronenstern in das jetzige Binärsystem Eta Car? Er wurde in der Supernova-Explosion der ursprünglich schwersten Komponente des Dreifachsystems Eta Car geboren, behauptet die dekadenbewährte Standardtheorie für Mehrfachsterne, mit etwaigen Anfangsmassen der Größe {30, 50, 60} $M_\odot$, und heutigen Massen (nach Massentransfer, SN-Explosion, und anschließender Scheibenbildung) der Größe {30, 55 $\pm$ 5, 7} $M_\odot$. Die Spuren einer zwischenzeitlichen SN-Explosion verwischen sich nach etwa 10^4 Jahren, man braucht sie also heute nicht mehr sehen zu können.

Es gibt aber noch acht weitere Hinweise auf die Existenz eines Neutronensterns in unserem System Eta Car: Der Neutronenstern stellt nicht nur (i) die *Energie* für die *historischen Super-Eddington-Ausbrüche* zur Verfügung, sondern (ii) ermöglicht dabei gleichzeitig die (Artischocken-) *Morphologie* des *Homunculus*, durch Intensivierung der (3D-) Windzonen seiner beiden Begleiter mittels Oberflächenaufheizung (durch harte Strahlung) im Verein mit seinem eigenen, relativistischen Wind, sowie durch (iii) gelegentlichen, geklumpten (2D-) Massenauswurf nahe der Bahnebene, mittels Zentrifugalkräften, aus Innenbereichen der Ausdehnung $\lesssim 10^3$ km, heute sichtbar als kegelförmige ‚*Halskrause*' mit radialen Strukturen. Der Neutronenstern, mit seiner *85d-Bahnperiode*, erzeugt auch (iv) die periodischen *Röntgenmaxima* während seiner Peri-Astron-Durchgänge beim Umlauf um Stern 2, dabei zugleich auch (v) die erhöhten relativistischen Plasma-Injektionen, die als *luminale Radioausbrüche* beobachtet werden, ferner (vi) bei Akkretion auf seine Oberfläche den starken Auswurf von *Fe II*, der in den Spektren in *Emission* und in *Absorption* gesehen wird, (vii) die für Neutronensterne charakteristische Linie He II 4686, sowie (viii) die neuerdings empfangene GeV-Strahlung.

Neutronensterne sind uns aus Hunderten von Beobachtungen (an Pulsaren und an binären Röntgenquellen) bekannt, als starke, schnelle, variable Erzeuger harter Strahlung und energiereicher leptonischer Winde. Im Zusammenspiel mit massereichen Donatoren kommen sie erst richtig zum Zuge. Ohne einen Neutronenstern im System gäbe es den bizarren Homunculus nicht, und ohne ihn würde man sich auch gedrängt fühlen, exotisch hohe Sternmassen anzunehmen. Massereiche Mehrfachsterne gehören zu den hellsten, variantenreichsten und am stärksten veränderlichen stellaren Quellen am Himmel.

3.5 Gibt es kompakte Doppelsterne mit gemeinsamen Atmosphären?

Wenn Partner von Doppelsternen einander nahekommen, können daraus Systeme mit *gemeinsamen Hüllen* entstehen. Gilt diese Behauptung auch für Doppelsterne, deren einer Partner ein kompakter Zwergstern ist, ein Weißer Zwerg oder ein Neutronenstern? Tendiert dieser womöglich dazu, ähnlich einem Staubsauger, eine Vakuole um sich herum freizusaugen, oder schafft er das nicht schnell genug? Noch haben wir wenig Erfahrung mit den Vorgängen, die sich in solchen engen Doppelsternen abspielen.

Immerhin fällt auf, dass im Zentrum mehrerer junger ($\lesssim 10^3$ Jahre) Supernova-Reste kein Pulsar steht, jedoch eine kompakte Röntgenquelle. Handelt es sich bei dieser *zentralen Röntgenquelle* vielleicht um einen jungen Neutronenstern, dessen harter Wind und Strahlung einen kleinen Teil der Atmosphäre seines nahen Partners verdampft und in eine gemeinsame Hülle verwandelt haben? Der Verdacht wird erhärtet durch die kinematischen und magnetischen Unterstrukturen der außen herum entweichenden Ejekta der *Supernova-Schale*.

Immer wieder lassen wir Menschen uns faszinieren vom Anblick der Sterne am nachtschwarzen Himmel, besonders in noch nicht stark lichtverschmutzten Gegenden. Mit bloßem Auge erkennen wir zwischen 6000 und 15000 Sterne, je nach Bedingungen und individueller Sehfähigkeit. Handelt es sich dabei stets um nahe Verwandte unserer Sonne? Keineswegs: denn mit zunehmender Entfernung müssen die fernen Quellen immer heller leuchten, um von uns gleich deutlich wahrgenommen zu werden, d.h., sie müssen größer und/oder heißer sein, und/oder müssen zusammengesetzt sein aus mehreren Komponenten, unaufgelöst nahe beieinander, als Doppel- oder Mehrfach-Sterne, wie das soeben bespochene System η Carinae. Und wie sehen solche Mehrfach-Systeme von Nahem aus?

Da gibt es zunächst Doppelsterne: zwei Sterne, die auf gravisch gebundener Bahn umeinander kreisen, ähnlich wie Erde und Mond. In den meisten Fällen sieht man eine solche enge Partnerschaft an den periodisch veränderlichen Frequenzverschiebungen ihrer Spektren, in seltenen Fällen auch an Bedeckungen, wenn ihre Bahnebene geeignet (stark) gekippt ist. Fällt nun ein solcher Doppelstern immer näher in sich zusammen, gleich bei seiner Bildung, oder auch später durch starke Drehimpulsverluste, so können sich schließlich die beiden Partnersterne (in ihrem inneren Lagrange-Punkt L_1) berühren, oder sogar durchdringen, s. Abb. 3.5.1. In solchen Fällen spricht man von Systemen ‚mit gemeinsamer Hülle‘ (common envelope), oder auch von ‚Kontaktsystemen‘. Sie sehen ähnlich aus wie Erdnüsse, und ihre inneren Plasmabewegungen können recht kompliziert sein. Voraussetzung für solche Kontaktsterne ist, dass ihre beiden Komponenten ungefähr gleich schwer und gleich groß sind.

Ist hingegen eine der beiden Komponenten deutlich kompakter als die andere, z.B. ein Weißer Zwerg, oder gar ein Neutronenstern, so würde eine Berührung schon beinahe einem Verschmelzen der beiden Partner gleichkommen. Füllt dabei der normale, „nicht entartete“ Partner seine ‚Roche-Grenze‘ ganz aus, d.h. das Gebiet bis zum inneren Lagrangepunkt L_1, dann spricht man von ‚halbgetrennten Systemen‘ (semi-detached), im Unterschied zu ‚getrennten Systemen‘ (detached), in denen sich beide Partner deutlich innerhalb ihrer Roche-Grenzen befinden, (wie bei normalen Doppelsternen). Solche engen Doppelsterne sind verständlicherweise hochinteressant für astronomische Beobachter, weil sie recht heiß (und damit hell) sein können, und weil es bei ihnen zum Masseaustausch kommen kann, wobei Oberflächenplasma der ausgedehnteren Komponente zur kompakten Komponente überströmt, d.h. wobei es zur Massenakkretion auf die kompakte(re) Komponente kommen kann, bei welcher zusätzlich (Bindungs-) Energie freigesetzt und auch abgestrahlt wird. Enge Doppelsterne stellen Lieblingsquellen dar für Astronomen aller Art.

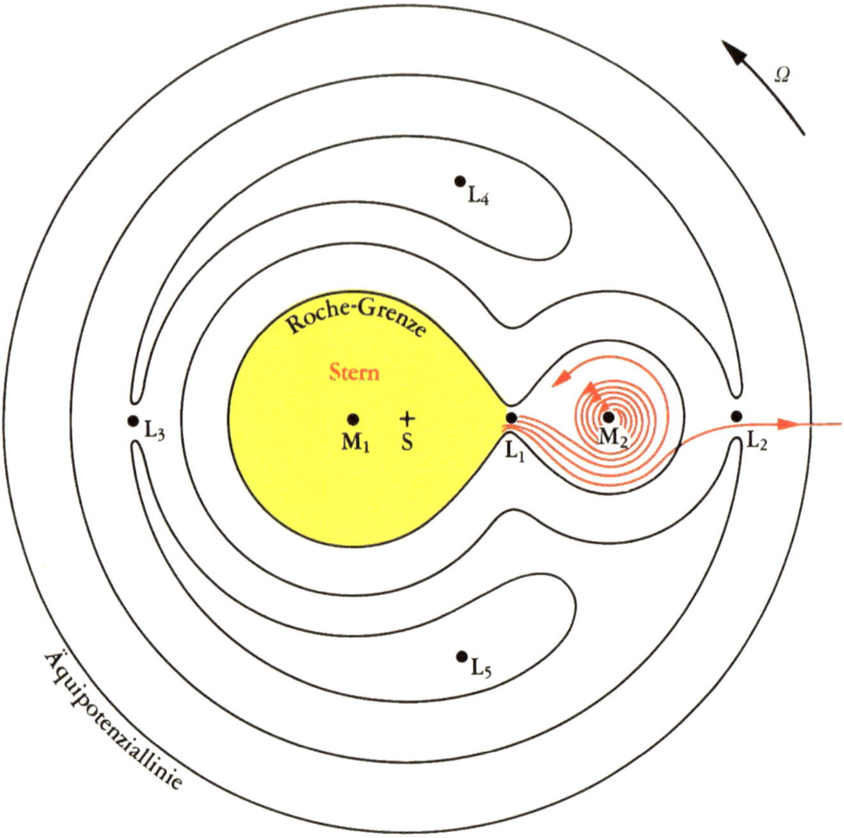

Abbildung 3.5.1: Potenzialkurven enger *Doppelsternsysteme*. Selbst enge Doppelsterne können langzeitig stabil umeinander kreisen, wie auch unser Erde-Mond-System. Außerdem können sich Kleinkörper langzeitig stabil nahe gewissen Lagrange-Punkten aufhalten sowie um beide felderzeugenden Komponenten einzeln oder auch gemeinsam umlaufen, etwa wie bei den im nächsten Abschnitt zu besprechenden Superhöcker-Systemen.

Aber wo in diesem Abschnitt verbirgt sich eine mögliche Alternativdeutung? Nun, bisher haben wir *eine* Möglichkeit enger Doppelsterne ganz außer acht gelassen: einen kompakten Stern – insbesondere einen Neutronenstern – innerhalb eines (sehr ausgedehnten) normalen Sterns, als entartetes Kontaktsystem. Kann so etwas vorkommen? Z.B. dadurch, dass ein Neutronenstern seinem Doppelsternpartner zu nahe kommt, sich an seiner Windzone reibt und in seine Atmosphäre hineinspiraliert. Würde das nicht zu einem Super-GAU führen, zu einer gigantischen Nuklearexplosion, oder auch zu einer gravischen Explosion, durch Überhitzen?

Vielleicht auch nicht. Denn der ‚Eddington-Limes' für Massenakkretion besagt, dass ein Neutronenstern schwerlich mehr als 10^{-8} $M_\odot$/Jahr an Masse aus seiner Umgebung aufschlucken kann, weil der Strahlungsdruck des geschluckten Materials den Nachschub weiterer Nahrung drosselt. Der erwartete Materieeinfall erfolgt mithin langsam im Vergleich zur (nuklearen) Brenndauer des nicht-entarteten Begleiters, die bei massereichen Sternen unter 10^7 Jahren liegt. Ein GAU ist nicht in Sicht.

Vielmehr gibt es noch einen unabhängigen Grund für die Häufigkeit solcher schwerer Röntgen-Binärsysteme in der Milchstraße: Massereiche Sterne werden meist in Assoziation gesehen, als Mehrfach-Sternsysteme. Nach der ersten Supernova-Explosion in einem solchen System enthält dieses einen jungen Neutronenstern, dessen relativistischer Wind und heiße Strahlung dazu tendieren, die Atmosphäre eines nahen Sternbegleiters zu verdampfen, d.h. eine zusätzliche, heiße Atmosphäre zu kreieren, die sich als *gemeinsame Hülle* um das (enge) Binärsystem legt und den Neutronenstern daran hindert, eine Vakuole um sich herum freizublasen und damit als Pulsar zu strahlen, vgl. 4.8. Der neugeborene Pulsar wird sozusagen gleich wieder *erdrosselt* und macht sich für ferne Beobachter nurmehr als Röntgen-Punktquelle bemerkbar, nicht hingegen als gepulste Radioquelle. Tatsächlich wurde in [Kundt 1977] für den jungen Supernova-Überrest Cas A eine solche zentrale Röntgenquelle vorhergesagt, die inzwischen auch gefunden worden ist, vom Röntgen-Satelliten Chandra und von der Mission XMM-Newton [Mereghetti et al 2002]. Möglicherweise trifft eine solche Deutung sogar auf alle Supernova-Reste (SNRe) ohne zentralen Pulsar zu, d.h. auf einen signifikanten Bruchteil aller $\lesssim 10^3$-jährigen SNRe.

3.6 Die ‚Super-Höcker'-Lichtkurven der kompakten Binärsysteme

Binärsysteme mit kompakten Komponenten – Weißen Zwergen oder Neutronensternen – haben oft auffällige optische Lichtkurven, mit längeren, ausbruchartigen Hoch-Zuständen, genannt ‚Höcker' (humps), die aber bei den Super-Höckern nicht von konstanter Intensität sind, sondern (zeitlich leicht abfallen und) periodisch moduliert auftreten mit einer Periode, die sowohl ein paar Prozent kürzer als auch ein paar Prozent länger sein kann als die Bahnperiode, und mit charakteristischen Phasenverschiebungen nach dem Super-Ausbruch. Wie entstehen solch eigenartige Lichtkurven?

Gute Perioden sind nicht zufällig, sie treten auf als Spin- oder Bahnmodulationen. Bei den Super-Höckern spekulieren wir – als einheitliche Erklärung vieler Beobachtungsserien an solchen Systemen – dass wiederholte atmosphärische *Massenauswürfe* der normalen Komponente stattfinden, verursacht durch Aufheizung seitens der nahen, kompakten Komponente, dabei aus dem Anziehungsbereich ihres Muttersterns herausgeraten und sich auf eine *neue Umlaufbahn* begeben, deren Durchlaufen sowohl länger als auch kürzer dauern kann als die Bahnperiode des Doppelsterns, je nachdem, ob solch ein Klumpen neuerdings außen herum um beide Komponenten umläuft oder aber innen herum, einzig um die normale Komponente. Der vagabundierende Klumpen mit der neuen Umlaufsperiode strahlt am hellsten, wenn er nahe bei der kompakten Komponente vorbeizieht (und von dieser aufgeheizt wird), phasenverschoben um π gegenüber dem Maximum der ungestörten Lichtkurve. Anschließend fällt der abgebremste Klumpen wieder auf den Mutterstern zurück, und die Lichtkurve beruhigt sich.

Bereits im vorigen Abschnitt haben wir uns mit kompakten Binärsystemen beschäftigt, d.h. mit Systemen aus eng umeinander kreisenden Sternen geringer Ausdehnung, wobei wir uns insbesondere fragten, ob sich ein Neutronenstern von der Atmosphäre seines ausgedehnten, normalen Sternpartners einhüllen lässt; wir hielten dies für unwahrscheinlich, kannten aber auch nur die Behauptung aus der Literatur, nicht hingegen ein dokumentiertes Beispiel dieser Art.

Zum Unterschied davon beschäftigt sich der jetzige Abschnitt nicht mit theoretischen Spekulationen, sondern mit gut beobachteten, engen Binärsystemen aus einem normalen Stern, der als engen Partner einen Weißen Zwerg oder aber einen Neutronenstern besitzt. Bei den diesbezüglichen Weißen Zwerg-Systemen spricht man auch von ‚kataklysmischen Variablen'; am bekanntesten sind die Super-Höcker bei den Zwerg-Novae, während ihres SU UMa-Stadiums. Beiden Sorten enger Binärsysteme ist gemein, dass sie sowohl im Sichtbaren als auch im Röntgenbereich strahlen, dass sie ferner oft hundertfache Helligkeitsausbrüche im Sichtbaren zeigen, genauer $10^{2.2 \pm 0.6}$-fache optische Ausbrüche, von der typischen Dauer der Bahnperiode, und schließlich, dass sie gelegentlich sogar weit längere optische Ausbrüche (ähnlicher Amplitude) zeigen, sog. ‚Super-Ausbrüche' (superoutbursts). Und der Knüller ihrer Lichtkurven, bei beiden Sterngruppen: Ihre optischen Super-Ausbrüche sind amplitudenmoduliert, geringfügig und spitzig, aber periodisch, mit einer Periode, die von der Bahnperiode um bis zu 8 % abweicht. Diese modulierten Super-Ausbrüche werden ‚Super-Höcker' (superhumps, Super-Buckel) genannt, s. Abb. 3.6.1. Ihre abgeänderten Perioden sind länger für enge, d.h. kurzperiodische Systeme, der Bahnperiode $P_{Bahn} \lesssim$ 3h (M / 0,5 $M_{\odot}$) , und kürzer für weite, d.h. langperiodische Systeme, wobei M für die Gesamtmasse des Systems steht. Und die neuen, abgeänderten Perioden reichen noch in das dem Ausbruch folgende Zeitintervall hinein, jedoch um eine halbe Periode phasenverschoben [Vogt 1983]!

Zeitliche Veränderlichkeiten von Helligkeiten oder Spektren treten also nicht nur in unseren Großstädten auf, sondern sind gleichermaßen gang und gäbe bei den Lichtquellen am Himmel. Verwirrend bei den kompakten Binärsystemen ist jedoch die Tatsache, dass sich die Grundperiode ihrer Lichtkurven vorübergehend und reversibel ändert, eine Periode, von der man meint, sie messe die Bahnperiode zweier Sterne von ungefährer Sonnenmasse. Sollte sich eine Bahnperiode schwerer Körper nicht höchstens ganz langsam ändern, und wenn überhaupt, dann doch wenigstens quasi monoton? In den Veröffentlichungen, die wir hierzu kennen, wurden die gemessenen Periodenänderungen auf Vorgänge in der Akkretionsscheibe um die kompakte Komponente zurückgeführt. Aber wodurch, und bei welchen bevorzugten Radien der Scheibe? Und warum in diskreten Sprüngen, und mit Phasensprung π beim Abklingen der Super-Höcker? Solch ein ausgefallenes Verhalten fragt nach einer einleuchtenden Erklärung, die zugleich tiefere Einblicke gewähren sollte.

Zunächst einmal scheint klar, aus energetischen und aus Zeitdauer-Gründen, dass die großen Licht-Ausbrüche als stochastische Gas-Eruptionen der nicht-entarteten Komponente verstanden werden können: Bisweilen kocht der Suppentopf über, und die leuchtende

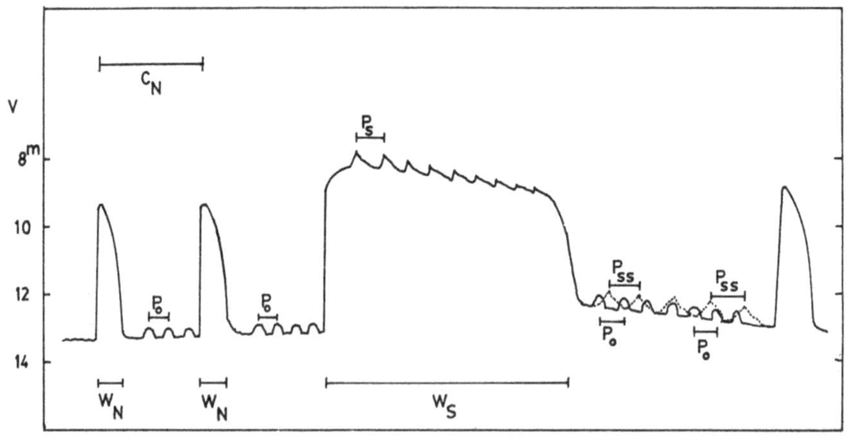

Abbildung 3.6.1: Die *Superhöcker*-Lichtkurve einer *Zwerg-Nova*: Abb. 3.5.1 lässt erkennen, dass Kleinkörper, die beide Komponenten umlaufen und von der kompakten Komponente zu zusätzlichem Leuchten angeregt werden, während des Höckers mit etwas verlängerter Bahnperiode strahlen. Hingegen werden etwas kürzere Perioden im Höcker erwartet für Kleinkörper, die nur die nicht-kompakte Komponente (innerhalb der Roche-Fläche) umlaufen. Abb. nach [Vogt 1983].

Oberfläche verzehnfacht ihren Radius (für einen hundertfachen Helligkeitsanstieg, bei fester Temperatur). Solch irreguläres Aufflackern geschieht selten, höchstens einmal pro Bahnperiode, kann aber in Ausnahmefällen auch für die Dauer mehrerer aufeinanderfolgender Bahnperioden anhalten; dann sprechen wir von einem Super-Ausbruch. Und woher dann die Höcker?

Wir meinen, dass die optischen Lichthöcker während der Super-Ausbrüche dadurch entstehen, dass ein Teil des ausgeworfenen Sternmaterials klumpenweise auf Umlaufbahnen gerät, die beide Sterne umrunden, mit einer Umlaufsperiode, die sich nur wenig ($\lesssim$8 %) von der Binärperiode des Doppelsterns unterscheidet. Diese episodische Umlaufsperiode von ausgeworfener Sternatmosphäre kann länger oder kürzer sein als die Bahnperiode, je nachdem, wie tief sich der Doppelstern beim Überkochen innerhalb seiner sog. Roche-Grenze befindet, d.h. je nachdem, wie kurzperiodisch das System ist; vgl. Abb. 3.5.1. Dabei entstehen die Maxima der Lichthöcker, wenn das ausgeworfene Plasma nahe an der ‚gegenüberliegenden', kompakten Komponente vorbeistreicht, von deren Röntgenheißem Licht es bestrahlt wird. Anschließend, nach Abklingen des Super-Ausbruchs, entstehen die Maxima beim Vorbeistreichen an der nicht-entarteten Komponente, die noch nicht wieder ganz auf ihre Normaltemperatur abgekühlt ist. Die zwischenzeitlich versetzte Periode der Bahnmaxima resultiert also aus einer zusätzlichen, umlaufenden Lichtquelle im System mit geringfügig anderer Periode, die während des Ausbruchs beim gegenüberliegenden (kompakten) Partner aufflackert, danach wieder auf der Seite des überhitzten Sterns stärker zum Leuchten gebracht wird.

Fragestellungen dieser detaillierten Art lassen verstehen, warum Physiker oft Freude empfinden am Lösen von Detektivaufgaben.

3.7 Zur magnetischen Zähigkeit von Akkretionsscheiben

Ein Gravitationskollaps mit Drehimpulserhaltung führt zur Ausbildung von Akkretionsscheiben, sobald genug Anfangsdrehimpuls vorhanden ist, wobei anschließend das umlaufende Scheibenmaterial zum Zentrum der Scheibe hin spiraliert, durch Abbremsen seiner verscherten Bewegung mittels Reibungskräften. Die Scheibe schrumpft dabei umso schneller, je stärker sich ihr Material reibt. Um welche Reibungskräfte handelt es sich dabei? So ganz genau kennt wohl niemand die Antwort, scheint es uns. Immerhin glauben wir, eine gewichtete Mehrheitsmeinung wiederzugeben, wenn wir den angespannten *Magnetfeldern* in den (großen) Scheiben den Haupteffekt der Reibung zusprechen.

Akkretionsscheiben gehören zu den häufigsten Gebilden im Weltraum, häufiger sogar als Sterne, wenn es stimmt, dass sich nicht nur Sterne aus staubigen Gasscheiben bilden – ggf. auch aus Plasmascheiben – sondern auch ihre Planeten, und ebenfalls deren Monde: Große Akkretionsscheiben flocken aus in eine Hierarchie kleinerer, bis hinab (in Masse) zu denjenigen der größten Asteroiden. Und auch die großen Gasscheiben der Spiralgalaxien zählen zu den Akkretionsscheiben, sogar die (relativ gasarmen) elliptischen Galaxien beherbergen Gasscheiben nahe ihren Zentren. Das kosmische Substrat hat ganz einfach genug Drehimpuls, um bei seinen stufenweisen Verdichtungen nicht sogleich zu geoidförmigen Himmelskörpern zu kollabieren, sondern vorerst zu flachen Scheiben, meist 1 % flach (im Scheiben-Öffnungswinkel). Flache Scheiben erzeugen schnell rotierende Klumpen als Kondensationsprodukte, die dann ihrerseits oft noch eine Restscheibe um sich herum versammeln, bis nahezu alles Ausgangsmaterial seinen Weg in größere oder kleinere Geoide, oder auch nur unförmige Brocken (unterhalb einer Grenzmasse), gefunden hat.

Der soeben geschilderte langsame, hierarchische Kollaps großer Gasmassen unter Drehimpulsabgabe nach außen vollzieht sich am langsamsten auf der größten (Längen- bzw. Massen-) Skala: mit $\lesssim M_\odot$/Jahr bei den galaktischen Scheiben, binnen Hunderten von Jahren bei der Geburt von Sternen, und binnen Wochen bei der Materieakkretion kompakter Sterne, vgl. [Kundt 2005]. Er beruht darauf, dass sich das Scheibenmaterial angenähert keplersch bewegt, d.h. auf Kreisen um den Mittelpunkt der Scheibe bewegt mit Winkelgeschwindigkeiten $\omega(r) := v(r)/r$, bei denen die gravische Anziehung durch die eingeschlossene Masse M(r) der Fliehkraft der Umkreisung das Gleichgewicht hält, sodass $\omega(r) \approx \sqrt{GM(r)/r^3}$ gilt. Offenbar kann $\omega(r)$ nur dann konstant sein, d.h. radiusunabhängig sein, wenn die eingeschlossene Masse wie r^3 mit dem Radius anwächst, was in (flachen) Scheiben normalerweise nicht vorkommt, weil dort gewöhnlich $M(r) \lesssim r^2$ gilt. Also nimmt die Winkelgeschwindigkeit $\omega(r)$ nach außen hin ab, das Scheibenmaterial rotiert nirgendwo starr, vielmehr reibt es sich an seinen Nachbarteilchen, gibt dabei Drehimpuls nach außen ab und fällt selbst nach innen, zu kleineren Radien.

Dies also ist der Grund, warum Scheibenmaterial stets einwärts spiraliert: Die Scheibenmaterie fällt ins Zentrum, während ihr Drehimpuls von immer weniger Materie nach zunehmend größeren Radien abtransportiert wird. Und wie schnell geht das? Offenbar hängt das von der Stärke der Kräfte ab, mit denen sich die Teilchen an ihren Nachbarteilchen reiben. Gewöhnliche Gasreibung, sog. Diffusion, nähme viel zu lange Zeitskalen in Anspruch. Viel schneller als diffusive Reibung wirkt meist turbulente Reibung, weil die lokalen Kräfte dann zwar nur mit ähnlichen Geschwindigkeiten, jedoch über viel größere Entfernungen hinweg ausgeübt werden. Um die Geschwindigkeit von Scheibentransporten abzuschätzen, führten die Moskauer Physiker Nikolai Shakura und Rashid Sunyaev einst den sog. alpha-Parameter (α) ein, als Maß unserer Unkenntnis, mit theoretischen Werten zwischen null und eins, als Folge der hydrodynamischen Grundgleichungen. Aber Beobachtungsdaten fordern oft α-Werte, die über zehnmal höher liegen: Das geht u.a. aus der in ihren Zentren umgesetzten Leistung und dem dafür benötigten Brennstoff hervor. Wir glauben heute, diesen scheinbaren Widerspruch zu verstehen: Alle gut beobachteten Scheiben haben spiralförmige Magnetfelder und hinreichend hohe elektrische Leitfähigkeiten; diese Einsicht hat uns die lineare und zirkulare Polarisation ihrer Radiostrahlung vermittelt. Das Scheibensubstrat ist dadurch viel zäher als im unmagnetischen Fall. Astrophysikalischer Scheibentransport wird durch *magnetische Zähigkeit signifikant* verstärkt.

Und woher kommen die Magnetfelder? Eine Antwort hierauf kann in zwei Schritten gegeben werden: Im ersten Schritt wird die kosmische Existenz von Saatfeldern behauptet, d.h. der Schritt von null auf endlich für die (mittlere) Magnetfeldstärke $\langle B \rangle$ in der betrachteten Scheibe. Für den zweiten Schritt werden in der Literatur oft die sog. Dynamogleichungen herangezogen, die wir bereits im Abschnitt 2.1 verabschiedet haben, als inkonsistent mit den Grundgleichungen; es soll die Saat-Magnetfeldstärke B_0 auf ihren Sättigungswert B nachverstärkt werden, nämlich auf den durch Druckgleichheit mit dem Scheibensubstrat (der Massendichte ρ, Umlaufsgeschwindigkeit v) erzielbaren Wert, der der Ungleichung: $B^2/8\pi \leq \rho\, v^2$ gehorcht, mithin: $B \leq \sqrt{8\pi\rho v^2}$. Dieser zweite Schritt folgt aus der plausiblen Annahme, dass das hinreichend gut leitende Scheibensubstrat gebietsweise Stücke magnetischer Flussschläuche ‚einfriert' in seine Kepler-Bewegung, dadurch Flussschläuche (a) streckt und (b) verschert (quetscht), und also ihr magnetisiertes Volumen (a) vergrößert bei (b) wachsender magnetischer Flussdichte. In der Nähe der Sättigung wird dieser Verstärkungsprozess dann kompensiert durch partielles ‚Aufschmelzen' von Schläuchen mit einhergehender Rekonnektion der überschüssigen Feldstärke. Dieses Bild der Fluss-Nachverstärkung passt gut zu den zahlreichen Beobachtungen naher Scheiben im Weltraum, vgl. Abb. 7.3.1.

Kehren wir jetzt zurück zu den (notwendigen) magnetischen Saatfeldern: Wie sind diese entstanden? Eine strenggültige Integralgleichung der Magnetohydrodynamik besagt, dass sich die (geeignet normierte) kinetische Wirbelstärke eines Gebietes (partiell) in magnetische Flussdichte umwandeln lässt, wobei letztlich gravische Kollapsenergie in magnetische Energie umgesetzt wird [Kundt 2005]. Schlickeiser & Shukla [2003] halten hierfür die *Weibel-Instabilität* in einem kollabierenden Plasma für verantwortlich. Auf diese Weise dürften bereits bei der Bildung der großen Galaxienhaufen langreichweitig ($\lesssim$Mpc) geordnete Magnetfelder erzeugt worden sein, die anschließend als Saatfelder für galaktische Scheiben dienten, die ihrerseits anschließend, hierarchisch, Saatfelder für stellare, planetare und lunare Scheiben zur Verfügung stellten. Für deren Nachverstärkung steht dann nicht nur die (gewaltige) potenzielle Gravitationsenergie aller kollabierenden Scheiben zur Verfügung, sondern z.B. auch die (ebenfalls gewaltige) expansive, kinetische Energie der Kokons (Auffangblasen, Radio- oder gar Gamma-Keulen) aller Jet-Quellen. Wir kennen keine Himmelskörper ohne Magnetfelder. Und wir haben erläutert, wie die Magnetfelder der Himmelskörper u.a. ihr Entwicklungstempo bestimmen: durch magnetische Reibung. Unsere Welt ist stark magnetisch gesteuert.

3.8 Helle, superweiche Röntgenquellen bei Geburten schwerer Scheiben?

Der deutsche Röntgensatellit ROSAT entdeckte unerwartet viele starke (L $\lesssim 10^{38}$ erg/s), *superweiche* (E $\in$ {20, 60} eV) Röntgen-Punktquellen in unserer lokalen (Galaxien-) Gruppe; stammend von welcherart Quellen? Die Entdecker verdächtigten vorzugsweise Weiße Zwerge, während wir die Meinung vertreten, dass es sich bei den Quellen um sich auffüllende, mehrere Sonnenmassen schwere Akkretionscheiben handelt.

Die Gründe? Weiße Zwerge erzeugen gewöhnlich deutlich härtere Spektren, im keV-Bereich, dafür aber meist mit geringerer Intensität. D.h., gesucht sind ausgedehntere Quellen (als von der ungefähren Größe unserer Erde), mit geringerer Schwerkraft, etwa *sonnenmassenschwere Scheiben.* Die werden oft als instabil vermutet, zurückgehend auf Edwin Salpeter, sind es aber wahrscheinlich gar nicht: Sie umringen (wahrscheinlich) die Neutronensterne in den Schwarzloch-Kandidaten, allen voran in Cyg X-1, aber auch im (vielleicht) Dreifach-Sternsystem η Carinae, und sorgen dort für hohe Leuchtkräfte, relativistisch heiße Temperaturen, und energiereiche Ausbrüche.

Als SSSs (Super-Soft Sources) machte eine Schar ($\geq$34) sehr heller Röntgenquellen während der 1990-er Jahre von sich reden, die der Münchner ROSAT-Satellit in unserer Milchstraße und in deren nächsten Nachbargalaxien entdeckt hatte: Welche Röntgenquellen strahlen so hell wie andernfalls nur Weiße Zwerge und Neutronensterne, $\lesssim 10^{38}$ erg/s, bei solch niedrigen Röntgen-Temperaturen, mit Strahlungsmaxima bei kT $\in$ {20, 60} eV, wie eigentlich nicht einmal Weiße Zwerge, und sind obendrein in ihrem Spektralbereich die hellsten Quellen am Himmel? Warum waren sie nicht bereits zuvor in anderen Spektralfenstern aufgefallen? Im Frühjahr 1996 wurde ihnen in Garching ein lebhaftes, dreitägiges Treffen gewidmet, mit der Bemühung, die bekanntesten Beispiele nach kompakten Binärsystemen mit Weißen Zwergen oder auch Neutronensternen zu sortieren, unter Berücksichtigung ihrer möglichen Akkretionsscheiben und stellaren Winde, ohne dass ein Konsens unter den $\geq$43 internationalen Teilnehmern erzielt wurde: Viele Detaileinsichten blieben unstimmig und damit kontrovers [Greiner 1996].

Aus theoretischer Sicht lagen eigentlich recht klare Verhältnisse vor: Gesehen worden waren Kontinuumsquellen der Temperatur zwischen zwei- und sechs-mal 10^5 K, d.h. heißer als die meisten Sterne, jedoch kühler als die meisten Weißen Zwerge und erst recht Neutronensterne, sowie mit leuchtenden Flächen der Größe 10^{20} cm^2, größer als die Oberflächen von Weißen Zwergen, und erst recht von Neutronensternen. Waren es heiße Windzonen, oder heiße Akkretionsscheiben? Windzonen haben ausgedehnte, kühlere Außenbereiche, die durch starke Emissionslinien aufgefallen wären; sie passen auch nicht zu Weißen Zwergen mit ihren tiefen gravischen Potenzialtöpfen, auch nicht zu den relativistischen (leptonischen) Winden der Neutronensterne, mithin konzentrierte sich der Verdacht bei den SSS-Spektren auf sich auffüllende und dabei heiße, bei Röntgenenergien superweich strahlende Plasmascheiben, in Rotation auf Kepler-Bahnen um zentrale Neutronensterne. Akkretionsscheiben um Weiße Zwerge sollten ziemlich massearm sein, weil der hohe Eddington-Limes Weißer Zwerge – von $10^{-5} M_\odot$/Jahr – ihnen erlaubt, fast alle einfallende Materie an ihrer Oberfläche aufzusammeln und zu binden, ohne sich dabei explosionsartig zu überhitzen. Können wir damit jetzt schließen, dass es sich bei den SSSs um Scheibenbildung im Umlauf um Neutronensterne handelt, wie in [Kundt 1996b] vorgeschlagen?

Neutronensterne haben eine tausendmal niedrigere limitierende (Eddington'sche) Massenrate als Weiße Zwerge, 10^{-8} $M_\odot$/Jahr, wegen ihres tausendmal tieferen Potenzialtopfes. Fallen daher z.B. $\gtrsim 10^{-5} M_\odot$/Jahr auf einen Neutronenstern herunter, während seines Umlaufs um einen nahen Donatorstern, so bleibt dieser Materie nichts anderes übrig, als sich in seine Akkretionsscheibe einzulagern. Seine Akkretionsscheibe wächst damit binnen $\lesssim$ einem Megajahr auf zehn Sonnenmassen an, sofern der Donatorstern so viel Materie ausstößt, andernfalls entsprechend weniger. Hierdurch entstehen binäre Röntgensysteme, die gern als ‚Schwarzloch-Kandidaten' gedeutet werden, weil ein Neutronenstern umgeben von einer schweren Akkretionsscheibe kaum zu unterscheiden ist von einem Schwarzen Loch der gleichen Gesamtmasse, (außer dass ein schluckendes Loch eine viel langweiligere Quelle abgeben würde als ein spuckender, rotierender Magnet). Und weil Ed Salpeter [1971] erwogen hatte, solche schweren Scheiben seien instabil gegenüber Fragmentierung, wurden sie fortan nicht mehr ernst genommen, außer z.B. in [Kundt 1979], wo solche selbstgravitierenden Scheiben zur Deutung von Cyg X-1 wie auch aller anderen Schwarzloch-Kandidaten herangezogen wurden, vgl. 4.5. Danach erscheinen die SSSs als die langandauernden Geburtswehen der selbstgravitierenden Akkretionsscheiben, als die Erzeuger der vermeintlichen Schwarzloch-Kandidaten, deren Massen die Lücke füllen zwischen den Röntgen-Binärsystemen niedriger ($\lesssim 1$ $M_\odot$) oder aber recht hoher ($\gtrsim 10$ $M_\odot$) Begleitermasse.

Und gleich noch einmal, mit etwas anderen Worten: Man ist sich einig, dass es sich bei den SSSs um akkretierende kompakte Komponenten in engen Doppelsternen handelt. Die superweiche Röntgenstrahlung kommt von sehr ausgedehnten, nicht allzu heißen, optisch dicken Strahlern, die wir als wachsende schwere Scheiben deuten. Solche schweren Scheiben sollte es nur um Neutronensterne herum geben, wegen deren hinreichend niedrigem Eddington-Limes, nicht hingegen um Weiße Zwerge mit ihren massearmen Scheiben und Winden. Wir erleben die Geburt von Röntgen-Doppelsternen mit schwerer, scheibenumringter Neutronenstern-Komponente.

3.9 Planetarische Nebel als Erzeugnisse akkretierender Weißer Zwerge?

Die Planetarischen Nebel haben nichts mit ‚Planeten' zu tun. Sie zählen zu den farbenprächtigsten Strukturen am Himmel, wobei die uns nächsten unter ihnen dem unbewaffneten Auge ähnlich wie Planeten erscheinen. Bei den Planetarischen Nebeln handelt es sich um helle Emissionsnebel, beleuchtet durch einen zentralen entarteten Stern, der zu einem Weißen Zwerg sintert. Sie könnten auch „Nova-Überreste" heißen.

Kontrovers in diesem Abschnitt ist die mögliche Rolle eines Weißen Zwerges als Verursacher einer Supernova-Explosion vom Typ Ia, die wir für einen historischen Unfall halten: Supernovae aller Typen zeigen untereinander große Ähnlichkeiten; sie werden durch *relativistische Kolben* auseinandergesprengt, meinen wir, erzeugt durch ihren kollabierenden, extrem-rotierenden, stark entarteten Kern, während die Explosionen der Weißen Zwerge von einem dominant nuklear-*thermischen Kolben* getrieben werden, oft unterstützt durch relativistisches Paarplasma, wodurch die spektakulären Morphologien der Planetarischen Nebel entstehen.

Wie bereits gesagt: Die Planetarischen Nebel haben nichts mit Planeten zu tun. Sie heißen so aus historischen Gründen; nämlich weil die uns nächsten und zugleich größten unter ihnen dem unbewaffneten Auge ähnlich erscheinen wie die äußeren Planeten unseres

Sonnensystems: als Kreisscheibchen. Auf jeden Fall zählen sie zu den gestalten- und farbenreichsten Gebilden am Himmel und tragen deshalb auch oft recht unwissenschaftliche Namen, wie „Katzenauge“ oder „Rotes Rechteck“; vgl. Abb. 7.4.3. Rein sachlich sollten sie „*Nova-Überreste*“ heißen, als massearmere Verwandte der ‚Supernova-Überreste‘; vom Aussehen her verdienten sie eher den Namen „Plasma-Kreationen“, denn ihre Kontinuums- und Linienspektren verraten mehrkomponentige Plasmen unterschiedlicher Dichte und Temperatur in gegenseitiger Wechselwirkung, oft in Gestalt eines bipolaren Ausflusses mit Jets und Kokons, einer Akkretionsscheibe und mehrerer konsekutiver Windzonen, eine oft verwirrende Vielfalt an Formelementen. Ihre erzeugenden Sterne haben oft schwer zu deutende Lichtkurven und Spektren, sie heißen auch *symbiotische Novae*, oder auch *kataklysmische Variablen.*

Dabei besteht Einmütigkeit hinsichtlich der Natur des heißen Zentralsterns: ein ausgebrannter, heliumreicher Stern unterhalb der Chandrasekhar-Grenze für Weiße Zwerge – d.h. der Masse $\lesssim 1{,}4\ M_\odot$, abhängig von seiner chemischen Zusammensetzung und von seinem Alter – der langsam unter seinem eigenen Gewicht sintert, dabei heißer wird und an bolometrischer Leuchtkraft zunimmt, um innerhalb von einigen Megajahren auf die (geringe) Größe eines Weißen Zwerges zu schrumpfen, ähnlich der Größe der Erde. Das Sintern vollzieht sich durch Kompression der Elektronenschalen seiner Atome, bis zur Dichte nicht-relativistischer Fermi-Entartung, mehrmillionenfach dichter als normale Materie. Bei anschließendem, weiterem Strahlen wird aus einem (isolierten) Weißen Zwerg langsam ein schwarzer Zwerg. Gibt es jedoch einen nahen, materiespendenden Begleiter, so durchläuft ein weißglühender Zwergstern zugleich eine Reihe von sog. Nova-Zyklen – „Nova“ aus dem Lateinischen „neu“ herrührend: ein neuer Stern am Himmel – getrieben durch Wasserstoff-Akkretion auf seine Oberfläche und dessen anschließender Nuklearexplosion, als Nova-Ausbruch [Vogt 1983]. Dabei wurde der Wasserstoff vom nahen stellaren Begleiter geliefert, binnen jeweiliger ($\lesssim 10^5$-jähriger) Zwischenspeicherung in einer ihn umkreisenden Plasmascheibe (von $\lesssim 10^{-5} M_\odot$), s. Abb. 3.9.1. Jedoch die tatsächlich waltenden Kräfte bei einem Nova-Ausbruch können noch komplizierter sein.

Denn als im Jahre 1918 die (geometrisch) dünne, mit etwa hundertstel Lichtgeschwindigkeit expandierende Nova-Schale V603 im Sternbild Adler nachbeschleunigt wurde, zwei Tage nach ihrem Aufleuchten, nahe dem Maximum ihrer visuellen Helligkeit, wurden zwei antipodische Löcher aus ihr herausgesprengt; das erkannte man bereits 13,5 Monate nach dem Ausbruch, als man sie mittels eines Schlitz-Spektrografen räumlich auflösen konnte, und fand es noch 20 Jahre später auf Fotografien bestätigt [Weaver 1974]. Der Kolben der Nachbeschleunigung hatte offenbar anisotrop und mit beinahe Lichtgeschwindigkeit geschoben, er war offenbar relativistisch. Die Nova wurde also zuerst thermisch auseinandergesprengt, bei Temperaturen $\lesssim 10^9$ K – durch die bereits erwähnte nukleare Wasserstoff-Explosion an der Oberfläche des Weißen Zwerges, bei der seine Akkretionsscheibe (von ungefähr Erdmasse) gleich mit abgesprengt wurde – dann aber nur Tage später relativistisch nachbeschleunigt, wahrscheinlich durch Elektron-Positron-Paarplasma. Das Paarplasma mag dabei nahe der Oberfläche des Weißen Zwerges erzeugt worden sein, durch starke, rekombinierende Magnetfelder, wie in allen Jet-Quellen. Mithin lag die eigenartige (und seltene?) Zwitter-Situation vor, bei der eine Nova-Schale vergleichbare Schübe bekam von einem thermischen und einem nicht-thermischen Kolben. Der nicht-thermische Kolben mag dann gleich noch weitere zehnmal nachgeschoben haben, mit einer ungefähren Kippschwingungs-Periode von zehn Tagen, während deren jeweils neues Paarplasma nachgeliefert wurde; das suggerieren die gemessenen Fluktuationen der Lichtkurve.

Man beachte den qualitativen wie auch quantitativen Unterschied zu einer Supernova-Explosion (SN), deren relativistischer Kolben die dicke Hülle des Vorgängersterns total zerreißt, bei seinem radialen Schub von 10^6cm Innenradius bis zur fernen Oberfläche, bei $10^{13\,\pm\,1}$ cm – bei roten bzw. blauen Überriesen als Vorläufersternen – und in eine riesige Anzahl getrennter, magnetischer Filamente zerlegt, analog einer Splitterbombe, wegen der extremen Rayleigh-Taylor-Instabilität bei einem superleichten Kolben. Die expandierende Splitterwolke einer SN-Explosion bezieht ihre große Energie (von 10^{51} erg) aus der

Abbildung 3.9.1: Die mehrfachen Explosionen in der *Nova V603 Aql (1918)* kurz nach ihrem Ausbruch: Diese sorgfältige Modellzeichnung nach redundanten Beobachtungen lässt erkennen, dass in der Nova V 603 kurz nacheinander (mindestens) zwei Explosionen stattgefunden haben, deren zweite die erste mit fast Lichtgeschwindigkeit ein- und überholte [Weaver 1974]. Tatsächlich wurden noch weitere, zeitlich periodische Explosionen (durch die Lichtkurve) bemerkt, mit Injektion weiterer relativistischer Plasmaschübe in die Nova, vermutlich aus magnetischen Rekonnektionen stammend.

extremen Rotation ihres hoch-magnetisierten, kollabierten Kerns. Sie realisiert einen Hubble-Fluss: $\vec{v}(\vec{r}) \sim \vec{r}$, der zuerst von Virginia Trimble [1968] aufgedeckt wurde, am Beispiel des Crab-Nebels; s. auch Kapitel 5. Novae, als vorwiegend thermisch getriebene, massearme Schalen, sind energieärmer und räumlich homogener als Supernovae (SNe), und sind oft auch schärfer berandet.

Doch jetzt zum besonders kontroversen Teil dieses Abschnitts: Wie funktionieren Supernovae vom Typ Ia ? Handelt es sich bei ihnen gleichermaßen um durch Kernkollaps angetriebene Supernovae, wie bei all den anderen SNen (vom Typ I b,c,d; II P, L, b, n, N), oder liegt bei ihnen ein ganz anderer Explosionsmechanismus vor, nämlich die nukleare Detonation eines Weißen Zwerges? Während bereits [1979] Oemler & Tinsley gute Gründe für das einheitliche Funktionieren aller Supernovae vortrugen, zu denen später noch die quasi Ununterscheidbarkeit der Lichtkurven von SNe Ia und Ib hinzukam, bis auf einen Intensitätsfaktor $10^{0,4}$, fand es eine spätere Theoretikergeneration hilfreich, ihre numerischen Rechnerprogramme auf Nuklearexplosionen Weißer Zwerge losuzulassen. Wobei unverstanden blieb, warum solch ein ganz anderer Explosions-Mechanismus ununterscheidbare (filamentäre?) SN-Schalen erzeugen sollte, dabei aber weder einen Neutronenstern noch irgendeinen anderen Überrest im Kern zurücklassen würde: Wer sorgt für derart punktförmig zentrierte Kräfte bei der Detonation, dass kein Krümelhaufen im Zentrum des auseinandergesprengten Weißen Zwerges zurück bleibt?

Hiermit ist vor unseren Augen folgendes einfache, schematische Bild entstanden: Massearme Sterne ($\lesssim 5\ M_\odot$) enden als Weiße Zwerge, in Ausnahmefällen begleitet von Nova-Explosionen und Planetarischen oder Nova-Nebeln, (nämlich im Fall von engen Doppelsternen), während massereiche Sterne ($\gtrsim 5\ M_\odot$) mit einer SN-Explosion enden, d.h. mit einer SN und anschließendem SN-Überrest, in dessen Innerem sich ein Neutronenstern befindet, (den man oft jahrhundertelang nur schwer entdeckt).

Ist dieses einfache Bild zu naiv? Gibt es Ausnahmen, z.B. ‚gar keine Zentralquelle‘, oder einen ‚echten Schwarzloch-Kandidaten‘? Oder gibt es Überschneidungen der Endstadien von Noven und Supernoven? Wir würden uns wundern, falls eine dieser Alternativen realisiert wäre. Wir meinen, dass die unterschiedliche Tiefe der beiden Potenzialtöpfe: ‚Wasserstoffbombe an der Oberfläche eines Weißen Zwerges‘ vs ‚maximal rotierender, magnetisierter Kern eines massereichen Sternes‘, bereits nahezu eindeutig die Weiche stellt, wobei obige ‚5 $M_\odot$‘ in der Literatur oft auch mit ‚8 $M_\odot$‘ gehandelt werden. Kann eine SN bereits von einem WZw der Masse 1.4 $M_\odot$erzeugt werden, beim Überschreiten der Chandrasekhar-Masse? Wie groß sind die Prä-Nova-Massenverluste, und welche Auflagen macht die Statistik der einzelnen Phasen und Komponenten? Fest steht, dass die kompakten Endstadien der Sterne zu den faszinierendsten wie auch leistungsstärksten (auf kleiner Massenskala) Himmelserscheinungen zählen, an deren exakter Analyse sich kommende Forschergenerationen noch ihre Sporen verdienen möchten.

LITERATUR (KAPITEL 3)

[Begelman et al. 2006] Begelman, M.C., King, A.R., Pringle, J.E., 2006: The nature of SS 433 and the ultraluminous X-ray sources, *Mon. Not. Royal Astron. Soc.* **370**, 399-404.

[Greiner 1996] Greiner, Jochen, 1996: Supersoft X-Ray Sources, *Lecture Notes in Physics* **472**, 1-350.

[Kippenhahn & Weigert 1989] Kippenhahn, Rudolf, Weigert, Alfred, 1989: *Stellar Structure and Evolution*, Springer.

[Kundt 1977] Kundt, Wolfgang, 1977: Is Cas A illuminated by a binary system? *Nature* **266**, 334-335.

[Kundt 1979] Kundt, Wolfgang, 1979: Cygnus X-1 – a Neutron Star surrounded by a Massive Disk? *Astron. Astrophys.* **80**, L7-L10.

[Kundt 1996a] Kundt, Wolfgang, 1996a: in: *Jets from Stars and Galactic Nuclei*, ed. W. Kundt, Lecture Notes in Physics **471**, Springer, 1-18, 140-144.

[Kundt 1996b] Kundt, Wolfgang, 1996b: SSSs as Progenitors of the BHCs, in: Supersoft X-Ray Sources, ed. Jochen Greiner, *Lecture Notes in Physics* **472**, Springer, 45-50.

[Kundt 1998c] Kundt, Wolfgang,1998c: Cyclical Variability in the Solar Wind, in: *Cyclical Variability in Stellar Winds*, eds. L. Kaper, A.W. Fullerton, ESO, Springer, pp. 232-236.

[Kundt 2005] Kundt, Wolfgang, 2005: *Astrophysics, A new Approach*, Springer, 1-223.

[Kundt 2008] Kundt, Wolfgang, 2008: Supernovae, their functioning, lightcurves, and remnants, *New Astronomy Reviews* **52**, 364-369.

[Kundt & Hillemanns 2003] Kundt, Wolfgang, Hillemanns, Christoph, 2003: Eta Carinae, an evolved Triple-Star System? *Chinese Journal of Astronomy and Astrophysics* Vol. **3**, Supplem. 2003, 349-360. Also: arXiv:astro-ph/0312306v2.

[Kundt & Krotscheck 1980] Kundt, Wolfgang, Krotscheck, Eckhard, 1980: The Crab Nebula - A Model, *Astronomy & Astrophysics* **83**, 1-21.

[Mereghetti et al 2002] Mereghetti, S., Tiengo, A., Israel, G.L., 2002: The X-ray source at the center of the Cas A SNR, *Astrophys. J.* **569**, 275-279.

[Oemler & Tinsley 1979] Oemler, Augustus, Tinsley, Beatrice M., 1979: Type I supernovae come from short-lived stars, *Astron. J.* **84**, 985-992.

[Rest et al 2012] Rest, A., et al (17 Autoren), 2012: Light echoes reveal an unexpectedly cool η Carinae during its nineteenth-century Great Eruption, *Nature* **482**, 375-378.

[Salpeter 1971] Salpeter, Edwin E., 1971: Fragmentation of Supermassive Disks, *Nature Phys. Sci.* **233**, 5-7.

[Schlickeiser et al 2003] Schlickeiser, Reinhard, Shukla, Padma Kant, 2003: Cosmological Magnetic Field Generation by the Weibel instability, *Astrophys. J.* **599**, L57-L60.

[Shaviv 2000] Shaviv, Nir J., 2000: The porous atmosphere of η Carinae, *Astrophys. J.* **532**, L137-L140.

[Trimble 1968] Trimble, Virginia, 1968: Motions and Structure of the Filamentary Envelope of the Crab Nebula, *Astron. J.* **73**, 535-547.

[Vogt 1983] Vogt, Nikolaus, 1983: Zwergnovae I - IV, *Sterne und Weltraum, 3, 6, 8-9, 12, zusammen 20 Seiten.*

[Weaver 1974] Weaver, Harold, 1974, The shell of V603 Aql and the early stages of the nova event, *Highlights of Astronomy* **3**, 509-532.

4. NEUTRONENSTERNE

Wir werden immer mutiger: In diesem vierten Kapitel trauen wir uns an die schwierigsten Objekte der Astrophysik heran, die Neutronensterne, von denen noch kein einziger je abgebildet werden konnte, geschweige denn von Menschenhand gestreichelt. Je zwei astrophysikalische Weltexperten machen sich über das Verhalten dieser gewichtigen kosmischen Winzlinge unterschiedliche Vorstellungen, nach Möglichkeit in Einklang mit den physikalischen Grundgesetzen, und geben unterschiedliche Antworten auf die drei *1-Million-Euro-Fragen* in den Abschnitten 2 und 3, nach der Erzeugung ihrer (leptonischen) Winde, nach ihrer stellaren Verformbarkeit und nach dem breitbandigen, weitgefächerten Emissionsmechanismus ihrer hochgradig kohärenten Strahlung.

So beginnen wir im ersten Abschnitt mit der dramatischen Entdeckung der *Pulsare* (*PSRe*) im Winter 1967 und unserer Vorstellung von ihren Geburten in Supernova-Explosionen, wobei die Meinungen bereits auseinandergehen bei den schnellst-rotierenden, energiereichsten unter ihnen, den Millisekundenpulsaren, die naturgemäß am schwierigsten zu erzeugen sein sollten: genauso, oder aber durch (verlustarmes) ‚*Recyclen*'? Wie alt sind sie, wie stark sind ihre Oberflächenmagnetfelder? Haben sie deutlich größere Massen (als 1,4 $M_{\odot}$)?

Im zweiten Abschnitt fragen wir nach der vermutlichen Struktur ihrer *Magnetosphären* und ihrer (neutralen?) *Windzonen*, nach der erwarteten Beschaffenheit ihrer Oberflächen – bedeckt von relativistischen *Paarkoronen*? – und den vermutlichen *Vakuolen*, die sie sich mit ihren Winden aus dem sie umgebenden ISM herausblasen. Nach welchen Gesetzen wird ihr Spin gebremst und/oder beschleunigt? Wie alt werden sie? Wie schnell umgeben sie sich mit Akkretionsscheiben?

Pulsare können als Präzisionsuhren dienen, deren genaueste mit den genauesten irdischen Uhren konkurrieren, wobei gelegentliche Periodensprünge und beständiges stochastisches Perioden-Rauschen herauskorrigiert werden müssen, durch Vermessung mehrerer von ihnen. Gibt uns ihr Rauschen Auskunft über ihre innere bewegliche Struktur? Erlaubt es uns, sie von Weißen Zwergen zuverlässig zu unterscheiden? Und wo genau entsteht ihre starke, breitbandige, bei langen Wellenlängen hochgradig kohärente Strahlung, tief innerhalb und zugleich auch weit außerhalb ihrer *Lichtgeschwindigkeitszylinder* (LGZ), vom Radius c/Ω ?

Im vierten Abschnitt schreiten wir fort zu den *binären* Neutronensternen, mit deren Massenaustausch, gewöhnlich über *Akkretionsscheiben* als Zwischenspeicher und verbunden mit starker Röntgen-Emission, wobei der Massenaustausch auf drei verschiedenen Wegen erfolgen kann: erstens durch Hineinspiralieren längs der Akkretionsscheibe, die an ihrem scharfen Innenrand in schwere Klumpen zerrissen wird, die dann letztendlich auf die Sternoberfläche hinabstürzen, zweitens durch hierbei verdampfendes Material, dessen Bahnen den Magnetfeldlinien der korotierenden Magnetosphäre folgen und anschließend auf einer ihrer zwei Polkappen landen, oder aber drittens durch ebenfalls verdampftes Material, das dann aber klumpenweise in der korotierenden Magnetosphäre zwischengespeichert und schließlich zentrifugal aus ihr herausgeschleudert wird, um eher oder später dann doch noch die Oberfläche des Neutronensterns zu erreichen, sozusagen im zweiten Anlauf.

Zu den binären Neutronensternen zählen bei uns auch die vielen *Schwarzloch-Kandidaten*, von denen wir im fünften Abschnitt behaupten, sie seien aus mehr als 17 Gründen Neutronensterne, umringt von schweren Akkretionsscheiben, welche bereits bei ihrem Auffüllen als SSS- Quellen beobachtet werden konnten. Ihre relativ großen Massen stecken also in den schweren Scheiben, deren variable Dynamik Anlass gibt zu Epochen starker bzw. viel schwächerer (on - off) Strahlung.

Im sechsten bis neunten Abschnitt versuchen wir dann zu verstehen, warum Neutronensterne qualifiziert sind als kosmische Jet-Quellen, im Gegensatz zu Schwarzen Löchern - falls sich solche bilden würden -, die nur schlucken, dagegen nicht spucken, in teilweiser Vorbereitung auf das siebte Kapitel. Dabei helfen uns die kompakten Röntgen-Nebel der jungen Pulsare, allen voran der Crab und der Vela. Wird beim inneren Crab-Nebel oft *trans-relativistische Expansion* mit gravisch dominierter Kepler-Bewegung verwechselt? Und die *Magnetare* - ihre Spätstadien - : Wie stark sind ihre Magnetfelder, bei gründlichem Hinschauen? Ihre starken Bremsdrehmomente können auch mit Standard-Magnetfeldern ausgeübt werden, bei geeigneter Einschnürung am Innenrand der Scheibe. Wie alt werden sie, und wie alt die Millisekundenpulsare? Wer von ihnen eignet sich für die Erzeugung der Kosmischen Strahlen, und von Gammastrahlblitzen? Und last not least: Kann man vielleicht die oft angetroffenen *QPO*s – die ‚quasiperiodischen Oszillationen' – verstehen als Kippschwingungen von sich an einer Scheibe reibenden, plasmabeladenen Magnetosphären?

4.1 Die Pulsare als (quasi) isolierte, hochmagnetische Neutronensterne

Vorsicht, es wird kontrovers! Niemand von uns hat je einen Neutronenstern von Nahem zu sehen bekommen, einen kompakten Stern von der Ausdehnung einer Großstadt, von mehr als der Masse unserer Sonne, überschallschnell rotierend, mit einem eingefrorenen, mehrkomponentigen magnetischen Moment, das typische Laborfelder um Faktoren $\lesssim 10^{10}$ an Feldstärke übertrifft, und mit breitbandigen Sendeleistungen von $L \lesssim 10^{41}$erg/s. Sollte man sich vor ihnen vorsehen? Wohl kaum, solange ihre Entfernungen von uns (bisher) nicht unter 10 pc sinken.

Die Kontroversen beginnen, sobald konkrete Fragen gestellt werden: Wie entstehen die Neutronensterne? Durch Gravitationskollaps des ausgebrannten Kerns eines hinreichend massereichen Sterns, oder auch eines Weißen Zwerges, in Form einer Supernova-Explosion? Wahrscheinlich. Wo liegt die untere Massengrenze hierfür, bei 8 $M_\odot$ oder bei 5 $M_\odot$ des Ausgangssterns? Historisch wanderte die untere Massengrenze von 3 über 5 nach 8 $M_\odot$, wir sind bei „5" stehen geblieben, unter Berücksichtigung aller statistischen Einschränkungen. Nächste Frage: Sehen wir alle isolierten Neutronensterne als Pulsare, d.h. als Sender periodischer Radio- und/oder höherfrequenter Signale, oder vielleicht nur jeden fünften? Antwort: wahrscheinlich fast alle, jedenfalls, solange sie

schnell genug rotieren, und solange ihr Umgebungsdruck nicht ganz so groß ist wie z.B. in unserem heutigen Galaktischen Zentrum. Weiter: Sind auch die schnellstrotierenden unter ihnen so schnell geboren, wie heute vorgefunden? Hier spätestens scheiden sich die Geister: Die Lehrmeinung spricht von ‚Recycling' (langsamer Pulsare zu extremen Spins), was wir als inkonsistent mit den Fakten ablehnen. Selbst die schnellsten Rotatoren, mit P $\gtrsim$1,4 ms, wurden mit ihrem heutigen Spin geboren. Könnte man sie abbremsen, könnte man die ganze Milchstraße auseinanderblasen, so energiereich sind sie.

Wir begannen in Kapitel 1 dieses Buches – der alternativen Deutungen – mit physikalischen Fragestellungen zu unserem Heimatplaneten Erde, der Arena unserer menschlichen Existenz. Beginnend mit Kapitel 2 wurden wir abenteuerlustig, holten Schwung und erweiterten unseren Horizont auf unser ganzes Sonnensystem. Wollen wir die Rolle unserer Nische im Weltenraum besser verstehen, ist es angesagt, auch nach den anderen Sternen Ausschau zu halten; das taten wir in Kapitel 3. Und jetzt, in Kapitel 4, erreichen wir erstmalig einen größtmöglichen Abstand vom heimischen Herd, in Anschaulichkeit und Relevanz: Warum interessieren wir uns für Neutronensterne?

Was ist denn ein Neutronenstern? Ein Stern besteht aus Materie, die allein durch Schwerkraft zusammengehalten wird; in Gestalt einer Kugel, falls statisch, und in Gestalt eines Geoids, falls (schnell) rotierend. Dabei halten also materielle Druckkräfte der Schwerkraft das Gleichgewicht. Bei Gasen sind dies die gegenseitigen Abstoßungen ihrer Moleküle (und/oder Atome) infolge ihrer ungeordneten (Wärme-) Bewegungen, bei Flüssigkeiten die entsprechenden Abstoßungen ‚auf Tuchfühlung', und bei Festkörpern die Abstoßungen bei ihren Schwingungen um ihre Ruhelagen, ebenfalls auf Tuchfühlung. Nun sind aber Moleküle und Atome keinesfalls inkompressibel: Hohe Drücke schaffen es, den Atomen ihre sie umkreisenden Elektronen enger aneinander zu pressen, gleichsam wie bei einer Flüssigkeit, diesmal aber einer elektrisch geladenen Flüssigkeit, und außerdem einer (Quanten-) Fermi-Flüssigkeit. Ihre gegenseitige elektrische Abstoßung sperrt dabei nicht, weil sie von den positiv geladenen Atomkernen kompensiert wird, aber ihr Fermi-Druck kann $\gtrsim 10^6$-mal stärker werden als der Druck eines klassischen Gases der gleichen Temperatur. Um genau diesen Faktor kann das Volumen eines Weißen Zwerges kleiner werden als dasjenige seines Vorgängersterns, bzw. kann sein spezifisches Gewicht größer werden: Weiße Zwerge haben Radien von $\gtrsim 10^9$ cm, nur wenig größer als derjenige unserer Erde.

Und Neutronensterne? Sie sollten entstehen bei noch höheren Drücken, derart, dass Protonen und Elektronen nicht mehr als unabhängige Teilchen vorliegen, sondern zu (elektrisch neutralen!) Neutronen zusammengepresst werden, wie auch in den Kernen aller Atome mit Ausnahme des normalen Wasserstoffs, als Fermi-Füssigkeit aus freien Neutronen. Dies jedenfalls entsprach der theoretischen Erwartung, als im Jahre 1934 Walter Baade und Fritz Zwicky die Existenz von Neutronensternen erwogen und im Jahre 1939 Oppenheimer & Volkoff deren erwartete Eigenschaften in Phys. Rev. publizierten. Neutronensternmaterie würde nahe ihrer Oberfläche, bei den dort nur geringen vorherrschenden Drücken, aus beinahe normaler Materie bestehen, sich dann aber, mit zunehmender Annäherung an ihren Kern, in hauptsächlich freie Neutronen umlagern. Damals, 1934-39, war dies eine bloße Spekulation, und die vorhergesagte Kleinheit dieser Sterne sprach gegen die Hoffnung, sie jemals als optische Quellen am Himmel entdecken zu können. Aber in den Wintermonaten des Jahres 1967 wurde diese Spekulation zur aufregenden Entdeckung, durch Jocelyn Bell-Burnell und ihren Cambridger Betreuer Antony Hewish: Sie empfingen periodische Radiosignale, die offenbar von winzigen Sternen herrührten, vom Radius $\gtrsim$10 km, tausendmal kleiner als Weiße Zwerge. Nur vier Monate nach der Veröffentlichung dieser unerwarteten Signale vollzog Tom Gold [1968] ihre Identifizierung als ausgesendet von schnell rotierenden, stark magnetischen Neutronensternen – heute *Pulsare* genannt – deren relativistischer, leptonischer Wind in nach außen führenden Richtungen Synchrotronstrahlung emittiert, die wir in gepulster Form empfangen.

Woher beziehen die Pulsare ihre energiereichen Rotationsgeschwindigkeiten, impliziert durch ihre kurzen Spinperioden im Sekunden- bis Millisekunden-Bereich: $P \in \{0{,}001396, 12\}$s, und woher ihre starken, mehrkomponentigen (Oberflächen-) Magnetfelder, mit transversaler Dipolkomponente $=: B_\perp \in \{10^{8,2}, 10^{14,0}\}$G [Hobbs et al 2004]? (Die angeblich noch stärkeren Oberflächen-Magnetfelder der ‚Magnetare', der Größenordnung 10^{15} G, halten wir für fehlinterpretiert). Wir kennen nur *eine* plausible Erklärung: Der entartete Kern des (massereichen) Vorgängersterns, der Masse 1,4 $M_\odot$, besaß noch einen großen Teil seines Geburts-Spins, als sein gravitativer Kollaps die Supernova-Explosion auslöste. Drehimpulserhaltung beim Kollaps (vom Radius 10^9 cm nach 10^6 cm) ließ seine Spinfrequenz millionenfach (wie r^{-2}) anwachsen, von $\gtrsim$mHz auf $\approx$kHz, wobei sein toroidaler Magnetfluss gleichzeitig bis zur Äquipartition der Drücke anwuchs und die Explosion einleitete, die anschließend sein Zerfallsprodukt – Kosmische Strahlen – erfolgreich beenden, vgl. Kapitel 5. In diesem SN-Modell erbt der kollabierte, ehemalige Kern zugleich signifikante Anteile des verbliebenen Drehimpulses und Magnetflusses, ausreichend viel, um alle Beobachtungsdaten von Pulsaren und Magnetaren nachvollziehen zu können. Dabei erlauben schwächere Magnetfeldstärken ein Anwachsen des Kern-Spins bis in den msec-Bereich, während stärkere Felder den Kern-Spin bereits im $\lesssim$sec-Bereich bremsen.

Wir sollten betonen, dass wir mit dieser Erwartung stark von der Standarderklärung der msec-Pulsare durch sog. ‚*Recyclen*' abweichen, nämlich mit der Behauptung, ‚normal' rotierende Pulsare könnten durch Materieakkretion von einem nahen Sternenpartner in weit schneller rotierende Pulsare (im msec-Periodenbereich) überführt werden. Solch ein nachträgliches Anheben ihres Drehimpulses (und damit ihrer Rotationsenergie) halten wir für unverträglich mit den Fakten: Weder ist ein einziges Röntgen-Binärsystem in einem solchen (extrem langlebigen) Stadium des permanenten Aufgesponnenwerdens entdeckt worden, obgleich deren viele hätten inzwischen gefunden worden sein müssen, noch sehen wir eine Möglichkeit, die wachsenden Verlustprozesse des Pulsars – durch Blasen und Strahlen – bei zunehmender Spinfrequenz mittels gesteigerter Akkretion aus der Donatorscheibe überzukompensieren. Diesen ‚wachsenden Verlustprozessen' steht ein ‚wachsender Bedarf' bei zunehmender Spinfrequenz entgegen, weil der anfangs kugelförmige Stern mit zunehmendem Spin aus seinem tiefen gravischen Potenzialtopf herausgehoben werden müsste, in die Gestalt eines (ausgedehnteren) Maclaurin-Ellipsoides. Das bisweilen genannte Gegenargument, die msec-Pulsare fänden sich über 90 % in Binärsystemen, dürfte gar kein Gegenargument sein: Wahrscheinlich half der Doppelsternpartner bei der Vorbereitung der Geburt, als der Vorgängerstern den Riesenast im Hertzsprung-Russell Diagramm emporkletterte, indem er seinen expandierenden Mantel zusätzlich verformte und sein Kernfeld schwächte.

Wir gehen also davon aus, dass SN-Explosionen schnell rotierende Neutronensterne hervorbringen, bis hinab zu Spinperioden P von $\gtrsim$1,396 Millisekunden. Man beachte: P = 1,4 ms entspricht einer Äquatorgeschwindigkeit des rotierenden Sterns von $2\pi R/P = 0{,}15$ c, d.h. von 15 % der Lichtgeschwindigkeit, eine Rekordgeschwindigkeit für makroskopische Körper! Zugleich erwarten wir, dass starke Magnetfelder B in neugeborene Neutronensterne ‚eingefroren' sind, bis hinauf zu Oberflächenfeldstärken von $\lesssim 10^{14,0}$ G, entsprechend (noch größeren) Feldstärken von B $\lesssim 10^{15}$ G in ihren Kernen. Denn solche (hohen) Feldstärken werden aus den Beobachtungen erschlossen. Aber warum zerfallen sie nicht beizeiten, z.B. auf der Zeitskala von $10^{6,4}$ Jahren, dem statistischen Durchschnittsalter der Pulsare?

Magnetfelder in kristallinen elektrischen Leitern zerfallen genau so schnell, wie die zugehörigen, felderzeugenden elektrischen Ströme zu ihrer Dissipation brauchen; das kann bei Supraleitern länger dauern als das Weltalter. Aber Neutronensternmaterial verhält sich eher wie eine Flüssigkeit als wie ein Festkörper: Es ist nahezu inkompressibel, jedoch leicht verbiegbar. Vor allem die Kruste der Neutronensterne hat ähnliche elastische Eigenschaften wie ein Wackelpudding: Ihre Fermi-entarteten Elektronen verhalten sich nahezu wie eine inkompressible Flüssigkeit, während ihr Ionengitter leicht verbiegbar ist. Deshalb sollte es ein durch die (gut leitende) Kruste verlaufender Magnetschlauch bevorzugen, seine

Energie dadurch abzusenken, dass er sich mittig aufspaltet in zwei Teilschläuche, die sich gegeneinander verdrehen, so lange, bis sie sich gegenseitig annullieren, s. Abb. 2.1.1 [Flowers & Ruderman 1977]. U.a. erkennen wir: Ein reines magnetisches Dipolfeld in einem fluiden Stern ist instabil gegenüber Zerfall, auf seiner (kurzen) dynamischen Zeitskala.

Wodurch kann ein Pulsar den schnellen Zerfall seines geerbten Magnetflusses verhindern? In unserem oben skizzierten SN-Modell rotiert der zukünftige Pulsar innerhalb eines starken, toroidalen Magnetschlauches, der den Abwurf der stellaren Hülle vorbereitet. Wir erwarten, dass sich der innere Teil dieses Schlauches um den magnetisierten Pulsarembryo wickelt und ihn zusammenhält, ähnlich wie ein toroidales Bindegarn einen Blumenstrauß zusammenzuhalten vermag. Auf diese Weise, so meinen wir, wird ein stellares Dipolfeld durch eine toroidale Bandage gegen Zerfall stabilisiert. Das resultierende Feld ist dann notwendig ein Multipolfeld hoher Ordnung, bei dem jedoch in größeren Entfernungen der Dipol klar dominiert, s. Abb. 4.1.1. Solche (bandagierten) Felder sollten langzeitig stabil sein, wobei sogar durch vorzeitigen Zerfall einiger höherer Multipolkomponenten der Dipolanteil beim Altern geringfügig anwachsen kann. Beim Crab-Pulsar ist einmal ein derartiger (kleiner) Periodensprung gemessen worden, im August 1989, mit zwischenzeitlich höherer Bremsrate.

Ja, und warum interessieren wir uns nun eigentlich für Neutronensterne, mit oder ohne schnelle Rotation und starke Magnetfelder, selbst wenn wir so bald keinen von ihnen auf unserem abendlichen Bildschirm werden bewundern können? Neutronensterne sind Teil unserer Welt, als Spätstadien massereicher Sterne. Die Rotation der schnellsten unter

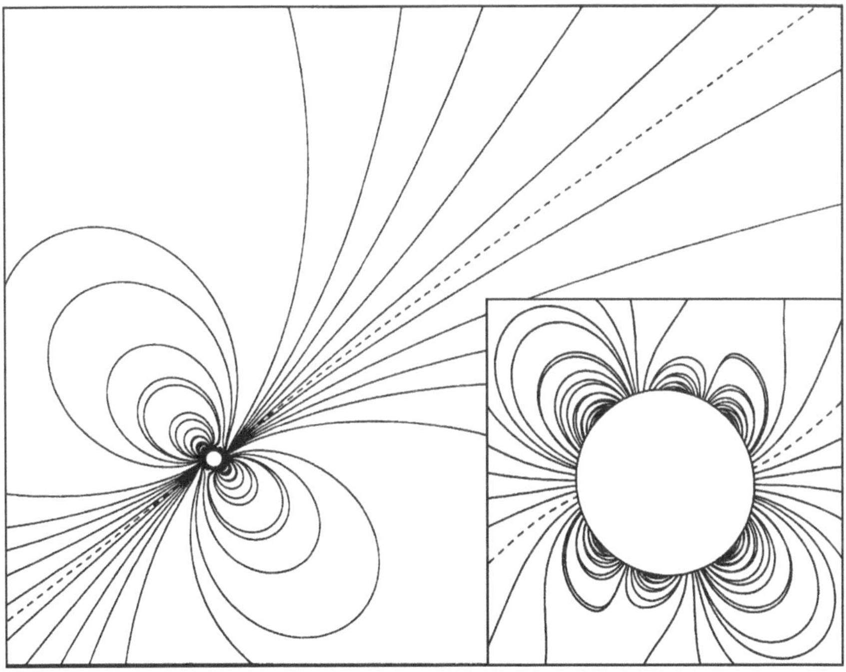

Abbildung 4.1.1: Die magnetischen *Multipolfelder* der *Pulsare* sind wahrscheinlich ,bandagierte' Dipole, erzeugt durch toroidale Umwicklung, vgl. Abb. 2.1.1 und [Chang 1995]. Das hier gezeigte Beispiel lässt erkennen, dass ihre Fernfelder in Dipolfelder übergehen, keineswegs jedoch ihre Oberflächenfelder. Immerhin erwarten wir, dass auch die bandagierten Dipole genau zwei antipodische *Polkappen* besitzen.

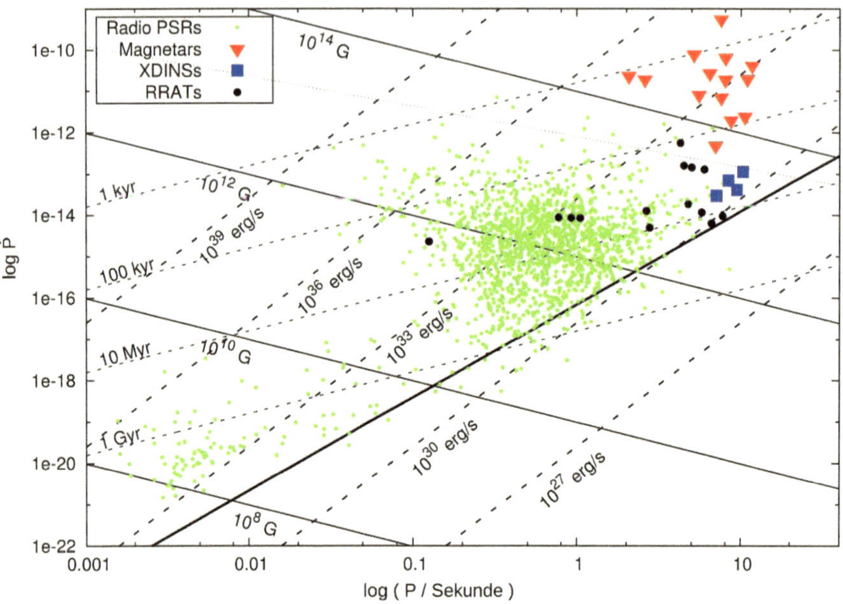

Abbildung 4.1.2: Das $P - \dot{P}$-Diagramm der Pulsare, erstellt vom *Parkes Multibeam Pulsar Survey,* nach [Keane et al 2011]: In diesem Diagramm sind die Zeitableitungen $\dot{P}$ der Pulsperioden doppelt logarithmisch aufgetragen gegen die Perioden P, für (normale) Radio-Pulsare (grüne Kreise), Magnetare (rote Dreiecke), XDINs (DIN := Dim Isolated Neutronstar, blaue Quadrate), und RRATs (:= Rotating Radio Transients, schwarze Kreise). Kurven gleichen Bremsalters τ ($:= P/2\dot{P}$) sind dünn schraffierte Geraden, mit „kyr" bis „Gyr" beschriftet, nach rechts ansteigend; Kurven gleicher magnetischer Bremsfeldstärke B ($:= \sqrt{P\dot{P}}$) sind ausgezogene Geraden, zwischen „10^8 G" und „10^{14} G", nach rechts fallend; und Kurven gleicher Sendeleistung $\dot{P}/P^3$ sind dick schraffiert, zwischen 10^{27} erg/s und 10^{39} erg/s, stark nach rechts ansteigend. Dabei variieren die Spinperioden der Pulsare zwischen 1,4 ms und 12 s, ihre Zeitableitungen zwischen $\gtrsim 10^{-10}$ und 10^{-21}, und ihre (Radio-) Sendeleistungen zwischen $10^{28,5}$ erg/s und 10^{39} erg/s. Die meisten Pulsare senden sogar bis hinauf zu Röntgen- und γ-Energien; und viele von ihnen haben einen nahen stellaren Begleiter. Sie zählen zu den energiereichsten und variantenreichsten Sternen in unserer kosmischen Umgebung.

ihnen speichert 10^{52} erg, fast so viel wie der Kern einer Supernova. Ihre Strahlungsleistungen erreichen 10^{41} erg/s (bei Röntgen-Energien), ein Promille der Strahlungsleistung unserer Milchstraße. Ihre größten Jets haben Reichweiten von $\lesssim 10^2$ pc, z.B. bei SS 433. Wenn wir recht behalten, stammt auch der gesamte kosmische Strahlenhintergrund von Neutronensternen aus unserer Milchstraße – breitbandig von Radio-Frequenzen bis hinauf zu harten Gamma-Energien – allen voran von den Magnetaren, bereits ‚ausgegangenen' Pulsaren, bis hinauf zu Photon-Energien von $10^{20,5}$ eV, über 10^8-mal energiereicher als gegenwärtig im Labor erzeugbar, bei CERN am Large Hadron Collider. Und auch die mehrfach täglichen Gammastrahl-Blitze kommen unserer Meinung nach nicht vom Rande des beobachtbaren Universums, sondern von nahen Magnetaren unserer Milchstraße, oder sogar nur aus unserer irdischen Ionosphaere. Wir befinden uns mitten unter ihnen. Jeder Raumfahrer ist ihnen ausgesetzt, und sollte sich vorsehen, wenn ihm ein langes Leben lieb ist. Einen Überblick über alle Neutronensternbeobachtungen gibt Abb. 4.1.2.

Im Rest dieses Kapitels werden wir uns gründlicher mit speziellen, oft kontroversen Teilproblemen auseinandersetzen, die die Wirkungsweise dieser wohl stärksten aller rotierenden Magneten im Kosmos zum Gegenstand haben, während ihre auffälligsten Machenschaften dem fünften und siebten Kapitel vorbehalten bleiben.

4.2 Die Magnetosphären und leptonischen Windzonen der Pulsare

Wir nähern uns einem vagen Verständnis des Funktionierens von Pulsaren: Wie erzeugen sie ihre relativistischen Winde? Wodurch bläst ein ausgebrannter, schnell rotierender, magnetisierter Stern einen Wind ab? Und warum besteht Einmütigkeit in der Annahme, dass Pulsarwinde leptonisch und (global) ladungsneutral sind, d.h. insgesamt aus gleich vielen Elektronen und Positronen bestehen? Und wie beschleunigen sie ihre Ladungen, bis dicht an die Lichtgeschwindigkeit heran? Wie lautet ihr Abbremsgesetz?

Wegen ihrer hohen Schwerkraft haben Neutronensterne nur thermische Atmosphären der Höhe von ≈cm. Andererseits erzeugen ihre mitrotierenden Magnetosphären starke elektrische Kräfte, die aber nur jeweils Ladungen eines festen Vorzeichens absaugen können. Wie schaffen sie es trotzdem, Ladungen beider Vorzeichen abzusaugen, fortzuschleudern und kräftig nachzubeschleunigen, und sogar gleichzeitig einen neutralen Überschuss davon, der Relativzahl $\xi \approx 10^4$, auf Energien bis in den PeV-Bereich hinauf? Unser Vorschlag lautet - seit 2015 - : alternierendes Absaugen einer (fast-neutralen) *Paarkorona*, der Skalenhöhe $\lesssim 10^2$ m, mittels direkter Paarerzeugung an ihrem Photonenbad durch die auswärts beschleunigten Elektronen (beider Ladungsvorzeichen), sowie anschließende (ladungsneutrale) Nachbeschleunigung durch die auslaufende *starke magnetische Dipolwelle,* zu hohen Energien der emittierten Ladungen , [Kundt, 2015b, 2017].

Rotierende Magnete beeinflussen ihre nicht-neutrale Umgebung. Elektrische Ladungen, die in die Nähe solcher Magnete gelangen, werden von ihnen zur Korotation gezwungen, genauer: zu spiralförmiger Bewegung nach außen, bis sich ihre Geschwindigkeit der Lichtgeschwindigkeit nähert, am Lichtgeschwindigkeitszylinder (LGZ). Jenseits des LGZ, vom Radius c/ω, $\omega := 2\pi\nu$, auf welchem strikte Korotation nur mehr mit Lichtgeschwindigkeit c möglich wäre, öffnet sich dann die auslaufende Spiralbewegung der Ladungen zunehmend zu radialem Entweichen, bewirkt durch die Fliehkraft im Verein mit den (elektromagnetischen) Fernfeldern des Magneten, den sog. *niederfrequenten Wellen.* Solche starken, auslaufenden, niederfrequenten Wellen sind dem Normalbürger kaum geläufig, weil sie in irdischen Forschungslabors nicht genug Platz finden. Hingegen im astronomisch ausgedehnten Vakuum können diese Wellen elektrische Ladungen auf gewaltige Geschwindigkeiten beschleunigen – unabhängig von deren Ladungsvorzeichen! – sogar fast lichtschnelle Ladungen, bei verhältnismäßig schwacher Amplitude, weil sie beständig in dieselbe (radiale) Richtung nachbeschleunigen, bis zu den größten Lorentzfaktoren $\gamma := 1/\sqrt{1\text{-}\beta^2} \gg 1$, $(\beta := v/c)$. Für rotierende Dipole wurden diese Wellen zuerst von Armin Deutsch [1955] berechnet. Die Verallgemeinerung der Berechnung auf beliebige rotierende Magnete gelang erst Udo Wernick im Jahr 2010, durch Entwicklung ihrer elektromagnetischen Felder nach vollständigen Systemen von Eigenlösungen der homogenen Maxwell-Gleichungen, wie sonst vor allem aus der Quantentheorie bekannt ist. Dabei galt es, am LGZ eine rechnerische Schwierigkeit zu überwinden: Dort haben die zu lösenden Differentialgleichungen eine Singularität, entsprechend Potential $= \infty$, besitzen dennoch global reguläre Lösungen.

Uns soll hier der anschauliche Vergleich des Fernfeldes eines Pulsars mit einer spielenden Grammofonplatte genügen: Dabei entsprechen die Rillen der Grammofonplatte den Magnetfeldlinien der niederfrequenten Welle, die Bewegung ihrer Nadel der zeitgespiegelten Bewegung der auslaufenden Ladungen. Erst im Jahr 2010 wurde durch den Fermi-Satelliten sichergestellt, dass es z.B. der Crab-Pulsar schafft, einige seiner

Elektronen (und Positronen) bis zu Lorentzfaktoren $\gamma = 10^9$ nachzubeschleunigen, entsprechend Elektron-Energien – und dann auch Photon-Energien – von E $\gtrsim 10^{15}$ eV. Die fast lichtschnellen Elektronen starten wahrscheinlich in der Magnetosphäre des Pulsars mit Lorentzfaktoren der Größe $\gamma \lesssim 10^3$ und werden dann erst am und jenseits vom LGZ zügig auf hohe Endwerte nachbeschleunigt, in gekreuzten **E**- und **B**-Feldern.

Womit wir bei der ersten 1-Million-Euro-Frage der *Pulsarwinde* angelangt wären: Wie werden die Pulsarwinde initiiert, wie sind sie strukturiert? Wie schafft es der rotierende, magnetisierte Neutronenstern, beständig große Anzahlen *negativer und positiver Elektronen* mit hohen Energien gepulst in seine Umgebung abzublasen? (ACHTUNG: Die Sprache der Teilchenphysiker ist hier inkonsistent: Oft sprechen sie von „positiven" und „negativen Elektronen" statt von „Elektronen" und „Positronen"). Wodurch kommt der starke leptonische Wind der Pulsare zustande, der sich sowohl durch gelegentliche große Bugschocks manifestiert – je nach Zusammensetzung des bremsenden, umgebenden Mediums – bei dessen Vorsichherschieben, als auch durch ihre starke Strahlung, bis hinauf in den hohen Gammastrahlbereich? Entweder entstammen die Windteilchen dem Neutronenstern selbst, oder aber sie werden außerhalb von ihm erzeugt, in Vakuum-Stößen, vermutlich nahe seiner Oberfläche. Mittels welcher Kräfte? Die gravischen Kräfte sind dort derartig stark, dass sich Berge auf einem Neutronenstern höchstens einen cm hoch erheben können, statt der irdischen 10 km; d.h., er gibt seine Teilchen nur äußerst ungern (wieder) frei. Es müssen daher noch stärkere Kräfte wirken als gravische, nämlich elektrische Kräfte, um den Wind abzusaugen. Versucht man jedoch, die Windteilchen elektrisch abzusaugen, so lädt sich der Stern instantan entgegengesetzt auf, gleichsinnig an beiden antipodischen Polkappen; das geht also (auch) nicht!? Aus diesem Dilemma gibt es drei prinzipielle Auswege: 1) Insgesamt gleich viele positive wie negative Teilchen (Elektronen) entweichen längs getrennter Pfade von der Oberfläche. 2) Nur *ein* Ladungsvorzeichen entweicht von beiden Polkappen, findet aber jenseits des LGZ wieder zum Stern zurück, auf äquatornäheren Bahnen; oder: 3) Von beiden Polkappen entweichen ständig fast gleich viele Ladungen beider Vorzeichen, d.h. der Wind ist bei Mittelung über jeweils kleine Zellen elektrisch neutral.

Ausweg 1) ist unseres Wissens unverfolgt geblieben, da sich keine bevorzugten Oberflächenareale für die beiden Ladungsvorzeichen anbieten. Ausweg 2) kämpft mit mindestens drei Hindernissen: (i) Der Weg zum LGZ ist $\beta_{kor}^{-3/2} \gtrsim 20$-mal weiter als derjenige zum (puffernden) Sternzentrum, sogar für die schnellstrotierenden Pulsare; die *Steuerung* müsste mithin *tachyonisch* erfolgen. (ii) Die für den Rückstrom erforderlichen poloidalen Ströme, quer zu den Magnetfeldlinien, sind als *Pedersen-Ströme* drastisch schwächer als Leitungsströme, parallel zu ihnen; und: (iii) Die Pulsarwinde blasen etwa ($\xi \approx$) 10^4-mal stärker als die sog. Goldreich-Julian-Ströme, bei denen die lokalen *Korotationsdichten* mit c entweichen; d.h. es entweicht ξ-mal mehr Plasma, als durch Kurzschließen der Mindestladungen beschleunigt werden kann; wer injiziert den *neutralen Plasma-Überschuss*? Die letzte Aussage folgt direkt aus einem Vergleich der Windleistung mit der Abbremsleistung des Pulsarspins [Kundt & Schaaf 1993]. Ausweg 3) ist bisher wenig verfolgt worden: Wie bereits bei 2) unter (iii) vermerkt, sind die benötigten Ladungs-Injektionen nahe der Oberfläche groß, in Rate und Geschwindigkeit, damit ein Vielfaches an Elektronen beider Vorzeichen nach ∞ entweichen können, groß verglichen mit der Abströmrate bei quasistatischem Stromfluss; der benötigte Wind ist im Mittel elektrisch neutral, er transportiert nur geringe Überschussladungen alternierenden Vorzeichens.

Wir halten nur den Ausweg 3) (hochfrequent alternierender Entladungen) für realistisch [Kundt 1998a]. Bei ihm wird der neutrale Überschuss (von $e^{\pm}$-Paaren) auf drei mögliche Weisen injiziert: entweder (i) durch den *Erber-Prozess*, nämlich durch inelastische Streuung harter, von den auswärts beschleunigten Elektronen erzeugter Photonen am transversalen Magnetfeld, oder (ii) durch harte Photon-Photon-Stöße, sobald die Schwellenergie von $(\text{MeV})^2$ für das Produkt aus den Energien der beiden Stoßpartner erreicht ist, oder aber (iii) direkt, durch inelastische Streuung der auswärts beschleunigten Elektronen an den harten Photonen der Paarkorona, für Schwellenergien $>2\ (\text{MeV})^2$, die wir als Nächstes besprechen werden. Diese dritte, recht naheliegende der drei möglichen

Weisen ist uns erst während des nochmaligen Durchdenkens unseres Textes eingefallen, sie dürfte den dominanten Prozess der Paarüberschuss-Erzeugung darstellen, insbesondere bei den Millisekunden-Pulsaren mit ihren schwachen (Transvers-Dipol-) Magnetfeldern, $B_\perp \ll 10^{11}$ G, die die Schwelle des Erber-Prozesses kaum erreichen lassen.

Hierbei kann man sich die Geschehnisse nahe der Oberfläche eines (aktiven) Pulsars wie folgt vorstellen: Im jeweiligen mitbewegten Ruhsystem der korotierenden Magnetosphäre gibt es ein starkes elektrisches Feld $\vec{E} = \vec{\beta}_{kor} \times \vec{B}$, wann immer dort hinreichend reines Vakuum vorliegt. Vagabundierende Ladungen werden also stark beschleunigt, nach ‚oben' und/oder ‚unten', je nach Vorzeichen. Die nach unten beschleunigten Ladungen bombardieren die Oberfläche und erzeugen dort eine Röntgen-heiße, dichte *Paarkorona*, der Temperatur $T \approx 10^{6,5}$ K, sodass sich dort stets ausreichend viele freie $e^\pm$ befinden und das Problem der großen Austrittsarbeiten der Oberflächenatome ausgeräumt ist. Sobald sich jetzt oberhalb der Paarkorona eine Vakuumzone ausbildet, sorgen die dort sich einschaltenden elektrischen Felder für das Absaugen (aus ihr, nach oben) einer geeignet geladenen Elektronenschicht, die mit fast Lichtgeschwindigkeit abströmt, durch Streuung und/oder geeignete $E \times B$-Kräfte einen hohen neutralen Überschuss in Vorwärtsrichtung erzeugt und/oder absaugt und eine entgegengesetzte Ladungsschicht (unter sich) am Rande der Paarkorona zurücklässt, die nach unten in den Stern entweichen möchte, jedoch spätestens vom antipodischen Spiegelstrom geblockt wird. In dieser Phase schlägt das Vorzeichen des elektrischen Feldes oberhalb der Paarkorona um, und eine entgegengesetzt geladene Elektronenschicht wird nach außen abgesprengt, erzeugt ihren neutralen Überschuss und bereitet die nächste Halbwelle der alternierenden, periodischen Entladung vor. Auf diese Weise entstehen periodische Dichtewellen relativistisch abströmender, fast-neutraler Paarplasmaschichten mit alternierendem Ladungsüberschuss, die den Pulsarwind ausmachen, s. Abb. 4.2.1.

Der Pulsarwind entnimmt seine kinetische Energie letztlich der Sternrotation, indem die korotierende Magnetosphäre durch das heftig ausgestoßene Plasma gebremst wird, das entlang ihrer auslaufenden Magnetfeldlinien entweicht. Wesentliche Voraussetzung für die Erzeugung des Überschuss-Plasmas (mit $\xi\gamma = 10^{7\pm1}$) ist dabei ein starkes Magnetfeld, $B \gtrsim 10^{11}$ G, falls der Erber-Prozess benötigt wird, nämlich zur Erzeugung der harten Photonen, die die Paarerzeugung bewirken. Diese Voraussetzung scheint insbesondere der direkt gemessenen magnetischen Bremsamplitude $B_\perp$ ($\gtrsim 10^8$ G) der meisten Millisekundenpulsare zu widersprechen, um einen Faktor $\gtrsim 10^3$. Hier rächt sich vielleicht der unscharfe Sprachgebrauch der Pulsarphysiker, die oft die „*transversale Dipolkomponente*" $B_\perp$ mit dem Betrag B des Oberflächenmagnetfeldes gleichsetzen: Wie insbesondere Chang [1995] gezeigt hat, können die beiden Größen um mehr als einen Faktor 10^3 differieren, wenn nämlich ein anfangs starkes Dipolmoment des Prä-Neutronenstern-Kerns durch eine *toroidale Bandage* in höhere Multipolfelder umgewandelt wird. Beim Bandagieren entstehen zugleich weit stärker divergierende Feldlinien über den (beiden) *Polkappen* – vom ungefähren Radius $R_{PK} \approx R\sqrt{R\Omega/c}$ – die den Erber-Prozess erleichtern. Andererseits wurde oben unter 3) (iii) argumentiert, dass der Erber-Prozess entbehrlich wird, sobald hinreichend viele $e^\pm$-Paare durch direkten Elektronenstoß am Photonenbad entstehen, eine Bedingung, deren entscheidender Faktor die Stärke $|\vec{\beta}_{kor} \times \vec{B}|$ des elektrischen Feldes ist, die für alle Pulsare ähnlich große Werte annimmt.

Passt denn die soeben ‚erschlossene' *Paarkorona* zu den Pulsarbeobachtungen? Wir meinen „Ja": Pulsarbeobachtungen bei Röntgen-Energien haben statt materialspezifischer Spektrallinien (nur) eine Planckstrahlung offeriert, ähnlich eindrucksvoll wie die kosmische 3K-Strahlung, knapp oberhalb von MeV-Energien. Wir sehen in ihr die Kühlstrahlung des Neutronensterns, thermisiert an seiner Oberfläche durch die Paarkorona, der Skalenhöhe $\lesssim 10^2$m.

An dieser Stelle fügen wir der Vollständigkeit halber die *Abbrems-Gleichung* der Pulsare ein, die dem Spezialisten die Rolle von $B_\perp$ deutlich werden lässt:

$$(P^2)^\cdot = 16\pi^2 D_\perp^2 / 3c^3 I =: 2f \ . \tag{4.1}$$

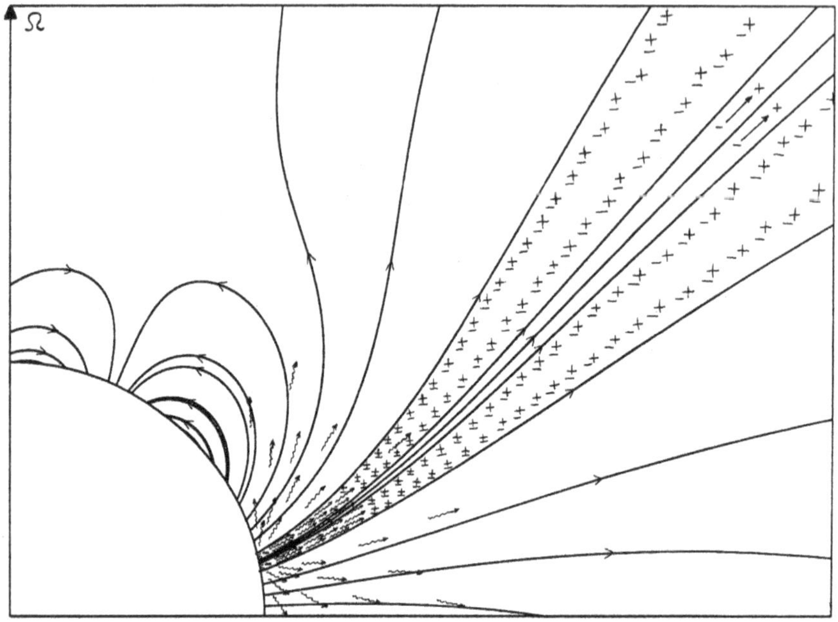

Abbildung 4.2.1: Unsere Vorstellung von der Erzeugung der relativistischen *Pulsarwinde*. Wir meinen, dass die Winde der Pulsare wie folgt entstehen: Durch fortwährendes Bombardement der Neutronensternoberfläche mit (vorwiegend) relativistischem Paarplasma wird dort eine permanente *Paarplasma-Korona* aufrechterhalten. Aus dieser Korona werden beständig Elektronen alternierenden Ladungsvorzeichens abgesaugt, nach außen, durch die starken elektrischen β_{cor} x **B**-Felder der korotierenden Magnetosphäre. Diese extrem-relativistischen Primär-Elektronen erzeugen dann je etwa 10^4 sekundäre, relativistische $e^{\pm}$-Paare, hauptsächlich durch invers-Compton-Stöße am lokalen Photonenbad ($10^{6,5}$ K), die mit ihnen davonfliegen, entlang den Magnetfeldlinien; sie lassen jeweils die elektrische Komplementärladung in der Korona zurück. Auf diese Weise entstehen in rascher Folge ($\lesssim \mu$sec) abströmende *scheibenförmige Pakete* aus alternierend schwach ($\pm 10^{-4}$) geladenem *Paarplasma*, als Unterstruktur des quasi-neutralen, relativistischen Pulsarwindes.

In dieser Differenzialgleichung für die Pulsperiode P(t) bedeutet der hochgestellte Punkt die Zeitableitung, ferner $D_\perp := B_\perp R^3$ das transversale magnetische Dipolmoment, und I das Trägheitsmoment des Pulsars. Man bestimmt also die transversale Dipolkomponente $B_\perp := B \sin\theta$ eines um den Winkel θ gegen die Spinachse geneigten Dipols durch Messung der Bremsrate $\dot{P}/P$. Im nächsten Abschnitt werden wir auf obige zentrale Gleichung zurückgreifen, bei der Behandlung der soeben definierten, rauschenden ‚*Bremsamplitude*‘ f = f(t), die sich als variabel herausstellen wird.

Was haben wir in diesem Abschnitt erfahren? Wir haben uns Gedanken gemacht, wie sich ein isolierter, rotierender, magnetisierter Neutronenstern im Vakuum verhält. Erstaunlicherweise schafft er es, mehrere Millionen Jahre lang einen starken, relativistischen Wind abzublasen – genauer gesagt: im zeitlichen Mittel je einen (grob) *hohlkegelförmigen Strahl* von jeder seiner zwei antipodischen Polkappen, vgl. Abb. 4.1.1, 4.2.1 – der seine Umgebung zurückdrängt, in Gestalt einer *Vakuole* (vom Mindestradius $\lesssim 10^{15}$ cm, [Kundt 2008]), ionisiert und aufleuchten lässt, anfangs als Supernova-Überrest, von Radio-Frequenzen bis hinauf (in der Frequenz) zu Gammastrahl-Energien, und der auch noch in seinen alten Tagen, wenn er bereits als Pulsar ‚ausgegangen‘ ist – weil seine Vakuole *kollabierte* – seine Umwelt mit *Kosmischen Strahlen* anreichern kann oder sogar mit *Gammastrahlblitzen* überraschen kann. Doch davon wird erst im fünften Kapitel die Rede sein. Hier ist noch anzumerken – im Zusammenhang mit dem Strukturelement ‚Vakuole' – dass solche leptonisch getriebenen Blasen stark Rayleigh-Taylor-instabil sind, vgl. 3.4, d.h. dass klumpenförmige Materie aus der Umgebung leicht in sie eindringen und zu dem zentralen Neutronenstern hinabfallen kann, wo sie (wegen Drehimpulserhaltung) eine Zeitlang zumindest einen massearmen Akkretionsring bildet - gegebenenfalls sogar eine Akkretionsscheibe - , der die Winderzeugung des Pulsars stört und sich in seiner *Lichtkurve* und *Bremsrate* bemerkbar macht. Solche transienten Phasen unterschiedlich starker Bremsung und wechselnder Lichtkurvengestalt werden gegenwärtig bei zunehmend vielen Pulsaren beobachtet, besonders stark bei den erlöschenden, aber sogar bei ganz jungen solchen, wie dem Crab.

Im folgenden Abschnitt (4.3) werden wir u.a. noch zwei weitere 1-Million-Euro-Fragen besprechen sowie (anschließend) die Zusatzprobleme, die sich ergeben, wenn es einen nahen Begleiter gibt, dessen verdampfende Atmosphäre den Neutronenstern zu einem hellen *pulsierenden, flackernden* oder auch wiederholt stark *aufleuchtenden* (*bursting*) Röntgen-Doppelstern oder auch Magnetar werden lässt.

4.3 Die Pulsare als Präzisionsuhren

Pulsarwinde werden beobachtet, durch ihren *Staudruck* in jungen Supernova-Resten, durch ihren Bugschock beim Durchqueren kosmischer Plasmawolken, und durch ihre gepulste Strahlung, sowie indirekter durch ihre kosmische Strahlung, und durch ihre Gammastrahlblitze. Soeben haben wir über ihre Entstehung nachgedacht. Jetzt möchten wir herausfinden, wo und wie die Pulsarwinde ihre starke und harte Strahlung erzeugen, und mit welcher Zuverlässigkeit ihrer Periode sie strahlen. Gehen Pulsaruhren genauer als unsere besten Laboruhren? Um diese Fragen eindeutig zu beantworten, müssen wir einerseits das Abbremsverhalten der Pulsare gründlich verstehen – beobachtet in Gestalt der seltenen, stochastischen *Periodensprünge* (glitches) und des beständigen, quasi-kontinuierlichen *Periodenrauschens* (noise) – andererseits versuchen, den genauen Emissionsmechanismus der Pulsare herauszufinden, sowohl innerhalb ihres Lichtgeschwindigkeitszylinders als (vermutlich) auch noch weit außerhalb des LGZ, wobei die hochgradig *kohärente Radiostrahlung* von tief innerhalb kommen sollte, und die wahrscheinlich ausnahmslos *inkohärente harte Strahlung* aus den viel weitläufigeren Außenbereichen.

Dabei galt es während der Mitte der 1970-er Jahre, die vorherrschende (unrealistische) Theorie zerbrechender fester Neutronensternkomponenten von Gordon Baym und David Pines zu ersetzen durch schwach angekoppelte *suprafluide Komponenten* in ihrem Inneren, ein Vorschlag, der im Journal ‚Annals of Physics' ungedruckt verloren ging. Das zeitlich variable Trägheitsmoment der Pulsare macht sie zu unzuverlässigen Präzisionsuhren, die sich aber korrigieren lassen, sobald man mehrere von ihnen gleichzeitig abliest.

Wir wissen bereits, dass die (Radio-) Pulsare starke periodische Radiosignale aussenden, mit Perioden zwischen 1,396 ms und 12 s, die noch in großen Entfernungen ($\gtrsim$10 kpc) empfangen werden können, oft galaktisch weit entfernt. Das liegt an der hohen Kohärenz ihrer Strahlung: Jeder einzelne (schmalbandige) Unter-Puls, und jede (breitbandige) ‚Mikro-Struktur', besteht aus einer riesigen Menge ($\lesssim 10^{15}$) von in Phase abgestrahlten Radio-Photonen, entsprechend Strahlungstemperaturen ihrer Signale bis hinauf zu $\lesssim 10^{31}$ K, heller (pro strahlender Fläche) als irgendwelche anderen Radioquellen im Weltall. Hier erzielt die quantentheoretische Bose-Einstein-Statistik der Photonen Welt-Spitzenwerte. Unsere großen Radio-Antennen lauschen seit Jahrzehnten bis tief in den Weltenraum hinaus, wobei inzwischen rund 2000 Pulsare in unserer Milchstraße entdeckt und vermessen worden sind, bei Radiofrequenzen wie neuerdings auch zunehmend bei Gamma-Energien, mit bereits über 100 Entdeckungen. Mit welchem Ziel? Auf diesem

Arbeitsgebiet dürfte es sich primär um reinen Forscherdrang handeln, der uns antreibt, Genaueres über das Funktionieren dieser kosmischen Winzlinge herauszufinden. Immerhin eignen sie sich hervorragend zur Gewinnung von Präzisionsdaten über das Sonnensystem, durch genaue Vermessung ihrer Schwerpunktsbewegung, und damit u.a. als potenzielle *Gravitationswellenempfänger*. Auch können wir von ihnen lernen, wie sich makroskopische Materie bei der Dichte der Atomkerne verhält. Und sie sind geeigneter als alle anderen Himmelskörper für *Präzisionstests* der Einstein'schen Gravitationsfeldgleichungen der Allgemeinen Relativitätstheorie (*ART*), vor allem wenn in schnellem Umlauf befindlich um einen nahen, schweren Begleiter. U.a. verlieren enge Doppelsterne, der Umlaufsperiode $\lesssim$8 Stunden, ihre Bahnenergie langsam durch Abstrahlung von *Gravitationswellen*, ein wichtiger Test der ART, s. nächstes Kapitel; z.Z. kennen wir sechs solche Doppelsterne.

Beginnen wir unseren Fragenkatalog mit der Eignung der Pulsare als Präzisionsuhren. Im Prinzip kann jeder Pulsar als Uhr dienen, wir brauchen ja nur seine eintreffenden Pulse als Zeitmarken zu registrieren. Aber wie konstant sind deren Intervalle? Die Energie für die Pulsarstrahlung wird seiner Rotation entnommen, also sollten alle Pulsare beständig langsamer werden, und zwar gemäß der Abbrems-Gleichung (4.1): $(P^2)^{\cdot} = 2\,f$, mithin: $P(t)/P(0) = \sqrt{1 + t/\tau}$ für konstante Bremsamplitude $f = f(t)$, wobei $\tau := P/2\dot{P}$ die gegenwärtige Bremszeitskala des Pulsars angibt. In Worten: Die Pulsperiode P(t) eines magnetischen Rotators verlangsamt sich wie die Wurzel aus der Zeit, und zwar auf der Zeitskala τ. Dabei ist τ stets eine obere Schranke für sein Alter. Im Fall der Millisekunden-Pulsare mag τ deren Alter um einen Faktor $10^{3,5\,\pm\,1}$übertreffen, sodass auch sie meist das typische Alter von $10^{6,4}$ Jahren mit all den anderen Pulsaren teilen, das man u.a. ihrer Häufigkeitsverteilung (als Funktion von τ) entnimmt [Kundt 1998a]. Auch sind ihre Rotationsenergien derart groß, dass sich deren (vollständige) Freisetzung in der Strahlungsbilanz der Milchstraße bemerkbar machen würde.

Doch zurück zur Frage nach der Konstanz der Pulsperioden: Ist deren Bremsamplitude f(t) wirklich konstant? Die Perioden können auf $\lesssim$0,5 μs genau abgelesen werden, mit Langzeitgenauigkeiten von $\Delta t\ /\ t \lesssim 10^{-12\,\pm\,3}$. Da sie unterschiedlich schnell zunehmen, korrigiert man sie mit einem Bremsgesetz der obigen (Quadratwurzel-) Form. Dabei hat sich gezeigt, dass die Perioden selbst nach dieser Korrektur noch variabel sind: Alle Pulsaruhren rauschen. Vor allem die jungen Pulsare rauschen, vom Alter $\lesssim 10^4$ Jahre, aber in schwächerem Maße rauschen ebenfalls alle älteren. Das Rauschen hat man am deutlichsten beobachtet in Gestalt diskreter Periodensprünge (*glitches*), der (relativen) Größe zwischen $10^{-4,9}$ und 10^{-10}, (der Rekordsprung geschah bei PSR J1838-0537), die sich auf Zeitskalen $\gtrsim$Jahr wiederholen. Aber das Rauschen setzt sich unterhalb der kleinsten messbaren Sprünge (von 10^{-10}) monoton fort als quasi-kontinuierliches, unaufgelöstes Rauschen der Pulseintreffzeiten, mit den Relationen:

$$n = 3 - 2\,\tau\,(\ln f)^{\cdot}\ ,\ \text{ und: } |\,n\,| \lesssim \tau\ /\ 300\,a\ . \tag{4.2}$$

In Worten: Der sog. *Bremsindex* $n := \Omega\ddot{\Omega}/\dot{\Omega}^2$ der Pulsare, mit Winkelgeschwindigkeit $\Omega := 2\pi/P$, nähme genau dann den (konstanten) Wert 3 an, wenn f(t) konstant wäre. Tatsächlich haben nur die ($\geq$drei) jüngsten, $\approx 10^3$-jährigen Pulsare Bremsindizes knapp unter dem Wert 3. Bei den älteren Pulsaren wächst n dem Betrage nach proportional zu τ an, zu (großen) Werten $\lesssim 10^8$, mit beiderlei Vorzeichen. Die Bremsamplitude f(t) ist also für keinen Pulsar in Strenge konstant; ihre logarithmische Zeitableitung wächst betragmäßig mit zunehmendem Alter. Trotzdem gewinnt die Ganggenauigkeit der Pulsaruhren mit zunehmendem Abspin-Alter τ, bzw. mit abnehmender Bremsrate; bei den τ-ältesten erreicht sie die derzeit höchste Genauigkeit unserer Atom-gesteuerten Labor-Uhren, von $\delta t\ /\ t \lesssim 10^{-15}$. Seit kurzem ($\gtrsim$2010) sind sogar Wasserstoff-Uhren der Ganggenauigkeit 10^{-18} konstruiert worden, wahrscheinlich synonym mit nuklear-gesteuerten Uhren, deren schwingende Quarks im Optischen emittieren; und sogar ,fountain clocks' der Genauigkeit 10^{-20} sind im Gespräch.

Wodurch kann f(t) variabel sein? Laut Gleichung(4.1) ist f(t) proportional zu $D_\perp^2/I$, d.h. zum Quadrat des bremsenden magnetischen Moments $D_\perp$ und zum invertierten Trägheitsmoment I. Bereits im vorletzten Abschnitt 4.1 haben wir uns (mit Flowers &

Ruderman) überlegt, dass $D_{\perp}(t)$ in guter Näherung konstant sein sollte; mithin richtet sich unser jetziger Variabilitätsverdacht auf I(t) : Kann I springen? Womit wir bei der zweiten 1-Million-Euro-Frage angekommen wären: Wie verformbar ist ein Neutronenstern? Wie lassen sich obige Formeln (4.2) für n(t) verstehen?

Die mehrjährigen Forschungsarbeiten dieser Art untersuchten vor allem das Verhalten der jungen Pulsare kurz nach ihren Periodensprüngen, in den Stunden bis Jahren danach, am deutlichsten während der ersten 20 bis 200 Tage. Solche ‚Erholungen' (*recoveries*) nach Sprüngen sind unterschiedlich von Pulsar zu Pulsar; sie bestehen aus Überlagerungen gedämpfter Schwingungen und sind durchweg nach 6 Jahren abgeklungen, wobei das Vorzeichen von $\dot{f}$ oft bereits binnen 2 Jahren wieder umschlägt, s. Abb. 4.3.1. Anfänglich dachte man an ein Zerbrechen fester Komponenten im Innern des Neutronensterns, an Krustenkrachen oder gar Krachen eines kristallinen Kerns. Aber die elastischen Eigenschaften von Neutronensternkrusten unterscheiden sich von denjenigen irdischer Festkörper: Die Krusten sind fast inkompressibel durch den Fermi-Druck der entarteten Elektronen, hingegen leicht verformbar wegen der viel schwächeren Scherkräfte des Ionengitters, entfernt vergleichbar irdischem Wackelpudding. Auch ließen sich bei Röntgenbeobachtungen von Pulsaren während großer Periodensprünge keinerlei Anstiege der Oberflächentemperatur erkennen, selbst nach den größten Sprüngen (des Vela-Pulsars), also wurde dabei offensichtlich nicht die (hohe) gravische Energie des Sterns angezapft. Mithin sollte es sich beim Pulsarrauschen ausschließlich um Drehimpulsaustausche bei festem Schwerepotenzial handeln, nämlich um das gelegentliche sporadische Ankoppeln (an den Reststern) von superrotierenden Komponenten, bestehend hauptsächlich aus suprafluiden Neutronen, d.h. aus reibungsfreien (kalten), elektrisch neutralen Komponenten, die das starke Magnetfeld des Sterns nicht spüren. Diese Deutung hat sich bis zum heutigen Tag bewährt, zumal das Neutronensterninnere wenig kompressibel sein dürfte, hingegen leicht verscherbar. Beim Abbremsen und Abkühlen, mit wachsendem Alter, verhält sich das Sterninnere zunehmend wie eine mehrkomponentige Flüssigkeit mit eingelagerten, reibungsfreien Komponenten in Superrotation, die von Zeit zu Zeit wieder an den Reststern ankoppeln und dabei jeweils den Spin des (geladenen) Reststerns sprunghaft vergrößern.

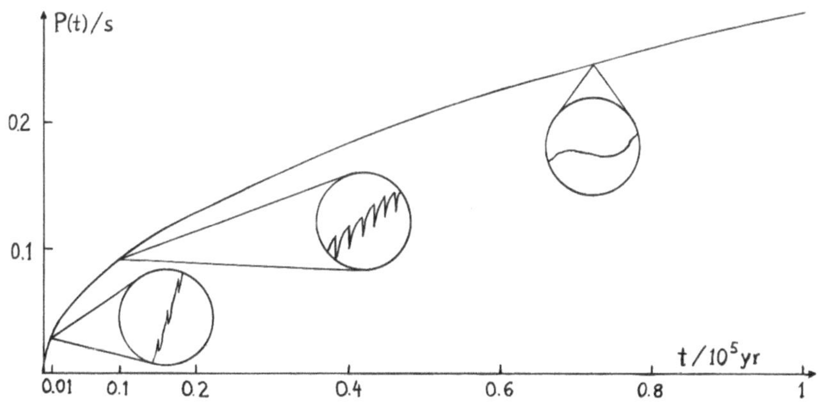

Abbildung 4.3.1: Das zeitlich veränderliche *Sprung- und Rausch-Verhalten* der Pulsarperioden, skizziert für Pulsare vom ungefähren Alter 10^3 *a*, 10^4 *a*, und 10^5 *a*, [Kundt 1998a]. In allen Fällen werden die Periodenunregelmäßigkeiten verstanden als spontanes Ankoppeln neutraler, superrotierender Komponenten im Innern des sich im Mittel verlangsamenden, differenziell rotierenden Neutronensterns. Beim ruckartigen Ankoppeln werden u.a. interne *Drehschwingungen* angeregt, die laut Messungen sehr unterschiedliches, altersabhängiges *Verheilverhalten* zeigen. Im Grenzfall sehr kleiner Sprünge geht das Sprungverhalten stetig über in das offenbar stets vorhandene, geringe *Periodenrauschen*.

Alles bisher Gesagte über das Abbremsen magnetisierter Rotatoren und die hierdurch bedingte Veränderlichkeit ihrer Spin-Perioden gilt gleichermaßen für *Weiße Zwerge* (wie für Neutronensterne), deren bisher kürzeste gemessene Periode P bei 13 s (statt 1,4 ms) liegt, rund 10^4-mal langsamer, entsprechend einem $\lesssim 10^3$-mal größeren Radius R: Stabilität gegenüber Massenverlust am Äquator verlangt nämlich $\Omega \lesssim \sqrt{4G\rho}$, entsprechend P $\gtrsim \sqrt{R^3/M\,G}$ (mit $\rho :=$ Massendichte $\sim M/R^3$). Die rotierenden Weißen Zwerge sind also langsamere Uhren als ihre kompakteren Neutronenstern-Analoge, dafür aber $\lesssim 10^6$-mal stabiler wegen ihrer fast 10^6-mal größeren Trägheitsmomente I ($\sim MR^2$). Dieser Unterschied kann bisweilen helfen zu entscheiden, um was für einen Stern es sich bei einer entdeckten Röntgenquelle handelt.

Fehlt noch bei unserer Einsicht in das Funktionieren der Pulsare der Modus, nach dem sie ihre Pulse aussenden, angefangen bei langen Radiowellen und hinaufreichend (in Frequenz) bis zu harter Gamma-Strahlung. Hierbei handelt es sich um die dritte der 1-Million-Euro-Fragen zu Neutronensternen: Wo und wie emittieren die Pulsare ihre z.T. hochgradig kohärenten, breitbandigen Spektren? In den {inneren, äußeren} Lücken (gaps) ihrer Magnetosphäre – falls existent – anderwo daselbst, und/oder auch in ihrer ausgedehnten, fernen Windzone? Die mannigfachen Antworten hierauf in der Literatur zeigen keinerlei Einmütigkeit. Eine überzeugende Erklärung würde einerseits unser Vertrauen in das bereits skizzierte Pulsarmodell stärken, gäbe uns andererseits Hinweise auf den Ablauf einiger weiterer kosmischer Phänomene, deren Zustandekommen uns z.Z. noch Rätsel aufgibt. Auf jeden Fall sollte sich der(die) Leser(in) bewusst sein, dass die hier gesuchte Erklärung im Entdeckungsjahr 1967 der Pulsare weder bekannt noch erwartet worden war.

Strahlung wird immer dann ausgesendet, wenn elektrische Ladungen beschleunigt werden, mit einer Leistung L, die für einzelne Ladungen e proportional ist zum quadrierten Produkt $(e^2\gamma/m_0)^2$ aus e^2, ihrem Lorentz-Faktor $\gamma := m/m_0 = 1/\sqrt{1-\beta^2}$ sowie ihrer inversen Ruhmasse m_0. Hier suchen wir nach einer Erklärung für extrem starkes L, also verdächtigen wir die (Elementar-) Teilchen der geringsten Ruhmasse m_0 als Sender, Elektronen beider Vorzeichen, und zwar bei möglichst großen Lorentz-Faktoren γ. Damit sie (stark) senden, müssen sie (stark) beschleunigt werden, durch elektrische und magnetische Felder **E** und **B**. Eine quantitative Antwort gibt die Lehrbuchformel für L (für eine einzelne beschleunigte Ladung, [Kundt 2005]):

$$L \approx (2/3c)(e^2\gamma/m_0 c)^2[(\mathbf{E} + \beta \times \mathbf{B})^2 - (\mathbf{E} \cdot \beta)^2] \tag{4.3}$$

mit $\beta := \mathbf{v}/c$. In dieser Formel erkennen wir den bereits diskutierten Vorfaktor, der Elektronen als Sender bevorzugt, sowie zwei quadratische Ausdrücke in den Vektoren **E**, **B**, und β in dem letzten, in eckigen Klammern stehenden Faktor, deren Summe positiv ist mit einer einzigen Ausnahme, wenn nämlich beide Summanden gleichzeitig verschwinden. Dieser wichtige, strahlungsfreie Ausnahmefall der sog. **E** × **B**-Drift wird uns besonders bei den Jet-Quellen wiederbegegnen, in 4.6 und im siebten Kapitel.

Hier suchen wir nach dem entgegengesetzten Fall extrem starker Strahlung einer großen Anzahl N von Ladungen. Gewöhnlich, bei unabhängig bewegten Ladungen und Feldern, addieren sich einfach die Sendeleistungen der Einzelladungen, mit dem Ergebnis N-facher Leistung. Weit größere Sendeleistungen können hingegen für einheitliche Teilchenbewegungen erzielt werden, für *kohärente* Emission, bei der sich die Sende-Amplituden der einzelnen Ladungen (statt deren Leistungen) addieren, repräsentiert durch deren Geschwindigkeitsvektoren β_j. Für N kohärent strahlende Ladungen beträgt die abgestrahlte Leistung das N^2-fache der Einzelleistung, $L_{koh} = N^2 L$. Diese Überlegung spricht für oberflächennahe Emission der Radiopulse der Pulsare, wegen der dort besonders hohen Elektronendichten wie auch besonders starken magnetischen Führungsfelder. Andererseits dürften Gyrationen der (negativen und positiven) Elektronen sehr nahe der Oberfläche durch das extrem starke Magnetfeld (quantisiert und) unterdrückt sein, sodass die Ladungen wie Perlen an Drähten an ihm entlanggleiten und der Fall strahlungsfreier **E** × **B**-Drift vorliegt. Bei radial schnell abnehmender Magnetfeldstärke B(r) sollte es eine für Abstrahlung optimale Höhe über der Oberfläche des Neutronensterns geben, bei der B(r) bereits schwach genug ist, um kollektive Gyrationen um **B** zu erlauben, andererseits noch stark genug ist, um die relativistisch abströmenden Elektronen fest genug auf ihren gekrümmten Magnetfeldlinien zu halten, fest genug für hinreichende Sendeleistung.

Mit solchen Erwägungen wurden für die optimale Emissions-Feldstärke B_{em} in halbempirischen Untersuchungen Werte $\gtrsim 10^7$ G gefunden, und für die Anzahl N kohärent beschleunigter Ladungen Werte der Größenordnung 10^{14}, zur Beschreibung von *Synchro-Krümmungsstrahlung* unter *kleinen Winkeln* gegen die **B**-Richtung, die wir MAFER genannt haben: ‚Microwave Amplification by Forced Emission of Radiation' [Kundt 1998a]. Solche kollektiven, stark gedämpften Gyrationen um die (gekrümmten) Feldlinien passen zu den oft hochgradig zirkular polarisierten Mikrostrukturen der Pulse, bisweilen auch linear polarisierten Emissionen, und passen ebenfalls zu dem in 4.2 erschlossenen fast-neutralen Pulsarwind hoher, pulsierender Dichte von fast-neutralem $e^{\pm}$-Plasma, sowie zu den Tatsachen, dass wir 1) von je zwei Pulsaren unterschiedliche *Lichtkurven* empfangen, und dass 2) die Emissionen bei jedem einzelnen Pulsar mächtig ($10^{4\,\pm\,4}$-fach) von Puls zu Puls schwanken, sodass sich reproduzierbare Lichtkurven immer erst nach Summation über viele ($\gtrsim 10^2$ bis $\gg 10^3$) Einzelpulse einstellen. Noch ist uns das genaue, stark variable, stark zeit- und richtungsabhängige *Antennendiagramm* (Sendekeule) der Pulsare nur andeutungsweise bekannt; schließlich können wir ja jeden von ihnen nur aus einer festen Richtung senden sehen. Die Sendekeule ist sicher nicht bleistiftförmig (f = 0,2) – bereits aus statistischen Gründen gilt $f \geq \Delta t$ / 10 Jahre ≈ 1 für den ‚Antennen-Füllfaktor' f und die mittlere Wiederkehrzeit $\Delta t \gtrsim 10$ Jahre von Neutronensterngeburten (SN-Explosionen) in der Milchstraße – sondern viel eher *fächerförmig*, vielleicht mit sich biegenden Borsten, s. Abb. 4.3.2. Solche ‚sich biegenden Borsten' zeigen sich wahrscheinlich bei den gelegentlich auftretenden Serien ‚*driftender Unterpulse*', die periodisch durchs Pulsfenster laufen und das Zustandekommen einer scharfen Pulsform verhindern: Sie dürften durch Oszillationen ihrer Magnetosphären zustandekommen.

Wie auch immer ein künftiges Emissionsmodell beschaffen sein mag, es muss starke zeitliche Variabilität in Winkel, Leistung und Polarisation der Strahlung zulassen, wie oben u.a. impliziert durch den kohärenten Verstärkungsfaktor $N^2 \lesssim 10^{28}$. Und es muss verträglich sein mit einer breit gefächerten Sendekeule derart, dass wir nicht etwa nur 20 % aller (nahen) Pulsare ‚empfangen' können, weil wir angeblich meist nicht ‚im Strahl' sind: Solche ungünstig orientierten (beamed away) Pulsare hätten sich seit langer Zeit durch ihre helle Umgebung bemerkbar gemacht, auch passen sie nicht zu den statistisch erschlossenen zehn Pulsargeburten – sprich Supernovae – pro Jahrhundert in der Milchstraße. Eine kleine Minderheit solcher radioleisen isolierten Neutronensterne werden wir allerdings gleich noch in Gestalt der (reinen) Gammastrahl-Pulsare kennenlernen.

Und wo entsteht die übrige Pulsarstrahlung, bei infraroten, optischen, Röntgen- und Gamma-Frequenzen (Energien)? Ebenfalls innerhalb der korotierenden Magnetosphäre, oder vielmehr in weit größerem Abstand vom Pulsar? Die bloße Tatsache, dass sie ebenfalls gepulst bei uns ankommt, kann hierüber nicht entscheiden, wenn sich der Pulsarwind durchweg mit fast Lichtgeschwindigkeit ausbreitet, entsprechend Lorentz-Faktoren der $e^{\pm}$ von $\gamma = 10^{5,5}$ und mehr, sodass $1 - \beta \approx 1/2\gamma^2 \lesssim 10^{-11}$. D.h., die Geschwindigkeit der auslaufenden Elektronen im Crab-Nebel (z.B.) ist um weniger als 10^{-11} geringer als diejenige von Photonen, insbesondere als diejenige der auslaufenden starken 30 Hz-Wellen (mit $\lambda = 10^9$ cm); sie verlieren mithin weniger als 10^{-2} Wellenlängen auf der (10^{18} cm =) Lichtjahr-langen Rennstrecke bis zum Innenrand des (Crab-) Nebels, bleiben also mit hoher Genauigkeit in Phase. Die gesamte invers-Compton-Strahlung der auslaufenden Ladungen erreicht uns also in Phase mit allen Photonen, die gleichzeitig am Lichtgeschwindigkeitszylinder-Radius c/Ω starten. Phasenverschiebungen zwischen ihnen entstehen lediglich durch Umwege längs der gekrümmten Magnetfeldlinien innerhalb des LGZ sowie durch dortige Emissionen unter nicht-radialen Winkeln. Es ist also verständlich, dass die Pulse verschiedener Pulsare bei verschiedenen Frequenzen unterschiedlich phasenverschoben bei uns ankommen, üblicherweise zwei pro Spinperiode, aber keineswegs stets äquidistant oder gleichstark oder sonstwie regulär. Jeder Pulsar pulst anders.

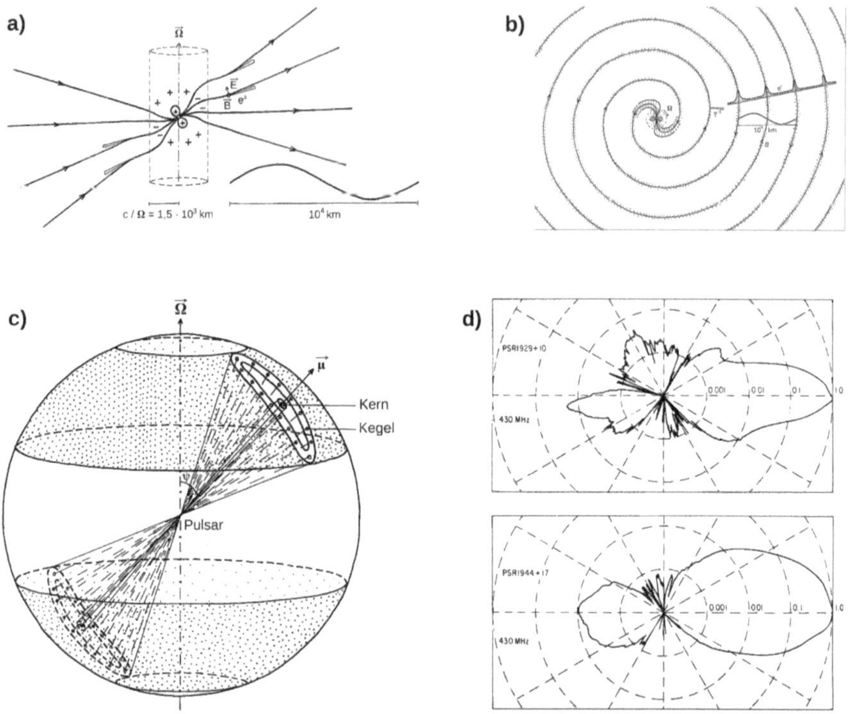

Abbildung 4.3.2: Die ungefähre Geometrie der fernen Pulsar-*Windzonen* und/oder *Sendekeulen*, erschlossen u.a. aus ihren Lichtkurven, [Kundt 1998a]: Da wir jeden Pulsar nur aus einer festen Richtung beobachten können, wissen wir nicht, wie sein – zweifellos frequenzabhängiges – *Antennen-Diagramm* in Strenge aussieht. Immerhin können wir dem (unterschiedlichen) *Flackern* der Signale eines einzelnen sowie einer Schar ähnlicher Pulsare im Verein mit theoretischen Überlegungen entnehmen, dass wir die Mehrzahl aller hinreichend nahen, Galaktischen Pulsare (bei geeigneten Frequenzen) *empfangen*, wennschon meist nur mit *einer* (statt mindestens zwei) ihrer Sendekeulen, und dass sie alle extrem *kohärent* strahlen, d.h. dass jeweils extrem viele ($\lesssim 10^{15}$) Elektronen an der Emission jedes empfangenen Signals beteiligt sind. Die Abbildungen **a)** und **b)** sind Skizzen der vermuteten Geometrie, gesehen senkrecht bzw. parallel zur Spinachse des (magnetisch gekippten) Neutronensterns, **c)** ist eine mögliche 3D-Gestalt des (allgemeinen) Antennendiagramms, wobei die Richtkeule wahrscheinlich aus vielen igelartigen Stacheln besteht, die sich individuell von Puls zu Puls auch noch elastisch hin und her bewegen, und **d)** ist ein polar-logarithmisch aufgetragenes Intensitätsprofil bei 430 MHz (der PSRe 1929+10 und 1944+17), die sich offenbar nur ganz kurzzeitig (pro Periode) der Nullintensität nähern. Dabei hat jeder Pulsar seine eigene Handschrift, sprich: Lichtkurve.

Ein weiteres Argument für signifikante Emissionen außerhalb des LGZ besteht in der erwarteten starken Nachbeschleunigung aller auslaufenden Ladungen am und jenseits vom LGZ, wo die starken Wellen (30 Hz beim Crab) entstehen, von Lorentz-Faktoren $\gamma \lesssim 10^3$ auf $\gamma \lesssim 10^9$. Erst außerhalb des LGZ erfolgt die eigentliche Energieübertragung vom rotierenden Neutronenstern auf die entweichenden Leptonen, also ist auch erst dort draußen ein Großteil der Abstrahlung zu erwarten, vor allem als invers-Compton-Strahlung, bei hohen Photonenenergien. Diese Erwartung wird quantitativ bestätigt durch ein strenges Resultat betreffend die Abbremsung eines Rotators durch Teilchenverlust, die mit Lichtgeschwindigkeit entweichen: Ihr mittlerer Hebelarm $r_\perp$ (bzgl. des Zentrums) gleicht dem LGZ-Radius: $r_\perp = c / \Omega$. Alle Strahlung innerhalb und nahe beim LGZ besitzt kleinere Hebelarme, also muss über 50 % der Leistung außerhalb des LGZ emittiert werden. Diese Bedingung ist oft in der Literatur übersehen worden, wenn z.B. Emissionen in den (angeblichen) äußeren Lücken (outer gaps) gerechnet und simuliert wurden. Auch haben wir Schwierigkeiten, die teilweise recht harten gemessenen Spektren innerhalb des LGZ zu erzeugen, durch Synchrotron und/oder invers-Compton-Strahlung: Sie genügen den Ungleichungen $h\nu \lesssim \{\text{MeV } \gamma_3^2 B_7, \text{ GeV } \gamma_3\}$ für die beiden genannten Emissionsmechanismen, während vereinzelt Photonen-Energien bis hinauf zu $h\nu \lesssim$ PeV gemessen worden sind, entsprechend $\gamma \lesssim 10^9$. Solch hohe γ verlangen hinreichende Nachbeschleunigung durch die auslaufenden starken Wellen.

Und noch ein Argument für signifikante Emissionen außerhalb des LGZ: Die optischen Pulse des Crab-Pulsars, falls inkohärent emittiert, wären nicht bereits in den 1970-er Jahren (mittels rotierender Blende) registriert worden. Die benötigte emittierende Fläche hierfür ist weit größer, als innerhalb seines LGZ gegeben. Bei kohärenter Emission durch den stark fluktuierenden Pulsarwind wären andererseits viel stärkere Intensitätsschwankungen erwartet.

Hiermit haben wir die Pulsare als kosmische Präzisionsuhren kennengelernt, zu deren sorgfältiger Ablesung und zu deren keineswegs alltäglicher Wirkungsweise eine Reihe fundamentaler Überlegungen und Formeln herangezogen wurden. Als vermutlich effektivste Teilchenbeschleuniger im Weltraum werden sie uns in den kommenden Kapiteln noch wiederholt beschäftigen. Aber auch in diesem Kapitel werden sie weiterhin als wichtigste Komponenten zusammengesetzter Sternsysteme fungieren. Dann wird sich auch zeigen, ob sich unsere Vorstellungen von ihrem detaillierten Verhalten bewähren, d.h. ob sich konsistente Gesamtbilder für die Aktivitäten in unserer kosmischen Nachbarschaft ergeben.

4.4 Akkretion in Röntgen-Binärsystemen

Bisher galten unsere Überlegungen den *isolierten* Neutronensternen, die es geschafft haben bzw. noch immer schaffen, mit ihren Winden eine hinreichend große Vakuole um sich herum plasmaleer zu fegen. Ähnlich viele Neutronensterne besitzen jedoch nahe Nachbarsterne, die durch ihre kühleren, und damit schwereren Atmosphären und/oder Windzonen solche Vakuolen erdrosseln. Solche *binären* Neutronensterne heizen ihre nahen Umgebungen zu Röntgentemperaturen auf und werden deshalb gewöhnlich als Röntgen-Binärsysteme beobachtet, die z.T. ebenfalls periodisch strahlen, z.T. auch quasi-periodisch, oder auch konstant strahlen, flackern oder stochastische Helligkeitsausbrüche aufweisen, durch geklumpte Akkretion oder aber durch kleine nukleare Explosionen an ihren Oberflächen.

Wiederum verlangt eine zuverlässige Beschreibung dieser Systeme wirklichkeitsnahe Modelle: Wie erfolgt ihr *Akkretionsstrom*, homogen oder geklumpt, mit Zwischenspeicherung in einer Akkretionsscheibe und/oder als Schaum, aufgefegt durch ihre korotierende Magnetosphäre? Wie wechselwirkt ein schnell-veränderliches Magnetfeld mit dem Innenrand einer robusten, es umgürtelnden Scheibe, sog. *magnetisches Peitschen*? Entstehen hierbei gleichzeitig die Kosmischen Strahlen, als Folge magnetischer *Kippschwingungen*, und gelegentlich sogar die *Gammastrahl-Blitze*, die in der Literatur als aus kosmischer Ferne kommend interpretiert werden? Zweifellos befinden wir uns (auch) hier im Frontgebiet astrophysikalischer Spekulation.

Viele Neutronensterne befinden sich in Doppelsternen und werden nicht als Radioquellen beobachtet, wohl aber als Röntgenquellen, deren Leuchtkraft der Akkretion entnommen wird. Nur ein kleiner Teil von ihnen macht sich durch gepulste Röntgenstrahlung bemerkbar, gepulst mit der Spin-Periode des kompakten Sterns; die restlichen Quellen lassen keinen Spin erkennen. Handelt es sich bei ihnen um zwei verschiedene Sterntypen? Wohl kaum, denn diese beiden Quellsorten haben ansonsten recht ähnliche

Eigenschaften, die für stark magnetisierte Neutronensterne kennzeichnend sind: Oft *flackert* ihre Röntgenintensität, oft auch erzeugen sie *Jets* und/oder *ionisieren* sie ihre nahe Umgebung, gelegentlich haben sie Intensitätsausbrüche (*bursts*), und/oder werden sie bei *harten* Emissionen (im γ-Bereich) erwischt. Man hat versucht, die hinreichende Stärke ihrer magnetischen Dipolmomente verantwortlich zu machen für die Fähigkeit (der Sorte eins) zu pulsen, stieß dabei aber auf Schwierigkeiten wegen der Ähnlichkeit all ihrer sonstigen aufgezählten Eigenschaften.

In ihrer mühsam publizierten Arbeit [1987] haben Kundt, Özel und Ercan vorgeschlagen, nicht die Magnetfeldstärke als unterschiedlich zu wähnen bei den beiden Quellsorten, sondern den Akkretionsmodus, welcher stark beeinflusst wird durch die *Temperatur* nahe dem Innenrand der Scheibe. Es wurde nämlich in der frühen amerikanischen Literatur zu diesem Thema übersehen, dass der Materieeinfall auf einen Neutronenstern nicht eindeutig und universell abläuft, sondern auf *drei* verschiedenen *Wegen* erfolgen kann, vgl. Abb. 4.4.1 : **1)** Das aus einer umringenden Akkretionsscheibe hereinspiralierende Medium wird durch die korotierende Magnetosphäre des Sterns am Einfall gehindert, durch seine ionisierte Komponente; es schneidet sich wie eine Sichel in das hochelastische Magnetfeld und wird von diesem in kleine Stücke zerteilt – dem Fachmann vertraut als (magnetische) Rayleigh-Taylor-Instabilität – sowie zu Entartungsdichte (wie in Weißen Zwergen) komprimiert, gemäß Druckgleichgewicht mit dem magnetischen Feld: $p_{mag} = B^2/8\pi = 10^{16,5}$bar $(B_{12})^2$. (Zum Vergleich: hier an der Erdoberfläche leben wir bei Drücken der Größenordnung 1 bar, im Innern unserer Erde bei Drücken $g\ \rho\ r \lesssim 10^6$bar, und im Inneren eines Neutronensterns bei Drücken $g\ \rho\ r \lesssim 10^{28}$bar). Die so entstehenden Materieklumpen, genannt ‚Klingen' (*blades*), nehmen durch den stark inhomogenen magnetischen Druck ähnliche Gestalten an wie Flugzeugtragflügel, da sie derselben Differentialgleichung gehorchen; sie erreichen (Elektronen-) Entartungsdichte, werden perfekte elektrische Leiter und schneiden sich auf ihren quasi-Keplerbahnen durch das zunehmend starke Magnetfeld in Richtung Sternoberfläche. Auf diese Weise können schwere Platten verschiedenster Größe mit gigantischen Geschwindigkeiten auf die Neutronensternoberfläche hinabstürzen und, je nach Größe, Intensitätsflackern (*flickering*) verursachen, Ausbrüche (*bursts*) erzeugen, oder in Extremfällen sogar Gammablitze auslösen; doch darüber im folgenden (5.) Kapitel.

Dieser erste Akkretions-Weg gelingt nur in verhältnismäßig kalten Konfigurationen, wenn kein heißer Begleitstern aus der Nähe ‚zuschaut', sodass die einzelnen Klingen überleben. Andernfalls, bei zu heißer Einstrahlung – zusätzlich zur Reibungs- und Kollisions-Heizung – verdampfen die Klingen, und es öffnen sich die Wege 2) und 3): Der Klingendampf gelangt ionenweise auf Feldlinien der korotierenden Magnetosphäre, auf denen die Ionen und ihre neutralisierenden Elektronen entlanggleiten wie Perlen auf Drähten, dorthin, wohin sie die zusätzlichen Flieh- und Schwerkräfte zerren. Dabei führt Akkretionsweg **2)** letztlich hinab auf jeweils eine der beiden magnetischen Polkappen, falls die Injektion in die Magnetosphäre innerhalb des Korotationsradius erfolgte, andernfalls – außerhalb des Korotationsradius – führt Akkretionsweg **3)** zu transienten Oszillationen von Plasmataschen mit anschließendem zentrifugalem, springbrunnenartigem Auswurf. Natürlich können in Übergangsphasen auch alle drei Wege gleichzeitig realisiert sein, mit fluktuierenden Anteilen. Weg 1) erzeugt keine pulsenden Quellen, weil auf einen Äquatorstreifen (verhältnismäßig großer Fläche) akkretiert wird, vielmehr ungepulste, flackernde, weiche Röntgenstrahlung. Weg 2) erzeugt pulsierende Quellen, und Weg 3) erzeugt QPOs, vgl. 4.9, und Jets. Weg 1) kann aber in Extremfällen auch Gammablitze erzeugen, wie Kundt und Chang im Jahre 1993 bemerkten, nämlich wenn Klumpen von irdischer Berggröße (!) auf die Oberfläche eines Neutronensterns hinunterstürzen.

Haben wir mit den Wegen 1) bis 3) bereits alle verschiedenen Akkretionsmoden auf einen stark magnetisierten Neutronenstern diskutiert? Wir sind ausgegangen von der Annahme, dass sich bei der Akkretion eine umringende Scheibe ausbildet, wenn Masseraten von mehr als (dem Eddington-Limes von) $10^{-8}M_\odot$/Jahr transferiert werden. Vorsichtige Beobachter unterscheiden jedoch zwischen kurzen und langen Bahnperioden und haben die ersteren Systeme ‚*scheiben-gespeist*' genannt, die letzteren ‚wind-gespeist',

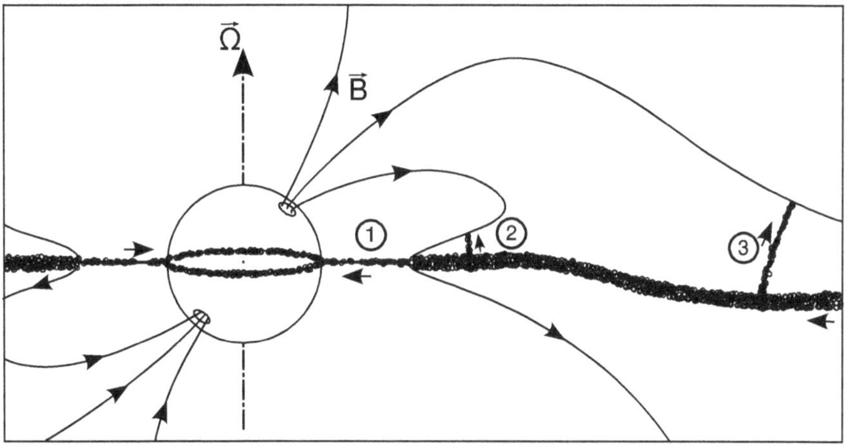

Abbildung 4.4.1: Skizze der drei verschiedenen *Akkretionswege* der (stark magnetisierten) Neutronensterne mit Akkretionsscheiben: Das hereinspiralierende *Scheibenmaterial* kann entweder (**1**), unverdampft) bis zum Innenrand der Scheibe gelangen und von dort aus, geklumpt und damit schwer, durch das (komprimierte) Magnetfeld des Sterns hindurch bis auf dessen Oberfläche fallen, oder aber es verdampft schon vorher und gelangt diffusiv in einen stellaren Magnetschlauch, in Ionenform, längs dessen Feldlinien es dann entweder **2**) auf eine der beiden Polkappen hinabstürzt, oder aber – sobald außerhalb der Korotationsdistanz vom Stern – **3**) wieder größeren Abstand von der Spinachse gewinnt, d.h. zurück nach außen geschleudert wird. Quellen der ersten Sorte leuchten ungepulst, solche mit heißen Polkappen hingegen gepulst; s. auch Abb. 4.8.1.

(*disk-fed versus wind-fed*), in der Annahme, dass sich bei großen räumlichen Bahnabständen der Doppelsternpartner gar keine Scheiben ausbilden. Dieser Annahme ist aber von anderer Seite widersprochen worden, u.a. weil in allen vermessenen Systemen die gleichen kurzzeitigen stochastischen Periodenschwankungen gefunden worden sind, die nicht ohne konzentrierten Massentransfer aus einer Scheibe möglich wären. Unserer Meinung nach sind alle bekannten Systeme scheibengespeist.

Dem(der) Leser(in) wird auffallen, dass es Vorgänge in unserer kosmischen Nachbarschaft gibt, die wir Physiker noch recht wenig verstehen, entfernt verwandt den Problemen bei der Kernspaltung oder gar Kernfusion, wo hohe Energiedichten ausgetauscht werden und wo gelegentlich starke Magnetfelder signifikant in die Dynamik eingreifen.

4.5 Schwarzloch-Kandidaten: von schwerer Scheibe umringte Neutronensterne?

Sind Schwarzloch-Kandidaten (SLKn, BHCs) vielleicht einfach echte Schwarze Löcher in tarnenden Umgebungen, oder warnt Walter Lewin zurecht in seinem meisterlichen 1995 Buch ‚X-Ray Binaries‘ mit Jan van Paradijs und Edward van den Heuvel auf Seite 127, dass „no certainty exists (that they are BHs)“? Kundt & Fischer [1989] argumentieren sogar, BHCs seien Neutronensterne, umringt von einer schweren Akkretionsscheibe. Diese Meinung vertreten wir noch heute, auch wenn Heemskerk, Papaloizou & Savonije [1992] mögliche Stabilitätsprobleme von Zentralsternen schwerer Scheiben diskutieren, und wenn im Sommer 2020 drei Nobel-Preise hierfür vergeben wurden, ist selbst das kein Beweis: besser geht es ohne sie. Cyg X-1, der historisch älteste Kandidat, ist wiederholt bei periodischem optischem Pulsen (mit 12 Hz)

ertappt worden. Unsere heutige Meinung hierzu lautet: sie waren ein Irrtum; wir leben in einem schwarzlochfreien Universum, s. [Kundt, 2015c, 2020b].

Schwere Scheiben passen einfach zu gut zu den mannigfachen Daten der Schwarzloch-Kandidaten, weil sie auch ringweise starr rotieren können. Noch heute vertreten wir diese Meinung, wobei neue Gründe hinzugekommen sind. So darf ein akkretierendes Schwarzes Loch (der Masse M) die Eddington-Temperatur von $kT = keV(M_\odot/M)^{1/4}$ nicht überschreiten, während gelegentlich TeV- oder sogar PeV-Signale von SLKn empfangen werden, auch kann ein SL keine Jets erzeugen. Als Jet-Maschinen kommen nur starke, *schnell rotierende Magnete* infrage, die das strömende Paarplasma erzeugen und nachbeschleunigen, während der gesamten Lebensdauer der Quelle. Hierfür sind Neutronensterne optimal.

Und: Schwarze Löcher würden beständig wachsen - wo auch immer sie sich befinden - durch Akkretion: durch Aufschlucken aller sie treffenden Strahlungen, aller kosmischen Winde und Wolken, aller kosmischen Stern-Populationen; weil sie keinen eigenen Wind besitzen, der sie davor schützen könnte. Ihre Masse würde stochastisch exponentiell wachsen; und schließlich würde das uns nächste Schwarze Loch auch bereits unser Sonnensystem geschluckt haben, einschließlich uns selbst. Unser Leben hätte ein vorzeitiges, schnelles Ende gefunden, bereits vor einer langen Zeit, der Größenordnung 10^8 Jahre.

Was sind Schwarzloch-Kandidaten (SLKn)? Das sind Quellen am Himmel, die als Schwarze Löcher verdächtigt worden sind, wegen ihrer großen Massen und kleinen Ausdehnungen. Der Nachname „Kandidat“ wurde seinerzeit angehängt, von verantwortungsbewussten Autoren, weil es warnende Stimmen gab, die meinten, der Schluss auf ein Schwarzes Loch sei vielleicht etwas vorschnell gezogen worden. Oder gar schlimmer: weil dieser Schluss als multipel unverträglich erkannt wurde mit unserem sonstigen Wissen über diese Quellen. In ihrem Verhalten sind sie nämlich, die SLKn, ununterscheidbar von all den anderen binären kompakten Röntgenquellen, mit Ausnahme ihrer (etwas) größeren Masse. Wobei unterschieden werden muss zwischen SLKn von *Sternmasse*, $\lesssim 10^2 M_\odot$, und denjenigen (supermassiven) in den Zentren der Galaxien, mit Massen zwischen $10^3 M_\odot$ und $10^{10} M_\odot$. In diesem Abschnitt beschränken wir uns auf die erste, massenärmere Kandidatenklasse, über die es weit mehr Beobachtungsfakten gibt; wegen ihrer größeren Nähe sowie verhältnismäßig großen Leuchtkräfte und Variabilitäten, wobei die letzten beiden Eigenschaften gar nicht zu Schwarzen Löchern passen [Kundt 2009a,b]. Denn Schwarze Löcher schlucken nur, sie können nicht spucken [Kundt 2011b].

Trotzdem, und in Abwesenheit irgendwelcher Erkenntnisfortschritte oder neuerer interessanter Effekte, wird international zunehmend in Schwarze Löcher investiert, z.B. durch Gründung des ‚Black Hole Universe‘ durch das ‚European Union Initial Training Network‘, in Gestalt von Schulen, Tagungen und Publikationen. Das hat einen starken Einfluß auf seine Öffentlichkeitsmeinung, den man den 'Gold-Effekt' nennt [Kundt, 1998a, p.187].

Einer der ersten stellaren SLKn war Cyg X-1, der (seinerzeit) hellste Röntgenstern im Sternbild Cygnus, für dessen kompakte Komponente eine Masse von $\gtrsim 8\ M_\odot$ ermittelt worden war. Ein Schwarzes Loch? Nach einjähriger, unentschiedener Wette mit Edward van den Heuvel und in Anbetracht der spektral harten und strukturreichen Lichtkurve des Systems deutete es Kundt [1979] als einen Neutronenstern (n$*$) der Spinperiode $\gtrsim 1$ Hz, umringt von einer (partiell entarteten) Akkretionsscheibe der Masse $\gtrsim 7\ M_\odot$, und dieses ko-zentrische, kompakte Paar im Umlauf um einen O9.7 Iab-Überriesen. Eine direkte Messung seiner Spinperiode durch Auriemma et al [1976], P = 0,0836s, durch optisches Pulsieren, wurde in jenen Jahren ignoriert. Erst etwa 20 Jahre später wurden kurze Radio-Jets im Cyg X-1-System entdeckt, erzeugt von der kompakten Komponente, und weitere $\lesssim 10$ Jahre später harte und polarisierte Ausbrüche im Röntgen- und γ-Bereich, bis hinauf zu TeV-Energien! Im 7. Kapitel (über Jets) vertreten wir die Meinung, dass alle Jet-

Erzeuger langlebige, anorganische Maschinen sind – nämlich rotierende, scheibenumringte Magnete – deren Funktionieren auf respektvollen Abstand von makroskopischen SLn angewiesen ist: ein weiterer Grund gegen sein SLtum.

Aber bereits [1989] legten Kundt & Fischer eine Vielzahl von Gründen vor, wonach die stellaren SLKn keine SLer enthalten dürften; uns sind bis heute keine Gegenargumente dazu bekannt. Diese Gründe bezogen sich einerseits auf Besonderheiten ihrer Lichtkurven und Spektren, deren Realisierung einen kompakten, rotierenden Magneten im System erfordert, andererseits auf die Einheitlichkeit der Klasse aller binären Röntgenquellen, die gegen eine auffällige Zerlegbarkeit in zwei unterschiedliche Teilklassen spricht. Im Einzelnen bezogen sich die Argumente auf: (i) Etwaige Periodizitäten, (deren SLer nicht fähig sein sollten), z.B. die sog. *dritte Periode*, deutlich länger als die jeweilige Bahnperiode, sowie die vielfach durch Fourieranalyse gefundenen *Quasiperioden*, genannt *QPO*s (:= Quasi-Periodische Oszillationen), die sich zwanglos durch Schwingungen der mit Plasma beladenen, *korotierenden Magnetosphären* (*loaded magnetospheres*) verstehen lassen: Sie werden in der Nähe der Spin-Periode des jeweiligen Systems erwartet; ferner (ii) das vielfach gefundene hochfrequente *Flackern* (*flickering*) in den Lichtkurven, das sich z.B. leicht durch Mehrfachstreuung in marginal undurchsichtigen Plasmen einstellt, (iii) kurzzeitige Sendelücken (*dipping*), die durch klumpige, filamentäre Vordergrundsabsorption zustande kommen können, (iv) Röntgenausbrüche (*bursts*) vom *Typ II*, erzeugt durch geklumpten Materieeinfall auf die Oberfläche eines n⋆, (v) *Superhöcker* in den optischen Lichtkurven, wie in 3.6 untersucht, (vi) stochastisches Pendeln der Röntgenleuchtkraft zwischen *Hoch-* und *Tief*-Zuständen, deren Intensitäten sich um Faktoren $\lesssim 10^6$ unterscheiden: zu verstehen als *stotternde Akkretion* aus einer schweren Scheibe; sowie (vii) die oft verwirrend *aperiodischen* optischen Lichtkurven, *ohne Spiegelsymmetrie* bzgl. ihrer zwei Minima, die für spiegelsymmetrische Modellanordnungen zu erwarten wäre: bewirkt durch stark veränderliche, ungleichförmig leuchtende Windzonen.

Parallel zu den soeben aufgezählten (sieben) Lichtkurven-Anomalitäten, die jeweils auf einen n⋆ im Binärsystem hindeuten, wurden dann noch die folgenden (zehn) spektralen Argumente genannt, deren jedes ultimativ gegen die Dominanz eines SL im System spricht: (j) Wer erzeugt die breitbandigen Spektren, von Radiofrequenzen bis hinauf zu *MeV*-, oder gar *PeV*-Energien, wenn nicht ein n⋆ ? (jj) Wie kommen z.B. die starken *Balmer*-Emissionslinien zustande, wenn nicht durch abgeblasene, heiße Windzonen? (jjj) Und wie die (heiße) *Emissionslinie* He II 4686Å, und die *Li-Absorptionslinien*? (jv) Und die *ultraweichen* Röntgen-Kontinuumsspektren? (v) Was verursacht die gelegentlichen Röngenausbrüche (*bursts*) vom *Typ I*, die bei n⋆-Systemen als nukleare *Wasserstoff-Explosionen* an seiner Oberfläche gedeutet werden? (vj) Und was die *relativistischen Elektronen*, die für die gelegentlichen *Radio-Ausbrüche* verantwortlich zu machen sind? (vjj) Und was die zeitlich veränderlichen Radialgeschwindigkeiten, die durch variable *Doppler-Verschiebungen* in den Spektren auffallen? (vjjj) Was sorgt für die starken *Magnetfelder*, die sich durch *lineare* und *zirkulare Polarisation* in den Spektren bemerkbar machen? (jx) Wodurch wird die *Leuchtkraft* stabilisiert, bei $\lesssim L_{Edd}$ (1,4 $M_\odot$) in den Hoch-Zuständen -('Edd' steht für 'Eddington') - und bei 10^6-mal niedrigeren Werten, während der Tief-Etappen, passend zur (niedrigen) Masse eines n⋆ sowie zu Etappen stagnierender Akkretion (aus einer schweren Scheibe)? (x) Und wie kommen die quasiperiodischen Kurven im *Härte-Intensitäts*-Diagramm zustande, in der Gestalt eines *Truthahn-Kopfes*, bei denen das Spektrum iteriert härtere und weichere Formen durchläuft? Offenbar hängen diese Kurven mit der episodischen Erzeugung von *Jets* zusammen, die zwar oft einem SL zugemutet werden, für die wir ein SL jedoch einsehbar unfähig erachten: Ein SL schluckt nur, es kann nicht spucken. Siehe auch [Kundt 1996], wo die Super-Eddington-Quellen (*SESs*) und Superweichen Quellen (*SSSs*) als Vorgängerstadien für die SLKn gedeutet werden, nämlich während Etappen, während derer die schwere Akkretionsscheibe um den n⋆ herum aufgefüllt wird: Ihre große Oberfläche und verhältnismäßig geringe Potenzialtopftiefe erlauben die transienten großen, z.T. superweichen Leuchtkräfte.

Alle diese (17) vorgenannten Eigenschaften sind beiden Quellsorten gemein, den binären SLK-Quellen und den binären Neutronenstern-Quellen, zeigen mithin keinen qualitativen Unterschied, den wir bei Schwarzen Löchern versus kompakten Sternen erwarten würden. Vielmehr füllen die SLKn gerade die Lücke zwischen den Röntgen-Binärsystemen niedriger ($\lesssim$1,4 $M_\odot$) und hoher ($\gtrsim$10 $M_\odot$) Begleiter-Masse, zusammen mit den Ae- und Be-Sternen, eine Lücke, die andernfalls unverstanden bliebe. Außerdem bleiben die häufigen *Hoch-Tief-Zustände* der Leuchtkräfte der SLKn unerklärt für Standard-Akkretionsscheiben, welche quasi-konstante Akkretionsraten ausschütten sollten (unter stationären Bedingungen), während Pausenintervalle im Nachschub erwartet werden für schwere, in ihren Außenbereichen starr rotierende Scheiben. Diese Deutung passt auch zu Janusz Ziołkowskis Problem: der strengen Nicht-Existenz, 0 : 105, von SLK-Be-Systemen im Vergleich mit n$*$-Be-Systemen: Die stark magnetischen, schnell rotierenden Be-Sterne erzeugen Expulsionsscheiben – wie unsere Ko-Planeten Jupiter und Saturn – transferieren dadurch nur wenig Materie zu ihrem n$\star$-Begleiter (mit seinem niedrigen Eddington-Limes von 10^{-8} $M_\odot$), sodass sich keine schwere Scheibe um diesen herum bilden kann.

Womit wir am Ende unseres Kriterienkatalogs angekommen sind: Was wir da draußen am Milchstraßenhimmel bei den verschiedensten Radiofrequenzen, infraroten, sichtbaren und Röntgenenergien leuchten, flackern, abducken, auflodern oder auch verblassen sehen, sind (Neutronen-) Sterne hoher Massendichte, in schneller Rotation und mit starken Magnetfeldern, die in Wechselwirkung mit ihrer gas- und staubförmigen Umgebung die verschiedensten Lichterscheinungen und Morphologien hervorbringen. Im Vergleich mit Schwarzen Löchern, falls es solche überhaupt gegeben hätte [Joshi & Malafarina 2013], sind sie viel heller und viel variabler. Ihre vollständige Entschlüsselung fällt uns schwer, solange wir sie nicht räumlich auflösen oder gar mit ihnen experimentieren können (siehe Abschnitt 7.6).

4.6 Neutronensterne - mit Akkretionsscheiben - erzeugen Jets

Bei genauem Hinschauen in geeigneten Frequenzbereichen ist der Himmel voller Jet-Quellen, mit Ausdehnungen von Sonnensystemgröße ($\gtrsim 10^{16}$ cm) bis zu derjenigen großer Galaxienhaufen ($\lesssim$ Mpc). In den Jets strömt relativistisches Paarplasma, oft quasi unsichtbar, außer wenn durch Hindernisse zum Aufleuchten gebracht; in Kapitel 7 werden wir auf sie zurückkommen. Doch möchten wir bereits hier unsere Meinung kundtun, dass die astrophysikalischen Jet-Quellen die kompliziertesten anorganischen Maschinen im Weltraum darstellen, die wir kennen: Sie schaffen es, über größere Zeiträume hinweg quasi-stationär ihre Strahlsubstanz im Vakuum zu erzeugen, diese durch Auftrieb und niederfrequente magnetische Wellen in zwei antipodische Strömungen zu konzentrieren und nachzubeschleunigen und mittels selbstgeformter deLaval-Düsen in zwei selbstgerammte, antipodische Überschallkanäle einzuspeisen. Unser Modell behauptet, dass die Kanäle *geordnet und stabil* durchflogen werden, als E × B-Driften, beschreibbar durch analytische, *strahlungsfreie* Lösungen, sich mithin deutlich von den vielfältigen Ergebnissen numerischer magnetohydrodynamischer Simulationen unterscheiden, die unzulässig hohe Strahlungsverluste implizieren. Wir meinen, hiermit eine Marktlücke geschlossen zu haben. Und die Röntgen-Nebel der jungen Pulsare - allen voran der Crab und der Vela - dokumentieren, daß sich sogar in solchen offenbar leicht verständlichen Systemen (massearme) Akkretionsscheiben sowie Jets ausbilden; s. 4.7, 4.8, sowie Abb. 7.2.1.

Bereits des öfteren in diesem Kapitel haben wir von *Jets* gesprochen; und das verdienen sie auch, die Jets, oder Bipolaren Flüsse. Denn sie zählen zu den gewaltigsten und robustesten Maschinen, die das Universum je zustande gebracht hat. Ihre Ausdehnungen liegen zwischen Sonnensystemgröße (10^3 AE) und Galaxienhaufengröße ($\lesssim$10 Mpc), die

Energien ihrer Teilchen reichen bis hinauf zu PeV, ihre zwei (antipodischen) Strahlen sind scharf gebündelt ($\lesssim 10^{-2}$), und ihre Morphologien sind mannigfaltig. Die größten unter ihnen arbeiten ununterbrochen während Zeiträumen, während derer es höheres Leben auf der Erde gab: länger als 10^8 Jahre. Und einige der auffälligsten von ihnen am Himmel sind mit Sicherheit von Neutronensternen geblasen: der (kleine) Röntgen-Zwillings-Jet im Crab-Nebel, der (nur stückweise sichtbare) Zwillings-Jet in (der Wunderquelle) SS 433, und derjenige im ‚Emissionsnebel' S 26, im Außenbereich der (benachbarten) Skulptor-Galaxie NGC 7793, (Abb. 7.3.2). Daneben gibt es Hunderte ähnlicher, aber auch deutlich unterschiedlicher Jets, geblasen von ($\approx$ allen) nahen, neugeborenen Sternen, von den Zentralsternen vieler planetarischer Nebel, sowie von rund 10 % aller Zentren im Kern der aktiven Galaxien. Der Himmel ist voller Jets.

Und wie schaffen es die Jet-Quellen, ihre Zwillingsjets zu blasen? Mit welchem Material wird geblasen? Wie wird das Material beschleunigt, und wie gebündelt? In den Büchern findet man keine klaren Antworten auf diese Fragen, oft sogar gänzlich fehlweisende. Im Bereich unserer irdischen Aktivitäten kennen wir zwei Sorten jetartiger Gebilde: solche, deren Substanz leichter ist als das sie umgebende Medium – Luft oder Wasser – und solche, für die das Gegenteil zutrifft. Zur ersten Sorte gehören die Auspuffstrahlen der Düsenflugzeuge und ähnlicher Fahrzeuge, auch Haarföhns und Bohrgebläse, zur zweiten Sorte die Rasensprenger und Maschinengewehrgarben. Dabei funktionieren diese beiden Strahlsorten ganz unterschiedlich: Die erste Sorte, die ‚*weichen*' Strahlen, werden zusammengehalten (gebündelt) durch ihre geringere Massendichte, während die zweite (‚*harte*') Sorte in Wahrheit aus einer Vielzahl unabhängiger, geradlinig-gleichförmig fliegender Teilchen besteht. Für das Auge eines fernen Betrachters sind diese beiden Sorten schwer zu unterscheiden, und unsere numerisch-arbeitenden Kollegen haben sich seit Jahrzehnten an ihnen beiden versucht.

Wir vertreten hingegen (seit mehr als drei Jahrzehnten) die Meinung, dass alle die am Himmel entdeckten Jet-Gebilde nach ein und demselben Mechanismus funktionieren – entfernt ähnlich den *zuverlässigen Maschinen* der Lebewesen: Zellkern mit DNS, Mitochondrien (der Eukaryoten, s. [Nultsch 1991]), Herz, Lunge, Darm, Sinnes- und Bewegungsorgane – nämlich als *weiche Strahlen*, bestehend aus der leichtesten aller Substanzen, relativistisch schnellem $e^{\pm}$-Paarplasma, das nicht magnetisch, sondern allein durch seine extrem geringe Trägheit gebündelt wird, in Strahlen vom Öffnungswinkel $\lesssim 1$ %. Warum nicht magnetisch gebündelt, wie z.B. im Tokamak-Reaktor? Weil Magnetfelder durch elektrische Ströme erzeugt werden, die bei den meisten Geometrien zu elektrischen Aufladungen ihrer Enden führen, welche gleich anschließend entgegengesetzte Ströme und Magnetfelder aufbauen, wobei sie zwischendurch kurzzeitig durch Null gehen, d.h. verschwinden. Während solcher Nulldurchgänge würde ein Jet ausufern und abreißen, vgl. [Kundt 2005].

Und wie erzeugt eine Jet-Quelle ihr Paarplasma? Die Sonnenoberfläche macht es uns vor: durch zerfallende Magnetfelder. Übersteigt deren freigesetzte Energie lokal ein MeV, entstehen dort (im Vakuum) freie Elektronenpaare. Wegen ihrer Leichtigkeit verhalten sie sich ähnlich wie Luftblasen in der Badewanne: Sie treiben heraus aus ihrem lokalen gravischen Potenzialtopf, parallel zur Spinachse des lokalen Rotators, dessen magnetisches Moment ihre Erzeugung bewirkt hat, und bilden einen schwachen Jet; wie z.B. sichtbar im Kern des Crab-Nebels, bei Röntgenenergien, s. Abb. 7.2.1. Wobei allerdings zwischendurch noch eine Nachbeschleunigung der $e^{\pm}$-Paare stattgefunden haben dürfte, selbst beim schwachen Jet des Crab, durch die auslaufende *magnetische 30-Hz-Welle* seines (stark magnetischen) zentralen Neutronensterns, die Ladungen beider Vorzeichen vor sich her schiebt und dabei schneller macht. Solche *starken sphärischen Wellen* halten wir für die universellen Nachbeschleuniger aller Jet-Quellen. Jeder rotierende Magnet erzeugt sie, bei seiner Spinfrequenz. Sie erzielen hohe Energien bei elektrischen Ladungen beider Vorzeichen, bis hinauf zu PeV und mehr, wegen ihrer astronomisch langen (radialen) Laufstrecken (runways). Mit anderen Worten: Jeder rotierende Magnet im Universum ist eine potenzielle Jet-Quelle, sobald ein Hindernis sein Magnetfeld beim Mitrotieren stört. Solch ein Hindernis stellt z.B. eine ihn umgebende Akkretionsscheibe dar.

Deshalb meinen wir insbesondere, dass alle Neutronensterne Jet-Quellen sind. Und nicht allein sie: Der Neutronenstern lässt sich ersetzen durch einen (werdenden) *Weißen Zwerg*, oder einen werdenden Stern, einen sog. Prä-T-Tauri-Stern (*PTT-Stern*) – wie einst unsere Sonne, vor 4,57 Gigajahren – d.h. durch einen hinreichend schnellen, hinreichend magnetisierten Rotator. Und er lässt sich auch ersetzen durch den (differenziell rotierenden) Kern einer galaktischen Scheibe, dessen koronale Magnetfelder hinreichend oft lokal zerfallen, besser: *rekombinieren*, sodass genügend (relativistisches) Paarplasma entsteht, entweicht und durch niederfrequente magnetische Dipolwellen nachbeschleunigt wird, um anschließend, jenseits einer selbst-geblasenen deLaval-Düse, vom Zustand einer relativistischen *Überdruckblase* überzugehen in denjenigen eines *relativistischen Überschall-Jets*. Nicht hingegen ersetzen lässt sich unser magnetisierter Rotator durch ein Schwarzes Loch, weil Schwarzen Löchern alle die soeben aufgezählten notwendigen Eigenschaften fehlen. Im siebten Kapitel werden wir ausführlicher auf die faszinierende Familie aller Jet-Quellen zurückkommen.

4.7 Wie entstehen die kompakten Röntgen-Nebel um junge Pulsare?

Bei hinreichender Winkelauflösung im Röntgenbereich sehen die nahen Umgebungen einiger junger Pulsare recht strukturreich aus, allen voran des Crab- und des Vela-Pulsars. Erzeugt man Zeitrafferfilme aus Belichtungen im Abstand von Wochen, fühlt man sich in das nächtliche Vergnügungszentrum einer Großstadt versetzt: Man sieht leuchtende Ellipsen und periodisch auf- und verlöschende, symmetrische Punktmuster. Was spielt sich dort ab? Die Fachwelt hüllt sich in Schweigen.

Wir spekulieren: Die ungefähre Symmetrieachse sollte die projizierte Symmetrieachse des schnell-rotierenden, jungen Pulsars sein, von dessen starkem, relativistischem Wind man meint, dass er die thermischen Windüberreste des Vorgängersterns sowie die fortfliegenden Trümmer der Supernova-Explosion weitgehend überholt und nachbeschleunigt hat, um etwa 8 %, während der ersten $\lesssim$tausend Jahre seiner Existenz [Kundt & Krotscheck 1980]. Dieses auslaufende, filamentäre, thermische Plasma wird von dem relativistischen Pulsarwind komprimiert und zum Leuchten gebracht, von Radio- bis zu Röntgenfrequenzen; auch leuchtet der relativistische Wind selbst, wo immer er auf Hindernisse stößt, d.h. auf Photonen oder auf langsame(re) Teilchen. Ferner lässt sich noch längs der Achse ein schwacher Zwillings-Jet erkennen, vom Pulsar erzeugt, dessen Schwerpunkts-Geschwindigkeit von Überschall nach Unterschall abnimmt und dessen Treibstoff, relativistisches Paarplasma, in zwei antipodischen, keulenförmigen Ballons aufgestaut ist, deren Wandmaterial gleichermaßen komprimiert wird. Die periodisch bei Röntgen-Frequenzen aufleuchtenden, symmetrischen Punktepaare sind geeignet positionierte leuchtende Flecken der filamentären thermischen Materie am Innenrand des Nebels – vom etwaigen Radius 1 Lichtjahr – deren Gestalt Kepler-Kreise vortäuscht, während die bogenförmigen Filamente ungleichmäßig aussehen und während sie sich mit beinahe Lichtgeschwindigkeit hin und her zu bewegen scheinen. Ausgesandtes Licht, das die ebenfalls leuchtenden Ballonhüllen episodisch tangiert, kann dabei exponentiell nachverstärkt werden, als Röntgen-Laser. Nur durch solche episodische, exponentielle Nachverstärkung können wir uns das regelmäßige, helle Blinken vereinzelter Punktepaare auf den filamentären Ringen erklären.

Viele Jahre lang zählten die Pulsare zu den punktförmigen, nur durch ihre periodischen Signale wahrgenommenen Quellen im interstellaren Raum der Milchstraße, mit Ausnahme der wenigen, ganz jungen ($\lesssim 10^4$ Jahre alten) unter ihnen, die sich offensichtlich nahe dem Zentrum ihres ausgedehnten, noch nicht erloschenen Überrestes befinden, ihres SuperNova-überRestes (*SNRs*). Solche Zuordnungen waren unstrittig z.B. beim Crab und Vela, oft aber unsicher und/oder gar nicht erkennbar. Später wurden optische ‚Wisps' beim Crab und einige wenige (≈20) optische ‚*Bugschocks*' nahe Pulsaren gefunden, die offenbar durch Auffegen von zirkumstellarer Materie (*CSM*) in Bewegungsrichtung (durch ihre ausgedehnte Windzone) entstanden waren. Bis eines Tages hochaufgelöste Röntgenbilder möglich wurden, die überraschende Strukturen der nahen Umgebungen der jungen Pulsare abbilden konnten. Was sehen wir da im Röntgenlicht leuchten und flackern? Wohl kaum 10^8 K heiße Materie, die für thermische Röntgen-Strahlung bei 10 keV Photonenenergie erforderlich wäre, sondern vielmehr relativistisch schnelle Elektronen und Positronen, die auf das energiereiche Photonenbad des inneren Nebels wie auch auf das spärliche Restmaterial des Vorgängersterns nahe dem Pulsar aufprallen, von ihnen abgelenkt werden und dabei inverse Compton-Strahlung wie auch Synchrotronstrahlung – bevorzugt in Vorwärtsrichtung – aussenden.

Aber warum sieht z.B. die Nahzone des Crab-Pulsars nicht ringförmig oder kugelschalenförmig aus, sondern eher wie eine gekippte, halbe Kugelschale, symmetrieverletzend, s. Abb. 7.2.1? Und warum so stark zerfasert, und unterschiedlich hell? Strahlt die Nahzone anisotrop, weil ihre nahezu lichtschnellen Teilchen in Vorwärtsrichtung strahlen, relativistisches Paarplasma, vom Pulsar abgeblasen, streifenweise extrem hell durch kohärente Nachverstärkung in ausgezeichneten Richtungen? Warum steht der Pulsar nicht genau im Mittelpunkt des innersten Ringes, am auffälligsten bei Radiofrequenzen [Lobanov et al 2011]? Und warum gibt es gekippte und/oder verschobene Ellipsen, auf unterschiedlichen Winkelskalen? Offensichtlich handelt es sich nicht um Keplerbewegung im Gravitationsfeld des Pulsars, das allein schon um mehrere Größenordnungen schwächer ist als der Staudruck des abgeblasenen Windes.

Und wie kommen die ≥ 6 blinkenden, symmetrisch angeordneten *Punkte* oder Knoten auf den elliptischen Ringen und auf dem axialen Jet des Crab zustande, und wie die radialen Bewegungen leuchtender, nebelartiger Schwaden? Befinden sie sich sämtlich am (flauschigen) Innenrand des Nebels, im ungefähren Abstand eines Lichtjahrs vom Pulsar? (Röntgen-) Filme wurden davon gedreht, mit Zeitraffer, d.h. mit ungefähr drei Aufnahmen pro Monat, während einiger Monate. Stammt die leuchtende Materie noch von der Geburt des Pulsars, der Supernova, und wurde seither vom relativistischen Pulsarwind radial nachbeschleunigt? Immerhin teilt sie ihre (ungefähre) Symmetrieachse mit derjenigen des ausgedehnten ‚Nebels', bis zu Mittelpunktsabständen von einem Lichtjahr und mehr, sollte also früher einmal von der SN-Explosion überrannt und beeinflusst worden sein. Gegenwärtig sind wir uns (noch) nicht sicher, ob wir die Röntgen-Blinkfeuer der $\gtrsim 6$ auffällig hellen, symmetrisch angeordneten Punkte des Crab- (und Vela-) Pulsars richtig verstehen, wenn wir sie als *Laserstrahlen* deuten, die von Punkten des schweren, leuchtenden, innersten Ringes ausgehen und ein Stück lang tangential zu jeweils einem der beiden (zigarrenförmigen, atmenden) *Kokons* um den Zwillingsjet verlaufen: Beide Quellgebiete werden durch den ständig nachströmenden Pulsarwind zu starkem, fluktuierendem Leuchten angeregt, sodass die Bedingung *stimulierter* Röntgen-Emission plausiblerweise episodisch erfüllt wird.

Alle Pulsare blasen starke *leptonische Winde* ab, davon wurde schon in 4.2 gesprochen. Sie blasen damit quasi-Vakuolen, vom Mindestradius 10^{15} cm, in denen wahrscheinlich der härtere Teil ihrer gepulsten Strahlung ausgestrahlt wird. Junge, schnell rotierende Pulsare, wie der Crab, können bis zu tausendmal größere Vakuolen blasen, vom Radius $\lesssim 10^{18}$ cm. Andererseits sind leptonische Winde außerordentlich leicht, derart, dass kühle, baryonische Materie gar nicht so geschwind aus dem Weg gefegt werden kann. Das Ergebnis einer solchen Wechselwirkung ‚vor der Haustür', zwischen Pulsarwind und seinem CSM, sollte empfindlich von den lokalen Eigenschaften des CSM abhängen: von dessen Dichte, Temperatur und chemischer Zusammensetzung, vor allem aber von dessen Anteil an relativistisch schnellen Ionen, Elektronen und Atomen. Wir wissen noch recht wenig darüber.

Konzentrieren wir uns deshalb noch einmal auf das beste aller bekannten Beispiele, das kompakte Innere des *Crab-Nebels.* Hierfür haben Kundt & Krotscheck [1980] einen Schock-Radius R_s von etwa einem Lichtjahr (10^{18} cm) berechnet, aus der Bedingung des Druckgleichgewichtes zwischen Pulsarwind-Staudruck und Druck des umgebenden Nebels, mit einer $\lesssim R_s/2$ dicken, *schalenförmigen Randzone*, in der die radiale Schwerpunkts-Bewegung der auslaufenden Leptonen allmählich abgebremst wird, von Lichtgeschwindigkeit c auf etwa die Hälfte davon. Die Bahnen der einzelnen $e^{\pm}$ gehen dabei zunächst über von Geraden in sinusförmiges Schlängeln und sodann in langgestreckte Gyrationen, all dies mit beinahe Lichtgeschwindigkeit, längs schwach gekrümmter Kurven. Beim Radius R_s von einem Lichtjahr sollte sich der auslaufende Pulsarwind derart verdünnt haben, dass sein Staudruck $\rho\langle v^2\rangle$ auf den dortigen statischen Druck $p = n\,kT \approx n\,\gamma m_e c^2/3 \approx 10^{-8}$ dyn/cm^2 des länger als tausendjährig aufgestauten Windmaterials (seit dem Jahr 1054) abgefallen ist. Nichts dergleichen ist zu erkennen. Vielmehr zeigt der erwähnte Film, dass sich viele ausgefranste Stücke paralleler Ellipsen zittrig und annähernd periodisch hin und her bewegen und dass gleichzeitig neblige Schwaden mit bis zu halber Lichtgeschwindigkeit nach außen driften. Außerdem kann man längs der angedeuteten Symmetrieachse ein Jet-artiges Gebilde erkennen, entfernt verwandt einem gespiegelten Integralzeichen. Soll hier der berechnete, sphärenförmige Innenrand des Crab-Nebels verlaufen, wo ein leptonischer Wind auf einen leptonischen Nebel aufläuft und wo außerdem ein schwacher *Jet* vom Eilek-*Typ B* um seine Existenz kämpft, vgl.7.2 ?

Warum eigentlich nicht? Eine gewisse (flauschige) Kugelschalengestalt ist zweifellos erkennbar. Relativistisch strömendes *Paarplasma* strahlt nicht, solange die Ladungen eine (strenge) **E**×**B**-Drift ausführen, vgl. 4.3, ist also unsichtbar. Wenn wir Röntgenstrahlung sehen, so sollte diese entweder von gestoßenem, extrem heißem CSM kommen und dabei isotrop ausgestrahlt worden sein, sozusagen durch einen Schmutzeffekt, oder aber vom stoßenden, relativistischen Pulsarwind selbst, als (kontinuierliche) *Synchrotronstrahlung* und/oder *synchro-Compton-Strahlung.* Dabei dürfen wir nicht vergessen, dass erstmalig im Jahre 2010 gelegentliche, extrem harte Ausbrüche des Crab registriert wurden, von nur mehrstündiger Dauer, bis hinauf zu Photonenergien von PeV ($= 10^{15}$ eV). Ihre Härte und Kurzlebigkeit legen nahe, dass sie in unmittelbarer Nähe des Pulsars abgestrahlt wurden, $\lesssim 10^{14}$ cm, vergleichbar dem Sonnensystem bis zur Saturnbahn, unaufgelöst punktförmig in Abb. 7.2.1 und erst recht in den Abb. 3.1.1 und 5.1.4. Ebenfalls dort sollte sich aber auch die Quelle des schwachen Jets befinden, vermutlich am Innenrand einer unaufgelösten, massearmen Akkretionsscheibe des Pulsars.

Im Zusammenhang mit solch (spektral) harten Quellen tritt oft die – bereits in 4.3 aufgeworfene – Frage auf: Handelt es sich bei den strahlenden Ladungen um (relativistische) *Elektronen* oder aber *Protonen,* d.h. um Leptonen oder Hadronen? Wie wurden diese Ladungen auf so hohe Geschwindigkeiten beschleunigt? Wenn es sich bei den leuchtenden Quellen z.B. um ganze Galaxien handelt, oder sogar um Haufen von Galaxien, gibt man gern Hadronen den Vorrang, weil diese ihre große Bewegungsenergie nur viel langsamer (durch Strahlung) verlieren als die (1836-mal) leichteren Elektronen. Aber dabei übersieht man, dass gemäß der Strahlungsformel (4.3) ein Elektron bei gleicher Sendefrequenz das $(m_p/m_e)^4 = 10^{13}$-Fache an Leistung abstrahlt wie ein Proton. Ein einziges Elektron am Quellort würde also ebenso hell strahlen wie 10^{13} Protonen derselben Energie! Auch lassen sich abgebremste Elektronen nicht einfach irgendwo strahlungsfrei aufbewahren: Die überschüssigen 10^{13} Protonen würden sie nahezu instantan an ihren Ort und in ihren Energiebereich zurückholen, durch elektrostatische Anziehung und/oder durch Coulombstöße. Deshalb dürfte harte Strahlung im Kosmos fast immer von Leptonen stammen.

Wir schreiben „fast immer" und nicht „stets", denn von Bernd Aschenbach kennen wir ein Gegenbeispiel: den jungen Supernova-Rest ‚*Vela junior*', in Projektion südöstlich vom Vela-SNR (und vor ihm) gelegen, im Abstand zu uns von nur 0,2 kpc. In seiner (5 %) dünnen Randschicht reicht das (harte) Elektronenspektrum bis zu GeV- oder gar TeV-Energien hinauf, während dort offenbar gleichzeitig auch Protonen der (höheren)

Energie $\lesssim 10^2$ TeV in Magnetfeldern der Stärke $\lesssim 10^{-4}$ G gefangen gehalten werden, (die wahrscheinlich dem Kolben der einstigen SN-Explosion entstammen, vor $\lesssim$700 Jahren). In diesem jungen SNR existieren also sehr harte Elektronen und dazu noch härtere Protonen in dem gleichen Volumen, ohne ihre Energien aneinander anzugleichen, weil hochgradig verdünnt.

Es gibt noch eine andere Situation im Universum, in der nicht die Elektronen, sondern die Protonen der Kosmischen Strahlen für die Emission harter Gammastrahlung verantwortlich sind: In den Weiten des Weltraums, außerhalb von Galaxien, stoßen die Kosmischen Strahlen bisweilen mit Gaswolken zusammen, unter Erzeugung von π-Mesonen, deren anschließender Zerfall auch Gammastrahlung emittiert. Es lohnt sich oft, mehr als einmal nachzudenken, wenn es sich um Prozesse in großer Ferne handelt.

Und noch einmal zurück zum strahlenden Inneren des Crab-Nebels: Woher kommt die Röntgen-leuchtende Materie? Da sie sich auf gekippten Ringen um die Symmetrieachse anzuordnen scheint, mehr oder weniger in deren Äquatorebene, handelt es sich wohl um Material, das ähnlich bewegt ist wie die bei der Geburt des Pulsars ausgeworfene Sternmaterie, im Zuge der SN-Explosion. Andererseits scheinen die Ringe nicht zu expandieren, im Unterschied zum Pulsarwind und zu den etwas weiter entfernten, netzartig chaotisch gestalteten Filamenten, die man ebenfalls alle leuchten sieht. Handelt es sich um Nachzügler der Explosion, nahe ihrem Innenrand? Oder um CSM, das von der Splitterwolke der Explosion nicht mitgerissen worden ist? Oder, fast noch plausibler, um den *aufgefegten Rand des ehemaligen Sternwindes* des Pulsar-Vorgängersterns? Seine filamentäre Geometrie ist erwartet, als Folge der Rayleigh-Taylor-Instabilität, dort, wo bei der SN-Explosion der leichte, relativistische Kolben gerammt hat und/oder wo der ebenfalls leichte, leptonische Pulsarwind auf schweres Umgebungsmaterial aufläuft. Wie bereits oben erörtert, darf die Ellipsengestalt der (projizierten) Ringe, beim Crab gern ‚*Wisps*‘ genannt, nicht als Kepler-Rotation im Gravitationsfeld des zentralen Neutronensterns gedeutet werden; weil das Gravitationsfeld (in dieser Entfernung vom Pulsar) viel zu schwach ist und weil die Bögen mit zu vielen geometrischen Unstimmigkeiten behaftet sind. Ihre größere Helligkeit im Nordwesten (des Pulsars), d.h. ‚oben rechts‘, gegenüber dem fast dunklen Südosten, lässt sich verstehen als bevorzugte, teilweise kohärente Strahlung der fast mit Lichtgeschwindigkeit radial aufprallenden (stoßenden) $e^{\pm}$ in Vorwärtsrichtung des Pulsarwindes. Warum sonst ist das Wisp-System so hell, dünn, und gegenüber dem Pulsar um 1,6" nach NW verschoben?

Die Gegebenheiten am Innenrand des Crab-Nebels sind übrigens entfernt ähnlich denjenigen am Außenrand unserer Heliosphäre, beschrieben in 2.11. In beiden Fällen prallen schnell bewegte, magnetisierte, partiell relativistische Plasmen aufeinander. Im Fall der Heliosphäre spielt sich die Kollision am Außenrand des Sonnenwindes ab, zugleich Innenrand des CSM des ‚Hauptreihensterns‘ Sonne. Im Fall des Crab betrachten wir den Außenrand der Windzone des ungefähr gleich schweren, aber $\lesssim 10^5$-fach kompakteren Pulsars. In beiden Fällen sind die Zentralsterne *rotierende Magnete*. Aber während die Sonne ihre Strahlungs- und Windleistung vorwiegend der nuklearen Energie ihres brennenden Kerns entnimmt, als langsamer Rotator, entnimmt sie der Crab vorwiegend seiner viel schnelleren Rotation im Verein mit seinem starken Magnetfeld. Darüber hinaus kommen bei der Sonne Zusatzeffekte ins Spiel durch ihr zirkumstellares Planetensystem mit Monden und Asteroiden, desgleichen beim Crab durch seine (vermutliche) massearme Akkretionsscheibe, jedoch ohne Planeten, dafür mit Zwillings-Jet.

4.8 Magnetare als verlöschende Pulsare?

Magnetare wurden 1992 von Duncan und Thompson eingeführt, als (rotierende) Neutronensterne mit superstarken Magnetfeldern, $\gtrsim 10^{15}$ G an ihren Oberflächen, deren Existenz sie den Messdaten indirekt entnommen zu haben glaubten, über ihre zeitweilig hohen Abbremsraten. Aber kann ein Neutronenstern derartig starke Magnetfelder verankern? Und welcher kosmische Prozess kann derartig starke Magnetfelder erzeugen? In Franco Giovannellis

alljährlichem internationalem Workshop auf der Vulcano-Insel (nördlich von Sizilien) waren sich alle Theoretiker einig: Das glauben wir nicht!

Aber wie sonst lassen sich Magnetare verstehen? Wir meinen, dass es sich bei den Magnetaren um gealterte, normale Pulsare handelt, die es infolge ihres verlangsamten Spins gerade nicht mehr schaffen, sich eine Vakuole freizublasen. Ihnen fällt das (früher) weggefegte, umgebende interstellare Medium (ISM) lawinenartig entgegen und bildet eine (bis jetzt) unsichtbare, *massearme Akkretionsscheibe*, die sich tief in die korotierende Magnetosphäre einschneidet, sich dabei bis zu Röntgentemperaturen aufheizt und zugleich das Bremsdrehmoment des ehemaligen Pulsars mehrhundertfach anwachsen lässt. Der Name ‚Magnetar' wurde (leider) in die Literatur so schnell aufgenommen, dass wir keinen Versuch unternommen haben, ihn wieder zu eliminieren. Wir benutzen ihn ganz einfach für ‚*gedrosselte Pulsare*', d.h. für normal magnetisierte Neutronensterne, umringt von massearmer Akkretionsscheibe, und halten die Magnetare zugleich für die wichtigsten der lange gesuchten Erzeuger der *Kosmischen Strahlen* und der *Gammastrahl-Blitze*.

In diesem Kapitel ist schon viel berichtet worden über das Verhalten und Funktionieren der *Pulsare*. Nämlich dass es sich bei ihnen um stark magnetisierte, schnell rotierende Neutronensterne handelt, deren leptonische Winde Vakuolen in ihr zirkumstellares Medium (CSM) blasen. Sie bedienen sich dabei des Unipolarinduktor-Effektes, mit dem im vorigen Jahrhundert (sogar) Straßenbahnen angetrieben wurden: durch starke elektromagnetische Kräfte bei massereichen, schnell rotierenden, magnetisierten Leitern, in denen starke Ströme bei verhältnismäßig niedrigen Spannungen fließen. Verglichen mit irdischen Motoren sind die (kugelförmigen) Pulsare über 10^4-mal größer, über 10^8-mal stärker magnetisiert, und rotieren bisweilen 10^5-mal schneller, dergestalt, dass ihre Strahlungsleistungen denjenigen der hellsten Sterne gleichen. Im Unterschied zu nuklearbrennenden Sternen, deren Spektra ihr Maximum im Sichtbaren haben, strahlen manche Neutronensterne aber bis hinauf zu den höchsten Photon- und Teilchenenergien, $h\nu \lesssim$ PeV (und mehr), sowie $m_p c^2 \lesssim 10^{20.5}$ eV. Und die *Magnetare*, gehören sie auch zu dieser Klasse extrem aktiver Neutronensterne?

Ja, mit großer Wahrscheinlichkeit; wobei bislang in der Fachwelt keine Einmütigkeit in der Deutung erzielt worden ist. Phänomenologisch handelt es sich bei den Magnetaren um mehrere Quelltypen: (i) anomale Röntgen-Pulsare (*AXPs*), (ii) weiche Gammastrahl-Wiederholer (*Soft γ-ray Repeaters, SGRs*), (iii) rekurrente Radio-Transiente (*RRATs*), (iv) matte isolierte Neutronensterne (Dim Isolated n∗s , *DINs*), sowie (v) Stotterer (*stammerers*), Rülpser (*burpers*) und noch anders benannte, unregelmäßig aufflackernde Quellen am Himmel, die vielleicht noch gar nicht sämtlich entdeckt worden sind. Nach S. Mereghetti [2008] ist ihnen allen gemein, dass es sich (1) um *isolierte Neutronensterne* handelt, (2) mit *Spinperioden* zwischen 2 sec und 12 sec, sowie (3) mit ähnlichen Periodensprüngen (*glitches*) wie bei den Pulsaren, die dann obendrein (4) mit ihren weichen, energiereichen Röntgen-Ausbrüchen korrelieren, (5) mit geringfügig höheren Oberflächentemperaturen (Faktor $\gtrsim$3) als Pulsare gleicher Abbremszeit $\tau := P/2\dot{P}$, (6) mit kurzer Abbremszeit: $\tau = 10^{4 \pm 1}$ Jahre, trotz beständiger Akkretion, (7) mit großer Häufigkeit in der Milchstraße, vergleichbar den häufigsten Pulsaren (vom Abspin-Alter $10^{6,4}$ Jahre), sowie (8) häufig (≈50 %) nahe dem Zentrum eines Pulsar-Nebels anzutreffen; s. auch [Kundt & Fischer, 1989].

Die ursprüngliche Definition der ‚*Magnetare*', von R.C. Duncan und C. Thompson im Jahr 1992 lautete, dass es sich bei ihnen um extrem stark magnetisierte Neutronensterne handele, mit Oberflächenfeldstärken $B_s \gtrsim 10^{15}$ G, deutlich stärker als bei allen Pulsaren ($B_s \lesssim 10^{14,0}$ G), sodass ihr astrophysikalisches Verhalten durch magnetische Zerfallsprozesse erklärbar wird, statt durch Abbremsen ihrer Spinbewegung, und ihre deutlich höheren Bremsraten τ^{-1} durch stärkere magnetische Dipolbremsung erklärbar werden. Die Magnetare wären bei dieser Deutung eine neue, disjunkt stärker magnetisierte Klasse von Neutronensternen, für deren Erzeugung uns kein plausibler Prozess bekannt ist. Auch dürften derartige Feldstärken zu hoch sein, um stabil in einem Neutronenstern verankerbar zu sein, vgl. 4.1. Ferner sind bei zwei magnetarischen SGRs Periodensprünge beobachtet worden, bei denen die Bremsrate während des Sprunges unstetig zunahm: Das ohnehin schon (zu) starke Magnetfeld hätte spontan noch stärker geworden sein müssen, entgegen dem 2. Hauptsatz der Thermodynamik. Und der Magnetar 1E 2259+586 ist von Archibald et al [2013] bei einem ‚Anti-Glitch' erwischt worden, d.h. bei einer (geringen) ruckartigen Abbremsung!

Wir sind keineswegs die einzige Arbeitsgruppe, der diese Unstimmigkeiten aufgefallen ist. Aber wie kann der Spin eines Pulsars (300-fach) schneller gebremst werden, ohne dass sein magnetisches Dipolfeld stärker ist? Eine plausible Antwort lautet: durch eine (kleine) ihn umfangende Akkretionsscheibe, der etwaigen Masse 10^{-6} $M_\odot$, deren scharfer Innenrand sich tief in seine korotierende Magnetosphäre einschneidet, z.B. beim Crab PSR; s. Abb. 4.8.1. Das magnetische Drehmoment D ist näherungsweise von der Gestalt

$$D \approx r^3 < B_r \, B_\varphi > \qquad (4.4)$$

und kann leicht um einen Faktor $\lesssim 10^3$ über seinen Dipolwert hinauswachsen, wenn das Magnetfeld durch einen robusten Leiter stark eingebeult wird, wobei jede Abschirmung eine lokale Feldstärkenverdopplung bedeutet, und wenn dabei die tangentiale Komponente B_φ von Null, im Leerlauf, auf ihren Maximalwert B_r, bei Volllast, anwächst, weil das Feld beim Eindringen in den rotierenden Leiter von ihm mitgenommen und maximal gespannt wird.

Wir meinen also, dass Magnetare aus gewöhnlichen Pulsaren hervorgehen, wenn deren Rotation hinreichend abgebremst ist, statistisch innerhalb von $10^{6,4}$ Jahren, weil ihr Winddruck wie P^{-4} mit ihrer wachsenden Spinperiode P abnimmt. Sobald ein Pulsar sich hinreichend verlangsamt hat, $P \gtrsim 5$ sec, und sein zirkumstellares Medium wolkig genug ist, d.h. schwer genug, stürzt dieses eines schönen Tages auf ihn herab, aus einer Vakuolen-Entfernung von etwa 10^{15} cm, und umringt ihn als massearme Akkretionsscheibe von ungefähr 10^{-6} $M_\odot$; zu klein, um direkt wahrgenommen zu werden, jedoch groß genug, um harte Strahlung zu erzeugen, und auch groß genug, um die Abbremsung ihres Pulsars hinauszuzögern. Indirekt erschließen wir die Existenz der kleinen Scheibe aus ihren Röntgenausbrüchen und aus der hohen mittleren Bremsrate ihres Pulsars. Magnetare sind hiernach nichts anderes als frisch ausgegangene, sterbende Pulsare, in denen aber noch eine Menge Energie steckt, vor allem im Akkretionspotenzial ihrer Scheibe.

Und die Millisekunden-Pulsare, leben diese nicht weit länger als $10^{6,4}$ Jahre, mit ihren Abbrems-Altern von $\tau \gtrsim 10^{7,5}$ Jahren? Wahrscheinlich: Ihre Verteilung häuft sich bei $\tau \lesssim 10^{10}$ Jahren, analog den $10^{6,4}$ Jahren der ‚normalen' Pulsare, wobei merkwürdigerweise oft das Bremsalter τ mit abnehmender Spinperiode rapide zunimmt. D.h. je kleiner die Spinperiode, desto größer das Bremsalter. Solch eine Verteilung kommt nicht durch Altern zustande, eher schon durch zu schwachen Winddruck. Sie bedeutet, dass die ganz schnell rotierenden Pulsare derartig schwache Magnetfelder haben, dass sie es nur selten schaffen, eine Vakuole zu blasen und zu strahlen, und fast gar nicht altern. Sie speichern riesige Rotationsenergien, ohne diese an ihre Umgebungen abzugeben. Sie stellen seltene, energiereiche Ausnahmen dar.

Und die Magnetare, als verlöschende Pulsare, wie setzen diese sonst noch ihr Kapital um? Bisweilen hat man sie als zwischenzeitliche Pulsare (RRATs, DINs) entdeckt, bisweilen als pulsierende (anomale) Röntgenquellen (AXPs), bisweilen auch als wiederholende γ-Strahl Blitzer (SGRs). Und sie sind außerordentlich zahlreich, dafür, dass man sie nur schwer entdeckt, und dass sie nur ungefähr 10^4 Jahre lang hell genug senden, um bemerkt zu werden. Die Entfernungen der ($\gtrsim 8$) SGRs sind hochgradig kontrovers, vielleicht nur $\lesssim 50$ pc, und ihre ganz seltenen, harten Ausbrüche sind ununterscheidbar von all den anderen γ-ray Bursts (*GRBs*) am Himmel, die in diesen Jahren üblicherweise als kosmologisch fern gedeutet werden, aufgrund der Rotverschiebungen einiger identifizierter Spektrallinien. Wobei dann aber Modell-Schwierigkeiten bei ihren Energien auftreten, der Größe 10^{16}, wenn man sie mit ihren uns gleich hell erscheinenden Brüdern und Schwestern in der Milchstraße vergleicht, die 10^8-mal näher sind. Im kommenden, 5.

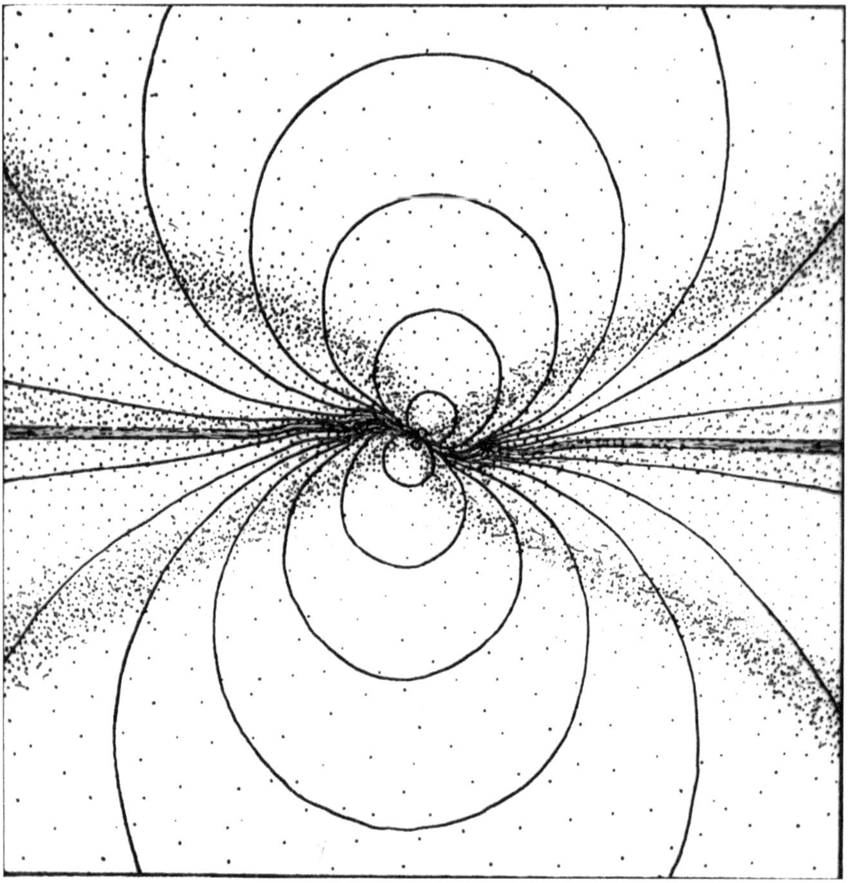

Abbildung 4.8.1: Skizze der erwarteten Geometrie eines gekippt rotierenden, auch akkretierenden, stark magnetisierten Neutronensterns (mit Plasma-Ejektion) innerhalb seiner Akkretionsscheibe, der von dieser zur Präzession gezwungen wird: Spin-Präzession wird erwartet, sobald die korotierende Magnetosphäre im Mittel ein hinreichend starkes Drehmoment auf einen (hinreichend großen) Innenbereich der Scheibe ausübt. Hierfür müssen die Trägheitsmomente von Stern und Scheibeninnenbereich vergleichbar sein.

Kapitel werden wir argumentieren, dass alle GRBs aus unserer Milchstraße stammen, ausgesandt hauptsächlich von den Magnetaren, dann nämlich, wenn große Materieklumpen vom Innenrand ihrer Akkretionsscheibe auf sie herabstürzen. Solche herabstürzende Materie wird kurzzeitig derart heiß, dass sie voll ionisiert in der Magnetosphäre aufsteigt, wie der Pilz einer Explosionswolke, von dem starken Magnetfeld des Neutronensterns erfasst wird und zentrifugal mit transrelativistischer Geschwindigkeit wieder ausgeworfen wird. Dadurch beobachten wir γ-Blitze mit rotverschobenem Nachleuchten (*afterglow*), in Absorption wie auch in Emission, in perfekter Übereinstimmung mit den Erwartungen. Man beachte: Neutronensterne sind offenbar stabil gegen Akkretion!

Haben wir jetzt endlich alle erwarteten Eigenschaften der Magnetare aufgezählt? Wohl kaum. Wir haben uns noch gar nicht klar gemacht, dass ihre soeben erschlossenen transrelativistischen Auswürfe gerade das sind, was vor 100 Jahren (1912) von Viktor Heß im aufsteigenden Gasballon entdeckt wurde: Kosmische Strahlen aus dem Weltenraum, ‚cosmic rays' (*CRs*), im Maximum der registrierten spektralen Verteilung. Woher kommen sie? Hier ist die Fachwelt stets ratlos gewesen; sogar eine mögliche extragalaktische Herkunft wird oft diskutiert, vor allem bei den höchsten Ionenenergien, die $10^{20,5}$ eV erreichen können. Derartig hohe Teilchenenergien schaffen zwar die zentrifugal von der Magnetosphäre ausgeschleuderten Ladungen nicht, dafür aber die von den korotierenden magnetischen Katapulten am Innenrand der Akkretionsscheibe fortwährend abgesprengten Plasmateilchen; das werden wir im nächsten, 5. Kapitel u.a. der zentralen Formel für ihre Energie ΔW entnehmen. Es erscheint uns also so gut wie sicher, dass alle diejenigen Pulsare Kosmische Strahlen erzeugen, die von einer Akkretionsscheibe umringt sind, allen voran die Magnetare. Aber auch der ganz junge Crab-Pulsar scheint es zu können.

Und noch einmal kurzgefasst: Unsere kosmische Nachbarschaft wird erheblich von ihren Pulsaren beeinflusst, vor allem bei hohen Teilchenenergien, nicht zuletzt von den verlöschenden, den Magnetaren. Sowie: Pulsare enden nicht als Schwarze Löcher - bei Akkretion - sondern vielmehr als Magnetare, und ms-Pulsare [Kundt 1998a].

4.9 Können sich aus Neutronensternen Schwarze Löcher bilden?

Neutronensterne gehören noch immer zu den kosmischen Objekten, über die wir am wenigsten wissen, weil sie so klein und schwer sind, sich in einem tiefen gravischen Potentialtopf befinden. Jahrelang nach ihrer Entdeckung glaubten wir noch immer, dass ein Neutronenstern unter seinem eigenen Gewicht zusammenbrechen würde, falls etwa 2 zusätzliche Sonnenmassen auf ihn hinabfallen würden, weil nach Einstein's ART bei hohen Massendichten Druck zugleich Gewicht besitzt, d.h. einen Kollaps begünstigen sollte. Erst Jahrzehnte später wurde uns klar - durch zunehmende Meßstatistiken wie auch zuverlässigere Kollaps-Rechnungen - daß eine solche Vermutung anderen Erwartungen entgegenläuft: nämlich, daß die auf einen Neutronenstern herabstürzenden Massen seinen Spin erhöhen würden, ihn schneller um seine Achse rotieren statt schwerer werden lassen, weil sie ihn eher tangential als in Achsrichtung treffen, und weil sie Splitter absprengen, wahrscheinlich sogar unterstützt durch Kernkräfte. Und daß vollständige physikalische Theorien singularitätenfrei sein sollten, weil sie (endliche) Messwerte beschreiben.

Vor allem aber unterschätzten wir anfangs die Geschwindigkeit, mit der ein Schwarzes Loch wachsen würde durch Einfang der es umgebenden Materie: Einfang von Gasen, Plasmen, Strahlungen, (kosmischen) Wolken, Planeten, Sternen, Sternhaufen, kurz: von allem kosmischem Substrat, das sich ihm nähert, je mehr, desto schneller. Das hatte Stephen Hawking auch schon 4 Jahre vor seinem Tod erkannt, als er im Internet schrieb: "Black Holes do not exist". Unter anderem wäre inzwischen unser ganzes Sonnensystem von einem (supermassiven) Schwarzen Loch verschluckt worden, etwa von der Kernscheibe unserer Milchstraße, Sgr A* ; es gäbe uns gar nicht (mehr)! Die behauptete Existenz Schwarzer Löcher war ein Irrtum

Und warum wußten wir das nicht schon früher? Das liegt an dem 'Gold-Effekt´ - benannt nach Tom Gold, dem späteren Direktor des Cornell-Instituts in Ithaca - der Tatsache, daß gut finanzierte Forschungsprojekte nicht immer nur Wahrheiten an den Tag bringen, [Kundt, 1998a, p.187]. Auch Richard Feynman kannte diesen Effekt.

Und zum Trost der nunmehr Enttäuschten: Bereits oben, in Abschnitt 4.5, haben wir Überlegungen zusammengestellt, in denen eventuelle Schwarzloch-Quellen am Himmel vertrauter erklärt wurden, durch Binärsysteme aus Neutronensternen und massereichen Scheiben. Auch verlangen insbesondere die massereichen Zentren der großen Galaxien keine supermassiven Schwarzen Löcher, die alle in sie hineinspiralierende Materie aufschlucken und hierdurch wachsen würden, sondern vielmehr leistungsstarke Nuklear-Reaktoren - hauptsächlich wasserstoffgetrieben - die den Materie-Einfall in ihr Zentrum mehr als invertieren, sichtbar bis hin zu ihren äußersten Rändern; worauf wir vor allem in Abschnitt 6.4 zurueckkommen werden; s. auch [Kundt, 2020b].

Kehren wir nunmehr zurück zu den beobachteten Neutronensternen: warum bewegen sich einige von ihnen mit großen Pekuliargeschwindigkeiten, oft von der Größenordnung 300 km/s, bisweilen sogar dreimal schneller, im Extremfall sogar 1800 km/s? Zur Erklärung fiel uns als erstes die Herkunft aus einem Doppelstern-System ein. Denn Einzelsterne - ganz gleich welcher Masse - werden allein aus Symmetriegründen nur mit kleinen Pekuliargeschwindigkeiten geboren. Auch Mehrfachsterne haben bei ihrer Geburt nur geringe Pekuliargeschwindigkeiten. Kommen in einem Doppel- oder Mehrfach-Stern jedoch mehrere Komponenten oberhalb von mehreren Sonnenmassen vor, so können diese - nach partiellem Ausbrennen - nacheinander in Weiße Zwerge oder sogar Neutronensterne übergehen - jeweils durch explosives, quasi-sphärisches Abblasen von Masse - wobei schließlich ein Neutronenstern mit einer Geschwindigkeit von weit über 300 km/s aus diesem System fortgeschleudert werden kann. Je größer die Masse einer explodierenden Komponmente, und je größer deren Anzahl im System, desto schneller kann das geschehen. Wobei derartige Häufungen schwerer Mehrfachsterne am ehesten innerhalb kugelförmiger Sternhaufen vorkommen.

4.10 Quasi-Perioden durch magnetische Kippschwingungen?

Bei allen astrophysikalischen Beobachtungen ist es hilfreich, wenn Periodizitäten gefunden werden, weil sie erlauben, auf die lokal vorherrschenden Massen, Kräfte und Ausdehnungen quantitativ rückzuschließen. Nun werden aber oft auch nur beinahe-periodische Vorgänge entdeckt, z.B. die ‚dritten Perioden' von Binärsystemen – neben Spin- und Bahn-Periode – oft einfach ‚Präzession' genannt, weil wahrscheinlich der Innenrand einer Scheibe präzediert, in Wechselwirkung mit dem Spin des zentralen Rotators. Berühmt sind z.B. die dritten Perioden von SS 433 und von Her X-1, vgl. 3.3. Solche zeitlich schwach veränderlichen Perioden werden auch ‚Quasi-Perioden' genannt, oder ‚Quasiperiodische Oszillationen' (QPOs). Man findet die QPOs systematisch durch Vermessen des Rauschspektrums (Power Spectrums) einer Quelle, sozusagen als Schornsteine auf dem Kontinuum.

Nun werden in vielen Röntgen-Binärsystemen auch QPOs gefunden, deren Längen zwar den Spinperioden ähneln, die jedoch unbeständiger sind und oft mehrfach in kleinen ganzzahligen Frequenzverhältnissen {1:2:3} auftreten. Bevorzugt erscheinen sie bei den Schwarzloch-Kandidaten, doch scheinen uns *Kippschwingungen* einer *korotierenden,* Plasma-beladenen *Magnetosphäre* die eigentliche Ursache zu sein. Denn einerseits passt die Fouriertransformierte von Kippschwingungen zu den gemessenen QPO-Spektren, andererseits sind relativistische Kippschwingungen die geeignete Voraussetzung für eine erfolgreiche Beschleunigung Kosmischer Strahlen.

Die Strahlung der Sterne, und so auch der Neutronensterne, wird in mehrfacher Weise periodisch moduliert: durch ihre Spinbewegung, ihre Bahnbewegung (in Mehrfach-Sternsystemen), und oft auch durch eine Präzession ihrer Spinachse, auf (noch) längeren Zeitskalen. Deswegen haben sich Beobachter frühzeitig bemüht, die Sendeleistung ihrer Quellen viele Male zu messen und als Funktion der Zeit aufzutragen, als sog. Lichtkurven, um daraus Information über deren Eigenschaften zu gewinnen. Aber das ist noch nicht alles: Oft findet man auch zeitlich wechselnde Perioden, oder ungefähre Perioden, auch Quasi-Perioden genannt, oder *QPOs*, wobei das „O" in „QPO" (redundanterweise) für „Oszillationen" steht. Wie kommen Quasi-Perioden zustande?

Diese Frage ist nicht immer leicht zu beantworten, solange man sich die Quellen nicht genau anschauen kann, aus der Nähe. Was bringt sie beinahe zum Schwingen, zum Quasi-Schwingen? Welche Rückstellkräfte sind im Spiel, von zeitlich variabler Stärke? Warum stehen mehrere verschiedene QPO-Frequenzen oft im Verhältnis kleiner, ganzer Zahlen? Und warum ist dieses QPO-Phänomen so weit verbreitet, jedenfalls bei den Röntgenquellen, und scheint oft in einfacher Weise von der Masse der Quelle abzuhängen, als Potenz, sodass man aus der QPO-Frequenz auf die Masse der strahlenden Quelle rückschließen kann? Hierfür ist die richtige Deutung gesucht; eine falsche Deutung kann auf Abwege führen. Die richtige Deutung sollte dann zugleich hilfreiche Zusatzinformation über den Emissionsmechanismus liefern.

Und welche ist die richtige Deutung? Mehrfach in der Vergangenheit wurde von heißen Flecken in Akkretionsscheiben gesprochen, bei bevorzugten Radien, die dann zu bestimmten Keplerschen Umlauffrequenzen führten. Es ist an Eigenschwingungen gepresster oder verbogener Scheiben gedacht worden, an Rosettenbahnen Newton'scher oder auch relativistisch umlaufender Planeten oder Scheiben, und an manche weiteren möglichen Bewegungsformen enger Mehrkörpersysteme, mit oder ohne Hinzuziehung Schwarzer Löcher; aber stets gab es zugleich Argumente, warum diese Deutungen nicht von allgemeiner Gültigkeit sein können. Ein einziger Deutungsvorschlag hat sich uns seit etwa zwei Jahrzehnten als recht stabil gegenüber Gegenargumenten erwiesen: *magnetosphärische Oszillationen*.

Und zwar aus folgenden Gründen: 1) Alle uns bekannten QPO-Quellen enthalten *korotierende Magnetosphären*, seien es Neutronensterne, Weiße Zwerge, oder junge (normale) Sterne, oder auch die Koronen der – stark differenziell rotierenden – galaktischen Kerne, die unserer Meinung nach keine Schwarzen Löcher enthalten, sondern ganz einfach aus verdichteter, z.T. nuklear brennender Scheibenmaterie bestehen, s. siebtes Kapitel. 2) Alle diese rotierenden Magnetosphären reiben sich an normaler Materie in ihrer Nachbarschaft, in den meisten Fällen an den scharfen Innenkanten umringender Scheiben, und werden durch sie zu *sägezahnförmigen Kippschwingungen* angeregt, infolge alternierender *Haft-Gleit-Reibung* (stick-slip-coupling). Dabei erfolgen die ‚Gleit'-Phasen des Magnetfeldes mit nahezu Lichtgeschwindigkeit, eine notwendige Bedingung für die Beschleunigung geladener Teilchen auf extrem-relativistische Geschwindigkeiten, d.h. für die Erzeugung Kosmischer Strahlen. Sie repräsentieren relativistische Katapulte. (Die einzigen anderen Erzeuger hochenergetischer Kosmischer Strahlen, die wir kennen, sind starke, niederfrequente, quasi-sphärische magnetische Wellen, vgl. 4.3. Mit ihnen blasen die Pulsare ihre (leptonischen) Vakuolen. Hingegen kennen wir keinen primären Ionenbeschleuniger im Kosmos, der nach diesem Schema arbeitet). 3) Fourieranalyse von Sägezahnkurven zeigt, dass neben der Grundschwingung hauptsächlich die ersten beiden Oberwellen beitragen, d.h. dass sich die Frequenzen der stärksten Komponenten einer Sägezahnkurve verhalten wie 1 : 2 : 3.

Wir meinen, dass für alle QPO-Quellen ihre korotierenden Magnetosphären dominant beteiligt sind an ihrer (heißen) Strahlung, wobei sie durch Reibung zu Kippschwingungen angeregt werden und wobei vor allem das Plasma strahlt, das von ihren Magnetschläuchen mitgerissen wird, entfernt vergleichbar den irdischen Polarlichtern, die in den van Allenschen Strahlungsgürteln leuchten. Die Schwingungen werden angeregt, sobald die Trägheit des mitgerissenen Plasmas groß genug ist; sie lassen sich mit der Unruhe einer Uhr vergleichen, wo statt der Magnetschläuche eine Spiralfeder schwingt. Dabei ist es kein Zufall, dass die Frequenzen der magnetosphärischen Schwingungen vergleichbar sind mit der Spinfrequenz des zentralen Rotators, und ebenfalls kein Zufall, dass gerade dort die Hauptleistung des Systems umgesetzt wird, wo das Paarplasma für die Jet-Quellen erzeugt wird und/oder wo die Kosmischen Strahlen beschleunigt werden: Wo gehobelt wird, da fallen Späne; und zwar im gleichen Takt.

Mit anderen Worten: Nicht nur Periodizitäten können aufschlussreich sein für das Funktionieren kosmischer Objekte, sondern auch Quasi-Periodizitäten. Bei den Röntgenquellen meinen wir, ihre Plasma-beladenen, an ihre Umgebung ankoppelnden Magnetosphären schwingen zu sehen.

4.11 Schwere, enge Doppelsterne emittieren Gravitationswellen

Nach Einsteins Allgemeiner Relativitätstheorie senden je 2 Körper Gravitationswellen aus, die sich relativ zueinander bewegen, umso stärker, je schwerer sie sind, und je schneller sie sich umeinander bewegen. Diese Wellen sind i.a. unmessbar schwach. Sie haben nach jahrzehntelangen Fehlversuchen, die schon in den 1960er Jahren begannen, angeblich im Jahr 2017 erstmalig eine Erfolg versprechende Messung erzielt, gedeutet (von uns) als stammend von einem fusionierenden Neutronen-Doppelstern in unserer Milchstraße.

In dem im Jahr 1962 erschienenen Buch 'Gravitation, an Introduction to Current Research' - herausgegeben von Louis Witten - schreibt Felix Pirani auf Seite 199, daß 'die Schwäche der gravischen Wechselwirkung es als äußerst unwahrscheinlich erscheinen ließe, daß Gravitationsstrahlung jemals Gegenstand direkter Beobachtung werden würde'. So ist insbesondere Joe Webers etwa 2m langer Metallzylinder vielmals behauptet worden, solche Signale zu empfangen, aber niemals empfindlich genug gewesen, auf ein außerirdisches Signal zu reagieren.

Eine neue Ära wurde kurz vor Weihnachten 1978 auf dem "9. Texas-Symposium über Relativistische Astrophysik" in München eingeleitet, durch Joe Taylor's Präsentation eines überzeugenden Hinweises auf die Existenz von Gravitationsstrahlung durch seine (und seines Schülers Hulse) 4-jährigen Messungen periodischer Radiosignale des Binär-Pulsars 1913+16, die erwarten ließen, daß dessen beide Komponenten binnen 3 .10^8 Jahren fusionieren würden, erzwungen durch den beständigen Drehimpulsverlust seiner beiden umeinander kreisenden Komponenten. Hierdurch entstand Mut zu größeren finanziellen Investitutionen - Anfang der 90er Jahre, vor allem in Europa - wo ich 1991 in Paris unserem erfahrenen Experimentalphysiker Karsten Danzmann grünes Licht setzen durfte zum Bau einer Mess-Anlage vor den Toren von Hannover - beginnend mit GEO600, einer 600m langen Meßstrecke von Vibrationen unserer norddeutschen Kontinentalplatte.

Daraufhin hörten wir über 20 Jahre lang wenig von den interrnationalen Fortschritten beim Bau von Gravitationswellenantennen, die gleichzeitig vorangetrieben wurden in Deutschland und in Italien, ferner in Hanford (im US Staat Washington) und in Livingston (im US Staat Louisiana), in Indien und Japan, als LIGO, VIRGO und als Pathfinder Mission LISA. Missionen, die u.a. auch kräftig unterstützt wurden von Kundts amerikanischem Jugerndfreund Kip S.Thorne, der ihn am 22. Februar 2016 aufmerksam machte auf die 18-blättrige Publikation 'Gravitational Waves' seines 8 Jahre zuvor verstorbenen, ehem. Chefs John A. Wheeler in Princeton. Am 17.August 2017 wurde dann das Signal GW 170817 der o.g. Empfänger publiziert - der ungefähren Dauer einer Sekunde - das alle erwarteten Eigenschaften eines fusionierenden Doppelsterns 2er Neutronensterne zu besitzen schien, s. [Abbott et al 2016], [Kundt 2020a], allerdings in einer angeblichen Entfernung von 40 Mpc, die wir für unhaltbar zu groß halten. Und auch dies war wahrscheinlich nicht das Ende, sondern eher der Anfang einer Jahrhundert-Mission. Störend für uns während der letzten 5 Jahre waren hauptsächlich die Schwarzen Löcher und ihre angeblichen (großen) Entfernungen von uns, bis zu mehr als einer Milliarde Lichtjahren, die von ihren Vermessern behauptet wurden, außerdem ihre zu großen Häufigkeiten. Wir meinen nicht nur, daß SLer inzwischen nicht mehr ernst genommen werden dürfen, sondern daß vor allem bei der Auswertung der GW-Signale die genauen - nicht punktförmigen - Massenverteilungen, vielleicht auch ebenfalls die extrem starken elektromagnetischen Kräfte des fusionierenden Neutronen-Doppelsterns berücksichtigt werden sollten, bei der Definition - und anschließenden Berechnung - der sog. 'Chirp'-Masse, durch die man dann die Stärke der verformendenen Kräfte berechnet hat

Und noch einmal etwas ausführlicher, der gegenwärtige Stand der Forschungen: Zu den z.Z. best entwickelten internationalen Antennen zählen 'Advanced LIGO' und 'Advanced VIRGO', mit ihren je 2 aufeinander senkrecht stehenden, geradlinigen Meßstrecken der Länge 4 km. Erwartet - und beobachtet - werden gelegentliche 'chirp'-artige Radio-Signale der etwaigen Dauer 0,2 sec, im Frequenzbereich (35 bis 250) Hz, die nacheinander mit "inspiral-plunge" und "merger-ringdown" benannt worden sind, während deren die beiden Komponenten des fusionierenden Dopelsterns 15 bis 20 volle Umläufe umeinander ausführen, mit $\gtrsim$ 0,1 Lichtgeschwindigkeit, und dabei das lokale Gravitationsfeld in ihrer Umgebung kurzzeitig extrem stark verzerren, derart, daß sich starke Gravitationswellen ein Stück weit in deren kosmische Umgebung hinein ausbreiten. Mehrere hundert Wissenschaftler sind heutzutage an diesen internationalen Experimenten aktiv und gedanklich beteiligt, ohne bisher ausreichende Verständnisklarheit erzielt zu haben.

LITERATUR (KAPITEL 4)

[Abbott et al 2016] Abbott, B.P., et al, ungefähr 1600 Autoren, mit K.S. Thorne, Phys. Rev. Lett. 116, 061102 (2016).

[Archibald et al 2013] Archibald, R.F., Kaspi, V.M., et al (9 authors), 2013: An anti-glitch in a magnetar, *Nature* **497**, 591-593.

[Auriemma et al 1976] Auriemma, G. et al (6 authors), 1976: Transient short time periodicities in the optical emission from Cyg X-1, *Nature* **259**, 29-31.

[Chang 1995] Chang, Hsiang-Kuang, 1995: Magnetic inverse Compton scattering above polar caps, *Astron. & Astrophys.* **301**, 456-462.

[Deutsch 1955] Deutsch, Armin, 1955: Electromagnetic Field of an idealized Star in rigid rotationin in Vacuo, *Annales d'Astrophysique* **18**, 1-10.

[Flowers & Ruderman 1977] Flowers, Elliott, Ruderman, Malvin A., 1977: Evolution of Pulsar Magnetic Fields, *Astrophys. J.* **215**, 302-310.

[Gold 1968] Gold, Thomas, 1968: Rotating Neutron Stars as the Origin of the Pulsating Radio Source, *Nature* **218**, 731-732.

[Heemslerk et al. 1992] Heemskerk, M.H.M., Papaloizou. J.C., Savonije, G.J.,1992: Non-linear development of m = 1 instabilities in a self-gravitating gaseous disc, *Astron. & Astrophys.* **260**, 161-174.

[Hobbs et al. 2004] Hobbs, G., et al (15 authors), 2004: The Parkes multibeam pulsar survey – IV. Discovery of 180 pulsars and parameters for 281 previously known pulsars, *Mon. Not. R. Astron. Soc.* **352**, 1439-1472.

[Joshi & Malafarina 2013] Joshi, Pankaj S., Malafarina, Daniele, 2013: Instability of black hole formations under small pressure perturbations, *Gen.Relativ, Grav.* **45**, 305-317.

[Keane et al. 2011] Keane, E.F., Kramer, M., et al (5 Autoren), 2011: RRATs: New Discoveries, Timing Solutions & Musings, *MNRAS* **415**, Issue 4, 3065-3080.

[Kundt 1979] Kundt, Wolfgang, 1979: Cygnus X-1 – A Neutron Star Surrounded by a Massive Disk? *Astron. Astrophys.* **80**, L7-L10.

[Kundt 1996] Kundt, Wolfgang, 1996: SSSs as Progenitors of the BHCs, in: Supersoft X-Ray Sources, ed. Jochen Greiner, *Lecture Notes in Physics* **472**, Springer, 45-50.

[Kundt 1998a] Kundt, Wolfgang, 1998a: Understanding Physics, ed. A.K. Richter

[Kundt 1998b] Kundt, Wolfgang, 1998b: Astrophysics of Neutron Stars: Facts and Fiction about their Formation and Functioning, *Fundamentals of Cosmic Physics* **20**, 1-119.

[Kundt 2005] Kundt, Wolfgang, 2005: *Astrophysics, A new Approach*, Springer, 1-223.

[Kundt 2008] Kundt, Wolfgang, 2008: Pulsar Physics without Magnetars, *Chinese Journal of Astronomy & Astrophysics* Vol. **8**, 213-218.

[Kundt 2009b] Kundt, Wolfgang, 2009b: Jürgen Ehlers, and the fate of the Black-Hole Spacetimes, *General Relativity and Gravitation* **41**, Nr.9, 1967-1980.

[Kundt 2011a] Kundt, Wolfgang, 2011a: The Astrophysical Jets - after 30 years of deliberation, in: *Frontier-Objects in Astrophysics and Particle Physics*, Conference Proceedings Vol. **103**, eds. F. Giovannelli & G. Mannocchi, 389-404.

[Kundt 2015a] Kundt, Wolfgang, 2015a: A Uniform Description of All the Astrophysical Jets, Mondello Workshop 2014, PoS(MULTIF 15) 006, 1-7 (2016).

[Kundt 2015b] Kundt, Wolfgang, 2015b: How do Pulsars blow their Winds?, Mondello Workshop 2015, PoS(MULTIF15)006, 1-7 (2016).

[Kundt 2015c] Kundt, Wolfgang, 2015c: A brief Observational History of the Black-Hole Spacetimes, Advances in Mathematical Physics, vol.2015, Article ID 617128, 2015.

[Kundt 2017a] Kundt, Wolfgang, 2017a: Sgr A*: The best-sampled of all AGN, Mondello Workshop 2017, PoS(MULTIF17)050, 1-12 (2017).

[Kundt 2017b] Kundt, Wolfgang, 2017b: The Astrophysical Jets (again): as the most complicated inorganic machines known to us, Mondello Workshop 2017, PoS(MULTIF17)075, 1-8 (2017).

[Kundt 2020a] Kundt, Wolfgang, 2020a: Astrophysics without Black Holes, and without Extragalactic Gamma-Ray Bursts. Or: What have we learned from all our recent observations, including the G-W Receptions, FRBs, and the EHT-Map ? Do they fit into a consistent Scenario?, Mondello Workshop 2019, PoS(MULTIF2019)021, 1-14 (2019).

[Kundt 2020b] Kundt, Wolfgang, 2020b: Ordered Motions in the Universe, viXra:2006.0270.

[Kundt & Fischer 1989] Kundt, Wolfgang, Fischer Daniel, 1989: Is there a Black Hole among the Black-Hole Candidates? *J. Astrophys. Astronomy* **10**, 119-138.

[Kundt & Krotscheck 1980] Kundt, Wolfgang, Krotscheck, Eckhard, 1980: The Crab Nebula - A Model, *Astronomy & Astrophysics* **83**, 1-21.

[Kundt et al 1987] Kundt, Wolfgang, Özel, Mehmet E., Ercan, Nihal E., 1987: Are the Galactic-bulge X-ray sources magnetised?, *Astron. & Astrophys.* **177**, 163-170.

[Kundt & Schaaf 1993] Kundt, Wolfgang, Schaaf, Reinhold, 1993: Towards Solution of the Pulsar Problem, *Astrophysics & Space Science* **200**, 251-270.

[Lobanov et al 2011] Lobanov, Andrei P., Horns, D., Muxlow, T.W.B., 2011: VLBI imaging of a flare in the Crab nebula: more than just a spot, *Astronomy & Astrophysics* **533**, A10.

[Mereghetti 2008] Mereghetti, Sandro, 2008: The strangest cosmic magnets: soft gamma-ray repeaters and anomalous X-ray pulsars, *Astron. Astrophys. Rev.* **15**, 225-287.

[Oppenheimer & Volkoff 1939] Oppenheimer, Robert, Volkoff, George, 1939, *Phys. Rev.* **55**, 374.

5. SUPERNOVAE, KOSMISCHE STRAHLEN und GAMMASTRAHL-BLITZE

Dieses fünfte Kapitel schickt sich an, die Funktionsweisen einiger der kompliziertesten Maschinen der anorganischen Umwelt zu beschreiben, bei mehrfacher Abweichung von der Lehrbuchliteratur. In früheren Kapiteln war bereits die Rede von Sternen, Planeten, Monden, Scheiben und Galaxien, die alle durch Gravitationskollaps mit mehr oder weniger viel Ausgangs-Drehimpuls im Verein mit geeigneten Zähigkeitskräften entstanden geglaubt werden und in ihren quasi-stationären Phasen im Innern gestützt werden durch Nuklear-Reaktionen im Verein mit Gas- und Flüssigkeits-Drücken oder gar Festkörperkräften, wobei oft noch magnetische Spannungen zur Anwendung kommen, auf deren Herkunft wir in 8.2 eingehen wollen. Die kompliziertesten anorganischen Maschinen, die wir kennen – die astrophysikalischen Jet-Quellen – werden Gegenstand von Kapitel 7 sein.

Hier, im fünften Kapitel, geht es um **1)** Supernova-Explosionen, um **2)** Gammastrahl-Blitze und um **3)** die Erzeuger der Kosmischen Strahlen, d.h. im Fall **1)** um explosives Auseinandersprengen hinreichend massereicher Sterne ($\gtrsim$5 $M_\odot$), im Fall **2)** um gelegentliche kurzzeitige ($\gtrsim$sec), harte Detonationen, die von der Fachwelt heutzutage als sich am Rande der Welt abspielende Superereignisse gedeutet werden, während wir sie erklären als Masseneinstürze auf die Oberfläche Galaktischer Neutronensterne (Magnetare) aus einer sie umkreisenden Akkretionsscheibe – im Einklang mit der Fachwelt vor rund 30 Jahren – und im Fall **3)** um die Quellen der harten kosmischen Ionenflüsse, mit Energien bis hinauf zu $10^{20,5}$ eV pro Ion, die aus allen Himmelsrichtungen in unser Sonnensystem einfallen, durch die uns umgebende Heliosphäre, und auf deren genaue Herkunft, Galaktisch und/oder extragalaktisch, die Fachwelt sich nicht gern festlegt. Wir erklären sie wiederum als hauptsächlich von Galaktischen Neutronensternen stammend, von Magnetaren, d.h. als beschleunigte Ladungen durch schnell-rotierende, starke Magnete in unserer Milchstraße erzeugt, im Verein mit allen anderen rotierenden Magneten, den Weißen Zwergen und stark magnetisierten (nicht-entarteten) Sternen, entfernt verwandt mit relativistischen Schleifsteinen.

Dabei widmen sich die ersten beiden Abschnitte den *Supernoven* (SNn) und ihren Explosionswolken, den Supernova-Resten (SNRn), deren filamentäre Geschwindigkeitsfelder ‚Hubble-Flüsse' darstellen, d.h. Radialgeschwindigkeiten haben, die proportional zu ihrer Entfernung vom Zentrum anwachsen. Sie sind kennzeichnend für *Splitterbomben*, die bei dickwandigen Explosionen (Schrapnell) entstehen, im Gegensatz zu *Druckbomben*, die bei dünnwandigen Explosionen entstehen und mathematisch durch ‚starke' sog. Sedov-Taylor-Wellen beschrieben werden. Eine SN entsteht, wenn der Kern eines massereichen Sterns ausgebrannt ist und unter der Last alles Darüberliegenden kollabiert, letztlich auf Neutronensterngröße, unter Drehimpulserhaltung. Dabei steigen des Kerns Winkelgeschwindigkeit, Druck und Magnetisierung, bis zum Abfangen der nachstürzenden Sternhülle. Soll diese (mehrere-Sonnenmassen-schwere) Hülle abgesprengt werden, muss instantan ein ‚*Kolben*' entstehen, der den Einsturz invertiert. Dieser Kolben muss relativistisch schnell reagieren, mit $T \sim r^{-1}$, wenn er sich auf seinem Weg nach ‚oben' – von 10^6 cm nach $10^{13 \pm 0,5}$ cm – nicht zu stark abkühlen ($T \sim r^{-2}$) und damit abschwächen soll derart, dass die Schwerkraft ein zweites Mal die Oberhand gewinnt und der thermisch aufgeblasene Stern wieder in sich zusammenstürzt. Dieser Kolben, der den Auswurf vollbringt, ist nach unserer Meinung das starke Kollaps-Magnetfeld im Verein mit seinem instantanen Zerfallsprodukt, einem ultra-hochenergetischen relativistischen Strahlungshohlraum.

Nicht alles, was am Himmel wie ein SNR leuchtet, ist tatsächlich ein SNR. Im dritten Abschnitt besprechen wir die Exoten unter den SNR-artigen Quellen, die *Pulsar-Nebel*, in denen ein junger Pulsar mit seinem starken Wind und seiner starken Strahlung die verlöschenden Reste einer vorangegangenen SN-Explosion erneut zum Leuchten bringt.

Der vierte und fünfte Abschnitt sind den GRBs gewidmet, den ‚Gamma-Ray Bursts' bzw. *Gammastrahl-Blitzen*, von denen im Mittel drei bis vier pro Tag unsere Erde treffen, aus allen möglichen Richtungen. Woher kommen sie? Tatsächlich kommt eine (etwas kürzerlebige) Minorität aus unserer irdischen Ionosphäre, aber alle anderen verteilen sich fast gleichförmig über den Himmel und sollten daher an ihrem Quellort entsprechend energiereicher sein, je nach Entfernung. Kommen sie alle aus unserer Milchstraße - fast alle von nahen Magnetaren - ,wie wir behaupten, oder kommen sie aus etwa 10^8-fach größerer Entfernung, vom Rande des beobachtbaren Universums? Ihr weicheres Nachleuchten, von Radio- bis Röntgenfrequenzen, passt gut zum Widerschein ihrer jeweiligen gestörten Umgebung, welcher die Raumzeit-Geometrie eines 'Lichtechos' besitzt, (Abb. 5.4.3). Und die SGRs, die ‚Soft-Gamma-ray Repeaters' bzw. die *Sanften Wiederholer*, verstehen wir gern als die allernächsten unter den GRBs, weil sie so extrem hell sind, und weil wir bei ihnen sogar ihre häufigen, 1000-fach schwächeren Wiederholungen sehen, die wir bei all den anderen GRBs gar nicht mehr wahrnehmen. Wobei "allernächst" wiederum noch zwei verschiedene Entfernungen beinhalten darf: "lokal Galaktisch", oder sogar "irdisch": "ionosphärisch".

Und die *Kosmischen Strahlen*, hochenergetische Ladungen aus dem Weltraum, die wir seit über 100 Jahren kennen: Wo haben diese ihre Quellen? Die Frage ist nicht ganz so leicht zu beantworten, weil die Flugbahnen der einfallenden Ionen und Elektronen durch die Magnetfelder unserer Galaxis, unseres Sonnensystems und unserer Erde je nach Energie stärker oder schwächer verbogen werden und weil wir insbesondere am hochenergetischen Ende ihres Spektrums bisher keine einzige ihrer Quellen direkt bei der Beschleunigung ertappt haben. Geschieht die Beschleunigung vielleicht „in situ", durch Vielfachstreuungen mit Energiegewinn, wie in der Literatur immer wieder angenommen wird? Wir protestieren: „Vielfach" heißt oft „millionenfach", und die angenommene Elastizität bei der Einzelstreuung steht im Konflikt mit dem 2. Hauptsatz der Thermodynamik, dem Entropiesatz. Wir halten die mittelalten Neutronensterne für die wichtigsten Beschleuniger, rotierende Magnete, die bei Anwesenheit von Widerständen (Scheiben) ähnlich relativistischen Schleifsteinen arbeiten und ihre energiereichen Plasmen schubartig strahlförmig in ihre Umgebungen einspeisen.

5.1 Massereiche Sterne erzeugen Neutronensterne und leuchtkräftige SN-Reste

Wann heißt ein Stern 'massereich', und welche unterschiedlichen Entwicklungen erfahren Sterne verschiedener Ausgangsmassen? Diese einfach klingende Frage ist gar nicht so leicht zu beantworten, wenn die Antwort verlässlich sein soll, weil sie sich der direkten Beobachtung entzieht. Als Standardregeln glauben wir zu wissen, dass 1) Materie bei hohen Temperaturen und Drücken nuklear zu brennen beginnt und sich dabei erhitzt und ausdehnt und 2) dass Kugeln aus kalter Materie unter zunehmendem eigenem Gewicht solange schrumpfen, bis alle ihre Atome zerquetscht sind derart, dass das hierbei unter Druck freigewordene Elektronengas nach Fermi entartet und dadurch viel höhere Drücke ausübt als zuvor die Atome, denen sie angehörten. Solche schwere Fermi-Kugeln entwickeln sich durch Abkühlen zu stabilen Weißen oder Schwarzen Zwergen der Masse $\lesssim$1,4 $M_\odot$, vom Radius $\gtrsim$ Erdradius, die dann andererseits bei noch größeren Ausgangsmassen – und damit bei noch (weit) höheren Drücken – zu Kugeln aus vorwiegend freien Neutronen schrumpfen, den sog. Neutronensternen, mit oberen Grenzmassen von $\lesssim$ 3 $M_\odot$, dafür aber weit kleineren Radien, R $\lesssim$12 km. Mithin können ausgebrannte Sterne nur noch als Weiße Zwerge, Neutronensterne oder aber kollabierte Objekte fortexistieren, je nachdem, wie viel Masse sie vorher abgeblasen oder abgesprengt haben. Alles klar? Na schön: Ausgebrannte Sterne von Sonnenmasse lassen einen Weißen Zwerg zurück, während Sterne von $\gtrsim$8 $M_\odot$ nach Ausbrennen ihrer Kerne als Supernovae explodieren und einen Neutronenstern oder ein SL zurücklassen, so sagte man. Und wo liegen die *kritischen Massen* M_{krit} zwischen den drei Entwicklungswegen, etwa bei 8 $M_\odot$ und bei ≈50 $M_\odot$?

Unsere eigene Meinung lautet anders: Bei uns ist M_{krit} ≈ 5 $M_\odot$ für den Übergang in einen {Weißen Zwerg, Neutronenstern}, und ein SL von Sternenmasse haben wir noch nicht am Himmel entdecken können. Alle in der Literatur vorgeschlagenen Schwarzloch-Kandidaten von Sternmasse enthalten in unserer Deutung einen Neutronenstern innerhalb einer *schweren Akkretionsscheibe*, [Kundt & Fischer, 1989], s. Kapitel 4. Außerdem können wir seit ein paar Jahren lesen, dass beim gravitativen Kollaps i.A. nicht SLr entstehen (würden), sondern nackte Singularitäten [Joshi & Malafarina 2013]; d.h., unsere beste Theorie für die Raum-Zeit-Struktur – Einsteins ART – würde beim Gravitationskollaps unbrauchbar werden. Das erscheint uns unrealistisch und zugleich entbehrlich.

Und das kontroverse Beispiel der nahen, sehr jungen Supernova im Orion zeigt, dass astrophysikalische ‚Kenntnisse' keineswegs immer einmütig sind.

„Weißt du, wie viel Sternlein stehen an dem weiten Himmelszelt?" fragt ein altes deutsches Volkslied. Bereits im vierten Kapitel haben wir uns allerlei Gedanken über Sterne gemacht, u.a. auch über die Anzahl der mit bloßem Auge sichtbaren Sterne am Himmel, über Mehrfachsternsysteme, auch bereits über Weiße Zwerge und Planetarische Nebel, als mögliche Spätstadien sonnenähnlicher Sterne. Hingegen nur sehr wenig nachgedacht haben wir bisher über das Schicksal der selteneren, kürzer-lebigen, massereichen Sterne; außer dass eine ihrer Spätformen, Neutronensterne, bereits Gegenstand des vorigen Kapitels war. Welche weiteren möglichen *Spätformen* massereicher Sterne gibt es? Im Prinzip kann ein nuklearer Reaktor unter geeigneten Bedingungen total auseinandergesprengt werden, sobald nämlich seine freigesetzte – und noch nicht abgestrahlte – thermisierte Energie auch nur kurzzeitig seine gravische Bindungsenergie überschreitet. Diese Möglichkeit ist gelegentlich erwogen worden, jedoch nach unserem Wissen bislang für kein realistisches Masseninterval schwerer Sterne ernsthaft vorgeschlagen oder gar für beobachtet erklärt worden. Eine zweite oft genannte, von einem

Neutronenstern abweichende Spätform massereicher Sterne ist ein Schwarzes Loch, d.h. das Zusammenbrechen eines ausgebrannten Sternenkerns nahe der Chandrasekhar-Masse unter seiner eigenen plus der auf ihm lastenden Schwerkraft der ihn umgebenden stellaren Hülle. Auch hierfür gibt es bislang kein einziges zwingendes Beispiel, vgl. 3.8 und [Kundt 2009a,b]. Ja, es sind sogar neuerdings *Nackte Singularitäten* als die zu erwartenden Endstadien beim Gravitationskollaps errechnet worden, statt SLer – d.h. die Ungültigkeit der Penrose-Hypothese einer „Kosmischen Zensur" – als der generische Fall, der nur in extrem seltenen Spezialfällen hoher Symmetrie zum Schwarzen Loch entartet [Joshi & Malafarina 2013]. Einsteins Allgemeine Relativitätstheorie lässt mit Sicherheit mehr (und exotischere) Lösungen zu, als in unserer kosmischen Nachbarschaft realisiert sind.

Wie schwer sind die Sterne? Unser naher Nachbarplanet Jupiter, mit seinen $10^{-3,02} M_\odot$, ist gerade noch nicht schwer genug, um Kernreaktionen in seinem Inneren zu zünden. Aber bereits *braune Zwerge*, Himmelskörper mit $M \gtrsim 0{,}07\ M_\odot$, verbrennen Deuterium in ihren Kernen, leuchten bräunlich und gelten deshalb als Sterne. Die meisten Sterne haben Massen knapp unterhalb einer Sonnenmasse, und damit auch Leuchtkräfte knapp unterhalb einer Sonnenleuchtkraft $L_\odot$, aber es gibt auch noch viele Sterne mit Massen bis zu $10\ M_\odot$, entsprechend Leuchtkräften bis zu $10^3\ L_\odot$, hingegen nur noch vereinzelte in unserer Milchstraße mit Massen bis hinauf zu $60\ M_\odot$, (und Leuchtkräften $\lesssim 10^7\ L_\odot$). Auf der Suche nach Rekordwerten kann man auch immer wieder mal Sternmassen von 90, 120, oder gar $300\ M_\odot$ behauptet finden, als Höchstwerte, die aber nicht unbedingt verlässlich sind, z.B. weil man einen (recht fernen) Doppelstern als Einzelstern gedeutet hat, oder einen Neutronenstern mit Akkretionsscheibe in einem Doppelsternsystem gar nicht wahrgenommen hat. Z.B. wurde in 3.4 für einen solchen Extremfall, η Car, entgegen der Mehrheitsmeinung auf Einzelmassen $\lesssim 60\ M_\odot$ (statt $120\ M_\odot$) geschlossen. Und: Es ist bis heute unentschieden, ob nicht sogar Sterne von über $200\ M_\odot$ den Großteil ihrer Masse wieder abwerfen können – vor ihrem endgültigen Kollaps – durch Oszillationen mit transientem Schalenbrennen; ihre meiste Masse befindet sich weit draußen, bei großen Radien, ist daher nur ganz schwach gebunden.

Wenn man nun die normalen Sterne in *massearme* und *massereiche* aufteilt, so hat man gewöhnlich eine *kritische Masse* M_{krit} im Sinn, unterhalb derer aus einem ausgebrannten Stern ein Weißer Zwerg entsteht, und oberhalb derer nach Ausbrennen ein Neutronenstern zurückbleibt, der Masse $\lesssim 2\ M_\odot$ (nach bestem gegenwärtigem Wissen: Vereinzelte ‚Massenbestimmungen' von Neutronensternen bis hinauf zu $2{,}7\ M_\odot$ involvieren inkonsistente Deutungen. So gibt es z.B. „Black Widow"-Pulsare zwar schon seit 1988 in der Literatur, auch bei Wikipedia, aber sie vergessen den Impulssatz bei der angeblichen Verdampfung des Begleitsterns). Bei der Bildung des Neutronensterns wird so viel Bindungsenergie freigesetzt, dass der Rest des Vorgängersterns nicht eine (nukleare) Nova-Explosion erleidet, sondern eine (relativistische) Supernova-Explosion (SN), d.h. dass seine Hülle mit der mittleren Geschwindigkeit von ≈ 6000 km/s auseinandergesprengt wird. Wie dies im Einzelnen geschieht, wird Gegenstand des folgenden Abschnitts sein. An dieser Stelle soll nur ein brauchbarer Schätzwert für M_{krit} ermittelt werden, den man am zuverlässigsten aus guten Statistiken der (i) respektiven Vorgängersterne, der (ii) Geburtsereignisse, und der (iii) nicht-kompakten Überreste sowie (iv) aus Massenabschätzungen von SN-Schalen gewinnen kann. M_{krit} wurde in Europa Ende der 1970-er Jahre mit $3\ M_\odot$ gehandelt, wuchs dann langsam auf $5\ M_\odot$ an, sprang gegen Ende der 1980-er Jahre ziemlich unvermittelt auf $10\ M_\odot$, um gleich anschließend wieder auf $8\ M_\odot$ abzufallen. Uns haben die Sprünge von 5 auf 8 über 10 nicht gefallen, gestützt auf Schätzungen von Adrian Blaauw der unter (i) gefragten Rate, ferner gestützt auf SN-Raten von $\gtrsim 1/10$ Jahre für die Milchstraße und für nahe Nachbargalaxien, sowie auf redundant bestimmte SN-Schalenmassen von $3\ M_\odot$; d.h. wir bevorzugen $M_{krit} = 5\ M_\odot$, wie bereits in 3.9.

Noch einmal im Klartext: Massereiche Sterne beginnen für uns bei ungefähr fünf Sonnenmassen; es gibt sehr viele von ihnen in der Milchstraße, mehr als 10^9. Nach Ausbrennen ihres Kerns explodieren sie als SN und erzeugen dabei (wahrscheinlich stets) einen Neutronenstern, den wir früher oder später als (Radio-) Pulsar oder als

Röntgenquelle entdecken, sowie einen ausgedehnten, schnell expandierenden ‚*SN-Überrest*' der typischen Lebensdauer von zwanzigtausend Jahren ($=10^{4,3}a$). Der SN-Rest – die expandierende Trümmerwolke der Explosion – hat oft das Aussehen einer stellaren Windzone, im einfachsten Fall eine leuchtende Kugelschale, allgemeiner ein verbeultes Geoid. Das liegt daran, dass die auseinandergesprengte (filamentäre) Trümmerwolke der Explosion beim Durchfliegen ihrer Umgebung diese aufheizt und zum Strahlen bringt, dass sie dadurch sozusagen vorübergehend ein getreues Abbild der Dichteverteilung ihrer Umgebung an den Himmel zaubert. Wir sehen eine *beleuchtete Windzone.* Wenn diese Windzonen eher wie Kugelschalen als wie Kometenschweife aussehen, so heißt dies, dass sie von langsam bewegten Vorgängersternen erzeugt wurden, von *Unterschallbewegungen*, nicht von *Überschallbewegungen* relativ zum ISM, vgl. 2.11 und 6.2. Zur zweiten Sorte mag oder mag nicht der Keplersche Supernova-Rest gehören, dessen optischem Bild man seine etwas überdurchschnittlich schnelle Bewegung von der Milchstraßenscheibe fort ansehen kann.

Alle SN-Reste, die wir kennen, zeigen Expansionsbewegungen ihrer Substanz, aber nicht immer passen solche Geschwindigkeitsfelder zum Alter der expandierenden Wolke. Besonders klar liegen die Verhältnisse bei zwei der jüngsten Überreste: beim fast vierhundertjährigen *Cas A* und beim fast tausendjährigen *Crab-Nebel*, auf den wir unten zurückkommen werden. Die Entstehung von Cas A wurde wahrscheinlich im Jahre 1680 von John Flamsteed entdeckt. Seine zentrale Röntgen-Punktquelle wurde im Jahr 1977 vorhergesagt, s. 3.5, jedoch erst im Jahre 2000 von CHANDRA als (ziemlich farbloser) stellarer Überrest (remnant) identifiziert, s. Abb. 5.1.1. Cas A besteht, grob gesprochen, aus einer expandierenden Kugelschale, in die Systeme aus schnell expandierenden ‚Knoten' und langsam expandierenden ‚Flocken' eingelagert sind, von unterschiedlicher chemischer Zusammensetzung, und aus der ein Schornstein (chimney) im Nordosten herausgesprengt ist, begrenzt durch das ‚Baade-Minkowski-Filament'. Die Knoten laufen (radial) grob zehnmal so schnell wie die Flocken; beide Systeme haben unterschiedliche Divergenzpunkte (in Projektion). Der Schornstein von Cas A erinnert an einen ebensolchen beim Crab-SN-Überrest, desgleichen bei mindestens zwei weiteren jungen SN-Resten. Alle diese auffälligen Teilstrukturen werden verständlich, wenn man die Knoten als die *fortgeschleuderten Explosionstrümmer* deutet, die Flocken als *mitgerissenes Material* der ehemaligen Windzone, und den Schornstein als eine Nachbeschleunigung der ehemaligen Windzone durch den Überdruck des noch nicht ganz entspannten *relativistischen Kolbens* der SN-Explosion, der zugleich durch ein mittelschnelles Geschwindigkeitssystem von Radio-Strukturen (features) auffällt. Aus den unterschiedlichen Divergenzzentren und Blauverschiebungen lässt sich sodann die Eigengeschwindigkeit der ehemaligen Windzone bestimmen: (165 ± 15) km/s in Richtung NNO und auf uns zu. D.h., wir haben es bei Cas A mit einem mindestens *dreikomponentigen* System zu tun: dem Vorgängerstern mit seiner Windzone, dem filamentären System der schnellen Explosionssplitter, und dem relativistischen System des SN-Kolbens, dazu natürlich noch mit den kompakten Resten der SN-Explosion in seinem Zentrum, ebenfalls oft recht schnell ($\lesssim$500 km/s) bewegte Sterne.

Dabei ist es einer schnellbewegten, leuchtenden Gas- oder Plasmawolke bisweilen nicht leicht anzusehen, wodurch sie in Schwung geraten ist. Z.B. sprechen Kundt & Yar [1997] von einem *Hubble-Fluss*, einem weiteren der ihrer Meinung nach jüngsten ($\lesssim$400 Jahre) bekannten SN-Reste unserer Milchstraße, zentriert auf das expandierende Dreifach-System {BN, I, Orion n} im ‚*Becklin-Neugebauer & Kleinmann-Low IR-Komplex*', als Teilstruktur der nur $\lesssim$0,48 kpc entfernten Orion-A-Wolke, wobei der Neutronenstern ‚Orion n' durchaus der kompakte Überrest der Explosion sein könnte [Gómez et al 2008], während drei ihrer namhaften Kollegen am Bonner Max-Planck-Institut für Radioastronomie im Jahre 2010 eine ganz andere Deutung vorschlagen: eine „explosive Disintegration eines massereichen jungen stellaren Systems", wobei außerdem die Bezeichnungen „molekularer Ausfluss", „close dynamical interaction", und „merger-generated outflow" in „massive multiple stellar systems" zur Beschreibung verwendet werden, und wobei deren (linearisierte) Altersabschätzung der Explosion (von $\gtrsim$500 Jahren) in einer der dichtes-

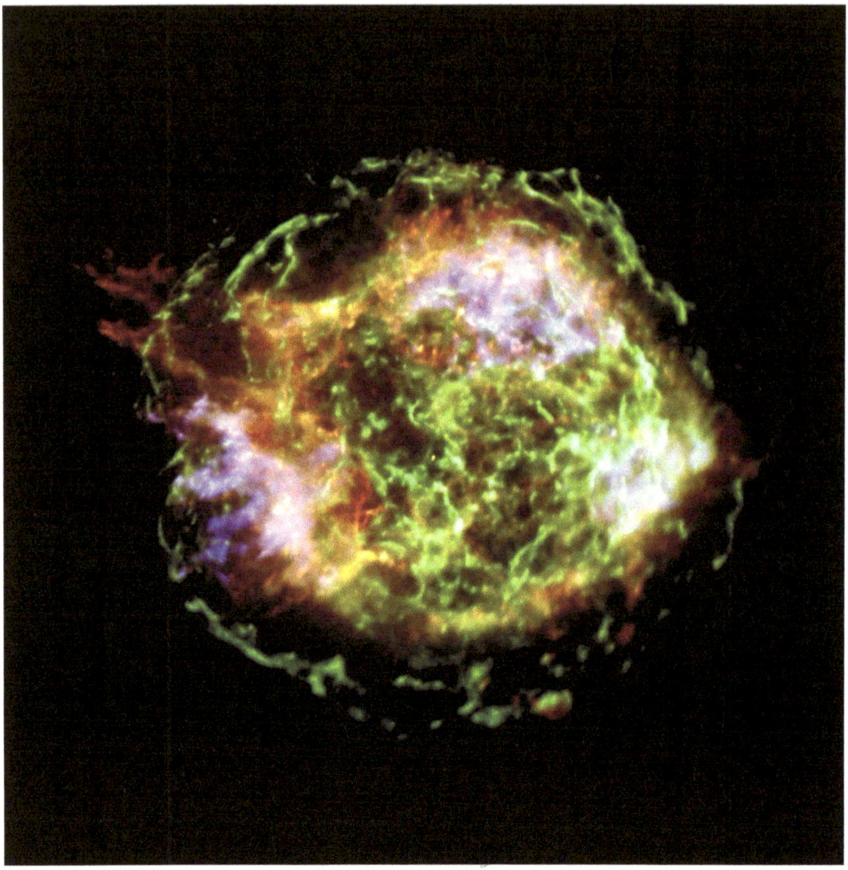

Abbildung 5.1.1: Breitbandiges Röntgenfoto des Supernova-Restes (SNR) Cassiopeia A (= *Cas A*), vermutlich zuerst (als SN) gesichtet von Flamsteed im Jahre 1680. Wie im Text beschrieben, besteht die Explosionswolke vor allem aus einem System schneller ‚Splitter', ‚Knoten' genannt, deren schnellste bereits weit aus diesem Blickfeld herausgeflogen sind, sowie aus den zehnmal langsameren sog. ‚Flocken', die hauptsächlich aus mitgerissenem Sternwindmaterial des Vorgängersterns bestehen. Zusätzlich sieht man auf dem Foto eine dünne, quasi einhüllende, im Röntgenlicht (grün) leuchtende Schale. Bei ihr handelt es sich wahrscheinlich um den von den Splittern zum Leuchten gebrachten, aufgefegten Rand der einstigen Windzone. Farbkodierung: Rot = (1,78-2,0) keV, Grün = (4,2-6,4) keV, Blau = (6,52-6,95) keV.

ten Sternbildungsregionen der Milchstraße auch um einen Faktor $\lesssim 2$ überschätzt sein könnte, s. Abb 5.1.2, 5.1.3. Diese Publikation scheint uns das beste Beispiel eines wissenschaftlichen ‚Abweges' zu sein, denn sie klingt vielsagend und wegweisend, ohne dabei den involvierten Beschleunigungs-Mechanismus deutlich werden zu lassen. Wir meinen, dass Sternverschmelzungen – falls sie wirklich einmal vorkommen sollten – nicht in der Lage sind, einen Hubble-Fluss zu erzeugen. Astrophysik wird bisweilen zuversichtlicher beschrieben als gerechtfertigt ist.

Genauer gesagt: Wir kennen (bislang) nur *drei Mechanismen* unserer unbelebten Umwelt, geordnete *Überschallbewegungen* von Plasmapaketen durch ihre kosmische Nachbarschaft zu erzeugen: **1)** *Explosionen* und **2)** *Jets*, wobei Explosionen ihrerseits als **1a)** *Druckbomben* oder als **1b)** *Splitterbomben* erfolgen können. Explosionen entstehen bei schnellen Volumenvergrößerungen (durch eine Bombe, oder durch den Kernkollaps eines Prä-SN-Sterns), durch Öffnen eines (vulkanischen) Ventils, chemisches Verbrennen (eines zündfreudigen Gemisches), oder nukleares Verbrennen. Sie werden zu *Druckbomben*, wenn ihr umgebendes Medium leichter ist als das Kolbenmaterial, genauer: immer dann, wenn es der Explosion gelingt, den freigesetzten Impuls auf eine (starke) *Stoßwelle* des Mediums

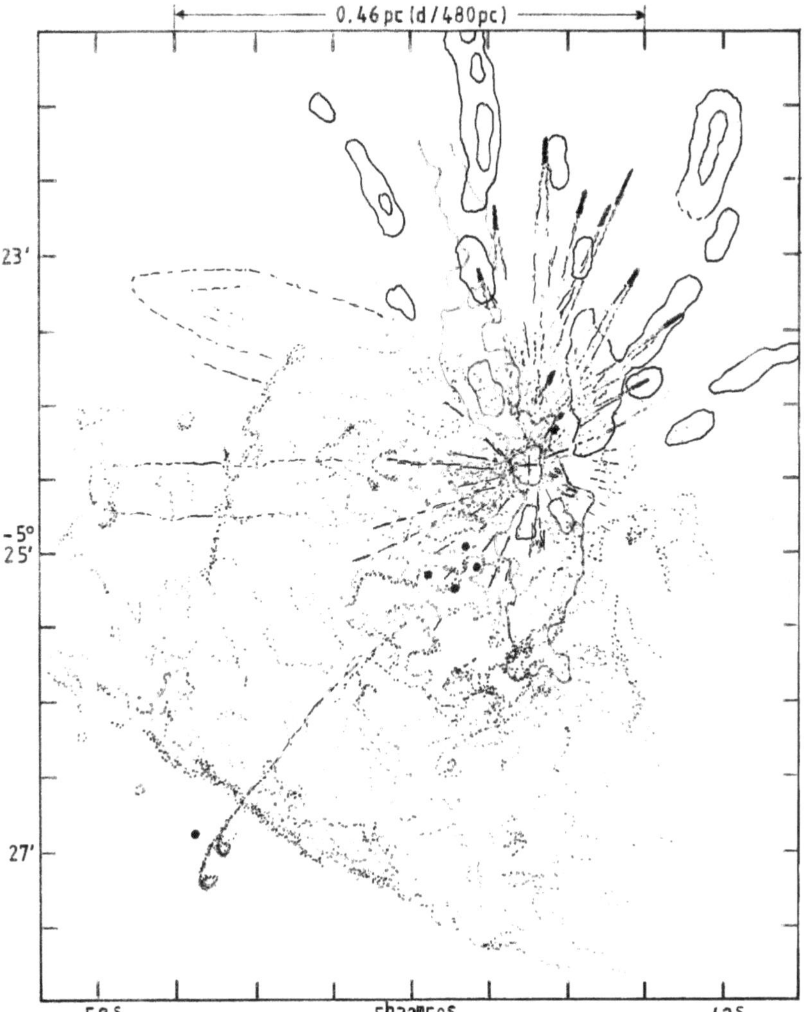

Abbildung 5.1.2: Einer der jüngsten (uns bekannten) *SNRe* in der Milchstraße, im Orion, mit Zentrum im Becklin-Neugebauer & Kleinmann-Low (BNKL)'schen IR-Komplex, behaupten Kundt & Yar [1997] in der hier durchgepausten Breitbandskizze. In rein optischen Aufnahmen ist der junge SNR kaum zu erkennen. Vgl. Abb. 5.1.3, sowie die Ähnlichkeit mit dem Crab-Nebel, Abb. 5.2.1.

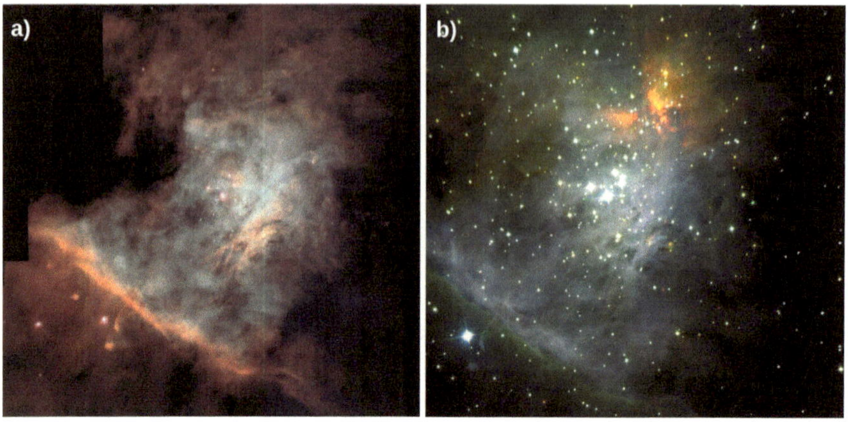

Abbildung 5.1.3: Zwei fast gleichwertige Abbildungen der Herbig-Haro-Objekte *HH 203 und 204* (am linken, unteren Rand der Orion Wolke), zusammen mit der nur bei IR-Frequenzen erkennbaren SN oben rechts im Bild. Wahrscheinlich sind die HHs filamentäre Auswürfe der in Abb. 5.1.2 gezeigten SN-Explosion, mit Zentrum im BNKL-IR-Komplex. **a)**: HST-Mosaik-Bild, mit den Farbkodierungen: Rot = [N II], Grün = H, und Blau = [O III], jedoch ohne IR. **b)**: Optisch-infrarote Wiedergabe, bei der vor allem die SN ins Auge fällt.

zu übertragen; Beispiele sind (militärische) Sprengbomben, (atmosphärische) Wasserstoffbomben sowie der Tunguska-Kimberlit von 1908. Explosionen werden zu Splitterbomben, wenn sie in *dickwandige Behälter* eingesperrt sind, wie bei einem Schrapnell, sowie bei Supernova-Explosionen; ihr Impuls steckt dann in einer großen Anzahl kompakter Trümmer. Bei allen punktförmigen Explosionen bildet das Geschwindigkeitsfeld der Trümmer einen *Hubble-Fluss*: $\mathbf{v}(\mathbf{r}) \sim \mathbf{r}$, d.h., der Betrag der (radialen) Geschwindigkeiten der Trümmerwolke nimmt proportional zu ihrer Entfernung vom Explosionsherd zu.

Ganz anders verhalten sich Geschwindigkeitsfelder, die von **2)** Jets erzeugt werden. Hier können wir in Kapitel 7 erfahren, dass alle uns bekannten *astrophysikalischen Jets* (oder ‚bipolaren Flüsse') nach einem einheitlichen Schema arbeiten: In ihrem Kern erzeugt ein schnell rotierender, starker Magnet eine Überdruckblase aus relativistischem $e^{\pm}$-Plasma, durch magnetische Rekonnektionen, das sich nach beiden Seiten parallel zur Spinachse in je einen Überschall-Strahl entspannt, $(v > 2c/3)$, wobei eine Pioniergeneration von $e^{\pm}$ einen Vakuumkanal rammt, durch den dann nachfolgende Generationen von $e^{\pm}$ in Form einer geordneten $\mathbf{E} \times \mathbf{B}$-Drift fast widerstandsfrei nachfolgen. Am jeweiligen Ende eines solchen (langen) Vakuumkanals stauen sich diese $e^{\pm}$-Paare dann wieder, werden durch ihr zerfallendes, konvektiertes elektromagnetisches Potenzial nachbeschleunigt (auf die doppelte Gesamtleistung), zugleich aber auf Unterschall-Schwerpunktsgeschwindigkeit abgebremst, seitlich ab- und umgelenkt und zur weiteren Auffüllung und Expansion eines einhüllenden, zigarrenförmigen ‚*Kokons*' verwendet. Diese länglichen Auffangbehälter des relativistischen Strahl-Plasmas, oder Kokons, (cocoon, lobe, balloon, bubble), sind Überdruckblasen, expandieren daher ihrerseits mit Überschallgeschwindigkeit in ihr zirkumstellares Medium (*CSM*). Sie enthalten nicht nur das gestaute, relativistische Paarplasma, sondern zugleich auch hochkomprimiertes Umgebungsplasma, das durch Rayleigh-Taylor-Instabilitäten in sie eingemeindet wurde, beim Abbremsen des Strahls. Deshalb leuchten sie auch thermisch, umso mehr, je dichter das CSM ist, und werden im Fall stellarer Jets oft auch als „molekulare Ausflüsse" bezeichnet, obwohl ihre molekulare Komponente lediglich (mit Schwung) beiseitegeschoben wird. Einen (hochgradig geordneten) Hubble-Fluss hat man bei Jet-Quellen bisher nicht angetroffen.

Solch einen *Hubble-Fluss* realisiert aber gerade das ‚*Feuerwerk im Orion*‘ [1997], von dem soeben die Rede war, sogar von mehr als der vierfachen Ausdehnung als von unseren Kollegen am MPIfR (mittels der CO-Linie) untersucht wurde, wobei die deutlich längeren NH_3-‚Finger‘ und bugschockförmigen ‚Herbig-Haros‘ inzwischen zunehmend abgebremst sind. Wir sehen keinen anderen Mechanismus zu seiner Erzeugung als eine SN-Explosion. Was gilt die Wette?

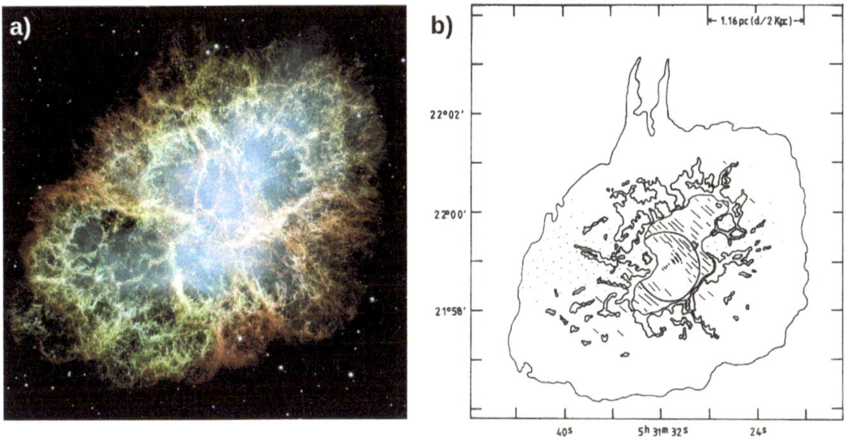

Abbildung 5.1.4: Der Crab Nebel – der vielleicht bestuntersuchte SNR – **a)** als Farbfotografie [NASA, ESA, Jeff Hester, 2005] und **b)** als Konturdiagramm seiner wichtigsten Komponenten [Kundt 2005]. Das hellblaue Kontinuum in **a)** stammt von dem unter Hochdruck volumenfüllenden Paarplasma des zentralen Pulsars, die roten Strukturen von dem expandierenden System seiner nachbeschleunigten, von der SN ausgeschleuderten, wasserstoffreichen Filamente, vgl. Abb. 5.2.1.

Wie sich eine SN-Explosion im Detail abspielt, soll Gegenstand des kommenden Abschnitts sein. Zuvor jedoch – wie bereits oben angekündigt – ein paar Worte zum wohl meist untersuchten und bestbekannten aller Supernova-Überreste, dem *Crab-Nebel*, Überbleibsel einer im Jahre 1054 in China beobachteten Explosion am Himmel, s. Abb. 5.1.4a,b, dessen kompakter Überrest im Zentrum als ‚Crab-Pulsar‘ ebenfalls ausgiebig untersucht ist. Die Explosion fand hoch über der Galaktischen Ebene statt, in sehr dünner Umgebung; deshalb sehen wir auf allen Abbildungen nur einen kleinen Zentralbereich der expandierenden Trümmerwolke, deren Geschwindigkeitsverteilung einem Hubble-Fluss nahekommt, s. Abb. 5.2.1, 7.2.1, 7.4.2 sowie [Kundt & Krotscheck 1980]. Genauere Vermessungen des Geschwindigkeitsfeldes verraten, dass die Trümmer nicht kraftfrei geflogen sind, sondern nachbeschleunigt wurden, um einige Prozent, (vermutlich) durch die vielfach reflektierte, starke 30Hz-Welle des Pulsars. Außerdem fällt im Norden, (oben), ein ‚Schornstein‘ auf, durch den bereits ein Teil des schiebenden Pulsarwindes entwichen ist. Weitere Details dieser gestaltreichen astronomischen Quelle werden wir später besprechen. Für ehrgeizige Theoretiker ist der Crab-Nebel wohl bis heute eines der besten astrophysikalische Objekte, entfernt vergleichbar dem Matterhorn für Bergsteiger.

5.2 Die Kolben der SN-Explosionen sind relativistisch, ihre Auswürfe filamentär

Bei einer Supernova-Explosion wird ein in seinem Kern ziemlich ausgebrannter Sternriese auseinandergesprengt derart, dass im Zentrum der Explosion

ein Neutronenstern von $\lesssim$1,4 $M_\odot$ zurückbleibt, evtl. umringt von einer massearmen Akkretionsscheibe. Alle übrige Materie des Vorgängersterns fliegt radial davon, als Hubble-Fluss, bei dem (zu jeder Zeit) die Geschwindigkeit der Trümmer proportional zu ihrer Entfernung zunimmt. Was für ein Mechanismus liegt einer solchen Explosion zugrunde? Seit Jahrzehnten scheitern fast alle numerischen Simulationen, weil sie unrealistisch programmiert sind: Wenn die Explosionsenergie im Kern des Riesensterns freigesetzt wird, muss das dort aufgeheizte Medium als ‚Kolben' fungieren, der bei seiner Expansion alle darüberliegende Materie (schnellstmöglich) mit Entweichgeschwindigkeit nach außen schiebt. Hierbei kühlt sich der Kolben adiabatisch ab, wie $T \sim r^{-a}$ mit $a = \{2, 1\}$ für {nicht-relativistisches, relativistisches} Treibgas. Soll der Kolben zwischen Radien $r = 10^6$ cm und $10^{13\pm0,5}$ cm arbeiten, beträgt der Expansionsfaktor rund 10^7, sodass sich ein nicht-relativistisches Gas beim Schub um einen Faktor 10^{14} abkühlen würde.

Damit scheiden Nuklearexplosionen als Treibgas einer SN aus, der Kolben muss relativistisch arbeiten. Seit 1976 haben wir deshalb als *Kolben* einer SN den starken, aufgewickelten *Magnetfluss* des kollabierenden Kerns vorgeschlagen, der den anfänglichen Kollaps der Sternhülle invertiert, sich sodann durch Zerfall weitgehend in einen *ultraharten Strahlungshohlraum* umwandelt und als solcher den *relativistischen Kolben* realisiert, der die Hülle des Sterns absprengt und in eine schnell expandierende SN-Schale umformt [Kundt 2008].

Schwierig wird die detaillierte Deutung, sobald hochauflösende Beobachtungen (in Raum und Zeit) vorliegen, wie beim ‚Mystery Spot' und bei ‚Napoleons Hut' von SN 1987A. Wang & Wampler [1992] präsentieren die Phänomene der ersten vier Jahre einschließlich ihrer serienweisen Fehldeutungen.

Wie funktioniert eine SN-Explosion? Experten unterscheiden zwischen mehreren verschiedenen Explosionsmechanismen, darunter die nukleare He-Explosion eines Weißen Zwerges, gezündet nahe seinem Mittelpunkt, die eine SN vom Typ Ia beschreiben soll. Kommt so etwas wirklich in unserer Milchstraße vor? Nehmen die Massen der Weißen Zwerge nicht alle während ihrer Evolution ab, von $\lesssim$1,4 $M_\odot$ bei ihrer Geburt bis hin zu (kalten) Schwarzen Zwergen, der deutlich kleineren Masse $M \lesssim 0,5\ M_\odot$? Gibt es Ausnahmen von dieser empirischen Regel, etwa für akkretierende Weiße Zwerge? Wohl kaum. Denn bei einer anschließenden Nova-Explosion verlieren diese Akkretierer mehr Masse, als sie zwischenzeitlich aufgesammelt hatten. Über diese und verwandte Fragen haben wir bereits in den Abschnitten 2.11, 3.2, 3.8, 3.9, 4.1, 4.9 und 5.1 nachgedacht. Uns erscheint das SN-Phänomen derartig einheitlich, in Masse, Energie, Leuchtkraft, Lichtkurve und Morphologie, dass wir uns wundern würden, wenn es andere SN-Mechanismen als denjenigen des Kern-Kollapses (*core collapse*) eines massereichen Sternes gäbe. Verstehen wir also fortan unter einer *SN* den *Kern-Kollaps* eines (im Kern stark ausgebrannten) Sternes von über 5 $M_\odot$.

Unser massereicher Stern hat also während seines Hauptreihenbrennens und anschließenden Erklimmens des Riesenastes im Hertzsprung-Russell-Diagramm den Nuklearenergievorrat seines Kerns – der Masse $\lesssim$1,4 $M_\odot$ – soweit in Wärme umgesetzt, dass der Kern beginnt sich abzukühlen und unter der Last seines eigenen Gewichtes plus desjenigen des darüberliegenden Sternmantels zu schrumpfen. Dabei hat sich der äußere Stern gewaltig ausgedehnt, als Folge des Aufheizens im Kern sowie beim späteren Schalenbrennen seines Mantels, von einem anfänglichen Radius $\gtrsim 10^{11}$ cm auf einen Überriesenradius von $10^{13\pm0,5}$ cm. Sobald sein Kern beim Schrumpfen den Halt verliert und kollabiert, auf der Zeitskala von Sekunden, beginnt auch sein Mantel hinterherzufallen. Während weniger Sekunden muss jetzt die Explosion einsetzen, andernfalls würde wieder die Gravitation die Oberhand gewinnen und zur Bildung eines Schwarzen Loches oder vielmehr einer Nackten Singularität führen. Was passiert jetzt?

Ist denn nicht noch mehr Nuklearenergie vorhanden? Ja, aber nicht im Kern; ihr Zünden würde den Kollaps höchstens noch beschleunigen. Oder gibt es vielleicht genügend Spinenergie des kollabierenden Kerns, beim Kollaps vom Radius eines Weißen Zwerges (10^9 cm) zu demjenigen eines Neutronensterns (10^6 cm)? Bei erhaltenem Drehimpuls I Ω wächst die Spinenergie $I\Omega^2/2$ wie R^{-2} mit abnehmendem Kernradius R und kann maximal den Wert $10^{52,7}$ erg erreichen, falls ihr Anfangswert (vor dem Kollaps) groß genug war; ($\Omega := 2\pi/P$). Diese Annahme (eines hinreichend großen Anfangswertes) folgt zwar nicht aus ersten Prinzipien, und wäre verletzt für starr rotierende Sterne, ist aber durchaus verträglich mit unseren Kenntnissen über Sternentwicklung und mit den bekannten Geburtsspins der Neutronensterne, die bis zu Winkelgeschwindigkeiten $\Omega \leq 10^{3,6}$ s^{-1} hinaufreichen, (entsprechend Spinperioden von $P \gtrsim 1{,}5$ ms). Fliehkräfte können sicherlich den Kollaps eines Sterns hinauszögern, aber sie können ihn letztlich nicht verhindern, und schon gar nicht in einen Auswurf invertieren.

Bisher haben wir noch die im Kosmos allgegenwärtigen *Magnetfelder* vergessen; ohne sie wären wir jetzt am Ende unserer Überlegungen angekommen, und es gäbe gar keine SN-Explosionen. Aber es widerspricht nicht unseren Kenntnissen, vgl. Kapitel 3, dass die Kerne massereicher Sterne stark magnetisiert sind. Beim (elektrisch gut leitenden) Kern-Kollaps sollten insbesondere die toroidalen Magnetfelder stark aufgewickelt werden, $B \sim R^{-2}$, und (aus Energiegründen) bis auf maximal 10^{17} Gauß verstärkt werden. Derartig starke Magnetfelder wirken wie eine gespannte Spiralfeder, drücken und zerren die nachstürzende Sternmaterie und versuchen, sie zur Korotation zu bringen. Aber auch das ergibt noch keine Explosion. Außerdem haben starke Magnetfelder die Tendenz zu rekombinieren, d.h. zu zerfallen, mit beinahe Lichtgeschwindigkeit, sobald entgegengesetzte Feldrichtungen einander nahekommen. Die starken, aufgewickelten Kernfelder eines Prä-SN-Sterns dürften binnen Sekunden zerfallen, in energiereiche Teilchen und Antiteilchen plus schwächere Rest-Magnetfelder, mit Ionenenergien bis hinauf zu 10^{21} eV. Jetzt endlich haben wir den gesuchten SN-Kolben gefunden, der die auf ihm lastende Sternmaterie hinauszukatapultieren vermag, einen *UHE* (*ultrahigh energy*) *relativistischen Strahlungshohlraum*!

Und hier liegt auch der Grund, warum numerische SN-Simulationen seit Jahrzehnten gescheitert sind: ohne Magnetfelder keine Explosion. Kernenergie reicht nicht aus, um die Sternmaterie auf relativistische Temperaturen zu erhitzen. Und ein expandierender Kolben kühlt sich beim Schieben adiabatisch ab, proportional zu r^{-2} mit radialem Abstand r, falls nicht-relativistisch, von anfänglichen Temperaturen $T \lesssim 10^{10}$ K, bei $r \lesssim 10^7$ cm, auf Endtemperaturen $T \lesssim 10^{-2}$ K bei $r = 10^{13}$ cm; d.h., der Kolben schafft es nicht, den Sternmantel auf die beobachteten $v = 10^{8,8}$ cm/s zu beschleunigen, er friert gleich nach dem Start ein und verliert Druckkontakt. Ganz anders ein *UHE relativistischer Kolben*: Er kühlt nur ab wie r^{-1}, startet mit $v = 2c/3$, und ist auch nach Abbremsung um einen Energiefaktor 10^7 noch immer extrem relativistisch. Außerdem schiebt er weich, wegen seiner extrem geringen Trägheit, vermeidet also Überhitzung bei der Explosion, die zu weiteren Neutrinoverlusten führen würde. SN-Explosionen werden demnach durch expandierende Blasen aus *Kosmischen Strahlen* vollzogen [Kundt 2008].

Diese Einsicht ist (bisher) keineswegs Allgemeingut. Sie hat wichtige Konsequenzen: Beschleunigung durch einen leichten (weil relativistischen) Kolben ist Rayleigh-Taylor-instabil, also sollte der Sternmantel in eine Vielzahl ($\gg$1000) kleiner Trümmer zerrissen werden – wie Wasser, das durch Druckluft zerstoben wird – wahrscheinlich in eine Potenzverteilung bezüglich ihrer Größe, und wahrscheinlich in der Gestalt *magnetisch bandagierter Filamente*, weil der Kolben magnetisch gesättigt und dadurch zäh sein dürfte. Das passt gut zu den Beobachtungen: SN-Explosionen funktionieren wie Splitterbomben, nicht wie Druckbomben, s. Abb. 5.2.1. Die von I.S. Shklovskii 1962 vorgeschlagene Beschreibung einer SN durch eine Sedov-Taylor-Welle war ein Fehlgriff, mit all ihren Vorhersagen, die überhaupt nicht zu den Fakten gepasst haben; zum Unterschied etwa von atmosphärischen Wasserstoff Fusionsbomben, die sich wie expandierende heiße Gasblasen (nicht-relativistische Plasmablasen) verhalten. Das Geschwindigkeitsfeld einer

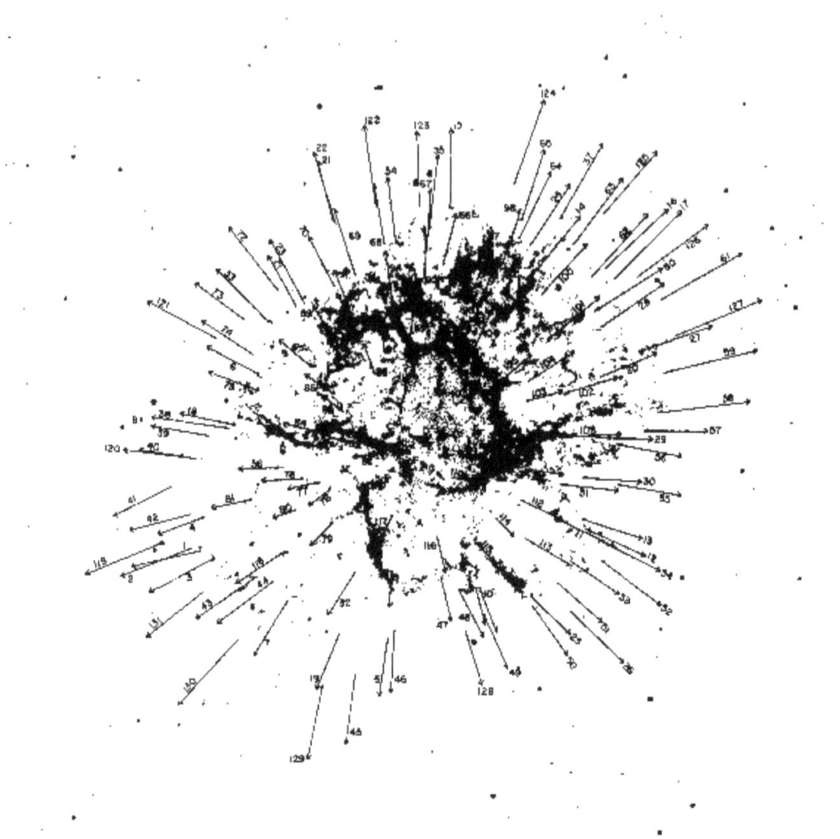

Abbildung 5.2.1: Das projizierte Geschwindigkeitsfeld der filamentären SN-Auswürfe im *Crab-Nebel*, nach Dissertation von Virginia Trimble, Caltech (1968). Offenbar handelt es sich bei dieser – und daher wahrscheinlich bei jeder – SN-Explosion nicht um eine dünne, sphärische Stoßwelle, analog einer Wasserstoffbomben-Explosion in der irdischen Atmosphäre, sondern um eine Splitterbombe, mit der Geometrie eines Hubble-Ausflusses: $\mathbf{v}(\mathbf{r}) \sim \mathbf{r}$.

SN ist ein *Hubble-Fluss*; die fortfliegenden Filamente enthalten die *nukleare Asche* des Schalenbrennens und des Auswurfs durch den Mantel des Vorgängersterns.

Zu dieser Einsicht hätte man auch auf einem anderen Weg kommen können, nämlich auf dem Weg des radialen Impulsübertrages: Der explosive Auswurf der SN-Schale muss schnell erfolgen und sich im Sternzentrum abstützen, weil andernfalls die Schwerkraft dem Auswurf in den Rücken fällt. Ihr negativer radialer Impuls wächst proportional zur Zeit an; ein verspäteter Schub (*delayed ejection*) ist zum Scheitern verurteilt, wenn er nicht lange genug anhält. Der radiale Schub des (relativistischen) Kolbens muss den radialen Zug der Schwerkraft während des (mehrstündigen) Auswurfs überkompensieren, andernfalls sackt der Vorgängerstern gleich wieder unter seinem eigenen Gewicht zusammen.

Mit welcher Geschwindigkeit v schiebt unser Kolben? In seinem Entstehungsvolumen (vom Radius $\lesssim 10^7$ cm) beginnt sein Schub mit $\mathrm{v} = 2c/3$, adiabatische Entspannung bewirkt radiale Abnahme $\mathrm{v} \sim \mathrm{r}^{-1/2}$, und außerhalb von $\mathrm{r} = 10^9$ cm strebt seine geschätzte Expansionsgeschwindigkeit $\mathrm{v} \approx \sqrt{\mathrm{p}/\rho}$ gegen $\lesssim 10^9$ cm/s, $\lesssim 3$ % der Lichtgeschwindigkeit.

Beim Aufprall dieses rasch expandierenden Kolbens auf die äußeren Schalen des Sterns heizt sich die dortige Materie kurzzeitig auf $T \lesssim 10^{9,5}$ K auf, teilt ihre kinetische Energie sogleich mit dem Strahlungshintergrund und kühlt sich dabei auf eine etwaige Temperatur von $T = 10^{6,5}$ K ab. An der Front der Explosion bildet sich also eine heiße Stoßwelle aus, die den Rand des Überriesen nach der Zeit $t = R/v \gtrsim 10^4 s\ R_{13}$ erreicht und in etwa einer Millisekunde durchsetzt. Sie sendet einen von Stirling Colgate vorhergesagten ‚*UV-Blitz*' oder ‚weichen Röntgenblitz' aus, der Leistung $L_{Blitz} = 10^{49}$ erg/s $R_{13}^2\ T_{6,5}^4$, den ferne Beobachter zeitlich gedehnt während mehrerer Minuten empfangen, weil die Strahlung so lange braucht, um von den verschieden weit entfernten Oberflächen-Kreisringen des Überriesen zu den Beobachtern zu gelangen. Solche ‚*Lichtechos*' von SNn sind zuerst von der SN 1987A empfangen worden, in Gestalt von ‚Napoleons Hut', inzwischen aber auch schon (Tage bis Wochen) früher (!) als ihr entdecktes SN-Aufleuchten, sowie andererseits Jahrhunderte nach ihnen, von historischen SN-Resten, wie Cas A und Tycho; eine Meisterleistung der Beobachter.

Und weil wir gerade bei einigen numerischen Angaben angekommen sind, die zeigen, wie gut Astrophysik oft schon verstanden ist, sollen auch noch ein paar weitere Zahlen folgen: Der Kern-Kollaps eines massereichen Sterns stellt eine Energie von etwa 10^{53} erg zur Verfügung, in Form von Rotation und Magnetfluss des Kerns, von denen etwa ein Prozent (10^{51} erg) zum Auswurf des Sternmantels verwendet werden, und nur $\int L\, dt = 10^{49,5 \pm 0,5}$ erg während der folgenden Wochen und Monate abgestrahlt werden. Dabei beträgt die Leuchtkraft L(t) selbst, je nach Typ, nur maximal 10^{42} erg/s bis $10^{43,4}$ erg/s, deutlich weniger als beim (kurzen) UV-Blitz. Die dabei abgestrahlte Energie wird oft auf nukleares Nachheizen zurückgeführt, durch radioaktiven Zerfall von ^{56}Ni zu ^{56}Fe über ^{56}Co, reicht aber fast nie, bei Berücksichtigung realistischer Effektivitäten. Vielmehr sollte es beim (quasi-isotropen) Auswurf der Filamente eine Vielzahl heftiger Zusammenstöße geben, sozusagen radiale Auffahrunfälle mit starker Wärmetönung, wobei schnellere Filamente vom Innenrand der ausgeworfenen Schale langsamere, früher ausgeworfene Filamente überholen, mit Geschwindigkeiten bis zu c/10 (!). Ferner sollte der neugeborene Neutronenstern im Kern der Explosion anfangs erhebliche Kühlstrahlung emittieren, bei Oberfächentemperaturen von $\lesssim 10^8$ K, die z.B. durch Vulkane (des Neutronensterns) exponiert werden. Drittens dürfte der (relativistische) Kolben erheblich mitheizen, durch nicht-thermische Strahlung vornehmlich seiner leptonischen Komponente. Es besteht also kein Mangel an Öfen beim Nachheizen einer SN-Schale, um ihre breitbandige Strahlung zu erklären.

Ja, und wie kann solch ein einheitlicher Auswurf-Mechanismus die Vielfalt der beobachteten Lichtkurven und Spektren von Supernoven erklären, mit Typen {Ia, b, c, d, IIP, b. L, b, n, N}? Ziemlich problemlos: Vorgängersterne von SNn sind ‚blaue' oder ‚rote' Überriesen, d.h. heißere oder kühlere Sterne bei gleicher (extremer) Leuchtkraft, mit hauptsächlich Wasserstoff oder hauptsächlich Helium nahe ihrer Oberfläche, und damit von recht unterschiedlicher Opazität im Optischen, und von recht unterschiedlicher Opazität ihrer fernen Windzonen, die dünn und schnell expandierend sind bei den blauen Sternen, und dicht und langsam bewegt bei den roten Sternen. Z.B. sind die wasserstoffreichen Schalen viel weniger strahlungsdurchlässig als die wasserstoffarmen, und sind die ehemaligen Windzonen der blauen Sterne viel transparenter bei Radiofrequenzen als diejenigen der roten, sodass Lichtkurven vom Typ I viel schneller ihr Maximum erreichen als solche vom Typ II, und viel früher bei Radiofrequenzen gesehen werden als Typ II.

Recht aufschlussreich ist auch das Verhalten der Spektrallinien: Junge SNn sind optisch dick, genannt ‚fotosphärisch', und zeigen Absorptionslinien (von kühlerer, voreilender Materie), ältere dagegen sind optisch dünn, sprich ‚nebulär', mit starken Emissionslinien. Der Übergang ihrer Spektren von optisch dick nach optisch dünn geht einher mit einem Knick in ihren Lichtkurven, von schnellerem zu langsamerem Verblassen, und erlaubt eine einfache Abschätzung der Masse in ihren Schalen, die beunruhigend selten angewendet worden ist. Dabei realisieren die späteren SN-Schalen das, was den Schildbürgern nicht geglückt ist, als sie beim Bau ihrer Kirche die Fenster vergessen hatten:

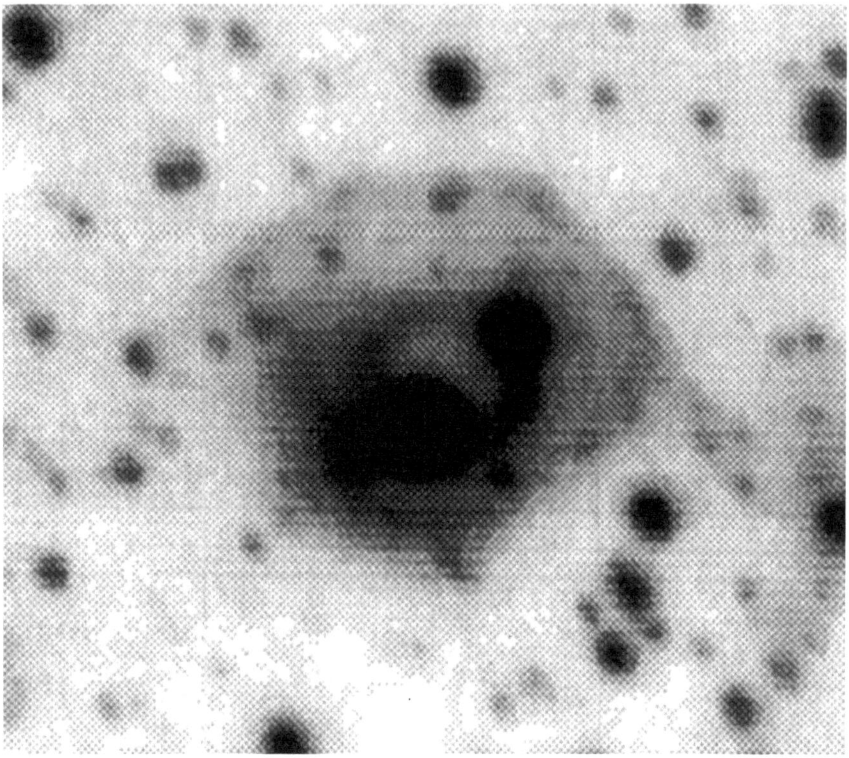

Abbildung 5.2.2: *Napoleons Hut*, als optisches *Lichtecho* der SN 1987A in der Großen Magellan'schen Wolke, aufgenommen 10^3 Tage nach der SN-Explosion von [Wang & Wampler 1992]. Die beiden äußeren der drei im Lichtecho auffallenden, koaxialen Ringe liegen wahrscheinlich auf dem bugschockförmigen Rand der Windzone des (explodierten) Vorgängersternes, den einst ein bipolarer Fluss antipodisch löcherte. (Es hat mehrere inkonsistente Vorhersagen und Erklärungen für sie gegeben).

nämlich undurchsichtige Säcke, in denen Resonanzphotonen längere Zeit bei konstanter Frequenz gespeichert werden, in sog. Sobolev-Sphären (geringer Relativgeschwindigkeit, um resonant absorbiert und re-emittiert zu werden).

Supernova-Explosionen lassen sich also mit ein wenig Nachdenken ebenso gut verstehen wie andere, energieärmere kosmische Phänomene, zumal sie wegen ihrer zeitweise riesigen Leuchtkräfte bis an den Rand des beobachtbaren Universums hin entdeckt werden können, mehrfach durchs Alphabet pro Jahr, d.h. mit Entdeckungsraten $\lesssim 10^2$/Jahr. Sie heizen ihre galaktischen Umgebungen auf, durch direkte Stöße ihrer Trümmer wie auch, in geringerem Maße, durch ihre Strahlung. Sie zählen für uns zu den zuverlässigsten Entfernungsmarken über große Distanzen und zugleich zu den sporadischen chemischen Nährstofflieferanten für spätere Planetensysteme, im Verein mit den aktiven Kernen der Galaxien. Wovon auch unser Sonnensystem bei seiner Entstehung profitiert haben dürfte.

Und wie lassen sich die recht eindrucksvollen Gestalten junger Supernova-Überreste verstehen, z.B. bei SN 1987A, in Gestalt von Napoleons Hut, s. Abb. 5.2.2 ? Sehen wir drei beleuchtete, zueinander grob parallele Ringe mit gemeinsamer, geneigter Achse? Offenbar handelt es sich hierbei um ein *Lichtecho*, bei dem die Verdichtungen des zirkumstellaren Mediums (des explodierten Sterns) aufleuchten, sobald es vom UV-Blitz und – deutlich später – von den ausgeschleuderten, filamentären Ejekta der Explosion gerammt, komprimert und zum Leuchten gebracht wird. Dabei dürfte der kleine, innere Ring von SN 1987A – bisher einzigartig unter allen gut vermessenen SNen – vom Radius 1Lichtjahr und der Masse 0,1 $M_\odot$, aus dem fernen, äußeren Rand der einstigen Akkretionsscheibe des explodierten Sterns stammen – aus seiner ehemaligen ‚Ebene der Ekliptik‘ – ggf. angereichert mit ‚Rückfall‘-Material der SN, während die beiden, 2,3-mal größeren äußeren Ringe, hoch über bzw. unter der Ebene des kleinen, zentralen Ringes, von den Kokons einer früheren Jet-Phase in die aufgefegte hyperbolische Randzone (oder ‚Bugschock‘) seines ehemaligen Sternwindes geschoben sein dürften; (entfernt vergleichbar den Künsten irdischer Glasbläser). Die Oberkante von Napoleons Hut wurde dabei vom Profil des Bugschocks erzeugt, vom 890. Tag bis zum Tag 1650 (nach dem Aufleuchten der SN), [Wang & Wampler 1992]). Lichtechos sind oft schwierig zu deuten.

5.3 Sind die ‚exotischen SN-Reste‘ neutronensternbeleuchtete ‚PSR-Nebel‘?

Nicht alle katalogisierten Supernova-Schalen sehen aus wie expandierende Kugelschalen: Einige sehen aus wie Vögel, Kaninchen oder Bettfedern; und findet man schließlich einen verdächtigen Neutronenstern in ihrem Umfeld, so sitzt er im Schnabel des Vogels oder im Auge des Kaninchens und ist deutlich älter als SN-Schalen, t $>$ 10^4 Jahre. Ist der Neutronenstern das Produkt einer bereits verblassten SN-Explosion, ein *mittelalterlicher Pulsar*?

In der Tat, zumindest in den bestuntersuchten Fällen. Unserer Meinung nach besitzen die PSR-Nebel entfernte Verwandtschaft mit dem beliebten silvesterlichen Bleigießen, bei dem seltene Formen entstehen: Eigenartige *Formen* der Pulsarwind-getriebenen Nebel entwickeln sich dadurch, dass ein leichter, aber recht druckstarker *Pulsarwind* in ein viel schwereres umgebendes interstellares Medium (ISM) hineingepresst wird.

Bebilderte Supernovarest-Kataloge zeigen nicht nur mehr oder weniger verbeulte Kugeln oder Geoide, ggf. auch kometenartige Formen, sondern einige von ihnen ähneln eher Vögeln, Kaninchen, Mäusen, Radieschen, Sicheln oder Bettfedern, d.h. ähneln eher Zufallsprodukten als beleuchteten Windzonen von Vorgängersternen, s. Abb. 5.3.1. Sind ihre einstigen SN-Schalen inzwischen bereits bis zur Unkenntlichkeit auseinandergeflogen und abgekühlt? Wahrscheinlich, denn insbesondere der Vogel (bird) G 5.3-1.0 und das Kaninchen CTB 80 lassen sich recht überzeugend als von Pulsaren mittleren Alters beleuchtete Reste früherer Windzonen interpretieren, genauer: von Pulsaren vom (Abspin-) Alter $10^{4,2}a$ bzw. $10^{5,0}a$ in obigen beiden Fällen, wobei sich sogar bei G 5.3-1.a die einstige Windzone des Vorgängersterns noch erkennen lässt, [Kundt 1998a,b].

Diese ‚exotischen‘ Synchrotron-Nebel, auch ‚*Pulsar-Nebel*‘ genannt, werden also nicht mehr von der SN am Leuchten gehalten, die einst den Pulsar geboren hat, sondern vielmehr von dem relativistischen Wind, den dieser Pulsar noch heute abbläst. Und zwar entdeckt man diesen Pulsar gewöhnlich an einem ausgezeichneten Ort auf der Symmetrieachse seines Nebels, bei genauerem Hinschauen (mit höherer Auflösung). Sein leichter, relativistischer Wind breitet sich keineswegs isotrop aus, wie es Strahlungen oder auch Explosionstrümmer mehr oder weniger tun, sondern er dringt nur dort in sein CSM (= Circum-Stellares Medium) ein, wo dieses eine geringe Massendichte hat, oft durch enge verbindende Kanäle, die sein Pulsar vor nicht allzulanger Zeit freigeblasen hat. Zur quantitativen Prüfung dieser Behauptung ist es wichtig, die genaue Entfernung und Geschwindigkeit aller beteiligten Medien sowie ihr genaues Alter zu kennen, was noch heute nicht immer unproblematisch ist. Dabei fällt es einem Theoretiker schwer, sich Prozesse vorzustellen, bei denen ein Pulsar größere Pekuliargeschwindigkeiten erzielen würde als 500 km/s.

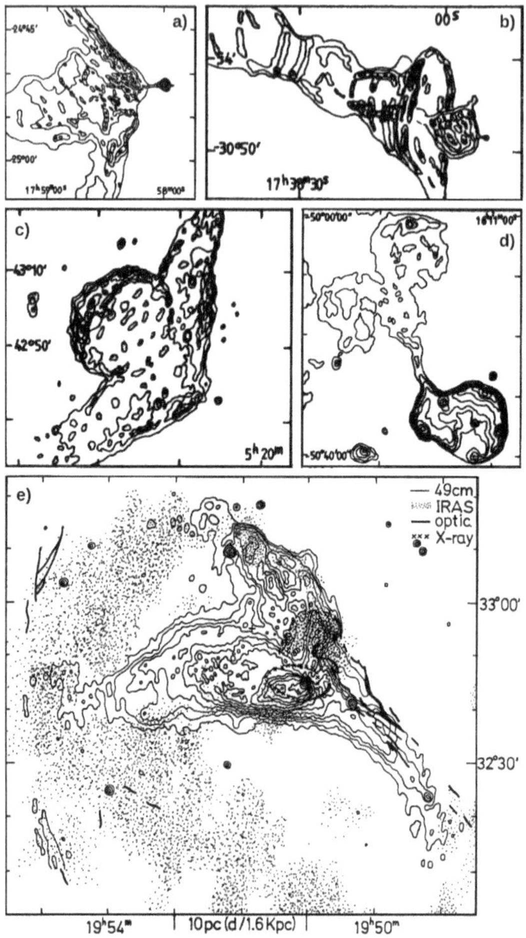

Abbildung 5.3.1: Eine Kollektion von (fünf) z.T. breitbandig leuchtenden, SNR-ähnlichen ‚*Pulsar-Nebeln*', d.h. von durch Pulsarwinde in ihrem CSM geblasenen Plasma-Gebilden, übernommen aus [Kundt 1998a,b]. Ihrem Aussehen entsprechend wurden sie „Vogel"(**a**), „Tornado"(**b**), „La Paloma"(**c**), „Puff"(**d**) und „Kaninchen"(**e**) genannt. Der blasende Pulsar ist in allen Fällen geortet worden und liegt gewöhnlich auf der lokalen Symmetrieachse der Figur. Die verschiedenen Gestalten ergeben sich mehr oder weniger zufällig, in diesem Fall aus den unterschiedlichen Gasdichten ihrer – vom Pulsarwind verformten – Umgebung. Bei (**a**) z.B. hat der junge Pulsar nacheinander die Flügel, den Hals, den Kopf und (gegenwärtig) den Schnabel des „Vogels" geblasen. Bei (**e**), CTB 80, zeigen höhere Auflösungen, dass der $10^{5,0}$-jährige Pulsar aus der Mitte der kugelförmigen ehemaligen Windzone geflogen kommt, auf SW-Kurs, und sich anschickt, deren Randschicht demnächst zu durchstoßen.

Rund 500 km/s beträgt die *Entweichgeschwindigkeit* kompakter Objekte aus der Scheibenmitte unserer Milchstraße. Sterne, die langsamer ausgestoßen werden, oszillieren durch die Scheibe (der ungefähren Dicke $\lesssim$ kpc), mit Geschwindigkeiten von einigen 10^2 km/s, wobei sie für einen ‚Hochsprung' aus der Scheibenmitte und zurück $\lesssim 10^7$ Jahre benötigen. Pulsare haben gewöhnlich Eigengeschwindigkeiten von $\lesssim 300$ km/s, wobei sie sich in der Mehrzahl von der Scheibe weg bewegen; bei ihrer Rückkehr zur

Scheibenmitte sind sie dann meist älter als $10^{6,4}$ Jahre und daher bereits als Pulsare erloschen, vgl. 4.3. Ihre Positionen korrelieren mit den Spiralarmen der Milchstraße. Aus diesen (empirischen) Gründen allein dürfte es nur ganz wenige unter ihnen geben mit Eigengeschwindigkeiten >0,5 Mm/s. Und wodurch können etwaige Ausreißer solch gewaltige Stöße (>0,5 Mm/s) bekommen , die den Theoretiker aus der Reserve locken, jedoch gelegentlich vom Beobachter behauptet werden? Ein erster Mechanismus hierfür ist der Rückstoß durch eine *asymmetrische SN-Explosion*, bewirkt von unterschiedlich starken Magnetfeldern in den beiden Hemisphären des Prä-SN-Sterns (bzgl. seines Spin-Äquators), ein zweiter Mechanismus die (ggf. mehrfache) ruckartige *Auftrennung von Doppel- oder Mehrfachsternen* bei aufeinanderfolgenden SN-Explosionen, wobei das System jeweils mehrere Sonnenmassen binnen Minuten bis Stunden durch Auswurf (mit $\approx 10^{3.8}$ km/s) verliert. Wie bereits im Abschnitt 4.9 besprochen, können tatsächlich derartig große Pekuliargeschwindigkeiten durch Kombination dieser beiden soeben genannten Prozesse erzielt werden, in (seltenen) Mehrfachstern-Systemen, am ehesten vielleicht in kugelförmigen Sternhaufen..

Doch zurück zu den *Pulsar-Nebeln*, als zwar verwandt aussehende, jedoch entwicklungsmäßig spätere Formationen im Leben eines Pulsars: Von ihnen können wir lernen, wie schwer es leptonische Winde oft haben – trotz ihres hohen Drucks – ein ihnen angemessenes Volumen in ihrem CSM für sich freizublasen. Ihre bizarren Gestalten lassen sich in der Tat mit denjenigen des silvesterlichen Bleigießens vergleichen, nämlich als hydrodynamische Ausbreitungsvorgänge in Medien stark unterschiedlicher Dichte. Sie treten übrigens auch auf in den Kokons aller Jet-Quellen sowie in Assoziation mit den *SGRs* (Soft γ-ray Repeaters), den weichen Wiederholern (unter den GRBs), die wir gern als nahe Galaktische *Magnetare* deuten, s. 5.5. Und sie treten ebenfalls auf in iterierten optischen Abbildungen des Crab-Nebels, s. Abb.7.2.1, die wir vielleicht (auch) noch nicht voll verstanden haben..

5.4 Wo genau befinden sich die Quellen der Gamma-Strahl Blitze?

Bitte Sicherheitsgurte anschnallen: Hier kommt eine Außenseitermeinung, die der Weltpresse widerspricht, seit den frühen 1990-er Jahren, und daher im Hörsaal leicht zu Turbulenzen führen kann! Bis dahin war man sich international nahezu einig, dass die rätselhaften drei- bis viermal täglichen Gammastrahlblitze aus unserer kosmischen Nachbarschaft stammen, aus einer Nahzone unserer Milchstraße, erzeugt durch Masseneinstürze auf die Oberfläche eines nahen Neutronensterns. Neuerdings wissen wir sogar, dass einige von ihnen aus unserer irdischen Hochatmosphäre stammen, aus der transient hochaufgeladenen Stratosphäre. Doch dann fand man Rotverschiebungen, die man als Entfernungen deutete statt als (seltene) *relativistische Auswurfgeschwindigkeiten* von Neutronensternen, sowie optische Aufhellungen, die man als ferne Galaxien (hosts) deutete statt als plausible *Lichtechos*. Und war bereit, ihnen 10^{16}-fach größere Leistungen zuzumuten, wegen ihrer 10^{8}-fach größeren (angenommenen) Entfernungen, für eine ziemlich ähnliche Sorte ausgedachter Quellen.

Inzwischen haben wir zunehmend mehr Blitze und Außenseiterblitze registriert und analysiert, mit Vorläufern (*precursors*) und Nachläufern (*postcursers*), mit und ohne ‚*hosts*‘, mit und ohne mehrmonatigem Nachleuchten (*afterglows*) bei Röntgenenergien bis hinauf zu $\gtrsim$10 GeV, und inklusive stochastischem Auflodern (*flaring*), mit schwachen Wiederholungen (*repeating*) falls nahe genug, und befriedigend gedeutet als seltene Spezialfälle *Galaktischer Akkretion* auf stark magnetisierte, scheibenumringte *Neutronensterne*, [Kundt 2010], auch ‚Magnetare‘ genannt.

Gammastrahlblitze, abgekürzt *GRBs* (γ-bursts), wurden erstmalig auf dem erinnerungswürdigen vorweihnachtlichen Texas-Symposium in Dallas im Jahre 1974 der astrophysikalischen Öffentlichkeit vorgestellt, kurz nach ihrer Freigabe durch das amerikanische Militär, von Malvin Ruderman, der seinerzeit mehr Mechanismen zu ihrer Erklärung anzubieten hatte, als Blitze registriert worden waren. Die überwachenden Satelliten sollten irdische Nuklearwaffen-Tests sondieren, entdeckten stattdessen außerirdische Signale unbekannter Herkunft. Heutzutage erreichen im Schnitt *vier Blitze pro Tag* unsere Messsatelliten, mehr oder weniger gleichmäßig aus allen Richtungen, mit Teilchenenergien zwischen harter Röntgenstrahlung ($\gtrsim$10 keV) und echter γ-Strahlung (10 MeV), in Einzelfällen bis hinauf zu 10 GeV, oder sogar 10 TeV, oder auch noch härter. Sie erreichen uns nur kurz, auf Zeitskalen zwischen 10^{-2} s und 30 s, häufig flankiert von *Vorläufern* (pre-cursors) und/oder *Nachläufern* (post-cursors), und verlöschen nur langsam, d.h. zeigen *Nachleuchten* (afterglows), breitbandig bei Radio- bis Röntgenfrequenzen, die im Mittel nur etwas schneller als $\sim t^{-1}$ mit der Zeit t abklingen und daher meist noch nach Monaten oder sogar Jahren gesehen werden. Außerdem sieht die FERMI-Mission seit 2012 noch intensives, breitbandiges, hartes Nachleuchten, bis hinauf zu 10 GeV. Woher kommen diese Blitze?

Um diese Frage zuverlässig zu beantworten, müssen wir mehr über die Blitze wissen. Die eintreffenden Signale haben typische Energieströme S $\approx 10^{-5}$ erg/cm^{2}s, deren Maxima sich logarithmisch ungefähr gleichverteilen als Funktionen der Frequenz, zwischen 10^{-2} erg/cm^{2}s und 10^{-8} erg/cm^{2}s, wobei ihre Energien (= zeitintegrierte Energieströme, ‚fluences') deutlich weniger streuen: $\int$S dt $\approx 10^{-5}$ erg/cm^2, mit Variabilitäten (nur) zwischen 10^{-3} erg/cm^2 und 10^{-7} erg/cm^2. D.h., im Mittel dauert die ‚prompte' Emission der Blitze nur eine Sekunde, und ist auch nur 10^{11}-mal schwächer als unsere Sonne am Mittag ($S_\odot = 10^6$ erg/cm^{2}s), dafür aber bei typisch 10^6-mal höheren Photonenenergien: bei γ-Energien, statt im sichtbaren Spektralbereich (nahe 1 eV)! Befänden diese Blitze sich in einer Entfernung von 0,3 kpc (=10^{21} cm) von uns, entsprechend der lokalen Dicke (Höhe) der inneren Milchstraße, so wären sie rund 10^5-mal heller als unsere Sonne, L = $10^{38,6}$ erg/s, eine Sendeleistung nahe dem Eddington-Limes einer Sonnenmasse, wie wir sie von den Galaktischen Neutronensternen her gewöhnt sind. Diese Deutung wurde sogar über zehn Jahre lang international vertreten, während der 1980-er Jahre. Dazu passt nämlich auch die oft erstaunliche zeitliche Schärfe ihrer Signale, von nur 0,2 Millisekunden Anstiegszeit, maßgeschneidert auf die Größe eines Neutronensterns (falls mit Lichtgeschwindigkeit geschaltet). Auch passt diese Sendeleistung zur erwarteten Akkretionsrate der erloschenen Pulsare, von 10^{-17} $M_\odot$/Jahr n$*$; selbst hierüber bestand weltweit Einmütigkeit. Ferner fand man gelegentlich gepulste Strahlung, mit (Spin-) Perioden zwischen 2 s und 18 s. Auch fand man Röntgen-Linien ($\lesssim$50 keV), die sich als Zyklotronresonanzen (von Elektronen) in starken Magnetfeldern deuten ließen, und andere ($\lesssim$0,5 MeV), die nach rotverschobener $e^{\pm}$-Annihilation aussahen. Und es gibt eine Reihe strenger Entfernungsabschätzungen, basierend auf plausiblen physikalischen Annahmen, auf die wir gleich zurückkommen werden, die sämtlich d $\lesssim$ 0,5 kpc behaupten. Trotzdem wandte sich die Lehrmeinung Anfang der 1990-er Jahre einer extrem anderen Interpretation zu, derjenigen ihrer kosmologisch weiten Entfernungen.

Dieser Glaubenswechsel in der Deutung der Herkunft der GRBs, am Anfang der 1990-er Jahre, wurde eingeleitet durch genauere Statistik: Die Blitze schienen in hohem Maße aus allen Himmelsrichtungen *gleich oft* einzutreffen. Vor allem aber gelang es, das Nachleuchten vieler Blitze spektral zu erfassen – wennschon nur anhand einiger weniger Linien – und bisweilen erhebliche *Rotverschiebungen* zu messen, vergleichbar den kosmologischen Rotverschiebungen der fernsten entdeckten Galaxien. Schließlich glaubte man in vielen Fällen, genauer: bei 25 % bis 50 % aller Blitze, nach hinreichender Helligkeitsabnahme des Nachleuchtens ferne ‚Gastgeber-Galaxien' zu erkennen, (*host galaxies*), jeweils mit der gleichen Rotverschiebung wie das auf sie projizierte Nachleuchten.

Hierbei übersah man, im Eifer des scheinbaren Gewinns neuer Erkenntnisse, dass (i) rotverschobene Spektrallinien nicht unbedingt kosmologisch gedeutet werden dürfen, sondern grundsätzlich auch von schnell bewegter Galaktischer - oder gar irdischer -

Materie ausgesandt werden können, und dass (ii) keine der benachbarten und/oder großen Galaxien je einen GRB ‚beherbergt' hat, vor allem aber, dass (iii) die neuen, revidierten Entfernungen der bevorzugten Quellen meist 10^8-mal größer waren als bei der früheren, Galaktischen Deutung, mithin ihre *Strahlungsleistungen* 10^{16}-mal stärker sein müssten, obgleich von ähnlichen Quellen ausgesandt; denn man fand keine noch überzeugenderen Quellsorten als die schon früher bevorzugten: Neutronensterne, spezielle SN-Explosionen, oder gar Schwarzloch-Kandidaten. Man ignorierte – wir wiederholen diese Aussage mit Nachdruck – einen Faktor 10^{16}, eine Eins mit 16 Nullen dahinter; ähnlich groß wie das Verhältnis des Gewichtes unseres Planeten Erde zum Gewicht der größten menschlichen Bauten: der ägyptischen Pyramiden, der größten Schiffe, oder selten großer Hochhäuser. Warum sollten wir erwarten, dass sehr ferne Neutronensterne 10^{16}-mal stärker strahlen als Galaktische?!? Zwar wurde entgegnet, die fernen Quellen strahlten gebündelt, in enge Emissionskegel, weil mit Lorentzfaktoren 10^2 oder sogar 10^3; aber selbst dann bliebe ein Leistungsüberschuss von 10^{12} bis 10^{10} unverstanden. Auch wurde der Mechanismus dieser postulierten Jet-Emissionen nirgendwo detailliert beschrieben; und neuerdings erreichte das frühe optische Nachleuchten wiederholt ähnlich hohe Leuchtkräfte wie die prompte Emission, obwohl es sicherlich nicht gebündelt sein sollte, s. Abb. 5.4.1.

Warum also nicht reumütig zur Deutung der 1980-er Jahre zurückkehren, sich (i) mit neu erkannten intragalaktischen Rotverschiebungen anfreunden, (ii) die (nur näherungsweise) Isotropie der eintreffenden Signale als Zusammenspiel von Quellnähe mit ausgerichteter Emission erkennen, und (iii) die angeblichen Gastgeber-Galaxien als beleuchtete Umgebungen der Blitze umdeuten, weil sie andernfalls um Größenordnungen

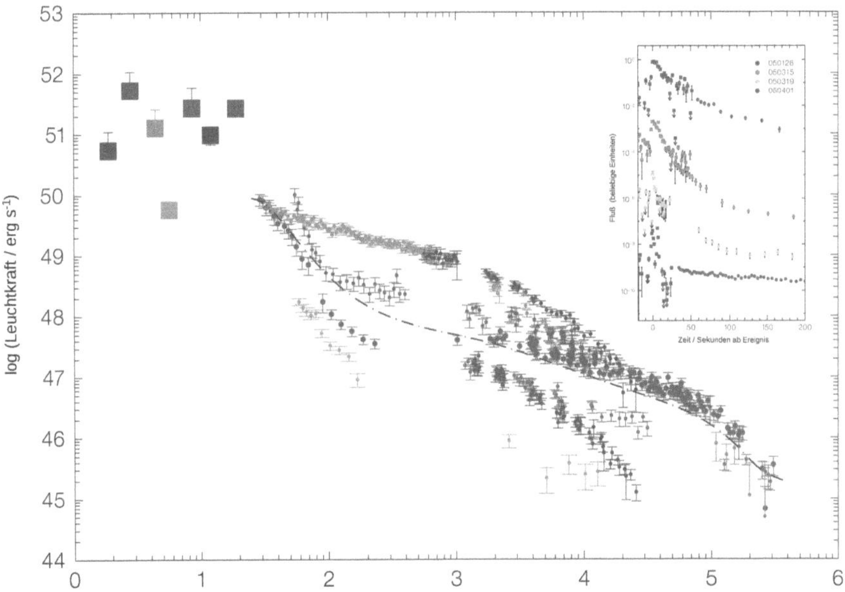

Abbildung 5.4.1: Kollektion von (sieben) GRB-Röntgenlichtkurven, die ein quasi universelles Verhalten erkennen lassen, jedenfalls bei Röntgenenergien; mit stetigem Übergang *von prompter Emission* zum *Nachleuchten* (‚afterglow'). Leider wurden bei der quantitativen Auswertung der Messdaten die ermittelten spektralen Rotverschiebungen als (kosmologische) Entfernungen gedeutet, sodass sich u.a. absurd große Strahlungsleistungen ergaben, die wir ablehnen.

zu lichtschwach wären, [Kundt 2010]?! Dann können wir auch wieder die – jahrelang ignoriererten – strengen Ungleichungen ernstnehmen, die aus ersten physikalischen Prinzipien zur *Entfernungsabschätzung* hergeleitet wurden, nämlich: $d / 0{,}3 \text{ kpc} \lesssim \{ \gamma\sqrt{L_{37}}, 1/\sqrt{S_{-10}}, 1/\sqrt{S_{-3}}\}$, wobei im ersten Eintrag die bolometrische Leuchtkraft L gemeint ist, ($L_{37} := L/10^{37}$ erg/s), im zweiten der Energiefluss $S \approx \nu S_\nu$ des Nachleuchtens im Optischen, ($S_{-10} := S/10^{-10}$ erg/cm^{2}s), und im dritten (nur) der harte Fluss S der prompten Emission, mit Photonenergie $h\nu$ oberhalb von 1 MeV. Nacheinander folgen diese Abschätzungen der Blitzentfernung d aus den drei Forderungen, dass der Blitz 1) von einem typischen Neutronenstern der Milchstraße ausgesandt wurde, dass 2) sein Nachleuchten nur aus einer kausal erlaubten (kleinen) Umgebung des Blitzzentrums gekommen sein darf, und dass 3) sein harter Fluss am Quellort, oberhalb von 1 MeV, unterhalb einer Photonendichte geblieben sein sollte, jenseits derer das Spektrum weicher geworden wäre durch iterierte Photon-Photon-Streuung (mit $e^{\pm}$-Erzeugung). Für die gemessenen Zahlenwerte sollten sich die Blitze durchweg im Abstand $d \lesssim 0{,}3$ kpc vom Beobachter befunden haben, d.h. innerhalb der lokalen Gasscheibe der Milchstraße, keineswegs in kosmologisch-weiten Entfernungen.

Eine noch geringere Entfernung wurde für die ganz seltenen, hellsten aller Blitze errechnet, ausgesandt von den ‚*weichen Wiederholern*' oder ‚Soft γ-ray Repeaters' (*SGRs*), die gewöhnlich alle paar Tage einmal aufflackern, mit 10^3-mal schwächeren Intensitäten und mit etwas weicheren Spektren, die jedoch auch jeweils einmal hell und hart aufgeleuchtet haben. Man kennt gegenwärtig ≥ 8 davon. Einige von ihnen konnten winkelmäßig aufgelöst werden, wegen ihrer offenbaren Nähe, und zeigten schnelle Eigenbewegungen bei hochauflösenden Radiofrequenzen, $\beta := v/c \lesssim 10^{-3}$. Für ihre Entfernungen gilt dann zusätzlich die ggf. schärfere Ungleichung: $d / 0{,}03 \text{ kpc} \lesssim \beta_{-2,9}$, entsprechend $d \lesssim 30$ pc, sofern ihre großen Eigengeschwindigkeiten $c\beta$ nicht durch einen uns unbekannten Trick zustandekommen. Sie sind hiernach die uns allernächsten der GRBs, von denen wir sogar ihre (viel) schwächeren, weicheren Wiederholungen sehen.

In diesem Abschnitt muten wir Ihnen, unseren Lesern, überdurchschnittlich viel zu: harte Blitze aus allen Raumrichtungen, mit oft extremen Intensitäten, die sich bereits zerstörerisch auf Raumsonden-Experimente ausgewirkt haben, mit bisweilen harten Spektren, bis hinauf in den TeV-Bereich, und mit oft jahrelangem Nachleuchten; Blitze aus Entfernungen, die um einen Faktor bis zu 10^8 kontrovers sind, d.h. deren Eigenschaften von der Fachwelt unterschiedlich gedeutet werden. Wer hat recht? Über diese Frage haben wir vielfach nachgedacht. Und dabei ist das folgende, recht robuste Bild entstanden, das neuerdings auch zunehmend auf die *Lichtechos* von SN-Explosionen angewendet wird, s. Abb. 5.4.2:

Ein heller Lichtblitz von kurzer Dauer wird in einem fernen Raumpunkt abgestrahlt; was sehen wir? Antwort: Bei fehlender Absorption und/oder Streuung sehen wir den Blitz erstmalig, wenn uns sein Strahl auf geradem Wege trifft; anschließend sehen wir ihn bei Vorhandensein geeignet vieler Streuer am gesamten Himmel, als wandernden, langsam verblassenden Widerschein, auch *Lichtecho* genannt, mit variabler Helligkeit, wobei alle Raumpunkte, die wir jeweils gleichzeitig aufleuchten sehen, auf einem Ellipsoid liegen. Die beiden Brennpunkte dieser konsekutiven Schar konfokaler Ellipsoide sind das Blitzzentrum und unser Teleskop. Das erste Ellipsoid der Schar entartet zum geradlinigen Verbindungsstrahl. Zum Beweis dieser ‚Antwort' erinnere man sich an die Fadenkonstruktion einer Ellipse, bei der die beiden Enden des gestrafften Fadens in den Brennpunkten fixiert sind. Verpasst man also einen astronomischen Lichtblitz, etwa eine nahe Supernova (wie Cas A oder Tycho), z.B. weil man zu spät geboren worden ist, so kann man sein Echo noch heute am Himmel sehen, Hunderte von Jahren später.

GRBs sind allerdings sehr viel *lichtschwächer* als *SNe*, in unserer Deutung. Hier widersprechen wir vielen anderslautenden Schlagzeilen der letzten Jahre, die dadurch zustande kamen, dass die Nachleuchten einer kleinen Untermenge aller GRBs Lichtkurven und Spektren besitzen, die den SN-Lichtkurven und SN-Spektren ähnlich sehen. Es handelt sich dabei um einige der zeitlich ausgedehntesten GRBs mit den kleinsten Rotverschiebungen z ; in ihnen spielen sich auch ganz ähnliche astrophysikalische Prozesse

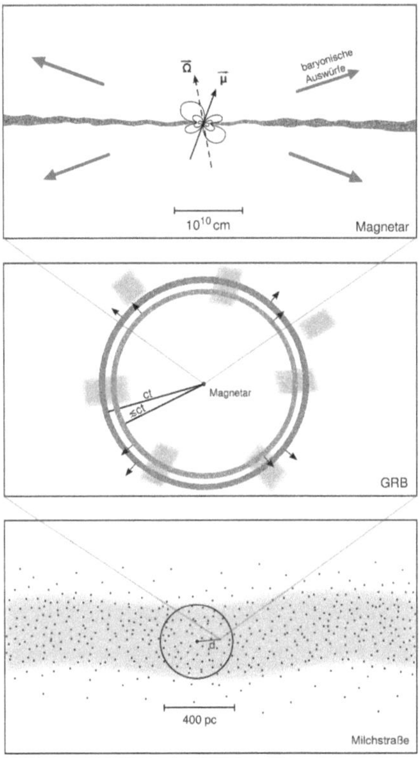

Abbildung 5.4.2: Modell der Erzeugung eines *Gamma-Strahl Blitzes* (GRBs), in unserer (Galaktischen) Deutung [Kundt 2010]: Der unterste Ausschnitt zeigt einen Schnitt durch die Scheibe der Milchstraße, mit unserem Sonnensystem nahe (20 pc) ihrer (gewellten) Mittelfläche; die meisten von uns registrierten (hellen) Blitze stammen aus einem Kugelvolumen vom Radius 0,2 kpc, in Projektion innerhalb des eingezeichneten Kreises. Im mittleren Bildausschnitt ist die Umgebung eines blitzenden Magnetars (am Ort β) vergrößert: Durch plötzliche Akkretion eines (extrem) großen Plasma-Klumpens auf die Oberfläche des Neutronensterns emittiert dieser einen Gammastrahl-Blitz, eng gefolgt von einem zentrifugal (transrelativistisch) ausgeschleuderten hadronischen Blitz; dieses Blitz-Paar prallt sodann auf das zirkumstellare Medium (CSM) des Neutronensterns und regt es zum breitbandigen Leuchten an, als das Nachleuchten. Die oberste Ausschnittsvergrößerung, von ungefähr Sonnenausdehnung, zeigt den um $\mathbf{\Omega}$ rotierenden Neutronenstern, mit magnetischem Moment μ, im Mittelpunkt seiner (massearmen) Akkretionsscheibe, bei der Aussendung eines Blitz-Paares. Wir erwarten also, dass spontan akkretierende Magnetare (alle $\gtrsim 10^2$ Jahre) breitbandig aufblitzen, von Röntgen- bis zu harten Gammaenergien ($\lesssim$0,1 GeV), als ‚prompte' Emission gefolgt von breitbandigem, hartem ‚Nachleuchten' (Radio bis $\lesssim$ TeV), wannimmer das emittierte Blitzpaar auf das CSM des Magnetars aufprallt.

ab wie in SNen, meinen wir, nämlich explosive Auswürfe filamentärer Plasmaschalen, aber mit geringerer Energie, und nach einem anderen Mechanismus.

Doch zurück zu den schwachen Lichtechos der GRBs, von denen noch keiner auf großen Winkelskalen geortet worden ist, lediglich in unmittelbarer projizierter Nachbarschaft seines ersten Aufleuchtens, der prompten Emission. Dort ist seine Leuchtdichte stark genug, um noch nach Wochen als *Nachleuchten* registriert zu werden. Wir sehen dann das aufleuchtende CSM direkt hinter dem Blitz, nahe dem gegenüberliegenden Scheitelpunkt des *Lichtecho-Ellipsoids*, im von uns weglaufenden Sektor, wo es rein rotverschoben strahlt, s. Abb. 5.4.3. Denn nach unserem Verständnis handelt es sich bei den GRBs um *Magnetare* (oder ‚*gedrosselte Pulsare*'), auf deren Oberfläche ein berggroßer Materieklumpen hinabstürzt, sich instantan auf Temperaturen $\lesssim 10^{12}$ K aufheizt, entsprechend einer thermischen Skalenhöhe ihrer Atmosphäre von mehreren km, von der korotierenden Magnetosphäre erfasst wird und an seinem Lichtgeschwindigkeitszylinder zentrifugal weggeschleudert wird, mit Lorentzfaktoren $\gamma \lesssim 5$. Solche *transrelativistischen Geschwindigkeiten* der Ejekta entsprechen Rotverschiebungen z $\lesssim$ 9, gemäß der Lorentz-Formel:

$$z + 1 = \gamma(1 + \beta) \;, \tag{5.1}$$

in Harmonie mit den Beobachtungen. Damit sendet ein GRB nicht nur einen (harten) elektromagnetischen Blitz aus, sondern zugleich auch noch einen (transrelativistischen) *baryonischen Blitz*, binnen wenig mehr als einer Sekunde, der den Spektren ihre scheinbar kosmologische Rotverschiebung aufprägt.

Und die entsprechenden *Blauverschiebungen* der uns entgegenkommenden Auswürfe, warum registrieren wir diese nicht? Sie laufen während der ersten wenigen Sekunden über uns hinweg, bevor unsere Spektrometer eingeschaltet sind, fast zeitgleich mit der prompten Emission, denn sie entsprechen dem vorderen Scheitelpunkt des Lichtecho-Ellipsoids. Dieweil das späte Nachleuchten, die vermeintliche Gastgeber-Galaxie, noch immer in Richtung des einstigen Blitzes zu sehen ist, als von uns weglaufender baryonischer Blitz, der durch Kollisionen mit seinem CSM zu beständigem Leuchten angeregt wird.

Und warum spielen sich alle diese Vorgänge gerade auf der Zeitskala von *Sekunden* ab? Etwa eine Sekunde braucht ein Materieklumpen, um vom Innenradius der Akkretionsscheibe eines Magnetars, dem Korotationsradius $(GM/\Omega^2)^{1/3}$, auf seine Oberfläche hinabzufallen. Ebenfalls etwa eine Sekunde brauchen transrelativistische Ionen, um zentrifugal wieder weggeschleudert zu werden, durch den Lichtgeschwindigkeitszylinder; und weit weniger Zeit braucht die herabgestürzte Substanz, um ihre freigesetzte Wärmeenergie wieder weitgehend abzustrahlen. Die kürzesten extraterrestrischen GRBs dauern $\lesssim$2 Sekunden, sie heißen ‚*kurze Blitze*'; alle anderen, genannt ‚*lange Blitze*', dauern deutlich länger, $\gtrsim$2 s bis 20 s, und sind etwas energiereicher. Nach etwa 10^2s sind die meisten GRBs wieder deutlich verblasst, auf Prozente ihrer Anfangshelligkeit. Bei kurvenmäßiger

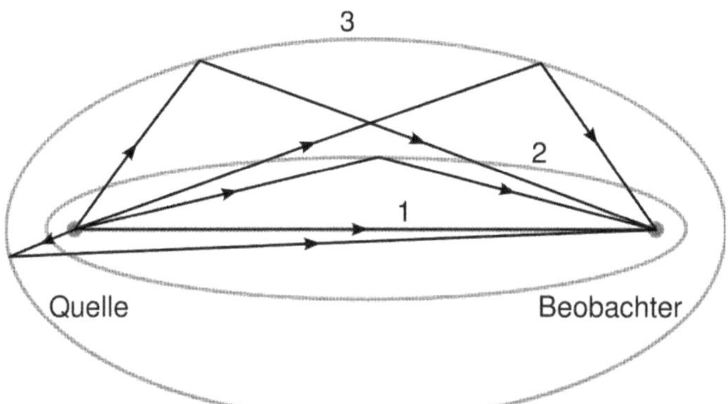

Abbildung 5.4.3: Geometrie eines *Lichtechos*: Ein Beobachter im rechten Brennpunkt der konfokalen Ellipsoide empfängt alle Lichtstrahlen gleichzeitig, die von der im linken Brennpunkt ruhenden Quelle zur gleichen Zeit ausgesandt worden sind und von Oberflächenpunkten ein und desselben Ellipsoides gestreut oder re-emittiert wurden, falls sich dort jeweils geeignetes Streumaterial befand. Solche Lichtechos können noch nach Jahrhunderten deutlich auftreten und sich zeitweilig über-lichtschnell verändern.

Darstellung findet man eine zweihöckrige Verteilung der kurzen und der langen Blitze. Dabei zeigen alle langen Blitze deutliche Unterstrukturen von *FREDs*, ‚Fast-Rising Exponentially Decaying' bursts, d.h. sehen aus wie Aufeinanderfolgen kurzer Blitze (von Matterhorngestalt), so, als wenn bei ihnen nacheinander eine Mehrzahl von Klumpen auf den Magnetar herabregneten, vergleichbar den über 23 Bruchstücken des Kometen Shoemaker-Levy 9 bei ihrem Einsturz in unseren Schwesterplaneten Jupiter am 16. Juli 1994. In der Tat meinen wir, mit dieser iterierten Akkretion die Zweihöckrigkeit der GRB-Lichtkurven befriedigend zu erklären.

Haben wir hiermit alles über GRBs gesagt, was wir wissen? Noch nicht. Der Vollständigkeit halber sollten wir auch die *terrestrischen* GRBs erwähnen, die sich eingangs fast unbemerkt in die Datenreihe der Spionage-Satelliten einschlichen, derentwegen wir oben ausdrücklich von „extraterrestrischen" GRBs gesprochen haben: extrem kurze Röntgenblitze, der Dauer $\lesssim$5 ms, mit etwas steileren, dafür nicht in den GeV-Bereich hineinragenden Spektren, die fortwährend sporadisch von unterhalb der Ionosphäre in den Weltenraum ausgesandt werden, wie bereits in Abschnitt 1.8 erwähnt. Sie sind von den Messsatelliten nur einige 10^2 km entfernt, $10^{13,5}$-mal näher als die Galaktischen Magnetare, mithin im Mittel nur 10^{-27}-mal so energiereich wie ihre extraterrestrischen Geschwister. Auch entstehen sie auf andere Weise: nämlich durch Sekundärelektronen der in unsere Atmosphäre hereingeprasselten Kosmischen Strahlen, die in mesosphärischen elektrischen Feldern der Stärke MeV/km vertikal beschleunigt wurden, als ‚runaway discharges', in *Gewittern* der *Hochatmosphäre*.

Alles klar? Möglicherweise noch nicht; dann kann vielleicht nochmaliges Lesen helfen. Schließlich befinden wir uns im vielleicht schwierigsten Abschnitt dieses Buches, der von Phänomenen handelt, die erst 1974 bekannt wurden und seit 2014 in ihrer vollen Vielfalt und spektralen Breite vermessen worden sind, durch z.T. hochgradig kompliziert ausgestattete Erdsatelliten. Noch gibt es weder Filme noch Schnappschüsse der Ereignisse am Tatort, wo (unserer Meinung nach) kurzzeitig Temperaturen von über 10^{12} K herrschen, wo an der Oberfläche eines Neutronensterns von $\gtrsim$10 km Radius und von $\gtrsim$der Masse unserer Sonne 10^{15} g entarteter Materie mit fast Lichtgeschwindigkeit durcheinandergewirbelt werden, von Magnetfeldern der Mindeststärke 10^{12} G gepeitscht, und wo einzelne Ionen und Elektronen mit Energien bis hinauf zu Vielfachen von TeV in den Weltenraum hinausgeschossen werden, mit lokalen Leistungen der Stärke $\gtrsim 10^{38}$ erg/s. All dies passt gut zu allem, was wir über die *Magnetare* wissen.

Unsere Kollegen sprechen hingegen von Leistungen der Stärke $\gtrsim 10^{54}$ erg/s, jedoch ohne uns damit überzeugt zu haben.

5.5 Die ‚Weichen Wiederholer' (SGR)

Zu den soeben besprochenen Gammastrahl-Blitzen zählen auch die Soft Gamma-ray Repeaters – die Weichen Wiederholer – die uns durch ihre besonders hellen, seltenen Blitze auffallen, bisher jeweils nur einmal pro Quelle, die dann aber sehr häufig erneut aufblitzen, dafür jedoch 10^3-mal schwächer. Sind sie eine ganz neue Quellsorte, oder sind sie lediglich dasselbe Phänomen in *geringerer Entfernung*, bei dem wir dann auch die weit schwächeren Wiederholungen sehen? Von Letzterem sind wir überzeugt, denn dann passen die obigen Deutungen ein weiteres Mal, indem seltene, großklumpige Akkretionen häufigere, *kleinklumpige Akkretionen* erwarten lassen, sozusagen als Schwanz der Intensitätsverteilung.

Vorsicht: Es naht eine Wiederholung eines Teilphänomens aus dem vorigen Abschnitt, in neuen Worten. Und zwar deshalb, weil selbiger Abschnitt sehr vollgepackt war mit unvertrauten Phänomenen, aber auch deshalb, weil dieses Thema in der Fachwelt meist als ganz unabhängiges Phänomen gedeutet wird. Es handelt sich bei den SGRs zwar auch um γ-Strahl-Blitze, jedoch um uns nähere, mit z.T. außergewöhnlichen Zusatzeigenschaften, wie über-lichtschnelle Bewegungen, klare Pulsationen und seltene, extrem starke Signale. Ihr Name ‚*Soft γ-ray Repeater*' besagt, dass diese (z.Z. mindestens acht) SGR sich von all den anderen Tausenden von GRB-Quellen unterscheiden dadurch, dass sie gewöhnlich weichere Spektren haben und dass sich ihre Blitze häufig wiederholen, in unregelmäßigen zeitlichen Abständen, bis zu mehrfachen Blitzen pro Woche.

Unterscheiden sich die $\gtrsim$8 SGR denn wirklich von all den übrigen, Tausenden GRB? Beherbergt unsere Umwelt denn noch andere GRB-Quellen als geklumpt akkretierende Neutronensterne? Wir kennen keine anderen. Handelt es sich bei ihnen nicht vielleicht lediglich um die uns allernächsten unter ihnen, von denen wir nicht nur ihre seltenen, hellen, harten Blitze sehen, sondern außerdem zwischenzeitlich eine Vielzahl echt lichtschwächerer (10^{-3}-fach), weicherer Blitze, vielleicht mit etwas anderer Emissionscharakteristik? Uns scheint die Antwort auf diese letzte Frage ganz einfach „Ja" zu lauten: Die acht SGR gehören zu den acht uns nächsten aller GRBs. Ihre seltenen, extrem hellen Blitze sind normal-helle Blitze aus extremer Nähe, während ihre weichen Wiederholungen auch von all den vieltausend übrigen Blitzern ausgestrahlt werden, jedoch zu schwach, um von unseren (bisherigen) Messgeräten empfangen worden zu sein. Die SGR sind danach die *uns nächsten GRBs*.

Wenn diese mutige Behauptung stimmt, dann teilen die GRBs die Eigenschaften aller Quellen aus Abschnitt 4.8: der AXPs, SGRs und aller *verlöschenden Pulsare*. Dann nämlich handelt es sich bei ihnen um *mittelalte Neutronensterne*, mit Spinperioden zwischen zwei und zwölf Sekunden und umgürtelt von *Akkretionsscheiben geringer Masse*, um Neutronensterne, die es nicht mehr schaffen, das CSM dauerhaft zurückzudrängen und sich eine ausreichend große leptonische Windzone freizublasen, vom Radius $\gtrsim 10^{15}$ cm, um als normale Pulsare geortet zu werden. Sie erhalten ihre relativistischen Leptonen vorwiegend aus magnetischen Rekonnektionen – statt aus oberflächennahen elektrischen Entladungen, wie in ihrer Jugend, als Pulsare – wobei ihre korotierende Magnetosphäre gegen den Innenrand ihrer Scheibe peitscht, (Jim Kemp sprach von ‚*magnetic spanking*'), und wobei sie die Energie für ihre Blitze der sporadischen Akkretion aus ihrer umgürtelnden Scheibe entnehmen. Dabei entstehen dann nicht nur (relativistisches) $e^{\pm}$-Paarplasma, sondern zugleich auch extremrelativistische Ionen, d.h. *Kosmische Strahlen*. Vor ihren Ausbrüchen sind sie unauffällig, und nach ihren Ausbrüchen verblassen sie gewöhnlich so schnell – im Mittel schneller als proportional zu t^{-1} – dass uns ihre *Lichtechos* oft entgehen, wenn wir nicht sorgfältig genug nach ihnen Ausschau halten. Laut den Ungleichungen im vorigen Abschnitt befinden sie sich alle in *Entfernungen* zwischen 10 pc und 0,5 kpc von uns.

Auch diese letzte Behauptung entspricht nicht unbedingt der Lehrmeinung, nicht einmal für die SGRs. Ihr widerspricht bereits die Entfernung des ersten je auf Bogensekunde genau georteten γ-Blitzes: *GRB 790305* (vom 5. März 1979), auch SGR 0525-66 genannt, zugleich erster entdeckter SGR, dessen Positions-Fehlerparallelogramm ins nördliche Drittel des SN-Restes N 49 in der Großen Magellanschen Wolke (LMC) projizierte. Seine kurzzeitige Sendeleistung oberhalb von 1 MeV war derartig stark, dass er uns nach der Ungleichung im vorigen Abschnitt näher als 50 pc sein sollte, während die LMC eine Entfernung von 50 kpc (!) von uns hat. Wem dürfen wir unser Vertrauen schenken: der strengen spektralen Ungleichung oder der zufälligen Projektion am Himmel? Ähnlich steht es um die anderen SGR bestellt, allen voran *SGR 1806-20*: Ihre bisweilen extrem schnellen (an den Himmel projizierten) Bewegungen verlangen Entfernungen von nur $\lesssim$ 30 pc. Zuverlässige *Entfernungsbestimmungen* zählen zu den schwierigsten Aufgaben in der Astrophysik.

Womit wir am Ende des *Gruselkabinetts* der gegenwärtigen astrophysikalischen Forschung angekommen wären, in dem über die Herkunft der GRBs entschieden werden soll: hypergewaltige, extremrelativistische Ausbrüche supermassiver Sterne mit transienten hadronischen Jets, am Rande des beobachtbaren Universums, oder aber unsere nahen kompakten Nachbarn in der Milchstraße: verlöschende Pulsare, auf die ihr CSM brockenweise herabstürzt, wie Eis- oder Steinlawinen in den Gebirgen, die in die Täler hinabpoltern? Beide Deutungen koexistieren in diesen Jahren auf den führenden internationalen Konferenzen, obwohl sie sich energetisch um einen Faktor 10^{16} unterscheiden –

d.h. sicherlich nicht beide gleichzeitig wahr sind – und obwohl mehrere ihrer ersonnenen Bauelemente noch empirisch ungetestet sind. Wir vertreten die zweite, ökonomischere Variante.

5.6 Was sind die Quellen der ‚Kosmischen Strahlen'?

Jetzt kommen wir zu dem zweiten „Conundrum" der modernen Astrophysik (neben den Gammastrahl-Blitzen): der rätselhaften Herkunft der Kosmischen Strahlen (KSn). Die Lehrmeinung [Hörandel 2012] unterscheidet zwischen den gewöhnlichen, d.h. niederenergetischen KSn und den sog. ‚extragalaktischen' KSn, deren Herkunft dann aber noch problematischer wäre, weil sie wegen des Greisen-Zatsepin-Kuzmin-Cutoffs gar nicht aus sehr großer Entfernung (>50 Mpc) stammen können: Jenseits davon würden die Ionen ihre Energie unterwegs durch Streuungen an dem intergalaktischen Strahlungshintergrund verlieren. Also doch ebenfalls Galaktischen Ursprungs?

Wir meinen „Ja". Und zwar erfolgt die Beschleunigung bis hinauf zu den höchsten Ionenenergien (von $10^{20,5}$ eV) nicht durch Vielfachstöße, sondern durch einmaliges Durchfallen des $E{\times}B$-Feldes in der inneren, korotierenden und oszillierenden Magnetosphäre eines *Magnetars*, vgl. 4.8, mit energieärmeren Beiträgen auch von allen anderen rotierenden Magneten der Milchstraße. Wir sprachen schon wiederholt von der erwarteten Effektivität derartigen *magnetischen Peitschens*, in diesem Fall durch Reibung an dem scharfkantigen Innenrand einer umgürtelnden Akkretionsscheibe. Solche in Neutronensternen verankerte, transient relativistisch schnell veränderliche Felder halten wir für fähig, sogar den ultraharten Spektralanteil der *Kosmischen Strahlen* unserer Milchstraße zu erzeugen, [Kundt 2009c].

Am Ende des vorigen Abschnitts war nicht nur von Blitzen und von Paarplasma die Rede, sondern auch von den *Kosmischen Strahlen*, von deren Existenz wir seit einem Jahrhundert wissen, seit den Ballonaufstiegen von Viktor Heß, über deren Herkunft sich aber die Fachwelt bis heute nicht einig geworden ist. Insbesondere am hochenergetischen Ende ihres Spektrums, bei Energien zwischen 10^{19} eV und $10^{20,5}$ eV, wird immer wieder ein extragalaktischer Ursprung erwogen, obwohl gerade die höchsten Teilchenenergien am schwierigsten zu erzeugen sind, und obwohl dann nicht nur die Zentralvolumina der galaktischen Scheiben permanent nachzufüllen wären, sondern vielmehr der gesamte Weltenraum, ein mindestens 10^6-mal größeres Volumen. Und obwohl die höchsten Teilchenenergien am schnellsten auch wieder abgebaut werden, durch degradierende Zusammenstöße mit allen Teilchen – materiellen wie Photonen – die den Weltenraum durchfliegen.

In Abb. 5.6.1 ist das *Spektrum* der durch den Sonnenwind gefilterten, auf die Erde einfallenden Kosmischen Strahlen aufgetragen, leptonisch, baryonisch und photonisch, log($\mathrm{E}^2\ \dot{N}_E$) versus log(E), mit E = Teilchenenergie, und $\dot{N}_E := \mathrm{d}\dot{N}/\mathrm{dE}$ = Teilchenrate pro Fläche, Raumwinkel und Energieintervall. Die Verteilungsdichte $\mathrm{E}^2\ \dot{N}_E(\mathrm{E})$ ist dann die entsprechende einfallende Energierate; sie hat ihr Maximum bei einer Ionenenergie von ungefähr drei GeV, knapp oberhalb der Protonen-Ruhenergie, mit einem Plateau nach niedrigeren Energien hin von schwer abschätzbarer (spektraler) Ausdehnung. Bei dieser Verteilung nimmt die Teilchenanzahl ihr Maximum am linken, niederenergetischen Rand an, unterhalb ihrer Ruhenergie, und die Teilchenenergie ihr Maximum in der Nähe von $10^{20,5}$ eV. Die Verteilungsdichte ist bei den höchsten Energien zwar über 10^8-mal niedriger als bei 3 GeV, trotzdem enthalten die Ionen, die oberhalb von E = 10^{18} eV in unserer Milchstraße erzeugt werden, erstaunliche 0,3 % der Gesamtenergie der Kosmischen Strahlen. Das liegt daran, dass die Kosmischen Strahlen mit Energie unterhalb von 10^{18} eV in den Magnetfeldern der Galaktischen Scheibe im Mittel 10^7 Jahre lang gefangen gehalten werden, gyrierend, bis sie ein Leck (sprich: Schornstein) zum Entweichen aus

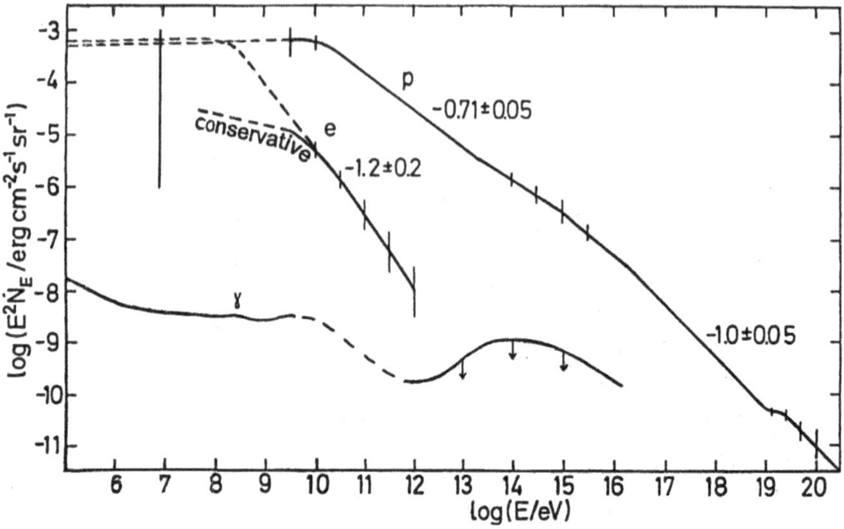

Abbildung 5.6.1: Die Spektren der auf die Erde einfallenden *Kosmischen Strahlen*, hadronisch, leptonisch, und photonisch. Große Unsicherheiten (Fehlerbalken) gibt es u.a. (noch) bei kleinen Einfallsenergien, unterhalb von einigen GeV pro Teilchen; wo sie aus den (hohen) beobachteten Ionisationsraten in unserer kosmischen Nachbarschaft erschlossen wurden; nach [Kundt 2005, 2012].

der Milchstraße finden, während diejenigen oberhalb von 10^{18} eV steif genug propagieren, um die Scheibenmagnetfelder mehr oder weniger geradlinig zu durchfliegen, binnen $10^{2,5}$ Jahren, und dabei direkt zu entweichen. Ihre Verweilzeit in der Scheibe ist mithin $10^{4,5}$-mal kürzer als diejenige ihrer niederenergetischen Geschwister, und aus einem Relativanteil von 10^{-7} wird ein solcher von $10^{-2,5}$ am Quellort, der keineswegs als zufälliges Nebenprodukt betrachtet werden kann. Im Gegenteil: Oberhalb von 10^{18} eV offenbart sich die wahre Qualität der galaktischen Ionenbeschleuniger, die unsere irdischen Laborbeschleuniger hoffnungslos in den Schatten stellen: Am hochenergetischen Ende der Verteilung hat ein einzelnes Proton die Energie eines Tennisballs beim Aufschlag von Boris Becker!

Sucht man also nach den Quellen der Kosmischen Strahlen, dann soll man nicht nach den Quellen nahe 3 GeV suchen, sondern vielmehr nach den Quellen am oberen kosmischen Energierand, nahe $10^{20,5}$ eV. Und da zeigt das modifizierte Hillas-Diagramm in Abb. 5.6.2, dass einzig (stark magnetisierte) Neutronensterne infrage kommen unter allen Quellsorten, die uns als Kandidaten bekannt sind. Noch stärkere Beschleuniger dürfte es auch in anderen Galaxien nicht geben, und schon gar nicht im Fast-Vakuum zwischen den Galaxien. Das einfachste und effektivste kosmische Prinzip der Beschleunigung auf hohe und höchste Teilchenenergien ist wohl dasjenige eines *rotierenden Magneten*, dessen erzielbare Energien sich durch die nachstehende Formel abschätzen lassen:

$$\Delta W = e \int (\mathbf{E} + \beta \times \mathbf{B}) \cdot \mathbf{dx} \lesssim 10^{20,5}\ \mathrm{eV}\ (\beta_\perp\ B)_{12}\ (\Delta x)_6\ , \tag{5.2}$$

in der **E** und **B** die elektrischen und magnetischen Feldstärkevektoren sind, die ein Teilchen der elektrischen Ladung e und Geschwindigkeit $\mathbf{v} = c\beta$ längs des differenziellen Weges **dx** auf den *Energiezuwachs* ΔW beschleunigen; (Vorsicht: oben stand „E" für „W"). Rechts ist das Integral numerisch abgeschätzt worden in einem (mitbewegten) Koordinatensystem mit $\mathbf{E} = 0$, in dem die höchste beobachtete Ionenenergie W =

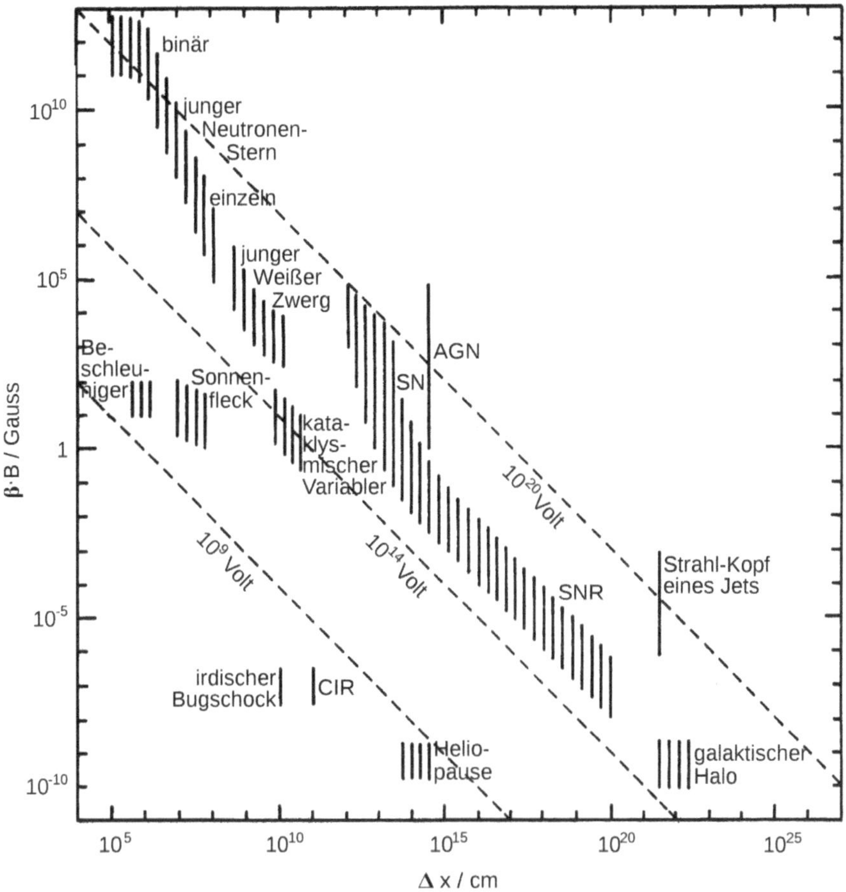

Abbildung 5.6.2: Modifiziertes *Hillas-Diagramm*: Erwartete Maximalenergie der Kosmischen Strahlen, als Funktion von Lorentzkraft $e\beta_{\perp}B$ und Beschleunigungsstrecke Δx der betrachteten Quellen, nach [Kundt 2012]. Hiermit lassen sich die meisten Deutungsvorschläge gleich wieder aussortieren, weil ihre Energiemaxima zu niedrig liegen. Einzelne, vertikale Fehlerbalken halten wir für unrealistisch.

$10^{20,5}$ eV erreicht wird für eine (Nach-)Beschleunigung durch ein Magnetfeld B der Stärke $\gtrsim 10^{12}$ G mit fast Lichtgeschwindigkeit: $|(\beta \times B)| = 10^{12}$ G, längs eines Weges Δx der Länge 10^6 cm = 10 km, realistisch für einen schnell rotierenden Neutronenstern nahe seiner Oberfläche.

Wir sind also davon überzeugt, dass unsere Milchstraße hinreichend viele genügend schnell rotierende und genügend stark magnetisierte Neutronensterne enthält – bisweilen ‚*Magnetare*' genannt, oder ‚*gedrosselte Pulsare*' – durch deren korotierende Magnetosphären unter geeigneten Umständen Ionen und/oder Elektronen auf höchste Energien beschleunigt, tangential abgeschleudert und in die Scheibe eingespeist werden, vergleichbar extrem schnellen *Schleifsteinen*, durch welche die Milchstraße aufgepumpt wird wie eine Luftmatratze durch Luftpumpen, [Kundt 2009c, 2012]. Dabei stellt sich ein stationärer Zustand ein: Die Pumpen kompensieren unvermeidliche, ständige Verluste:

einerseits durch wechselseitige Reibung der schnell strömenden Plasmen, andererseits durch Ausströmen durch die Lecks der Luftmatratze, Hunderte von *Schornsteinen*, durch die das (leichte) relativistische Überschussplasma in den Galaktischen Halo entweicht, auftreibt und ihn ebenfalls aufbläst. Die Entweichzeit der Kosmischen Strahlen (unterhalb 10^{18} eV) in den Halo beträgt etwa 10^7 Jahre, erschlossen aus chemischen und radioaktiven Gradienten [Gaisser 1990].

Für uns hat sich damit folgendes Bild ergeben, [Kundt 2009c]: In unserer Heimat-Galaxie gibt es zwei astrophysikalische Populationen, deren gleichzeitiges Vorhandensein und Wirken oft als ‚*Conundra*' bezeichnet worden sind, als physikalische *Rätsel*, weil sie wahrscheinlich auf die Biosphäre einen gewissen Einfluss ausgeübt haben, ohne dass wir die leiseste Ahnung hätten, woher sie kommen, und wie sie wirken. Es sind dies die *Kosmischen Strahlen*, und die *Gammastrahl-Blitze*. Sind sie Galaktischen, oder aber extragalaktischen Ursprungs? Wir meinen Ersteres [Kundt 1998a,b] sowie außerdem, dass sie mit der Population der *gedrosselten Pulsare* identisch sind. Ihre gemeinsamen Eigenschaften bestehen darin, dass sie (i) gelegentlich mit außerordentlich hohen Energien auftreten, PeV-Photonen bzw. $\lesssim 10^{20,5}$ eV-Ionen, dass sie (ii) zeitlich schnell variabel sein können, bis hinab zu Bruchteilen von Millisekunden, dass sie (iii) aus allen Himmelsrichtungen ungefähr gleich oft (isotrop) einfallen, und dass (iv) ihre Energiebilanzen nach besten Abschätzungen einander gleichen. Unsere Identifizierung folgt dem Schema: Was wie ein Hund aussieht, wie ein Hund bellt, mit dem Schwanz wedelt wie ein Hund, und treu ist wie ein Hund, das mag tatsächlich ein Hund sein.

Mit solch frivolen Sprüchen lassen sich allerdings nur wenige Kollegen von der Richtigkeit unserer Deutungen überzeugen. **1)** Welche Rolle bei der Beschleunigung spielen z.B. starke Stoßwellen sowie verwandte Fermi-Prozesse? **2)** Was garantiert die Zuverlässigkeit der genannten Beschleuniger? **3)** Was erzeugt die ‚anomale' Komponente der Kosmischen Strahlen, bei Energien unterhalb von 10 MeV/Teilchen? Und **4)** warum zeichnet sich nicht am Himmel die Anhäufung der Galaktischen Beschleuniger in der projizierten Scheibe der Milchstraße ab? Wir kennen solche, z.T sehr berechtigte, Bedenken seit über 30 Jahren.

Das Gegenargument **1)** der *In-situ-* oder *Fermi*-Beschleunigung von Ionen (oder auch Elektronen, bei Jets) auf hohe Energien durch elastische Vielfachstreuung an einer starken Welle ist gültig im Probeteilchen-Limes kleiner Intensitäten, bricht aber zusammen beim (nicht-linearen) Übergang zu endlichen Effektivitäten, weil andernfalls der *Entropiesatz* der Thermodynamik verletzt werden würde: Es würde nämlich selektiv eine Untermenge von Teilchen auf höhere Energien angehoben werden, auf Kosten anderer Teilchen in einem Wärmebad. Uns ist kein einziger Fall bekannt, wo ‚*In-situ*'-Nachbeschleunigung wirklich unausweichlich wäre. Auch sind in den Kosmischen Strahlen die Elemente Wasserstoff und Helium stark unterhäufig gegenüber der lokal-Galaktischen chemischen Verteilung; es wurde also bevorzugtes Material beschleunigt. Der Einwand **2)** lässt sich z.B. abschwächen, indem auch andere *chemische* und *isotopische* Besonderheiten der Kosmischen Strahlen als durch akkretierende n-Sterne erfüllbar aufgezeigt wurden; z.B. gibt es Abschätzungen der *Zeitspanne*, die nach einer SN-Explosion im Mittel vergeht, bevor deren Auswurf auf hohe Energien nachbeschleunigt wird.

Noch einfacher ist die Herkunft der unter **3)** aufgeführten *anomalen Komponente* zu verstehen, bei Energien unterhalb von 10 MeV/Ion: nicht etwa durch In-situ-Erzeugung am Außenrand (*termination shock*) des Sonnenwindes, der inzwischen von den zwei Voyager-Sonden durchflogen worden ist, im Dezember 2004 und August 2007, sondern als logarithmische Gleichverteilung der Energien am niederen Ende der Verteilung, (der wir jetzt schon mehrfach begegnet sind, immer dann, wenn mehrere Prozesse gleichzeitig mitwirken bei der Erzeugung einer Verteilung; z.B. bei den Aerosolen in der Erdatmosphäre, und bei den Kleinkörpern im Sonnensystem). Bei der Erzeugung der Kosmischen Strahlen halten wir alle anderen magnetischen Rotatoren für mitverantwortlich: energiearme n-sterne, Weiße Zwerge, normale (stark magnetische) Sterne, Planeten und deren Monde. Die anomale Komponente wuchs bei beiden Voyager-Missionen nach ihrem Eintritt in die gestaute Sonnenwind-Randzone weiterhin an, kommt also von außerhalb des Sonnensystems. Und schließlich **4)** die hohe *Isotropie* der eintreffenden Teilchen, sehr harte Kosmische Strahlen bzw. die Gammastrahl-Blitze: selbige entsprechen z.T. ihrer ungefähr isotropen Himmelsverteilung infolge ihrer räumlichen Nähe, z.T. auch ihrer bevorzugten Strahlung in Richtungen senkrecht zur Milchstraßenscheibe.

Mit diesen etwas technischen und sachspezifischen Diskussionen endet das Kapitel 5. Es sollte uns vertraut machen mit drei der wichtigsten technologischen Prozesse der anorganischen Welt: den *SN-Explosionen*, den *Gammastrahl-Blitzen* und den Beschleunigern auf hohe und höchste Teilchenenergien, wahrscheinlich *rotierende Magnete*. Offenbar schafft es die Gravitation im Verein mit den elektromagnetischen und nuklearen Kräften, ihre eigenen, abiogenen Maschinen zuverlässig und ohne ein zentrales Steuerorgan zu betreiben. Ein vierter Maschinentyp wird im siebten Kapitel betrachtet werden: das Blasen antipodischer Strahlen mit beinahe Lichtgeschwindigkeit, genannt ,*Jets*', gerichtet über Entfernungen bis zu einigen Millionen Lichtjahren. Keinen dieser vier Prozesse haben wir bislang im Labor nachahmen können, wahrscheinlich ist unsere Erde zu klein dafür. Auf jeden Fall aber wollen wir uns zuvor noch ein wenig genauer in unserer Milchstraße umschauen.

LITERATUR (KAPITEL 5)

[Gaisser 1990] Gaisser, Thomas K., 1990: Cosmic Rays and Particle Physics, Cambridge University Press, 1-279.

[Gómez et al. 2008] Gómez, Laura, et al (7 Autoren), 2008: Monitoring the large proper motions of radio sources in the Orion BN/KL region, *Astrophys. J.* **685**, 333-343.

[Hörandel 2012] Hörandel, Jörg, 2012: The nature and origin of ultrahigh-energy cosmic rays, *europhysicsnews* **43/3**, 24-27.

[Joshi & Malafarina 2013] Joshi, Pankaj S., Malafarina, Daniele, 2013: Instability of black hole formations under small pressure perturbations, *Gen. Relativ. and Grav.* **45**, 305-317.

[Kundt 1998a] Kundt, Wolfgang, 1998a: Astrophysics of Neutron Stars: Facts and Fiction about their Formation and Functioning, *Fundamentals of Cosmic Physics* **20**, 1-119.

[Kundt 1998b] Kundt, Wolfgang, 1998b: The Gold Effect: Odyssey of Scientific Research, in: *Understanding Physics*, ed. Arne K. Richter, Copernicus Gesellschaft, Katlenburg-Lindau, 187-240.

[Kundt 2008] Kundt, Wolfgang, 2008: Supernovae, their functioning, lightcurves, and remnants, in: *Astronomy with Radioactivities VI*, Ringberg Worksop, eds. R. Diehl, D. Hartmann, & N. Prantzos, *New Astronomy Rev.* Vol. **52**, Issues 7-10, 364-369.

[Kundt 2009c] Kundt, Wolfgang, 2009c: The Sources of the Cosmic Rays, and of the GRBs, after more than {40, 30} years of deliberation, in: *Frontier Objects in Astrophysics and Particle Physics*, eds. F. Giovannelli, G. Mannocchi, Società Italiana di Fisica, Conference Proceedings Vol. **98**, Bologna 2009, 363-382.

[Kundt 2010] Kundt, Wolfgang, 2010: The Local-Galactic interpretation of the Gamma-Ray Bursts, in: *Multifrequency Behaviour of High-Energy Cosmic Sources*, Memorie della Società Astronomica Italiana Vol. **81**, N.1, 449-459.

[Kundt 2012] Kundt, Wolfgang, 2012: ISM, Cosmic Rays, and the Shape of the Heliosphere, in: *Multifrequency behaviour of High-Energy Cosmic Sources*, Memoria della Società Astronomica Italiana Vol. **83**, 38-44.

[Kundt 2020a] Kundt, Wolfgang, 2020a: Astrophysics without Black Holes, and without Extragalactic Gamma-Ray Bursts. Or: What have we learned from all our recent observations, including the G-W Receptions, FRBs, and the EHT-Map? Do they fit into a consistent Scenario?, Mondello Workshop 2019, PoS(MULTIF2019)021, 1-14 (2019).

[Kundt & Krotscheck 1980] Kundt, Wolfgang, Krotscheck, Eckhard, 1980: The Crab Nebula - A Model, *Astronomy & Astrophysics* **83**, 1-21.

[Kundt & Yar 1997] Kundt, Wolfgang, Yar, Aylin, 1997: Fireworks in Orion, *Astrophysics & Space Science* **254**, 1-12.

[Wang & Wampler 1992] Wang, L., Wampler, E.J., 1992: Supernova 1987 A: the nebular loops and “Napoleon’s Hat”, *Astron. Astrophys.* **262**, L9-L12.

6. DIE MILCHSTRASSE

In diesem sechsten Kapitel wollen wir es wissen: Wie gut kennen wir die Struktur unserer Heimatgalaxie? Haben wir ihre Baumaterialien, deren Anordnung und Kreationen bereits gut genug kennengelernt, um z.B. Vorhersagen über ihre zukünftige Entwicklung machen zu können? Was haben wir gelernt aus Vergleichen mit Nachbargalaxien, die zwar weiter entfernt sind, sich uns aber dafür unter anderen Blickwinkeln präsentieren?

Abschnitte 1 und 2 konzentrieren sich auf das Medium, das sich in der Scheibe wie auch im Halo unserer Milchstraße befindet. Wird die Scheibe primär durch den recht hohen Druck ihrer (hochenergetischen) Kosmischen-Strahlen-Komponente aufgeblasen, wie eine Luftmatratze, in welche zirrusförmige, 10^4 K-‚warme‘ Sternbildungswölkchen eingelagert sind? Die Daten der amerikanischen Pioneer- und Voyager-Raumsonden – gestartet {2.März 1972, 5.April 1073} bzw. 1977 – haben uns geholfen, die Beschaffenheit des Interstellaren Mediums (ISM) sozusagen vor der Haustür unseres Sonnensystems zu erfahren, noch tief innerhalb unserer Heliosphäre, wobei es bei den Voyagers schon bald nach dem Start an Überraschungen nicht gemangelt hat. Vor allem war das Medium mehrkomponentiger und mehrfluider als erwartet. Gern möchten wir wissen, mit wie vielen bewohnbaren Planeten in der Milchstraße wir rechnen dürfen, wenn das Kriterium ‚bewohnbar‘ durch ‚mit dauernd vorhandenem Wasser‘ gegeben ist? Entweichen die Kosmischen Strahlen (mittels Auftrieb) durch Hunderte Galaktischer Schornsteine in ihren Halo, wobei sie auch ‚normales‘, heißes Plasma mitreißen? Was sagt uns die Galaktische Rotationskurve über die Verteilung ihrer Masse? Auffällig ist ferner der Galaktische Zwillings-Jet, wenn auch schwach im Vergleich mit den Jets vieler anderer Galaxien, jedenfalls in diesem Jahrhundert. Immerhin macht sich seine langzeitige Existenz noch heute bemerkbar durch die großen, zentralen heißen Blasen und Schläuche, sichtbar von Radiofrequenzen bis hinauf zur Röntgen- und Gamma-Strahlung, sowie durch das System der herabschneienden HI-Wolken.

Am Ende des ersten Abschnitts staunen wir über Brandon Carters (schwaches) Anthropisches Prinzip: die Herleitung der drei Fundamentalkonstanten α_G, α und $\mu := \mathrm{m_e}/\mathrm{m_p}$ aus der Habitabilität unseres Planeten.

Wie alt ist unsere Milchstraße, wird im dritten Abschnitt gefragt? Sicherlich älter als unsere Erde ($\lesssim$4,5 Gigajahre), und sicherlich auch älter als unsere Sonne (4,57 Ga), deren Alter aus radioaktiven Zerfällen von Meteoriten erschlossen wurde. Aber um wie viel? Für Altersabschätzungen der Milchstraße nach oben müssen entweder ihre ältesten Sternpopulationen herangezogen werden, einigermaßen zuverlässig bekannt durch die radioaktiven Zerfälle in ihren kugelförmigen Sternhaufen, oder aber durch kosmologische Abschätzungen ihres gravischen Bremsgesetzes. Gefunden wurden Alter zwischen 13 und 15 Gigajahren.

Und was spielt sich ab im Rotationszentrum unserer Milchstraße, in Sgr A*? Lauert dort wirklich ein Super-Massives Schwarzes Loch (SMSL), wie oft sogar in den Tageszeitungen zu lesen ist? Bereits im Abschnitt 4.5 haben wir erste, tödliche Zweifel an der Existenz Schwarzer Löcher in der realen Welt aufkommen lassen, weil SMSLr einerseits gar nicht zu erzeugen sind und sich andererseits ganz anders verhaltenwürden, wegen mangelnder Helligkeit und Variabilität und mangelnder Fähigkeit zur Inversion des beständigen Materie-Einfalls in ihr Zentrum, s. [Kundt, 2020b]. Im Fall von Sgr A* ist unser Blick zwar durch Vordergrundsabsorption stark getrübt, wie bei den Zentralquellen aller Seyfert-Galaxien vom Typ 2, weil sich zwischen ihnen und uns absorbierende Nuklear-Asche vermengt mit Scheibenmaterial der Milchstraße befindet. Unsere Scheibe ist andererseits stark gewellt, und von Jahr zu Jahr gelingt es besser, Sgr A* und seine nahe Umgebung bei geeigneten Frequenzen abzubilden. Dabei erkennen wir in zunehmendem Maße, dass die SL-Interpretation voreilig war: Eine (kern-) brennende Zentralscheibe passt viel besser. ‚Black Holes cannot blow Jets‘ wird im nächsten Kapitel behauptet.

6.1 Welches Medium füllt die Milchstraße?

Unser Sonnensystem ist eingebettet in die gewellte Gasscheibe der Milchstraße, im Kern der wahrscheinlich kugelförmigen Heliosphäre, über deren Gestalt und Größe wir bereits in 2.11 nachgedacht haben. Aber woraus besteht diese Gasscheibe? Besteht sie vorwiegend aus dem primordialen Gas, das einst zusammenstürzte, um unsere Milchstraße zu bilden? Ist sie stark angereichert mit den teilweise prozessierten, abgeblasenen Winden früherer und gegenwärtiger Sterngenerationen, aber auch mit dem freigesetzten relativistischen Gas entarteter Sterne, Supernova-Explosionen und Jet-Quellen? Und wie gelangen sogar schwere Gaswolken in den nahezu gewichtslosen Halo? In der Literatur findet man kaum verbindliche Auskünfte hierüber.

Obschon die Bonner Radioastronomie durch ihre Radioteleskope in Effelsberg und auf dem Stockert jahrzehntelang führend war in der Welt, griff sie die Deutungen der Halo-Strukturen in [Kundt 1997] durch *Jet-Tätigkeit* aus ihrem Zentrum und Undichtigkeiten ihrer Scheibe für *hochenergetische Teilchen* nicht auf, ließ sie unerklärt. Auch blieben die Massenverteilungen in den Zentralbereichen der Galaxien (durch ihre *Rotationskurven*) fehlbeschrieben. Diese Verständnislücken werden hier nach Kräften geschlossen. Schließlich betonen wir die erstaunliche Einsicht, dass sich aus der Habitabilität unseres Planeten recht genaue Werte ($\lesssim$30 %) für $\geq$ vier Fundamentalkonstanten herleiten lassen.

Bereits in Abschnitt 2.11 kam dieses Thema (der Zusammensetzung des *ISM*) ausführlich zur Sprache, als wir uns um die Gestalt der Heliosphäre bemühten: Bewegt sie sich mit ihren 26 km/s relativ zum lokalen (schweren) ISM – d.h. relativ zu den nahen Staub- und Gaswolken – mit Überschall- oder mit *Unterschall-Geschwindigkeit*? Entgegen fast allen einschlägigen Abbildungen und Artikeln der Gegenwart entschieden wir uns für die Unterschallvariante, mit der Begründung, dass zumindest der benachbarte interstellare Raum dominant von Kosmischen Strahlen ausgefüllt ist, selbst wenn diese über ihre Magnetfelder stark an die nicht-relativistischen Komponenten gekoppelt sind, sodass die *Schallgeschwindigkeit* unserer kosmischen Nachbarschaft deutlich über 26 km/s liegen sollte.

Können wir denn nicht sehen, was sich außerhalb unseres Sonnensystems im Kosmos abspielt? *Himmelskataloge* zeigen uns doch Hunderte der schönsten Galaxien, sogar kleinere und größere Gruppen und Haufen von Galaxien, bis hin zum Rand des beobachtbaren Universums. Solche Aufnahmen sind gewöhnlich im *optischen* Spektralfenster gemacht, in dem sowohl alle Sterne leuchten, als auch die meisten Staub-, Gas- und Plasma-*Wolken*, sofern sie von benachbarten Sternen angestrahlt (beleuchtet) werden. In zunehmendem Maße werden neuerdings auch *Infrarotaufnahmen* veröffentlicht, als optische Falschfarbenbilder, bei denen kühlere (infrarote) Spektralfenster durch sichtbare Spektralfenster ersetzt werden. Daneben gibt es auch z.B. Röntgenbilder des Himmels, durch die (nur) röntgenheiße Sterne und viele kosmische Wolken erfasst werden, vgl. Abb. 6.1.1. Aber schließlich gibt es auch Medien im Kosmos, die in gar keinem Spektralfenster leuchten, ganz einfach, weil sie so dünn verteilt sind, dass ihre Bausteine, Ionen und Elektronen, sich nur ganz selten nahekommen und deshalb auch nur ganz wenig zum Strahlen anregen. Hierher gehören die relativistisch heißen Kosmischen Strahlen, für die wir uns gerade in diesem Abschnitt besonders interessieren. Ihre Synchrotron- und inverse Compton-Strahlung sind oft derart verdünnt, dass wir sie (bislang) nicht abbilden können, also auf andere Weise erschließen müssen.

Wenn wir also wissen wollen, was für Materie sich jenseits unserer Heliosphäre befindet, so sollten wir auf Abschnitt 2.11 zurückgreifen und uns erinnern, dass sich unsere Raumsonden Pionier 10, 11 und Voyager 1, 2 zwar schon seit über drei Jahrzehnten auf dem Raumflug nach ‚draußen' befinden, genauer seit 1972/3 bzw. 1977, sich aber noch immer in der (ehemaligen) Windzone unserer Sonne befinden und wohl auch während der kommenden Jahrtausende kaum in den Raum jenseits davon vordringen werden, zu dessen Erreichen selbst das Licht fast ein Jahr benötigt. D.h., wir sind auf Beobachtungen

Abbildung 6.1.1: Ein äquatorialer Zentralstreifen unserer *Milchstraße*, der Breite $\pm 10°$, nacheinander fotografiert (durch NASA) im Licht von zehn verschiedenen Frequenzen, oben angefangen bei niedrigen Radiofrequenzen, und endend bei harten Gammastrahl-Energien; mit dem Zentrum der Milchstraße stets in der Mitte. Jede dieser zehn Himmelskarten vermittelt uns neue Fakten über unsere kosmische Umgebung.

mit Teleskopen angewiesen, im Zusammenspiel mit theoretischen Erwägungen. Mit dem Ergebnis, u.a., dass benachbarte Sonnensysteme zweifellos zu existieren scheinen, jedoch nur ganz selten so beschaffen sind, dass es darin einen ‚*bewohnbaren*' (habitablen) Planeten wie unsere Erde gibt. Hierfür muss der Planet nicht nur auf einer ungefähren Kreisbahn im günstigen Abstand um einen nahezu konstant leuchtenden Stern umlaufen, sondern er darf daran auch nicht durch einen näherrückenden Nachbarplaneten gestört werden. In [Kundt 2005] wurde die *Anzahl* ‚zivilisierter', d.h. *bewohnter Sonnensysteme* in unserer Milchstraße optimistisch auf $10^{1\,\pm\,1}$ abgeschätzt, d.h. zwischen 1 und 100 liegend, mittels der Greenbank (oder SETI) Formel [Kundt, 2005, p. 179].

Und der Raum zwischen den Sonnensystemen? Ausgefüllt mit Kosmischen Strahlen, die u.a. auch viel kühlere, sog. ‚warme', zirrusförmige kosmische Wölkchen umspülen? Vielleicht. In diesem Bild haben die Bewohner eines jeden Sonnensystems dann den Eindruck, sie wohnten im Mittelpunkt einer ‚*lokalen heißen Blase*' (local hot bubble), und erst in größerer Entfernung ($\gtrsim 10^2$pc) gäbe es wieder kalte Sternbildungswolken, warme Sterne, heiße Riesensterne, relativistische Jets und gigantische Explosionen, um nur einige der vielen, herausragenden kosmischen Strukturen zu nennen. Diese Vorstellung erinnert an einen Waldspaziergänger, der gewöhnlich um sich herum erst einmal einen überschaubaren biologischen Lebensraum erblickt, vom Radius einige Meter, ein Biotop, das dann in größeren Entfernungen durch eine mehr oder weniger monotone Baumstammkulisse begrenzt wird. Je nach Dichte des Waldes kann man oder kann man nicht beliebig weit aus ihm herausschauen. So auch in der Kosmologie: Unsere Galaktische Nahzone umgibt uns mit einer weitgehend durchsichtigen ‚heißen Blase', bestehend vorwiegend aus Kosmischen Strahlen, doch je weiter wir hinausschauen, desto mehr dichte Materie und massereiche Objekte entdecken wir. Dabei sind uns die winkelmäßig großen Gebilde am Himmel auch meist sehr nahe. Z.B. ist das (große) Sternbild des Orion räumlich nur wenig größer als der uns sehr nahe Barnard'sche SN-Rest, und die am Himmel noch größere Eridanus-Blase mag fast oder ganz an uns heranreichen.

Und wo sind die Ränder der Milchstraße? Echte Ränder gibt es im Weltall gar nicht. Immerhin hält die Milchstraße alle Objekte gravisch fest, die sich mit geringerer Vertikalgeschwindigkeit als 0,5 Mm/s aus ihren Zentralbereichen entfernen: Sie fallen anschließend springbrunnenartig wieder in die Scheibe zurück. Hierzu gehören selbst kosmische Wolken oder Nebel, sofern sie nicht heißer sind als $T = 10^7$ K, denn die Galaktische Skalenhöhe beträgt $H = 30$ kpc $(m_p/m)\ T_7$ für Ionen der Masse m und Temperatur T, $T_7 := T/10^7$ K [Kundt 1997]. Diese Formel besagt zugleich, dass die Kosmischen Strahlen aus der Scheibe in den Halo entweichen, sobald sie ein Leck in der Scheibe finden, einen ‚Schornstein'. Kundt & Müller [1987] haben einen solchen Schornstein identifiziert, vielleicht auch gleich zwei, benannt nach dem Bonner Radioteleskop auf dem Stockert, wo er entdeckt wurde. Es sollte Hunderte solcher Schornsteine in der Milchstraße geben; derjenige vom Stockert ist aus der hochgelegenen (über der Scheibenmitte), heißen HII-Region S54 hervorgegangen, als Schwachstelle des magnetischen Käfigs, durch den alle schnellen Ionen in der Scheibe gefangen gehalten werden. Eine Abschätzung der Entweichrate legt nahe, dass sie groß genug war, um heutzutage fast den gesamten Galaktischen Halo auszufüllen und mittels Kosmischer Strahlen zu tragen.

Und noch einmal, in Klartext: Die großen, scheinbaren Leerräume der heutigen galaktischen Scheiben sind offenbar überwiegend mit Kosmischen Strahlen angefüllt, stark angereichert mit relativistischem Paarplasma und durchsetzt mit zirrusartigen kosmischen Wölkchen. Eine ähnliche Aussage gilt für die (heutigen) *Halos* aller derjenigen Galaxien, welche aus ihrem (aktiven) Kern und aus ihren galaktischen Scheiben durch Schornsteine ausreichend mit heißer Materie gefüllt worden sind. Gewöhnlich enthalten die Halos die Überreste der Kanalwände ihres Zwillings-Jets und/oder die Hülle von deren *Kokons* (Auffangblasen), die dann beide später wieder in die Scheibe zurückregnen. So haben sich die herabfallenden *Hochgeschwindigkeitswolken* im Halo unserer Milchstraße vermutlich auf ähnliche Weise gebildet wie Wasserdampf-Kondensationströpfchen über Nacht an Grashalmen: Die heiße, unsichtbare, aufsteigende Materie kühlt sich ab, vornehmlich an Verdichtungen nahe den Kanalrändern des Zwillingsstrahls, kondensiert dort und wird

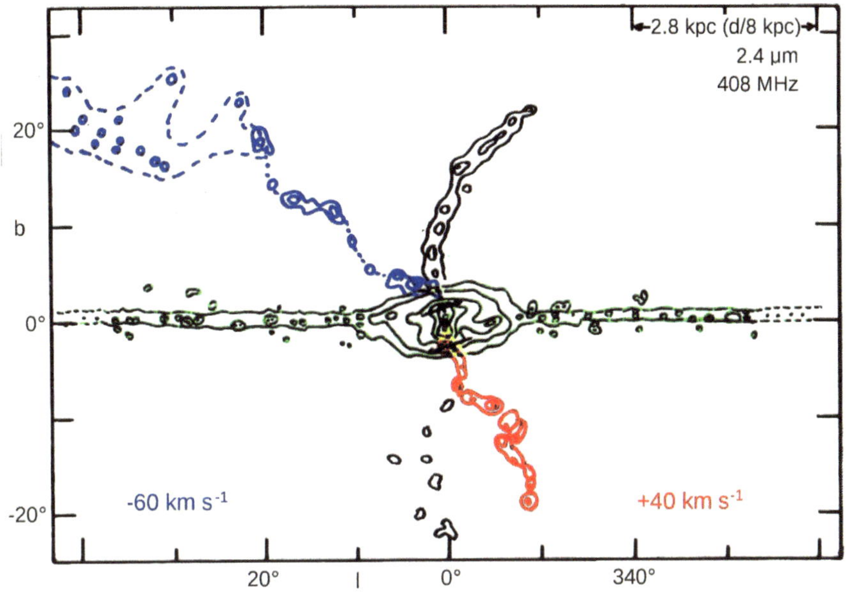

Abbildung 6.1.2: Der Galaktische Zwillingsjet (in unserer Deutung), ehemals und heute, aufgenommen bei Radiofrequenzen; [Kundt 1990]. Die Geschwindigkeit seiner Kanalwände wurde den {Blau, Rot}-Verschiebungen der 21cm-Linie (von neutralem Wasserstoff) entnommen, wobei der schwarze, jüngere Kanal bisher keine Geschwindigkeitsmessung erlaubte. Die galaktische Scheibe wurde durch ihre Wärmestrahlung (grün) abgebildet.

in Gestalt der fallenden Wolken beobachtet und abgebildet [Kundt 1997], s. Abb. 6.1.2, sowie 6.4 und 7.4.

Wie massereich sind die Galaxien? Hierüber geben ihre *Rotationskurven* Auskunft. Das sind die gemessenen Kurven v(r), wobei $v(r) = r\,\Omega$ die Geschwindigkeit angibt, mit der das Scheibenmaterial auf einer ungefähren Kreisbahn um das jeweilige Zentrum der Galaxie umläuft, den drei Kepler'schen Gesetzen gehorchend, wonach die Fliehbeschleunigung v^2/r der anziehenden Gravitationsbeschleunigung GM/r^2 der umlaufenen Materie M(r) in etwa das Gleichgewicht halten muss. (Genau gilt dieses Gesetz nur für punktförmige, oder zumindest sphärisch symmetrische Massenverteilungen, aber die Verletzung bei scheibenförmigen Verteilungen ist nicht erheblich). Im kommenden Abschnitt wird Abb. 6.2.4 darauf hinweisen, dass fast alle veröffentlichten Rotationskurven in den Zentralbereichen drastisch von der Realität abweichen [Sofue et al 1999].

Wie empfindlich hängt das (biologische) Leben auf unserem Heimatplaneten Erde von den Bedingungen in unserer kosmischen Nachbarschaft ab? Diese schon oben angeschnittene Frage hat als ‚*schwaches*' *Anthropisches Prinzip* immer wieder Beachtung, z.T. aber auch Ablehnung gefunden – zurückgehend vor allem auf Brandon Carter (≥1973), vgl. [Barrow & Tipler 1988, Ch.5], oder auch [Kundt 2005, p.178] – obwohl ihre Beantwortung das Dirac'sche Problem der *großen dimensionslosen Naturkonstanten* (der Größenordnung 10^{40}) in erstaunlicher Weise auf notwendige Bedingungen der Habitabilität unseres Heimatplaneten zurückführt. Hierher gehört nicht nur das immerwährende Vorhandensein von (flüssigem) Wasser an der Erdoberfläche, sowie das Vorhandensein der mindestens 40 biologisch notwendigen chemischen Elemente, (durch Vulkanismus angeliefert), sondern zugleich ein zuverlässig leuchtender G2-Stern, unsere Sonne, mit einer Strahlungstemperatur, die u.a. die Fotosynthese der Pflanzen ermöglicht. Aus den drei

Forderungen der (i) geeigneten (Sonnen-) Masse, (ii) ihrer für die Biochemie geeigneten Strahlungstemperatur und (iii) ihrer hinreichenden Langlebigkeit für die Evolution der Biosphäre lassen sich für die drei Fundamentalkonstanten $\alpha_G := \mathrm{Gm}_p^2/\,\hbar c = 10^{-38.23}$, $\alpha := \mathrm{e}^2/\,\hbar c = 1/137 = 10^{-2,14}$ und $\mu := \mathrm{m}_e/\mathrm{m}_p = 1/1836 = 10^{-3,26}$ die Bedingungen herleiten: (i) $\alpha_G \approx \mathrm{N}^{-2/3}$, $\mathrm{N}{:=}\mathrm{N_p}(\odot)$, (ii) $\alpha_G \approx \alpha^{12}\mu^4$ und (iii) $\alpha^3\mu^{-1/4} \approx 10^{-5.7}$, aus denen sich durch Auflösung brauchbare Näherungswerte (auf $\lesssim$30 % genau) für alle drei Konstanten ergeben, nämlich: $\{\alpha_G\ ,\ \alpha\ ,\ \mu\} \approx \{10^{-38,2},\ 10^{-2,15},\ 10^{-3,1}\}$. D.h., die relative Stärke der Schwerkraft und der elektromagnetischen Kräfte, bezogen auf die starke Kraft (bzw. Proton-Masse), und das Elektron-Proton Massenverhältnis sind durch obige drei Forderungen irdischen Lebens bereits nahezu exakt festgelegt. Nähmen wir noch die Forderungen der Zuverlässigkeit der biologischen Grundfunktionen hinzu – am deutlichsten demonstriert durch das erfolgreich reifende Ei – so könnten wir wahrscheinlich noch viel genauere (notwendige, anthropische) Werte herleiten. Existiert unsere Welt allein dafür, dass es in ihr auf einem geeigneten Planeten organisches Leben gibt?

Noch vor Redaktionsschluss (der ersten Auflage, im Jahr 2014) erfahren wir, dass der Wert der Feinstrukturkonstante α inzwischen sogar auf 3 % genau bestimmt worden ist durch Epelbaum et al [2013], aus der Forderung der anthropophilen *kosmischen Elementehäufigkeiten*: Bereits Fred Hoyle hatte darauf hingewiesen, dass das Element Kohlenstoff im Weltraum um Größenordnungen seltener vorhanden wäre als seine (gewichtsmäßigen) Nachbar-Elemente – weil es bei seiner Entstehung in den Sternen sogleich weiter verbrannt worden wäre, zu schwereren Elementen – wenn seine Bindungsenergie nicht einen scharf fixierten Wert besäße, der u.a. empfindlich von α abhängt.

6.2 Wie gut kennen wir unsere nahe Galaktische Nachbarschaft?

In Fortsetzung der Überlegungen, die wir im vorigen Abschnitt angestellt haben, bemühen wir uns jetzt gründlicher um die Struktur der Gasscheibe unserer Heimatgalaxie, vor allem ihrer Zentralgebiete, aber auch ihrer Außenbereiche und ihres Halos, der ja in starkem Maße durch die Jets aus dem Zentrum und die heißen Ausgasungen aus den Schornsteinen der Scheibe beeinflusst wird. Offengelassen wird dabei in der Literatur, woher die Kosmischen Strahlen kommen, und beweislos, aber zuversichtlich setzt die Lehrmeinung dieser Jahre ein supermassives Schwarzes Loch in das Zentrum jeder großen Galaxie, statt einer BD (:= Burning Disk), d.h. einer nuklear brennenden Kernscheibe, die dafür sorgt, daß (etwas mehr als) die hineinspiralierende Materie sogleich wieder nach außen abgeblasen wird, [Kundt, 2020b].

Wir meinen, daß die galaktischen Scheiben stabil sind gegenüber einem Gravitationskollaps, bis hinein in ihre Zentren, durch Druckkräfte in Vertikalrichtung, und durch Fliehkräfte in horizontalen Richtungen. Kein Wunder, daß ihre Zentralmassen auffallend proportional sind den Massen ihrer Bäuche (bulges: Magorrian-Relation), dass sie starke, metallreiche Winde abblasen, dass ihre Zentralmassen mit dem Weltalter abnehmen (statt zunehmen), und daß jede zehnte unter ihnen ausgedehnte Jets speist. Auch machen wir uns Gedanken über die Herkunft der weitreichenden galaktischen Magnetfelder, die in den galaktischen Scheiben verankert sind.

Und bereits in Abschnitt 1.8.1 haben wir unsere Überzeugung erwähnt, daß die schnellen Radio-Blitze (FRBs) - mit ihren supergalaktisch großen Dispersionsmaßen - aus der (nahen) Ionosphäre unseres Planeten stammen.

Soeben haben wir uns klar gemacht, dass galaktische Scheiben der kosmischen Gegenwart nicht nur aus einem thermischen Gemisch aus Wasserstoff und geringeren Mengen aller anderen chemischen Elemente bestehen, sondern wohl in starkem Maße auch durch relativistisch schnelle Teilchenpopulationen aufgeblasen werden, durch Kosmische Strahlen, ähnlich gesunden, prallen Blättern in der Natur, deren Zellen durch (osmotisch angesaugtes) Wasser mit schwach überatmosphärischem Druck aufgepumpt werden. Dabei befinden sich die Brennöfen und Teilchenbeschleuniger der Kosmischen Strahlen vorwiegend in den galaktischen Gasscheiben mit ihren eingelagerten Nuklearreaktoren, den diversen Sternen, wo sie ihr Bau- und Brennmaterial durch Schwerkraft und Magnetfelder festhalten und durch Flieh- und Druckkräfte vor dem Gravitationskollaps bewahren und von wo aus sie in späteren Phasen ihrer Existenz ebenfalls ihre geräumigen Halos mit nuklear angereichertem Plasma beschicken und zu fortgeschrittener kosmischer Evolution befähigen. Dabei hatten wir im vorigen Abschnitt bereits die galaktischen Schornsteine genannt, welche es den Patentventilen der Fahrräder gleichtun und relativistisch heißes Gas aus der Scheibe in den galaktischen Halo ausströmen lassen. Abb. 6.1.1 und 6.2.1 können uns eine vage Vorstellung geben von dem, was sich in unserer Milchstraße findet und sie in Bewegung hält. Gern würden wir uns mittels der beiden Voyager-Sonden von der Realität dieser Vorstellung ‚vor unserer Haustür' überzeugen.

Bereits im dritten Kapitel haben wir uns Gedanken gemacht über die nuklearbrennenden Sterne und Mehrfachsterne, deren Anblick jeden stadtfernen, nächtlichen Spaziergang zum Erlebnis werden lassen kann; nahezu alle von ihnen, die wir bei gutem Wetter mit bloßem Auge sehen können, sind Angehörige unserer Milchstraße. Dann, im vierten Kapitel, haben wir uns mit den Neutronensternen beschäftigt, den Spätstadien der massereichen Sterne. Ihre kleine Größe, vergleichbar einer kleinen Großstadt, macht sie für uns unsichtbar, weil wir keine Röntgenaugen haben, und schon gar keine Radioantennen. Hier ist unsere Neugier in weit stärkerem Maße auf illustrierte Himmelsdurchmusterungen angewiesen. Und auch die meisten Neutronensterne, die unsere Kataloge und

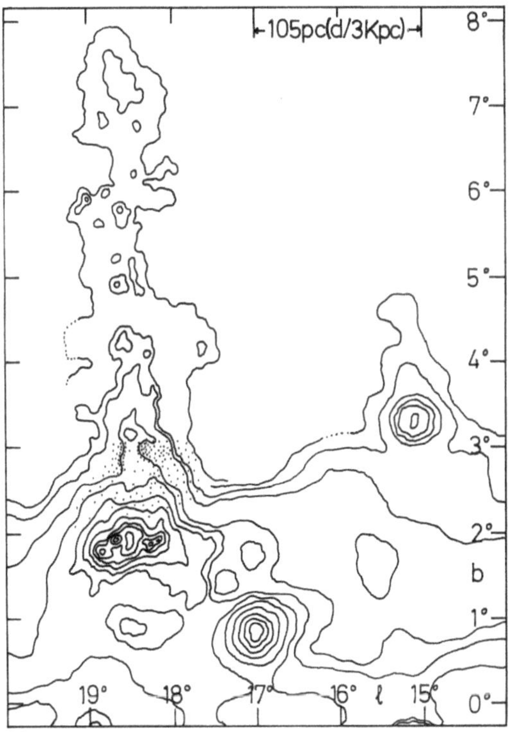

Abbildung 6.2.1: *Stockerts Kamin*: Entweichen von Kosmischen Strahlen und heißem Plasma aus der Galaktischen Scheibe in ihren Halo, hier direkt oberhalb der starken HII-Region S54, als einem von Hunderten von ‚Kaminen' (wie diesem), übernommen von [Kundt & Müller 1987].

Himmelskarten aufführen, sind Angehörige unserer Milchstraße, überwiegend sogar nahe Galaktische Nachbarn: Die Vollständigkeit unserer Erfassung der Pulsare geht bereits bei Abständen größer als 0,2 kpc verloren. Allerdings erfassen unsere Kataloge auch die hellsten Neutronensterne der beiden Magellanschen Wolken, unserer beiden nächsten, zwerghaften Nachbargalaxien, Mitglieder der sog. ‚lokalen Gruppe' (von Galaxien). Jedoch viel wichtiger für unser irdisches Leben: in Abschnitt 5.6 wurde argumentiert, dass mit den Neutronensternen auch die Erzeuger der Kosmischen Strahlen zu unseren Galaktischen Nachbarn zählen. Wir befinden uns mitten unter ihnen; ihr Licht und ihre fast lichtschnellen Teilchen dringen bis in unser Sonnensystem und sogar bis in unsere Hochatmosphäre ein, laden beständig unsere Erde auf Hochspannung (0,1 GV) auf und geben Anlass zu farbenprächtigen Entladungen, den Gewittern. Und Ähnliches machen die Gammastrahl-Blitzer, die GRBs, argumentierten die Abschnitte 5.4 und 5.5: wennschon nur selten aktiv, dafür dann aber bisweilen so intensiv, dass elektronische Geräte unserer Raumsonden Schaden genommen haben. In unserer Galaktischen Nachbarschaft geht es oft recht lebensfeindlich zu.

Ein geometrisch ausgezeichneter Ort jeder Galaxie ist zweifellos ihr Mittelpunkt, ihr Zentrum. Er ist zugleich tiefster Punkt ihres Potenzialtopfes, in dem sich ihre vagabundierende Materie am liebsten versammeln möchte. Aber es gibt strenge Sätze der klassischen Mechanik, die verbieten, dass so etwas im direkten Einsturz geschieht: den Virialsatz und den Satz von der Erhaltung des Drehimpulses. Der Virialsatz folgt aus dem Energieerhaltungssatz: Er berücksichtigt, dass in Richtung Zentrum einfallende Materie schnell wird, durch Umwandlung von potenzieller Energie in kinetische Energie, und im Falle ausbleibender Reibung ganz einfach auf der anderen Seite des Potenzialtopfes wieder zum Ausgangsradius zurückkehrt. Darf dabei allerdings geordnete Bewegung in ungeordnete überführt werden, so erhitzt sich ein anfangs ruhender kugelförmiger (Stern-) Haufen beim Zusammenstürzen im stellardynamischen Sinne und kommt beim halben Ausgangsradius zu einem neuen Gleichgewichtszustand, bei dem jetzt die kinetische Energie der potenziellen dem Betrage nach gleicht: Der Haufen hat sich beim Sintern stellardynamisch erhitzt, auf riesige Temperaturen T, entsprechend der thermodynamischen Formel $mv^2/2 = 3kT/2$ mit stellaren Massen m (statt molekularen), und stellaren Pekuliargeschwindigkeiten v (statt gaskinetischen). Würde es ihm sodann gelingen, seine neuerliche Bewegungsenergie auf andere Freiheitsgrade umzuverteilen, z.B, durch konkrete stellare Zusammenstöße, so würde er beständig weiterschrumpfen, und sich beständig weiter erhitzen, bis zur Weißglut im Zentrum. Doch so etwas braucht astronomisch lange Zeiten und wurde noch nicht am Himmel beobachtet.

Ähnliches bewirkt der Drehimpulssatz: Gas in einer differenziell rotierenden Scheibe spiraliert langsam ins Zentrum, indem die nach innen fallende Materie ihren Drehimpuls an benachbarte, weiter außen kreisende Materie durch Reibung abgibt; auf diese Weise fällt letztlich fast die gesamte Scheibenmaterie ins Zentrum, während ihr ehemaliger Drehimpuls von ganz wenig Materie zu ganz großen Radien hin abtransportiert wird. Abschätzungen ergeben allerdings nur Einfallsraten von $\lesssim M_\odot$/Jahr für Galaxien der ungefähren Größe unserer Milchstraße, d.h. der Einfall erfolgt langsam auf der kosmischen Zeitskala, im Prozentbereich der Anfangsmasse bis heute. Immerhin: Die Zentrumsquelle unserer Milchstraße, Sgr A*, der gegenwärtigen Masse $10^{6,4} M_\odot$, sollte hierdurch einige tausendmal erneuert worden sein seit Entstehung der Milchstraße (vor rund 10^{10} Jahren). Ähnliches zeigt das Diagramm der galaktischen Zentralmassen des *SDSS* (Sloan Digital Sky Survey) für alle anderen Galaxien: Ihre Zentralmassen wachsen nicht mit der Zeit an, wie es im Schwarzloch-Modell erwartet werden würde, sondern sie fluktuieren [Kundt 2009a] und nehmen im Mittel ab, von anfänglichen $10^{9,5 \pm 1}$ $M_\odot$ auf gegenwärtige $10^{7,5 \pm 1,5}$ $M_\odot$. Dabei wird die fortlaufende Massenabgabe der Kerne der Galaxien beobachtet in Gestalt der (zentralen) ‚Region der breiten Spektrallinien', der ‚Broad-Line-Region' (*BLR*), in welcher die Asche nuklearen Brennens explosiv aus dem Zentralbereich abgeblasen wird, bestehend in hohem Maße aus Eisen, mit Geschwindigkeiten bis zu einem Zehntel der Lichtgeschwindigkeit, die wahrscheinlich durch Nachbeschleunigung erreicht werden, bei Überholmanövern durch das entweichende, relativistische Paarplasma, das anschließend die Jets bildet.

Die Gasscheiben der großen Galaxien transportieren also im Mittel $\lesssim M_\odot$/Jahr in ihr Zentrum, wo sie nach gängiger Lehrmeinung in ein Supermassives Schwarzes Loch fallen, basierend vor allem auf Pionierarbeiten von Donald Lynden-Bell und Martin Rees während der 1970-er Jahre. U.a. bestand seinerzeit die Erwartung, dass Akkretion auf Schwarze Löcher (*SLer*) die hohen und hochgradig variablen Leuchtkräfte einiger ferner galaktischer Zentrumsquellen leichter erklären könne als nukleares Brennen, zumal sich die gemessene gegenwärtige kosmische Heliumhäufigkeit (von 28 %, massemäßig) bereits durch Wasserstoffbrennen während der ‚ersten drei (kosmischen) Minuten‘ eingestellt haben sollte. Dabei übersah man aber nicht nur die große Unsicherheit aller kosmologischen ‚Schlüsse‘, sondern auch die viel zu geringe zu erwartende Effektivität des Energieumsatzes bei der Akkretion durch supermassive SLer sowie die Stabilität galaktischer Kerne gegenüber SL-Bildung, durch Druck- und Flieh-Kräfte im Verein mit magnetischer Zähigkeit und nuklearem Brennen; zumindest bis hinauf zu Kernmassen von $10^{10,5}$ $M_\odot$. Eine Handvoll unabhängiger Denker hat deshalb schon während der 1970-er Jahre begonnen, an dieser Interpretation zu zweifeln, zu denen auch Jean-Marie Souriau, Viktor Ambartsumian, Curtis Michel, Fred Hoyle, Martinus Veltman, Walter Greiner und Alexander Unzicker zählen, [Kundt 2009a,b, 2020b].

Was lernen wir hieraus für unsere Muttergalaxie, die Milchstraße, und ihre aufregend helle, breitbandige Quelle Sgr A* in ihrem Rotationszentrum? Als uns räumlich nächste galaktische Zentrumsquelle ist Sgr A* natürlich von ausgezeichneter Wichtigkeit. Im Optischen ist sie vollständig abgeschattet durch Vordergrundsmaterie, deshalb wurden in den Abb. 6.2.2a,b Radio- und Infrarotfrequenzen verwendet, deren Deutung allerdings nicht ganz einfach ist. Immerhin häufen sich in den letzten 25 Jahren die Beobachtungsdetails, deren jedes einzelne dafür spricht, dass die innersten 10 AE unserer Galaktischen Scheibe aus einer schweren, nuklear-brennenden Plasmascheibe bestehen, vom Radius $\lesssim$10 AE, mit superstellarem, stark eisenhaltigem Wind, hoher Gasdichte (10^{12} cm^{-3}) selbst in den Außenbereichen, und mit Maclaurin'schem, d.h. nicht-punktförmigem Potenzial, das der zentrumsnahe Stern S2 auf seiner 15,8-jährigen, stark exzentrischen Keplerbahn bereits zweimal ausgelotet hat, (seit 1986: Frank Eisenhauer, Bonn Vortrag, 16.11.2007). Außerdem kommt ein Zwillings-Jet aus Sgr A* heraus, der sich bis weit in den Halo der Milchstraße hinaus verfolgen lässt, bei Röntgen- und bei Radiofrequenzen, in den Außenbereichen vor allem bei λ = 21cm, [Kundt 1997, 2005, Gillessen et al 2009], vgl. Abb. 6.2.3. In [Kundt 2011b] wird ausführlich argumentiert, dass die Jet-erzeugenden astrophysikalischen Maschinen als Bauelemente langlebige schwere, starke, schnell rotierende Magnete benötigen - 'Burning Disks' - daher keinesfalls ein Schwarzes Loch beherbergen, (welches solche Maschinen ganz einfach schlucken würde, mitsamt ihren Magnetfeldern).

Aus dem Vorangesagten und vielen weiteren sorgfältigen Messungen lässt sich die *Galaktische Rotationskurve* v(r) für die nahezu auf Kreisbahnen umlaufende Scheibenmaterie auftragen, s. Abb. 6.2.4, bis nahezu ins Zentrum r = 0. Die Kurve geht keineswegs im Zentrum gegen Null, wie oft in der Literatur zu finden, weil die verwendeten HI-Linien (von zentrumsnahem neutralem Wasserstoff) verschwinden, vielmehr wachsen die Kepler-geschwindigkeiten an gegen extrem hohe Werte $v = \Omega\, r \lesssim c$, entsprechend einer hohen zentralen Massenkonzentration der dort brennenden Gasscheibe, von stellarer Dichte. Bei etwa $10^{10,5}$ $M_\odot$ des scheibenförmigen zentralen Reaktors würde der Grenzfall v = c erreicht werden, der allerdings durch relativistische Steifigkeit verhindert werden dürfte und bislang noch nicht entdeckt worden ist.

Eine Mehrzahl globaler Strukturen unseres Milchstraßen-Halos hängen offenbar mit ihrem innersten Kern kausal zusammen: die Streifen fallender HI-Wolken, und die Schar der auf Sgr A zentrierten, zwiebelähnlich geformten Radio-, Röntgen- und Gammastrahl-Hyperschalen. Die fallenden Wolken lösen sich langsam von dem Zwillings-Jet ab, an dem sie kondensierten, wie Tautropfen, die über Nacht an Grashalmen kondensieren und anschließend herunterregnen. Die HI-Wolken tragen oft Spuren lokaler

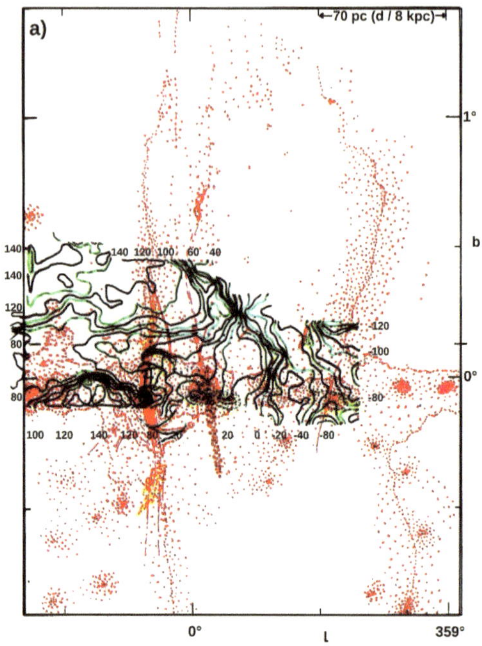

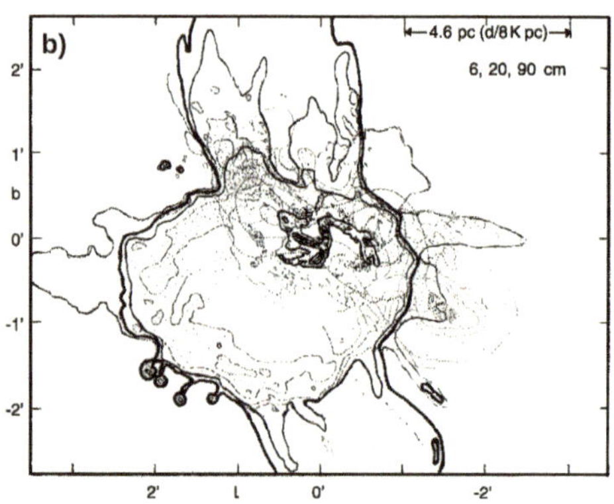

Abbildung 6.2.2: Der *innere Jet* aus unserem Galaktischen Zentrum, Sgr A*, indirekt gesehen bei Radiofrequenzen in Gestalt des ‚Schornsteins' sowie in Gestalt von Sgr A Ost: Wir deuten Abb. (**a**) als den innersten einer Mehrzahl konzentrischer Zylinder (oder Schornsteine), entlang dessen (etwas nach links verschobener) Achse sich der zentrale Jet abzeichnet, bei Radio-, Infrarot- und/oder Röntgenfrequenzen, gespeist von der Galaktischen Zentrumsquelle Sgr A*; s. auch Abb. 6.2.3 sowie [Kundt 1990]. Abb. (**b**) zeigt die innerste, nicht-thermische Radioblase Sgr A Ost, die Sgr A* umgibt; sie ist kleiner, aber energiereicher als ein SNR, enthält die ‚Mini-Spirale' Sgr A West, wird von dem zentralen Jet durchströmt, und enthält interessante Randstrukturen.

Kompression, nämlich kleine Gebiete von molekularer Dichte, z.B. Ulrich Mebolds Draco-Wolke, wo sie sich augenscheinlich im Staudruckgleichgewicht mit dem Jet befindet, s. Abb. 6.2.5. Die verhältnismäßig kleine Fallgeschwindigkeit der Wolken (in die Scheibe der

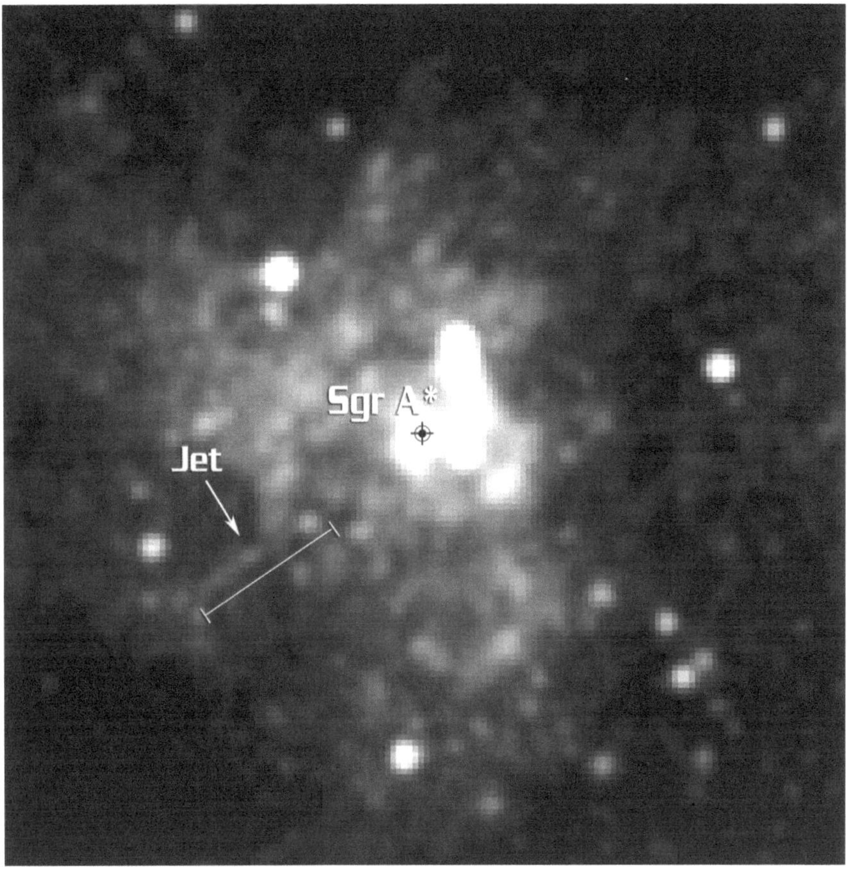

Abbildung 6.2.3: Der *innere Jet* ($r \lesssim$ pc) aus unserem Galaktischen Zentrum, Sgr A*, direkt gesehen von Frederick Baganoff mit CHANDRA bei Röntgenenergien [http://www.chandra.harvard.edu/photo/2003/0203long/more], vgl. Abb. 6.2.2a. Vielleicht war Baganoffs Erstentdeckung unsicher, weil an der Rauschgrenze, aber auch die weiteren CHANDRA-Aufnahmen, bei r $\lesssim \pm 3' \simeq 7$ pc, sind mit dieser Deutung in Einklang. Bildausschnitt quadratisch in ekliptischen Koordinaten, der Kantenlänge $1{,}23' \simeq 3$ pc; in galaktischen Koordinaten verläuft der Jet vertikal.

Milchstraße, von oft nur $\gtrsim$120 km/s) verrät uns, dass sie nicht aus deutlich größerer Höhe herabgefallen sein können, von wo aus sie Entweichgeschwindigkeit (= 0,5 Mm/s) erreichen würden; auch werden sie wahrscheinlich durch auftreibende Paarplasmawolken (der ‚FERMI-Blasen') gebremst, verwandt fallenden Schneeflocken. Und Sofues Hyperschalen [2001] in Zentrumsrichtung stammen vermutlich aus vergangenen Etappen höherer Aktivität unseres Milchstraßen-Zentrums; sie sind schon lange als ‚Sporne' in Himmels-Durchmusterungen bekannt und werden manchmal (versehentlich?) als nahe SN-Reste gedeutet; zuverlässige Entfernungsbestimmungen sind oft schwierig in der Astrophysik.

Erwähnenswert ist auch die Übergangszone von der Scheibe in den Halo der Milchstraße, in der sich u.a. Stockerts Kamin befindet, ein Entweichschornstein für die Kosmischen Strahlen oberhalb der (Stern-geblasenen) HII-Region S 54, s. Abb. 6.2.1. Offenbar sorgen

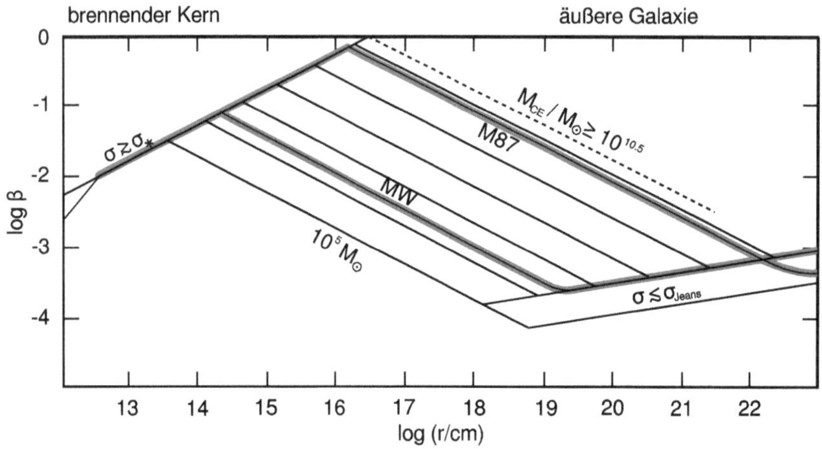

Abbildung 6.2.4: *Rotationskurven* typischer Spiralgalaxien, $\beta := \mathrm{v(r)/c}$ ($\lesssim 1$) als Funktion von r, doppelt logarithmisch aufgetragen; $\sigma :=$ 2D-Massendichte. In der Literatur findet man gewöhnlich (andere) Kurven, basierend auf den Doppler-Verschiebungen von neutralem Wasserstoff (bei $\lambda = 21$cm), die in den galaktischen Zentren gegen Null (statt ∞) streben, weil dort der Wasserstoff nur noch ionisiert vorkommt. Tatsächlich bewirken die relativ großen Zentralmassen der Galaxien ein gewaltiges Ansteigen von v(r) in einem (massearmen) Ringbereich um ihre Zentren, bis zu deren Rändern. Die hier skizzierten Rotationskurven sind gleichwertig unserer Darstellung 8.3.1, basierend auf [Kundt 2009a]. „MW" und „M87" stehen für „Milky Way" und für die Galaxie „M 87", als konkrete Beispiele.

die allgegenwärtigen Magnetfelder für eine gewisse Zähigkeit der Gasbewegungen, die ihr ungebremstes vertikales Entweichen durch Auftriebskräfte unterbinden.

Und wie sind die global-geordneten, spiralförmigen galaktischen Magnetfelder entstanden? Wie oft kehren sie ihre Richtung um? Sind sie einmal vorhanden, sorgt die fortlaufende Scherbewegung des galaktischen Scheibensubstrats für beständige Nachverstärkung, d.h. für ihre statistische Stabilität; aber woher kamen die Saatfelder? Setzten sich ganz einfach anfängliche Vorzugsrichtungen solange durch, bis sich globale Ordnung einstellte? Bereits in Abschnitt 2.2 haben wir betont, dass die oft zitierten sog. Dynamogleichungen mittels unerlaubter Vereinfachungen aus den strengen Grundgleichungen hergeleitet werden, mithin keine Beweiskraft haben, und haben in Abschnitt 3.7 ergänzt, dass magnetischer Fluss aus kinetischer Wirbelstärke gewonnen werden kann, im Einklang mit einem Integraltheorem [Kundt 2005]. Leider kennen wir noch immer keinen einfachen Algorithmus, der die erwartete magnetische Struktur einer Scheibengalaxie vorzurechnen gestattete.

Zusammenfassend bleibt uns nur mehr zu sagen, dass wir glauben, ziemlich einsame, intelligente Bewohner eines bewohnbaren Planeten zu sein, im Umlauf um einen G2-Stern einer typischen Spiralgalaxie, von deren Sorte es im Kosmos noch weitere 10^{11} ähnliche geben mag. Es spricht überhaupt nichts gegen die Erwartung, bei unserem heutigen Kenntnisstand, dass es auch in anderen Galaxien etappenweise ziemlich einsame, intelligente Bewohner gibt, jedoch kaum ein zweites Mal in unserer eigenen Milchstraße, aus Habitabilitätsgründen.

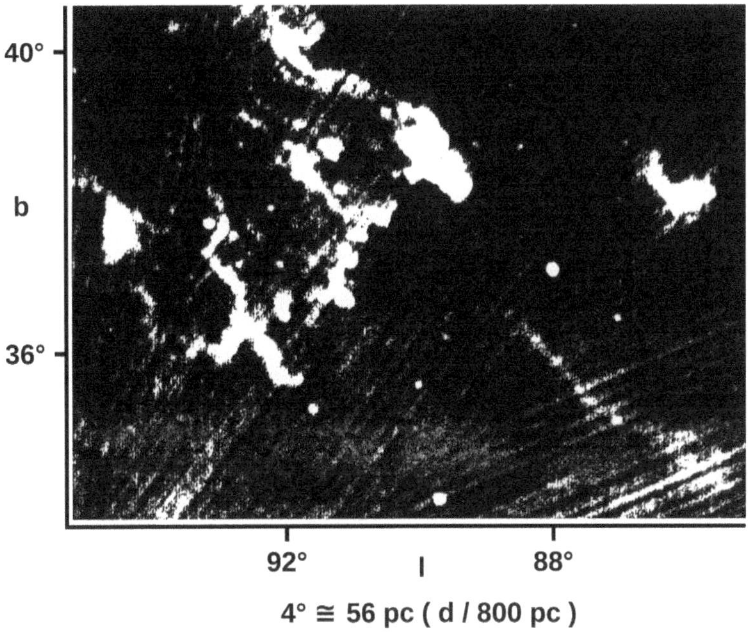

Abbildung 6.2.5: Mebolds *Draco-Wolke*: Bremsung einer fallenden HI-Wolke durch den (alten) Galaktischen Jet, der sie lokal abbremst und zu einer molekularen Wolke verdichtet, mit stetigem Geschwindigkeitsgradienten. Diese breitbandig gewonnene (Radio, IR und UV), sorgfältig vermessene Dynamik (von Draco) hat seinerzeit unsere Jet-Deutung der ‚fallenden HI-Wolken' von Abb. 6.1.2 gefestigt; vgl. Kundt, W.: Astroph.& Sp.Sci. 129, 195-201 (1987). Bildausschnitt (in galaktischen Koordinaten) zwischen $\{35^\circ, 41^\circ\}$nördlicher Breite und $\{94^\circ, 86^\circ\}$ Länge, der Vertikalausdehnung $\gtrsim 6^\circ \simeq 84$ pc (d/800 pc).

6.3 Ist die Milchstraße $\lesssim$14 Gigajahre alt?

Wie alt sind die kosmischen Strukturen: Planeten und ihre Monde, Sterne und Galaxien? Hier hilft uns die statistische Zuverlässigkeit radioaktiver Zerfälle, mit der man zwei- und mehrstellige Alter auf der Erde und anderwo bestimmt hat, im Verein mit Abschätzungen der Abbremszeiten von Spins und von Abkühlzeiten. Dazu kommt dann noch eine Abschätzung des Weltalters aus den Bewegungen der Himmelskörper, meist formuliert durch ihre gegenwärtige (differenzielle) Abbrems- oder Hubble-Zeitskala $1/H_0$ (der hinreichend isotrop angenommenen Raumexpansion), deren genaue Auswertung alles andere als einfach ist und zusätzlich durch lokale Inhomogenitäten gestört wird. Wir konzipieren, dass selbst die sorgfältigsten Beobachterteams ihre Messgenauigkeiten bisweilen überschätzt haben. Offenbar wurden manchmal plausible, stillschweigende Voraussetzungen ignoriert, von mindestens einer der beiden Gruppen.

Wie misst man Zeit? Antwort: durch Abzählen von Perioden eines periodischen Vorganges. Und welche Vorgänge sind (streng) periodisch? Die Schwingungen eines Pendels in einem konstanten Gravitationsfeld (wie an geeigneten Orten der Erde), diejenigen einer Spiralfeder oder eines Kristalls bei konstanter Temperatur (wie in Taschen- und Armbanduhren), die Rotationen (Spins) isolierter, sich nicht verformender Himmelskörper um ihre Achsen (wie angenähert die Erde), und die Bahnperioden weit voneinander entfernter Himmelskörper (wie vom Mond um die Erde, oder von der Erde um die Sonne). Aber keine dieser geografischen oder Alltagsuhren ist geeignet, die Dauer eines langanhaltenden Prozesses in der Vergangenheit zu ermitteln. Hier wird eine ganz andere Art von Zeitmesser benötigt: der radioaktive Zerfall eines instabilen chemischen Isotops, von dem man weiß, dass er nach einem strengen Exponentialgesetz erfolgt. Er ist zwar nicht periodisch, lässt sich bei jeder Probe nur einmal anwenden, ist dafür aber unabhängig von allen Zustandsparametern, die die Genauigkeit unserer Alltagsuhren beeinflussen. Er wird verwendet, um das Alter geologischer Formationen auf der Erde zu ermitteln sowie das Gesamtalter der Erde, für das auf diese Weise Werte zwischen 3,8 und 4,5 Gigajahren gefunden werden.

Und unsere Sonne, und all die anderen Sterne? Auch hier können zur Altersbestimmung oft radioaktive Zerfallsprozesse (in Meteoriten) herangezogen werden; für unsere Sonne fand man damit vor wenigen Jahren ein gegenwärtiges Alter von 4,5662 Gigajahren, laut *Nature* 436, 1127-1131 (2005). Für die kompakten Sterne kann oft das Abklingen ihrer Rotation eine Abschätzung ihres Alters ermöglichen, bei bekanntem Bremsgesetz: Durch das Abblasen ihres Windes, oder auch durch Abstrahlung. Schließlich erlaubt jedes bekannte Alterungsgesetz (eines Sterns, oder auch irgendeines anderen astrophysikalischen Prozesses) eine grobe Altersbestimmung, bei nuklearbrennenden Sternen bereits durch die maximale Brennzeit ihres Reaktors, im Verein mit ihrer anschließenden Abkühlzeit. Auf diese Weise lässt sich dann auch das Alter unserer Milchstraße bestimmen; und in den 1990-er Jahren gab es da eine Kontroverse: Ist die Milchstraße (17 ± 3) Ga alt, entsprechend dem Alter ihrer ältesten kugelförmigen Sternhaufen, das man aus dem Abwandern ihrer Mitglieder von der Hauptreihe (im Hertzsprung-Russell-Diagramm der Sterne) ermittelt hatte, oder darf man einer Formel für das Alter unserer Welt trauen von nur (14 ± 4)Ga, das aus dem (halb empirisch ermittelten) Bremsgesetz ihrer Expansion nach den Einstein'schen Gravitationsfeldgleichungen errechnet wurde: $t \approx 2/3H$? Hierin ist $H = H(t) := \dot{R}/R$ der berühmt-berüchtigte Hubble-Parameter, die logarithmische Zeitableitung des kosmischen Skalenfaktors (oder ‚Weltradius') $R(t)$. Dabei wurde der heutige Wert $H(t_0)$ des Hubble-Parameters z.B. auf dem 13. Texas-Symposium kurz vor Weihnachten 1986 von Gustav Tammann und John Huchra auf $\lesssim 50$ km/sMpc bzw. $\gtrsim$ 80 km/sMpc ausgekämpft [Tammann 1987]. Auf keinen Fall darf die Milchstraße älter sein als der Kosmos, und der Trend der letzten Jahre scheint sich einem Weltalter von $t_0 \lesssim 14$ Ga zu nähern.

Welche der beiden rivalisierenden Gruppen hatte die Genauigkeit ihrer Bestimmungsmethoden überschätzt? Oder gar beide? Wie allgemeingültig sind ihre Methoden? Wie sicher sind sich Sternevolutionstheoretiker der Zuverlässigkeit ihrer Altersbestimmungen gewisser Sternpopulationen, und wie sicher andererseits Kosmologen bei der Errechnung des Weltalters, wobei es noch nicht einmal bekannt ist, ob es einen universellen Anfang der Welt gab, und ob dieser heiß war oder kalt. Natürlich darf unsere Milchstraße nicht älter sein als die Welt, sofern diese ein endliches Alter besitzt; sie sollte deutlich jünger sein. Insofern klingt ein Alter unserer Milchstraße von 14 Gigajahren doch eigentlich ganz plausibel, nicht wahr?

Wahrscheinlich kennzeichnet die Diskrepanz der beiden 1986 gemessenen Präzisionswerte für den gegenwärtigen Hubble-Parameter H_0 jedoch eine stillschweigende, voreilige Grundannahme: dass sich unsere Welt hinreichend gut durch ein homogen-isotropes Weltmodell beschreiben lässt. Offenbar zwingen uns die Schwankungen in der kosmischen Massenverteilung zu einer sorgfältigeren, (lokal) *inhomogenen* Beschreibung der Welt, auf die wir in Kapitel 8 zurückkommen werden.

6.4 Sgr A*, die zentrale Quelle im Rotationszentrum unserer Milchstraße: eine 'Brennende Scheibe´?

Bitte Sicherheitsgurte anschnallen, erneut Turbulenzgefahr: Ist *Sgr A ein supermassives Schwarzes Loch? Haben wir die Antwort nicht schon seit Jahren**

aus den Tageszeitungen entnehmen können? Oder hat bereits die Lektüre einiger der vorherigen Abschnitte die Weichen umgestellt? Es geht um die Struktur der breitbandigen, stark variablen Quelle im Rotationszentrum unserer Galaxis.

Von ihr behaupten wir, dass sie aus einer Vielzahl von Gründen ($\gtrsim$27) kein Schwarzes Loch (Black Hole, BH) sein kann, sondern vielmehr eine nuklear brennende Plasma-Scheibe ist, a *Burning Disk (BD)*, nämlich der Zentralbereich der Galaktischen Scheibe mit ungefähr stellarer Dichte, der sich ähnlich verhält wie ein flacher Stern, wobei sein ringförmiger Außenbereich nuklear zündet, beim Hineinspiralieren der Materie, ähnlich dem Beginn des Hauptreihenbrennens der Sterne in ihrem Kern, wobei Wasserstoff zu Helium verbrennt, zunehmend heißer und heftiger bei zunehmender Annäherung an das Rotationszentrum, vor allem in seiner Zentralebene, um sich schließlich instabil explosiv in Dampf aufzulösen, angereichert mit mehr oder weniger viel Asche des nuklearen Brennens.

Bereits im vorletzten Abschnitt wurde Sgr A* mehrfach erwähnt, wegen seiner zentralen Lage im Rotationszentrum und Zentrum des Potenzialtopfes unserer Milchstraße sowie wegen des von ihm ausgehenden Zwillingsjets, in beide Hemisphären, der als Kondensationsstrang der neutralen Wasserstoffwolken zu dienen scheint, die später in die Scheibe herabregnen, sowie als vermutlich ursächliches Zentrum von Sofues Hyperschalen, die von stürmischeren Aktivitäten unseres Galaktischen Zentrums in der Vergangenheit Zeugnis ablegen [Kundt 1990, 1997, 2005, Sofue & Vogler 2001] und die im Jahr 2010 von der FERMI-Mission bei $\lesssim$10 MeV-Energien – inzwischen sogar bis $\lesssim$0,1 TeV – in ähnlicher, zwiebelförmiger Gestalt abgebildet worden sind, als ‚Blasen' und Schläuche bis zu noch höheren Galaktischen Breiten (als Sofues Hyperschalen), s. Abb. 6.4.1. Hier sehen wir ein galaktisches Zentrum aus größtmöglicher Nähe; enthält es ein Schwarzes Loch? Nein: s. [Kundt, 2013, 2015, 2016, 2017, 2018, 2019, 2020b].

Schwarze Löcher schlucken; Sgr A* tut das Gegenteil, es spuckt (bläst) mit allem, was es hat: mit einem Sturm enthaltend nukleare Asche (Eisen), der Stärke $10^{-2,5}$ $M_\odot$/Jahr und Geschwindigkeit 10^3 km/s, wobei ($\gtrsim$8) zentrumsnahen Sternen, (r $\lesssim$ Lichtjahr), die Windzonen weggeblasen werden in Gestalt gigantischer *Windfahnen*, allen voran dem nördlich gelegenen Stern 7. Und Sgr A* strahlt, von Radiofrequenzen über Röntgen- und Gammaenergien bis hinauf zu TeV und härter, mit einer frequenzmäßig breitgefächerten Leuchtkraft von gegenwärtig (nur) $\gtrsim 10^{37}$ erg/s. Wir müssen uns anstrengen, wenn wir dies alles erkennen wollen, weil sich unser Sonnensystem ja mitten in der Galaktischen Scheibe befindet, etwa 20 pc über der Scheibenmitte, sodass wir durch 8 kpc von Scheibenmaterial hindurchschauen, wenn wir nach unserem Galaktischen Zentrum Ausschau halten. Zu Hilfe kommt uns dabei der Umstand, dass unsere Milchstraße gewellt ist, mit dem $\gtrsim 18°$ gekippten Gould'schen Gürtel sozusagen gleich vor der Haustür, und mit einer ähnlich stark gekippten Zentralscheibe, die Sgr A* umgibt, vom etwaigen Radius 10^2pc. Hingegen ist Sgr A* wahrscheinlich von einer emporquellenden Staubmanschette umringt, bei weit kleinerem Radius, sowie von mäßiger Höhe (über der Scheibe), die uns zusätzlich seinen direkten Anblick verwehrt, mit $(31 + \{^{+7}_{-4}\})$ Magnituden optischer Absorption (entsprechend einem Dämpfungsfaktor $10^{-12,4}$), bekannt für alle Seyfert-Galaxien vom Typ 2, deren Scheiben wir im Profil sehen. Die optische Strahlung von Sgr A* können wir daher nur indirekt sehen, als Streustrahlung durch Wölkchen oberhalb der Scheibe, im Unterschied zur (weicheren) Radio- und (härteren) Röntgen- und Gammastrahlung, wobei Erstere aus mindestens sterngroßen Gebieten kommen sollte – selbst bei hoher Kohärenz – wegen ihrer ungewöhnlichen Helligkeit, während Letztere zu ihrer Erzeugung extrem-relativistische Elektronen erfordern dürfte, die in starken, schnell bewegten Magnetfeldern beschleunigt wurden. Keine dieser Anforderungen erfüllt ein Schwarzes Loch, wohl aber eine nuklear-brennende, differenziell rotierende Plasmascheibe; vgl. Abb. 7.1.2a.

Zu dieser Deutung führt auch die Überlegung, dass das Gas bzw. Plasma in den Scheiben von Galaxien einwärts spiraliert, infolge seiner – magnetisch verstärkten –

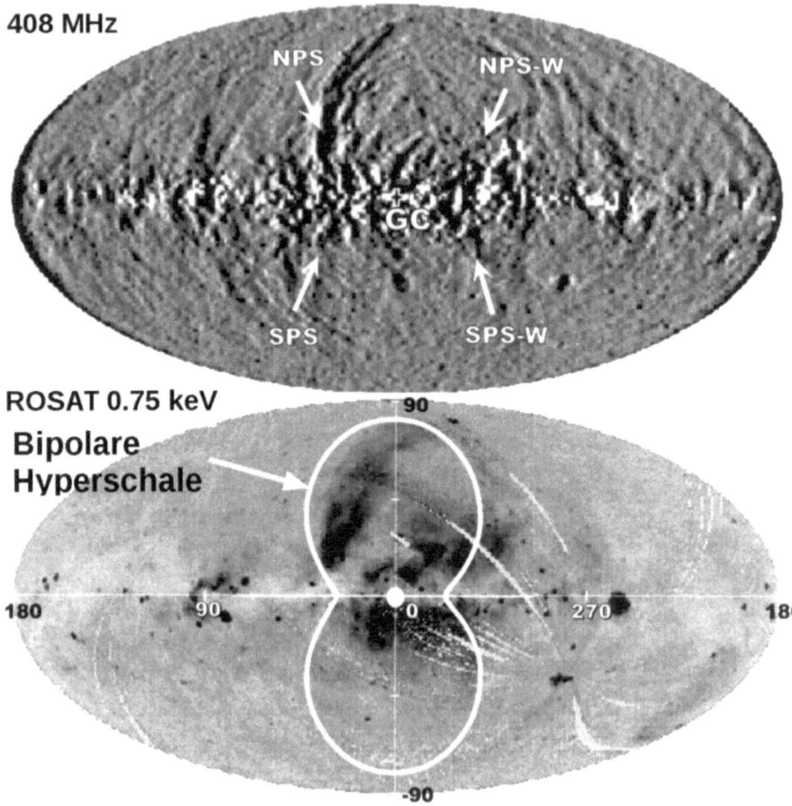

Abbildung 6.4.1: Sofues *Hyperschalen* im Halo unserer Milchstraße, beobachtet bei Radio- und Röntgenfrequenzen, nach [Sofue & Vogler 2001]. Offenbar beeinflusst Sgr A* unsere gesamte Milchstraße, bis hoch hinauf in den Halo ($\gtrsim$20 kpc). Diese Deutung wurde neuerdings bestätigt und verschärft durch die ganz ähnlichen Strukturen der FERMI-Mission, bis hinauf zu harten Gammaenergien, s. [Su et al (2010)].

Reibung, welche die differenzielle Rotation bremst, mit einer Radialgeschwindigkeit von einigen km/s, die für unsere Milchstraße einem radialen Masseneinstrom von $\lesssim M_\odot$/Jahr entspricht. Die heutige Masse von Sgr A*, $\lesssim 10^{6,6}$ $M_\odot$, versammelt sich dort also bereits innerhalb von rund 10^7 Jahren, falls nicht ‚unterwegs' große Plasmamengen aus der Scheibe durch Verdampfen verlorengegangen sind. Viel mehr Masse, der Größenordnung $10^{10} M_\odot$, sollte sich seit Bestehen der Milchstraße dort versammelt haben, falls dort ein SuperMassereiches Schwarzes Loch (SMSL) alle angelieferte Materie verschluckt hätte. Dieses auf Bohdan Paczyński und A. Soltan zurückgehende Paradoxon wurde drastisch verschärft durch die Messungen des Sloan Digital Sky Survey und nachfolgende Messkampagnen, wonach die mittlere kosmische Zentralmasse der großen Galaxien im frühen Universum bereits sehr schnell, bei z $\gtrsim$ 4, $\lesssim 10^{9,5}$ $M_\odot$ betrug, von da an aber monoton abnahm und heute unter 10^7 $M_\odot$ gesunken ist, s. Abb. 8.1.1. Die Galaxienkerne verlieren also im Mittel mehr Materie, als sie durch Einwärtsspiralieren aus ihren Scheiben gewinnen, in krassem Widerspruch zum SMSL-Modell, jedoch in Übereinstimmung mit dem Faktum, dass ihre zentralen ‚Regionen der Breiten Spektral-Linien' (BLRs) einen marginal-relativistischen Materieauswurf signalisieren, der dem Materieeinfall gleichkommt oder ihn sogar gelegentlich geringfügig übertrifft [Collin-Souffrin 1993, Kundt 2009a,b]. Die Zentralmassen der Galaxien wachsen nicht an, sie schrumpfen mit zunehmendem Weltalter. Diese krasse Anti-Schwarzloch-Bilanz wurde in der Fachliteratur getarnt durch Worte wie „downsizing“, „antihierarchical“, „co-evolving“, und „feedback from SNe and AGN“, die dem Leser über das falsche Vorzeichen hinweghelfen sollen.

Wir haben daher bereits aus seinem Wind, seiner Masse, seiner Leuchtkraft und dem Spektrum von Sgr A* geschlossen, dass es kein SMSL sein kann. Es gibt aber noch über fünf weitere Fakten, die gegen ein SMSL und für eine *Brennende Scheibe* (BD), [Kundt 1979, 1996]) sprechen: Am 16.9. 2007 hielt Frank Eisenhauer in Bonn einen Kolloquiumsvortrag, in dem er u.a. mitteilte, dass sich die Keplerellipse des zentrumsnächsten Sterns S2 (mit Periode 15,8 Jahre) nicht geschlossen habe, mit einem Winkelversatz von 3°. Diese Aussage war zwar mit einer gewissen Unsicherheit behaftet, die während der kommenden 16 Jahre (seit 2014) stark abnehmen wird - hatten wir gehofft - , beinhaltet andererseits, falls wahr, dass es sich bei Sgr A* nicht um eine Punktmasse handelt, sondern um eine ausgedehnte, flache Massenverteilung. Der gleiche Schluss folgt aus der Tatsache, dass die Masse von Sgr A* während der Jahre 2003 bis 2007 zunehmend größer bestimmt wurde, von $10^{6,41} M_{\odot}$ nach $10^{6,63}$ $M_{\odot}$, bei zunehmender Annäherung der verwendeten Daten ans Zentrum, sowie unsere Entfernung von Sgr A* zunehmend größer ermittelt wurde, von 8,1 kpc nach 8,33 kpc, unerwartet für eine Punktmasse, später jedoch wieder auf 8,12 kpc absank. Schließlich verrutschten sechs aufeinanderfolgende Messpunkte von S2 nahe seinem Periastron-Durchgang um $\lesssim 10^{-2}$arcsec nach Nordosten, und S2 selbst erhöhte zur gleichen Zeit seine Leuchtkraft um eine halbe Magnitude [Kundt 2013]. Offenbar war dort die Plasmadichte unerwartet hoch, etwa 10^{12} cm^{-3}, derart, dass die bei der Abbildung benutzten IR-Strahlen wie bei einer Fata Morgana gebeugt wurden und der Stern seine Helligkeit durch atmosphärische Reibung erhöhte. Im Zentrum unserer Milchstraße spielt sich aufregende Physik ab.

Solch aufregende Physik im Zentrum unserer Milchstraße erschien auch bereits im Jahr 2003 im Internet, in CHANDRAs ‚Photo Album‘: Röntgenbeobachtungen unseres Galaktischen Zentrums mit Winkelauflösungen bis hinab zu 10^{-1}Bogensekunden, entsprechend 10^3 AE $= 10^{16}$ cm. Dort war dann u.a. der *Strahl aus Sgr A** nach Südosten abgebildet, geradlinig in Richtung der unteren Galaktischen Hemisphäre, zwischen 0,5 pc und 1 pc Abstand von Sgr A*, mit einer Strahldicke von etwa 10^{16} cm, s. Abb. 6.2.3. Hier wurde also bei Röntgenenergien gefunden, dass es den Galaktischen Zwillingsjet nicht nur vor 10^5 Jahren gab, wie in den Abb. 6.1.2, 6.2.2a,b bei Radiofrequenzen zu erkennen, sondern dass er noch in diesen Jahren beschickt wird, wenn auch vielleicht mit geringerer Intensität. Denn Röntgen-Lichtechos deuten darauf hin, dass er sogar vor mehreren Jahrzehnten um ein $\gtrsim$10-Faches heller war [Tsuru 2013]. Dieser Zwillingsjet war übrigens bereits in [Kundt 1990] abgebildet, bei $\lesssim$160 MHz, mit einer Länge von 50pc. Extrapoliert man ihn von 0,5 pc nach innen, so lässt er auf einen gegenwärtigen Düsendurchmesser von 10^{14} cm schließen, wie bei HH 30, und passend zum Modell der (nuklear) *Brennenden Scheibe*; s. Abb. 7.1.4. Im nächsten Kapitel werden wir argumentieren, dass kosmische Jet-Maschinen viel komplizerter gebaut sind als Schwarze Löcher, nämlich u.a. schnell rotierende, starke Magnete enthalten. Also sehen wir hierin ein zehntes Argument gegen ein Schwarzes Loch im Zentrum unserer Milchstraße.

Und welche Rollen spielen die vielfach abgebildeten, Sgr A* in Projektion einhüllenden Radio-Quellen *Sgr A West* und *Sgr A Ost*, s. Abb. 6.2.2b ? Inzwischen hat sich die Lehrmeinung dahingehend geeinigt, dass sie paarweise ineinander enthalten sind: Sgr A* $\subset$ Sgr A West $\subset$ Sgr A Ost. Und zwar ist Sgr A* das Rotationszentrum unserer Milchstraßenscheibe, Sgr A West ist deren innerster Teil, (etwas gekippt gesehen), und Sgr A Ost ist (nicht etwa ein Supernova-Rest, sondern) eine Auffangblase überschüssigen (relativistischen) Paarplasmas und kosmischer Strahlung aus Sgr A*, ein Teilphänomen des dort entstehenden Zwillingsjets unserer Galaxie. Kein anderes galaktisches Zentrum ist so sorgfältig beobachtet worden wie dasjenige unserer Milchstraße.

LITERATUR (KAPITEL 6)

[Barrow & Tipler 1988] Barrow, John D., Tipler, Frank, J., 1988: *The Anthropic Cosmological Principle*, Oxford Univ. Press, 1-706.

[Collin-Souffrin 1993] Collin-Souffrin, Suzy, 1993: Observations and Their Implications for the Inner Parsec of AGN, Lecture Notes in Physics **413**, 97-152.

[Epelbaum et al. 2013] Epelbaum, Evgeny, Krebs, Hermann, Lähde, Timo A., Lee, Dean, Meißner, Ulf-G., 2013: Viability of Carbon-Based Life as a Function of the Light Quark Mass, Phys. Rev. Lett. 110, 112502, 5 pp.

[Gillessen et al. 2009] Gillessen, S., Eisenhauer, Frank, Fritz, T.K., Bartko, H., Dodds-Eden, K., Pfuhl, O., Ott, T., Genzel, R., 2009: The orbit of the star S2 around Sgr A* from Very Large Telescope and Keck data, *Astrophys. J.* **707**, L114-L117.

[Kundt 1979] Kundt, Wolfgang, 1979: A Model for Galactic Centers, *Astrophys. and Space Science* **62**, 335-345.

[Kundt 1990] Kundt, Wolfgang, 1990: The Galactic Centre, Astrophysics and Space Science **172**, 109-134.

[Kundt 1996] Kundt, Wolfgang, 1996: *Jets from Stars and Galactic Nuclei*, Lecture Notes in Physics **471**, 1-18.

[Kundt 1997] Kundt, Wolfgang, 1997: Structure of the Galactic Halo and Disk, in: *The Physics of Galactic Halos*, eds. H. Lesch, R.-J. Dettmar, U. Mebold, & R. Schlickeiser, Akademie Verlag, Berlin 1997, 255-259.

[Kundt 2005] Kundt, Wolfgang, 2005: *Astrophysics, A new Approach*, Springer, 1-223.

[Kundt 2009b] Kundt, Wolfgang, 2009b: Jürgen Ehlers, and the fate of the Black-Hole Spacetimes, *General Relativity and Gravitation* **41**, Nr.9, 1967-1980.

[Kundt 2011b] Kundt, Wolfgang, 2011b: Black Holes cannot Blow Jets, *XIVth Brazilian School of Cosmology and Gravitation*, eds. M. Novello & S.E.P. Bergliaffa, Cambridge Scientific Publishers, 109-118.

[Kundt 2013] Kundt, Wolfgang, 2013: Our Galactic Center - the nearest Burning Disk, Vulcano Workshop 2012, Chairmen F. Giovannelli & G. Mannochi, ACTA POLYTECHNICA 53, Supplement 2013, pp. 506-512.

[Kundt 2015] Kundt, Wolfgang, 2015: A brief Observational History of the Black-Hole Spacetimes, Advances in Mathematical Physics vol. 2015, Article ID 617128, 2015, doi:10.1155/2015/617128.

[Kundt 2016] Kundt, Wolfgang, 2016: Fashions in Astrophysics – a Warning, Mondello Workshop 2016, PoS(FRAPWS2016)012, 1-14 (2017).

[Kundt 2017] Kundt, Wolfgang, 2017: Sgr A*, the best-sampled of all AGN, Talk presented at Mondello on 15 June 2017, PoS(MULTIF17)050, 1-12 (2017).

[Kundt 2018] Kundt, Wolfgang, 2018: Gravitational Astrophysics, Mondello Workshop 2018, PoS(MULTIF18)016, 1-6 (2018).

[Kundt 2019] Kundt, Wolfgang, 2019: Astrophysics without Black Holes, and without Extragalactic GRBs. Or: What have we learned from all our recent observations, including the G-W Receptions, FRBs, and the EHT-Map? Do they fit into a consistent Scenario? Mondello Workshop 2019, PoS(MULTIF2019)021, 1-14 (2019).

[Kundt 2020] Kundt, Wolfgang, 2020: Ordered Motions in the Universe. viXra:2006.0270.

[Kundt & Müller 1987] Kundt, Wolfgang, Müller, Peter, 1987: Stockert's Chimney – a Galactic Fountain, *Astrophys. Space Science* **136**, 281-287.

[Sofue et al. 1999] Sofue, Yoshiaki, et al. (7 authors), 1999, Central rotation curves of spiral galaxies, *Astrophys. J.* **523**, 136-146.

[Sofue & Vogler 2001] Sofue, Yoshiaki, Vogler, A., 2001: Bipolar hypershell models of the extended hot interstellar medium in spiral galaxies, Astron. Astrophys. **370**, 53-64.

[Su et al. 2010] Su, M., Slatyer, T.R., Finkbeiner, D.P, 2010: Giant Gamma-ray Bubbles from Fermi-LAT: AGN activity or Bipolar Galactic Wind?, *Astrophys. J.* **724**, 1044-1082.

[Tammann 1987] Tammann, Gustav A., 1987: The value of the Hubble constant, in: 13th Texas Symposium on RELARTIVISTIC ASTROPHYSICS, Editor Melville P. Ulmer, Chicago 1986, World Scientific 1987, pp. 8-14.

[Tsuru 2013] Tsuru, Takeshi Go, 2013: X-ray history of Sgr A*, contribution to Frascati Workshop, at Palermo.

7. DIE ASTROPHYSIKALISCHEN JETS

Das siebte Kapitel bildet einen gewissen Höhepunkt dieses Buches, einerseits im Aufzeigen dessen, was Maschinen der anorganischen Umwelt alles zu leisten vermögen, andererseits im Erkennen dessen, was sorfältige Beobachtungskampagnen bereits herausgefunden haben, nach kaum 50 Jahren gründlicher internationaler Himmelsdurchmusterung. Es geht um Maschinen, die über Jahrtausende oder sogar Hunderte von Jahrmillionen hinweg scharf gebündelte ($\lesssim 1°$) Strahlen hochrelativistischer Teilchen erzeugen und aufrechterhalten, wahrscheinlich Elektronen und Positronen mit typischen Lorentzfaktoren $\gamma \lesssim 10^4$, in zwei antipodischen Richtungen, Strahlen, die sich fast nie aufspalten und deren Längen zwischen 10^{16} cm und 10^{25} cm variieren, je nach Art der Quelle, und deren äußerste Enden (‚Köpfe') sogar Elektronen beider Ladungsvorzeichen mit Lorentzfaktoren bis hinauf zu $\gtrsim 10^9$ abblasen. Es versteht sich fast von selbst, dass es sich bei diesen subtilen Maschinen nicht um Schwarze Löcher handeln kann; Letztere arbeiten auf Zeitskalen von $\lesssim$ Stunden und zerstören jede Form von Ordnung, statt Ordnung zu erzeugen.

Im ersten Abschnitt werden wir uns vertraut machen mit den vier Klassen astrophysikalischer *Jet-Quellen* oder *‚bipolarer Flüsse'*, nämlich: **1)** *neugeborene Sterne* aller Massen, beginnend mit ‚braunen Zwergen' und endend mit Sternen am oberen Ende der uns bekannten Massenverteilung, **2)** kontrahierende, Elektron-entartete Sterne, auf dem Weg zu *Weißen Zwergen* und umgeben von ‚Planetarischen Nebeln', **3)** binäre Neutronensterne aller Gewichtsklassen, d.h. mit leichter oder schwerer Akkretionsscheibe, Letztere oft als Schwarzloch-Kandidaten verdächtigt, und **4)** die (mehr oder weniger) massereichen Zentren der Galaxien, auch *UMOs* (= ‚Unresolved Massive Objects') genannt, oft auch als SMSL verdächtigt. Während die ersten drei Teilklassen bekannt sind als schnell rotierende Magnete, deren transient blockierte, korotierende Magnetosphären u.a. das unentbehrliche (relativistische) $e^{\pm}$-*Paarplasma* erzeugen, durch das ihre *Kanäle* und Auffangkeulen (*Kokons, lobes*) gefüllt und aufgeblasen werden, sieht man den UMOs diese Eigenschaft nicht auf den ersten Blick an. Es ist jedoch in zunehmendem Maße erkannt worden, dass die innersten Bereiche der galaktischen Scheiben stärker magnetisiert sind als ihre Außenbereiche, auch dürften sie viel schneller und stärker differenziell rotieren als die Außenzonen, sodass ihre Halos gleichfalls *rotierende Magnete* darstellen, (im

Gegensatz zu Schwarzen Löchern, oder nackten Singularitäten). Obige vier Jet-Klassen sind also recht ähnlich ausgestattet, und es verwundert nicht, dass sie – bei geeigneter Beobachtungstechnik – so zahlreich und universell am Himmel aufgefunden worden sind. Allen scheint gemein zu sein, dass ihre Strahlen leicht *verbiegbar* und leicht *fokussierbar* sind, wegen ihres extrem geringen Gewichts, dass sie in zwei antipodischen *deLaval-Düsen* von Unterschall- auf Überschall-Geschwindigkeit beschleunigt werden, und dass sie ihre Kanäle trotz ihrer riesigen Geschwindigkeiten fast *verlustfrei* durchfliegen, als hochgradig geordnete, mono-energetische $\mathbf{E} \times \mathbf{B}$-Drifter.

Der zweite Abschnitt bemüht sich um die genaue Arbeitsweise der Jet-Maschinen, deren vielfach versuchte numerische Simulationen nie ganz befriedigend gelungen sind, wegen der hohen elektromagnetischen Strahlungsverluste beschleunigter relativistischer Elektronen: In Gestalt analytischer, *vollständiger Lösungsklassen* konnte gezeigt werden, dass sich die Strömungen unter geeigneten Randbedingungen mono-energetisch und stabil einstellen – als perfekte **E** x **B**-Drift aller $e^{\pm}$ – wobei die ihren Kanal durchfliegenden Ladungen sich ihre Energie mit den sie führenden elektrischen und magnetischen Feldern in strenger *Äquipartition* teilen. Solche ‚Driften' sind verlustfrei, abgesehen von inverser Compton-Streuung an von außen die Strahlen durchfliegenden Hintergrunds-Photonen. Nur auf diese Weise wird verständlich, dass bisweilen noch nach Millionen durchflogener Lichtjahre, mit Schwerpunkts-Lorentzfaktoren $\gamma \lesssim 10^4$, beim Aufprall auf ein Hindernis im Kopf der Strahlen Ladungen mit Lorentzfaktoren $\lesssim 10^9$ entstehen, ganz ohne magische ‚In-situ'-Nachbeschleunigungen, die den 2. Hauptsatz der Thermodynamik drastisch verletzen würden. Und diese Erwartungen gelten gleichermaßen, und sind gleichermaßen immer wieder beobachtet worden, für die allergrößten der ‚Quasare', in den Zentren der großen, ‚aktiven' Galaxien, wie für deren Miniatur-Analoga, die ‚*Mikro-Quasare*', bei $\gtrsim$millionenfach schwächerer Leistung, stammend aus einer der drei stellaren Jet-Klassen. Dabei entstehen verschiedene *Phänotypen* (A, B) je nachdem, ob sich die Köpfe der Strahlen mit Überschall- oder aber, später in ihrer Existenz, mit Unterschall-Geschwindigkeit in ihre Umgebungen hineinrammen.

Im dritten Abschnitt dieses Kapitels kommen wir dann erneut auf die bereits in 3.3 behandelte Jet-Quelle *SS 433* zu sprechen, gespeist von einem jungen binären Neutronenstern innerhalb des 10^4-jährigen SNRs W 50, als einer der bestuntersuchten und zugleich kontroversesten Quellen in unserer Milchstraße. Ihr folgen in Abschnitt vier die leuchtkräftigen extragalatischen Jet-Quellen *3C 273*, Cyg A, Cen A, M 87 und der Zwillings-Jet in unserer eigenen Milchstraße sowie die oft sehr auffällig gestalteten *Pulsarnebel* und *Planetarischen Nebel*. Jede dieser sorgfältig untersuchten Jet-Quellen überrascht mit eigenen Besonderheiten, allein schon durch ihr unterschiedliches Alter und durch die unterschiedlichen Medien, in die hinein die Strahlen ihre Kanäle gerammt haben.

Schließlich, im fünften Abschnitt, versuchen wir, eine der heftigsten und längsten internationalen Kontroversen aufzuklären, bei der es um Entfernungsunsicherheiten geht, die sich aus ‚*anomalen*' spektralen *Rotverschiebungen* ergeben: Warum sind viele nahe Galaxien assoziiert mit scheinbar viel ferneren, stark rotverschobenen Objekten? Sind unsere Entfernungs-Messmethoden unzuverlässig? Diese berechtigte Frage hat oft zu ernsthaften Auseinandersetzungen zwischen namhaften Wissenschaftlern geführt und mag damit zusammenhängen, dass Rotverschiebungen primär (nur) Geschwindigkeitsunterschiede aufzeigen, nicht notwendig Entfernungen. Wir meinen, dass hierbei ein Verkennen von Jet-Quellen mitgespielt hat, das auftritt, wenn Beobachtungen durch *Lichtechos* erschwert werden: Rotverschiebungen treten viel häufiger auf als Blauverschiebungen, obwohl sie energetisch weit schwächer sind, und dies sogar in uns nahen Galaxien.

7.1 Die vier Klassen astrophysikalischer Jets oder ‚bipolarer Flüsse‘

Was verstehen die Astrophysiker unter ‚Jets‘, oder ‚bipolaren Flüssen‘? Es sind dies längliche Gebilde am Himmel, im Extremfall 1:100 schlank, entdeckt auf Fotoplatten in sichtbarem Licht (zuerst 1910 in der Galaxie M 87, Jahrzehnte später beim QSO 3C 273), sodann auch auf Radiodurchmusterungen des Himmels, und wiederum Jahre später in Sternbildungsgebieten, bei nahezu allen Frequenzen. Ihre zentralen Punktquellen sind schnell rotierende Sterne oder aber die Zentren galaktischer Scheiben, in jedem Falle schnell *rotierende*, stark *magnetisierte schwere* Massen, die sich an der sie umgebenden Akkretionsscheibe reiben und dabei (relativistisch schnelles) *Paarplasma* erzeugen, das anschließend durch niederfrequente Wellen auf Überschallgeschwindigkeit nachbeschleunigt wird und enge, antipodische Zwillingskanäle senkrecht zur Scheibe rammt. Dies jedenfalls besagt unser Modell, das wir cum grano salis seit 1980 vertreten.

Stattdessen spricht die Lehrmeinung zwar von einer ‚*Unified Engine*‘ bei den Jet-Quellen, ersetzt jedoch bei den aktiven Galaxien den rotierenden Magneten durch ein rotierendes ‚Schwarzes Loch‘, eine Modellannahme, die gar nicht hinreichend detailliert wird und die wir als unhaltbar betrachten [Kundt 1996, 2011]: Schwarze Löcher schlucken nur, sie spucken nicht.

Mathematisch präziser läßt sich unser Jet-Modell zurückführen auf die Einsicht, daß sich alle vier Quellsorten zurückführen lassen auf schnell rotierende (zentrale) Scheiben - nämlich auf 1) die galaktischen Zentralscheiben, oder aber 2) die aus ihnen später hervorgehenden stellaren Scheiben, oder 3) deren wiederum übrigbleibenden planetaren Scheiben, und 4) nochmals später übrigbleibenden lunaren Scheiben, die sich alle vier nacheinander bei der Sternbildung in Galaxien bilden. Im Sommer 2021 hat Dennis Braun zeigen können, daß ihre jeweiligen zentralen Magnetfelder dominant ins Zentrum hinein spiralieren derart, daß durch Plasma-Reibung der hineinfallenden Substanz große Mengen an Paarplasma entstehen.

In diesem ersten Abschnitt stellen wir die vier Klassen der Jet-Quellen vor, geordnet nach der Leistung ihrer zentralen Maschine, 1) (sehr junger) *Stern* (*YSO*), 2) (sich bildender, binärer) *Weißer Zwerg*,. 3) (scheibenumringter) *Neutronenstern*, und 4) *Aktiver Galaktischer Kern* (AGN).

Himmelskataloge lassen seit den 1960-er Jahren in zunehmendem Maße Jet-Quellen erkennen, gegenwärtig dürften es Tausende sein, zuerst bei Radiofrequenzen, dann im Optischen, bei Röntgen- und neuerdings auch bei Gammaenergien, sogar bis hinauf zu TeV- oder gar PeV-Energien: langgestreckte Gebilde, meist im Verhältnis 5 : 1 von Länge zu Breite, oft aber auch schlank im Verhältnis 10^2:1 und gewunden, oft unterbrochen von hellen (gefüllten) ‚*Knoten*‘, (hohlen) ‚*Hotspots*‘ und/oder ‚*Köpfen*‘, mit Gesamtlängen zwischen $\lesssim 10^{16}$ cm und $\lesssim$ 3 Mpc (= 10^{25} cm). Handelt es sich bei diesen manchmal sich sehr ähnelnden, oft aber auch sehr unterschiedlich aussehenden Himmelsgebilden stets um das gleiche Phänomen – entfernt vergleichbar den verschiedenen Formen des biologischen Blutkreislaufs in allen höheren Tieren – oder aber um eine Vielzahl verschiedener Phänomene, mit unterschiedlichen Erzeugungsmechanismen, die lediglich auf unseren Ablichtungen ähnlich aussehen? Eine kleine Auswahl eindrucksvoller Jet-Quellen sind in Abb. 7.1.1 zu finden.

Wir vertreten den ersteren Standpunkt: nämlich dass es sich bei dem Jet-Phänomen um einen automatischen Vorgang in der unbelebten Umwelt handelt, der schwerlich auf mehr als *eine* Weise zu realisieren ist (wenn überhaupt!), der komplizierte Maschinen erfordert zu seinem (unprogrammierten) Ablauf und der erstaunlicherweise auf extrem unterschiedlichen Längen- und Zeitskalen im Kosmos stabil funktioniert. Schließlich werden dabei in Extremfällen geladene Leptonen mit Lorentzfaktoren (am Ziel) bis

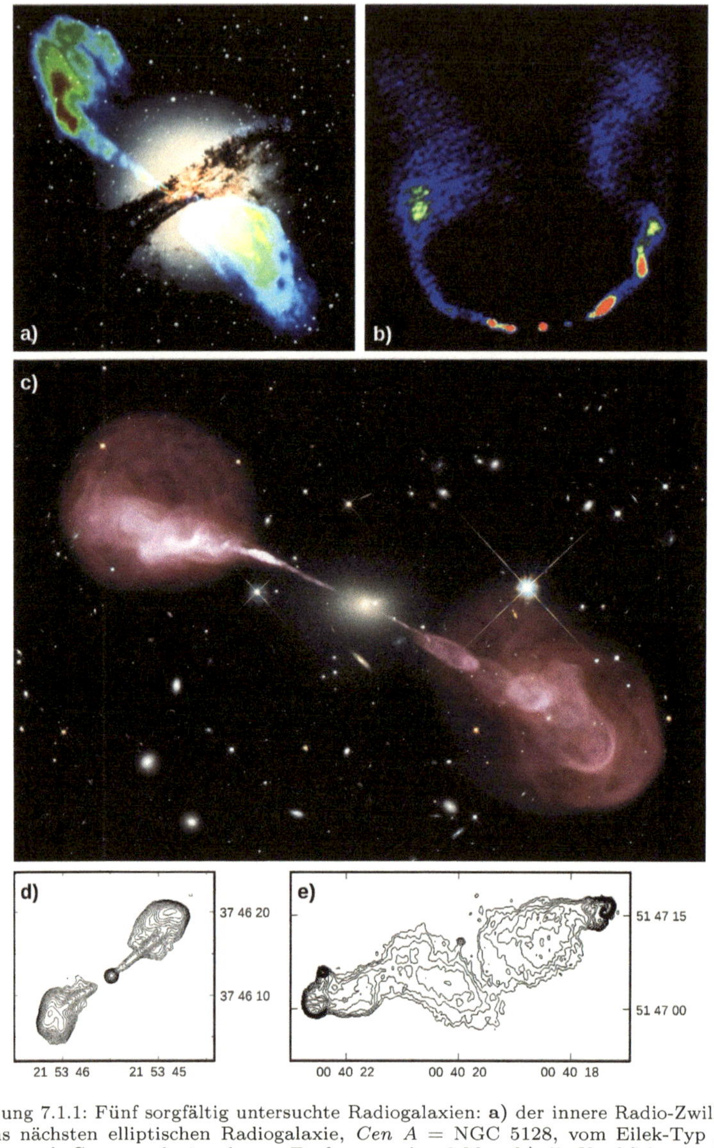

Abbildung 7.1.1: Fünf sorgfältig untersuchte Radiogalaxien: **a)** der innere Radio-Zwillingsjet der uns nächsten elliptischen Radiogalaxie, *Cen A* = NGC 5128, vom Eilek-Typ A, seit 2011 sogar als Gammagalaxie erkannt, Entfernung: d = 3 Mpc; **b)** die Kopf-Schwanz-Galaxie NGC 1265 im Perseus Haufen, vom Eilek-Typ B, U-förmig verbogen, d = 72,7 Mpc; **c)** die strukturreiche Radiogalaxie Her A, vom Typ A, d = 0,7 Gpc; **d)** 3C 438, eine ‚normale', gestreckte Radiogalaxie vom Typ A, d $\approx$ Gpc, z = 0,29; **e)** 3C 20, eine stark verbogene Radiogalaxie vom Typ A, d $\lesssim$ Gpc, z = 0,174.

hinauf zu 10^6 nahezu verlustfrei transportiert, besser: ‚geschossen', gelegentlich über Entfernungen von mehreren Millionen Lichtjahren hinweg, gebündelt auf $\lesssim 1°$ im Öffnungswinkel, und anschließend wieder in die Weiten des Weltraumes zerstiebt, als mit

Überschallgeschwindigkeit expandierende, zigarrenförmige *Kokons* (Blasen, lobes). Wir beobachten langlebige, *selbstgesteuerte, kosmische Hochenergiegebläse.* Gemeinsam ist ihnen allen ein rotierender *schwerer Magnet* als *zentrale Maschine* – ein Stern, umringt von einer Plasmascheibe, oder auch die zentrale Scheibe einer Galaxie – in deren blitzschnell verbogenen, durch Diffusion miteinander verzahnten und anschließend sogleich wieder rekombinierenden magnetischen Außenfeldern hochenergetische Elektronen und Positronen erzeugt werden, *relativistisches Paarplasma*, dessen Teilchen ($e^{\pm}$) gemeinschaftlich durch Auftrieb und die niederfrequente starke Welle des Magneten nachbeschleunigt und spektral eingeengt werden, nahe seiner Spinachse, dabei zugleich räumlich fokussiert werden durch (träges) Umgebungsplasma und mit Überschallgeschwindigkeit als ‚Zwillingsjet' abgeblasen werden. Die so entstehenden *Strahlen* rammen sich Vakuumkanäle, worin Elektronen und Positronen in mitgeführten, staudruckgleichen elektromagnetischen Feldern strahlungsfrei **E** x **B**-driften, s. Abb. 7.1.2.

Diese Kurzbeschreibung (der kosmischen Jet-Quellen) mag klingen wie die technische Zusammenfassung der Arbeitsweise einer modernen Hochleistungsmaschine, und ist auch in etwa so gemeint; Jim Kemp sprach in diesem Zusammenhang von ‚*magnetischem Peitschen*' (magnetic spanking). Andere treffende Beschreibungen sind ‚*magnetische Katapulte*', oder auch ‚*magnetische Kippschwingungen*', basierend auf *Haft-Gleit-Kopplung* zwischen rotierender Magnetosphäre und gekippt rotierender Scheibe. Diese Vorstellung vom Arbeitsschema bildete sich weitgehend während der Jahre 1980 bis 2004 heraus, in Zusammenarbeit mit unserem indischen Kollegen Gopal Krishna, wurde auf mehreren internationalen Konferenzen stürmisch diskutiert und an Dutzenden gründlich vermessener Quellen quantitativ nachvollzogen. Alle genannten Voraussetzungen sind notwendig: das *Gravitationsfeld* der zentralen Maschine, ihre korotierende *Magnetosphäre*, die sich von außen her in die Magnetosphäre einschneidende *Akkretionsscheibe* (bei den stellaren Quellen), die verscherten Koronen der zentralen Scheiben (bei den galaktischen Quellen), die (aus der Pulsarphysik vertraute) nachbeschleunigende *starke magnetische Welle*, das (bereits auf der Sonne beobachtete) extrem leichte *relativistische* $e^{\pm}$*-Paarplasma*: $10^{8,3}/T_4$-mal leichter als thermischer Wasserstoff (im Druckgleichgewicht bei $T = 10^4$ K),

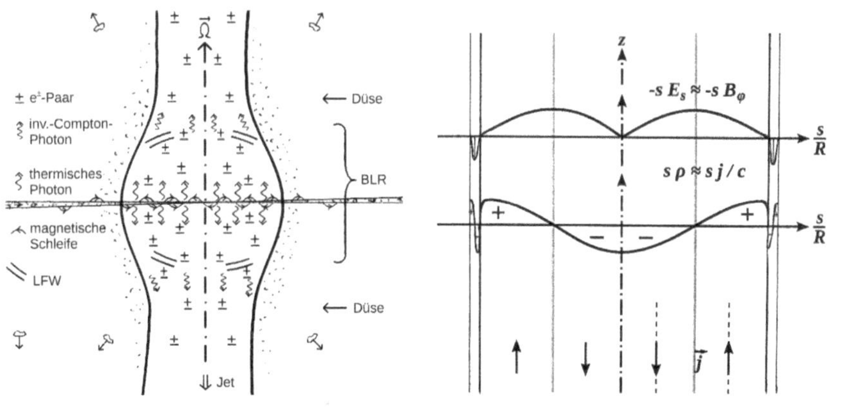

Abbildung 7.1.2: Schematische Skizzen unseres *analytischen Modells* der **a)** Entstehung, **b)** Ausbreitung eines *Zwillingsjets*, der sich mit Überschallgeschwindigkeit einen Kanal ins umgebende Medium hineinrammt, FFnach [Kundt & Krishna 2004]. Bei der Ausbreitung **b)** wurde nur Zylindersymmetrie (statt Kegelsymmetrie) angenommen, und nur eine einzige Fourierkomponente (in den Querschnittsflächen) abgebildet, statt der allgemeinen – analytischen – Lösung, als unendlicher Fourierreihe. Dafür wird aber Allgemeingültigkeit und Stabilität behauptet - fuer die positiv geladene Komponente aussen -, was den numerischen Experimenten nicht geglückt ist.

die nur auf derart leichtes Plasma wirksame, fokussierende thermische *deLaval-Düse* (der Ausdehnung $\gtrsim 10^{14}$ cm, vgl. HH 34), und der streckenweise quasi strahlungsfreie, *monoenergetische* Teilchentransport im Strahl als elektrisch neutrale, *stabile*, *zylinderförmige* $E \times B$-*Drift* in mitgeführten toroidalen Magnetfeldern im Verein mit speichenförmigen elektrischen Hall-Feldern, bei verschwindendem elektrischem Gesamtstrom [Kundt 1996, 2005, 2011, 2015]. Meistens befinden sich die Jets in Quasi-Vakuum; jedoch in den Zentren der Quasare kann der Außendruck anfangs auch hochgradig dominant sein.

Wir haben dabei gefunden, daß sich die quasi-stationären, nackten Jets - dicht hinter ihren erzeugenden deLaval Düsen - in Zylinderkoordinaten {r,φ,z} beschreiben lassen durch das folgende algebraische Gleichungs-System:

$$E_s = B_\Phi = C \sin(\pi s/R)/s, \; B_z = const$$

$$\rho = j_z/c = (\pi C/R) \cos(\pi s/R)/s$$

für ihre Fourier-Komponenten niedrigster Ordnung. Dabei führen die relativistischen Elektronen und Positronen in den in ihnen verankerten elektrischen Feldern $\vec{E}$ und magnetischen Feldern $\vec{B}$ verlustfreie $\vec{E} \times \vec{B}$-Driften entlang ihren Strahlen aus:
$\vec{\beta} = \vec{E} \times \vec{B} / B^2$, mit Ladungsdichte ρ und Stromdichte $\vec{j} = \rho \vec{\beta}$,
$\rho = j_z/c = (\pi c/R) \cos(\pi s/R)/s$, und es gilt;

$$n_e \gamma m_e c^2 \approx L/Ac \approx \left(E^2 + B^2\right)/8\pi \approx B^2/4\pi$$

für eine Paarplasma-Anzahldichte n_e. Man beachte, daß diese Feldstärken (großen) konvektierten elektrischen Potenzialen $\mathbf{\Phi}$ entsprechen, gegeben durch:

$$e\Phi \approx e\sqrt{\pi L/c} = 10^{19,5} eV \sqrt{L_{44}}$$

In realistischen Quellen wird die soeben skizzierte, mehrkomponentige Geometrie vielfach durch Zusammenstöße mit Hindernissen aus der Umgebung gestört, durch kosmische Winde verbogen und durch Nachbarquellen unübersichtlich gemacht, was dann die Rekonstruktion ihres Wirkens erschwert. Immerhin sind die folgenden, gemeinsamen Eigenschaften fast immer zu erkennen: 1) Die *zentralen Maschinen* der bipolaren Flüsse strahlen meist *variabel und breitbandig*, im Mittel 10^2-fach stärker als ihre Kokons, entsprechend einer typischen Strahl-Erzeugungs-*Effektivität* von 1 %. 2) Die Jets selbst sind *schlank*, vom Öffnungswinkel $\lesssim 1°$, verzweigen sich fast nie und zeigen oft *Einseitigkeit* sowie häufig scheinbare *Überlichtgeschwindigkeit* (des auf uns zukommenden Strahls) infolge relativistisch erhöhter Strahlung in Vorwärtsrichtung sowie infolge sich relativistisch verkürzender Signalwege. 3) Die Jets sind gewöhnlich enthalten in *zigarrenförmigen Kokons*, vom ungefähren Längenverhältnis 5:1. Diese drei Eigenschaften unterstreichen die *Einheitlichkeit* des Jet-Phänomens.

Und die vier verschiedenen Klassen der *Familie* der *Bipolaren Flüsse*, oder Jet-Quellen? Sie unterscheiden sich durch ihre zentralen Maschinen, s. Abb. 7.1.3: Es sind dies 1) (alle?) neugeborenen Sterne (Young Stellar Objects, *YSO*s), 2) sich bildende Weiße Zwerge (in Planetarischen Nebeln, *PN*n), 3) *Neutronensterne* mit Akkretionsscheiben, sowie 4) die Zentren der radiolauten Galaxien (Aktiven Galaktischen Kerne, *AGK*e, in etwa 10 % aller Galaxien). Alle vier Klassen besitzen schwere, rotierende Magnete, die zur Paarerzeugung und zur Emission starker, niederfrequenter Wellen fähig sind, welche die relativistischen $e^\pm$-Paare erzeugen und nachbeschleunigen, wobei die Klasse 1) verhältnismäßig kurzlebig ist, von der (masseabhängigen) Dauer des Prä-T-Tauri-Stadiums, $\gtrsim 10^4$ Jahre, währenddessen die Rotationsgeschwindigkeit und koronale Magnetfeldstärke des jungen Sterns unter den kritischen Pegel (für Paarerzeugung) sinken. Limitierend bei Klasse 4) ist die häufige In-situ-Degradation der relativistischen $e^\pm$-Paare, hauptsächlich durch inelastische Stöße an dem zentralen Photonenbad: Die neu-erzeugten $e^\pm$-Paare

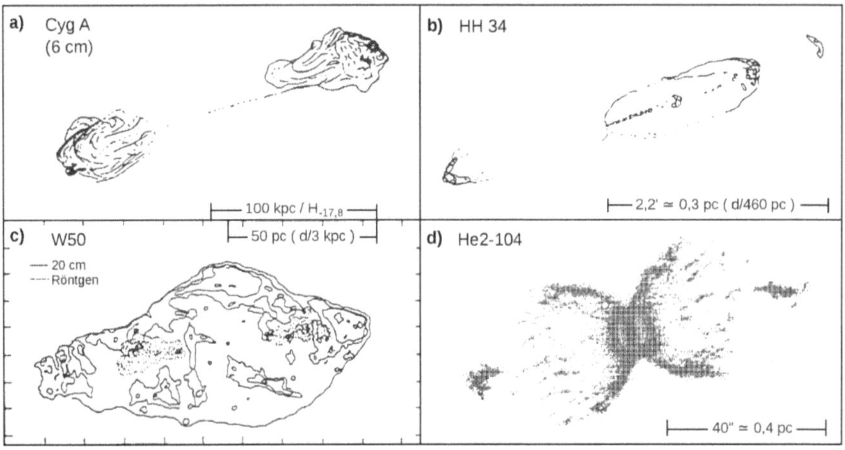

Abbildung 7.1.3: Vertreter der *vier Klassen* verschiedener *astrophysikalischer Jets*, oder *bipolarer Flüsse*, entsprechend den vier verschiedenen ,zentralen Maschinen', **a)** supermassives, galaktisches Zentrum, **b)** junger Stern (YSO), **c)** binärer Neutronenstern und **d)** binärer, schrumpfender (Weisser) Zwergstern, als Zentralstern eines Planetarischen Nebels (PN); übernommen aus [Kundt 2005]. Wir sollten betonen, dass die vollständige Jet-Quelle HH 34 (in **d)**) inzwischen als bedeutend längerer „Superjet" nachgewiesen worden ist, mit mehreren sog. ,Köpfen' hintereinander, die Köpfe jeweils herrührend vom Durchsetzen einer dichten Materieschicht, (nicht von einem Neustart); [Reipurth et al 2002]. Ein größerer Teil von HH 34 ist in Abb. 7.1.4 zu sehen.

müssen schnell genug entweichen können, in ihre Jet-Kanäle, um nicht dabei ihre starken Impulse gleich wieder zu verlieren. Oft hält das aktive Jet-Stadium über 10^8 Jahre lang an, in den gigantischen Radiogalaxien mit Mpc-langen Jets, aber selbst bei ihnen wohl nicht lebenslänglich. Die Jet-Stadien wechseln sich wahrscheinlich mit jetlosen Stadien ab, während deren neues Brennmaterial aus der galaktischen Scheibe nachgeliefert wird. Galaxienkerne sind bekanntlich starke und schnell veränderliche Quellen.

Jetzt haben wir noch zwei oft diskutierte Klassen von Jet-Quellen unerwähnt gelassen: diejenige mit einem Schwarzen Loch (*SL*) oder sogar mit einem SuperMassiven SL (*SMSL*) als zentraler Maschine. Für uns sind diese Klassen leer, weil wir noch kein einziges SL oder SMSL am Himmel entdeckt haben; alle vorgeschlagenen Kandidaten sind viel zu heiß und/oder hell und/oder viel zu variabel dafür [Kundt 2008, 2011]. Auch erfüllen SLer keine der oben aufgeführten notwendigen Bedingungen zur Strahl-Erzeugung; sie schlucken nur. Ferner gibt es ausreichend viele *Hürden* gegen ihre Bildung: *Druckkräfte*, *Fliehkräfte*, und *nukleares Brennen*. Insbesondere sind die Kernscheiben der Galaxien - die BDs - stabil gegen Kollaps für $M < 10^{10,5}\ M_\odot$, vgl. Abb. 6.2.4. Schließlich gibt es wenig beachtete, gegenwartsnahe Forschungsarbeiten, die nachweisen, dass die Bildung Schwarzer Löcher viel unwahrscheinlicher ist als diejenige von *Nackten Singularitäten* [Joshi 2009, Quevedo 2011, Joshi & Malafarina 2013]; aber auch deren Bildung dürfte bislang durch die gerade aufgezählten Hürden verhindert worden sein.

Bei der Suche nach Jet-Quellen in Sternentstehungsgebieten fallen einem immer wieder einmal bugschockartige Gasströmungen auf, die dem *Kopf* einer *Jet-Quelle* ähneln, s. Abb. 7.1.4, doch hier kann man sich leicht täuschen. *Bugschocks* findet man auch vor *schnellbewegten*, massereichen *Sternen*, auch vor *Pulsaren*, die durch galaktische Wolken driften. Sobald man im ungefähren Brennpunkt des Bugschocks den verantwortlichen Stern identifiziert hat, ist eine Verwechslung mit einer Jet-Quelle quasi ausgeschlossen. Jedoch wie entstand der gigantische Schweif (oder ,Streamer') HH 222 nordöstlich der viel untersuchten (stellaren Super-) YSO-Quelle HH 34 mit ihren mehrfachen, hintereinander

Abbildung 7.1.4: *HH 222* steht in Projektion am Himmel ziemlich nahe bei der stellaren Jet-Quelle HH 34, HH := *Herbig-Haro-Objekt* = kompaktes Emissionsgebiet geringer Dichte, das zahlreich in Sternbildungswolken auftritt, häufig als lokales Hindernis eines stellaren Jets oder sogar als wesentlicher Teil einer Jet-Quelle. HH 222 ist Bugschock einer anderen, starken, uns näheren Jet-Quelle (als HH 34), nämlich V 380, ähnelt aber HH 203 und HH 204 (am Südost-Rand der Sternbildungswolke Orion A, Abb. 5.1.2), die wir als Auswürfe einer Supernova vor nur wenigen Jahrhunderten deuten. Übernommen als ESO-Bild 1999; s. auch [Allen & Davis 2008 Abb. 1] und [Bally et al 2000]

aufgereihten Köpfen [Reipurth et al 2002, Allen & Davis 2008, Abb. 1], und wie die ähnlich eindrucksvollen HH 203+204 am Südostrand des Orion-Nebels [Bally et al 2000]? Bo Reipurth half uns bei der Suche: HH 222 ist Bugschock der starken YSO-Quelle V380 in dem Teilwölkchen L1641 der (gesamten) Orion-Wolke, während HH 203+204 sich mit etwas gutem Willen bis zum Becklin-Neugebauer & Kleinmann-Low'schen IR-Komplex verfolgen lässt, in dem Kundt & Yar [1997] eine der jüngsten SN-Explosionen unserer Milchstraße vorgeschlagen haben, vgl. 5.1. Können (große) Splitter einer Supernova ebenfalls bugschockartige Strukturen an den Himmel zaubern, in hinreichend gasdichten Gebieten? Die Bugschocks HH 203+204 im Orion erinnern an Bernd Aschenbachs äußere Bugschocks des Vela-SN-Restes [Aschenbach et al 1995], vgl. Abb. 5.1.2.

7.2 Arbeitsweise der ‚zentralen Maschinen' und Funktionieren der Jets

Die astrophysikalischen Jet-Quellen sind die kompliziertesten Maschinen, so meinen wir, mit denen das unbelebte, *anorganische* Universum aufwartet, ohne Baupläne und/oder Konstrukteure. Sie funktionieren über mehr als neun Größenordnungen hinweg in ihrer Länge, zwischen 10^{16} cm und 10^{25} cm, wie *gigantische Kanonen*, die ihre bis zu PeV-harten Geschosse mit Prozentgenauigkeit und nahezu verlustfrei ins kosmisch ferne Ziel senden. Wie schaffen sie das?

In diesem Abschnitt beschreiben wir unser Verständnis der *Mechanismen*, nach welchen die diversen zentralen Maschinen ihr Jet-Plasma erzeugen, auf Überschallgeschwindigkeit nachbeschleunigen, fokussieren und zu geordneter, verlustfreier Bewegung zwingen, als E × B-driftende, *monoenergetische, elektrisch neutrale Strahlen*, die ihre dünnen, von früheren Pioniergenerationen gerammten Vakuumkanäle fast widerstandsfrei durchfliegen. So lange, bis sie auf ein schweres Hindernis aufprallen und quasi reflektiert werden, im Überschallfall jedenfalls, vom Eilek-Typ A. Bei dieser Reflektion (am Kopf) wechselt ihre Energieverteilung von monoenergetisch nach (nahezu) *logarithmisch gleichverteilt* über. Alte und/oder schwache Jets enden hingegen ohne terminierenden Kopf, durch Auseinanderlaufen, als Eilek-Typ B.

Soeben haben wir uns mit der Familie der kosmischen Jet-Quellen kursorisch vertraut gemacht, ohne genauere Begründungen oder Abschätzungen mitgeliefert zu haben, und ungeachtet einer Vielzahl anderslautender Behauptungen in der ausführlichen Literatur, die zum Großteil auf numerischen Simulationen basieren. Die von uns geschilderte Arbeitsweise der zentralen Maschinen der Jets lässt sich gar nicht leicht simulieren, weder per Computer noch im Labor, weil sie relativistisch schnelle Prozesse erfordert, vor allem die Erzeugung von Paarplasma in zerfallenden Magnetfeldern, sowie großräumige magnetische Nachbeschleunigungen, die sich nur in astronomisch-großen Gebieten realisieren lassen. In diesem Abschnitt soll versucht werden, die einzelnen, vorgeschlagenen Schritte der Strahlerzeugung, Propagation und Terminierung ein wenig zwingender und plausibler wiederzugeben [Kundt & Krishna 2004, Kundt 1998a, 2005, 2012].

Kein Jet ohne ein Medium, das in ihm strömt. Das Medium der astrophysikalischen Jets, so meinen wir, ist durchweg das leichteste Medium, das es im Weltall gibt: relativistisches $e^{\pm}$-Plasma. Im Druckgleichgewicht mit thermischem Wasserstoff der Temperatur T ist relativistisches Paarplasma $2\,\beta_H^2 = 10^{-8,3}T_4$-mal leichter, ergibt eine einzeilige Rechnung, worin $\beta_H := v_H/c$ die mittlere thermische Geschwindigkeit des Wasserstoffs v_H bei der Temperatur T angibt, in Einheiten der Lichtgeschwindigkeit c. Z.B. würde eine (Röntgen-leuchtende) Temperatur des Wasserstoffs (von 10^7 K) nur noch ein Dichteverhältnis von $10^{-5,3}$ ergeben, das aber immer noch weit kleiner ist als das uns vertraute Dichteverhältnis (10^{-3}) von Luft zu Wasser. (Erst für relativistischen Wasserstoff würde obiges Dichteverhältnis gegen eins streben). Paarplasma ist also nahezu gewichtslos, lässt sich daher extrem leicht fokussieren, in enge Kanäle zwängen, die sich fast nie verzweigen. Außerdem lässt sich $e^{\pm}$-Paarplasma im Vakuum erzeugen, sozusagen aus dem Nichts, durch zerfallende starke Magnetfelder: Unsere Sonnenoberfläche macht es uns vor, trotz ihrer verhältnismäßig schwachen Oberflächen-Magnetfelder und langsamen Rotation (der Periode 27,3±0,5 Tage). Weit stärkere Signale der Paarvernichtung (oder ‚Rekombination') sind empfangen worden von nahen Neutronensternen mit Jets, von Sgr A*, sowie aus anderen Gegenden der Milchstraße. Und Positronen sind auch zahlreich vertreten in den Kosmischen Strahlen: Paarplasma ist keine Seltenheit im Weltall.

Wie energiereich ist das in den Strahlen der bipolaren Flüsse strömende Paarplasma, d.h., wie groß sind seine Lorentzfaktoren γ? Hierfür kann uns Formel (5.2) einen Hinweis geben: Dort wurde für Neutronensterne eine Energie von $10^{20,5}$ eV $(\beta_\perp\ B)_{12}\ (\Delta x)_6$ gefunden, proportional zum Produkt aus Lorentzkraft $e\beta_\perp B$ und aktiver Wegstrecke

Δx. Weniger entartete Sterne haben weit schwächere Magnetfelder B und langsamere Umlaufgeschwindigkeiten β, dafür aber größere Radien und/oder Rekombinationsstrecken Δx sowie lichtnahe Rekombinationsgeschwindigkeiten $\beta \lesssim 1$, und sollten damit leicht auf magnetosphärische ‚Peitsch'-Energien zwischen 10^8 eV und 10^{12} eV kommen, entsprechend Lorentzfaktoren $\gamma \gtrsim 10^2$ für Elektronen. Und diese bereits extrem relativistischen Elektronen und Positronen werden dann von der auslaufenden magnetischen Welle radial mitgenommen und – unabhängig von ihrem Ladungsvorzeichen – nachbeschleunigt auf Werte der Größenordnung $\gamma \approx 10^{5,5}(B_{-3}/\Omega_{-4})^{2/3}$, worin B die Magnetfeldstärke am Lichtgeschwindigkeitszylinder des Rotators ist und Ω dessen Winkelgeschwindigkeit, (Ω_{-4} $:= \Omega/10^{-4}s^{-1}$). So jedenfalls behauptet es obige Formel von Kulsrud, Ostriker & Gunn [1972], die sich bei wiederholten Abschätzungen bewährt hat, z.B. beim Crab-Pulsar.

Wir meinen also, dass Abb. 7.1.2a ein qualitativ richtiges Bild gibt von der Erzeugung zweier antipodischer Strahlen entlang der Spinachse eines hinreichend schnellen, hinreichend magnetisierten Rotators, in seiner ‚Region der breiten Spektrallinien' (Broad Line Region, =: BLR), jedenfalls in der AGK-Klasse, wobei die auslaufenden $e^{\pm}$-Paare typische Lorentzfaktoren γ zwischen 10 und 10^6 haben, je nach Stärke der zentralen Maschine. Mit was für einer Energie-Verteilung? Bei hinreichend vielen Streuungen (an Teilchen und Photonen) sollte sich eine thermische Gleichgewichtsverteilung einstellen, eine relativistische Maxwellverteilung. Aus Labor-Experimenten weiß man darüber hinaus, dass Mehrfachstreuung an weichen Photonen die Energieverteilung schmäler macht: Man kühlt ein atomares System durch Beschuss mit Laserstrahlen. Wir erwarten also, passend zu vielen Beobachtungen an gut studierten Jet-Quellen, dass sich die Energieverteilung der auslaufenden $e^{\pm}$-Paare mit zunehmender Entfernung vom Zentrum – d.h. mit zunehmender Annäherung an die sich verengende deLaval-Düse – einem bevorzugten Lorentzfaktor γ zwischen 10^2 und 10^4 nähert, einer nahezu monoenergetischen, delta-förmigen Verteilung. Und wir erwarten darüber hinaus, dass sich die Bewegungen der auslaufenden elektrischen Ladungen derart umkonfigurieren, dass sie sich möglichst *strahlungsfrei* bewegen, senkrecht zu ihren mitgeführten elektrischen und magnetischen Feldern, dass sie $\mathbf{E} \times \mathbf{B}$-driften, in der einzigen, ausgezeichneten, strahlungsfreien Konfiguration.

Als wir diese Möglichkeit streng strahlungsfreier Drift untersuchten, in [Kundt & Krishna 2004], stellte sich dann zu unserer Überraschung heraus, dass sich (für eine zylinderförmige Strömung, mittels Fourierentwicklung) nicht nur ein *vollständiges Lösungssystem* finden ließ, das die Randbedingungen netto ladungs- und stromfreier Bewegung für *relativistisches Paarplasma* erfüllt, sondern dass sich eine davon abweichende einlaufende Strömung stabil (in erster Näherung der Störungsrechnung) umkonfiguriert dergestalt, dass anschließend alle Ladungen in Ebenen senkrecht zur Strömung den gleichen Lorentzfaktor γ haben und dass sich in der Strömung eine (winzige) *elektrische Raumladungsdichte* ρ ausbildet, gegeben durch:

$$\rho \,/\, e\, n_e = 10^{-9.2}\ \gamma_3 \,/ \sqrt{L_{44}}\ , \tag{7.1}$$

wobei n_e = Leptonendichte (= Elektronen- + Positronen-Dichte) und L = Leistung im Strahl = A $n_e\ \gamma\ m_e c^3$, mit A := Strahlquerschnittsfläche (= Area). Für die *stabile* Lösung gilt:

$$n_e\ \gamma m_e\ c^2 = (E^2 + B^2)\ /\ 8\pi\ , \tag{7.2}$$

d.h. Gleichheit von (kinetischer) Teilchen- und (elektromagnetischer) Feldenergiedichte. Die Umkonfigurierung reguliert die Energie und den Achsenabstand der Elektronen und Positronen derart, dass die Raumladungsdichte ρ anschließend den erforderlichen (ortsabhängigen) *Äquipartitionswert* hat, bei dem die zugehörigen elektrischen und magnetischen Felder sowie achsenparallelen Stromdichten j = ρ c eine strahlungsfreie $\mathbf{E} \times \mathbf{B}$-Drift ermöglichen mit verschwindender Nettoladung und verschwindendem Nettostrom, sowie mit einheitlichem Lorentzfaktor γ aller Ladungen (jedenfalls in Querschnittsebenen). Dabei liegen die *Leistungen* L der verschiedenen Jet-Quellen zwischen $10^{35\pm2}$ erg/s für Sterne, und $10^{44\pm2}$ erg/s für AGKe, und die Lorentzfaktoren γ zwischen 10^2 und 10^4, mithin der Ladungsdichteüberschuss ρ / e n_e zwischen 10^{-5} und 10^{-10}; er ist stets klein, aber unentbehrlich für die Äquipartition der Energiedichten im Strahl, die u.a. für die Nachbeschleunigung der Ladungen am Strahlende sorgt. Erstaunlicherweise scheint der hohe Umgebungsdruck im Kerngebiet der Quasare ihre Stabilitä t nicht zu stören.

Die soeben beschriebene, stabile Schar strenger Jet-Lösungen ist etwas überidealisiert: Realistische Strahlen sind nicht zylindersymmetrisch, sondern expandieren, in erster Näherung *kegelförmig*, sodass alle Dichten wie r^{-2} mit zunehmendem Abstand r von der Quelle abnehmen, bei konstanter Leistung L (wegen $L \sim A$); diese Verallgemeinerung ist unerheblich. Weniger unerheblich sind *inverse Compton-Verluste*, d.h. energiezehrende Zusammenstöße mit Photonen, die den Strahl queren, wann immer er strahlungsreiche Gebiete durchsetzt; sie sind unvermeidbar, besonders stark nahe galaktischen Zentren, jedoch fast nie limitierend, auch nicht auf Mpc-Skalen. Sie erzeugen enge Bündel harter elektromagnetischer Strahlung in Jet-Richtung und sind in Einzelfällen sogar beobachtet worden, z.B. von Robert Fosbury. Erwähnt werden sollte auch, dass sich bei den stellaren Jet-Quellen die Sprechweise ‚*Mikro-Quasar*' (statt ‚Quasar') eingebürgert hat unter Betonung eines Faktors ‚Mikro' ($= 10^{-6}$), um den sich, grob gesprochen, die *stellaren* Quellen von den *galaktischen* Quellen unterscheiden, in *Masse* (der zentralen Maschine), *Leuchtkraft*, *Länge* und *Dauer*, bei ansonsten recht ähnlichen Eigenschaften [Kundt 2001b]. (Dabei war der Name ‚Quasar' ursprünglich, im Juli 1964, von Hong-Yee Chiu & Wolf Priester eingeführt worden für die Makro-Variante: ‚Quasi-Stellare Radioquelle').

Ebenfalls erwähnt werden sollten die häufigen ‚*Knoten*' in den Strahlen: hell leuchtende, kompakte Gebiete an Stellen, wo der Strahl noch lange nicht sein Ende erreicht hat. Sie entstehen durch Kollisionen, wo ein Strahl auf ein Hindernis stößt oder wo ein schnell bewegtes Objekt von der Seite her in einen Strahl eindringt. Solche unvermeidbaren Zusammenstöße zeigen fast alle Jet-Quellen. Erstaunlich ist dann jeweils, dass der Strahl nicht zerstört (z.B. aufgespalten) wird, sondern dass er anschließend wieder die alte Gestalt annimmt, dass er verheilt. Hierfür sorgen seine geringe Trägheit im Verein mit den elektromagnetischen Führungsfeldern, die nach Kräften die $\mathbf{E} \times \mathbf{B}$-Drift erhalten bzw. wiederherstellen, mit nur unmerkbar schwächerer Leistung. Diese toroidalen magnetischen Führungsfelder dürften erstmalig abgebildet worden sein von Kronberg et al [2011], am Beispiel der fernen Radiogalaxie 3C 303, die sich in einem extrem dünnen IGM befindet. (Leider wird dieser wichtigen Arbeit ein ganz anderes Jet-Modell zugrunde gelegt, mit einem begleitenden elektrischen Strahl, den wir aus Stabilitäts- und Energiegründen gern ausschließen möchten).

Von herausragender Bedeutung ist die soeben geschilderte Lösungsklasse vor allem, weil sie gleichzeitig ein jahrzehntelanges Conundrum ausräumt: Wie schaffen es die bis zu Mpc langen Strahlen, an ihren äußersten Enden noch immer harte Spektren aufzuweisen, wo doch die fast lichtschnellen Ladungen längst ermüdet, sprich: abgebremst sein sollten? Auch sind die empfangenen Energiespektren gewöhnlich breite, nahezu logarithmisch gleichverteilte Potenzspektren, nur ganz selten monoenergetische Synchrotronspektren. Über diese Schwierigkeit hat man sich immer wieder hinweggesetzt mit dem Hinweis auf ‚*In-situ*'- oder ‚*Fermi*'- Beschleunigungen, bei denen durch Vielfachstreuung an einer Stoßwelle deren kinetische Energie selektiv zur Nachbeschleunigung ausgezeichneter Teilchenpopulationen angezapft werden soll, zwecks Erzielung der höchsten Teilchenenergien; ein kühner Vorschlag, der in den Jahren 1977 und 1978 international gleich dreimal gemacht wurde und auf den bis heute immer wieder zurückgegriffen wird, gleichsam wie auf den Joker im Rommee, wenn eine plausiblere Lösung nicht in Sicht ist, vgl. 10.3. Unsere strenge Lösung (für Jets) macht ihn entbehrlich: Das in einem Strahl konvektierte elektrische Potenzial Φ, zwischen Rand und Achse des Strahls, hat den Wert $e\Phi = e\sqrt{\pi L/c} = 10^{19,5}$ eV $\sqrt{L_{44}}$. Es tritt in Aktion, sobald der Strahl auf ein schweres Hindernis stößt, an seinem Kopfende, wobei dann die Energien ϵ aller Strahlteilchen drastisch umverteilt werden, von monoenergetisch in ein breites, fast Energie-gleichverteiltes Potenzgesetz, $\epsilon^2 dN/d\epsilon = \text{const}$, beim einmaligen Durchfallen des tiefen mitgeführten Potenzialsprungs. Am Kopfende wird also der mitgeführte Poynting-Fluss in kinetische Teilchenenergien rückverwandelt, nach Maßgabe eines ‚Raumladungs-limitierten Flusses', der bereits Jahrzehnte früher für die Pulsare sorgfältig durchdacht worden war. Solche

Abbildung 7.2.1: Hochaufgelöste, nahe (interstellare) Umgebung des *Crab-Pulsars*, r $\lesssim$ 3 pc (für eine Entfernung von d = 2 kpc), bei optischen und Röntgenfrequenzen. Offenbar hat das CSM des Pulsars nicht-triviale, ungefähr axialsymmetrische (weil vom Pulsarwind umströmte) Beschaffenheit, wobei ein schwacher *Zwillingsjet* vom Eilek-Typ B entsteht, den man schwanken sieht, auf der Zeitskala von vier Jahren, vgl. Abb. 7.4.2.

(beinahe) logarithmisch konstanten Energieverteilungen wurden bereits in 1.6 besprochen, als Ergebnis verlustfreier *Umverteilungen* unter Berücksichtigung des Entropiesatzes.

Und wann erreicht ein Strahl seinen Kopf, wie wird er gebremst? Ein einmal gestarteter Strahl wächst so lange, wie er von seiner zentralen Maschine beschickt wird, mit ladungsneutralem Paarplasma, wobei er einen beständig länger werdenden Kanal freirammt, der oft durch die Bewegungen (Winde) des einbettenden Mediums verbogen wird, z.B. in die Gestalt eines U, S oder Z. Ein Strahl lässt sich nicht durch reine elektrische oder magnetische Felder ablenken oder stoppen, weil er ladungssymmetrisch zusammengesetzt ist. Aber natürlich kann ihn eine Plasmawolke bremsen, sobald sie genügend Trägheit und Ausdehnung besitzt. Beim Aufprall auf solch eine schwere Wolke induziert der Strahl nahe ihrer Oberfläche Spiegelladungen und Spiegelströme, die seine eigenen Ladungen abbremsen und umlenken, wobei „abbremsen" im relativistischen Bereich bedeutet, dass die Ladungen bei wachsenden Magnetfeldstärken zunehmend gyrieren, sodann auch zunehmend strahlen, jedoch ihre (hohen) Energien nur langsam verlieren, durch Abstrahlung: Der Strahl wird mehr oder weniger elastisch am (schwereren) Hindernis gespiegelt und gleichzeitig seitlich auseinandergetrieben, wobei er das dort vorher befindliche Plasma bis zur Druckgleichheit komprimiert und wegdrückt, in die Gestalt einer wachsenden Zigarre, eines Kokons.

So jedenfalls verhalten sich junge Strahlen, die ihr umgebendes Medium mit (dessen) Überschallgeschwindigkeit treffen und wegstoßen. Mit zunehmender Länge nimmt jedoch der Staudruck (ρv^2) eines Strahles ab, mindestens wie r^{-2}, während das interstellare oder intergalaktische Plasma oft heißer wird, und aus anfänglicher Überschallgeschwindigkeit des Jet-Kopfes wird früher oder später sein Abklingen auf Unterschallausbreitung. Jean Eilek spricht von ‚*Typ A*‘ und ‚*Typ B*‘ bei diesen beiden Jet-Stadien, dem jungen und dem alten, in geringfügiger Abwandlung der vorangegangenen, rein empirischen Klassifikation von Fanaroff & Riley als II bzw. I, [Eilek et al 2002]. Bei der Unterschallabbremsung, Eilek Typ B, wird das Strahlplasma nicht mehr am Kopf quasi reflektiert, sondern propagiert weiter in Vorwärtsrichtung, mit verminderter Geschwindigkeit, und verlängert dabei den Kokon in Strahlrichtung. Während Quellen vom Typ A ihre terminierenden Hotspots ganz außen haben, haben solche vom Typ B sie ziemlich weit innen. Zu betonen bleibt noch, dass die Hotspots wahrscheinlich stark *anisotrop* strahlen, zunehmend anisotrop mit zunehmender Photonenergie, sodass wir von Fall zu Fall recht unterschiedliche Spektren messen: Die Bewegungen der hochenergetischen Teilchen sind selbst in den Köpfen keineswegs isotrop.

Zu den Jet-Quellen vom Eilek-Typ B zählen seit über zehn Jahren auch der Crab- und der Vela-Pulsar, besonders deutlich erkennbar bei Röntgenenergien, s. Abb. 7.2.1. Eigentlich sollten die (Radio-) Pulsare gar keine Strahlen erzeugen können, könnte man meinen, weil ihr Paarplasma wahrscheinlich in hoher Anzahl direkt über ihrer Oberfläche erzeugt wird und dann sofort mit fast Lichtgeschwindigkeit bis zum Innenrand des von ihnen geblasenen Nebels zentrifugiert wird, in eine Entfernung von $\lesssim$ Lichtjahr, nachbeschleunigt durch die bereits besprochene starke, niederfrequente Welle. Eine Düse für Strahlausbildung ist in diesem Bild gar nicht vorhanden. Anders offenbar bei (den jungen) Crab und Vela, wo insbesondere moderne Röntgenbilder schwache Jets auf der Längenskala $\lesssim$ Lichtjahr erkennen lassen, zusätzlich zu den mehr oder weniger kugelförmigen Supernova-Überresten und den oft stärker verformten Pulsarnebeln. Welches Hindernis zweigt einen kleinen Teil der relativistischen Elektronen und Positronen aus dem Pulsarwind ab, in zwei antipodische, achsenparallele Kanäle? Vermutlich eine massearme Akkretionsscheibe, übriggeblieben bei der jeweiligen Supernova-Explosion, die sich sozusagen als Halskrause um die jungen Pulsare gelegt hat und für zusätzliche Paarerzeugung sorgt. Die Paare breiten sich dann sogleich entlang ihrer Spinachse aus, mit Unterschallgeschwindigkeit, in den sie einhüllenden Nebel. Jet-Quellen können gestaltenreich sein.

7.3 Die Wunderquelle SS 433

Seit Weihnachten 1978 ist SS 433 der Star der stellaren Jet-Quellen, vor allem durch seine Schar optischer wie (später auch) Röntgen-Emissionslinien mit täglich wechselnden (transrelativistischen) Rot- und Blauverschiebungen, und noch heute ist seine Struktur einmalig sowie mehrfach umstritten. Bereits unser Abschnitt 3.3 war dieser Quelle gewidmet, weil sie thematisch (auch) in das dritte Kapitel gehört. Andererseits sollte sie auch in diesem Kapitel der Jet-Quellen nicht fehlen, meinen wir, als ihr strukturreichster Repräsentant. Und wir glauben, dass unsere Leser(innen) sich bei dieser Wiederholung nicht langweilen werden, da eine geringfügige Redundanz der Beschreibung bisweilen zu besserem Verständnis führt.

Wie arbeitet diese Jet-Quelle? Wir hoffen, dass die Erinnerung an 3.3. noch vage vorhanden ist, und konzentrieren uns auch hier auf unsere eigene Deutung, verschweigen aber nicht, dass sich diese Deutung wiederholt (ge-

ringfügig) geändert hat, von 1978 bis 2011, als Folge kritischer Diskussionen, kritischen Nachdenkens und sorgfältigen Vergleichens mit anderen Objekten. Kernfrage war dabei fast immer: Wie kommen die *laufenden Spektrallinien* zustande? Durch welchen Mechanismus wird schweres, interstellares Kanalwandmaterial auf fast Lichtgeschwindigkeit beschleunigt und dann auch noch kräftig zum Leuchten gebracht? Erst seit Ende 2011 meinen wir, dass der von uns bevorzugte, generelle Jet-Erzeugungsprozess – Nachbeschleunigung von *Paarplasma* durch *Auftrieb* und *magnetisches Wellenreiten* in der BLR – auch auf diese Quelle zutrifft und sich zugleich anwenden lässt auf einen Teil des viel schwereren *Windmaterials*, das ihm sein stellarer Begleiter beständig zubläst, zu einer gemeinsamen, geordneten Strahl-Drift.

In den beiden vorangegangenen Abschnitten haben wir uns bemüht, das gemeinsame Funktionsschema aller Jet-Quellen zu ergründen. Jetzt kommen wir zu konkreten Sonderfällen, die oft die Fachwelt jahrzehntelang auf die Folter gespannt haben, durch ihr immer wieder überraschendes Verhalten. An erster Stelle steht hier *SS 433*, der 433. Eintrag in dem 1977 erschienenen Katalog variabler Sterne von Stephenson & Sanduleak, ein massereicher, stark variabler Radio- und Röntgen-Doppelstern, der kurz vor Weihnachten 1978 Weltberühmtheit erlangte, auf dem in München veranstalteten 9.‚Texas-Symposium on Relativistic Astrophysics', durch einen Vortrag von Bruce Margon, der in dieser Quelle schnelllaufende optische Spektrallinien entdeckt hatte. Bereits in 3.3 haben wir uns ausführlich mit diesem aktivsten aller Sterne beschäftigt. SS 433 steht im Zentrum des gut 10^4 Jahre alten SN-Restes W 50, in einer Entfernung von uns von (3±0,5) kpc, laut sieben klassischen Entfernungsmessmethoden, und emittiert Serien optischer und Röntgen-Spektrallinien mit täglich unterschiedlichen Rot- und Blauverschiebungen, die Radialgeschwindigkeiten von bis zu einem Viertel der Lichtgeschwindigkeit entsprechen. Ist dort die Hölle los?

Inzwischen haben unzählige Messserien ergeben, dass das stark variable binäre Neutronenstern-System SS 433 eine Jet-Quelle ist, dessen zentraler Zwillingsstrahl wiederholt mittels Radiofrequenzen bei Längen zwischen 10 AE und 0,1 Lichtjahren abgebildet worden ist, mit wöchentlich wechselnder Gestalt, dessen (polarisierte) *Lichtkurven* die *Bahnperiode* von 13,0820 d verraten, (d := Tag), am genauesten durch Röntgenbedeckungen messbar, sowie die langzeitlich schwankende ‚*Präzessionsperiode*' von (164,0 ± 4) d, die wohl dem Spin des Neutronensterns aufgeprägt wird, in Wechselwirkung mit dem inneren Teil der ihn umgebenden Akkretionsscheibe, vgl. Abb. 4.8.1. Zusätzlich zu diesen beiden Perioden werden auch noch einige niedrige ihrer *Schwebungsperioden* beobachtet, vornehmlich die ‚*Nickperiode*' $P_{nick} = 6{,}292$ d, definiert durch: $\omega_{nick} := 2\omega_{bahn} + \omega_{präz}$ mit $P := 2\pi/\omega$, sowie korreliertes Rauschen auf ziemlich allen Zeitskalen, besonders von Stunden bis hinab zu (nur) fünf Minuten. Alle diese Variabilitäten zeigen uns, wie stürmisch und doch zugleich geordnet es in der zentralen Maschine einer Jet-Quelle zugehen kann. Jenseits von r = 0,1 Lj entziehen sich dann ihre Strahlen unseren Blicken und hinterlassen erst wieder ihre Spuren (bei Röntgen-, Infrarot- und Radiofrequenzen) in Entfernungen von 10 bis 50 pc vom Zentrum, am Rand und jenseits des Randes von W 50, dem Supernova-Überrest, den sie seit vielen Jahrhunderten durchquert haben, in der Gestalt von ‚Henkeln' (ansae), als Unterschall-Kokons (vom Eilek-Typ B), immerhin mit einer Schwerpunktsgeschwindigkeit von mehr als 1 % der Lichtgeschwindigkeit, s. Abb. 7.3.1.

Schaffen wir es, uns aus diesen Fakten ein genaues Bild vom Aufbau und Wirken von SS 433 zu machen? Wie entstehen die laufenden, transrelativistisch schnellen Röntgen- und optischen Spektrallinien? Und wie die Strahlen? Diese einfachen Fragen, ja sogar die Mehrzahl der fundamentalen Systemparameter (wie Entfernung, Impuls, Energie, Arbeitsweise) sind bis heute mehrfach kontrovers beantwortet worden. Selbst der Senior-Autor dieses Buches, für den SS 433 seit 1979 eines seiner vorrangigsten astrophysikalischen Forschungsobjekte war, hat im Jahr 1996 seine Deutung der Herkunft der schnellen Linien revidiert: nicht kohärent, vom Innenrand der Akkretionsscheibe, sondern inkohärent, (mil-

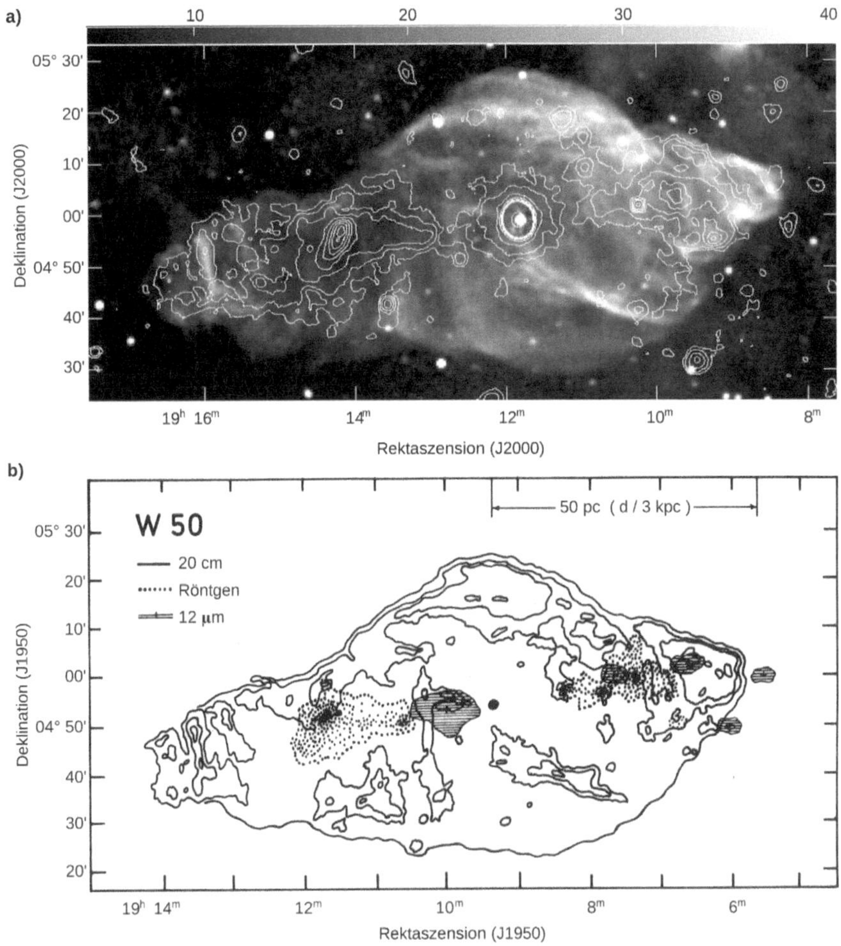

Abbildung 7.3.1: Der Galaktische Supernova-Rest (SNR) *W50*, bei Radio-, Röntgen- und IR-Frequenzen (mit komplementärer Information), von (kontroverser) Entfernung d = 3 kpc, in dessen Mittelpunkt die schnell veränderliche Jet-Quelle *SS 433* steht, ein junger, binärer Neutronenstern. SS 433 ist einzig in seiner Eigenschaft, Kanalwände (nahe der Quelle) zu besitzen, die Spektrallinien emittieren, optische sowohl als auch Röntgenlinien, sodass sich deren jeweilige Geschwindigkeiten (auf uns zu) messen lassen; sie kommen der Lichtgeschwindigkeit nahe ($\lesssim 0{,}3$); nach (**a**) Goodall, Alouani-Bibi, Blundell: MNRAS 414, 2838-2859 (2011), mit Röntgen-Konturlinien von Brinkmann et al (1996), und (im Original farbigen) Radio-Intensitäten von Dubner et al (1998), sowie: (**b**) Kundt: „SS 433 - Again“, Comments on Astrophys. 15, 255-277 (1991), mit Röntgen- und IR-Knoten; vgl. Abb. 3.3.1.

lionenfach) iteriert angeregt, aus den *Kanalwänden* der Strahlen [Kundt 1996, 1998, 2005, 2008]. Ihre Dynamik ist nicht trivial: Schließlich ist SS 433 bis heute die *einzige* Quelle am Himmel, unter Dutzenden binärer Neutronensternquellen mit Jets, die transrelativistische, laufende Spektrallinien aussendet! Die Einzigartigkeit liegt wahrscheinlich daran, dass ein junger, kräftiger Pulsar von einem nahen, kräftigen (normalen, d.h. nicht-relativistischen) Sternenwind angeblasen wird, derart, dass das zwar reichlich vorhandene, jedoch extrem leichte Paarplasma Mühe hat, sich seine Vakuumkanäle freizublasen: Es entstehen nur schwache Strahlen, vom Eilek-Typ B. Dabei werden die über 2000-mal schwereren Ionen des Sternwindes aus den Kanälen nach außen gedrängt, bei ihrer $\mathbf{E} \times \mathbf{B}$-Drift, weil erheblich träger und damit langsamer, in eine dicke ,Rinden'-Zone. Die *Röntgenlinien* (von fast vollständig ionisiertem Eisen, Nickel, Magnesium, Kalzium, Silizium, Schwefel, Argon und Neon) werden dabei wohl schon während der Strahlfokussierung abgestrahlt, in Abständen r von nur $\lesssim 10^{13}$ cm – immerhin deutlich ferner als einen Bahnradius des Systems, $r_{bahn} = 10^{12,5}$ cm – während die *optischen Rekombinationslinien* des (leichteren) Wasserstoffs und Heliums weiter draußen entstehen, bei $r \lesssim 10^{15}$ cm, in viel größerem Emissionsvolumen, mit weniger harten Anregungsenergien. Bei dieser Deutung entstehen die starken optischen Emissionslinien in ähnlich großen Volumina wie auch sonst die Emissionslinien heißer Sterne, allerdings mit stärkerer (Stoß-) Anregung, durch das lokale Strahlplasma.

Was die Einzigartigkeit des SS 433 Systems betrifft, so hat Manfred Pakull im Jahr 2010 einen größeren Bruder von ihm gefunden, am Rande der Skulptor-Galaxie NGC 7793, genannt S 26, wobei es nicht klar ist, ob die laufenden Linien dort lediglich etwas schwächer sind, ob wir das dortige System aus einer ungünstigen Richtung sehen, oder ob die dortigen laufenden Linien inzwischen schon wieder verblasst sind, s. Abb. 7.3.2.

Und was ist an dieser Deutung so außergewöhnlich und kontrovers? Diese Deutung postuliert die Existenz von strömendem Paarplasma, das gar nicht gesehen worden ist, dazu einen ungesehenen Neutronenstern, umgeben von einer (transferierten) Plasmascheibe, ebenfalls ungesehen, weil ebenfalls zu klein. Außerdem verbirgt sich das zentrale Binärsystem hinter $A_V = 7{,}8$ Magnituden optischer Absorption, sodass seine Gesamtleuchtkraft nur grob abgeschätzt werden kann. Stattdessen kann man die Strahlen abbilden und deuten als bestehend aus ‚*Geschossgarben*' (bullets) in geradlinig gleichförmigem Flug, wie durch einen Rasensprenger ausgeschleudert, und durch Messserien ihrer Winkelgeschwindigkeit am Himmel sowie der Rot-/Blauverschiebung ihrer Spektrallinien kann man auf ihre Entfernung schließen. Die so gewonnenen Entfernungen verschiedener Messgruppen unterschieden sich etwas: (5,5 ± 1) kpc mit der VLA-Anordnung gegenüber (5,0 ± 0,3) kpc mit dem VLBI, waren aber beide fast doppelt so groß wie die klassische Entfernung von (3 ± 0,5) kpc, entsprechend einer fast vierfachen kinetischen Energie der Strahlteilchen. Außerdem war es naheliegend anzunehmen, dass die Strahlen aus denselben Atomen bestehen, die man strahlen sieht, statt vornehmlich aus über 2000-mal leichterem Paarplasma, womit sich die gesamte Ruhenergie des Systems dann aber als rund 1000-fach größer ergab als bei anderen Neutronensternsystemen. Wessen Deutung stimmt? Geschossgarben lassen sich zwar leichter rechnen als relativistische Strömungen, aber wie schafft es das anorganische Universum, solche zu erzeugen? Schließlich sind Rasensprenger nicht leicht aus bloßem Plasma zu fertigen. Und warum verhalten sich die Geschossgarben wie fokussierbare Strömungen auf den großen Längenskalen, jenseits von einem Lichtjahr?! Der Leser spürt: Für uns gibt es nur *eine* Sorte von Jet-Quellen im Weltraum, solche mit *weichen* Strahlen. Wie bereits in 3.3 erwähnt, findet sich eine drastisch andere Deutung z.B. in Begelman et al [2006].

Zu den nicht-trivialen Bestimmungstücken des Systems SS 433 zählt auch seine *Präzession*, deren Periode (164,0 ± 4)d zwar langzeitig um ±2 % driftet, kurzzeitig hingegen auf vier Stellen konstant ist und zu der das System außerdem (bisher) stets wieder zurückkehrt. Wer oder was präzediert da? Eine solche ‚dritte' Periode, länger als diejenige von Spin- und Bahnbewegung, jedoch nicht ganz so streng eingehalten, trifft man häufig an in engen Doppelsternen. Wahrscheinlich wird sie angeregt durch ein äußeres Drehmoment, das auf den um seine eigene Achse rotierenden Neutronenstern ausgeübt wird, entweder vermittelt durch sein eigenes, mitrotierendes Magnetfeld, oder aber rein mechanisch durch einwärts spiralierende Materie aus der ihn umkreisenden Akkretionsscheibe. Hierdurch wird sein Spin gestört, zur Präzession gezwungen, wobei die Scheibe als Gegenlager dient. Und weil der Neutronenstern zugleich Erzeuger des Paarplasmas ist, welches gleich anschließend die Strahlen speist, variieren auch die Strahlen mehr oder weniger stark mit beiden Perioden.

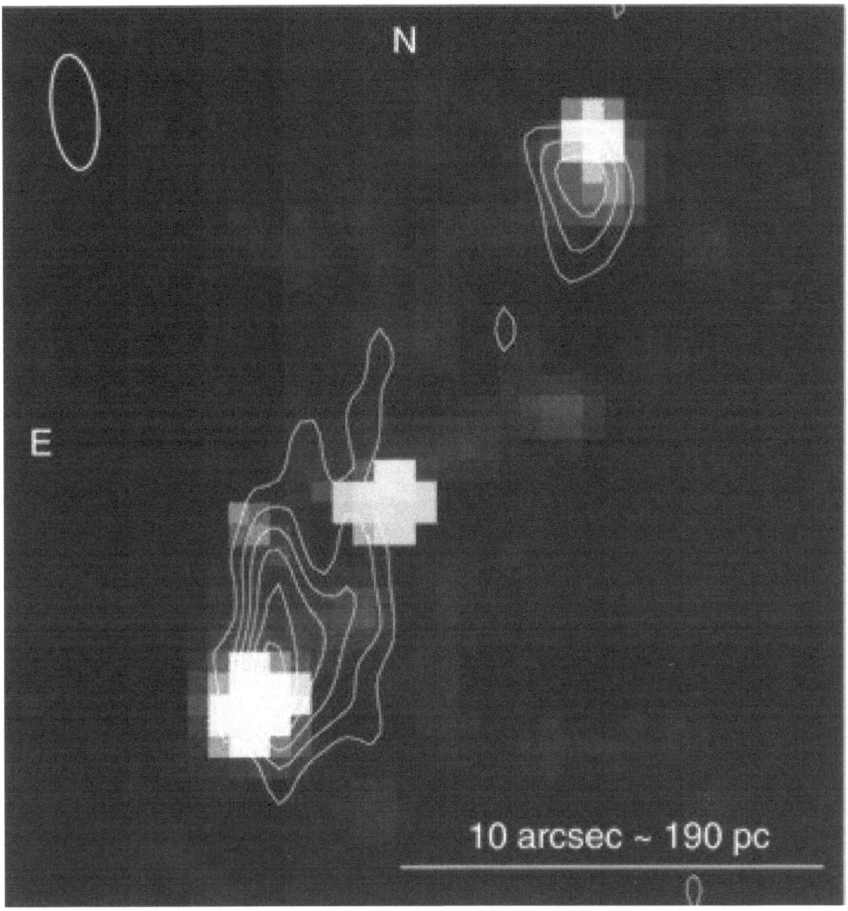

Abbildung 7.3.2: Der Zwillingsjet im SNR *S 26*, ein großer Bruder von SS 433 in der 3,9 Mpc entfernten Galaxie NGC 7793. Trotz ihrer großen Entfernung fällt diese Quelle durch ihre extreme Jet-Artigkeit auf.

SS 433 hat uns jahrzehntelang gefangen genommen. Es war die auffälligste und bestuntersuchte aller Jet-Quellen, jedoch schien dieses System ganz anders zu funktionieren als alle seine Brüder und Schwestern, mit scheinbar harten statt weichen Strahlen, und sicherlich nicht vom Eilek-Typ A. Hat die unbelebte Umwelt zwei verschiedene Methoden erfunden, Jet-Quellen an den Himmel zu zaubern? Das schien uns von Anfang an unwahrscheinlich, und erscheint es noch heute, beginnend Weihnachten 1978, auf dem 9. Texas-Symposium in München, sich fortsetzend im Oktober 1980 in Rom, als Gast von Remo Ruffini, dann 1984 auf dem 12. Texas-Symposium in Jerusalem, dann Sept.1986 in Erice, im Dez. des gleichen Jahres in St. Louis, mit unpubliziertem Bericht von Jonathan Katz auf dem sich anschließenden 13. Texas-Symposium in Chicago, dann im Februar 1988 auf Schloss Ringberg, im September 1991 auf Capri, im Juli 1995 in Bad Honnef, im Oktober 1996 auf Lipari, im Dezember 1996 in Turin, im Mai 1997 in Vulcano, im September 2000 in Granada, und im September 2010 in Buenos Aires. Die obige Deutung der laufenden Linien stellte sich erst Ende 2011 ein, während unserer allwöchentlicher Bonner Seminare. SS 433 hat es verstanden, von sich reden zu machen.

7.4 3C 273, M 87, Pulsarnebel, Planetarische Nebel und alle sonstigen Jets

Jet-Quellen können sehr unterschiedlich aussehen, je nach Stärke und Lebensdauer ihrer zentralen Maschine und je nach der Dichte des Umgebungsmaterials, in das sie ihre Kanäle rammen. Trotzdem sind wir zu der Überzeugung gelangt, dass sie alle nach dem gleichen Schema arbeiten, wobei (gewöhnliche) stellar-getriebene Jets meist nur im $\approx 10^4$-jährigen Prä-T-Tauri-Stadium gespeist werden – solange ihr Zentralstern noch schnell genug rotiert – etwas länger die (schwachen) Jets in den Planetarischen Nebeln und in den Neutronensternquellen, und deutlich länger (bis zu 10^8 Jahren) die von galaktischen Zentralscheiben gespeisten intergalaktischen Radioquellen, wie 3C 273, Cen A, Cyg A Her A, und Hunderte ähnlich gut erfasster galaktischer Jet-Quellen.

Entscheidend für die Morphologie einer Jet-Quelle ist dabei, ob sich ihr Kopf mit Über- oder Unterschallgeschwindigkeit in ihre Umgebung hineinrammt, entsprechend ihrem *Eilek-Typ* A oder B. Deshalb sehen insbesondere die Jets junger Pulsare, mancher Planetarischer Nebel, aber auch von M 87 und von Sgr A* in unserer eigenen Galaxie ganz anders aus als diejenigen ihrer (relativ) jüngeren Verwandten. Doch der Mechanismus ist der gleiche: Vakuumerzeugung des strahlfüllenden *Paar-Plasmas* durch einen schweren, *rotierenden Magneten*, der sich an seiner Umgebung reibt, sowie geordnete relativistische E $\times$ B-*Drift* dieses Plasmas durch die *selbstgerammten Kanäle*, solange es das ISM oder IGM zulässt. Schwarze Löcher können das überhaupt nicht; gegen sie spricht außerdem die *Magorrian-Kormendy*-Relation.

Jede sorgfältig untersuchte Jet-Quelle birgt ihre eigenen Probleme. Waren es bei SS 433 ihre transrelativistisch schnellen Emissionslinien, so ist es bei *3C 273* ihre extreme Einseitigkeit: Statt zweier antipodischer Strahlen und vieler Linien sieht man bei dem 273. Eintrag in dem dritten Cambridger Radioquellen-Katalog nur den einen, auf uns zukommenden Strahl und keine einzige Linie; wo verbirgt sich sein Zwillingsstrahl? Natürlich haben auch wir uns diese Frage gestellt, in der festen Überzeugung, dass unser oben geschildertes Modell (monoenergetischer, extrem-relativistischer Paarplasma-Strahlen) auch auf die Sonderfälle zutrifft [Kundt & Krishna 2004]. Dann sollte 3C 273 zu den seltenen Ausnahmen junger und ungefähr auf uns ausgerichteter Jet-Quellen zählen, nur megajährig statt das Mehrhundertfache davon, und besonders hell, weil wir im extremen Vorwärts-Lichtkegel seiner strahlenden Leptonen liegen, s. Abb. 7.4.1.

In dieser Erwartung sind wir nicht enttäuscht worden: Starke, junge Jet-Quellen sind vom Eilek-Typ A, d.h. strahlen am hellsten an ihren Enden, in ihren ‚Köpfen', wo die Ladungen von Überschall- auf Unterschall-Schwerpunktsgeschwindigkeit abgebremst werden. Wie dicht und wie heiß ist das Medium, in das sie gegenwärtig gerade eindringen? Das Hintergrundsmedium ist auf früheren Abbildungen stets unsichtbar geblieben. Vermutlich ist der (innere) Halo dominant von Kosmischen Strahlen ausgefüllt, d.h. dünn und fast relativistisch heiß, sodass die Strahlen wenig Widerstand fanden und hier zum ersten Mal für uns schwach sichtbare Abdrücke beim Durchstoßen hinterließen. Hinzukommt, bei extremrelativistischen Geschwindigkeiten der Leptonen in den Strahlen, dass sich der von uns weglaufende Anti-Strahl fast lichtschnell entfernt, wir also seine Emissionen erst verspätet empfangen werden, verglichen mit seinem uns entgegenlaufenden Zwilling. Will man alle diese Feinheiten zuverlässig berechnen, unter Berücksichtigung der keineswegs isotropen Strahlungscharakteristiken der extrem-relativistischen Teilchen in den Strahlen, so benötigt man allerlei Formeln aus den Lehrbüchern der Speziellen Relativitätstheorie.

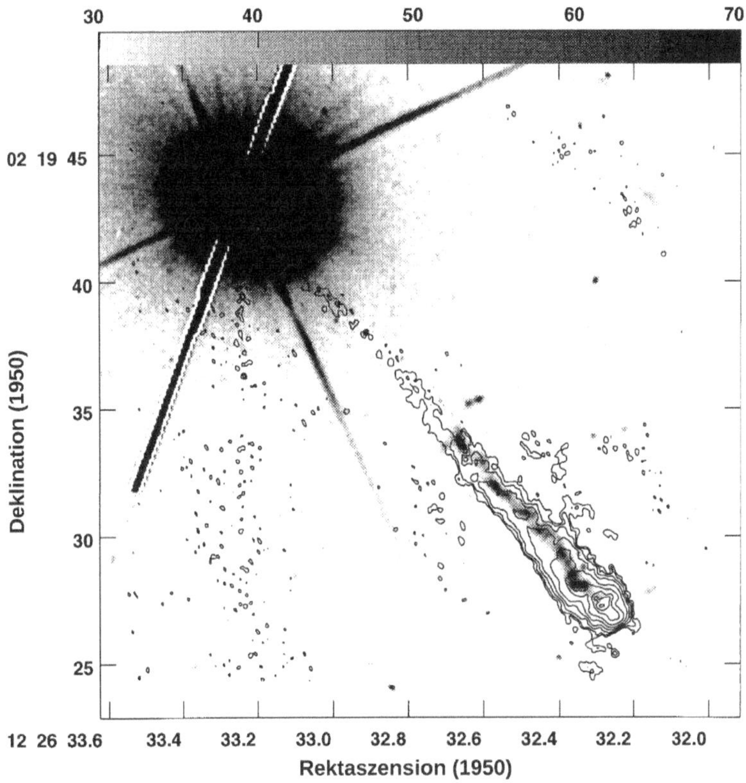

Abbildung 7.4.1: Der starke, junge, (noch) *einseitige Jet* aus dem Zentrum der Radiogalaxie *3C 273*, bei optischen ($\lambda = 5935$ Å) und Radio-Wellenlängen ($\lambda = 18$ cm), aufgenommen durch das aufgerüstete Hubble-Teleskop bzw. durch MERLIN, wobei die Radio-Intensitäten durch Isophoten im (logarithmischen) Abstand ‚Faktor 2' dargestellt sind. Entfernung d = 0,8 Gpc; Winkelungenauigkeiten sind $\lesssim$0,1"; Unsauberkeiten der Abbildung (östlich vom Jet) rühren her von einem Ladungs-Leck des CCD. Offenbar ist der Jet nahezu auf uns zu ausgerichtet ($20° \pm 10°$); sein Gegenjet ist unsichtbar ($<10^{-4}$), vermutlich wegen der dominant radialen Richtcharakteristik seiner Ausstrahlung im Verein mit der endlichen Lichtlaufzeit; nach: Bahcall, J.N., et al, (8 Autoren), *Astrophys. J.* 452, L91-L93 (1995). Bei Annäherung an sein Kopfende empfangen wir von dem Strahl zunehmend weichere Frequenzen, vermutlich durch Abbremsung der strahlenden Elektronen.

Das soll hier nicht nachvollzogen werden. Möge sich der(die) Leser(in) begnügen mit dem Eindruck, dass lichtschnelle Phänomene selbst im Kosmos nur selten beobachtet werden und deshalb nicht zu unserer Alltagserfahrung zählen, sowie mit der Behauptung, dass sich die zwei Köpfe von 3C 273 gegenwärtig mit dem 0,6- bis 0,75-Fachen der Lichtgeschwindigkeit von ihrer Muttergalaxie wegbewegen. Könnten wir breitbandig von Radio- bis γ-Strahlung sehen, so sähe 3C 273 recht vielfarbig aus.

Recht vielfarbige Bilder sind in den letzten Jahren von *Pulsarnebeln* gemacht worden, bisweilen im Verein mit Videos, wobei allerdings nur Frequenzen aus dem Sichtbaren bis zu Röntgenenergien berücksichtigt wurden. Junge Pulsare, allen voran der 10^3-jährige Crab und der 10^4-jährige Vela, verhalten sich in den Videos ein wenig wie nächtliche Lichtreklame in unseren Großstädten, wenn mit geeigneten Zeitraffern gearbeitet wird, wobei besonders flackernde, oft symmetrisch angeordnete Punktquellen ins Auge fallen,

s. Abb. 7.2.1. Wie veranlasst ein Pulsar – ein schnell rotierender, stark magnetisierter Neutronenstern – eine Handvoll naher, diskreter Punktquellen zu breitbandig synchronem (Röntgen-) Leuchten und Verblassen? Uns ist nur *eine* plausible Antwort eingefallen: Es handelt sich bei den flackernden Punkten um Röntgen-Kontinuums-Laserstrahlen. Wie sonst wechselt ihre Helligkeit fast-periodisch zwischen Ein- und Aus-Zuständen?! Dabei erfolgt die Anregung der Laser durch den fluktuierenden, relativistischen Pulsarwind, der das ganze Innere des Supernova-Restes durchsetzt und ‚beatmet' und quasi synchron zum Strahlen anregt. Unser Sehstrahl zu einem der geeigneten Punkte auf einem seiner inneren materiellen Ringe braucht dann nur ein Stück seines Weges tangential zum Kokon des zentralen Jets zu laufen, schon blitzt er durch kohärente Nachverstärkung auf.

Womit wir zum generellen Thema dieses Abschnitts zurückgekehrt wären, vgl. 7.2 : Entlang der *Spinachse* einiger *junger Pulsare* sind schwache Jets zu erkennen, vor allem beim *Crab* und beim *Vela*, der Länge $\lesssim$ pc, vom Eilek-Typ B, deren Gestalten (Kokons) sich auf der Zeitskala von Monaten ändern. Die Ränder dieser Kokons fegen Umgebungsmaterial auf und wurden soeben verdächtigt, das fast-periodische Aufhellen geeigneter Punktquellen in Blickrichtung zu uns zu bewirken, durch exponentielle Lichtverstärkung, als Laser. Wie bilden sich diese *Jets* (bei Pulsaren)? Nur ganz wenige der bekannten ($\gtrsim$2000) Pulsare haben Jets; ihre leptonischen Winde werden i.A. nicht in enge Kanäle fokussiert. Beim Crab und Vela, den beiden bekanntesten Ausnahmen, haben vermutlich ihre erzeugenden Supernovae genügend Sternmaterial zurückgelassen, springbrunnenartig, als ‚Rückfall-Materie' (fallback), kleine Prozentsätze einer Sonnenmasse, die sich als kleine, kurzlebige Scheiben um die Pulsare gelegt haben und einen kleinen Teil des Pulsarwindes abzweigen, zur Jet-Erzeugung entlang ihrer Spinachse. Eine bessere Erklärung dieser Ausnahmefälle kennen wir jedenfalls nicht, obwohl sie seit vielen Jahren gesehen werden. Übrigens hat sich die Gestalt des Crab-Jets zwischen 2006 und 2010 deutlich geändert, von einem gespiegelten Integralzeichen zu einem normalen solchen, s. Abb. 7.4.2.

Am schwierigsten erkennbar sind die von (werdenden) *Weißen Zwergen* erzeugten *Jets*, da diese gewöhnlich von dem thermischen Licht ihrer *Planetarischen Nebel* (PN) überstrahlt werden. Dabei zählen die PN zu den gestaltenreichsten, eindrucksvollsten und

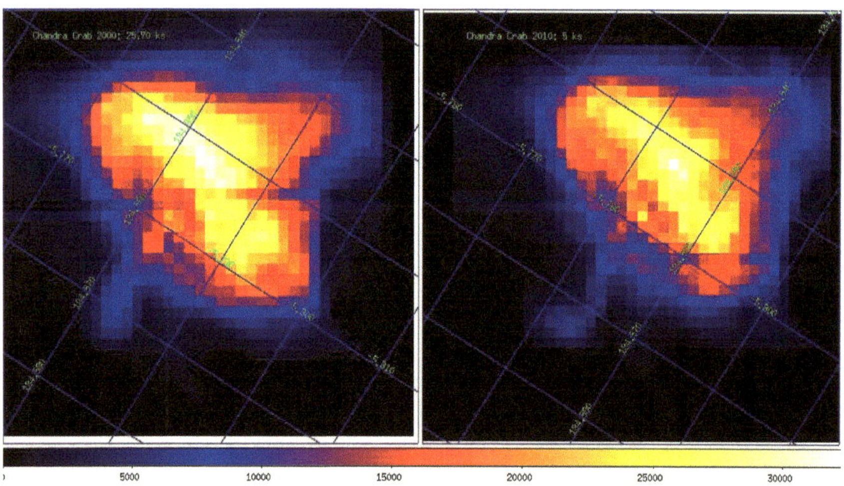

Abbildung 7.4.2: Die schnell-veränderliche Gestalt des Crab-Jets: Zwischen 2006 und 2010 hat sich das *Integralzeichen* invertiert. Wir sind Carlotta Pittori (AGILE) dankbar für ihren Hinweis auf dieses überraschende Resultat der Chandra-Mission und für ihre Zusendung dieser beiden Röntgen-Falschfarbenbilder (aus den Jahren 2000 und 2010); s. auch Abb. 7.2.1

vielseitigsten Objekten am Himmel, s. Abb. 7.4.3. Über jeden einzelnen von ihnen ließen sich Bücher schreiben, ohne Garantie, dass darin alle Geheimnisse seiner Vergangenheit mit Gewissheit gelüftet würden. Fest steht für uns, dass bereits ihre Gestalten zu ihrer Erklärung nicht ohne zwei oder mehr Plasmakomponenten auskommen, darunter auch (relativistisches) Paarplasma, welches sich vor allem achsennah bemerkbar macht, durch Knoten, Kanalsegmente, und/oder wurmartige Ausläufer, aber auch achsenfern, durch oft dominante (Stücke von) Kokons, (wie bei He 2-104, auch beim zentralen ‚Schmetterling‘); „He“ steht hier nicht für „Helium“, sondern für „Henize“. Bisweilen erkennt man auch fast vollständige, schlanke Kokons (bei He 2-9 und beim Schmetterling), bisweilen auch drei Ringe (beim ‚Stundenglas‘-Nebel, vielleicht auch beim ‚Katzenaugen‘-Nebel), wie bei der SN 1987A, s. 5.2. Ihr zweiter Name, ‚*bipolare Nebel*‘, mag nicht zu unrecht an ‚bipolare Flüsse‘ erinnern: Nebel, die ihre Gestalt der Wechselwirkung eines bipolaren Flusses mit (mindestens) einer thermischen Windzone verdanken. Erwähnenswert ist auch der junge ‚Rasensprenger‘-Nebel He 3-1475, entlang dessen gekrümmten Strahlen Geschwindigkeiten bis über 1100 km/s gemessen worden sind.

Viel klarer zeigt sich die Jet-Dynamik hingegen bei den großen *Radiogalaxien*, den größten zusammenhängenden Gebilden im Universum, mit Jet-Längen bis zu $\gtrsim$Mpc. Beginnen wir mit der hellsten Radiogalaxie im Sternbild Schwan, *Cyg A*, einer jungen Radio-Doppelquelle vom (geringen) Durchmesser 200 kpc und Eilek-Typ A, deren Strukturelemente auf kontrastreichen Abbildungen klar erkennbar sind, trotz ihrer erheblichen kosmischen Rotverschiebung von $z = 0{,}0565$ (entsprechend einer Entfernung von $\gtrsim 10^9$ Lichtjahren). Ein heller, dünner, uns entgegenkommender Strahl nach Westen (rechts) mündet in den unteren der beiden westlichen, kompakten Hotspots, während sein etwas schwerer erkennbarer, von uns weglaufender Zwillingsstrahl nach Osten (links) in dem dort entsprechenden, kleineren der beiden östlichen Hotspots endet, s. Abb. 7.4.4. Warum gibt es an beiden Enden je zwei heiße Flecken, statt jeweils nur einen, von denen der jüngere, kleinere, spektral härtere Fleck gegenwärtig beschickt wird, während der ältere, energiereichere, spektral etwas weichere dem jeweiligen Rand seines Kokons näher liegt? Diese Frage wurde auf dem internationalen Ringberg Workshop von 1988 in der folgenden Weise beantwortet: Die beiden antipodischen Strahlen sind nicht streng geradlinig, ein ‚I‘ bildend, sondern in der Vergangenheit durch den intergalaktischen ‚Fahrtwind‘ kleiderbügelförmig (‚U‘-förmig) verbogen worden, als ihr Kanal von früheren Lepton-Generationen gerammt wurde. Inzwischen bemühen sich die nachfolgenden Lepton-Generationen, die U-förmigen Kanalwände zu begradigen, derart, dass sich dabei das U zu einem I streckt und dass die Endpunkte der Strahlen seitlich auswandern. Das geht jeweils eine Zeitlang gut, wobei sich der Fleck ausdehnt und verformt, bis schließlich das verbogene Strahlende einen Seitensprung macht, sich von dem alten, energiereichen Fleck der Vergangenheit trennt und einen neuen solchen auffüllt, mit frischen, harten Leptonen. Auf diese Weise entstehen Radiogalaxien mit *primären und sekundären Hotspots*, jüngere und ältere Auffangbereiche, wobei Cyg A diese Deutung besonders deutlich werden lässt. Und ebenso lassen sich Radiogalaxien mit S-Form, Z-Form oder Spiralform verstehen: Die Kanalwände des nahezu gewichtslosen Paarplasmas werden von dem vorbeistreichenden, viel schwereren Umgebungsplasma verbogen, versuchen sich anschließend aber nach Kräften wieder zu strecken.

Ein uns viel näheres und zugleich erheblich älteres Exemplar einer (elliptischen) Radio-Galaxie ist Cen A, die hellste Radiogalaxie im Sternbild Centaurus, nur 3 Mpc von uns entfernt, im Durchmesser 0,8 Mpc groß, und beinahe noch vom Eilek-Typ A. Die FERMI Mission hat an den Tag gebracht, dass Cen A eher eine ‚*Gammastrahl-Galaxie*‘ ist als eine Radiogalaxie, denn sie strahlt energiereicher bei MeV als bei Radiofrequenzen, und ist sogar darin abgebildet worden, s. Abb. 7.4.5, mit Photonenergien bis hinauf zu GeV. Eine andere Besonderheit von Cen A sind ihre (beiden) inneren Kokons (Keulen, lobes), bei nur ≈ 50 kpc Entfernung von ihrem Zentrum, die sie zwar nicht als einzige Radiogalaxie besitzt, jedoch nur mit wenigen anderen solchen gemein hat. Die Köpfe dieser inneren Keulen haben ähnlich harte Spektren wie die äußeren, 0,3 Mpc weiter außen gelegenen Köpfe, d.h. ähnliche Jugendfrische; wie wurden sie erzeugt? Wodurch wurden

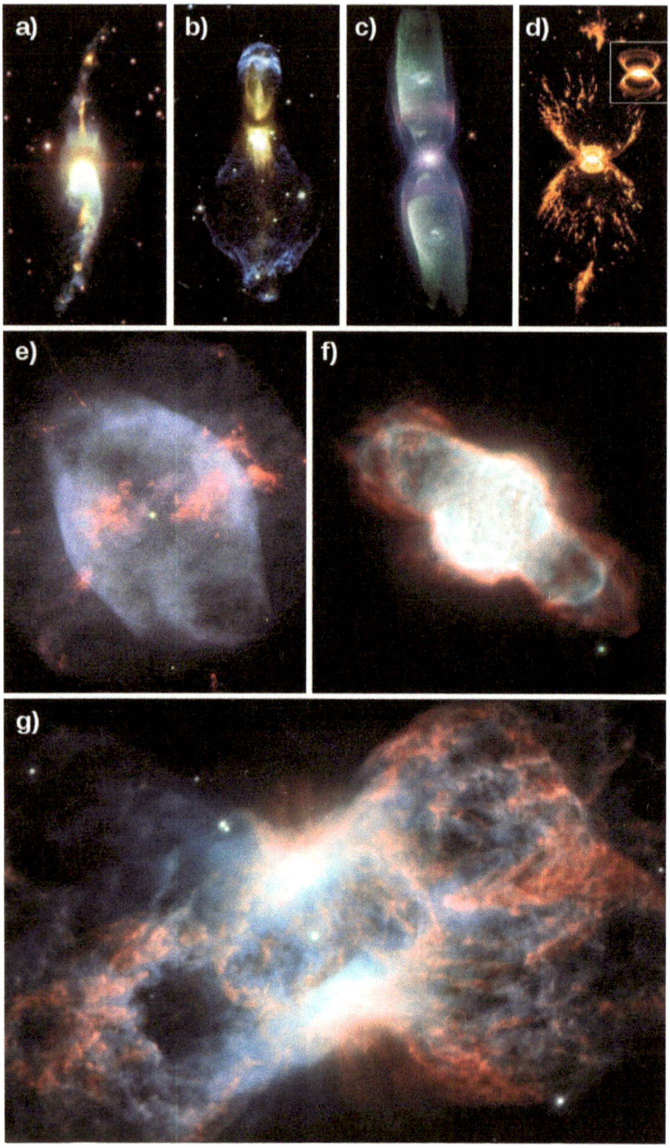

Abbildung 7.4.3: Eine Kollektion von sieben unterschiedlich gestalteten *Planetarischen Nebeln*, die fast alle einen axialen Zwillingsjet erkennen lassen. Man beachte den Figurenreichtum, durch Mehrkomponentigkeit ihrer farbig leuchtenden Hüllen, die oft vom zentralen Jet beherrscht werden, teilweise aber auch thermischer Herkunft sind. Die hier gezeigten PN heißen: He 3-1475, OH 231, M 2-9, He 2-104, NC 7354, NC 6886 und NC 7026.

die speisenden, leptonischen Kanäle zwar angezapft, am Innenrand des Galaxienhalos, aber nicht abgewürgt? Gopal Krishna und Lakshmi Saripalli haben in einer frühen Arbeit darauf hingewiesen, dass die inneren Keulen genau dort vom Hauptstrahl abzweigen, wo letzterer eine dünne, angenähert sphärische Emissionsschale durchsetzt. Woraus besteht die Emissionsschale? Hier stoßen wir auf ein Problem, das der Australier David Malin durch seine Beobachtungsmethode des ‚unsharp masking' in die Welt gesetzt hat: Solche Emissionsschalen sind seitdem häufig gesehen worden, vor allem bei isolierten elliptischen und SO-Galaxien, von ganz innen bis über ihre Halos hinaus, Hunderte von kpc weit, bis zu 13 konzentrische Schalen pro Galaxie, in zwei antipodischen Sektoren angeordnet, nahezu kreisförmig in Projektion (an den Himmel), die u.a. von Alar Toomre als stellare Trümmer nach Galaxien-Verschmelzungen (merging) gedeutet worden sind, andererseits in [Kundt 1987] als filamentäre galaktische Plasma-Auswürfe während aktiver Stadien des Kerns gedeutet wurden. In 8.3 werden wir zu ihnen zurückkehren. Für die inneren Radiokeulen von Cen A wäre eine stellare Emissionsschale sicherlich ohne Auswirkung, da die Strahlen quasi wechselwirkungsfrei um sie herumlaufen würden, hingegen könnte eine durchgängige Plasmamembran diese partielle Zerstörung der Zwillingsstrahlen bewirken, je einmal auf beiden Seiten des Kerns, in seltener Verletzung der empirischen Regel, dass sich Jets nie aufspalten. Oder auch hier keine Verletzung? Ist der alte Jet-Kanal am Ort des Durchtritts durch die (gasförmige) Emissionsschale früher einmal abgeknickt worden, in einer Phase schwacher Beschickung, und anschließend neu geblasen worden? Sodass uns ein *Zwillingsstrahl-Abriss* plus Neustart vorliegt? Wahrscheinlich. Diese Deutung passt auch zu unserer Milchstrasse: Abb. 6.1.2, zu einigen anderen Radiogalaxien mit inneren Doppelquellen sowie zu hochauflösenden Aufnahmen, bei denen die Dichteprofile der Schalen keilförmig gefunden worden, mit Maximum der Dichte jeweils am Außenrand.

Nicht viel weiter entfernt von uns als Cen A ist die größte zentrale Galaxie des Virgo-Haufens (von Galaxien), *M 87*, der 87. Eintrag in den Messier'schen Galaxien-Katalog. Sie zählt mit mehr als der 100-fachen Masse unserer Milchstraße zu den massereichsten Galaxien im Universum. Auch M 87 ist eine Radiogalaxie, jedoch spielt sich ihre Aktivität hauptsächlich in ihrem Zentralbereich ab. Sie ist vom Eilek-Typ B, s. Abb. 7.4.6. Ihre Radiogestalt ist fast kugelförmig, vom Durchmesser 10^2kpc. Die Aktivität ihrer zentralen Maschine (der Masse $10^{9,8} M_\odot$) nimmt gegenwärtig ab. M 87 zählt zu den bestuntersuchten aller Jet-Quellen: Ihre Strahlen ließen sich abbilden bis hinab zu Längenskalen von nur 0,2 Lj, dem 10^6-ten Teil ihres Durchmessers. Dabei wurde offensichtlich, dass insbesondere ihr auf uns zukommender Strahl anfangs die Gestalt eines Hohlkegels besitzt, dessen

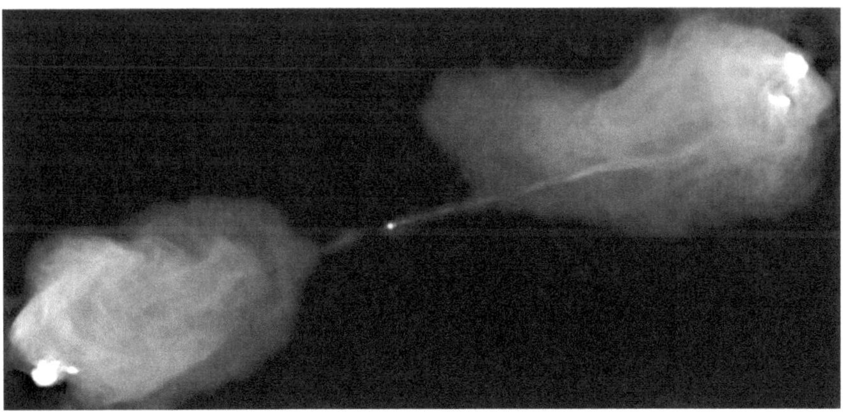

Abbildung 7.4.4: Die junge Radiogalaxie *Cyg A* (im Sternbild Cygnus = Schwan), mit ihren primären und sekundären Hotspots, bei 5,0 GHz, Rotverschiebung z = 0,057, Entfernung d = 0,29 Gpc. Sie zählt zu den bestabgebildeten, ebenmäßigsten Radiogalaxien.

Abbildung 7.4.5: Die uns nächste elliptische (Radio-) Galaxie *Cen A* (im Sternbild Centaurus = Zentaur), d = 3 Mpc, zugleich als erste gesehene Gammagalaxie, hier breitbandig: purpurn bei MeV Photon-Energien; orange bei Radiofrequenzen, und natürlich im sichtbaren Kerngebiet der Galaxie, von der NASA erstellt; vgl. Abb. 7.1.1a.

engster Durchmesser, gleich hinter der zentralen Maschine, nur 10^{16} cm [Hada et al 2011], oder aber 10^{17} cm misst, vgl. *Nature* 477, 185-187(2011).

Schließlich sollten wir beim Aufzählen aller „sonstigen Jets“ in diesem Abschnitt nicht den Zwillingsjet unserer eigenen Galaxie unerwähnt lassen, auch wenn seine Radioleistung

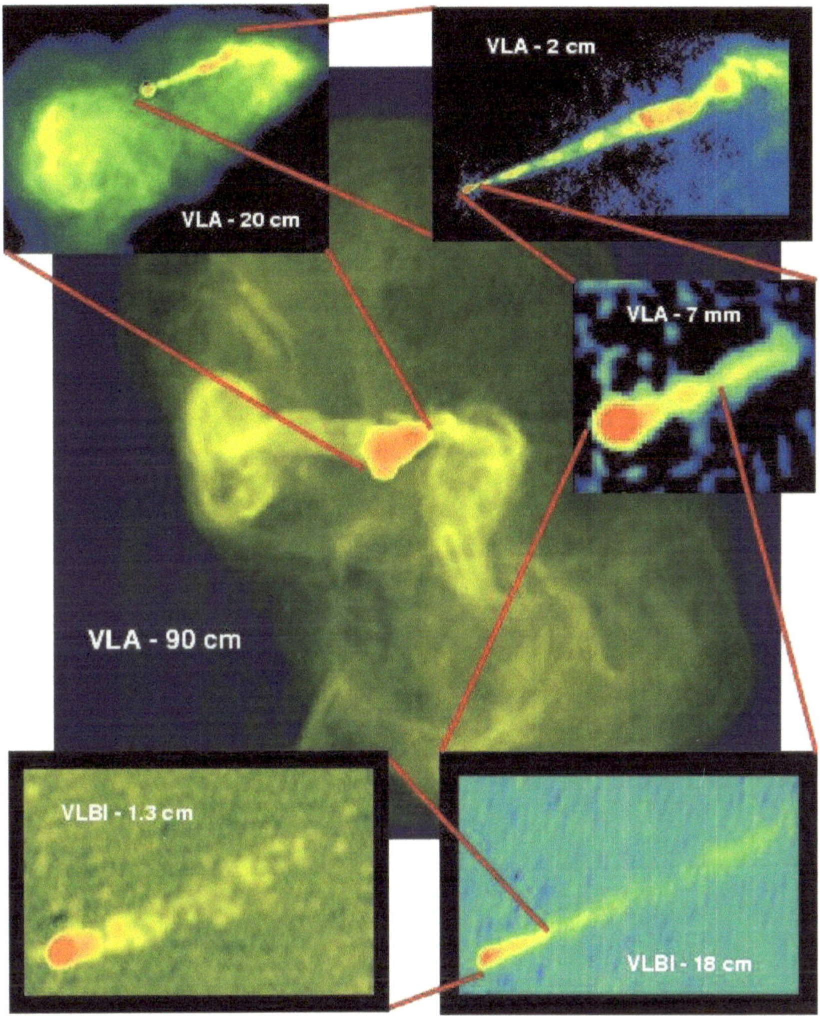

Abbildung 7.4.6: Die uns nächste Radio-cD-Galaxie *M 87*, vom Eilek-Typ B, vollständig sowie bei fünf aufeinander folgenden Detail-Vergrößerungen (!), d = 17 Mpc.

gegenwärtig kaum auffällt; wir erleben die Milchstraße in diesem Jahrhundert eben recht inaktiv. Aber qualitativ verhält sie sich ganz analog, mit Sgr A* als zentraler Maschine, wie bereits in 6.4 besprochen. Allgemein gilt für alle galaktischen Jet-Quellen die *Magorrian-Relation*, dass die Masse ihrer zentralen Maschine proportional ist der Masse ihres zentralen ‚Bauches' (bulge), nicht hingegen ihrer ferner gelegenen Strukturelemente, wie ihrer Scheibe, ihres Pseudo-Bauches, oder ihres Halos [Kormendy et al 2011]. Diese deutliche Relation spricht für die unmittelbare Herkunft der zentralen Maschine aus der inneren galaktischen Scheibe.

Womit wir das Ende unserer kursorischen Besprechung der astrophysikalischen Jet-Quellen erreicht haben. Oder doch noch nicht? Vielleicht betreten sie im kommenden Abschnitt noch einmal die Bühne, als Vertreter kosmischer Pekuliaritäten.

7.5 Die ‚anomalen Rotverschiebungen' von Arp, Hoyle und den Burbidges

Zu den heftigsten internationalen Kontroversen in der Kosmologie des 20. Jahrhunderts zählen die anomalen Rotverschiebungen vieler Punktquellen in auffälliger Assoziation mit unseren Nachbargalaxien: Ihre beharrliche Betonung führte zu Ausladungen, Zutrittsverboten und zum Zerfall persönlicher Freundschaften. Sind spektrale Rotverschiebungen denn kein zuverlässiges Maß für kosmische Entfernungen?

Nicht immer, meinen wir: Transrelativistische Rotverschiebungen treten auch auf bei dem galaktischen Doppelstern SS 433, als Folge nahezu relativistischer Geschwindigkeiten seines mitgerissenen Kanalwand-Materials, ferner (nach 5.4) beim vorübergehenden Nachleuchten der meisten Gammastrahl-Blitze, als Folge eines seltenen, lassoartigen, transrelativistischen Auswurfes am Lichtgeschwindigkeitszylinder (LGZ) des akkretierenden Neutronensterns. Vor allem aber treten transrelativistische Geschwindigkeiten auf bei allen Jet-Quellen, entlang ihrer gesamten Kanäle, nicht allein bei SS 433, sie sind jedoch selten direkt sichtbar. Bei Arps anomalen Rotverschiebungen handelt es sich, unserer Meinung nach, um die jeweiligen *galaktischen Jets* aus ihren Zentren, und zwar um den jeweiligen, durch Verbiegung von uns weglaufenden Strahl, dessen *Knoten* und *Kopf* wir (leicht unterschiedlich) rotverschoben registrieren [Kundt 2009a].

Halton Arp, Jahrgang 1925, kann auf eine astronomische Spitzenkarriere zurückblicken, die an der Cambridger Harvard Universität begann, zur Promotion cum laude am California Institute of Technology (Cal Tech, in Los Angeles, 1953) führte und ihn ins Konsortium der Mt.Wilson und Palomar Observatorien aufsteigen ließ. Als sorgfältigem Beobachter und Galaxien-Atlas-Ersteller fiel ihm bereits Ende der 1960-er Jahre auf, dass die meisten astronomischen Vordergrundsgalaxien assoziiert sind mit punktförmigen Objekten weit größerer Rotverschiebung, in höherer Anzahl, als allein durch intensiveres Durchsuchen und/oder Nichtlinearitätseigenschaften der verwendeten fotografischen Platten zu erklären gewesen wäre. In dieser Meinung wurde er u.a. durch die weltführenden Kollegen Fred Hoyle und das Ehepaar Margret und Geoffrey Burbidge bestärkt, jedoch von der professionellen Mehrheit abgelehnt, die sich durch solche ‚Spitzfindigkeiten' nicht von ihren eigenen Problemen ablenken lassen wollte. Vielleicht am eindrucksvollsten hat Arp seine unerfreulichen Erfahrungen in dem Buch [1987] präsentiert, aber auch das Buch ‚Against the Tide' [Arp 2008] enthält einen beunruhigenden Beitrag von ihm. Worum geht es?

Die allen diesen Kontroversen gemeinsame Fragestellung gehört zu den zentralen Problemen der Astrophysik, dem *Entfernungsproblem*: Diesem Problem sind wir bereits zweimal ganz krass begegnet, im Abschnitt 3.3 über SS 433, und im Abschnitt 5.4 über γ-Strahl Blitze: Wie sieht man einer leuchtenden Quelle am Himmel ihre Entfernung an? Versteht sich: Je näher sich eine Quelle befindet, desto heller erscheint sie uns. Aber der Schein kann trügen: Die Quelle kann über- oder unterdurchschnittlich hell leuchten, oder gar direkt in unsere Richtung (fokussiert) strahlen. Weit zuverlässiger erscheint das kosmologische Argument: Das Weltall dehnt sich beständig aus – weil es andernfalls durch seine Eigen-Gravitation bald zusammenstürzen würde – deshalb entfernt sich eine Quelle umso schneller von uns, je weiter entfernt sie ist. Man spricht hier von der Hubble'schen ‚kosmologischen Rotverschiebung' z und Entfernung $d = c\ z\ /\ H$ (für nicht allzu ferne Objekte), wobei $H := \dot{R}/R = 1/10^{9,86}$ Jahre der *kosmische Expan-*

sionsfaktor oder *Hubble-Parameter* ist. Diese Methode sollte zuverlässig sein, solange die Eigenbewegung des Objekts (gegenüber uns) nur sehr langsam erfolgt im Vergleich mit der Lichtgeschwindigkeit c. Neben diesen beiden Entfernungs-Messmethoden findet man in den Lehrbüchern noch eine Reihe weiterer Methoden, wobei die ,parallaktische' besonders zuverlässig ist, sich aber nur auf ganz nahe Objekte anwenden lässt, deren scheinbare jährliche Bewegung am Himmel – infolge unseres Umlaufs um die Sonne – von uns wahrgenommen werden kann. Für alle anderen Fälle sind Entfernungsbestimmungen oft mit schwer abschätzbaren Unsicherheiten behaftet.

Chip Arp und seine Fürsprecher fanden nun, dass es in der Nachbarschaft naher Galaxien unverhältnismäßig viele punktförmige Objekte großer Rotverschiebung gibt, oft sogar in offensichtlicher Wechselwirkung mit ihren jeweiligen Stamm-Galaxien, und zweifelte daher an deren kosmologischer Deutung als ferne, leuchtkräftige, aktive Galaxienkerne oder ,Quasistellare Objekte' (QSOs). Diese nicht-kosmologische Deutung hat sich bis in die Gegenwart hinein erhalten und hätte Arp wohl auch kaum die zahlreichen Animositäten eingebracht, wenn er nicht zugleich versucht hätte, seine ,anomalen Rotverschiebungen' als Eigenschaft kosmisch junger Materie zu deuten, eine Deutung, zu der es bislang keinerlei unabhängigen Zugang oder Hinweis gibt; sie wirkt exotisch.

Wir meinen, dass es eine weniger exotische Deutung der Arp'schen anomalen Rotverschiebungen gibt, nämlich (einfach) als *kinematische* Rotverschiebungen, gemäß der ursprünglichen Erklärung durch die Spezielle Relativitätstheorie, als Emissionen relativistisch schnell bewegter Materie. Solchen relativistisch schnellen Bewegungen sind wir in diesem Kapitel bereits mehrfach begegnet: bei den Jet-Quellen SS 433, 3C 273, bei mehreren (anderen) Neutronensternquellen mit Jets sowie indirekt durch (scheinbare) Überlichtgeschwindigkeits-Bewegungen von Knoten in quellnahen Jets wie auch durch ihre harten Spektren, bis hinauf zu TeV-Photonenergien. In [Kundt 2009a] haben wir einige ,worst cases' der Arp'schen Kollektion im Detail neu gedeutet, als Jet-Quellen der jeweiligen Galaxien, in Stadien, in denen sich ihre Köpfe durch extrem dünne Halomaterie ihrer Muttergalaxien hindurchrammen, s. Abb. 7.5.1. Warum beobachten

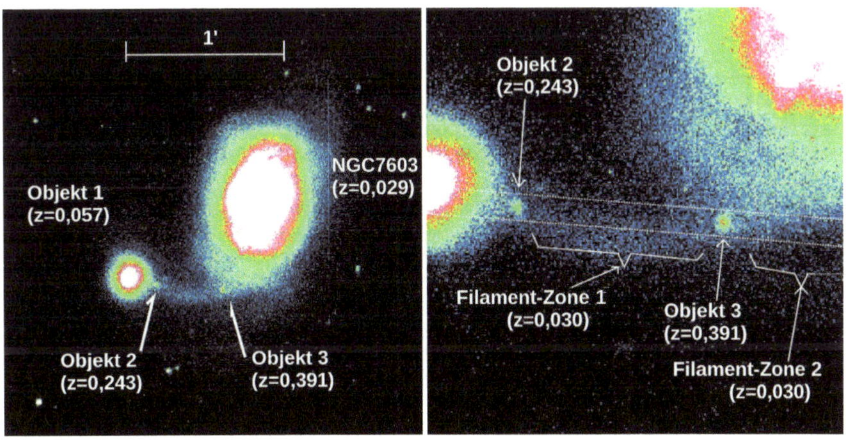

Abbildung 7.5.1: Eine nahe Quelle mit *,anomaler Rotverschiebung'*, im Sinne von Arp, Hoyle und den Burbidges, untersucht von López-Corredoira, Martin, Gutiérrez, C.M.: *A&A* 390, L15-L18 (2002) sowie: 421, 407-423 (2004), die wir als galaktische Jet-Quelle (der Galaxie NGC 7603) vom Eilek-Typ B deuten. Quellen ihrer Art haben jahrzehntelang die kosmologische Entfernungsbestimmung mittels spektraler Rotverschiebungen widersprüchlich werden lassen, weil man nicht glaubte, dass sich galaktische Materie auf fast Lichtgeschwindigkeit beschleunigen ließe. Jet-Quellen können das.

wir dabei immer nur Rotverschiebungen, statt ebenfalls die dazugehörigen, viel helleren Blauverschiebungen der auf uns zukommenden Köpfe?

Um diese Frage zu beantworten, ist es nützlich, sich (erneut) die raumzeitliche Geometrie von *Lichtechos* vor Augen zu halten, s. Abb. 5.4.3. Lichtechos entstehen stets bei hellen, kurzzeitigen Emissionen, bei Blitzen, vgl. 5.4. Ein ferner Beobachter sieht dann in jedem Augenblick direkte und/oder reflektierte bzw. gestreute Emissionen aus Richtungen, deren Emissionszentren auf *konfokalen Ellipsoiden* liegen, wobei dem Beobachter gewöhnlich nur Emissionen auffallen, die im *Durchschnittsgebiet* mit einem schmalen Kegel in Blitzrichtung liegen, nämlich demjenigen Richtungskegel, den der Beobachter durchmustert. In diesem *Blickkegel* liegen einerseits kurzzeitige, sehr helle und blauverschobene Emissionen, andererseits auch weit schwächere, dafür aber sehr lange anhaltende, rotverschobene Emissionen. Die rotverschobenen Emissionen sind Arps anomale Rotverschiebungen. Die zugehörigen blauverschobenen Emissionen waren irgendwann in der Vergangenheit einmal kurzzeitig zu sehen, oft überlagert von heller Kontinuumsstrahlung; sie lassen sich vielleicht noch in alten Archiven aufstöbern. Natürlich können auch in der Gegenwart kurzzeitig blaue Blitze eintreffen, die zu rotverschobenen Emissionen in der Zukunft gehören. In der Tat gibt es Hinweise auf solche hellen (blauen) Flecken, aber ihre korrekte Zuordnung ist schwierig. Lichtechos sind nicht problemlos zu registrieren.

In jedem Falle aber meinen wir, dass es im Wesen der Physik und insbesondere der Astrophysik liegt, zu jeder Zeit mit unverstandenen, schwer zu deutenden Phänomenen aufzuwarten. Diese Phänomene sollten uns die Freude ihrer Entschlüsselung nicht dämpfen und nicht zu Animositäten ausarten; sie sind naturgegeben und werden nie aussterben. Sie sind Begleiterscheinungen ernsthafter, intensiver Forschungstätigkeit.

7.6 Geordnete Bewegungen im Universum

Zu den heftigsten nationalen und internationalen Kontroversen in der Astrophysik und Kosmologie hat auch die bereits im 6. Kapitel wiederholt besprochene Struktur unserer Milchstraße geführt, insbesondere ihres Massenzentrums, in das wir ja nur sehr beschränkt hineinschauen können. Ist Sgr A* wirklich ein supermassives Schwarzes Loch, =: SMSL, wie einst – im Jahr 1971 – vor allem im britischen Cambridge behauptet wurde, oder liegt Kundt in seinen Arbeiten seit 1978 näher an der Realität, wenn er Sgr A* eine "nuklear brennende Scheibe" nennt – a "Burning Disk", = 'BD' – im Einklang mit Raymond Littletons 'Gold Effect' [1981], und Richard Feynman's 'Cargo Cult Science' [1989]? Ein klares 'Ja' auf diese Frage findet sich u.a. auch in seinen Arbeiten [Kundt, 2019] und [Kundt, 2020]: Schwarze Löcher – als singuläre, beständig wachsende Gebilde, durch Aufschlucken – sind unverträglich mit unserer menschlichen Existenz.

Und zwar findet man in der gegenwärtigen internationalen Literatur über unsere Kenntnisse der globalen Bewegungen in unserer Galaxie – wie auch außerhalb von ihr – dass beständig gewaltige Kräfte am Werk sind, die bewirken, dass die fortgesetzt in ihr Zentrum hineinspiralierende Materie sich dort nicht unbeschränkt ansammelt, sondern vielmehr auch wieder ihren Weg nach draußen nimmt, aus ihrem Zentrum heraus, vor allem durch mächtiges nukleares Brennen des in ihrer zentralen Akkretionsscheibe ('BD') komprimierten Wasserstoffs. Ein supermassives Schwarzes Loch kann das nicht. Wer hat recht?

Abb. 7.6.1 skizziert diesen geordneten galaktischen Masseneinfall – quasi logarithmisch – der großskaligen Materiebewegungen in unserer Milchstraße, gewonnen aus internationalen Beobachtungen während mehr als 35 Jahren, deren Genauigkeit sich dabei laufend erhöht hat. Dabei wurde ein gewisses Hineinspiralieren in Richtung seines gravischen Zentrums beobachtet, schwerkraftgetrieben – zentriert auf Sgr A* – mit einer Masseneinfallsrate von $\leq M_\odot$/Jahr, entsprechend einer Gesamteinfallszeit von 10^{10} Jah-

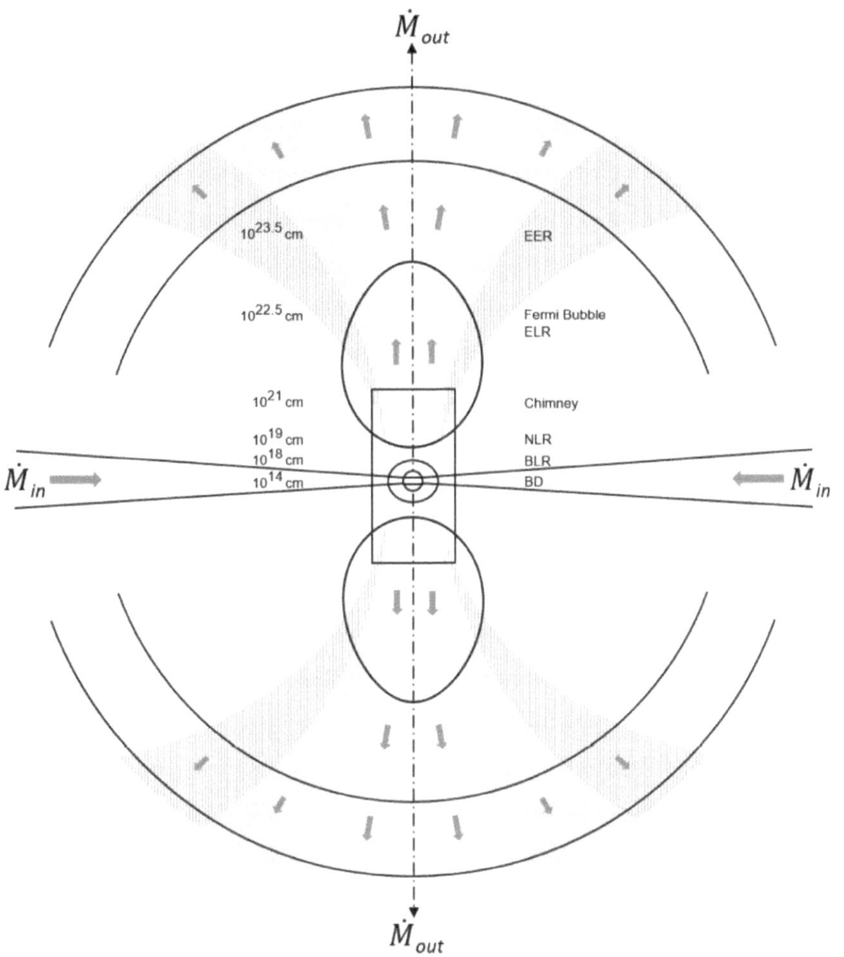

Abbildung 7.6.1: Skizze unserer Galaktischen Zirkulation in quasilogarithmischen Skalen: Startend im Zentrum – bei Sgr A* – geschieht der explosive Auswurf seiner nuklearen Asche radial und am schnellsten durch seine „brennende Scheibe" innerhalb ihrer fast sphärischen BLR vom Radius 10^{18} cm - siehe Abb. 7.6.3 – dann geringfügig breiter durch seine (etwas elliptischere) NLR, der Ausdehnung 10^{19} cm – siehe Abb. 6.2.2 – dann vertikaler durch seine Schornsteinregion (oder EER und ELR), der Höhe 10^3 Lj, und Fermi-Blasen-Region, der Höhe $\lesssim 10^{4.5}$ Lj, hinaus, zu seiner umgebenden ELR-Region, beobachtet als beinahe Lyman-α-Wald, und Metall-Linien-Schalen, von noch größeren Radien, sowohl unsere Galaxie als auch andere Galaxien umringelnd, wo wir ihren früheren Ausfluss noch heute verfolgen können.

ren. Unser Sonnensystem liegt in dieser Scheibe, und sollte am Ende dieser Zeitspanne das Zentrum erreichen, zerquetscht werden, nuklear verbrannt, nahe Sgr A*, und anschließend radial hinausgeblasen werden nach draußen, in der Gestalt nuklearer Asche.

Das übliche, gegenwärtige Mehrheitsdenken verlief anders: Begonnen durch Stephen Hawking, Roger Penrose, und Donald Lynden-Bell im Jahr 1969, und fortgeführt durch Günther Hasinger, Reinhard Genzel, und Dutzende weiterer Physiker hat die Mehrheit ganz einfach angenommen, Sgr A* sei ein SMSL, welches all die einfallende Materie verschlingt, obwohl diese Annahme bereits inkonsistent ist mit seiner verhältnismäßig geringen Masse – der Größenordnung $10^{6.6}$ $M_\odot$ – für eine gegenwärtige einfallende Massenrate der Größenordnung $M_\odot$/Jahr – und erst recht für eine typische kosmische Masseneinfallsrate von Anfang an.

Sie ist ebenfalls unverträglich mit der Tatsache, dass wir des öfteren Strahlungssplitter von Sgr A* empfangen, während sekunden-kurzer Zeitintervalle, bei IR-Frequenzen, Röntgen-Energien, oder gar bei harten gamma-Strahlen, vgl. Abb. 7.6.2. Warum sind dann gerade die Zentren der Quasare unsichtbar, in scheinbarer Bestätigung SLer? Hierfür beachte man, dass während Sterne aller Sorten umgeben sind von nahezu Vakuum – ebenfalls alle Plasma-Scheiben stellarer Masse – und daher weithin gut sichtbar, können die Zentren massereicher, nuklear brennender Scheiben schwer und undurchsichtig sein, derart, dass sogar ihre Nuklear-Detonationen abgeschirmt werden durch dicke, schwere Platten – Decken hoher Opazität – wenn sie sich nahe dem Boden einer tiefen galaktischen Potentialmulde befinden. Nur Fetzen ihrer seltenen, machtvollen Ausbrüche sind bisher registriert worden. Sie strahlen durch das zeitweise Blasen von Löchern in die sie partiell abschirmenden Decken. Sie sind die seltenen, stärksten Kernexplosionen im Universum, die sogar galaktische Kontraktionen quasi-stetig invertieren können, derart, dass wir in einem fast regulären Universum leben, einem Universum bewohnbarer Dichte.

Hierher gehört auch das Phänomen, dass keine Pulsare innerhalb der innersten 20 pc von Sgr A* beobachtet worden sind, obgleich etwa 10^3 erwartet wurden, aus Stetigkeitsgründen ihrer Verteilung, [Kundt, 2017]. Die dortige Region ist eine Hochdruck-Zentralregion, welche Neutronensterne daran hindert, Windzonen zu blasen und ihre Pulse auszusenden.

Andererseits passen starke, galaktische Nuklearregionen gut zu Hasingers Entdeckung ausgestrahlter Fe K alpha Linien von Sgr A* – ebenfalls von anderen galaktischen Zentren – Hinweise auf extremes Kernbrennen, die obige Interpretation bestätigen; SMSLer würden sich anders verhalten. Siehe auch [Kundt & Fischer, 1989], und Kundt [1978 - 2020].

Neu im vorigen Abschnitt war unsere Einsicht, dass die Zentren massereicher Galaxien beinahe unsichtbar sein können, trotzdem aber beschreibbar durch reguläre Lösungen von Einsteins ART - BDs - welche ihre Umgebung unter Druck setzen. Dieses Faktum war bereits 1993 von Susy Collin-Souffrin erkannt worden, als die Relation $\dot{M}_{\text{raus}} \sim \dot{M}_{\text{rein}}$ für

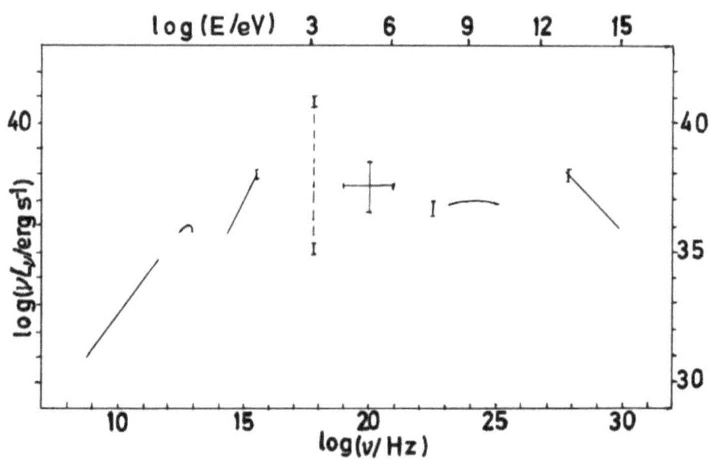

Abbildung 7.6.2: Grobes Emissionsspektrum von Sgr A*, von [Kundt, 2020].

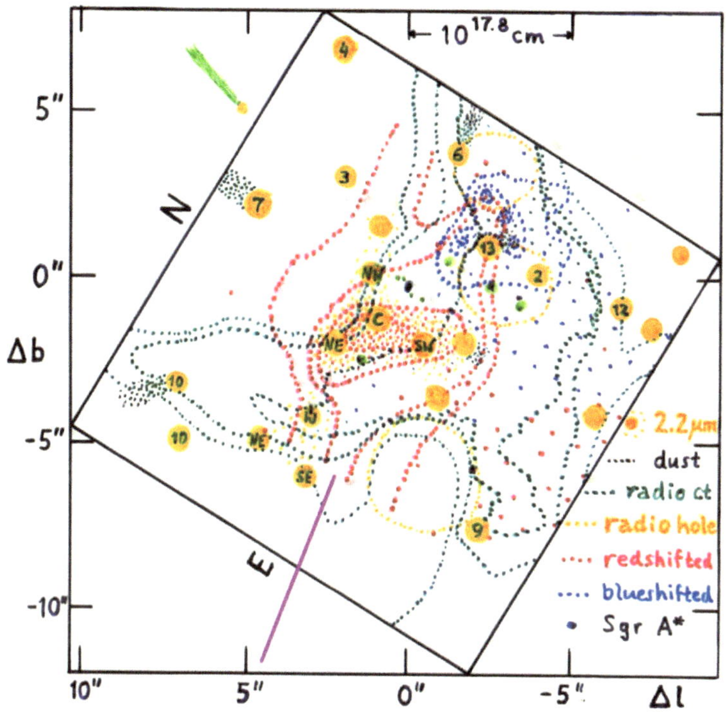

Abbildung 7.6.3: Die BLR unserer Galaxie, von [Kundt, 2017].

die ein- und ausströmenden Massenraten, die zu unserem galaktischen Zentrum durch die BLR strömen bzw. es anschließend wieder verlassen, vom Radius der Größenordnung Lichtjahr = 10^{18} cm, s. Abb. 7.6.3. Offenbar bläst ein Sturm aus Sgr A* die Atmosphären aller (≥ 8) innersten hellen Sterne radial nach außen.

Dieses innerste, radiale Sturmfeld durch die BLR kann nach außen verfolgt werden durch die einhüllende, schwach elliptische 'NLR', eingenommen von Sgr A Ost, der Größe 10 Lj, s. Abb. 6.2.2, und weiter in schornstein-förmige Ausfluss-Gebiete, der Höhen $\lesssim 10^3$ Lj, auch 'EER'n genannt (:= Extended Emission Regions), siehe Kundt [2017, 2019], sodann weiter in eiförmige 'Fermi Blasen', der Höhen $\lesssim 10^{4.5}$ Lj, und schließlich in sphärischere Entweich-Gebiete - auch 'Emissionslinien-Regionen' genannt, 'ELRn', mit noch größeren Radien, die unsere Galaxie einhüllen, und bereits 1985 bemerkt wurden, in Zusammenarbeit mit Marita Krause [Kundt & Krause, 1985], s. Abb. 7.6.1. Dieses gigantische galaktische Ausflussgebiet - so behaupten wir - ist geblasen worden durch eine zentrale Brennscheibe der Dicke einiger 10^{12} cm, vom Radius einiger 10^{14} cm, die sich im Zentrum der BLR befindet und die bisher noch nicht durch unsere besten Teleskope aufgelöst worden ist.

Und selbst falls es SMSLer gäbe, könnten sie nicht dieses gut beobachtete 4-Impuls Gleichgewicht eines Ausflussgebietes nuklearer Asche von galaktischem Ausmaß erklären, welches durch Hasingers Beobachtung schnellen Entweichens von maximal ionisiertem Eisen aus unserem galaktischen Zentrum unterstützt worden ist, der Asche extremen, nuklearen Brennens, die gegenwärtig in ihren äußersten Metall-Linien Schalen konzentriert ist, wie in Abb. 7.6.1 erwähnt; während der anfänglich mitbewegte Wasserstoff jetzt konzentriert ist in den 'Ly-alpha-Wäldern' derselben Galaxien, siehe [Kundt & Krause, 1985].

Was wir bisher in diesem Abschnitt 7.6 über geordnete Bewegungen im Universum zusammengetragen haben, ist inzwischen in weiteren Jahren verbesserter Messtechnik drastisch bestätigt worden. Inzwischen sind es nicht mehr nur die 15000 Galaxien des Sloan Digital Sky Survey (= 'SDSS'), sondern auch die noch reichhaltigeren, ihnen folgenden Durchmusterungen von John Kormendy und Rolf Bender sowie die fast 10^6 Galaxien des 4MOST Consortium Surveys im Messenger No. 175 (2019), alle bei Rotverschiebungen z im Intervall $0 < z < 6$), die ähnliche galaktische Massenverteilungen der uns nächsten Galaxien publiziert haben (siehe Abb. 8.1.1). Sie konfrontieren uns mit ganz ähnlichen Verteilungen der großen Massen und ihrer Bewegungen im benachbarten Universum.

Bei allen von ihnen beginnen die Massen ihrer erfassten Galaxien - mit Rotverschiebungen zwischen 0 und 6 - bei Leuchtkräften zwischen 10^{41} erg/s und 10^{47}erg/s, in stetiger Fortsetzung unserer direkten kosmischen Nachbarn. Sie alle kontrahieren langsam wie (zähe) rotierende Scheiben, beginnend mit (maximalen) Kernmassen von 10^{10} Sonnenmassen, die statistisch zu 10^7 Sonnenmassen schrumpfen, offenbar durch nukleares Brennen ihrer (wasserstoffreichen), noch (kernchemisch) jungen Zentralscheiben. Ist dies nicht eine tiefgehende Lehre der SDSS Himmels-Durchmusterrung, die wir hiermit erfahren?! Wir leben in einem jungen Universum! Es enthält ähnliche Galaxien der unseren, von Anfang an; jedoch ohne SMSLer.

LITERATUR (KAPITEL 7)

[Allen & Davis 2008] Allen, L.E., Davis, C.J., 2008: Low Mass Star Formation in the Lynds 1641 Molecular Cloud, *Handbook of Star Forming Regions* Vol. **1**, Astron. Soc. of the Pacific, 621-661.

[Arp 1987] Arp, Halton C., 1987: Quasars, Redshifts and Controversies, Interstellar Media, 1-198.

[Arp 2008] Arp, Halton C., 2008: Scientific and Political Elites in Western Democracies, in: *Against the Tide*, eds. Martin Lopez Corredoira & Carlos Castro Perelman, Universal Publishers, Boca Raton, Florida, pp.119-123.

[Aschenbach et al. 1995] Aschenbach, Bernd, Egger, R., Trümper, Joachim, 1995: Discovery of explosion fragments outside the Vela supernova remnant shock-wave boundary, *Nature* **373**, 587-590.

[Bally et al 2000] Bally, John, O'Dell, C.R., McCaughrean, Mark, 2000: Disks, Microjets, Windblown Bubbles, and Outflows in the Orion Nebula, *Astronomical J.* **119**, 2919-2959.

[Begelman et al. 2006] Begelman, M.C., King, A.R., Pringle, J.E., 2006: The nature of SS 433 and the ultraluminous X-ray sources, *Mon. Not. Royal Astron. Soc.* **370**, 399-404.

[Eilek et al. 2002] Eilek, Jean, Hardee, Philip, Markovich, T., Ledlow, M, Owen, Frazer, 2002: On dynamical models for radio galaxies, *New Astron. Rev.* **46**, 327-334.

[Hada et al. 2011] Hada, Kazuhiro et al (6 Autoren), 2011: An origin of the radio jet in M87 at the location of the central black hole, *Nature* **477**, 185-187.

[Joshi 2009] Joshi, Pankaj S., 2009: Naked Singularities, *Scientific American*, February, 26-33.

[Joshi & Malafarina 2013] Joshi, Pankaj S., Malafarina, Daniele, 2013: Instability of black hole formations under small pressure perturbations, *Gen. Relativ. and Grav.* **45**, 305-317.

[Kormendy & Bender 2011] Kormendy, John, Bender, Ralf, Cornell, M.E., 2011: Supermassive black holes do not correlate with galaxy disks, pseudobulges, or dark matter halos, *Nature* **469**, 374-379.

[Kronberg et al. 2011] Kronberg, Philipp, Lovelace, Richard, La Penta, G., Colgate, Stirling, 2011: *Astrophys. J. Lett.* **741**, L15-21.

[Kulsrud et al. 1972] Kulsrud, Russell, Ostriker, Jeremiah, Gunn, James, 1972: Acceleration of cosmic rays in supernova remnants, *Phys. Rev. Lett.* **28**, 636-639.

[Kundt 1987] Kundt, Wolfgang, 1987: QSO-Absorption Systems due to Filamentary Shells? in:*13th Texas Symposium on Relativistic Astrophysics*, Chicago 1986, ed. Melville P. Ulmer, World Scientific, 314-315.

[Kundt 1996] Kundt, Wolfgang, 1996: Jets from Stars and Burning Disks, in: *Jets from Stars and Galactic Nuclei*, ed. W. Kundt, Lecture Notes in Physics **471**, 1-18, 140-144, and 265-270.

[Kundt 1998a] Kundt, Wolfgang, 1998a: Astrophysics of Neutron Stars: Facts and Fiction about their Formation and Functioning, *Fundamentals of Cosmic Physics* **20**, 1-119.

[Kundt 2001b] Kundt, Wolfgang, 2001: Jet Formation and Dynamics: Comparison of Quasars and Microquasars, in: *MICROQUASARS*, Granada workshop on Galactic Relativistic Jet Sources, eds. A.J. Castro-Tirado, J. Greiner, & J.M. Paredes, Kluwer, 273-277.

[Kundt 2005] Kundt, Wolfgang, 2005: *Astrophysics, A new Approach*, Springer, 1-223.

[Kundt 2008] Kundt, Wolfgang, 2008: The Gold Effect: Odyssey of Scientific Research, in: *Against the Tide*, eds. Martin Lopez Corredoira & Carlos Castro Perelman, Universal Publishers, Boca Raton, Florida, pp.37-58.

[Kundt 2009a] Kundt, Wolfgang, 2009a: Critical Thoughts on Cosmology, in: *XIIIth Brazilian School of Cosmology & Gravitation*, eds. Mario Novello & Santiago E. Perez Bergliaffa, AIP Conf. Proceedings **1132**, 288-302.

[Kundt 2011c] Kundt, Wolfgang, 2011c: The astrophysical jets, in: *Jets at All Scales*, IAU Symposium **275** in Buenos Aires, eds. G.E. Romero, R.A. Sunyaev, & T.M. Belloni, Cambridge Univ. Press, 92-93.

[Kundt 2014] Kundt, Wolfgang, 2014: A Uniform Description of All the Astrophysical Jets, Mondello Workshop 2014, PoS(FRAPWS2014)025, 1-9 (2015).

[Kundt 2017a] Kundt, Wolfgang, 2017a: Sgr A*, the best-sampled of all AGN?, Mondello on 15 June 2017, PoS(MULTIF17)050, 1-12 (2017).

[Kundt 2017b] Kundt, Wolfgang, 2017b: The Astrophysical Jets (again): as the most complicated inorganic machines known to us, Mondello Workshop 2017, PoS(MULTIF17)075, 1-8 (2017).

[Kundt 2019] Kundt, Wolfgang: Astrophysics without Black Holes, and without Extragalactic GRBs. Or: What have we learned from all our recent observations, including the G-W Receptions, FRBs, and the EHT-Map? Do they fit into a consistent Scenario? Mondello Workshop 2019, PoS(MULTIF2019)021, 1-14 (2019).

[Kundt 2020] Kundt, Wolfgang: Ordered Motions in the Universe, 2020, viXra:2006.0270.

[Kundt & Fischer 1986] Kundt, W., Fischer, Daniel: Is there a BH among the BH-Candidates? J. Astrophys. Astron. 10, 119-138, 1989.

[Kundt & Krishna 2004] Kundt, Wolfgang, Krishna, Gopal, 2004: The Physics of E × B-Drifting Jets, *J. Astrophys. Astr.* **25**, 115-127.

[Kundt & Yar 1997] Kundt, Wolfgang, Yar, Aylin, 1997: Fireworks in Orion, *Astrophysics & Space Science* **254**, 1-12.

[Quevedo 2011] Quevedo, Hernando, 2011: Multipolar Solutions, in: *Cosmology and Gravitation*, XIVth Brazilian School of Cosmology and Gravitation, eds. M. Novello & S.E.P. Bergliaffa, Cambridge Scientific Publishers, 83.97.

[Reipurth et al. 2002] Reipurth, Bo, Heathcote, Steve, Morse, Jon, Hartigan, Pat, Bally, John, 2002: Hubble Space Telescope Images of the HH 34 Jet and Bow Shock: structure and proper motions, *Astrophys. J.* **123**, 362-381.

8. KOSMOLOGIE

Dieses achte und letzte der astrophysikalischen Kapitel ist unseren unsichersten Kenntnissen gewidmet, den Kenntnissen vom Anfang der Welt, von ihrer Größe und Beschaffenheit und von ihrer zu erwartenden Entwicklung. Physik wird überall da zuverlässig, wo redundante Tests von mehreren unabhängigen Experimentalphysikern möglich werden, und läuft Gefahr dort auszuufern, wo solche Tests durch Mutmaßungen oder Einfachheitsannahmen ersetzt werden. Dann gibt es leicht ebensoviele verschiedene Deutungen wie engagierte Forscher. Trotzdem zählt die Kosmologie nun schon seit fast 60 Jahren zu den attraktivsten Teildisziplinen der Physik, vielleicht, weil wir Menschen vielfach von dem Fernen, Übergeordneten, alles Umfassenden in stärkerem Maße gefesselt und fasziniert werden als von dem uns leidlich vertrauten, routinedurchsetzten, leicht einmal schmutzigen und/oder unfreundlichen Alltag. Was können wir lernen aus der Kosmologie?

Wie bereits im Vorwort des Buches erwähnt, befindet sich die Physik in den vergangenen fünf Jahrhunderten in rasantem, stückweise exponentiellem Wachstum. Wir haben gelernt, die Eigenschaften der Materie bei niedrigen und (ziemlich) hohen Dichten zu beschreiben, bei kleinen und großen Geschwindigkeiten, bei tiefen und hohen Temperaturen, bei niedrigen und starken Magnetisierungen. Die Einstein'schen Feldgleichungen der Allgemeinen Relativitätstheorie sind schrankenlos anwendbar auf unsere nahe kosmische Umgebung; also hindert uns nichts, ihnen sogar bis an den Rand aller möglichen Beobachtungen zu trauen. Zumal sich alle bislang geprüften dimensionslosen physikalischen Konstanten – wie z.B. $\alpha := e^2/\ \hbar\ c$ – aus spektralen Messungen als raumzeitlich konstant erwiesen haben, und dem anthropischen Prinzip gehorchen, wie im Abschnitt 6.1 besprochen. Zur Vorsicht mahnt jedoch unsere völlige Unkenntnis der kosmischen Anfangsbedingungen, im Limes Zeit $\to 0$ oder $\to - \infty$.

Den Anfangsbedingungen widmet sich der erste Abschnitt: War das Weltsubstrat am Anfang heiß, d.h. im thermisierten Limes aller ungeordneten Teilchenbewegungen, oder war es vielmehr kalt, d.h. lokal in Ruhe? Woraus bestand es, d.h., welche Teilchensorten gab es von Anfang an? War z.B. die Baryonenzahl anfangs gleich Null? Die einfachste und wahrscheinlich auch häufigste Form dunkler Materie im Weltall ist ionisierter Wasserstoff in hoher Verdünnung [Braun 2013]. Gibt es nicht-baryonische, dunkle Materie? Gab es Weiße Löcher? Überlebte aus den ersten drei Minuten genügend viel Wasserstoff, um später genügend viel Kernenergie für die galaktischen Springbrunnen bereitzustellen? Und ab wann können wir hoffen, eine dominante kosmische Strahlungstemperatur festzustellen bzw. sogar zu messen?

Im zweiten Abschnitt fragen wir (konkreter) nach der Herkunft der magnetischen Saatfelder: Ab wann gab es Umwandlungen von kinetischer in magnetische Energie, oft sogar bis zur Äquipartition der Drücke? Ohne geeignete Mechanismen (Maschinen) ziehen sich Magnetfelder zusammen und/oder zerstrahlen, ihr Schrumpfen und ihre Strahlungsverluste müssen also beständig kompensiert werden. Da wir am Himmel geordnete Magnetfelder auf Längenskalen bis hinauf zu Mpc beobachten, in den Zentren von Galaxienhaufen wie auch auf den kleineren Längenskalen der galaktischen Scheiben, der Sterne und ihrer Nebel, bis hinunter zu den Planeten und ihren Monden, sind wir also primär an den größträumigen Feldformationen interessiert. Entstehen die kosmischen Saatfelder in Bereichen großskaliger gravischer Lawinen, bei der Ausbildung der Wand-Leerraum (wall-void) Zellstruktur?

Im dritten und vierten Abschnitt greifen wir erneut die Energieumsetzungen in den Galaxien auf, die wohl gewöhnlich in ihren Zentren kulminieren. Was lernen wir aus ihren Rotationskurven? Wo sind deren Maxima? Was ist das Schicksal der Massenflüsse von $\lesssim M_\odot$/Jahr, die in Richtung Zentrum spiralieren, sofern sie dort nicht durch ein UMO (Unresolved Massive Object) verschlungen werden? Wie gelangen sie wieder ganz nach draußen, als gigantische Emissionsschalen, die als Lyman α-Wald-Erzeuger und Metalllinienabsorber in allen kosmischen Spektren anzutreffen sind? Und wer erzeugt die harte, breitbandige Strahlung der galaktischen Zentren, sowie die bisweilen gigantischen Jets, die aus dem Zentrum austreten und oft bis weit über die Umrisse einer Galaxie hinauswachsen, während Hunderter von Jahrmillionen? Gibt unsere wenig beachtete BD von 1978 eine realistischere Deutung, mit ihren nuklear angetriebenen, geordneten Expansionen [Kundt, W., 2020b]? Und welche Energie-Umsetzungen sorgen für die kosmische ‚Wieder-Aufheizung' und ‚Wieder-Ionisation' (re-heating and re-ionisation), die aus der kosmischen Durchsichtigkeit nahe der Lyman-Kante des Wasserstoffs und den sonstigen Eigenschaften des Weltraumes (Druck, Dichte, Durchsichtigkeit) erschlossen werden?

Ein heißes Thema wird in Abschnitt fünf angesprochen: Wie viel kosmische Hintergrundstrahlung bleibt übrig, wenn man von der global erfassten 3K-Strahlung ihre Vordergrundsanteile abzieht, aus dem Sonnensystem – dominant im Quadrupol- und Oktopol-Anteil – sowie aus der Milchstraße – dominant in der Galaktischen Scheibe, vielleicht sogar auch im Galaktischen Halo – im linear-polarisierten Anteil? Zumal der gegenwärtige optische und Infrarot-Hintergrund für Galaxien so hell ist, dass deren quellferne, kalte Materie ihre absorbierte Einstrahlung aus dem Weltall dicht über 3K re-emittiert. Wie weit in unsere kosmische Vergangenheit können wir schauen, wenn wir den Nachthimmel bei 3K inspizieren?

Die verbleibenden Abschnitte 6 und 7 widmen sich zwei fragwürdigen Themen: Wie oft im Universum ereignen sich ‚Galaxien-Verschmelzungen', und wie steht es um das Vorhandensein sog. dunkler Energie? Einfache statistische Abschätzungen der Stoßwahrscheinlichkeiten von Galaxien und ihrer gegenseitigen Bremskräfte lehren, dass sich Galaxien zwar oft gegenseitig verformen, bei nahen Vorbeiflügen, jedoch nur unmessbar selten dabei fusionieren – ausgenommen in den Zentralbereichen großer Galaxien-Haufen, z.B. M 87 – sodass dieser fortwährend zitierte Erklärungsversuch deutlich überstrapaziert wird [Moore et al 1996]. Und der von Mike Turner erfundene Name ‚dunkle Energie' steht für den unverstandenen Λ-Term in den Einstein'schen Feldgleichungen, den bereits Einstein verabschiedet hat und dessen gegenwärtig vertretenes Vorzeichen irdische Materialien als Quellterm ausschließt. Können wir kosmische Rätsel lösen, indem wir willkürliche Zusatzannahmen machen?

8.1 War der Urknall heiß, kalt oder entbehrlich?

Wie wurde die Welt erschaffen? Gehorcht unsere ganze Welt den physikalischen Gesetzen, die wir hier auf der Erde kennen und schätzen gelernt haben? Einsteins Feldgleichungen der Allgemeinen Relativitätstheorie machen einen vertrauenerweckenden Eindruck, jedoch fehlt uns jegliche Kenntnis über die wahren *Anfangs- und/oder Randwerte* des Universums, etwa über den Urknall, auch sind jüngere Forschergenerationen bereit, die Feldgleichungen durch Hinzunahme des die Energieungleichungen verletzenden Λ-Terms abzuändern, unter Verwendung des schlagkräftigen, wennschon irreführenden Namens ‚dunkle Energie'. Ebenfalls sind sie bereit, neben der sichtbaren Materie auch ‚dunkle Materie' im Weltall in Betracht zu ziehen, sowohl baryonischer als auch nicht-baryonischer Art. Unsere führenden Kosmologen haben die Fragen dieses Abschnitts *paarweise unterschiedlich* beantwortet, wir betreten daher unsicheres Gelände.

In dieser ungeklärten Situation sollten wir *vorsichtig* sein bei dem Bemühen, gewisse Teilaspekte der Kosmologie zuversichtlich zu beantworten. Denn wir sind uns nicht einmal einig, ob der Anfangszustand des Weltsubstrats einmal extrem dicht war – dichter als die Materie in den Atomkernen – und ob dieses Weltsubstrat thermisiert, d.h. heiß oder kalt (gepresst), oder von noch anderer Beschaffenheit war. Und wenn wir in zunehmendem Maße entdecken, dass sich die Zentren der Galaxien wiederholt entleert haben, dann sollten wir einsehen, dass sich dort bislang *keine Schwarzen Löcher* keine *Nackten Singularitäten* gebildet haben.

Die Kosmologie wird gemeinhin zu den naturwissenschaftlichen Disziplinen gezählt, an manchen Instituten der Erde sogar mit großem Ernst und viel Leidenschaft betrieben, obwohl sich die meisten ihrer (meist strittigen) Aussagen nicht im Labor testen und daher auch nicht beweisen oder widerlegen lassen. Zwar beginnt die Untestbarkeit physikalischer Eigenschaften oder Zusammenhänge bereits auf unserem Heimatplaneten Erde, etwa in Tiefen $\gtrsim$12 km unter N(ormal) N(ull), und nimmt schnell zu mit wachsender Entfernung von der Erde, fortschreitend durch das äußere Sonnensystem und die äußere Heliosphäre in Richtung Milchstraße. Aber ernsthaft neue methodische Situationen treten bereits bei Entfernungen von $\gtrsim$ einigen Lichtjahren auf, die wir zwar noch sehen und in gewissem Umfang sogar beeinflussen können, durch Beschuss mit Photonen oder mit Raumsonden, von denen wir jedoch zu Lebzeiten keine Respons (mehr) erhalten können. Die eigentliche Kosmologie beginnt erst jenseits dieser kausalen Nahzone (mit Informationsaustausch, Entfernung $\lesssim$ Lichtjahr), dort, wo wir nur noch hinschauen können und staunen, aber keinerlei Einfluss mehr ausüben können. Spielen sich die Prozesse dort draußen noch immer nach den gleichen Gesetzen ab wie vor unserer Haustür, bis zu Rotverschiebungen z = 7 oder gar z = 10 (ferner QSOs oder Galaxien), und können wir aus ihrer Beobachtung vielleicht sogar etwas Brauchbares für unsere kosmische Gegenwart erfahren? Vielleicht.

Und zwar in zunehmendem Maße, je breitbandiger und je höher auflösend unsere Beobachtungen werden. Aber wir sollten dabei jedwede Dogmatik außen vor lassen, ähnlich wie bei den Religionen oder wie bei allem Historischen, das sich oft gleichermaßen dem Labortest entzieht. Physik ist auf ständige Überprüfungen angewiesen; sie hört dort auf zuverlässig zu sein, wo Unkenntnis durch Vermutung ersetzt wird, statt durch aufrichtige Fehlanzeigen. Wahrscheinlich hätte die Kosmologie gar nicht so viele Schlagzeilen geerntet – und neuerdings sogar Nobelpreise – wenn es nicht gleich bei ihrer Geburt ein paar erstaunliche Einsichten gegeben hätte: Wie weit auch immer wir in unsere (kosmische) Vergangenheit hinausschauen, alle messbaren physikalischen Grundgrößen haben dort die gleichen Werte wie hier und jetzt, mit Ungenauigkeiten $\lesssim 10^{-6}$. Das haben uns hauptsächlich hochaufgelöste Spektren gelehrt, die dort wie hier die gleichen Frequenzverhältnisse aller identifizierten Spektrallinien aufweisen. Es gibt also keinen sichtbaren Rand unserer Welt, jenseits dessen sich die physikalischen Grundgesetze von den hiesigen unterscheiden würden. Warum dann nicht einfach versuchen, das gesamte Universum mit einer einheitlichen Theorie zu erfassen, etwa bis zurück zu -(30 ± 15) Gigajahren?

Und das tut man auch. Wobei dann aber die ganz große Unsicherheit beginnt bei der Wahl der Anfangs- und Randbedingungen, nachdem man sich bei den Feldgleichungen mehr oder weniger auf Einsteins Allgemeine Relativitätstheorie ‚geeinigt' hat, mit oder ohne kosmologischem Glied. Aber bereits hier wurde Unkenntnis durch Willkür ersetzt. Man verließ das Fahrwasser konsequenter Beschreibung spätestens dann, als Mike Turner das unverstandene kosmologische Glied mit (konstantem) Vorfaktor Λ in „dunkle Energie" (dark energy) umbenannte; zumal der fragliche Term die fixierten Definitheits-Eigenschaften von Energie (der späten 1960-er Jahre) grob verletzt, (bei der gegenwärtigen Wahl seines Vorzeichens): Druck und Energiedichte haben beim Λ-Term frei wählbare Vorzeichen! Ersetzung von Unkenntnis durch Willkür hat in unseren Augen wenig Chancen, die kosmologischen Welträtsel ihrer Entschlüsselung näherzuführen. Als „nur" Gymnasiallehrer hat Alexander Unzicker [2010, 2012] unlängst diesen wissenschaftlichen Missstand erstaunlich treffend beschrieben.

Doch zurück zu den Anfangsbedingungen, zum sog. *Urknall* (*big bang*), wie ihn sein ‚Gegner' Fred Hoyle einst provokativ benannte. Gab es ihn, oder gab es ihn nicht? Begann die Welt singulär? Und wenn ‚Ja', war dieser hochkomprimierte Anfangszustand *heiß*, d.h. thermisiert, oder *kalt*, d.h. lokal in minimalem Bewegungszustand? Die Bücher des Princeton-Professors Jim Peebles [1993], der internationalen Vorreiter Fred Hoyle, Geoffrey Burbidge und Jayant Narlikar [2000] und von Harvards Einzelgänger David Layzer [1990] geben recht unterschiedliche Antworten auf diese Frage, bevorzugend den heißen, oszillierenden oder gar kalten Anfangszustand. Weitere, ebenfalls durchaus ernst zu nemende Außenseiter vertreten sogar ein statisches Modell des Universums, mit ‚ermüdendem Licht' (*tired light*), das sich bei seiner Ausbreitung zunehmend mit der Entfernung rötet, und wieder andere Autoren bewegen sich irgendwo dazwischen. Wir selbst haben von Anfang an versucht, einen möglichst zwingenden Mittelkurs der Meinungen (mainstream) zu steuern [Kundt 1968, 1971, 2009a,b]. Wer liegt am dichtesten an der (naturwissenschaftlichen) Wahrheit?

Das Kriterium zur Beantwortung dieser Frage sollte allein die Güte sein, mit der das heute sichtbare Universum aus den kosmologischen Anfangsdaten hergeleitet werden kann. Bilden sich alle die beobachteten Galaxienfamilien mit den richtigen Morphologien in den richtigen Häufigkeitsverhältnissen? Jahrzehntelang krankte das Standardmodell des heißen Urknalls daran, dass es zu homogen war, d.h. zu geringe Dichteschwankungen für hinreichende Galaxienbildung (durch gravitativen Kollaps) bereitstellte, und dass es bereits in den ersten drei Minuten zuviel Wasserstoff zu Helium verbrannte – nämlich dass es bei seiner Fusion von H zu He 28 Massenprozente Helium erzeugte – um die späteren, starken Massenauswürfe (‚Winde') aus den Zentren der Galaxien mit ausreichend viel Fusionsenergie zu versorgen, vgl. Abb. 8.1.1. Dieses fundamentale energetische Versagen versuchte man dann durch Gravitationskollaps zu SuperMassiven Schwarzen Löchern (SMSL) zu beheben, denen man unrealistisch hohe Auswurfeffektivitäten zumuten musste und deren multiple Inkonsistenzen mit den Daten man ignorierte [Kundt 2009a,b]. Beide Schwierigkeiten sind deutlich geringer in Layzers kaltem Urknall, der weit höhere Anfangs-Dichteschwankungen und niedrigere nukleare Brennraten in den ersten drei Minuten vorhersagt, allerdings noch in Abhängigkeit vom frei vorgebbaren Leptonen-zu-Baryonen-Verhältnis.

Abb. 8.1.1, vom SDSS, sowie von John Kormendy et al, und Messenger, und Hasingers Misachtung

Verbleiben dann noch die Fragen nach der Herkunft der kosmischen *2,73K-Strahlung*, nach der Erzeugung der großskaligen *Blasenstruktur* – mit Leerräumen und Wänden (*voids and walls*) der Ausdehnung 10^2Mpc – nach der (mehrfachen?) starken *Re-Ionisation* und *Wieder-Aufheizung* des Weltsubstrats in den dichtbesiedelten Wandbereichen, nach den langreichweitigen (*Saat-*) *Magnetfeldern*, nach einem eventuellen Übermaß an *dunkler* (d.h. unsichtbarer) *Materie* – über ionisierten Wasserstoff niedriger Dichte hinaus –

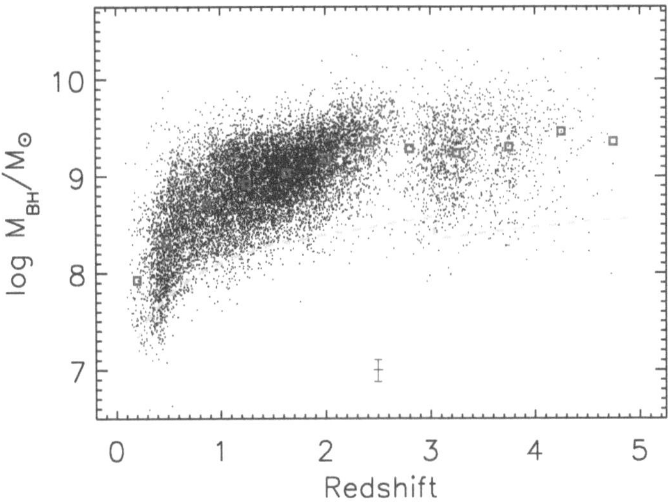

Abbildung 8.1.1: SDSS-Ausdruck der unaufgelösten *Zentralmassen* von 14584 Galaxien, als Funktion ihrer Rotverschiebung z ($\in\{0.2,\ 4{,}5\}$) aufgetragen. Hiernach nehmen die Zentralmassen der Galaxien im Mittel monoton mit der Zeit ab, von $10^{9,5}$ $M_\odot$ auf $\lesssim 10^7$ $M_\odot$, durch Massenauswürfe. Schwarzloch-Verteidiger leiten hieraus stattdessen das Gegenteil her, mittels dubioser „Co-Evolution". Ein ganz ähnliches Diagramm ist übrigens inzwischen auch für die Stärke der zentralen Radioquellen gefunden worden.

und nach dem Λ-Effekt, einer scheinbar *beschleunigten* gegenwärtigen *Expansion* des Weltsubstrats für Beobachter in Galaxien. Diese und weitere kosmologische Teilprobleme werden wir erneut in den kommenden Abschnitten ansprechen. Es wird jedoch offen bleiben, ob z.B. zur genaueren Erfassung einer (hoch-komprimierten, stark inhomogenen) kosmischen Anfangsphase – etwa einer *inflationären*, nach Alan Guth – eine Quantisierung der Raumzeit herangezogen werden sollte, eine *Quanten-Gravitation*, zu der es bisher keinerlei Anhaltspunkte gibt. Bisher ist unseres Wissens keine einzige Messanordnung vorgeschlagen worden, Quantenaspekte der Raumzeit zu messen und somit eine solche Theorie zu testen. Ein solcher Versuch überschritte damit die Grenzen der Physik.

Dabei können wir uns oft nicht des Eindrucks erwehren, dass wir das kosmologische Problem wahrscheinlich leichter meistern würden, wenn wir bereits zuverlässigere Einblicke in all die verschiedenen, uns näheren astrophysikalischen Teilprobleme gewonnen hätten, die u.a. in den Kapiteln 4 bis 7 angesprochen worden sind und die als lokale Bausteine des Kosmos entscheidend mitspielen.

8.2 Wie entstanden die magnetischen Saatfelder?

Magnetfelder gibt es überall im Weltraum, wohin wir schauen: auf den Planeten, in den Sternen, in den Galaxien und sogar in den Galaxienhaufen, ausgerichtet bisweilen über riesige Entfernungen, bis hinauf zu Mpc. Dies, obwohl Magnetfelder zerfallen, sobald sie nicht nachverstärkt werden: Dann schrumpfen sie und/oder zerstrahlen. Hieraus kann man schließen, dass im Weltraum beständig Magnetfelder erzeugt und/oder nachverstärkt werden. Auf welche Weise? Die hierfür zuständigen magneto-hydrodynamischen Gleichungen sind bekannt, aber zu unbequem für konkrete Rechnungen, deswegen hat man sie vereinfacht, zu den sog. Dynamogleichungen. Diese Vereinfachungen waren aber zu grob, ihr Resultat ist in Teilen unrealistisch.

Für fast alle praktischen Fragestellungen genügt es aber, die Magnetfluss-*Erhaltungssätze* zu approximieren und aus ihnen die Erzeugungsraten abzuschätzen: Magnetfluss kann z.B. aus *Drehimpuls* gewonnen werden, wenn dabei geeignete elektrische Ladungsverteilungen vorliegen, gewonnen durch Reibungselektrizität, und wenn dabei der Entropiesatz respektiert wird, der den Wirkungsgrad einschränkt. Hiervon machen alle Sterne und Planeten Gebrauch, desgleichen alle differenziell rotierenden Scheiben. Außerdem können Magnetflüsse bei großräumigen *Scherbewegungen* in gravischen Lawinenfeldern entstehen.

Magnetfelder sind allgegenwärtig im Weltraum, obwohl sie nicht von selbst (ohne Arbeitsleistung) entstehen, jedoch von selbst zerfallen, sofern sie nicht beständig nachverstärkt werden. Unsere Erde besitzt in ihrem Außenraum ein ungefähres Dipolfeld, der Stärke $\lesssim$1 Gauß an der Oberfläche, (Gauß =: G), das allerdings gelegentlich auch mal durch null gehen kann, alle $10^{5\,\pm\,1{,}5}$ Jahre, genauer während Zerfallszeiten, die Poisson-verteilt sind und gewöhnlich zwischen $10^{3{,}7}$ und $10^{7{,}7}$ Jahren liegen. Während seiner Nulldurchgänge wird das irdische Dipolfeld nach Kräften durch seinen Quadrupol und/oder Oktupol vertreten, derart, dass die Summe ihrer Energiedichten konstant bleibt. Alle höheren Multipole bis n = 14 klingen exponentiell mit n ab, bis zu einer Tiefe von 3050 km, der Oberfläche des (fluiden) Erdkerns, wo sie alle (!) im Mittel gleichstark sind, (d.h. energetisch gleichverteilt sind), bis zu n $\gtrsim$30. Ähnlich, aber schwächer sind die Magnetfelder der inneren Planeten Venus und Merkur, deutlich stärker hingegen diejenigen von Jupiter und Saturn, und wiederum schwächer diejenigen der äußersten Planeten sowie aller Monde im Sonnensystem. Das Oberflächenfeld unserer Sonne ist ungleichmäßig, in ‚Flecken' der Stärke $\lesssim$ 10 kG konzentriert, im linearen Mittel $\lesssim$10 G, oszilliert mit der Hale'schen Periode (22,2 a), wobei der Dipol alle 11,1 Jahre seine Richtung umkehrt. Während der Dipolumkehr ist das solare Gesamtfeld bis zu sechsmal stärker, aufgrund der höheren Multipole. Soweit unsere direkten kosmischen Nachbarn.

Aber auch unsere Milchstraße ist magnetisiert, zwar im Mittel nur auf einige μG, jedoch ebenfalls in Äquipartition mit ihren feldverankernden Plasmen. Unsere Nachbarsterne sind magnetisiert, oft stärker als unsere Sonne, desgleichen unsere Nachbargalaxien. Weit stärker magnetisiert sind die Weißen Zwerge, und nochmal weit stärker magnetisiert die Neutronensterne. Magnetfelder sind allgegenwärtig. Wofür nutzen sie? Auf der Erde kann das magnetische Dipolfeld dem Menschen wie auch den Zugtieren zur Orientierung dienen. Auf größeren Längenskalen sind Magnetfelder wichtig, weil sie ein von ihnen durchsetztes Plasma zäh machen, indem sie seine Ionen und Elektronen auf enge, spiralförmige Larmorbahnen um die Feldlinien zwingen, eng im Vergleich mit allen maßgeblichen Längenskalen. Dadurch verstärkt sich dessen dynamische Wechselwirkung mit seiner Umgebung, und es ändern sich die Ausbreitungseigenschaften aller Sternwinde, aller Nova-Ausbrüche und Supernova-Explosionen sowie aller Wechselwirkungen in engen Doppelstern-Systemen. Vor allem aber am kompakten Ende, bei den starken und superstarken Magnetfeldern, werden neue Prozesse möglich: nämlich die katapultartige Erzeugung der Kosmischen Strahlen, bei zeitlich sägezahnförmiger magnetischer Reibung an Hindernissen, mit Energien bis hinauf zu $10^{20{,}5}$ eV, sowie die Erzeugung von extrem-relativistischem $e^{\pm}$-Paarplasma, bei allen Jet-Quellen, angefangen bei ganz jungen Sternen aller Massen und endend in den Zentren der oft langlebigen aktiven Galaxien. Nichts von alledem gäbe es ohne die allgegenwärtigen Magnetfelder. Dabei haben die schwächsten, bisher im Kosmos erschlossenen Magnetfelder die Stärke $\gtrsim 10^{-15{,}5}$ G; gefunden durch FERMI-Beobachtungen von Blazaren am Rande eines kosmischen Leerraumes (der Ausdehnung $\lesssim 10^2$Mpc) [Neronov & Vovk 2010].

Die Beobachter finden die Magnetfelder am zuverlässigsten durch die Faraday'sche frequenzabhängige Drehung der Ebene der linearen Polarisation, die üblicherweise als *Rotationsmaß* RM (der Dimension Länge^{-2}) gemessen wird: $\mathrm{RM} := (e^3/2\pi m_e^2 c^4)\int n_e \mathbf{B}\cdot d\mathbf{x}$; wobei sich der Phasenwinkel Φ der linearen Polarisation mit variierender Wellenlänge λ um den Winkel $\Delta\Phi = \mathrm{RM}\ \lambda^2$ dreht. Rotationsmaße lassen sich also verhältnismäßig leicht messen und damit auch die mittlere Magnetfeldstärke **B** entlang des jeweiligen Integrationsweges **dx**, gewichtet mit der dortigen Elektronendichte n_e. Gefunden wird, dass nicht nur die Scheiben der meisten Galaxien maximal magnetisiert sind – ‚maximal' im Sinne der Gleichheit des Drucks p des Plasmas, das das Magnetfeld verankert, mit dem magnetischen Druck $B^2/8\pi$ – sondern weitgehend auch deren Halos, ferner auch weitgehend alle nuklear-brennenden Sterne und ihre Winde sowie deren kompakte Endstadien und deren ‚Nebel', wie oben bereits aufgezählt. Kurz: Uns sind keine magnetfeldfreien Objekte im Universum bekannt, weder galaktisch noch stellar, noch in den mit diesen wechselwirkenden Plasmen. Offenbar waren und sind überall im Universum hinreichend große Energiedichten vorhanden, in Gestalt von Dichtekontrasten, Fallgeschwindigkeiten und Rotationen, dass anfängliche magnetische Saatfelder bis zur Äquipartition der Drücke nachverstärkt werden, durch Streckungen und Verscherungen, beim direkten Gravitationskollaps wie auch in gebremst kollabierenden, differenziell rotierenden Scheiben.

Bei dieser etwas pauschalen Aussage (über maximale Magnetisierung), die zweifellos Ausnahmen zulässt, stützen wir uns vornehmlich auf ein Integraltheorem der Magnetohydrodynamik, welches besagt, dass unter gleichgewichtsnahen, quasistationären Bedingungen (mit $\nabla p \times \nabla n = 0$) die Summe aus dem *magnetischen Fluss* $\int \mathbf{B} \cdot \mathbf{d}^2\mathbf{x}$ durch eine Fläche und dem in dieser Fläche enthaltenen, geeignet normierten *Drehimpuls* der Ionen (der Masse m_i, Ladungszahl Z_i), $(m_i\, c\, /\, Z_i\, e) \int \mathbf{d}^2\mathbf{x} \cdot \nabla \times \mathbf{v}_i$, erhalten ist, vgl. [Kundt 2005, p.68]. Drehimpuls kann danach in Magnetfluss umgewandelt werden, und umgekehrt. Insbesondere kann Magnetfluss erzeugt werden aus Scherbewegungen durch Einsturz von Plasmalawinen in sich bildenden Galaxienhaufen, mittels der *Weibel-Instabilität*; hierauf hat Reinhard Schlickeiser erst vor wenigen Jahren hingewiesen. Uns scheint dieser Mechanismus eine plausible Antwort zu geben auf die (nicht-triviale) Frage dieses Abschnitts: nach den magnetischen Saatfeldern. Schließlich sind in den Zentren einiger Galaxienhaufen Magnetfelder der Stärke $\gtrsim \mu$ G über Distanzen von $\gtrsim$Mpc hinweg detektiert worden. Sobald erst einmal Magnetfelder dieser Ausdehnung und Stärke in einem Galaxienhaufen vorhanden sind, fällt es nicht schwer zu verstehen, wie diese Magnetisierungen weitergereicht wurden auf die einzelnen Galaxien des Haufens, und sodann von diesen Galaxien auf ihre Sternbildungswolken und die sich aus diesen Wolken bildenden Sterne und Planeten.

Man beachte hierbei: Magnetfluss hat stets die Tendenz zu zerfallen, d.h. sich zusammenzuziehen und ggf. dabei überschüssige Energie ins Unendliche abzustrahlen, als elektromagnetische Wellen. Der umgekehrte Prozess, eine Ausdehnung eines vorhandenen Magnetschlauches auf größere Gebiete, gelingt nicht ohne geordnete mechanische Arbeitsleistung: Ein Magnetschlauch verhält sich nämlich ähnlich wie ein ringförmiges Elastikband: Er will seinen Durchmesser und seine eingeschlossene Fläche stets verkleinern. Sehen wir im Universum großskalig geordnete Magnetfelder, so dürfen wir daher schließen, dass dort großskalig geordnete Bewegungen des (schweren, elektrisch leitenden) Substrats stattgefunden haben, die dabei den Fluss dorthin gezerrt haben, wo er sich augenblicklich befindet. Erstaunlich, wie viel geordnete Erzeugung da überall im Weltraum stillschweigend stattgefunden hat! Magnetfelder sind das universelle Werkzeug der unbelebten Umwelt.

8.3 Was spielt sich ab in den Zentren der Galaxien?

Die Kerne der Galaxien sind ihre Aktivitätszentren, das verrät bereits ihre breitbandige und variable Strahlung, mit häufigen, gigantischen Helligkeitsausbrüchen; aber das verraten auch, bei genauerem Hinschauen, ihre filamentären Plasmaejektionen, manifestiert durch ihre BLR, NLR, ELR, und sogar EES, großskalige Auswürfe der aktiven Kerne (die unten definiert werden), die sich oft bis weit in den Weltraum hinaus verfolgen lassen, als schwache Emitter wie auch als kosmische Linienabsorber von neutralem Wasserstoff und Elementen höherer Ordnung, in der Astrophysik ‚Metalle' genannt. Welches

Energiereservoir treibt diesen galaktischen Springbrunnen großen Ausmaßes an?

Hier scheiden sich die Geister. Die Lehrmeinung spricht von galaktischen Rotationskurven, die zum Zentrum hin gegen null abfallen, sowie von Super-Massiven Schwarzen Löchern (SMSL), die jeglichen Materieeinfall schlucken und dabei beständig wachsen würden; während unsere, auf Yoshiaki Sofue et al [1999] zurückgehenden *Rotationskurven* zum Zentrum hin wie $r^{-1/2}$ ansteigen, wobei sich das rasch einwärts spiralierende Scheibengas im Zentrum staut, mit einer typischen Rate von $\lesssim M_\odot$/Jahr, nuklear brennt wie ein massereicher *flacher Stern*, stabil ist gegen Kollaps durch thermischen Druck und Zentrifugalkräfte und anschließend als nukleare Asche wieder explosiv ausgeworfen wird, von der ‚Brennenden Scheibe', mit mehr als *Entweichgeschwindigkeit.* Zugleich erzeugt die stark magnetisierte Korona der nuklearen Scheibe das relativistische *Paarplasma*, das in den aktiven Galaxien ihre *Zwillingsjets* beschickt.

Die Zentren der Galaxien sind meist ihre leuchtstärksten Gebiete, bisweilen verdeckt durch starke Vordergrundsabsorption. Gelegentlich wachsen ihre Emissionen binnen Monaten bis Jahren um Faktoren 10^2 bis 10^4 an, um anschließend wieder zügig abzuklingen. Knapp 10 % aller großen Galaxien besitzen ausgedehnte Jets, die aus ihren unmittelbaren Zentren kommen und oft weit größere, supergalaktische Längen erreichen, bis über Mpc hinaus. Einer der jüngsten Ausbrüche ist in [Lazzati 2011] beschrieben, breitbandig von Radio- bis zu Gamma-Energien, mit einer Spitzenleistung von $\gtrsim 10^{48}$ erg/s, die ihr Maximum im Röntgenbereich hatte. Wer stellt die dafür erforderliche Energie zur Verfügung? Sicherlich nicht ein Schwarzes Loch der (verhältnismäßig geringen) Masse 10^6 $M_\odot$, an dessen Peripherie die Kepler'sche Umlaufsgeschwindigkeit den Wert c annehmen würde und dadurch dauerhaft extreme Emissionen antreiben würde. Die galaktischen Rotationskurven der Lehrbücher fallen in ihren Zentren auf Null ab, weil sie mittels der 21cm-Linie vom neutralen Wasserstoff gewonnen wurden, der dort fast vollständig ionisiert ist und außerdem in Zentrumsnähe seine Bewegungsrichtung kleinskalig stark ändert. In Wirklichkeit steigen die galaktischen Rotationsgeschwindigkeiten in ihren Zentren um Faktoren $\lesssim 10^3$ an, wie bereits in 6.1 und 6.2 erwähnt und in Abb. 6.2.4 dargestellt wurde, aber erreichen unseres Wissens nirgendwo die Lichtgeschwindigkeit. Immerhin hat das korotierende Substrat dort gewaltige Umlaufsgeschwindigkeiten; leider können wir es üblicherweise nicht abbilden, wir sind dort blind.

Wenn wir also wissen wollen, wie es in den Zentren der Galaxien zugeht, sind wir auf theoretische Spekulationen angewiesen. Wir wissen, dass die Gasscheiben der großen Galaxien im Schnitt etwa eine Sonnenmasse pro Jahr nach innen transportieren, infolge von (hauptsächlich magnetischer) Reibung; das integriert sich zu Mega- bis Giga-Sonnenmassen innerhalb von {Mega-, Giga-}Jahren auf. Vom SDSS haben wir gelernt, vgl. Abb. 8.1.1, dass diese großen Zentralmassen mit wachsendem Weltalter statistisch abnehmen, von einigen 10^9 $M_\odot$ bei $z \lesssim 4{,}5$ auf Gegenwartswerte von nur einigen 10^6 $M_\odot$ und weniger; also gibt es Gebläse, die das hineinspiralierende Material wieder nach außen befördern. Das wussten wir übrigens schon seit den 1980-er Jahren, nach A. Soltan (vgl. 6.4): dass sich in den Zentren der heutigen Galaxien viel weniger Quasar-Asche befindet, als aufgrund der einstigen *Quasar-Feuer* erzeugt worden sein sollte. Offenbar wird das erschlossene Abblasen aus den Zentren durch nukleares Brennen der zentralen Scheibe geleistet, durch nahezu kontinuierliche *Kernexplosionen* im Zentralbereich, und beobachtet in Gestalt der *BLR, NLR, ELR und EES* der mehr oder weniger aktiven Galaxien, wie wiederholt (vor allem) von uns vorgeschlagen worden ist: [Kundt 1987, 1996, 2009a,b, 2020b], s. auch [Collin-Souffrin 1993]. Dabei stehen die vier gerade eingeführten Akronyme für **1**) BLR = die innerste Region der ‚Breiten' Emissions- und Absorptionslinien, vom Radius $\lesssim 10^{18}$cm, durch die die nukleare Asche mit großen Geschwindigkeiten (bis zu 0,1 c) abgeblasen wird, in Gestalt kleiner Wolkenfetzen (vom Volumen-Füllfaktor $f \ll 1$) – besser ‚Filamente' – die durch den starken Druck des volumenfüllenden (relativistischen) Paarplasmas zusammengehalten werden, **2**) NLR = die sich an die BLR nach außen hin anschließende Region langsamerer (gebremster radialer) Bewegungen (mit ‚Narrow Lines'), **3**) ELR = ‚Extended emission-Line Region' in den Außenbereichen der Galaxien, und **4**) EES = eine die Galaxie umgebende (‚Extended') Schar aus ($\lesssim$10) konzentrischen, dünnwandigen ‚Emissionsschalen', die zuerst David Malin mit seiner Methode des ‚unsharp masking' sichtbar gemacht hat und auf die wir im nächsten Abschnitt ausführlicher zurückkommen werden. Dabei befinden sich die Gebiete 1) bis 3) in ihren Galaxien vornehmlich dort, wo in unserer Milchstraße Sofues und FERMIs breitbandige Hyperblasen sind.

Wir haben es offenbar bei all diesen galaktischen Unterstrukturen mit ein und demselben globalen *Materiekreislauf* in allen großen Galaxien zu tun, der durch ihre *Scheibe* und deren aktiven Kern *angetrieben* wird: Materie spiraliert zügig in ihren Kern, angezogen durch ihre *Schwerkraft,* und wird anschließend wieder stürmisch nach außen *geblasen,* durch die Detonationen in ihrem kompakten, nuklear brennenden Scheiben-Kern, auch *Kern-Scheibe* genannt. Dabei sorgen die nuklearen Detonationen in der Kern-Scheibe für das Abblasen der Quasar-Asche, vornehmlich Eisen, und magnetische Rekonnektionen in der Korona ihrer fast relativistisch schnell umlaufenden Materie sorgen für das relativistische Paarplasma, das u.a. den galaktischen Zwillings-Jet erzeugt. Würden sich hierbei gelegentlich Supermassive Schwarze Löcher bilden, würden diese den gesamten Auswurf zum Stillstand bringen, durch Aufschlucken allen Treibstoffs inklusive allen Zubehörs. Tatsächlich sind die sich automatisch bildenden, brennenden Kern-Scheiben *stabil* gegenüber Kollaps, durch Druck- und Zentrifugalkräfte (in vertikalen bzw. horizontalen Richtungen), s. Abb. 8.3.1. Würden ihre Massen den kritischen Wert $10^{10,5}$ $M_\odot$

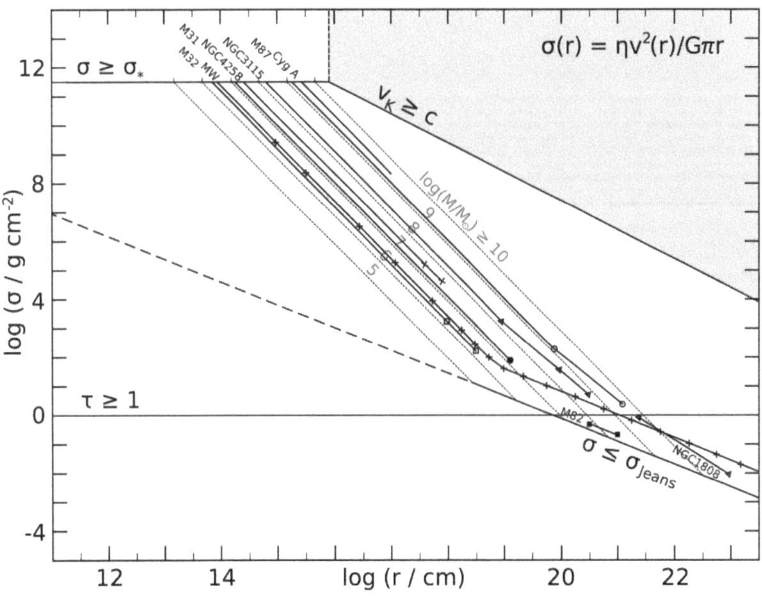

Abbildung 8.3.1: Mittlere 2D-*Massendichten* σ(r) einiger galaktischer *Scheiben* als Funktion des Radius r, doppelt-logarithmisch aufgetragen, nach [Kundt 2009a], vgl. Abb. 6.2.4. Bemerkenswert ist ein Ringbereich vernachlässigbaren Massenzuwachses (für die Zentripetalkraft) in der Scheibe, zwischen r $\gtrsim 10^{14}$ cm und $\lesssim 10^{21}$ cm. Diese Darstellung ist den Rotationskurven von Abb. 6.2.4 gleichwertig.

erreichen und handelte es sich dabei wirklich um SLer, würde die Kepler-Geschwindigkeit der sie fütternden Gasscheibe an ihrem Rand die Lichtgeschwindigkeit erreichen und würde die lokale Temperatur T des Scheibenmaterials auf harte Gammawerte ansteigen, entsprechend T $\gtrsim 10^{10}$ K. So etwas ist nie beobachtet worden. Rekordwerte in unserer kosmischen Nähe sind die Kerne der zentralen cD-Galaxien M87 des Virgo-Haufens, NGC 3842 des Abell-Haufens 1367 und NGC 4889 des Coma-Haufens, mit geschätzten Massen von bzw. $10^{9,8}$ $M_\odot$, 10^{10} $M_\odot$ und $10^{10,3}$ $M_\odot$ [McConnell et al 2011]. Ihre überdurchschnittlich große (gegenwärtige) Masse mag durch ihre außergewöhnliche Vergangenheit – durch Verschmelzen – zu erklären sein.

Was sonst noch spielt sich in den verhüllten Zentralbereichen der Galaxien ab? Aus Abb. 6.2.4 haben wir gelernt, dass der zentrumsnahe, ringförmige Bereich 10^{14} cm $\lesssim$ R(BD) $\lesssim$ r $\lesssim$ 10^{20} cm der galaktischen Rotationskurven einen Geschwindigkeitsabfall proportional zu $r^{-1/2}$ aufweist, verträglich mit einem punktförmigen Schwerepotenzial im Zentrum, d.h. *masseärmer* ist als die Zentralmasse des UMO (= Unresolved Massive Object), mithin bestenfalls eine untergeordnete dynamische Rolle im Zentralbereich der Galaxie spielen sollte. Dort, wo sich die innere Scheibe überdurchschnittlich aufheizt, durch Sternbildungen, SN-Explosionen, stellare Jet-Erzeugungen und harte Emissionen durch Neutronensterne, kann es zu lokaler Springbrunnenbildung führen, im ‚Bauch' (*bulge*) der Galaxie. Hierdurch sind die Bäuche heißer als die Außenbereiche. Aber in den innersten parsec sollten die schnellen Scheibenrotationen und die starken Gezeitenkräfte des UMO jegliche weitere Strukturbildung verhindern, im Einklang mit den hochaufgelösten Beobachtungen; hier ist vorrangig Nachlieferung ins Zentrum angesagt.

Und wie sind gelegentliche *Helligkeitsausbrüche* zu deuten, die wir eingangs erwähnten, die sich etwa einmal alle 10^5 Jahre pro großer Galaxie ereignen und die als Gezeiteneinfang eines Sterns durch ein massereiches SL gedeutet worden sind? Da wir die SL-Deutung als inkonsistent erachten, desgleichen die Strahlungseffizienz beim Verschlingen eines Sterns weit geringer einschätzen als obige Autoren [Lazzati 2011] und stattdessen BDs (= Burning Disks) in den Kernen der Galaxien erwarten, deuten wir derartige *Röntgenausbrüche* mit relativistischer Beigabe als den seltenen Einsturz eines zentrumsnahen Sterns in den dichten oder sogar nuklear-brennenden Zentralbereich der Scheibe. Bei derartigen, seltenen Zusammenstößen treffen vergleichbare Massendichten aufeinander, die lokalen Temperaturen wachsen in den weichen Röntgenbereich, und die aufeinanderprallenden, korotierenden *Magnetosphären* von Stern und Scheibe sorgen für heftige, instantane Paarerzeugung mit Tendenz zu Jet-Bildung. Gerade ohne SMBH, und dabei bedeutend wirkungsvoller, lassen sich die bisweilen gigantischen, breitbandigen astrophysikalischen Energieumsetzungen bei großen Relativgeschwindigkeiten und hohen Massendichten in ihren Zentralbereichen verstehen. Sie stellen unsere irdischen Katastrophen leicht in den Schatten.

8.4 Der Lyα-Wald und die Metallabsorber als astrophysikalische Bojen

Bereits im vorigen Abschnitt war die Rede von galaktischen Springbrunnen, in denen kleinskalige Filamente schalenförmig aus ihren Zentren abgeblasen werden, pulsierend in großen zeitlichen Abständen. Diese Schalen sind in vielen Fällen schwach in Emission gesichtet worden, als riesige, nahezu sphärische, dünne Schalen (EES, mit keilartigen radialen Dichteprofilen) in zwei antipodischen Sektoren, symmetrisch angeordnet zur Scheibe der Galaxie. David Malin hat sie zuerst abgelichtet, mittels der Methode des ‚unsharp masking' (1979), und F. Schweizer und P.J. Quinn haben sie als Verschmelzungsphänomen zweier Galaxien gedeutet, während wir die Auswurfhypothese eindeutig bevorzugen.

Dann nämlich, als *Auswurfschalen*, wird nicht nur ihre analytisch glatte Gestalt plausibel, sondern es findet zugleich das allgegenwärtige Phänomen

der (neutralen) *Quasar-Absorptionslinien* seine Erklärung, deren mehrfach vertretene Deutung durch intergalaktische Wölkchen bereits aus Stabilitätsgründen beigelegt werden musste: Die Wölkchen würden schnell verdampfen. Wie ist das *intergalaktische Medium* (IGM) nun wirklich strukturiert? In diesem Abschnitt beschreiben wir das Modell von Kundt & Krause [1985], das auch 1987 in Chicago im Workshop von Wallace Sargent besprochen wurde, jedoch nur als [Kundt 1987] im Druck erschien. Es beschreibt zugleich die zeitliche Entwicklung des IGM seit der Existenz von Galaxien, inklusive der Existenz *kosmischer Leerräume* (voids) und *Wände* (walls).

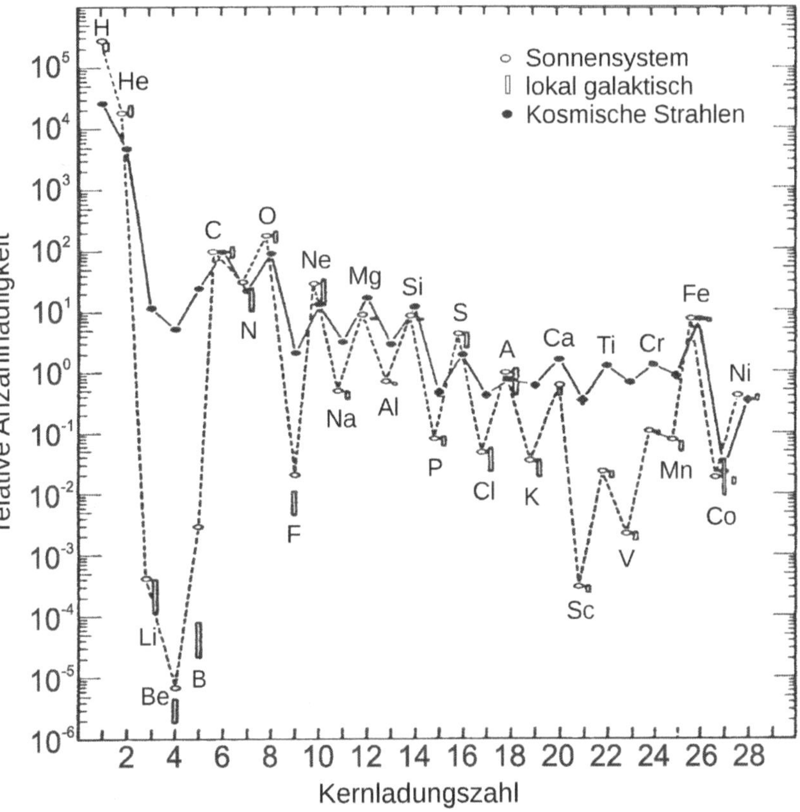

Abbildung 8.4.1: Häufigkeitsverteilung (pro Anzahl) der *chemischen Elemente* in unserer Galaktischen Nachbarschaft, logarithmisch über ihrer Kernladungszahl aufgetragen, und zwar für das Sonnensystem (Kreise), für ‚lokal galaktische' Materie (vertikale Balken), und für die Kosmischen Strahlen (gefüllte Kreise), [Kundt 2005]. Im Mittel nehmen die Häufigkeiten exponentiell mit der Kernladungszahl ab. Die z.T. tiefen lokal-galaktischen Minima sind in den Kosmischen Strahlen durch Spallationsprozesse aufgefüllt. Bemerkenswert ist auch, dass Wasserstoff und Helium in den Kosmischen Strahlen deutlich abgereichert sind.

Welches Medium befindet sich in den Weiten des Weltalls, und wie heiß ist es? Die Spektren unserer Beobachtungen lehren es uns: Sie stammen vorwiegend von Wasserstoff, der offenbar das häufigste Element im Weltraum ist, daneben auch von Helium, rund 10-mal seltener (anzahlmäßig), während alle anderen rund hundert chemischen Elemente weitere 100-mal seltener sind, s. Abb. 8.4.1. Am Anfang war der Wasserstoff!? Alle anderen chemischen Elemente entstanden aus ihm durch Fusionsprozesse, glauben die Kosmologen. Seine Ionisationstemperatur liegt bei 10^4 K; d.h., oberhalb von 10^4 K verliert das freie Wasserstoffatom sein Elektron (durch heftige Stöße), zurück bleibt ein positiv geladenes Proton, das so gut wie gar nicht strahlt oder absorbiert, d.h. für ferne Beobachter unsichtbar ist. Falls der ferne Weltenraum außerhalb der großen Leerräume gegenwärtig sehr heiß ist – etwa $10^{7\,\pm\,1}$ K lassen sich schätzen aus Spektren und Trägheitseigenschaften – dann ist er für Wasserstoff durchsichtig. Sehen wir dann trotzdem Wasserstoffabsorptionen in vielen Spektren, beginnend bei der (höchst-frequenten) Lyman-Serie mit den Linien Ly α, Ly β, Ly γ, ..., die gegen die Lyman-Kante konvergieren, so schließen wir, dass sich vor unserer Quelle am Himmel gasförmiger Wasserstoff der Temperatur $\leq 10^4$ K befindet. Soweit die Grundvorstellungen.

Tatsächlich beobachtet im fernen Weltenraum werden vor allem die Quasi-Stellaren Objekte (QSOs), weil sie punktförmig und hell genug sind, um bis an den Horizont bei optischen Frequenzen sichtbar zu sein. Die QSOs sind die Zentralgebiete ferner, aktiver Galaxien. Bei großen Rotverschiebungen ihrer Spektren, gedeutet als kosmische Fluchtbewegung und damit als (kosmische) Entfernung, wird die im UV liegende Lyman-Serie des Wasserstoffs ins optische Spektralfenster hinein rotverschoben und ist damit bequem messbar. Zur anfänglichen großen Überraschung der Beobachter zeigen alle QSOs die Lyα-Linie (der Wellenlänge 1216 Å) stark in Emission, dann aber auch, in mehr oder weniger ausgeprägter, scharfer Absorption, bei einer Vielzahl (von Hunderten) höherer Frequenzen, bis weit über die Lyβ-Linie (1026 Å) hinaus. Dieser (kopfstehende) ‚Wald' aus meist schmalen Absorptionslinien wird *Lyα-Wald* genannt; er ist bereits erkennbar bei Rotverschiebungen z $\gtrsim$ 0,1, am auffälligsten bei z zwischen 3 und 4, und wird für z $\gtrsim$ 6 derartig stark, dass man ihn kaum noch von totaler Abwesenheit unterscheiden kann. Dabei verschwindet in zunehmendem Maße auch die blaue, auf uns zukommende Hälfte von Lyα, s. Abb. 8.4.2. Die mittlere Zahl N(z) der schmalen Absorptionslinien wurde z-abhängig zu $N(z) = (1 + z)^{3,3}$ bestimmt. Wer oder was erzeugt sie?

Offenbar werden die vielen, relativ zum QSO blauverschobenen Linien durch neutralen Wasserstoff absorbiert, der sich ziemlich engmaschig (in kosmischem Maßstab) auf dem gesamten Sehstrahl befindet, mit wachsender Dichte bei zunehmender Entfernung. Dies, obwohl neutraler Wasserstoff sonst nur in Galaxien und in der Nähe von Galaxien detektiert wird. Woher kommen dann diese zusätzlichen, absorbierenden ‚Wölkchen'?

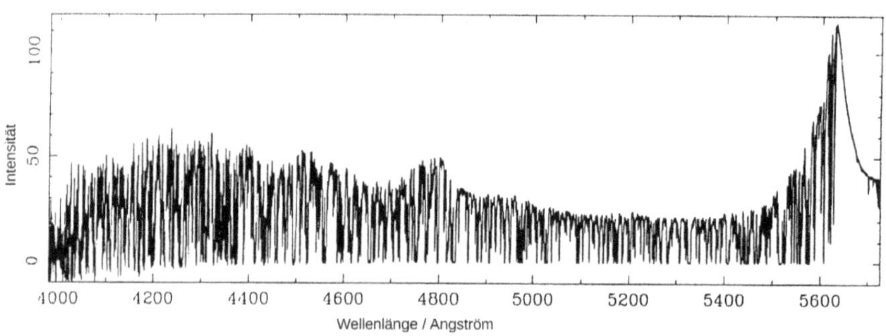

Abbildung 8.4.2: Der *Lyα-Wald* misst die intergalaktische Lichtabsorption an fernen Punktquellen durch davor befindlichen, neutralen Wasserstoff, mittels der Lyα-Linie des Wasserstoffspektrums. Die vielen, tiefen Absorptionslinien stammen von getrennten, hintereinanderliegenden, kühlen Schichten unterschiedlicher Relativgeschwindigkeit zu uns. Hier: Spektrum von QSO1422+23 (V = 16,5), z_{em} = 3,62, aus: Rauch, M., Ann. Rev. Astron. Astrophys. 36, 267 (1998). Wir deuten die Absorber als filamentäre Überschallauswürfe aktiver Galaxien, s. Abbn. 8.4.3 und 8.4.4.

Ihre Eigenschaften lassen sich weitgehend ihren Spektren entnehmen: T $\gtrsim 10^4$ K – sodass dominant ionisiert, jedoch mit neutraler Komponente – Metallizität Z $\lesssim 10^{-3}$ $Z_{\odot}$, Wasserstoff-Säulendichte $N_H \gtrsim 10^{14}$ cm^{-2}, $dN/dN_H \sim N_H^{-1,5}$, sowie ihr anzahlmäßiges Anwachsen mit z, wie eben schon angegeben. Hieraus folgen räumliche Mindestausdehnungen $N_H/n \gtrsim 10^{15}$ cm (über das Druckgleichgewicht mit der Umgebung), und Maximalausdehnungen zwischen 10 kpc und Mpc (durch Schwenken des Teleskops). Was ist das? Mit Sicherheit keine ‚Wölkchen' im engeren Sinne, denn die würden binnen kürzester Zeit verdampfen, bei Berührung mit ihrer (10^7 K-heißen) Umgebung. Trotzdem ist diese Sprechweise selbst in führende Kosmologie-Lehrbücher eingegangen. Stattdessen haben Marita Krause & W.Kundt bereits [1985] vorgeschlagen, dass es sich bei diesen ausgedehnten Absorbern mit kleinem Volumenfüllfaktor um die filamentären Schalen handelt, die schon im vorigen Abschnitt erwähnt wurden, als Ejekta aus den aktiven Kernen der Galaxien, genannt ‚extended emission shells', *EES*, s. Abb. 8.4.3, mit denen sich insbesondere jedes QSO selbst umgibt, aber auch alle ehemaligen QSOs auf seinem Sehstrahl umgeben haben. Bis zu zehn nahezu sphärische Schalen pro (isolierter) Galaxie hat David Malin sichtbar gemacht, konzentrisch und antipodisch um den Kern angeordnet, in einem näherungsweise doppelkegelförmigen Volumen driftend, das die Scheibe der Galaxie ausspart. Ihre kosmische Langlebigkeit verdanken die Filamente in den Schalen ihrer Überschallbewegung im Verein mit ihren magnetischen Bandagen, die die Wärmeleitung unterbinden und keine Ionen durchlassen, wobei die ausgedehnten Emissionsschalen strahlungsmäßig vom Nachthimmel umgeben sind, d.h. von einem Kältebad der Temperatur 3K [Kundt 1987].

Sind die EES wirklich die gesuchten neutralen Wasserstoffabsorber in den QSO-Spektren? Spricht nicht die Metallarmut des Lyα-Waldes gegen diese Deutung, (Z $\lesssim$

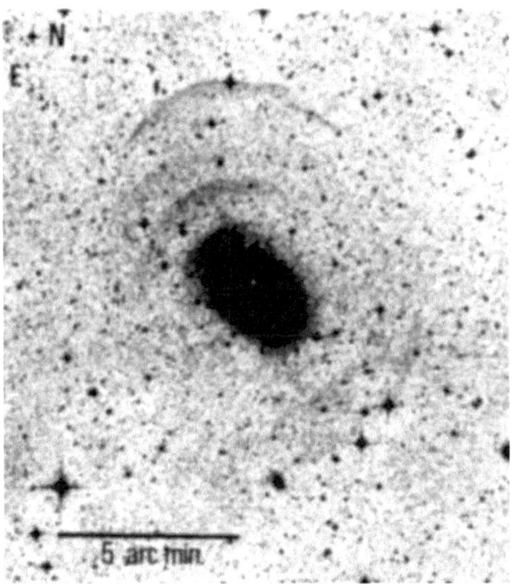

Abbildung 8.4.3: David Malins ausgedehnte (mehrere 10^2 kpc), antipodische, vorwiegend neutrale *Emissionsschalen* umringen vor allem isolierte elliptische und SO-Galaxien, beginnend mit Cen A und NGC 3923; ihr Auffinden verlangt hohe Auflösungsschärfe, erzielt mittels UK Schmidt IIIaJ Platte. Die fast sphärischen, partiellen Schalen befinden sich jeweils in zwei gegenüberliegenden Sektoren, getrennt vermutlich durch die Scheibe der jeweiligen auswerfenden Galaxie. Hier: NGC 3923 aus: Malin, David F. & Carter, David: Nature 285, 643-645 (1980); vgl. [Kundt 1998b], wo (auf S.199, bei höherer Auflösung) auf gegenüberliegenden Seiten vom Kern von NGC 3923 je 8 (statt $\geq$3) Emissionsschalen gefunden wurden.

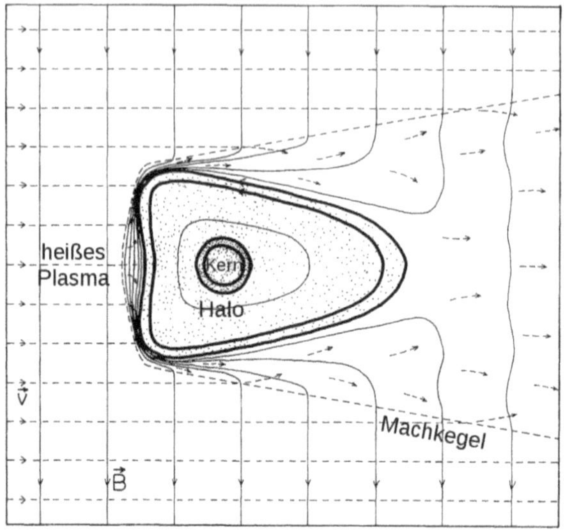

Abbildung 8.4.4: Modell für die (filamentäre) Beschaffenheit der in Abb. 8.4.3 abgebildeten ausgedehnten Emissionsschalen, nach [Kundt & Krause 1985]. Hierbei wurde angenommen, dass die Emissionsschalen durch wiederholte Materieauswürfe aus den Zentren der Muttergalaxien entstanden sind, jeweils während deren nuklearen Brennphasen im Zentrum, und dass aufgefegte Magnetfelder das teilweise ionisierte Auswurfmaterial gegen sein umgebendes Medium abgrenzen.

$10^{-3}\ Z_\odot$)? Keineswegs: Denn obige Emissionsschalen sind zugleich auch die gesuchten ‚*Metallabsorber*', d.h. die wasserstoffarmen Absorber der ‚schweren Elemente' Kohlenstoff, Magnesium, etc, die ganz ähnliche, jedoch auch duale Eigenschaften zu den Wasserstoffabsorbern haben. Die Metallabsorber sind räumlich fast gleich verteilt wie die Wasserstoffabsorber, haben in etwa die gleichen Temperaturen, Dichten und Ausdehnungen, werden aber nicht gemeinsam mit ihnen registriert, sondern in Anti-Koinzidenz. Kundt & Krause [1985] deuteten sie als gemeinsam erzeugt, bei den Auswürfen aus aktiven galaktischen Kernen, jedoch anschließend diffusiv kleinskalig getrennt, im gelegentlich neutralen Zustand, der die sonst isolierenden Magnetfelder ignoriert, s. Abb. 8.4.4. Mit dieser Deutung werden beide Sorten intergalaktischer Absorber einheitlich erklärt, zugleich auch ihre gelegentliche Sichtbarkeit in Emission, als Emissionsschalen (Abb. 8.4.3), sowie ihre zusätzliche gemeinsame Eigenschaft, auch in den kosmischen *Leerräumen* (‚*voids*') angetroffen zu werden [Kundt 1987]. Danach sollten die ausgedehnten Emissionsschalen (etwas) homogener verteilt sein im Weltraum als ihre Muttergalaxien.

Im Weltraum gibt es (heutzutage) nur ganz wenig neutralen Wasserstoff, haben wir also erfahren: lediglich denjenigen in den Galaxien, und denjenigen in dem ‚warmen' Netzwerk ausgedehnter, expandierender Schalen. Diesen Schluss hatten bereits 1965 James E. Gunn und B.A. Peterson gezogen, aus der Abwesenheit von Balmer- und Lyman-Absorptionen außerhalb der großen Galaxien. Das Weltsubstrat außerhalb der Leerräume ist heutzutage fast durchweg ionisiert. Und seit wann ist es das? Diese Frage führt uns zum unbekannten Anfang der Welt, z.B. zum heißen oder auch kalten Urknall, im Rahmen der kosmischen Standardmodelle. Falls also am Anfang aller Tage das Weltsubstrat unendlich dicht war, dichter als in den Atomen, und sogar dichter als in den Atomkernen, dann gab es also noch gar keine Atome, und auch keine sonstigen Neutralteilchen: Das All war 100 % im (ionisierten oder) Plasmazustand, egal, ob heiß oder kalt. Sodann begannen wohl im Zuge kosmischer Expansion die ersten Reaktionen zwischen den Elementarteilchen, Materie im heutigen Sinne wurde erzeugt, erwärmte sich durch (Rückstöße bei) Reaktionen und kühlte sich ab durch adiabatische Expansion, wurde dabei (trotzdem) heiß, dehnte sich weiter aus und nahm letztendlich den uns heute vertrauten (ionisierten) Plasmazustand außerhalb der Leerräume an. Schließlich, nach $\lesssim 10^{5,6}$ Jahren – so meinen die Lehrbücher – kühlte sich das Weltsubstrat auf $10^{3,6}$ K ab, neutralisierte sich dabei und überließ der seinerzeitigen Hintergrundstrahlung das Füllen des Raumes, als kosmischer Strahlungshintergrund, der uns noch heute als 3K-Strahlung umgibt. Auf ihn werden wir im nächsten Abschnitt zurückkommen.

Also begann die Welt ionisiert, kühlte sich ab durch adiabatische Expansion, durchlief eine neutralisierte Phase, ab einigen 10^5 Jahren, und ist heute wieder weitgehend ionisiert, außer dort, wo sie durch *Gravitationskollaps* Galaxien und Sterne gebildet hat. Dazwischen muss es eine Ära der Re-Ionisation gegeben haben, offenbar, aber wann und wie? Hierüber wird nicht viel gesprochen. Und wenn das Stichwort ‚Re-Ionisation' fällt, dann wird meist auch von ‚Sternenlicht' gesprochen, aber verschwiegen, woher die Energie genommen wird. Denn wenn die heutige Plasmatemperatur des Inter-Galaktischen Mediums (IGM) außerhalb der Leerräume 10^7 K beträgt und wenn sich selbiges wie R^{-2} mit dem (wachsenden) Weltradius R(t) abkühlt, dann müsste selbiges Plasma etwa bei $z = 10$ eine Temperatur von $\gtrsim 10^9$ K gehabt haben, 10^4-mal energiereicher als das ionisierte Weltsubstrat (mit 10 eV/Teilchen). Dann hätte es sich nicht (nur) um eine *Re-Ionisation* gehandelt, sondern vielmehr um eine drastische *Wieder-Aufheizung* (*reheating*) des Weltsubstrats, und als Energiequelle reichte die freigesetzte Nuklearenergie der Sterne aller Galaxien bei Weitem nicht, einzig die Gravitationsenergie der größten Materiekonzentrationen überhaupt, in den *Wänden* (*walls*) der kosmischen Leerräume (*voids*), Abb. 8.4.5. Versuche (um die Jahrhundertwende), das Aussterben des Lyα-Waldes in den QSO-Spektren bei Rotverschiebungen $z \gtrsim 6{,}3$ als Anzeichen für „ausklingende Re-Ionisation" zu deuten, halten wir daher für abwegig: Es dürfte sich dabei nicht um „Gunn-Peterson-Tröge des IGM" handeln, sondern um sich verdichtende Lyα-Wälder der EES, d.h. (nur) um Unterstrukturen des Kosmos von kleinem Füllfaktor. U.a. wurden bei einer Galaxie von noch größerer Rotverschiebung ($z = 6{,}556$) Emissionslinien gefunden,

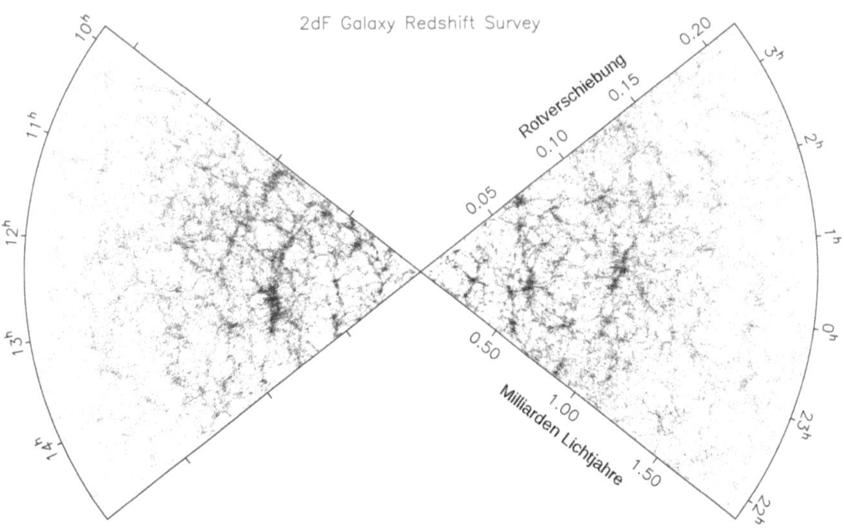

Abbildung 8.4.5: Beobachtete *inhomogene* Verteilung der kosmischen Materie jenseits unserer Milchstraße, mit großen ‚Leerräumen' (voids, $\gtrsim 10$ Mpc) und (deren) ‚Wänden' (walls), in denen das Substrat erheblich verdichtet ist.

die neutraler Wasserstoff absorbiert hätte, während die Suche bis hinaus zu Rotverschiebungen z $\lesssim$ 7,7 bisher ohne Befund blieb. (Im September 2012 lag der Entfernungsrekord abgebildeter Galaxien bei z = 9,6, erzielt mittels einer Gravitationslinse).

Hiermit schließt sich erneut der *Materie-Kreislauf*, der sich uns schon im vorigen Abschnitt andeutete: Materie verdichtet sich beim Einfall durch die galaktischen Scheiben, spiraliert ins Zentrum, wird dort partiell verbrannt und wieder herausgeschleudert, durchfegt den Halo der Galaxie, reichert sich dabei mit Unverbranntem an und durchfliegt die Weiten des Kosmos als Überschallnetz aus schalenförmigen galaktischen Auswürfen. Die im SDSS (mit dem Weltalter für z $\lesssim$ 4,5) schrumpfenden Zentralmassen der Galaxien finden sich wieder als intergalaktische Schalennetze, mit Schalenmassen der Größe 10^{10} $M_\odot$, in den QSO-Spektren und auf tiefen optischen Bildern. Unsere kosmische Nachbarschaft besitzt mehr Struktur, als man ihr auf den ersten Blick ansieht.

8.5 Herkunft der kosmischen 2,725 K-Strahlung?

Seit ihrer Nobelpreis-gewürdigten Entdeckung durch Penzias und Wilson galt die 3K-Strahlung als eines der wichtigsten Fossilien der beobachtenden Kosmologie, suggeriert sie doch durch ihr Planck'sches Spektrum, ihre hohe Isotropie sowie ihre dominante Entropie eine gewisse Einfachheit und Einheitlichkeit der kosmologischen Entwicklung.

Aber stimmt das wirklich? Lässt sich die isotrope 3K-Strahlung nicht vielleicht auch als das elektromagnetische Sammelprodukt aus Strahlungen aller vergangenen Zeiten deuten, Überlagerung der heute rotverschobenen Strahlungen vergangener Äonen bei entsprechend höheren Emissionstemperaturen? Gab es vielleicht in junger Vergangenheit kosmische *Streuschirme*, die ein vorheriges Temperaturgebirge in ein solches einheitlicher Temperatur verwandelten? Sowohl Fred Hoyle als auch David Layzer diskutieren galaktische Winde, bestehend z.B. aus nadelförmigen Eisenmolekülen, die allerdings schwer himmelfüllend (gewesen) wären. Oder wie wäre es mit intergalaktischem *Wasserstoffschnee* während einer transienten, kühlen Ära, der inzwischen verdampft ist? Oder mit Re-Emissionen kalter *Gasscheiben*? Wie sicher können wir solche Bedenken ausräumen? Noch sind die Auswertungen der PLANCK-Mission nicht von der Überzeugungskraft, die man sich von ihr anfangs erhofft hatte. Eine reine Hintergrundstrahlung könnte in eine partielle *Vordergrundstrahlung* umgedeutet werden müssen.

Muss diese Frage überhaupt gestellt werden, nach der Herkunft der 3K-Strahlung? War es nicht von Anfang an klar, seit $\gtrsim$1965, als u.a. Bruce Partridge in Princeton mit seiner gegen die Erde sorgfältig abgeschirmten Horn-Antenne eine universelle 2,73 K-Strahlung des Nachthimmels gemessen hatte, gleichbleibend über viele Jahre hinweg, dass es sich bei dieser Strahlung um eine kosmische Botschaft handeln würde? Wir jungen Kosmologen gründeten unser Wissen von der Geometrie des Universums auf dieses kosmische *Fossil* von vor 10^{10} Jahren, das uns versicherte, dass unsere Welt die einfachste aller möglichen Geometrien besäße, nämlich eine isotrope. Uns kamen keine Zweifel, dass die vermessene Strahlung vielleicht nur ein Widerschein der irdischen Wärmestrahlung sein könnte, 10^8-mal schwächer als die Schwarzkörperstrahlung unserer (hundertmal wärmeren) Erdoberfläche. Und schon gar nicht ließen wir uns einfallen, dass staubige Materie z.B. in den Außenbereichen unseres Sonnensystems wie auch unserer Milchstraße, weit weg von allen heißen Sternen (wie unsere Sonne), eine zwar stark anisotrope, jedoch keineswegs vernachlässigbare infrarote *Nachthimmel-Beleuchtung* der Intensität $\nu S_\nu = 10^{-2}$ erg/cm^{2}s erfährt, die im Gleichgewicht von Ein- und Ausstrahlung, bei isotroper Sendeleistung, einer ungefähren (zusätzlichen) Strahlungstemperatur von 3K gleichkommt [Kundt 2005, S.15]. Mit anderen Worten: Außenbereiche kondensierter Systeme, vor allem benachbarter Galaxien, inklusive unserer Milchstraße, sind potenzielle $\gtrsim$3K-Strahler. Wie sicher sind wir, dass die kosmische Hintergrundstrahlung nicht vielleicht eine kosmische

Vordergrundstrahlung ist? So sind z.B. Filamente des nahen SN-Restes S 147 (durch Zufall) in Emission zwischen 30 bis 50 GHz gesehen worden. Sind wir eventuell einer Laune des Kosmos in die Falle gegangen? Diese Frage ist bereits von Hoyle [1975] und von Layzer [1990] gestellt worden und stellt sich gegenwärtig umso mehr, als das *Quadrupol-* und *Oktupolmoment* deAutorenr COBE-Durchmusterung (beide!) ekliptisch ausgerichtet sind, d.h. die Orientierung des Sonnensystems haben, und als die noch empfindlichere PLANCK-Durchmusterung im Jahr 2014 , d.h. zwei Jahre später, noch immer mit der Subtraktion der vordergründigen Milchstraßenemission ringt. Und woher stammt der gewaltige *Strahlungsexzess* (über 3K) bei (niedrigen) Frequenzen, unterhalb von 1GHz [Kundt 2005, S.15]?

Keine Suppe wird so heiß gegessen, wie sie gekocht wird. Aber sicherlich gibt es im Kosmos noch mehr heutige 3K-Strahler als den einstigen ‚Raumschnitt der letzten Streuung' des sich abkühlenden, kombinierenden Weltsubstrats von vor 10^{10} Jahren. Beispielsweise geschehen nach der Kombination der Materie noch viele *Re-Ionisationen*, durch resonante Absorption der (ungefähren) Planck-Strahlung auf dem Wien-Ast mit anschließender fluoreszenter *Re-Emission* auf dem Rayleigh-Jeans-Ast; hierdurch sollte die neu entstandene Planck-Strahlung zum Roten hin verschoben worden sein. Auch sollten die kühlen Wolken der Galaxien, sobald diese sich erst einmal gebildet hatten, bei Temperaturen dicht über derjenigen des ursprünglichen Hintergrunds strahlen und hierdurch dessen Spektrum zum Blauen hin verformt haben. Dazu kamen dann noch die oben beschriebenen Re-Emissionen kühler Innen- und Außenbereiche von Galaxien. Die heutige 2,73 K-Strahlung mag sich dann letztendlich herausstellen als Überlagerung einer Vielzahl von Komponenten, wobei vielleicht auch marginal kohärente Verstärkungen von Wichtigkeit waren, beim Durchgang der Strahlung durch lauwarme Wolken, eine kosmische Beigabe. Und geholfen haben mag zusätzlich eine anschließende Thermisierung durch Streuung an intergalaktischem Wasserstoff-Schnee, entstanden durch Verdampfung aus der kleinmassigen Komponente des (kalten) kosmischen Wasserstoff-Massenspektrums [Kundt 2005, alternative 69].

Es gibt noch einen weiteren Grund zur Verwirrung: Ashok Singal [2011] teilt uns herdwarm mit, dass sich unser lokales solares Ruhsystem bewegt relativ zu den starken fernen Radioquellen (bei 1,4 GHz), in einer ungefähren Entfernung entsprechend $z = 1$. Diese Bewegungsrichtung, $\{l\ ,\ b\} = \{264°,\ 48°\}$, stimmt überein mit der aus der Dipol-Anisotropie der 3K-Strahlung entnommenen Richtung, ist aber dem Betrage nach viermal größer: (1600 ± 400) km/s. Hätten sie nicht beide gleichgroß und gleichgerichtet sein sollen?!

Spätestens an dieser Stelle sollten wir David Wiltshire [2007, 2011] zu Worte kommen lassen: Alle unsere kosmologischen Auswertungen haben wir bislang so ausgeführt, als wäre die kosmische Raumzeitgeometrie isotrop und homogen. Tatsächlich lehren uns aber unsere Beobachtungen, dass die gegenwärtige Struktur der Welt stark *inhomogen* ist, mit $\gtrsim 75$ % des Volumens fast leer (voids) und kalt (3K), die restlichen $\lesssim 25$ % hingegen von hoher Massenkonzentration und mit heißem Plasma (10^7 K), in den Rändern der Leerräume (walls), und dass sich angenäherte Homogenität erst nach Mittelung über Gebiete der Ausdehnung $\gtrsim 10^2$Mpc einstellt. Unsere Auswertungen der Messungen sollten daher viel sorgfältiger erfolgen, unter Benutzung wohldefinierter *Standarduhren* und *lokaler Ruhsysteme*. Und wir sollten uns nicht wundern, dass **1)** in Abschnitt 6.3 für H_0/km s^{-1}Mpc^{-1} die inkonsistenten Werte $\{\lesssim 50$ bzw. $\gtrsim 80\}$ gefunden wurden, dass **2)** für die 3K-Hintergrundstrahlung ein viel kleineres Dipolmoment gefunden wurde als für die 1,4 GHz-Punktquellen von Singal, und dass **3)** die SN Ia-Lichtkurven (bei angenommener Homogenität) eine beschleunigte Weltexpansion (dark energy) suggeriert haben. Insbesondere sollte ein Dipolmoment einer fast-isotropen kosmischen Strahlung nicht (notwendig) als eine Relativgeschwindigkeit des Beobachters zum mittleren Weltsubstrat gedeutet werden, sondern vielmehr als ein anisotroper Vordergrund der strahlenden Quellen, und es sollte die von Galaxienbewohnern gemessene (zeitlich veränderliche) Raum-Expansionsgeschwindigkeit nicht unbedingt gleichgesetzt werden mit der ausgezeichneten Expansionsrate der global-homogenen kosmologischen Näherungslösung.

Und was hat uns die PLANCK-Durchmusterung des Kosmos inzwischen an Mittelgründigem beschert, bei Rotverschiebungen z $\lesssim 2$? Vor allem die großen (weit über 200) Galaxienhaufen, deren oft strahlungsreiche Innenbereiche etwas dunkler erscheinen im Licht der 3K-Strahlung als ihre Umgebungen, s. *Nature* 482, 475-477 (2012). Dieses ‚*SZ-Effekt*' genannte Phänomen wurde gleich nach der Entdeckung der 3K-Strahlung von den beiden Russen RAutorenashid Sunyaev und Yakov Zel'dovich vorhergesagt, nämlich eine Lichtschwächung in den Zentren durch verstärkte Photon-Photon-Streuung, und war fast 45 Jahre lang zu schwach, um zuverlässig nachgewiesen zu werden. Schließlich: Woher kommen die $\lesssim$10 μK *linear polarisierter*, von PLANCK gemessener Intensität der 3K-Strahlung? Doch wohl nicht etwa aus dem ganz frühen Kosmos, vielmehr vordergründig, aus unserer Milchstraße?

Was verlieren wir an Einsicht, wenn wir den Glauben an eine dominante *fossile* kosmische 3K-Strahlung hinterfragen? Wir werden vielleicht etwas unabhängiger von unserer Wahl der kosmischen Anfangsbedingungen, die wir ja ohnehin nie mit Sicherheit erfahren werden. Aufgeben müssen wir vielleicht die Hoffnung, aus den höheren *Multipolmomenten* der 3K-Strahlung auf Details in unserer kosmischen Vergangenheit rückschließen zu können, z.B. auf die angeblich noch heute sichtbaren, voll angeregten akustischen Oszillationen der ionisierten Jahrhunderttausende vor der Kombination des kosmischen Plasmas, so wie es einst eine Bonner Wette mit Carsten van de Bruck in den 1990-er Jahren vorsah. Aber Einfluss auf die Zukunft unseres Heimatplaneten Erde, z.B. während der kommenden 100 Jahre, wird ein solcher Mangel an Kenntnis wohl kaum je ausüben.

8.6 Wie oft ereignen sich Galaxien-Verschmelzungen?

Mögliche Galaxien-Verschmelzungen werden viel in der Literatur diskutiert, als ein nicht zu ignorierender Prozess bei der galaktischen Evolution. Aber wie häufig geschehen sie? Bei der Ende Mai 1989 in Heidelberg veranstalteten internationalen Tagung mit diesem Thema sorgte ihr amerikanischer Veranstalter Alar Toomre dafür, dass zwei seiner Kollegen nicht zugelassen wurden, vom M.I.T. und aus Bonn. Haben Moore et al [1996] etwa recht, dass Galaxien-Verschmelzungen eher das Ergebnis numerischer Simulationen mit = 0 gesetztem Stoßparameter sind als ernst zu nehmende Vorfälle im Universum?

Die Wahrheit mag irgendwo dazwischen liegen: Galaxien-Verschmelzungen mögen in den Zentren einiger massereicher Galaxien-Haufen stattgefunden haben und z.B. zur Bildung der deutlich übergewichtigen Galaxie M 87 beigetragen haben, dürften aber außerhalb von Haufenzentren fast nie zur Vereinigung nach einer nahen Begegnung geführt haben, weil der integrierte Impulsübertrag bei nahen Galaxien-Passagen gering ist.

Galaxien-Verschmelzungen, ‚*merging of galaxies*', sind u.a. Gegenstand internationaler Konferenzen gewesen: Kleinere Galaxien reiben sich an ebensolchen oder auch an größeren, verlieren an relativem Bahndrehimpuls, und vereinigen sich schließlich mit ihnen zu massereicheren Galaxien. Vermutlich ist M 87, die $\gtrsim 10^{14,7}$ $M_\odot$-schwere, zentrale cD-Galaxie im Virgo-Haufen (mit ihrem Halo-füllenden Jet vom Eilek-Typ B), genau auf diese Weise so schwer geworden: durch Aufschlucken von nahen Begleitern, durch Verschmelzen. Und es gibt noch eine Reihe weiterer Galaxien am Himmel, oder genauer gesagt Galaxien-Paare, die in offenbarer gravischer Wechselwirkung miteinander stehen, sich gegenseitig ihre Spiralarme verbiegen und auseinanderziehen. Aber sind auch dies Kandidaten künftiger Verschmelzung, oder handelt es sich bei ihnen vielleicht nur um sich im aneinander Vorbeifliegen gegenseitig ‚quälende' oder verzerrende Galaxien-Paare, um ‚*galaxy harassing*'? Gelegentlich zeigen numerische Simulationen überzeugend, wie sich zwei Galaxien gegenseitig einfangen können durch gravische Gezeitenkräfte, sich zunehmend enger umeinander herum bewegen und schließlich zu einer einzigen Galaxie vereinigen. Aber bitte Vorsicht:

Simulationen sind zu fast allem fähig, können leicht auf Abwege führen. Die Filme mit sich vereinigenden Galaxien nach mehrfachem aneinander Vorbeifliegen wurden mit der Annahme verschwindenden Stoßparameters gerechnet, d.h. mit der Annahme von Relativ-Drehimpuls null. Dieser Anfangswert liegt in der Realität nur mit der Wahrscheinlichkeit null vor. Die tatsächlichen, realistischen Stoßparameter sind fast immer groß genug, um deutlich krummlinige Bahnen zu erzeugen, und es kommt lediglich zu einem nahen Vorbeiflug mit Bahnverbiegungen, zu einem ‚Harassing' der beiden Stoßpartner, ohne dauerhafte Bindung [Moore et al 1996; Kundt 1998b, S.199]. Das lehrt auch eine einfache statistische Abschätzung der mittleren Stoßzeit zwischen engen Begegnungen: $= 1/n\ \sigma v$, wobei n die Anzahldichte der Stoßpartner angibt, σ deren Stoßquerschnitt für Einfang, und v ihre Relativgeschwindigkeit. Wobei man natürlich eine gewisse v-Abhängigkeit des Stoßquerschnitts σ nicht übersehen darf, infolge direkter Stöße gasförmiger Unterstrukturen wie auch infolge berührungsfreier Impulsüberträge durch gegenseitige Anziehung. Wendet man diese Formel auf M 87 an, im dichten Zentralbereich des Virgo-Haufens mit hohen Relativgeschwindigkeiten, und sodann auf die Außenbereiche desselben Haufens mit weit niedrigeren Werten von n und v, so erkennt man, dass Verschmelzungen im Kern noch heute nicht auszuschließen sind, hingegen in den Außenbereichen kaum je stattgefunden haben sollten.

Wenn trotzdem in der Literatur Galaxien-Verschmelzungen oft erwogen und diskutiert worden sind, so u.a. deswegen, weil die in den Abschnitten 8.3 und 8.4 besprochenen galaxienbegleitenden, hochsymmetrischen Schalensysteme (EES) relativ häufig vorkommen und von F. Schweizer und P.J. Quinn als Ergebnis von Verschmelzungen gedeutet worden sind. Uns erscheinen stattdessen die EES als viel zu glatt und symmetrisch – beinahe zu vergleichen mit irdischer Glasbläserkunst – als dass sie allein im Vorbeiflug durch gravische Wechselwirkung ausgedehnter Gebilde (wie Galaxien) hervorgebracht werden könnten. Eine wahrscheinliche Fehlinterpretation mit schweren Folgen. Unserer Meinung nach wurden sie durch Materieauswürfe aus ihren nuklearbrennenden Kernen erzeugt. Galaxien-Verschmelzungen ereignen sich im Kosmos außerordentlich selten, meinen wir, und sehen chaotischer aus als EES. Wie von Moore et al [1996] klar beschrieben, dürfte es sich bei den in den Büchern abgebildeten Verschmelzungs-Kandidaten fast immer um nahe Vorbeiflüge mit gegenseitigen Verbiegungen handeln.

8.7 Ist ‚dunkle Energie' nur ein voreiliger Schluss der Kosmologen?

Im vergangenen Jahrzehnt war es sicherlich ein psychologischer Fehler, wenn man bei einem kosmologischen Förderungsantrag vergaß, ‚dunkle Energie' im Projektplan zu erwähnen: Gewisse Themen sind attraktiver als andere. Schließlich hat die (angeblich) beschleunigte Expansion des Weltalls bereits einen Nobel-Preis einstreichen dürfen. Worum handelt es sich eigentlich bei diesem zugkräftigen Schlagwort?

In unserer Beurteilung handelt es sich bei ‚dunkler Energie' um einen zusätzlichen Term in den Einstein'schen Gravitationsfeldgleichungen, den man in den Gründerjahren der Theorie vorsichtshalber erst einmal ernst genommen hatte, aus Allgemeinheitsgründen, dann aber bald wieder verwarf – zumindest wenn mit dem ‚falschen' Vorzeichen behaftet – weil er nicht die *Ungleichungen* irdischer Materie befriedigt, wenn man ihn als zusätzlichen Quellterm deutet. Denn schließlich soll die Einstein'sche Theorie im Grenzfall moderater Massendichten und Geschwindigkeiten gegen die bewährte Newton'sche Theorie streben. Das angeblich gemessene Gegenteil ist vermutlich nur von *vorläufiger* Gültigkeit.

Bereits im ersten Abschnitt dieses Kapitels wurde der Begriff „dunkle Energie“ erwähnt, als Pseudonym für die kosmologische Konstante Λ, die Albert Einstein in den Gründerjahren der Allgemeinen Relativitätstheorie, 1917, kurzzeitig ernst nahm, als möglicherweise notwendige Verallgemeinerung der Feldgleichungen zur Beschreibung der Raum-Zeit-Struktur der Welt im Großen, und wenige Jahre später, 1929, wieder verwarf als die „größte Eselei seines Lebens“. Sucht man nämlich nach Feldgleichungen (höchstens) zweiter Ordnung für die Raum-Zeit-Metrik $g_{ab}(\mathbf{x}, t)$, die sich aus einem Variationsprinzip herleiten lassen und damit zugleich die Viererimpulserhaltung des Weltsubstrats garantieren in der Form $0 = \nabla_b(G^{ab})$, $G^{ab} := R^{ab} - g^{ab}R/2$, $R_{ab} :=$ Ricci-Tensor = einfach verjüngter Riemann-Tensor R_{abcd} gehörend zur Metrik g_{ab}, dann lässt sich ein Zusatzterm der Gestalt Λg_{ab} zu den Feldgleichungen $G_{ab} = \kappa T_{ab}$ nicht ohne Zusatzannahmen ausschließen, wie oben gesagt. Und während der 1960-er Jahre machten sich Forscher wie Roger Penrose und seine Doktoranden Stephen Hawking und Robert Geroch Gedanken über die Ungleichungen, denen das Weltsubstrat zusätzlich gehorchen sollte, als Folge der Positivität von Energiedichte und Druck aller Labormaterie, vgl. [Kundt 1968]. Diese Ungleichungen verletzt der Λ-Term für $\Lambda>0$; deshalb fand er fast 80 Jahre lang nur untergeordnete Beachtung, bis ihn Mike Turner durch schmackhafte Umbenennung wieder ins Rampenlicht brachte, als ‚dark energy‘. Jetzt werden wir ihn so leicht nicht wieder los, denn er hat bereits ansehnliche Forschungsgelder verschlungen und entsprechend viele Anhänger rekrutiert.

Wofür wird Λ, die dunkle Nicht-Energie, benötigt? Es geht um Präzisionsmessungen: Man möchte die einfachsten aller kosmologischen Modelle bis zu möglichst großen Rotverschiebungen hin möglichst gut an die Beobachtungen anpassen. Also konzentriert man sich auf die hellsten Quasi-Punktquellen, Supernovae vom Typ Ia nahe ihrem Helligkeitsmaximum, während anfänglicher $\lesssim$ sieben Wochen nach ihrem Ausbruch, und vermisst insbesondere diejenigen mit den größten Rotverschiebungen ihrer Spektren: Sind sie im Mittel heller oder dunkler als erwartet, bei Zugrundelegung eines speziell-relativistischen Weltmodells? Das Vorzeichen dieser Auswertung entscheidet darüber, ob sich der Raum um uns herum beschleunigt oder gebremst mit dem Weltalter ausdehnt. Dabei lässt die Newton’sche Intuition die zweite dieser beiden Möglichkeiten erwarten, die gebremste Expansion, weil die gravische Selbstanziehung nie auseinandertreibt. Das Gegenteil ist gefunden und mit dem Nobelpreis ausgezeichnet worden: Die fernen SNe Ia sind zu lichtschwach (für gebremste Expansion). Ist dies das letzte Wort zu diesem Thema?

Vermutlich nicht. Denn die Erfahrung lehrt, dass komplizierte Experimente oft nicht schon im gleichen Jahr verbindlich ausgewertet (gedeutet) werden. Ein gegenwartsnahes Beispiel sind die angeblich überlichtschnellen Neutrinos von CERN zum Gran Sasso-Tunnel, die wir am Ende von Abschnitt 10.1 erwähnen werden: Dort hatte ein ‚Wackelkontakt‘ des optischen Glasfaserkabels zwischen der Antenne und dem Experiment im Tunnel die behauptete Nanosekunden-Messgenauigkeit der GPS-Uhren um das 60-Fache verletzt. Kehren wir zurück zur Vermessung der scheinbar beschleunigten Expansion des Weltalls durch ferne SNe vom Typ Ia, so könnten grundsätzlich die folgenden systematischen ‚Boshaftigkeiten‘ ins Spiel geraten sein: Es könnten sich 1) die vermeintlichen SNe Ia während der deutlich früheren kosmischen Ära energetisch anders verhalten haben als diejenigen hier und jetzt, die mit ihnen gleichgesetzt worden sind, (wennschon vermutlich der glatte Übergang geprüft wurde); 2) die Bedenken von David Wiltshire [2007, 2011] als adäquat herausstellen, dass die starke Inhomogenität des Weltsubstrats, mit Leerräumen und Wänden (voids and walls), bei der Auswertung nicht ignoriert werden darf, weil in einer nicht-linearen Theorie die Prozesse des Integrierens (von lichtartigen Geodätischen) und des Glättens (der Metrik und der Massenverteilung) nicht vertauscht werden dürfen; 3) bei der Berechnung der Lichtausbreitung herausstellen, dass die unvermeidliche Anisotropie hätte berücksichtigt werden müssen, die darin besteht, dass wir hiesigen Beobachter uns längs einer anderen Weltlinie bewegen als die Wirtsgalaxien, in denen die SNe explodiert sind; oder 4) Übersehfehler eingeschlichen haben hinsichtlich der Stärke der Absorption und Streuung kosmisch ferner Quellen (etwa durch grauen Staub).

Noch haben wir zu diesem Thema kein endgültiges Urteil, noch bestehen unsere genannten grundsätzlichen Bedenken, aber noch ist dieses Manuskript nicht endgültig eingereicht: Immerhin fällt es uns schon jetzt schwer, unsere Intuition derart zu beugen, dass relativistische Korrekturen eine gebremste Newton'sche Expansion des Raumes ins Gegenteil wandeln könnten; das verletzt die Ästhetik der Naturgesetze, meinen wir. ‚Dunkle Energie' mag ins Zauberhandwerk passen, aber nicht in die exakten Naturwissenschaften. Physikalische Grundgleichungen sollten sich nicht bedenkenlos über bewährte Prinzipien (Energie-Ungleichungen) hinwegsetzen dürfen.

LITERATUR (KAPITEL 8)

[Braun 2013] Braun, Robert, 2013: The cosmic web in focus, *Nature* **497**, 191-192.

[Hoyle 1975] Hoyle, Fred, 1975: *Astronomy and Cosmology, a Modern Course*, Freeman & Co, 1-711.

[Hoyle et al. 2000] Hoyle, Fred, Burbidge, Geoffrey, Narlikar, Jayant, 2000: *A Different Approach to Cosmology*, Cambridge University Press, 1-357.

[Kundt 1968] Kundt, Wolfgang, 1968: Recent Progress in Cosmology, *Springer Tracts in Modern Physics* **47**, 111-142.

[Kundt 1971] Kundt, Wolfgang, 1971: Survey of Cosmology, *Springer Tracts in Modern Physics* **58**, 1-47.

[Kundt 1987] Kundt, Wolfgang, 1987: QSO-Absorption Systems due to Filamentary Shells?, in: 13th Texas Symposium on Relativistic Astrophysics, ed. M.P.Ulmer, World Scientific, Singapore, pp. 314-315.

[Kundt 1996] Kundt, Wolfgang, 1996: Jets from Stars and Burning Disks, in: *Jets from Stars and Galactic Nuclei*, ed. W. Kundt, Lecture Notes in Physics **471**, 1-18, 140-144, and 265-270.

[Kundt 2005] Kundt, Wolfgang, 2005: *Astrophysics, A new Approach*, Springer, 1-223.

[Kundt 2009a] Kundt, Wolfgang, 2009a: Critical Thoughts on Cosmology, in: *XIIIth Brazilian School of Cosmology & Gravitation*, eds. Mario Novello & Santiago E. Perez Bergliaffa, AIP Conf. Proceedings **1132**, 288-302.

[Kundt 2009b] Kundt, Wolfgang, 2009b: Jürgen Ehlers and the fate of the Black-Hole Spacetimes, *General Relativity and Gravitation* **41**, Nr.9, 1967-1980.

[Kundt 2020b] Kundt, Wolfgang, 2020b: Ordered Motions in the Universe, 2020, viXra:2006.0270.

[Kundt & Krause1985] Kundt, Wolfgang, Krause, Marita, 1985: The nature of the IGM, *Astron. Astrophys.* **142**, 150-156.

[Layzer 1990] Layzer, David, 1990: *Cosmogenesis*, Oxford University Press, 1-322.

[Lazzati 2011] Lazzati, Davide, 2011: The awakening of a cosmic monster, *Nature* **476**, 405-406.

[McConnell et al. 2011] McConnell, Nicholas J., et al (8 Autoren), 2011: Two ten-billion-solar-mass black holes at the centres of giant elliptical galaxies, *Nature* **480**, 215-218.

[Moore et al. 1996] Moore, B., Katz, N., Lake,G., Dressler, A., Oemler, A.jr., 1996: Galaxy Harassment and the Evolution of Clusters of Galaxies, *Nature* **379**, 613-616.

[Neronov & Vovk 2010] Neronov, Andrii, Vovk, Ievgen, 2010: Evidence for Strong Extragalactic Magnetic Fields from Fermi Observations of TeV Blazars, *Science* **328**, 73-75.

[Peebles 1993] Peebles, P.J.E., 1993: *Principles of Physical Cosmology*, Princeton University Press, 1-718.

[Singal 2011] Singal, Ashok K., 2011: Large peculiar motion of the solar system from the dipole anisotropy in sky brightness due to distant radio sources, *Astrophys. J. Letters* **742**, 623-626.

[Sofue et al. 1999] Sofue, Yoshiaki, et al (7 Autoren), 1999: Central Rotation Curves of Spiral Galaxies, *Astrophys. J.* **523**, 136-146.

[Soltan 1982] Soltan, Andrzeh, 1982, Mon. Not. Roy. Astron. Soc. 200, 115-122.

[Unzicker 2010] Unzicker, Alexander, 2010: *Vom Urknall zum Durchknall*, Springer, 1-330.

[Unzicker 2012] Unzicker, Alexander, 2012: *Auf dem Holzweg durchs Universum*, Hanser, 1-304.

[Wiltshire 2007] Wiltshire, David L., 2007: Dark Energy without Dark Energy, arXiv: gr-qc/07123984; also: arXiv:gr-qc/072082v4.

[Wiltshire 2011] Wiltshire. David L., 2011: What is dust? – Physical foundations of the averaging problem in cosmology, *Class. Quantum Grav.* **28** 164006(33pp).

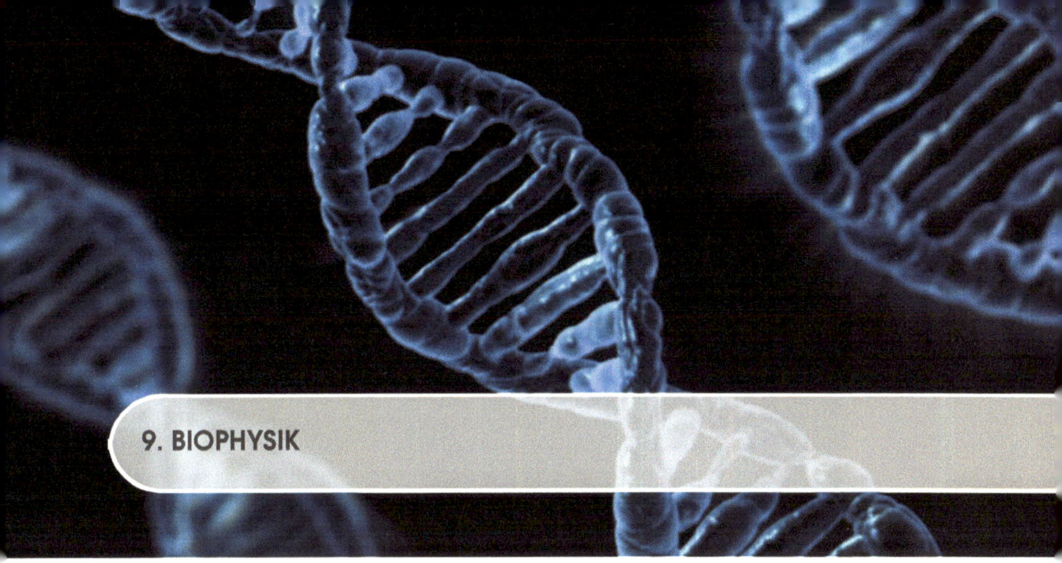

9. BIOPHYSIK

Soeben sind wir gedanklich einmal durch unser gesamtes Weltall gewandert, angefangen auf unserer Erde und fortgeschritten durch unser Sonnensystem, durch unsere Milchstraße mit ihren ‚Bewohnern', den Sternen, bis hin zu den fernsten Galaxien und Galaxienhaufen und äußersten Zonen menschlicher Fernerkundung, mit denen sich speziell die Kosmologie beschäftigt. Die Unsicherheit und Unvollständigkeit unserer Schlüsse und Betrachtungen nahmen dabei naturgemäß mit wachsender Entfernung zu. Glücklicherweise wird unser irdischer Alltag durch derlei Unkenntnisse nicht maßgeblich verunsichert.

Als viel aufregender und gestaltenreicher empfinden wir hingegen die biologischen Wunder, die sich täglich um uns herum auf unserem Heimatplaneten zutragen, die wir Menschen nunmehr seit etwa einer Million Jahren bewusst erleben und noch immer nicht (voll) durchschauen, obwohl auch sie den Gesetzen der Physik in Strenge zu gehorchen scheinen. Hier spielen sich alle Prozesse, wo gewünscht, direkt vor unseren Augen, Ohren, Nasen und Gefühlen ab, wir haben gelernt – nach einer Million Jahren – wo in unseren Körpern unsere Baupläne (DNS) liegen und mit welchen physikalisch-chemischen Werkzeugen (Proteinen) ihre Anweisungen ausgeführt werden, oft von Hunderten oder sogar Tausenden unterschiedlicher Makro-Moleküle zugleich, in korrelierten Aktionen. Aber bei jedem konkreten Problem enden unsere Forschungen leicht mit mehr Fragen als Antworten, mit mehr Staunen als Einsichten. Weil z.B. beim *Heranreifen eines Embryos* aus einem befruchteten Ei Kollektive perfekter Organe in optimaler Anordnung entstehen, statt eines perfekten Chaos aller Ausgangsprodukte, eine stinkende Brühe. All dies ohne Hilfe von außen – jedenfalls bei einem Vogelei – ohne einen Architekten, ohne Rücksprache zwischen Planungsausschüssen, und i.A. ohne einen Fehler, bei vielen Billiarden Operationen; am extremsten bei der Makro-Evolution: der Entstehung neuer Arten! Hilft hierbei vielleicht die quantentheoretische Verschränkung aller beteiligten mikroskopischen Wechselwirkungspartner, von der unten die Rede sein wird? Wir vermuten es. Der Entropiesatz verbietet jedenfalls nicht einen solchen Reifeprozess, weil bei den (vielen) chemischen Reaktionen die Teilchenanzahl – und damit die Entropie – deutlich zunimmt, durch Umwandlung, grob gesprochen, von Eiweißmolekülen in Wasser. Aber die Entropie ist kein empfindliches Maß für die (hohe) hierbei entstehende Ordnung des Endzustandes. Deshalb staunen wir einfach und möchten am liebsten genau zuschauen, fühlen uns jedoch recht unsicher wegen der Winzigkeit und Vielzahl der biologischen Bausteine.

Dieses neunte Kapitel beginnt mit einem uns Vertrautmachen mit einigen Grundprinzipien des Lebens, der *Pflanzen, Pilze,* und der *Tiere*, zu welch Letzteren wir uns selbst zählen. Sie alle – oder vielmehr nur alle höheren Lebewesen, ausgenommen die Viren und die einzelligen Bakterien – bestehen aus einer großen Vielzahl von membranumschlossenen *Zellen* – aufgebaut hauptsächlich aus den 6 chemischen Elementen Phosphor, Sauerstoff, Stickstoff, Schwefel, Kohlenstoff, und Wasserstoff, die man sich leicht merken kann als 'PONSCH' – gestützt und verspannt durch *Stangen* und *Seile*, wie von Menschen gefertigte Zelte, und bei Pflanzen zusätzlich gestrammt durch einen gewissen Überdruck (Turgor) der Zellflüssigkeit im Verein mit festen, stützenden Zellwänden. Längs der Stangen und Seile erfolgt zugleich geordneter Transport, mittels *Laufkatzen*, nämlich mittels Dynein- und Myosin-Molekülen. Diese hochgradige Ordnung in Aufbau und Versorgung, bereits in den kleinsten Untereinheiten jedes Lebewesens, verlangt gesteuerten Antrieb, realisiert durch *Elektromotoren*. Bei den Tieren heißen die hierfür erforderlichen elektrischen Spannungsgeneratoren *Natrium⁺-Kalium⁺-Pumpen, (die mit ATP beschickt werden)*. Sie befinden sich ingroßer Anzahl in jeder (isolierenden) Zellmembran, erzeugen quer dazu das sog. Membranpotenzial (von 0,07 Volt), und sind Gegenstand des ersten Abschnittes. Sie arbeiten effektiv, als *Wärmepumpen*; andernfalls würden wir bei harter Arbeit stärker schwitzen als gewohnt. Tiere, die ihre Beute elektrisch betäuben, mit $\lesssim$0,8 kVolt Hochspannung, benutzen Serienschaltungen von $\lesssim 10^4$ solcher Generatoren. Die Biologie verwendet einige wenige, zuverlässige, immer wiederkehrende Bauprinzipien für ihre *organischen Maschinen*.

Im zweiten Abschnitt wird von den *Herzen der Pflanzen* die Rede sein, submikroskopisch kleinen mechanischen Pumpen in den jungen Wurzelenden jeder Pflanze, die eine Umkehrosmose des eingesaugten Bodenwassers bewirken, damit es ein zweites Mal *osmotisch* in die Krone gesaugt werden kann, bis in die höchsten Bäume, $\gtrsim$140 m hoch. Je nach Größe haben Pflanzen zwischen $\lesssim 10^6$ und $\gtrsim 10^{12}$ solcher elementarer Pumpen, auch ‚Plasmodesmen' genannt, deren Pumpfrequenzen bei $\gtrsim$1 Hz liegen, ähnlich wie bei den menschlichen Herzen. Diese Einsichten wurden zwar z.T. schon vor über 100 Jahren gewonnen, von dem Inder Acharya J.C. Bose, und von uns unabhängig seit Ende des 20. Jahrhunderts neu zusammengetragen, aber es ist uns nicht gelungen, sie in einem der bunten europäischen Journale zu veröffentlichen, gegen den Widerstand der jeweilig amtierenden Lehrbuchautoren. Auch wird der aufmerksame Leser in diesem Abschnitt eine ausführliche Erklärung vermissen, wie Pilze sich in diesen Kreislauf einkoppeln, mit ihrem Austausch geeigneter Erdboden-Substanzen gegen Photosynthese-Produkte bei den Pflanzen (über gemeinsame 'Mycorrhiza'), und warum es im Pflanzen-, Pilz- und Tierreich giftige Spezies gibt. Pflanzen und Pilze haben keine Mägen, wie die Tiere; offenbar genügt ihnen ihr kollektiver Austausch bei der Nahrungaufnahme aus dem Erdboden, durch ihre Wurzeln, Milben, Sporen und anderen, ähnlichen Organe. Wir werden im 4. Abschnitt hierauf zurückkommen.

Im dritten Abschnitt analysieren wir die pflanzliche *Fotosynthese*, die der Umwandlung von Solarenergie in chemische Energie dient. Hierbei wird die absorbierte Lichtenergie zunächst in elektrische Ströme umgewandelt und diese sodann in chemische Energie, vorwiegend durch Rückverwandlung von ADP (:= Adenosindiphosphat) in den biologischen Energiespeicher ATP (:= Adenosintriphosphat, von 0,32 eV). Die Effektivität dieser Rückverwandlung steigt mit steigendem Impuls des atomaren Stoßpartners, d.h. erfolgt effektiver mit Protonen als mit Elektronen (bei gleicher kinetischer Energie). Deshalb liegt hier der vielleicht einzige Fall auf der Erde vor, bei dem ein Stromkreis statt durch Elektronen durch *Protonen* geschlossen wird, wobei die Elektronen zwischenzeitlich durch Chlorophyll-Ionen gebunden werden. Man beachte: nicht nur Pflanzen bedienen sich elektromagnetischer Maschinen - nämlich bei ihrer Photosynthese - , sondern auch Tiere (und Menschen), wobei sogar Tiere in dunklen Lebensräumen - Höhlen oder Tiefsee - ebenfalls ADP und ATP erzeugen, bereits zur Erzeugung von kaltem Licht. Elektromagnetische Maschinen hat bereits die unbeseelte Natur erfunden, und eingesetzt, [Nultsch 1991, Dröscher 1991].

Abschnitt 9.4: Weitere Geschöpfe der nicht-tierischenen Biosphäre.

Die Abschnitte 9.5 und 9.6 beschäftigen sich mit den *Sinnen* im Tierreich, wobei wir Menschen als ‚Trichromaten' (im Optischen) scheinbar schlecht abschneiden. Nachtaktive Tiere, vor allem Katzen, sehen bisweilen bei um eine Oktave ins Infrarot verschobenen Frequenzen. Ihre Pupillen werden hierfür gekühlt durch das Tapetum Lucidum, direkt hinter der Netzhaut, das uns in der Form spiegelnder nächtlicher Katzenaugen vertraut ist. Andere Tiere, auch Greifvögel, entdecken ihre Beute leichter bei Gelbtönen, oder bei UV-Frequenzen. Beim Richtungshören sind kleine Tiere benachteiligt wegen des ungenügenden Abstandes ihrer beiden Ohren. Hier helfen ihnen geeignete mechanische Kopplungen ihrer Ohren und erlauben ihnen, ihr auserkorenes Wirtstier - oder ihren gesuchten Partner - über größere Entfernungen hinweg heimzusuchen bzw. zu finden.

Die Abschnitte 9.7 bis 9.9 widmen sich Spezialausstattungen von Tieren mit besonderen Lebensräumen. So kann z.B. der *Pottwal*, der tiefsttauchende Unterwasserjäger, seinen Atem bis zu zwei Stunden lang anhalten. Das Auftauchen aus den größten Ozeantiefen schafft er bisweilen allein mittels Auftrieb, d.h. ganz ohne Arbeitsleistung, weil er dabei wärmer ist als beim Abtauchen. Seine Organe Herz, Lunge, Fettpolster etc unterscheiden sich im Aufbau stark von denjenigen aller anderen Meeressäuger. Die Pottwale zählen zu den weltreisenden Zugtieren, wie auch Aale, Lachse, Schildkröten und viele andere Meeresbewohner. Ihr *Orientierungsvermögen* ist verblüffend, z.B. beim Auffinden enger verbindender Wasserstraßen zwischen den Weltmeeren - (wobei sie, vermutlich, u.a. deren Strömungen wahrnehmen) - oder beim Wiederauffinden der Süßwasserflüsse ihrer Jugend, vermutlich geschmacksgesteuert. Aber auch die weltreisenden Vogelarten sind Meister der Orientierung, z.B. wenn sie sich alljährlich - oft auf den Tag genau - millionenfach auf einer einsamen Insel zum Brüten wiedertreffen. Ähnliches gilt für Fledermäuse, fliegende Hunde, Schmetterlinge und Heuschrecken. Welche Sinne helfen ihnen bei solch ungewöhnlichen Orientierungsleistungen? Augen, Ohren, Thermofühler, feine Nasen, vielleicht auch ein magnetischer Sinn? Reines, ‚instinktives' Auswendiglernen der Route dürfte ihnen dabei kaum helfen, denn auf unserer zivilisierten Erde ändern sich die technischen Gegebenheiten – und damit die geeignetsten Reiserouten – oft jährlich; da muss immer wieder neu geplant werden. Und Abschnitt 9.8 beschäftigt sich mit Tieren, denen das schnelle Laufen leichter gemacht wird als (gewöhnlich) uns Menschen, vor allem frischen Müttern: Durch elastisches Speichern der Fallenergie bei jedem Sprung kann z.B. ein tragendes Känguruh-Weibchen sein heranwachsendes Kind quasi ohne Mehraufwand im Beutel mit-befördern, ohne Tempoverlust. Wo genau wird die Fallenergie elastisch zwischengespeichert?

Der zehnte Abschnitt will es wissen: Wie funktioniert unser *Gehirn*? Geführt von Jeff Hawkins erkennen wir, dass wir Menschen unsere Aufgaben oft besser meistern als alle (bisherigen) Computer, trotz unserer millionenfach langsameren Bauelemente, die mit Millisekunden statt mit Nanosekunden reagieren. Wir können nicht nur Einprogrammiertes ausführen, wir sind sogar immer wieder mal intelligent! Überraschenderweise (für Normal-Gebildete) sind gewisse Tiere ein wenig schlauer als ihre Lebensgefährten gleichen Körpergewichtes, nämlich: Chamäleon, Oktopus, Krake, und Tintenfisch; wodurch? Immerhin scheint uns das Potenzgesetz der Abb. 9.9.1 keine schlechte Näherung ihrer Verteilung zu sein.

Und wie funktioniert die *Evolution*? Wie entwickelte sich Homo sapiens aus der Maus? Warum *sterben Arten aus*? Wenn in einer fernen Vergangenheit viele Arten ausstarben, während weit mehr neue Arten auftauchten, dann braucht überhaupt nie ein Massensterben stattgefunden zu haben, keine tektonische Katastrophe, und schon gar nicht ein (viel seltenerer) Meteoriteneinschlag. Die Anzahl der Vertreter einer Art kann selbst in tiefen Friedenszeiten der Umwelt exponentiell zu- oder abnehmen, je nachdem, wie gut diese Art an ihren Lebensraum angepasst ist: wie gesund sie ist, und wie gern sie sich vermehrt, oder wie gern sie gefressen wird.

Aber wie entstehen neue Arten, d.h. Lebewesen, die sich mit keiner der bereits vorhandenen Arten paaren können? Sicherlich nicht durch bloßen Zufall, wie beim ‚blinden Uhrmacher' vertreten, denn durch bloßen Zufall entstehen nicht mehrere Vertreter einer neuen Art gleichzeitig, innerhalb ein und derselben Generation. Der Sprung zu einer neuen Art, von David Layzer ‚*Makro-Evolution*' genannt, muss mehrfach innerhalb einer einzigen Generation erfolgen, hinreichend oft, um nicht gleich wieder auszusterben. Dabei muss sich die DNS sprunghaft ändern, deren Reproduktion bekanntlich sonst fast immer fehlerfrei erfolgt. Tom Gold spricht von ‚*Darwins Dilemma*': Für die Makro-Evolution ist der ungesteuerte Zufall bei den Vielzellern viel zu langsam. Wie wäre es mit gelegentlichen *genetischen Virus-Infektionen* des gerade befruchteten Eis im Mutterleib, durch ganz seltene, spezifische Viren?

9.1 Na^+-K^+-Pumpen als Zell-Generatoren

Das neunte Kapitel ist den organischen Maschinen gewidmet, ohne die es weder Pflanze, Tier noch Mensch auf unserem Heimatplaneten gäbe. Wir Menschen sind die kompliziertesten aller uns bekannten Maschinen. Ohne die perfekte Zusammenarbeit aller unserer Bauteile fühlen wir uns unwohl und nennen uns krank. Und es ist nicht leicht, in der umfangreichen Literatur der Biologen oder Mediziner eine Kurzfassung zu finden, die uns unser physikalisches Funktionieren erklären würde.

Dieser erste Abschnitt enthält den Versuch einer solchen Kurzfassung: Unser Körper besteht aus $\lesssim 10^{16,4}$ autonomen, membranumspannten Flüssigkeitszellen, deren statische Festigkeit (ähnlich wie bei Zelten) durch Stäbe und Seile realisiert wird, längs derer ein geordneter Materialtransport erfolgt. Dieser Transport kommuniziert mit den Nachbarzellen sowie mit der Körperflüssigkeit über diverse Membranventile und wird *elektrisch* angetrieben, durch mit ATP beschickte Na^+-K^+-Pumpen, das sind *Spannungsgeneratoren* von 0,07 Volt, außen positiv, innen negativ geladen, derart, dass durchweg osmotisches Druckgleichgewicht herrscht, wie bei einer ‚physiologischen Kochsalzlösung', die sich zum Nachfüllen bei Blutverlust eignet. Die *Spannungspumpen* arbeiten als *Wärmepumpen*. Unsere Handlungen werden nicht durch fünf Sinne, sondern durch $\lesssim 10^3$ verschiedene bewusste und unterbewusste *Sinne* gesteuert. Gelegentliche Hochspannungen bis zu $\lesssim$0,8 kV – wie beim Zitterrochen – werden durch Serienschaltungen ebensolcher Pumpen erzielt.

Pflanzliche Membranen sind als *Wände* verstärkt, 200-mal dicker und entsprechend steifer als tierische ; ihre Zellflüssigkeit besitzt osmotischen Überdruck, auch *Turgor* genannt, und ihre elektrischen Pumpen erreichen $\lesssim$0,3 Volt.

Die Repräsentanten der Biologie, Pflanzen, Pilze und Tiere, gehorchen den Gesetzen der Physik, in allen ihren Verhaltensweisen; uns ist kein einziger Ausnahmefall bekannt. So folgen die (oft beeindruckenden) Bewegungen der Tiere, beim Kriechen, Laufen, Sprinten, Springen, Schwimmen, Tauchen, Fliegen oder Gleiten, denselben Gesetzen wie die menschlichen Spitzenleistungen bei den Olympiaden und wie die Profirennen bei jedwedem Motorsport, gleich ob von Menschenhand oder von einem Computer gesteuert. Im Tierreich wird chemische Energie der Nahrung umgesetzt in mehr oder weniger schnelle Muskelkontraktionen, die dabei ihre Körper verformen und/oder beschleunigen, z.B. um eine Beute zu erjagen, einen Partner zu erreichen, oder um einem Verfolger zu entfliehen. Hierfür stehen uns Menschen wie den Tieren hervorragende *Sinnesorgane* zur Verfügung, wobei Tiere oft besser ausgestattet sind als wir: mit *Augen* im optischen Spektralbereich und den ihm benachbarten UV- und IR-Bereich, oft inklusive linearer Polarisation und/oder einem Kämmchen im Auge, mit *Ohren* im Akustischen, oft bis weit über den menschlich wahrnehmbaren Frequenzbereich hinaus, mit *Nasen* beim Riechen, in denen sich beim Menschen über 350 verschiedene Geruchsrezeptoren (für Basisgerüche) befinden, und $\lesssim$100-mal mehr bei manchen Tieren (Schäferhund, Schnappschildkröte, Lachs, Aal), mit *Haarzellen* (besonderer Bauart) beim Fühlen von Temperatur, Druck, Rauigkeit, Zartheit oder Zärtlichkeit, mit *Magnetit-Kristallen* oder vielmehr sensiblen *Spannungsfühlern* bei den Magnetfeld-Sensoren der Fernreisenden, bisweilen auch mit *Sonar-* oder *Radarsystemen*, akustisch oder elektrisch, bei Nachtjägern bzw. bei Fischen in aufgewühlt-trüben Gewässern, vor allem auch mit *kinematisch-topografischen Organen* zur Wahrnehmung und Kontrolle der eigenen Orientierung (bzgl. Schwerkraft) und Beschleunigungen und der momentanen (veränderten) Gestalt, z.B. beim Sprung. Jedes einzelne dieser Hunderte verschiedener Sinnesorgane ist optimiert in seiner Funktion, kann als Vorbild dienen für den Physiker, den Techniker oder den Arzt; wobei bisher noch alle ähnlich vielen *inneren Sinnesorgane* unerwähnt blieben, die der *Atmung*, *Nahrungs*-Aufnahme und ihrer *Verdauung* dienen: Atemzwang, Hunger, Durst und Appetit sowie die zur Nahrungsaufnahme reziproken Bedürfnisse, ferner die Wahrnehmung und Regelung von Körpertemperatur und pH-Wert (des Blutes), *Versorgung* aller Körperteile mit Wasser, Wärme, Sauerstoff, Brenn- und Baustoffen, zugleich *Entsorgung* von CO_2 und Schlacken, sowie das vielseitige und lernfähige *Immunsystem*, das diese Prozesse nach Kräften vor unerwünschten Eindringlingen (Krankheitserregern) schützt, und last not least die sexuellen Sinne der *Fortpflanzung*. Alle diese Regelkreise und bewussten und unterbewussten Wahrnehmungen unserer selbst nebst Umwelt erlauben uns – zusätzlich gesteuert durch unser *Gehirn* – die Welt um uns herum vielschichtig zu erkennen und nach unseren eigenen Plänen und Wünschen zu beeinflussen. Nur selten wird uns der Kompliziertheitsgrad dieser Struktur ‚Leben' voll bewusst [Dröscher 1991]. Seine Stabilität wünschen wir uns oft unter dem Pauschalnamen ‚Gesundheit'. Sie ist leider nicht immer automatisch gewährleistet; das braucht uns durchaus nicht zu wundern.

Noch sind wir kaum auf die Pflanzen eingegangen, von denen man vielfach sagt, sie seien ähnlich optimal an ihren Kampf ums Dasein angepasst wie die Tiere. Pflanzen sind zwar gewöhnlich ortsfest, allein wegen ihrer Abhängigkeit von Nährstoffen aus dem Boden, die sie über ihre Wurzeln aufnehmen. Aber bereits ihr robustes Baumaterial, *Holz*, macht sie in vieler Hinsicht widerstandsfähiger und längerlebig als Tiere. Pflanzen haben die Fähigkeit, ihre Lichtausbeute zu optimieren, durch Verbesserung ihrer Gestalt, mittels *Fototropismus*, zugleich *Geotropismus*, und durch *Ranken*, mithilfe dynamischer Anpassung ihres Astwerks, sowie durch kontrolliertes Öffnen und Schließen ihrer ‚*Schließzellen*' (stomata) an den Blattunterseiten (zwecks Aufnahme von CO_2, wenn auch auf Kosten von geringfügigem Wasserverlust, genannt ‚Transpiration'). Pflanzen kooperieren)mit Pilzgeflechten im Boden, den *Mykorrhizen*, durch symbiotischen Austausch von Fotosyntheseprodukten gegen mineralreiches Bodenwasser. Sie decken ihren tierischen Eiweißbedarf gelegentlich durch Einfangen und *Resorbieren* von Insekten. Und sie schützen sich bisweilen, einzeln oder kollektiv, gegen Kahlfraß, z.B. durch Giraffen, Gnus, Lemminge, oder auch Blattläuse, durch *Anlocken* helfender Tiere mittels Nektar: Ameisen, Wespen, Vögel, oder durch Anreicherung und/oder Ausströmen von abweisenden oder *giftigen* leichtflüchtigen Stoffen, z.B. ätherischen Ölen, um sich ungenießbar zu machen. Nicht nur Tiger und Haifische können kämpfen...

Ja, und was hat all dieses mit Alkali-Ionen und Zell-Kraftwerken zu tun, mit denen wir uns doch in diesem ersten Abschnitt des neunten, biologischen Kapitels beschäftigen wollten? Ganz einfach: Wenn Tiere und Pflanzen aus physikalischen Maschinen bestehen, dann brauchen sie auch Kraftwerke, am besten elektrische Spannungsgeneratoren. Genauer: Tiere und Pflanzen bestehen hauptsächlich aus *Zellen* – als kleinste autonome Einheiten – und jede Zelle muß beständig arbeiten, u.a. zu ihrer Ver- und Entsorgung, wie jeder menschliche Haushalt. Dazu gehört u.a. die Stabilisierung des optimalen *pH-Wertes* ihrer Zellflüssigkeit, des ‚Cytoplasmas', nämlich gleich demjenigen von physiologischer (0,9 %-iger) Kochsalzlösung, auch gleich demjenigen des Blutes; größere Abweichungen davon wirken tödlich. Zellversorgung verlangt u.a. auch den An- und Abtransport großer Moleküle durch *wasserdichte Schleusen* in der sie umhüllenden Membran, z.B. von Zuckermolekülen. Solche Routine-Kraftakte, entfernt vergleichbar mit Unterwassergeburten, werden fortwährend in den Zellen der Tiere und Pflanzen von Elektro-Lokomotiven besorgt, im *Membran-Spannungsfeld* von 0,07 Volt und mehr ($\lesssim$0,3 V), über Distanzen (Membrandicken) hinweg von $\gtrsim$ 50 Åentsprechend $\lesssim 10^2$MV pro Meter (bei konstanter Feldstärke): Vorsicht Hochspannung!

Vielleicht war diese Hochspannungswarnung nicht ganz fair: Schließlich wirken die zellulären Feldstärken, die wir bei unserer Spannungsumrechnung als konstant vorausgesetzt haben, lediglich über Zellmembrandicken, d.h. über Distanzen der Länge großer Moleküle. Immerhin sind die zugehörigen Energien vergleichbar mit den thermischen Energien der dortigen Moleküle und Atome, außerdem sind die elektrischen Kräfte geordnet, nämlich senkrecht zur Membran, können also nicht als Störkräfte abgetan oder ignoriert werden. Insofern vermissten Marko Robnik und wir ihre gebührende Diskussion in den (international führenden) empirisch-betonten Büchern von Alberts et al [1989] oder Nultsch [1991]; erst das (weitschauende und umfassende) Buch von David Layzer [1990] hat uns auf ihre Wichtigkeit hingewiesen, allerdings ohne eine vollständige Klärung ihrer Wirkungsweise beizufügen: 'Schaufelräder' symbolisieren dort das Funktionieren der Ionenpumpen. Offenbar befinden wir uns hier noch im Frontgebiet der Forschung; vgl. auch [Ward 2005] und [Kundt 2005]. Doch kehren wir zurück zur Physik der Zellen von Tieren und Pflanzen und beginnen mit deren Struktur, noch einmal ganz von vorn.

Alle Lebewesen – Viren und Prionen ausgenommen – bestehen aus Zellen, angefangen bei den Einzellern: den Bakterien, Spermien und (sonstigen) ‚Protisten', mit den Pantoffeltierchen als wohl ihren größten Vertretern, (der Länge $\lesssim$0,3 mm), und gipfelnd bei den heutigen Säugetieren, mit ihren $10^{16,4}$ Zellen. Üblicherweise sind Zellen mikroskopisch klein ($\lesssim$ sub-mm), sie können aber in Ausnahmefällen fast körperlang werden, z.B. als Axon-Schwänze von Neuronen (Nervenzellen), oder in Eiern. Zellen sind stets durch mindestens *eine* phospholipide Membran gegen ihre Außenwelt abgeschirmt, d.h. durch einen (elektrisch) isolierenden, hydrophilen Film, der (von Fall zu Fall unterschiedlichen) Dicke zwischen 5 nm und 10 nm, 1 nm $= 10^{-9}$m $= 10^{-3}\mu$m $=$ 10 Å. Eine solche Membran besteht aus zwei Lagen einander gegenüberliegender hydrophober (und zugleich lipophiler) Fettsäureschwänze mit nach außen hin aufgepfropften (hydrophilen) Phosphat-Köpfen, s. Abb. 9.1.1. Membranen sind ziemlich undurchlässig – nämlich nur durchlässig für (kleine, neutrale) Moleküle der Massenzahl <75, wie reines Wasser – ferner verbiegbar, dabei aber quasi flächentreu (wie ‚flüssige Mosaike'), und werden durch Proteine verschiedenster Größe, Bauart und Funktion durchsetzt, die dem Austausch mit dem Außenraum dienen und von Zelle zu Zelle variieren. Zellen können von innen her versteift sein wie Zelte, durch ‚Stangen' aus Tubulin-Röhren und ‚Seile' aus Actin-Filamenten, längs derer zugleich der Materialtransport erfolgt, angetrieben durch Dynesin- bzw. Myosin-‚Laufkatzen'. Pflanzenzellen benötigen größere Steifigkeiten als tierische, u.a. im Bereich großer (osmotischer) Wurzeldrücke, wo Drucksprünge $\lesssim$1 bar zwischen Nachbarzellen aufzufangen sind. Sie verstärken ihre Membranen über 100-fach, durch sog. ‚primäre' und ‚sekundäre Zellwände', hauptsächlich aus Zellulosefasern, der Gesamtdicke $\gtrsim$ 1 μm, wobei die sekundären Wände mindestens doppelt so dick sind wie die primären und sich erst später bilden, in einem quasi ausgewachsenen Stadium ihrer Zellen. Während des Zellwachstums – um Volumenfaktoren $\lesssim 10^6$ – helfen Expansin-Proteine, das verflochtene Netzwerk der Polysaccharide in den wachsenden Primärwänden sich strecken zu lassen, durch vorübergehende Auflockerung.

Jetzt endlich nähern wir uns der zentralen Fragestellung dieses Abschnitts: der Funktionsweise der Na^+-K^+-Pumpen in den Zellmembranen (vorzugsweise) der Warmblütler, als Beispiel der vielseitigen Klasse der *Ionenpumpen* in Zellmembranen, die bei Pflanzen meist mit Protonen (Wasserstoffionen, H^+), K^+-Ionen oder Ca^{++}-Ionen betrieben werden statt mit Na^+-Ionen. Ihnen allen ist gemein, dass sie die Zellmembranen, in denen sie sitzen, elektrisch aufladen – außen positiv, innen negativ – auf Spannungen $\lesssim$ 0,3 V. Dabei sollen im ersten (tierischen) Fall die osmotischen Konzentrationen außerhalb und innerhalb der Zelle einander gleich bleiben, während im zweiten (pflanzlichen) Fall oft ein innerer Überdruck (Turgor) der Zellen erwünscht ist, mit höherer Ionendichte des Cytoplasmas, zwecks größerer Festigkeit. Diese elektrostatische Aufladung der Zellmembranen dient ihrer selektiven An- bzw. Abreicherung benötigter Moleküle oder Ionen durch die Membran, zwecks Ernährung und Entschlackung: Wie bereits erwähnt, können dabei z.B. Zuckermoleküle durch vorübergehende elektrische Aufladung mit einem ‚Träger-Ion' (carrier) wasserdicht durch enge Membranschleusen gezerrt werden: Elektro-Loks im Dienst der Zellen!

Die elektrische Aufladung der biologischen Zellmembranen ist ein ‚Muss': Ohne sie wären die Versorgungsprobleme von Tier und Pflanze ungelöst. Denn Zellen brauchen für ihre vielseitigen Aufgaben spezifische Konzentrationen ihrer Flüssigkeiten, zur Etablierung von Drücken, zur Energieversorgung, für gezielte chemische Aufgaben – z.B. mRNS-Erstellung zur Informationsvermittlung, („m" steht für „messenger"), oder DNS-Verdopplung bei der Zellteilung, (DNS := DesoxyriboseNucleinSäure) – und zur laufenden Haushaltsführung. Ihre chemischen Kompositionen stellen sich nicht automatisch ein, z.B. durch Öffnen und Schließen von Ventilen; die gelösten Stoffe werden durch mehrere Kraftfelder und Ventile gesteuert: 1) durch Konzentrationsgradienten, 2) vermöge der Membranspannungen, sobald sie elektrisch geladen, d.h. Ionen sind, und 3) eingeschränkt durch ihre jeweiligen Größen (bei Schleusen) und Beweglichkeiten in zähen Medien. Durch ein geeignetes Zusammenspiel dieser unterschiedlichen beschleunigenden Kräfte lösen die Zellen ihre Versorgungsprobleme und Produktionsaufgaben. Keine (lebende) Zelle ohne Elektrogenerator.

Ja, und wie konstruieren die Zellen ihre Kraftwerke? Kraftwerke sollten energiesparend arbeiten, sonst gäbe es Unterhaltsprobleme, und sonst würden sie sich bei starker Belastung überhitzen. Deshalb arbeiten sie alle als Wärmepumpen, bei denen die (ungeordnete) thermische Energie ihrer Ionen angezapft wird, beim freien Fall gegen das angelegte Potenzial (entlang des Ionenkanals der ATPase). Außerdem lassen sich die Na^+-Ionen der Na^+-K^+-Pumpen durch den Konzentrationsgradienten der K^+-Ionen helfen, durch Schubverstärkung beim Fall gegen die Spannung, s. Abb. 9.1.2: Die Kalium-Ionen sind im Zellinneren elektrisch eingesperrt, wollen andererseits aufgrund ihres Partialdrucks expandieren, vergleichbar einer überfüllten Rinderkoppel innerhalb eines elektrischen

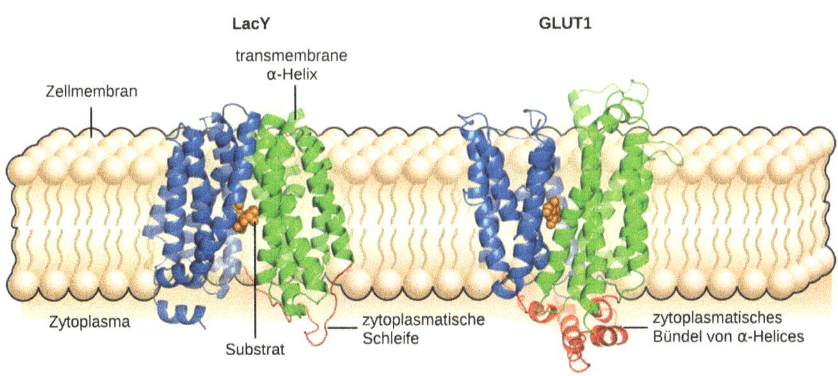

Abbildung 9.1.1: Pflanzliche oder tierische *Membran*, die jede Zelle (quasi) wasserdicht umgibt und gegen ihre Umgebung abgrenzt, mit aktiven, wasserdichten Schleusen zum An- und Abtransport von benötigten Molekülen; nach Henderson: Nature 490, 348 (2012). Pflanzliche Zellen sind zusätzlich noch durch dicke, steife *Wände* (aus Zellulose) verstärkt, zwecks größerer Festigkeit. Und zwar besteht jede Membran aus einer verformbaren, äußerlich (außen wie innen) benetzbaren, jedoch insgesamt wasserundurchlässigen (weil innen fettigen) *Phospholipid-Haut*, in welche eine große Zahl von *Proteinen* eingelagert sind, die sowohl passiven als auch aktiven Molekültransport durch die Membran erlauben, d.h. das Zellinnere fortgesetzt ver- und entsorgen.

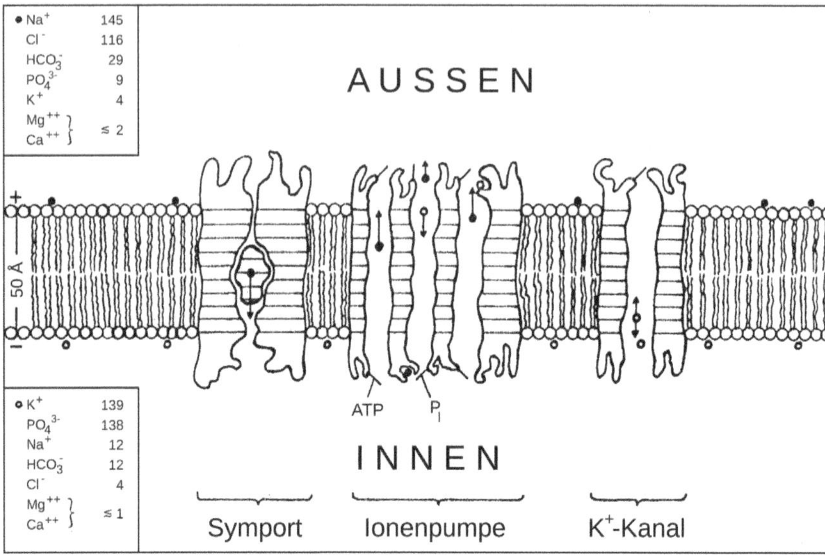

Abbildung 9.1.2: Elektrische Aufladung der Zellen (auf 0,07 V), bei Tieren mittels der sog. *Na^+-K^+-Pumpen.* Die Pumpen – oder besser ‚aktiven Ventile' – sind durchlässig für die (etwas kleineren) hydratierten K^+-Ionen, nicht hingegen für die (etwas größeren) hydratierten Na^+-Ionen, die aus dem Zellinneren ‚herausgepumpt' werden, gegen den elektrischen Potenzialgradienten, (sprich: gegen das elektrische Feld). Dabei lässt sich offenbar nicht verhindern, dass für je drei durchgeschleuste Na^+-Ionen zwei K^+-Ionen in entgegengesetzter Richtung durch das Ventil schlüpfen, die sich dabei allerdings als hilfreich erweisen: bei der ATP-Regenerierung. Die nach innen geschlüpften K^+-Ionen können durch engere, passive Kanäle wieder in den Außenraum zurückgelangen, sozusagen verdampfen, entgegen dem anliegenden elektrischen Feld, aber geschoben vom anliegenden Druckgradienten, zurück zu ihrer thermischen Gleichgewichtsverteilung; vgl. Abb. 9.1.3.

Zauns: An den Gattern entstehen Turbulenzen. Was auf den ersten Blick als eine Ineffektivität der tierischen Ionenpumpen erscheint – nämlich dass für je drei nach außen ‚gepumpte' Na^+-Ionen zwei K^+-Ionen nach innen zurückfallen – erweist sich auf den zweiten Blick als eine geniale Lösung des Generatorproblems. Bei den Pflanzen hingegen ist Überhitzung kein Aspekt, da spielen Materialbeschaffungsprobleme und Kräfte eine übergeordnete Rolle; ihre Pumpen sind für (etwas) höhere Spannungen ausgelegt.

Etwas mehr Detail erwünscht? Lässt sich die An- und Ablieferung von gelösten Stoffen an Zellen in den gewünschten Proportionen nicht bereits durch verschieden weite Schleusenkanäle erzielen, wegen der verschieden großen Moleküldurchmesser? Die Natur hat dies von Anfang an eingeplant: Es gibt z.B. $Kalium^+$-Kanäle, die für (hydratierte) $Natrium^+$-Ionen zu eng sind, d.h. faktisch nicht existieren. Wobei bereits berücksichtigt wurde, dass die Alkali-Ionen Li^+, Na^+, K^+, Rb^+, Cs^+ zwar in dieser Reihenfolge nach wachsenden Durchmessern angeordnet sind, entsprechend ihrer wachsenden Zahl kompletter Elektronenschalen, dass sie sich hingegen in wässriger Lösung mit ausgedehnten Hydratationshüllen umgeben, durch Dipolkräfte, die ihren effektiven Durchmesser D in umgekehrter Reihenfolge zunehmen lassen, mit z.B.: $D(Na^+) =$ 0,48 nm $> D(K^+) =$ 0,36 nm, s. Abb. 9.1.3. Um jedoch gleichzeitig die gewünschten Konzentrationen für sieben oder mehr Ionensorten innerhalb einer Zelle zu realisieren, werden als Membranproteine nicht nur ständig offene oder katalytisch und/oder potenzialgesteuerte ‚Ionenkanäle' unterschiedlichen Querschnitts angetroffen, sondern auch (pockenförmige, zeitweilig geschlossene) ‚Porine', ‚Symports' (für simultanen Durchgang zweier Ionensorten), ‚Antiports' (für gegenläufigen Durchgang), und ‚Uniports', deren selektive Förderungsraten durch Trägerionen erzielt werden.

Und alle diese gesteuerten Austauschprozesse werden ermöglicht durch (aktive) Ionen-‚Pumpen', auch ‚ATPasen' genannt, welche die Membranspannung aufbauen, indem sie die spannungserzeugenden Na^+-Ionen mithilfe von chemischer Energie zur Membranaußenseite befördern: kein Spannungsgenerator ohne Energiezufuhr. Als (chemische) Energie wird dabei die Umwandlung von Adenosintriphosphat (ATP) in Adenosindiphosphat (ADP) mittels Hydrolyse verwendet: ATP + H_2O = ADP + H_3PO_4 + 0,32 eV, einheitlich im Pflanzen- wie im Tierreich. ATP ist die biologische Energieeinheit. In der Na^+-K^+-Pumpe wird der mechanische Rückstoß der ATP- Hydrolyse umgesetzt in einen Schub der Na^+-Ionen aus dem Innenraum in den Außenraum der Zelle, entgegen der vorhandenen Membranspannung, wobei die ungeordnete thermische Bewegung der Na^+-Ionen entscheidend ausgenutzt (abgebaut) wird, als Wärmepumpe. ATPasen sind elektrische Generatoren.

Sogar in jeder lebendigen Zelle muss für die ständige Energienachlieferung gesorgt werden, d.h. ADP in ATP rückverwandelt werden. Das besorgen die Mitochondrien, oder auch Chloroplasten, die primären Kraftwerke der Zellen. Jede lebendige Zelle enthält mindestens *ein* Mitochondrion, bisweilen sogar einige Tausend davon; nicht hingegen die abgestorbenen Zellen der Pflanzen, allen voran ihre Leitungsgefäße, die ja auch keine Membranspannung haben. In den Mitochondrien wird u.a. durch (katalytische) Zuckerverbrennung ADP zu ATP regeneriert (phosphoryliert), hauptsächlich zur Versorgung der ATPasen in ihren Zellmembranen, beim Aufbau des Membranpotenzials.

Hiermit hat sich für uns der Gedankenkreis der Na^+-K^+-Pumpen in den Membranen der tierischen Zellen geschlossen: Es handelt sich um ATP-getriebene Ionenpumpen, die Na^+-Ionen aus der Zelle herauswerfen, während die gleichzeitig vorhandenen K^+-Ionen für elektrische Neutralität (in 0. Näherung) und physiologische Osmolarität im Inneren sorgen, darüber hinaus den Aufladevorgang der ATPasen durch ihren Konzentrationsgradienten unterstützen. Das Herauswerfen der Na^+-Ionen arbeitet als Wärmepumpe, (wodurch die Umgebung geringfügig abgekühlt wird, um $\lesssim$0,2 K). Die extrazellulären Na^+-Ionen stehen dann als ‚Träger' zur Verfügung, z.B. für das aktive Hereinschleusen von Zuckermolekülen. Der Aufladeprozess hat diffusiven Charakter, mit einer Zeitkonstante Δt gegeben durch die Gleichgewichts-Ionensäulendichte $N = W/4\pi e^2 d = 10^{10,9} cm^{-2}$ auf der Zellaußenseite, ($W(Na^+)$ = 0,07 eV, d = 50 Å), dividiert durch die Pumprate $\nu \approx 10^2 s^{-1}$ pro Zelle von $N_p \lesssim 10^{12}$ cm^{-2} Pumpen pro Membranfläche, ergibt $\Delta t = N / \nu N_p \gtrsim 10^{-3}$sec. Diese Zeitkonstante der elektrischen Aufladung von Na^+-K^+-Pumpen, $\Delta t \gtrsim$ msec, bestimmt u.a. die Schnelligkeit von Nervensignalen bei Tieren und damit zugleich die Geschwindigkeit ihrer Reaktionen; sie hat also eine fundamentale Bedeutung als minimale

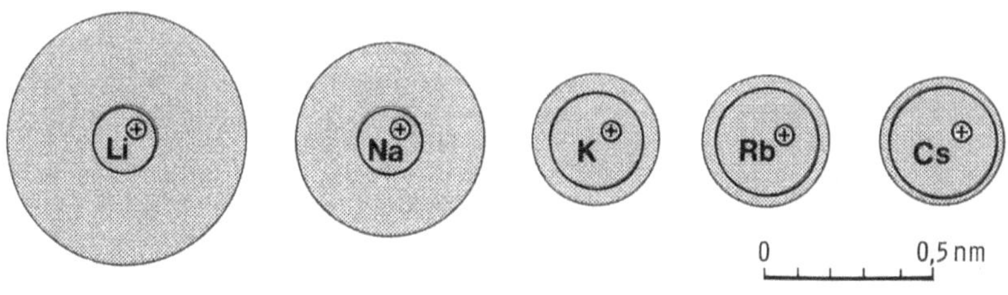

Abbildung 9.1.3: Größen biologisch häufig vorkommender Alkali-*Ionen*, ohne und mit *Hydrathüllen*, nach [Nultsch 1991]. Diese Größen sind ausschlaggebend für ihr Vermögen, gewisse Kanäle zu passieren, z.B. die engeren Kanäle der Na^+-K^+-Pumpen. Zu beachten ist, dass Hydratation die Größenverhältnisse oft umkehrt.

Reaktionszeit alles Lebendigen. So sind Fliegen und Mücken deutlich kleiner als Menschen; ihre Nervenstränge (Axonen) sind deutlich kürzer, daher können sie etwas schneller reagieren als wir; jedoch nicht schneller als mit Millisekunde.

Wann immer Tiere größere elektrische Spannungen benötigen, erzeugen sie diese durch Hintereinanderschaltung (Serienschaltung) von Na^+-K^+-Pumpen. So ergeben einige Hundert Batterien in Serie die nötigen 10 Volt für elektrische (Radar-) Ortung von Fischen in trüben Gewässern, deren reflektierte Signale sie mit Empfindlichkeiten von bis zu 5 nV/cm (!) auswerten. Spannungsrekorde von $\lesssim$ 0,8 kV erzielen der Zitterrochen (torpedo ray), der südamerikanische Zitteraal (electric eel) und der afrikanische echte Wels (cat fish) zur Lähmung ihrer Opfer, durch Serienschaltung von 10^4 solcher Batterien, bei deren Entladung während Sekundenbruchteilen 10 kW Leistung umgesetzt werden. Übrigens bewegt die Mimose die blitzartig umklappenden Gelenke ihrer Blattstiele bei Berührung ebenfalls mittels elektrischer Pulse ihrer Ionenpumpen.

9.2 Die Herzen der Pflanzen sitzen in ihren Wurzelspitzen

Während das Funktionieren des mechanisch gepumpten Blutkreislaufs der höheren Tiere zum Allgemeinwissen gehört, ist über den Wasserkreislauf der Pflanzen und ihren Nahrungstransport sehr viel Ungereimtes publiziert worden, beginnend bei [Pickard 1981], obschon in Indien Acharya J.C. Bose bereits $\lesssim$1918 die entscheidenden Bauelemente des Transports richtig erkannt hatte. Das mag vor allem an einer ungeeigneten Definition des *Wasserpotenzials* gelegen haben, als Differenz des Potenzials einer Lösung und ihres Lösungsmittels, statt als die *Gibbs'sche freie Enthalpie* selbst. Dann nämlich fließt Wasser stets bergab, in Richtung abnehmenden Potenzials, und sein Kreislauf benötigt mechanische Pumpen, genau wie der tierische Kreislauf. Diese einfache Botschaft konnten wir seit 2002 nicht in europäischen Journalen gedruckt bekommen, trotz starker Unterstützung durch unsere Bonner Kollegen [Kundt & Gruber 2004].

Dabei befinden sich die erforderlichen mechanischen Pumpen in den *Wurzelenden*, in Gestalt der submikroskopischen *Plasmodesmen* in den peripheren Wänden der *Endodermis*, beim Übergang von der Rindenschicht in den Zentralzylinder. Salzwasserpflanzen besitzen davon noch einen zweiten Ring in Serie, in der *Exodermis*. Die Pumpen sorgen dafür, dass das von den Wurzeln osmotisch angesaugte Bodenwasser ein zweites Mal *osmotisch* angesaugt wird, von ihren Kronen. Beim Heben des Bodenwassers in die Kronen, durch die Xylem-Röhren, sind dann noch tragende Querwände in regelmäßigen Abständen erforderlich, aus Festigkeitsgründen, an denen das osmotische Gefälle springt, damit die Röhren nur ungefähren Atmosphärendruck auszuhalten haben. Bei den Nadelhölzern sind dies die *behöften Tüpfel*, bei den Laubhölzern die *Perforationsplatten*. Die Wurzelenden erlauben zugleich die Aufnahme gewisser Nährstoffe aus dem Erdboden, unter Ankopplung an Pilzgeflechte, im Austausch mit ihren Photosyntheseprodukten.

Nicht nur Tiere haben Herzen, bemerkte bereits der indische „Scientist and Dreamer“ Acharya Jagadish Chandra Bose, geboren 1858 im Dorf Rarikhal (Ost-Bengalen, heute Bangladesch) und späterer Gründer des Bose Instituts in Kalkutta (1917), dessen weitgespannte physikalische, zoologische und botanische Tätigkeiten die Forschung bis über seinen Tod hinaus (1937) befruchtet haben, s. [Bose 1996]. Er erkannte die Herzen an ihrer Eigenschaft, den Wasserkreislauf und damit die Versorgung und das Wohlergehen einer Pflanze anzutreiben, als mechanischen Taktgeber, der sich elektrisch beeinflussen lässt und der in ganz ähnlicher Weise auf Anregungsmittel und Gifte reagiert wie menschliche und tierische Herzen (von Fröschen oder Fischen) sowie über deren Leben und Tod entscheidet. Und er lokalisierte die ‚röhrenförmigen‘ Herzen am Innenrand der Rindenschicht (cortex) ihrer Wurzeln, durch elektrisches Sondieren. Da es zu seiner Zeit noch keine

Elektronenmikroskope gab, kannte er noch nicht die Plasmodesmen in den Porenfeldern der äußeren und inneren peripheren (‚periklinen') Wände der Endodermis, einer Zellschicht, die bereits unter dem optischen Mikroskop auffällt durch die (wellblechartigen, lignifizierten) Caspary-Gürtel ihrer radialen (‚antiklinen') Zellwände und die wir (seit den 1990-er Jahren) für die mechanischen Pumpen halten. Diese mechanischen Pumpen, so meinen wir, bewirken eine Umkehrosmose in der sog. ‚Wurzelhaarzone' der jungen Wurzeln, um das osmotisch stark angereicherte, aus dem Erdboden aufgesogene Bodenwasser ein zweites Mal osmotisch verfügbar zu machen, für die saugenden Blätter in den Kronen der Pflanzen, mit einer Pumpfrequenz von $\gtrsim 1$ Hz, s. Abb. 9.2.1. Dabei wird sich sogar die ‚osmotische Anreicherung in der Rindenschicht der Wurzelhaarzone' als ein Ergebnis der pumpenden Herzen herausstellen, und es werden die Phänomene des Ausschwitzens von Wasser bei Verletzungen (‚Exsudation') sowie des bisweilen täglichen Auspressens von reinem Wasser aus den Blatträndern (‚Guttation') natürliche Erklärungen finden.

Bis zum heutigen Tage ist die soeben skizzierte Erklärung der pflanzlichen Organisation keineswegs Allgemeingut, obwohl sie erneut von Pickard [1981] in Erwägung gezogen wurde. Das mag zwei Ursachen haben: Einerseits spielt sich die Umverteilung der aus dem Boden aufgenommenen Nährlösung einer Pflanze und der in ihren Blättern erzeugten Fotosyntheseprodukte auf Äste, Stämme, Blätter, Blüten, Früchte und Wurzeln nur sehr langsam, fast unsichtbar und lautlos ab, durch Millionen bis Billionen feiner und feinster, vielverzweigter Röhren, sodass sie sich nicht leicht filmen oder im Detail vermessen lässt. Insbesondere sind die (unzähligen) antreibenden Mikropumpen, die die Umkehrosmose ausüben und die wir ‚Herzen' nennen, submikroskopisch klein, daher bislang nur als Schnappschüsse abgebildet, nicht dynamisch (als Film) erfasst worden. Und andererseits sind die Botaniker Otto Renner (1915), Ralph Slater (1960) und Sterling Taylor (1962) bei der quantitativen Beschreibung des Wassertransports in den Pflanzen von einer ungeschickten Definition des sog. Wasserpotenzials ausgegangen, die in der Folge zu allerlei Verwirrungen geführt hat: Sie haben nämlich als Wasserpotenzial ψ einer wässrigen Lösung die Differenz aus dem Potenzial ψ_L der Lösung und demjenigen des reinen Wassers ψ_0 definiert, $\psi := \psi_L - \psi_0$, statt mit ψ_L selbst zu arbeiten, sodass ihr ψ für reines Wasser identisch verschwindet und somit seine Eigenschaft als Potenzial der treibenden Kräfte verliert.

In den Lehrbüchern der Physik wird (stattdessen) unter dem ‚*Wasserpotenzial*' ψ einer Lösung die Gibbs'sche freie Enthalpie der Lösung verstanden, die aus ihrem ‚*chemischen Potenzial*' μ hervorgeht durch Multiplikation mit der Teilchen-Anzahldichte n: $\psi := \mu\ \mathrm{n}$. Für eine einkomponentige Flüssigkeit im Schwerefeld der Erde gilt $\psi = \rho\ \mathrm{g}\ \mathrm{z}$, mit ρ als Massendichte, g als Fallbeschleunigung (auf der Erde) und z als Vertikalkoordinate. Dann ist also ψ die potenzielle Energiedichte der Flüssigkeit, und der räumliche Gradient ∇ von ψ gibt (bis aufs Vorzeichen) die Kraftdichte $\rho \overrightarrow{b}$ an, die im jeweiligen Punkt auf die Flüssigkeit wirkt: $\rho \overrightarrow{b} = -\nabla\psi = \rho \overrightarrow{g}$. Als Folge hiervon fließt eine (schwere) Flüssigkeit stets bergab, wie jeder Bach. Sperrt man nun aber die Flüssigkeit in Rohre ein, wie in jedem städtischen Frischwassernetz, so kann das Wasser auch bergauf fließen, solange sein *Druck* p groß genug ist; dies lässt sich wiederum mit dem (jetzt verallgemeinerten) Wasserpotenzial beschreiben, diesmal unter Addition des Druckes (Druckpotenzials): $\psi = \rho\ \mathrm{g}\ \mathrm{z} + \mathrm{p}$. Eine weitere Komplikation tritt ein, wenn die Flüssigkeit eine variable Dichte n_L gelöster Teilchen enthält, deren ‚*osmotischer Druck*' $\pi = \mathrm{n}_L \mathrm{kT}$ als *Sog* auf das Lösungsmittel (Wasser) wirkt. Schließlich muss bei sehr engen Gewebestrukturen, vom effektiven Radius $\lesssim \mu\mathrm{m}$, die Anziehung ihrer (hydrophilen) Wände mitberücksichtigt werden, der sog. ‚Kapillarkräfte', beschrieben durch den ‚*Quellsog*' oder das (positive) ‚*Matrixpotenzial*' τ, besonders von Samen und Sporen, aber auch von Teilstrukturen in den Blättern und im Holz. Man erhält so die allgemeine Formel:

$$\psi = \rho\ \mathrm{g}\ \mathrm{z} + \mathrm{p} - \pi - \tau \quad \text{mit:} \quad \rho \overrightarrow{b} = -\nabla\psi \tag{9.1}$$

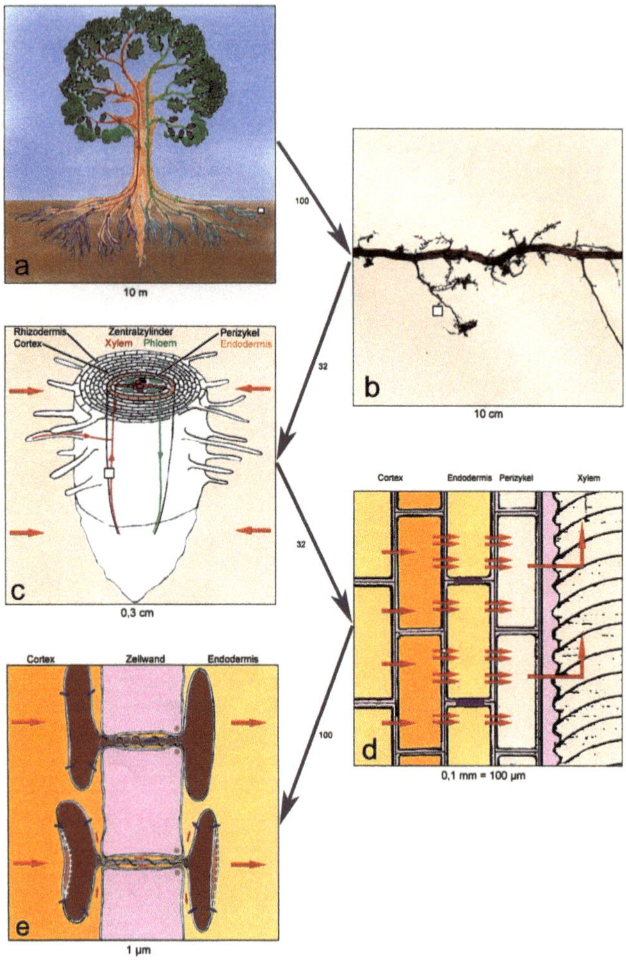

Abbildung 9.2.1: Wasser- und Nahrungs-Transport in Bäumen, mit vier schrittweisen Vergrößerungen um Faktoren {100, 32, 32, 100}, nach [Kundt & Gruber: Wir haben uns überzeugt, dass das Wasser in Pflanzen durchweg osmotisch bewegt wird, in Richtung des Gradienten des – geeignet definierten – *Wasserpotenzials*, und dass das aus dem Boden von den Wurzelenden angesaugte Wasser beim Durchgang durch ihre Endodermis eine Umkehrosmose erfährt, bewirkt durch ihre Plasmodesmen, s. Abb. 9.2.2. Die Plasmodesmen sind ursprünglich nur elektronenmikroskopisch erkannt worden; seit 2010 auch durch sog. optische *Fluoreszenz-Abbildung* mit ‚Super-Auflösung'. Wahrscheinlich wird ihre achsparallele Aktinspirale periodisch verengt durch Myosin VIII-Laufkatzen, die an ihnen entlanglaufen wie Zahnräder und durch die der Desmotubulus dann ebenfalls verengt wird.
2004]

für den Wassertransport in Pflanzen: Das Wasser fließt stets bergab im Sinne von ψ, d.h. von Orten höheren Potenzials ψ zu Orten niederen Potenzials, entlang seinem Gradienten. Es wird angezogen von der Schwerkraft der Erde, abgestoßen von Gebieten hohen Drucks, und angezogen von Gebieten hoher osmotischer Konzentration und/oder hohen Quellsogs.

Osmotische Soge gehorchen der idealen Gasgleichung, sind also von der Stärke „bar" für atmosphärische Dichten der gelösten Substanz, und saturieren spätestens bei vergleichbarer Dichte mit dem Lösungsmittel, entsprechend „kbar", bzw. entsprechend einer Wassersäule von 10 km Höhe. Im pflanzlichen Realfall betragen sie allerdings meist nur $\lesssim$ 60 bar, mit den höchsten (gemessenen) Werten bei den Wüstenpflanzen, deren Böden $\lesssim$ kbar Saugkraft haben können. Quellsoge (von Samen) werden (noch) höher berichtet, bis zu 3 kbar. Die höchsten Bäume, Sequoia und Eukalyptus, der Höhe $\lesssim$ 140 m, stellen also kein Problem dar für eine osmotische Versorgung mit Bodenwasser, solange ihre Xylemröhren fest genug sind für die Anlieferung. Und sogar das (hochosmotische) Salzwasser der Ozeane ist genießbar für die durstigen Mangroven, die in der Rindenschicht ihrer Wurzeln einen zweiten Satz von Porenfeldern mit Plasmodesmen haben, in ihrer Exodermis, d.h., die sozusagen mit zwei Lokomotiven fahren. Auch Reis und Mais sind dergestalt ausgestattet. Andererseits kann man in gegenwartsnaher Literatur bisweilen von hohen „Transpirationssogen" der Blätter lesen, der Größenordnung kbar, sogar in Schulbüchern; dabei wurde ψ mit dem chemischen Potenzial μ verwechselt, das sich für Dampf um den Faktor n(flüssig)/n(dampfförmig) $\approx$ 1000 vom Wert der flüssigen Phase unterscheidet, eine schlimme Verwechslung. Transpiration ist außerdem ein Verlustprozess, bei Pflanze wie bei Tier, kann also nicht den Wassertransport in Pflanzen antreiben. Pflanzen bemühen sich, ihre Transpirationsverluste gering zu halten, durch dampfundurchlässige Wachsfilme ihrer Blätter, und durch geeignete Steuerung ihrer Schließzellen. Andererseits stellen Transpirationsverluste kein Problem dar, solange ausreichend Bodenwasser vorhanden ist, weil Letzteres automatisch durch erhöhte osmotische Konzentration π und/oder erhöhte Kapillarität τ in den Blättern (nach Wasserverlust) wieder aufgefüllt wird.

Sobald diese grundsätzliche Frage geklärt ist, wie Pflanzen ihre Wasserzufuhr bewirken – nämlich primär osmotisch – verbleibt noch die Festigkeitsfrage, wie die Pflanzen bisweilen die erheblichen Höhen (von 140 m) stabil erreichen, die für menschengefertigte Hochhäuser (von bis zu $\gtrsim$ 800 m Höhe) keineswegs unproblematisch sind. Hätten die (langen!) fördernden Xylemröhren in ihren Stämmen keine tragenden (schrägen) Querwände, würde der Druck ihrer Wassersäulen von der Krone zur Wurzel um $\gtrsim$ 10 bar anwachsen, und die kleinste Verletzung, z.B. durch ein saugendes Insekt, würde sich als Hochdruck-Wasserstrahl (bzw. als tödlicher Sog, falls man an Saugspannungen glaubt) bemerkbar machen. Vielmehr haben Ulrich Zimmermann und Ernst Steudle mit ihren Drucksonden bereits in den 1960-er Jahren gleichbleibende Xylemdrücke der Größenordnung bar in unterschiedlichen Höhen über dem Boden bei Regenwaldriesen gemessen. Und die tragenden, druckregulierenden Querwände der Xylemröhren sind bereits viel früher entdeckt und dokumentiert worden, als ‚behöfte Tüpfel' bei den Nadelhölzern, und als (leiterförmige) ‚Perforationsplatten' bei den (schneller fördernden) Laubhölzern, in unterschiedlichen vertikalen Abständen der Größenordnung Meter. Die Querwände funktionieren ähnlich wie Patentventile (von Fahrradschläuchen): Sie sind Barrieren für gelöste Stoffe, die dafür sorgen, dass die osmotische Konzentration in den Röhren proportional mit der Höhe einer Steigleitung zunimmt, sodass die beiden Druckkomponenten ρgz und π in Gleichung (9.2.1) gleich schnell mit z anwachsen, während der Rohrdruck p konstant bleibt. Das Füllgewicht der Wassersäule wird somit auf den Holzteil des Stammes übertragen. Entscheidend für das Funktionieren des Wassertransports ist die hohe osmotische Konzentration in den Nadeln oder Blättern der Baumkronen, um dort das Wasser (nicht nur kapillar, sondern vor allem auch) osmotisch festzuhalten.

Und welche Rolle spielen bei dem Wassertransport die Herzen der Pflanzen, in ihren (jungen) Wurzelspitzen? Sie haben mehrere Funktionen. Auf jeden Fall müssen sie dafür sorgen, dass die vorübergehend hohe Konzentration in der Rindenschicht des aus dem Boden osmotisch angesaugten Wassers wieder abgesenkt wird, beim Übergang in den Zentralzylinder, auf die (niedrigere) Bodenkonzentration, damit beim Transport kein Defizit oder Stau an gelösten Stoffen entsteht und damit die Kronen erneut osmotisch saugen können. Die Herzen bewirken die erforderliche Umkehrosmose. Sie reduzieren den hohen osmotischen Sog der inneren Rindenschicht bei nicht abnehmendem gewöhnlichem Druck, der es den Wurzeln erlaubt, in harte Böden einzudringen sowie das aufgenommene

Wasser in Richtung Krone zu pressen, schonender als die städtischen Wasserleitungen. Als sog. Wurzeldruck ist ihre Wirkung seit Jahrhunderten bekannt, der den Fels sprengen sowie Häuser, Zäune und Straßenbeläge anheben und verbiegen kann. Ohne ständig stabilisierten Druck ist keine ständige Arbeitsleistung möglich.

Und wie arbeiten die Herzen? Mit dieser Frage betreten wir ein Frontgebiet der Forschung. Im Folgenden geben wir den Vorschlag von Kundt & Gruber [2004] wieder, dessen endgültiger experimenteller Beweis noch auf sich warten lässt. In Abb. 9.2.2 und Abb. 9.2.1e sind Kombinationen aus eletronenmikroskopischen Abbildungen zusammengestellt. Man erkennt in Abb. 9.2.1e ein hantelförmiges, membranumspanntes Gebilde, genannt ‚Endoplasmatisches Retikulum' (ER) oder auch ‚Vakuole', das den Innenbereich einer inneren Cortex-Zelle mit demjenigen einer benachbarten Endodermis-Zelle verbindet. Das ER wird osmotisch gestrammt durch eine hohe Konzentration von K^+-Ionen (10^2mMol/l, entsprechend 10^{-3} Gewichtsanteilen, oder ‚gasförmiger' Dichte) und eine weit niedrigere, dafür aber pumpbar variable, elektrisch wirksame Konzentration von Ca^{++}-Ionen, (10^{-4} bis 1) mMol/l, in dem von ihm umschlossenen Volumen, (das sich physiologisch ‚außerhalb' der Endodermis-Zelle befindet, und ‚Endoplast' genannt wird); es ist nur für reines Wasser durchlässig, (nicht für die Ionen), welches es von der äußeren (linken) Zelle zur inneren (rechten) Zelle transportiert, und zwar durch das dünne, schlauchförmige Verbindungsstück in der Mitte, genannt ‚Desmotubulus'. Der Desmotubulus durchsetzt eine schlauchförmige Öffnung in der primären Zellwand; er ist von einer Aktinspirale umklammert, die ihn einengen kann, sobald eine Myosin-VIII-Laufkatze die Spirale tordiert (spannt). Der Ärmelbereich der schlauchförmigen Öffnung erlaubt den Durchtritt des unverdünnten Bodenwassers. Dieses Gesamtgebilde heißt auch ‚Plasmodesmos' oder schlichter ‚Pore'; von ihm sind ca 100 Exemplare in einem ‚Porenfeld' angeordnet, und etwa 10 Porenfelder sind in jede periphere Endodermiswand eingelagert, sodass insgesamt 10^3 Plasmodesmen pro Zellwand in Parallelschaltung arbeiten. Jedes der 10^3 Plasmodesmen arbeitet als selbstständige Mikropumpe, als Mikro-Herz, indem es das von außen eintretende, Ionen-angereicherte Bodenwasser der inneren Rindenschicht wieder verdünnt, durch zusätzliches Einspritzen von reinem Wasser mittels der (vollgepumpten) ER-Schleuse. Dabei wurde das reine Wasser dem von außen eintretenden Bodenwasser erntzogen.

Noch einmal zur Arbeitsweise der Herzen, ein wenig detaillierter: Das von außen in die Endodermis eintretende, Ionen-angereicherte Bodenwasser muss sich durch den ‚Ärmelbereich' eines der rund 10^3 Plasmodesmen pro Zellwand drängeln – ähnlich einer großen Schar von Flugpassagieren, die *eine* von sehr vielen parallelen Sicherheits-Kontrollen passieren müssen, bevor sie ins Flugzeug einsteigen dürfen, wobei jeweils durch das lokale ER reines, dem Bodenwasser entnommenes Wasser hinzugepresst wird, gedrückt durch die sich (‚peristaltisch') verengende Aktin-Helix um den Desmotubulus. Am Ausgang des ‚Ärmelkanals' befindet sich dann noch ein Actomyosin-Ringmuskel, auch ‚Sphinktor' genannt, der durch erhöhte Ca^{++}-Ionendichte angespannt (verkürzt) werden kann, wie tierische Muskeln, wenn der Plasmodesmos abgeschaltet werden soll. Ein Plasmodesmos arbeitet also ganz ähnlich wie eine mit Salz- oder Zuckerlösung gefüllte Schweinsblase, die man per Hand zusammendrückt, um reines Wasser aus ihrem Inneren herauszupressen; es bewirkt eine Umkehrosmose in dem strömenden Bodenwasser. Derselbe Vorgang wird gleich noch einmal wiederholt, beim Durchtritt aus der Endodermis in den benachbarten Perizykel, wo sich dann wieder die Eingangs-Ionendichte einstellt.

Wenn in jeder Endodermiswand der ‚Wurzelhaarzone' einer jungen Wurzel, in welcher haarartige Zellfortsätze die Wurzeloberfläche stark vergrößern, bereits 10^3 Plasmodesmen als Mikro-Herzen pumpen, zwischen dem teilungsfähigen Meristem an der extremen Wurzelspitze und dem bereits verholzten älteren Wurzelstrang, dann besitzen selbst kleine Pflanzen schon mehrere Millionen davon. Pflanzen haben ungezählt viele Herzen: je größer die Pflanzen sind, desto mehr. Um eine Tonne Wasser pro Tag in die Krone zu heben, benötigt ein großer Baum 10^{12} Plasmodesmen.

Diese Plasmodesmen bewirken nun aber nicht nur die Umkehrosmose, beim Übergang von der Rindenschicht in den Zentralzylinder, zwecks Weitertransports in die Krone; sie

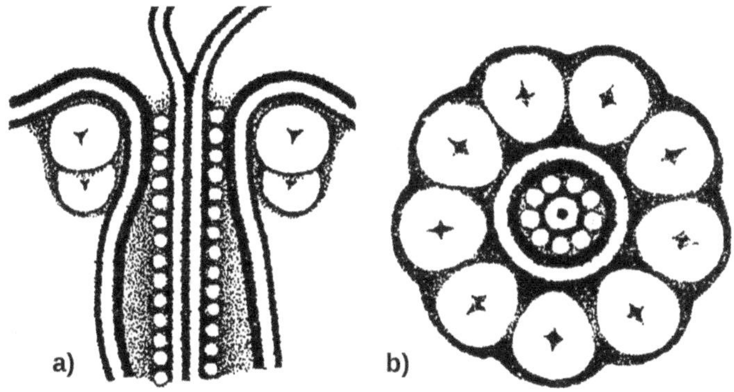

Abbildung 9.2.2: Elektronenmikroskopische Abbildung der oberen Hälfte eines einzelnen *Plasmodesmos*, der als selektive *Frischwasserpumpe* arbeitet und damit die unentbehrliche *Umkehrosmose* sowie den *Wurzeldruck* in den Wurzelenden der Pflanzen aufbaut, aus Blättern von Salsola kali, Längsschnitt **a)** und Querschnitt **b)**, nach Olesen, P.& Robards, A.W.:„The neck region of plasmodesmata", in: NATO ASI Vol. H 46, eds. Robards et al (5 authors), Springer 1990, 145-170. Gemäß unserer Deutung strömt das frisch angesaugte, ionenreiche Wasser durch die dunkel abgebildete ‚Hals'- oder ‚Ärmelregion', in der sich auch eine Aktinspirale befindet, die hier als zweireihige Kette kleiner Kreise sichtbar ist, während periodisch reines Wasser durch den zentralen ‚*Desmotubulus*' dazugepumpt wird – sobald die Spirale durch Myosin VIII tordiert (d.h. verengt) wird – um die durch die Halsregion strömende Lösung zu verdünnen, d.h. um die Umkehrosmose zu bewirken. Der Ring aus (im Querschnitt) großen Kreisen wird von den Autoren als Schließmuskel (‚Sphinktor') gedeutet; er kann die Pumpe jederzeit schließen, mittels erhöhter Ca^{++}-Konzentration. Man beachte: Plasmodesmen gibt es nicht nur in den Wurzelenden – in hoher Dichte – sondern auch in den meisten anderen Organen einer Pflanze.

bewirken zugleich das stufenweise Anwachsen der Ionenkonzentration in der Rindenschicht von außen nach innen, entsprechend einem Anwachsen des osmotischen Sogs $-\pi$ um typischerweise 7 bar, durch welches das Bodenwasser radial angesaugt wird. Denn der Entzug von reinem Wasser beim Durchtritt durch die pumpenden Poren führt dort zu einem Anwachsen der Ionenkonzentration, sodass sich die nachfolgenden Ionengenerationen in der Rindenschicht stauen. War die räumliche Ionendichte vor dem Einschalten der Pumpen konstant, so wächst ihre Dichte nach dem Einschalten stufenweise von Zellschicht zu Zellschicht an, so lange, bis ihre strömende Rate nach ihrer anschließenden Verdünnung in der Endodermis wieder die Rate des von außen einströmenden Bodenwassers erreicht hat. Dieser stationäre Endzustand, mit konstanter Ionenrate in der Rindenschicht, dürfte sich nach einer Reihe von Pumpzyklen als stabile Lösung des (plasmodesmisch) gestörten Strömungsproblems von selbst einstellen, ohne irgendwelche zusätzlichen Aktionen.

Die Plasmodesmen des Wurzelbereichs sind hiermit erkannt als offenbar einziger Antrieb der beobachteten Wasseraufnahme in der Wurzelhaarzone, als die Verursacher der osmotisch angetriebenen Strömung. Sie sorgen für die *Aufnahme* und *Weiterleitung* des Bodenwassers, ohne die eine (höhere) Pflanze nicht lebensfähig wäre. Und sie erzeugen den *Wurzeldruck* (von $\lesssim$10 bar), der sich z.B. bemerkbar macht als *Guttation*, d.h. als tägliches, tropfenweises Auspressen von reinem Wasser aus Blatträndern von Gräsern, Banane, Erdbeere, Frauenmantel, Kiwi und Kohl,sogar von kleinen Pflanzen im (lichtarmen) Unterholz von Regenwäldern, bei über 95 % Luftfeuchtigkeit, wo der Wasserkreislauf ohne diesen Verlustprozess zum Stillstand käme. Derselbe Wurzeldruck macht sich auch bemerkbar als *Exsudation*, bei Verletzungen einer Pflanze, als unvermeidbarer Verlustprozess: Besonders im Frühjahr kann man oft tagelang unter einem abgesägten Birkenast eine Dusche nehmen, desgleichen bei Ahorn, Kastanie, Nussbaum, Kiwi und Wein. Pflanzen sind Lebewesen. Ohne Schlag ihrer Herzen keine Wasseraufnahme, kein

Wurzeldruck und kein Xylemstrom in Richtung Krone. Der Turgor jeder Zelle einer höheren Pflanze wird durch ihre Herzen in der Wurzelhaarzone aufgebaut.

A.J.C. Bose war im Jahre 1918 von der „betenden Dattelpalme" nahe Faridpur (Bengalen) fasziniert, die jeden Nachmittag (bei 35 °C Lufttemperatur), wenn die Tempelglocken zum Gebet riefen, ihr mit langen Blättern bestücktes Haupt (um einen Meter) bis auf den Boden senkte, um ihren 5 m langen Stamm – nebst Nacken – anschließend, während der darauffolgenden (14) Nachtstunden, wieder aufzurichten, (bei $\gtrsim$23 °C Lufttemperatur), auf einen Winkel von 60° gegen die Vertikale, den ihr ein vorangegangenes Unwetter eingebracht hatte. Er verglich diese tagesperiodischen Bewegungen der Palme mit denjenigen von über zehn ähnlichen, wie auch recht unterschiedlichen Pflanzen, konnte aber keine ihn befriedigende physikalische Erklärung finden für dieses offenbar recht universelle, temperaturgesteuerte, geotrope Verhalten. Insbesondere konnte er Tageslicht und Luftfeuchtigkeit ausschließen als Verursacher der Bewegungen. Ein Jahr später starb die Palme, und mit ihr ihre täglichen Andachten: ohne Herzschlag keine Verbeugungen.

Uns scheint neuerdings plausibel, dass die Verbeugungen durch interne Quelldrücke bewirkt wurden, d.h. durch elastisches, dampfdruckbedingtes An- und Abschwellen ihres Stammdurchmessers (von $\approx$25 cm), wobei die (vielen, festen) Halteseile in ihrem Stamm wie Stahlseile den Baum (und seinen Nacken) anheben und absenken, wenn das Volumen der ihnen zwischengelagerten Parenchymzellen zu- und abnimmt. Taktgeber der Bewegungen ist die Temperatur, indem sie die Herztätigkeit steuert; dabei geschieht das Anschwellen jeweils über Nacht.

9.3 Protonische Ströme bei der Fotosynthese

Sowohl bei der Fotosynthese als auch in ihren Transformatorzellen – den *Mitochondrien* und *Chloroplasten* – verwenden Pflanzen und Tiere protonische (statt elektronischer) Ströme, um ADP in die biologische Energieeinheit ATP zurückzuverwandeln. Der Grund ist evident: Die Wiedervereinigung von ADP mit dem Phosphatrest PO_3 erfordert nicht nur den (vorhandenen) Energieübertrag von eV/3, sondern gleichzeitig den hohen *Impulsübertrag* eines Protons dieser Energie, der beim Elektron 43-mal kleiner wäre.

‚Hau den Lukas' ist eine Attraktion auf den Jahrmärkten, bei der kräftige junge Männer ihre Muskeln spielen lassen können. Je schwerer der Hammer, desto größer der Erfolg, solange er sich noch voll nach oben durchschwingen lässt. Nähmen die Rivalen etwa einen 100-fach leichteren Hammer, würde dessen maximal erreichbarer Impuls Mv – bei physisch begrenzter Schwungenergie $Mv^2/2$ – auf ein Zehntel absinken, nämlich proportional zu $\sqrt{M}$, und der Lukas am anderen Ende des Hebelarms bliebe weit unter dem tönenden Anschlag.

Dasselbe mechanische Problem lösen alle Blätter bei der Fotosynthese, wenn sie Lichtenergie in chemische Energie umwandeln. Dabei setzen die Blätter, grob gesprochen, die Photonenenergie eines eine Stunde lang gut besonnten Quadratmeters – das sind $10^{13,7}$ erg oder 1,13 Kilowattstunden – in ein Gramm Stärke um. Bei dieser Fotosynthese sorgen Chlorophyll-Moleküle in der Thylakoidmembran dafür, dass bei Sonnenlichteinfall eine (den Photonen) entsprechende Anzahl von Elektronen kaskadenförmig in feste Bindungszustände an der Membranaußenseite gelangt, welche sich damit auf beinahe ein Volt negativ auflädt gegenüber der Membraninnenseite, an der sich die gleiche Anzahl ungebundener Protonen frei bewegen kann, als Gegenladung des elektrischen Membranfeldes. Sobald die freien Protonen einen Kanal zur anderen Seite der Thylakoidmembran finden, durchfallen sie dieses starke Spannungsfeld und neutralisieren jeweils eine Elementarladung, unter Freisetzung der Energie von einem Drittel Elektronenvolt (1 eV = $10^{-11,8}$ erg). Dieser seltene Fall, bei dem ein irdischer, elektrischer Stromkreis nicht durch Elektronen, sondern dominant (>50 %) durch Ionen (speziell: Protonen) geschlossen wird, kommt unseres Wissens sonst nur bei Elektrolyten vor. Immerhin wird er von allen Pflanzen unseres Planeten realisiert.

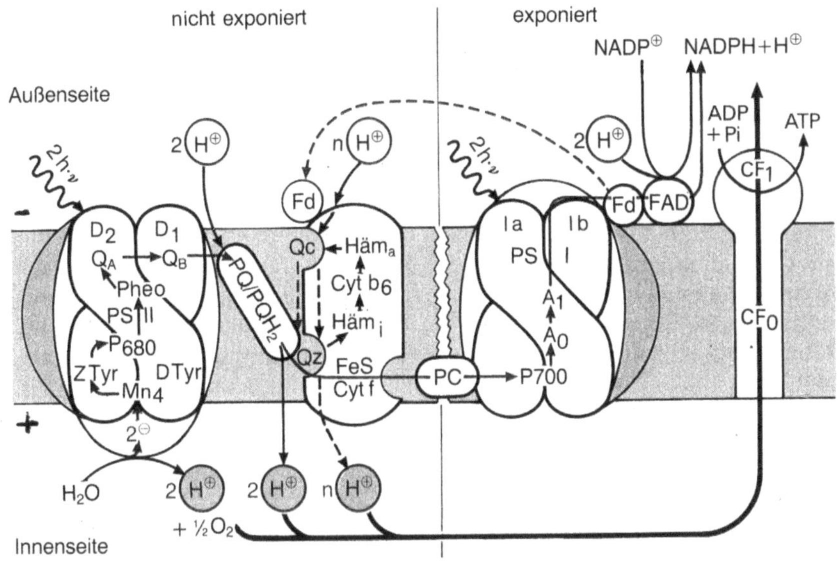

Abbildung 9.3.1: *Protonische Ströme* bei der Rückgewinnung der Energieeinheit ATP aus ADP, bei der Fotosynthese wie auch in den Mitochondrien. Da diese Rückwandlung von ADP nach ATP impulsabhängig ist, sind Protonen gefragt als Ladungsträger, statt (der 1832-mal leichteren) Elektronen, bei gegebener Leistung des Stromflusses. Dabei werden die absorbierten Fotoelektronen durch Chlorophyllmoleküle in der Thylakoidmembran gebunden und zur „-"-Seite (nach ‚oben') geschleust, während die hierdurch frei werdenden Protonen auf der „+"-Seite der Membran (unten) beweglich bleiben, angedeutet durch den dicken Leiter, und dabei ihren Weg durch Membrankanäle zur ATP-Synthese (auf der„-" Seite) finden; nach [Nultsch 1991].

Und die Pflanzen haben einen guten Grund für diese ausgefallene Anwendung der Elektrodynamik: Ihnen steht bei der Fotosynthese routinemäßig eine feste Energie zur Verfügung, das eV/3 beim Durchfallen der Spannung der Thylakoidmembran. Für die Phosphorilierung von ADP zu ATP, einem wichtigen Ausgangsprozess bei der Stärke-Gewinnung, der bereits in Abschnitt 2.1 besprochen wurde, genügt zwar diese Energie, nicht aber auch der dazugehörige Impuls, sofern der Energieträger ein Elektron wäre, statt ein 1836-mal schwereres Proton: Der Phosphatrest PO_3 will von starker Hand an den ADP-Rumpf gepresst werden, um sich mit ihm zu ATP zu vereinen, und das kann ein Proton ($\sqrt{1836} =$) 43-mal besser als ein Elektron. ADP, Wasser und der Phosphatrest warten am Ende des Protonenkanals auf ihre Wiedervereinigung, wo sich zugleich der Stromkreis mit Schwung schließt. Wieder einmal überraschen die Pflanzen mit einer physikalisch wahrscheinlich optimalen Lösung ihres Ernährungsproblems, s. Abb. 9.3.1.

Und nicht nur in der pflanzlichen Thylakoidmembran gibt es protonische Ströme, sondern auch in ihren Mitochondrien und Chloroplasten sowie in allen tierischen Mitochondrien, den Kraftwerken, die in keiner lebenden Zelle fehlen dürfen, weil sie ADP in ATP zurück verwandeln. Alle diese, der Versorgung dienenden Organellen fixieren die Elektronen und lassen die Protonen arbeiten.

Auch die *Bewegungen der Pflanzen* werden elektrisch gesteuert, wie z.B. das tägliche Ausrichten der Köpfe der Sonnenblumen nach der Sonne – genannt *Heliotropismus* – wobei *Motorzellen* im (schwenkbaren) sog. *Pulvinus* reversible Drehmomente ausüben. Diese Drehmomente der Motorzellen entstehen dadurch, dass Kalium-Ionenkonzentrationen durch solare (Blaulicht-) Einstrahlung erhöht werden, die die lokalen osmotischen Zelldrücke reversibel anheben.

Zuverlässig arbeitende Maschinen sind keineswegs leicht zu erfinden. Eine einmal von der Natur gefundene Lösung wird nach Kräften immer wieder eingesetzt.

Und als Abschluss dieses Abschnitts noch eine ganz wichtige Erkenntnis, zum Thema 'Pflanze': Keine Biosphäre besteht einzig aus Pflanzen und Tieren. Was wir in unserem Sprachgebrauch 'Pflanzen' nennen, ist meist (noch) nicht unabhängig existenzfähig, auf einem (terrestrischen) Planeten: Es fehlen dafür noch die Pilze, als Lieferanten aller wuchs-notwendigen chemischen, nicht ausreichend in der Atmosphäre plus Erdboden vorhandenenen chemischen Elemente. Am wichtigsten sind unter diesen notwendigen Elementen zu nennen: PONSCH: = Phosphor, Oxygen, Nitrogen, Sulfur, Carbon, und Hydrogen. Die Wurzeln der Pflanzen schaffen einiges bei ihrer Versorgung, aber längst nicht alles. Hingegen die 'Hyphen' (= Wurzeln) der Pilze sind geeignet hierfür: Für ihre Bereitstellung sowie für ihren Austausch. (Photosynthetisierende) Pflanzen sind offenbar einst gleichzeitig mit Pilzen entstanden. Zu diesem biologischen Begriffsbereich gehören dann auch die Hyphen und ihre Sporen und Myzele, sowie Moose, Rasen, Gräser, Farne und Schachtelhalme, Blüten und Früchte. Unsere Biosphäre ist vielkomponentig.

9.4 Sehen nachtaktive Tiere im nahen IR?

Uns allen ist wohlbekannt, dass Katzen ihre Mäuschen nicht tagsüber fangen, sondern nachts, wenn zumindest wir die Jagd nicht verfolgen können. Ebenfalls ist uns bekannt, dass Katzenaugen nachts (im Optischen) reflektieren, durch ihr Tapetum lucidum, eine reflektierende Schicht direkt hinter ihrer Netzhaut.

Hieraus, und aus den bekannten Durchsichtigkeits- und Verkabelungseigenschaften des Katzenauges haben wir geschlossen, dass Katzen (und alle ähnlich ausgestatteten, nachtaktiven Tiere) etwa eine *Oktave* weiter zum Infraroten hin sehen können als wir, dafür aber deutlich schlechter im Optischen sehen, bei Tage, nur mit etwa der halben Winkelauflösung. Aufgabe des Tapetum Lucidum ist es, das äußere Auge der Katze kühl zu halten, u.a. auch durch Isolation gegenüber ihrem 37 °C warmen Blutkreislauf, ähnlich wie bei allen technischen Infrarotempfängern. Diese Erklärung haben wir bisher noch nicht offiziell zu hören oder zu lesen bekommen.

Uns allen, die wir diese Zeilen lesen, dürften die sprichwörtlichen ‚Katzenaugen' bekannt sein, besonders dem nächtlichen Autofahrer, dem einmal ein Kätzchen vor die Scheinwerfer gelaufen ist: Ihre Augen strahlen ebenso hell zurück, wie sie angestrahlt werden. Dasselbe machen die Augen eines Rehs, das die nächtliche Fahrstraße quert, und wahrscheinlich die Augen aller Tiere, die bei Nacht jagen oder vor einem Raubtier fliehen können: Eule, Fuchs, Gekko, Rehwild sowie u.a. die dämmerungsaktiven: Buschbaby (Galagos), Rind, Ziege, Krokodil, Koala, Opossum, Flughund (fruit bat), Buntbarsch, See-Elefant (Pinniped), Knorpelfisch, Quastenflosser und Tiefseekrabbe, kurz: alle, die bei Nacht besser sehen können als wir Menschen, deren Augen spiegeln. Dabei handelt es sich nicht etwa nur um einen Faktor 2, oder auch 6 der registrierten Photonen, wie man bisweilen bei Zoologen lesen kann, vgl. [Yogeshwar 2008, Kap.45], sondern eher um einen Faktor $\gtrsim 10^5$, um die Alternative blind oder sehend. Haben Sie schon einmal junge Kätzchen in einem nachtdunklen Zimmer Fangen spielen gesehen (oder besser ‚gehört'), über Sofas, Fensterbretter, Vasen und Geschirr hinweg, so schnell wie Pingpongbälle, ohne dabei auch nur einen einzigen Blumentopf umzuwerfen? Wir haben es getan, und konnten dabei nicht einmal erkennen, wo sich die Fenster, Türen oder Stühle unseres Zimmers befanden. Seit es Digitalkameras gibt, ist bekannt, dass eine einigermaßen gute Bildauflösung eine Million Pixel erfordert, entsprechend einer Winkelauflösung von mindestens 4'. Mit anderen Worten: Nachtaktive Tiere können fast so gut bei Nacht sehen wie wir bei Tage; und das bedeutet einen großen Faktor in der registrierten Photonenzahl. Wie machen sie das?

Sobald wir uns einig sind, dass das nächtliche Sehen mittels der Augen erfolgt, bleibt nur noch *eine* Erklärung: Dunkelheitssichtige Lebewesen sehen im benachbarten

Infrarotbereich, bei Wellenlängen λ zwischen 0,8 μm und 1,6 μm. Sie sehen die (modulierte) Temperaturstrahlung warmer Körper, der ungefähren Temperatur 300 K, 20-mal kälter als die Spektraltemperatur (5754 K) unserer Sonne. Der angegebene Wellenlängenbereich liegt dann zwar im extremen Wien-Bereich der Planck-Strahlung, aber selbst dort werden noch genügend viele Photonen emittiert, um scharfe Bilder auf der Netzhaut der Dämmerungsaktiven zu erzeugen: Bei T = 300 K hat die Photonenzahldichte νn_ν ihr spektrales Maximum nahe $\lambda = 10$ μm, mit rund $10^{18}/\text{cm}^2\text{s}$ emittierten Photonen pro Fläche und Zeit, s. Abb. 9.4.1. Trotzdem werden (nach Wien) bei Wellenlängen unterhalb von 1 μm noch 10^{-10} davon emittiert, d.h. $10^8/\text{cm}^2\text{s}$. Längere Wellenlängen als 1,6 μm scheiden allerdings für tierische Augen aus, weil dann das Wasser im Glaskörper und in der Linse ihres Augapfels (99 %) absorbiert.

Die soeben ausgesprochenen Behauptungen über Dunkelheitssichtige werden nicht nur nahegelegt durch unzählige Beobachtungen, vor allem von Hauskatzen, die auf einmal flink werden, wenn die Nacht hereinbricht und sie sich ihrer großen Chance gegenüber den Mäuschen erinnern, oder durch Infrarotaufnahmen nächtlicher Häuser im Winter, die klar erkennen lassen, durch welche Spalten, Fenster oder sogar Wände unsere wohlige Hauswärme in die klirrende Kälte der Nacht entweicht. Unsere Behauptungen werden auch gestützt durch sorgfältige Direktuntersuchungen an Katzenaugen: Deren (im Optischen) reflektierendes ‚*Tapetum lucidum*', welches aus Guanin-Kristallen besteht und die Netzhaut von der (weiter innen liegenden) warmen Aderhaut trennt, hat vornehmlich die Aufgabe, den Augapfel kühl zu halten: Dieses Problem kennt jeder, der einmal Präzisionsmessungen an langwelliger Strahlung gemacht hat, z.B. an der 2,725 K sog. ‚kosmischen Hintergrundstrahlung', in die unser Sonnensystem eingebettet ist; dabei muss jedwede Streustrahlung der warmen Umgebung sorgfältig abgeschirmt werden. Vor allem aber: In der Netzhaut von Katzenaugen sind Tausende von Sehzellen (horizontal) miteinander verkabelt, was ihre Trennschärfe im sichtbaren Spektralbereich schwächt, dafür aber ihre Sehschärfe im infraroten Licht der Nacht erst ermöglicht, als Mehr-Photonen-Empfänger.

Wieder einmal hat sich die Hypothese bewährt, dass die Natur keine Möglichkeit ausgelassen hat, ihre Geschöpfe mit physikalisch optimalen Sinnesorganen auszustatten, jedenfalls dann, wenn es deren Existenznische vergrößern hilft. Wir Menschen haben

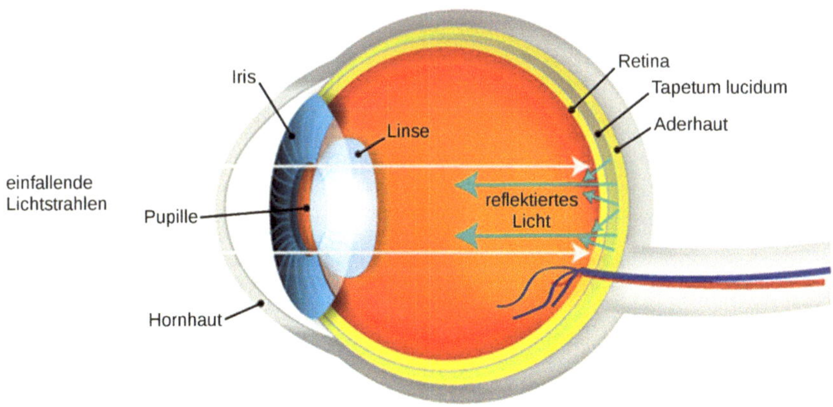

Abbildung 9.4.1: Bau des *Katzenauges*, der ihm erlaubt, eine Oktave ins Infrarote hinein zu sehen (gegenüber dem optischen Spektrum). Diese Fähigkeit wird erzielt durch das *Tapetum lucidum*, eine spiegelnde und zugleich wärmeisolierende Membran hinter der Netzhaut – jedoch vor der Aderhaut – die dafür sorgt, dass das äußere Auge kühl bleibt, damit der Empfang im nahen IR störfrei(er) wird.

zwar eine beeindruckende dynamische Sehfähigkeit im sichtbaren Spektralbereich, von $1 : 10^{-10}$, nämlich wenn wir uns das eine Mal im vollen Sonnenlicht befinden, ein anderes Mal in einer dunklen Neumondnacht; aber wenn wir uns unsere Umwelt mithilfe ihrer Wärmestrahlung anschauen wollen, dann sind wir auf komplizierte IR-Kameras angewiesen. Wahrscheinlich kommt dies unserer täglichen Leistungsfähigkeit zugute; denn wenn uns des Nachts ein ähnlicher Informationsstrom zur Verfügung stünde wie des Tags im Sichtbaren, fiele uns wohl die Entscheidung noch schwerer, wann wir unserem Gehirn seine benötigte ungestörte ‚Nachtruhe' gönnen sollen.

Und da wir gerade bei den außeroptischen Sinnesorganen im Tierreich sind: Bereits seit Jahrzehnten ist bekannt, dass viele Schlangenarten: Nattern, Boas, Pythons, sogar die Vampir-Fledermäuse IR-sensibel sind, durch *wärmeempfindliche Flecken* auf ihrer Gesichtshaut, sodass sie Beutetiere in unmittelbarer Nähe ihres Mauls ($\lesssim$20 cm) an einer geeigneten Körperstelle beißen und/oder stechen können. Seit Kurzem ist ferner bekannt, dass nicht nur blütenbestäubende Insekten [Dröscher 1991], sondern auch einige Säugetiere UV-sichtig sind, z.B. Rentiere, winterhartes Wild, das dadurch den UV-schwarzen Polarfuchs leichter erkennt, als dunklen Punkt in der Landschaft. Bei Wikipedia lernt man ferner, dass wir Menschen als ‚*Trichromaten*' eher die Ausnahme als die Regel darstellen im Tierreich, mit unseren drei unterschiedlichen Farbsensoren in den Zäpfchen der Netzhaut: Viele Tierarten haben dort vier (statt drei) Sensoren – die sog. ‚*Tetrachromaten*' – wobei deren vierter Sensor empfindlich ist entweder im gelben, oder aber im ultravioletten Frequenzbereich. Zu ihnen zählen Beuteltiere, Fische, Amphibien, Reptilien und Vögel, ja sogar Spinnen und Insekten. Trichromasie scheint für uns Menschen als ausreichend empfunden worden zu sein, vielleicht, um unser großartiges Gehirn nicht durch für uns redundante Informationen übermäßig zu belasten. Immer noch offenbaren sich Nischen der Unkenntnis, die die Natur bereits vor fast einer Jahrmilliarde angelegt hat.

9.5 Extremes Richtunghören der winzigen Fliege Ormia ochracea

Die Sinnesorgane kleiner Tiere sind i.A.denjenigen größerer Tiere unterlegen, aus objektiven physikalischen Gründen (bei analoger Bauart). Nicht so das Richtunghören der winzigen Fliege Ormia ochracea, zu deren Gepflogenheiten es gehört, ihre Eier auf oder nahe an männlichen Heuschrecken abzulegen. Wir führen diese Fähigkeit zurück auf eine geeignete mechanische Kopplung ihrer beiden Ohren durch einen elastischen Steg.

Ormia ochracea ist eine kleine, parasitische Fliege, nur wenige Millimeter lang, die ihre Larven gern auf oder in der Nähe von männlichen Heuschrecken (Grashüpfern, field crickets) ablegt, als Futter für ihre Nachkommenschaft. Für Ormia-Weibchen ist es daher lebensnotwendig, zu geeignetem Zeitpunkt Kontakt mit einem Grashüpfermännchen aufzunehmen. Hierfür nutzt es dessen weithin hörbares, balzendes Zirpen aus, ein stark amplitudenmoduliertes Signal der Grundfrequenz 5 kHz, entsprechend einer Schallwellenlänge von 6,8 cm. Um dessen Richtung auf 2° oder sogar 1° genau zu ermitteln – wie in *Nature* 410, 644 & 686 (2001) berichtet wurde – bei einem Trommelfellabstand von nur 0,5 mm (!), hat sich die Natur einen seltenen Trick einfallen lassen: nämlich eine mechanische Kopplung der beiden Trommelfelle durch einen schmalen, hautartigen, elastischen Steg oder Bügel, der sich um einen zentralen Aufhängepunkt drehen kann. Offenbar bewirkt dieser Bügel eine stark phasenabhängige Kopplung der beiden schwingenden Membranen derart, dass aus ihrem Amplitudenverhältnis auf die Richtung des einfallenden Schallsignals (mindestens bis zu $\lesssim 1/30$ im Bogenmaß) rückgeschlossen werden kann, s. Abb. 9.5.1.

Um die Leistung dieses Ortungssinnes voll zu würdigen, vergleiche man ihn mit dem menschlichen Richtungshören (ähnlicher Empfindlichkeit), bei einem ungefähr 300-mal größeren Trommelfellabstand: Ormia müßte die richtungsabhängigen Phasendifferenzen seiner beiden Ohren 300-mal sensibler auslesen können als wir, d.h. mit einer Zeitauflösung im μs-Bereich (statt im ms-Bereich). Diese Möglichkeit diskutieren o.g. Arbeiten sogar, nach fast zehnjähriger, sorgfältiger Beschäftigung mit diesem Phänomen, und nennen sie „temporal hyperacuity“; sie scheint uns nicht gegeben zu sein, weil sich die Messung im Milli-Periodenbereich der Schallwelle abspielen würde. Auch haben wir bereits in Abschnitt 9.1 gefunden, dass tierische Reaktionszeiten nicht schneller als mit msec erfolgen können.

Immerhin erwägen obige Autoren sogar eine medizinische Anwendung dieses Phänomens, als „Ormiaphon“. Einmal mehr sind wir überrascht von dem Einfallsreichtum der Natur, wie sie die scheinbar absoluten Empfindlichkeitsgrenzen akustischer Antennen um mehrere Größenordnungen ausweitet, durch Verwendung mechanisch gekoppelter Resonatoren.

9.6 Wodurch können Pottwale zum Boden der Weltmeere tauchen?

Pottwale nehmen ihre Mahlzeiten am Boden der Weltmeere ein, in mehreren Kilometern Tiefe, nämlich vorzugsweise riesige Kraken und Tintenfische. Unter allen Säugetieren können sie am tiefsten und längsten tauchen. Im Jahr 1992 stießen wir eines Tages auf Widerstand bei Freunden wie auch bei Profi-Biologen, als wir die Vermutung äußerten, Pottwale könnten die großen Höhendifferenzen zwischen NN und ihren Beutetieren *ohne Arbeitsleistung* überwinden. Es schien uns plausibel, dass diese Ozeangiganten durch (geringfügige) Temperaturänderung ihres Körpers wie ein Stein zum Meeresboden absinken und nach jeder Mahlzeit – wie eine Luftblase – wieder an die Oberfläche auftreiben würden, aus Ökonomiegründen wie auch aus Überlebensgründen, nämlich zum Atmen. Bereits damals war genug über die Pottwale bekannt, dass sich alle anfänglichen Bedenken (an dem arbeitsfreien Höhenwechsel) ausräumen ließen. Natürlich ist nichts auf der Welt gänzlich umsonst: Jeder Tauchgang muss durch längeres *Abkühlen* mittels intensivem Ein- und Ausatmen eingeleitet werden.

Pottwale haben eigenartig gestaltete Köpfe, in denen sich eine Tonne eines besonderen, schwer komprimierbaren Wachses befindet, dessen Schmelzpunkt im Warmblütlerbereich liegt, bei 36 °C, und dessen thermischer Ausdehnungskoeffizient beim Schmelzen $\gtrsim$10-mal größer ist als derjenige von Wasser. Diesem Wachs traute man früher einmal Fruchtbarkeits-fördernde Eigenschaften zu, wie der englische Name ‚spermwhale‘ noch erkennen lässt. Es hat Jahrzehnte des vergangenen Jahrhunderts gebraucht, bis den Zoologen klar wurde, dass die Pottwale regelmäßig die Böden der Weltmeere ertauchen, um gründlich zu speisen. Die Einsicht kam über eine gestörte Telefonverbindung durch

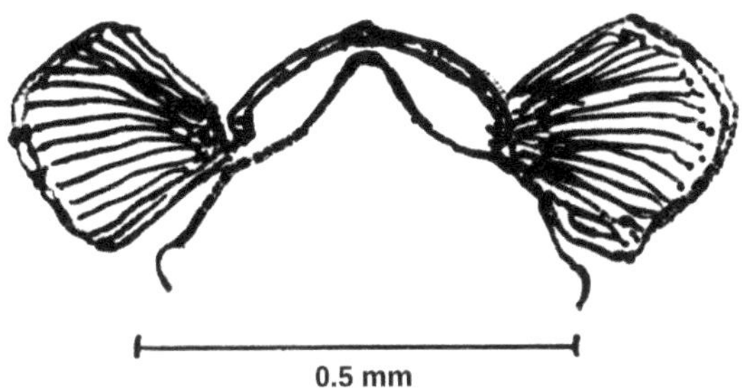

Abbildung 9.5.1: *Ohr* der (kleinen) Fliege Ormia, mit hoher Richtungsauflösung, durch geeignete mechanische Kopplung ihrer beiden akustischen Empfänger, nach Robert, D., Miles, R.N., Hoy, R.R., J. Comp. Physiol. A 179, 29-44 (1996).

ein Tiefseekabel, mit dem ein Pottwal offenbar tragisch gekämpft hatte, in Verwechslung mit den Fangarmen einer Riesenkrake (oder eines Tintenfisches). Die Einsicht kam andererseits durch Analysen des Mageninhalts erlegter Pottwale, ferner durch beobachtete Überholmanöver von abtauchenden U-Booten wie auch neuerdings gezielt durch Anheften kleiner Sender mit Druckmessern: Das Jagdrevier der Pottwale befindet sich am nachtschwarzen Boden der Ozeane, mehrere Kilometer unterhalb der Oberfläche, und eine Mahlzeit benötigt gewöhnlich $\lesssim$1,5 Stunden unter Wasser. Während dieser Zeit halten Pottwale ihre Luft an; andernfalls würden sie ertrinken. Die (noch etwas größeren) Blauwale tauchen z.B. nur auf $\lesssim$150 m Tiefe.

Ein Bergsteiger, der fünf Höhenkilometer an einem Tag ersteigt und abends wieder heimkehrt, ist ein Weltmeister; ein Pottwal tut dies routinemäßig binnen einer Stunde, in umgekehrter Reihenfolge, ohne zu atmen. Adler und Geier schaffen Vergleichbares, unter Ausnutzung von Aufwinden, allerdings nicht ohne zu atmen. Offenbar würden wir Menschen bei einer Olympiade der Tiere nicht viele Goldmedaillen nach Hause bringen, s. Abb. 9.6.1.

Wir brauchen uns dessen nicht zu schämen: Pottwale sind für ihre Tauchorgien optimal ausgestattet [Denny 1993, S.41]. Ihre großen Körper, verbunden mit der dicken, wärmeisolierenden Fettschicht unter ihrer Haut, stabilisieren ihre Innentemperatur bei einem einstündigen Abtauchmanöver in (gelegentlich) 4 °C-kaltes Tiefenwasser auf besser als 0,1 K, ohne Nachheizen. Auf ein solches Manöver bereiten sie sich $\lesssim$ 20 Minuten lang vor, durch tiefes Ein- und Ausatmen, sprich ‚Abkühlen', über ihre Flossen, deren Durchblutung im Gegenstromverfahren von Arterien und Venen den Wärmetausch beschleunigt, wobei einerseits das Myoglobin ihrer Muskeln und Gewebe mit Sauerstoff aufgetankt wird ($\lesssim$50 %) und andererseits die Verfestigungstemperatur des Wachses in ihrem Kopf und das Kontrahieren des Öls entlang ihrem Rückgrat erreicht werden,

Abbildung 9.6.1: Der *Pottwal*, extrem ausgestatteter Tieftaucher (unter den Meeressäugern), dessen Mahlzeiten gewöhnlich am Boden der Weltmeere auf ihn warten. Den hierfür benötigten Ab- und Aufstieg – von mehreren Kilometern Höhendifferenz – kann er nahezu ohne Arbeitsleistung vollbringen, [Kundt 1998b, S. 226-227]. Er muss sich lediglich vor dem Abtauchen ausreichend abkühlen, durch längeres ($\lesssim$20 min), kräftiges Atmen an der Wasseroberfläche.

sodass sich die nötige Fallschwere einstellt. Seefahrer hatten sich oft gewundert, wenn sie Pottwale bei dieser langen Tauchvorbereitung beobachteten.

Sobald einmal die nötige Kopflastigkeit erzielt ist, beginnt der eigentliche Tauchvorgang mit dem ziemlich freien Fall in Richtung Mahlzeit, wobei das Tier den jetzt überflüssigen Luft-Stickstoff ausatmet, seine Lunge beim Ausatmen auf Minimalvolumen kollabiert und wobei sein Blutkreislauf mittels Ventilen reduziert wird auf die Versorgung von Gehirn und Minimallunge, während der Rest des Blutes in ‚Wundernetzen' weggespeichert wird und insbesondere die Flossen fortan unversorgt bleiben, der sorgfältigeren Wärmeisolation wegen. Das Tier fällt jetzt ähnlich wie ein Stein, ohne Arbeitsleistung (außer bei Kurskorrekturen), mit beobachteten $\lesssim 8$ km/h Fallgeschwindigkeit, auf der Suche nach lebendigem Futter. Die eigentliche Arbeit beginnt dann beim Kampf mit den Riesentintenfischen, der nicht immer ohne Wunden ausgeht, wobei langsam die Sauerstoffvorräte schrumpfen und die Körpertemperatur wieder ansteigt, sodass das Wachs im Kopf zu schmelzen beginnt und das Öl entlang der Wirbelsäule sich ebenfalls wieder ausdehnt. Fast wie eine Luftblase treibt dann der Pottwal wieder auf, leichter als Wasser entsprechend $-\delta\rho/\rho \gtrsim 10^{-3}$, ohne dabei arbeiten zu müssen, und erreicht die Oberfläche rechtzeitig, um wieder voll durchatmen zu können. Ein einziges Fehlverhalten dieses Mechanismus bei einer der regelmäßigen Tauchaktionen, z.B. bei der ersten richtigen Mahlzeit eines Pottwal-Säuglings, würde den sofortigen Tod des Tieres bedeuten. Erstaunlich, nicht wahr, wie zuverlässig tierische Maschinen arbeiten können?!

Und warum stirbt der Pottwal nicht an Embolie beim schnellen Auftauchen, d.h. an einer Verstopfung der Adern durch Blutgerinnsel, wie es menschlichen Tauchern bei zu schneller Druckentspannung ergeht? Beim Menschen wird hauptsächlich das Zuviel an verdampfendem Stickstoff in seinen Adern gefährlich, beim Pottwal entspräche dem das Zuviel an erzeugtem CO_2. Letzteres dürfte sich allerdings in der gesamten Leibeshöhle befinden, nicht erhöht in den Adern, weil sein Blutkreislauf beim Tauchen abgeschaltet wird. Ist die Außenhaut des Pottwals fest genug, um den zu erwartenden CO_2-Überdruck beim Auftauchen aufzufangen, etwa während der ersten Minute, oder besitzt er hierfür Regulierventile zum Ablassen, z.B. nahe seinem Nasenloch und/oder an seinen Flossenhinterkanten? Als seine Vorfahren ihm die Tonne Wachs im Schädel und all die anderen Tauchhilfen mitgaben, werden sie zweifellos auch an das zu entschärfende Entspannungsproblem gedacht haben.

Ist der Pottwal das einzige irdische Tier, das durch optimale Anpassung via Makro-Evolution entstand? Hat nicht der Eisbär ähnliche, selektiv unwahrscheinliche Eigenschaften? Geht er in polnahen Regionen längere Zeit spazieren und ermüdet dabei, legt er sich einfach vor Ort aufs Eis zu einem Schlummerstündchen, ohne einen Wecker zu stellen. Den Tod durch Erfrierren kennt dieser Warmblütler nicht, weil optimal isoliert, u.a. durch sein dickes, weißes, hohlrohriges Fell. Kein Braunbär würde solches Extremverhalten überleben; [Eingefroren am Nordpol, Markus Rex, 2020, C. Bertelsmann]. Optimale Anpassung an Frost-Temperaturen - wie der Eisbär - zeigen allerdings auch schon die Pinguine.

9.7 Orientieren sich die weltreisenden Zugtiere am Erdmagnetfeld?

In diesem Abschnitt staunen wir nur, über die Extremleistungen von Tieren und tierischen Gesellschaften, ohne sie gänzlich erklären zu können. Frühere Generationen sprachen gern von „*Instinkten*", wo wir lieber physikalische Erklärungen finden würden. Wie wichtig, und wie weit verbreitet ist in der Tierwelt der magnetische Sinn? Sicherlich kann das Magnetfeld auf globusumspannenden Reisen zeitweilig helfen, z.B. eine Vorzugsrichtung streckenweise bei Nacht und Nebel einzuhalten, aber zum Auffinden einer einsamen Südseeinsel ist das terrestrische Magnetfeld doch recht ungeeignet. Auch dürften *Düfte* und *Temperaturen* für das Wohlergehen der Weltreisenden meist viel

wichtiger sein, im Verein mit möglichst breitbandigem elektromagnetischem Sehen, von *Infrarot* bis *Ultraviolett*. Und welche Uhren benutzen die pünktlichen Reisenden?

Unter „Zugtieren" wollen wir in diesem Abschnitt nicht Ochsen oder Pferde verstehen, die den Pflug oder die Hochzeitskutsche ziehen, sondern Tiere, die zu Lebzeiten weite Teile des Globus bereisen, in der Luft, im Wasser oder auch an Land, einzeln, in kleinen Gruppen, großen Scharen oder sogar als Hundertmillionenschaften. Hierher gehören große und kleine Vögel, Wale und Fische, insbesondere Flughunde, Lachse und Aale, Pinguine, Schildkröten, Schmetterlinge, Insekten (Heuschrecken, Maikäfer, Libellen), ggf. auch Ratten und Lemminge. Während bei Letzteren weniger Reiselust als Überbevölkerung (verbunden mit Hungersnot) das Motiv ihrer zeitweiligen Massenwanderung sein mag, erwecken die kalenderartige Regelmäßigkeit und die geografische Präzision (zurück in den Garten oder Tümpel ihrer Kindheit) ihrer Reiserouten bei den Ersteren den Eindruck, als verfolgten die Tiere sorgfältig geplante, spezifische Reisepläne. Wobei die besten Flieger unter ihnen, die Albatrosse mit ihren drei bis vier Metern Flügelspannweite, den dynamischen Gleitflug beherrschen, bei bis zu 80 km/h Reisegeschwindigkeit, ohne einen einzigen Flügelschlag, und dabei auch noch schlafen können. Stattdessen decken kleinere Flieger die Energie für ihre Fernflüge bisweilen ab durch partielles Recyclen episodisch unwichtiger Organe, wie ihrer Leber, die ihnen dann anschließend wieder nachwächst. Weltreisen sind keine Spaziergänge. Und sie alle nehmen ihren Kurs über Tausende von Kilometern sehr ernst: Millionenschwärme von Schmetterlingen und/oder Heuschrecken sind gesichtet worden, in Tansania, die den Himmel wie Wolken verdunkelten und deren Pfade sich bei ihrem Flug schnurstracks durchkreuzten, ohne Verkehrsampel, mit nur wenigen Zentimetern Abstand zwischen den flatternden Individuen, ohne dass es dabei auch nur einen einzigen echten Zusammenstoß gegeben hätte.

So kann man z.B. auch bei Dröscher [1991] mit Verwunderung lesen, dass sich die neuseeländischen Glanzkuckucke im Spätsommer der Südhalbkugel auf eine 6000 km lange Flugstrecke ins Winterquartier begeben, dem Bismarck-Archipel, nachdem ihre Weibchen ihre Eier in die Nester fremder Kleinvögel gelegt haben. Die von fremden Müttern großgehätschelten Jungen folgen einen Monat später ganz allein und ohne Führer auf der gleichen Route nach: zunächst 2000 km weit auf Westkurs über die insellose Wasserwüste der Südsee nach Australien, und sodann, nach kurzer Ruhe- und Fresspause, in Richtung Norden, die ganze Küste entlang, über Neuguinea hinweg bis zum fernen Bismarck-Archipel, wo sie zum ersten Mal ihre Eltern treffen. Eltern und Kinder kennen sich allerdings nicht. Wurde den jungen Glanzkuckucken diese Reiseroute ins Ei mitgegeben, oder wurde sie ihnen z.B. durch verführerische Düfte und/oder angenehme Wind- und Temperaturverhältnisse nahegelegt? Die Antwort auf diese Frage müssen wir dem Leser überlassen. Wie gut sind uns alle Sinne dieser Vögel bekannt? Immerhin erscheinen ihre Leistungen denen unserer heimischen Kuckucke bei ihrer europäisch-afrikanischen Luftpassage deutlich überlegen, s. Abb. 9.7.1.

Vielleicht noch unglaubwürdiger hören sich die alljährlichen Erdumrundungen der dünnschnäbligen Sturmtaucher an, deren Start bereits im Jahre 1798 von Kapitän Flinders und seinem Schiffsarzt Bass beim Durchqueren der Meerenge zwischen Australien und Tasmanien – der heutigen Bass-Straße – beschrieben wurde: Sie schätzten die Zahl der sie 90 Minuten lang pausenlos in einem dichten, etwa 300 m breiten Strom überfliegenden Vögel auf 151 Millionen. Die heutigen Schätzungen liegen wohl immer noch in gleicher Größenordnung, obwohl diese Tiere seit einigen Jahrzehnten als ‚Hammelfleischvögel' in Konservendosen käuflich erworben werden können. Diese Sturmtaucher treffen alljährlich in den Nächten des 26. und 27. September auf ihren Brutinseln zwischen Australien und Tasmanien ein. Nach den Tagen der Balz und der Hochzeit verschwinden die Millionenscharen alle wieder in die Weiten des Ozeans, um am 19. November zurückzukehren und ihre Eier in Erdhöhlen zu legen. Zuerst brütet das Männchen 14 Tage lang, während das Weibchen über tausend Meilen weit auf hoher See fischt. Dann lösen sich die Partner im Turnus von 11 bis 14 Tagen auf dem Nest ab. Mitte Januar schlüpfen

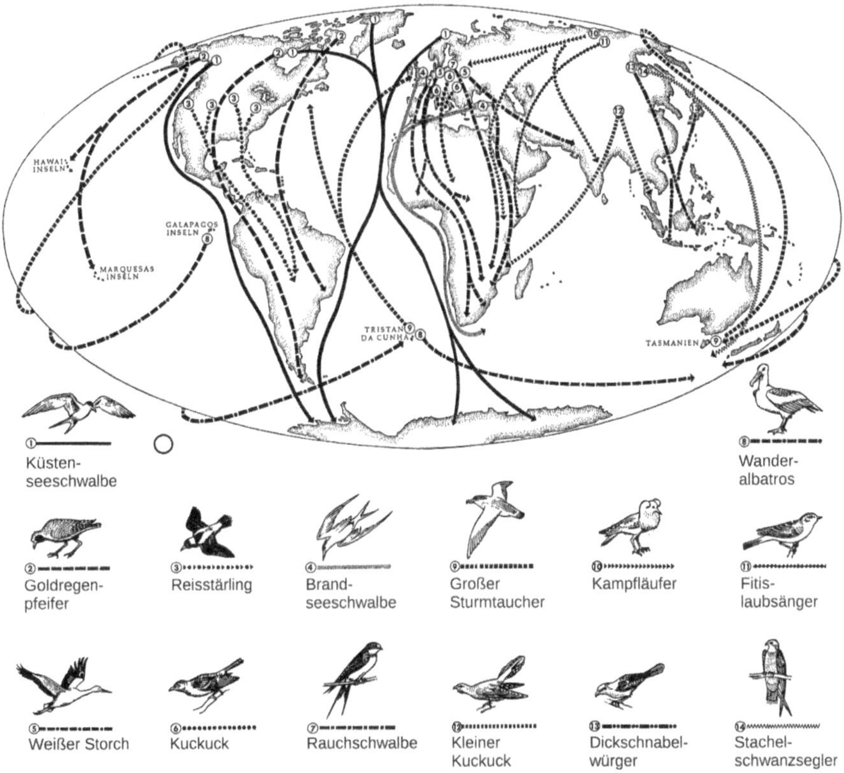

Abbildung 9.7.1: Beeindruckende *Reiserouten* einiger weltreisender Vögel (auf der Erde), nach [Dröscher 1991, S. 224-225]. Vor allem: Auf welche Weise gelingt es Millionen getrennt fliegender Tiere, nahezu am gleichen Tag jeden Jahres die gleiche, winzige Südseeinsel zu finden und zu erreichen?!

die Jungen und werden bis zum großen Aufbruch Mitte April gefüttert. Dann beginnt die 35000 km lange Reise, zunächst nordwärts über das Korallenmeer, über Melanesien und Mikronesien durch die Koreastraße in die Japansee. Land wird nur überflogen, nie berührt. Die Weltreisenden schlafen von Zeit zu Zeit entweder auf dem Meer schwimmend oder, bei aufgewühlter See, in großen Höhen segelnd. Im Juni erscheint das Geschwader im Beringmeer zwischen Sibirien und Alaska und zieht im August an der Pazifikküste Kanadas nach Süden. Etwa auf der geografischen Breite von Vancouver schwenken die Sturmtaucher dann auf Kurs Südwest und überqueren den gesamten Zentralpazifik über Hawaii und Fidschi, um schließlich am 26. und 27. September, auf den Tag genau, wieder an den Küsten Tasmaniens einzutreffen. Welchen Kalender benutzen sie? Vielleicht eine Art ‚Bauernkalender', bei dem das Reifen der Früchte bestimmend ist? Und hilft beim Ablesen vielleicht noch Yogeshwars ‚Publikumsjoker' [2009, Botschaft 105], die Verbesserung einer Schätzung durch die Statistik?

Der ‚westliche' Verwandte dieses Vogels, der Große Sturmtaucher, schafft im Jahr ‚nur' 24000 km. Aber auch er beeindruckt, vor allem durch seine extreme Navigation, wenn er auf seiner Reise von Skandinavien über Island, Grönland und Neufundland, fast nur über See fliegend, mitten im Südatlantik die winzige Inselgruppe von Tristan da Cunha ansteuert, um dort mit vier Millionen Artgenossen zu nisten. Dabei ist er sich beim Anflug offenbar des rechten Weges wohl bewusst, denn er beginnt bereits auf hoher See mit der Balz, mit Imponierflügen und mit Streitereien. Ein ähnliches Navigationswunder vollbrachte vor einigen Jahrzehnten eine Brutkolonie Albatrosse im Nord-Pazifik: Als durch sie der Flugbetrieb eines neuen Fliegerhorstes der amerikanischen Marineluftwaffe auf einer der Midway-Inseln gestört wurde, ließen die Zoologen 18 erwachsene Albatrosse mit Flugzeugen 5000 km weit forttransportieren, und zwar nach allen Himmelsrichtungen: nach Kalifornien, Alaska, Japan, Neu-Guinea und Samoa. Von diesen 18 kehrten 14 Albatrosse innerhalb kurzer Zeit nach Midway zurück, der schnellste sogar schon nach zehn Tagen! Das Experiment der Zoologen war an den unerwarteten Orientierungsfähigkeiten dieser Vögel gescheitert.

In diesem Abschnitt geht es uns um den magnetischen Sinn: Ob manche Tiere ihn haben oder nicht. Oder genauer gesagt: ob manche Tiere ein magnetisches Feld wahrnehmen können, oder vielleicht nur im eingeschränkten Sinne, ob solche magnetisch sensiblen Tiere die Lorentzkraft $e\ \overrightarrow{\beta}\ \mathrm{x}\ \overrightarrow{B}$ spüren können, die eine elektrische Ladung e erfährt, die sich mit der Geschwindigkeit $\overrightarrow{v} =: c\ \overrightarrow{\beta}$ quer zu einem Magnetfeld $\overrightarrow{B}$ bewegt. Die Stärke des Erdmagnetfeldes liegt bei $B \lesssim 0{,}6$ G, die induzierte elektrische Feldstärke $E := |\ \overrightarrow{\beta}\ \mathrm{x}\ \overrightarrow{B}\ |$ beträgt dann $\mathrm{E} \lesssim 0{,}6 \ \mathrm{x}\ 300\ \beta$ V/cm, und elektrisch sensible Tiere können (kleine) Feldstärken bis zu $E \gtrsim 5$ nV/cm wahrnehmen; das entspricht Geschwindigkeiten v von $\gtrsim 10^{-10,6}c = 0{,}8$ cm/sec. In Worten: Tiere, die sich schneller bewegen als mit der (Kriech-) Geschwindigkeit von einem Zentimeter pro Sekunde, sollten in der Lage sein, die lokale Richtung des Erdmagnetfeldes wahrzunehmen, sofern ihnen eine entsprechende Antenne von der Natur mitgegeben worden ist. Im Jahre 1997 wurde solch ein Organ angeblich im oberen Schnabel von Brieftauben gefunden, von Gerta Fleißner und Elke Holtkamp-Rötzler in Frankfurt, in der Form eines Nervs (als elektrischem Leiter), auf den Magnetitkristalle ‚aufgefädelt' sind. Gegenwartsnahe Literatur äußert sich weit zögerlicher zu dieser wichtigen Entdeckung, s. Kenneth J. Lohmann in: *Nature* 464,1140-1142(2010), die offenbar bislang keineswegs Lehrbuchwissen geworden ist. In [Treiber et al 2012] wird ihr sogar grob widersprochen. Übrigens berichtet Dröscher [1991] von einem sog. ‚Kammorgan' im Glaskörper der Augen der Brieftauben, stark durchblutet und aus der Netzhaut über der Eintrittsstelle des Sehnervs herausragend, dessen Bedeutung er offenlässt, s. Abb. 9.7.2. Unserer Meinung nach kann es sich dabei nur um eine Vorrichtung handeln, die es den Tieren erlaubt, schwach leuchtende Phänomene nahe einer hellen Hintergrundsquelle – wie der Sonne – wahrzunehmen. Denn der ‚Kamm' blockiert nur (schräg einfallende) Randstrahlen, nicht direkt ‚von vorn' kommendes Licht. Um ein neues Sinnesorgan dürfte es sich bei dem Kamm kaum handeln, vielmehr um die Verschärfung eines schon vorhandenen Sinnes.

Noch ist also kontrovers, wie ausgeprägt der magnetische Sinn im Tierreich vorhanden ist. Wir meinen, dass eine Direktwahrnehmung von $\overrightarrow{B}$ durch Lebewesen sehr schwer realisierbar ist, wegen der unvermeidbaren thermomechanischen Störungen kleiner Magnete, außer bei ganz kleinen, sich nur sehr langsam bewegenden Tieren; für sie kann das Magnetfeld eine wertvolle, konstante Vorzugsrichtung darstellen, die ihrer Orientierung dient. Für alle anderen, großen, weltreisenden Tiere sollten Magnetfelder und ihre (langsamen) raumzeitlichen Veränderungen ziemlich unwichtig sein, weil sie ohne Belang sind für ihre Ernährung, Brutgeschäfte und sonstigen Bedürfnisse. Die einzige, möglicherweise wichtige Rolle einer Magnetfeldwahrnehmung könnte die Stabilisierung ihrer Reiseroute sein, auf (mittleren) Entfernungsskalen der Größenordnung 10^3 km, für Vögel wie für wasserlebige Tiere, nicht zuletzt für Unterwasserreisende. Hier könnte ihnen das Magnetfeld helfen, einen einmal gewählten Kurs einzuhalten, selbst bei ungünstigem Wetter und spärlicher Beleuchtung. Trotzdem wird der magnetische Sinn immer wieder als der Deus ex Machina verdächtigt, zumal er ja bei einigen Fischen, jedoch neuerdings nicht mehr bei den Profis im Orientierungsflug, den Brieftauben, laut obigen Zitaten entdeckt worden ist. Für die Brieftauben wird übrigens eine ‚tote Zone' angegeben, zwischen 25 km und 120 km Entfernung, aus der sie nicht oder nur sehr schlecht heimfinden, während sie aus geringeren oder weiteren Entfernungen nach ihrer Verfrachtung gleich den direkten Kurs Richtung Heimat einschlagen. Stehen vielleicht für ihre Orientierung mehrere Sinne zur Verfügung, die in der Totzone miteinander im Konflikt stehen?

Erinnern sich die *Zugvögel* an ihre Reiseroute? Ein Experiment mit Staren, bei dem 11000 Tiere bei einer Zwischenlandung nahe Den Haag eingefangen und erst wieder in der Schweiz freigelassen wurden, zeigte unterschiedliches Verhalten: Die Jungvögel setzten ihren früheren Kurs fort und gelangten nach Spanien, während die älteren Tiere ihre geplanten Winterquartiere in Nordfrankreich und Südengland zielbewusst erreichten!

Ganz anders gelagerte Navigationsprobleme müssen meeresreisende Tiere wie Fische, Schildkröten oder Pinguine lösen, um z.B. *Meeresengen* wie Gibraltar (Thunfische) oder die Sundastraße (Wale) auf Anhieb und zur rechten Jahreszeit zu finden. Aus all diesen unterschiedlichen Meisterleistungen ist geschlossen worden, dass die fahrplanmäßigen Weltreisenden alle uns bekannten *Kompasse* zur Orientierung benutzen: den Sonnen- und Mondkompass, den Sternenkompass, vielleicht auch den magnetischen Kompass. Und selbst dann bleiben noch viele Fragen offen, betreffend ihre Zuverlässigkeit in Reiseroute und Datum, d.h. ihre Beherrschung von Raum und Zeit.

Wenn uns die extrem fahrplanmäßigen Weltreisen der Zugtiere also ins Staunen versetzen, so sollten wir uns Gedanken machen, welche Sinne ihnen dafür zur Verfügung stehen. Hier dürfte gleich nach dem gewöhnlichen Sehen ihre Infrarot- (Wärme-) Sehfähigkeit an zweiter Stelle stehen, vgl. 9.4: Ein Vogel, der aus einigen Kilometern Höhe auf die Erde hinabschaut, kann bereits optisch ihre Meridiankreise erkennen, während der morgendlichen und abendlichen Dämmerungen, als Schattengrenzen, und ihre Breitenkreise im nahen Infrarot, als Streifen mehr oder weniger einheitlicher Temperatur, die durch die unterschiedlich starke Sonneneinstrahlung beinahe monoton variiert. Auch können sich IR-sichtige Tiere hervorragend bei Nacht orientieren. IR-Sichtigkeit dürfte auch unentbehrlich sein für die meisten Tiefseetiere, selbst wenn dort unten ein Großteil der ‚Ansässigen‘ sichtbares, (ziemlich) ‚kaltes‘ Licht ausstrahlen, ausgesandt von Luciferin bei Anwesenheit von Luciferase, ‚gezündet‘ durch Acetylcholin, und energetisiert durch ATP (s. 9.1). Auch in den finsteren Meerestiefen haben fast alle Tiere Augen, und wissen sie zu nutzen.

Ein dritter, oft ausschlaggebender Sinn für zielsichere Ortsveränderung ist der Geruchssinn. Er führt nicht nur zur Futterstätte, sondern in vielen Fällen auch zum Ehepartner, nah oder fern. So findet z.B. das Seidenspinnermännchen – mit seinen großen Duftantennen – sein Weibchen in der Regel über viele km (!) hinweg im direkten Anflug.

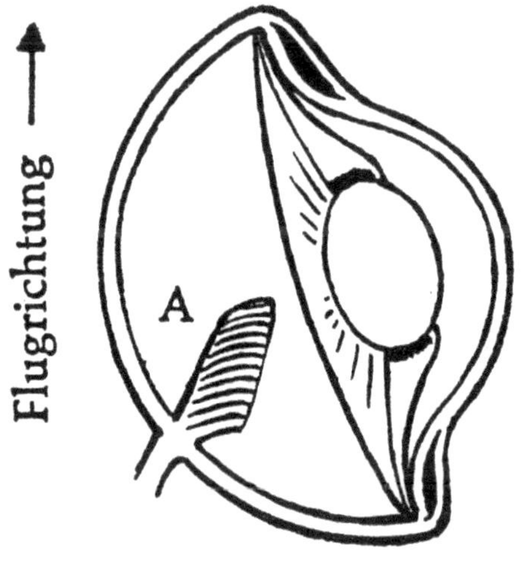

Abbildung 9.7.2: Das Kammorgan im *Taubenauge*, nach [Dröscher 1991, S. 261], vermutlich bei allen Vögeln, laut Dröscher. Welche Aufgabe hat es? Erlaubt es seinem Besitzer, sehr nahe an die (blendende) Sonnenrichtung heranzuschauen?

Ameisen markieren ihre ‚Straßen' mit unterschiedlichen Düften verschiedener Kurzlebigkeit. Vor allem aber finden ausgewachsene Lachse nach ihren (bis zu) sieben Wanderjahren durch die Weltmeere (mit Schwerpunkt Sargassosee) anschließend in die Flussmündungen zurück, aus denen sie einst ausgeschwärmt waren, Jahr für Jahr, fast auf den Tag genau, um gleich danach stromauf zu ihrem Geburtstümpel zu hasten, zum Laichen; in Kanada, Europa oder Asien. Bis zu 100 Millionen Lachse treffen – bzw. trafen – dafür alljährlich in den größeren Flussmündungen ein, um dann zwei bis drei Wochen lang flussauf zu stürmen, nonstop bei Tag und Nacht, ohne Nahrungsaufnahme, mit Durchschnittsgeschwindigkeiten von 4 km/h, bis sie das Quellgewässer ihrer ersten Jugendmonate erreicht haben. Aufwändige Experimente mit Plombierungen haben erwiesen, dass diese sportliche und geografische Höchstleistung der Lachse durch ihren Geruchssinn gesteuert wird, der ihnen bei jeder Flussverzweigung sagt, wo es längs geht. Offenbar sehnen sie sich kompromisslos nach der spezifischen Duftmischung - oder besser: Geschmacksmischung - ihres Geburtsgewässers, die keine Mehrdeutigkeiten kennt.

Ähnliche, jedoch deutlich unterschiedliche Höchstleistungen beim Weltenbummeln vollbringen die Aale, deren Geruchssinn ähnlich sensibel ist wie derjenige der Lachse. Sie werden in der tangreichen Sargassosee geboren, von wo aus sie sich drei Jahre lang treiben lassen, um amerikanische oder europäische Flussmündungen zu erreichen, als 7 cm kleine Glasaale. Dort beginnen sie im Frühjahr den Aufstieg in die (Süßwasser-) Flüsse und klettern z.B. längs des Rheins auf Schweizer Gebirgshöhen bis zu 3000 m. In diesen Binnengewässern verweilen die Männchen drei bis fünf Jahre, die Weibchen neun Jahre. Dann verlassen sie wieder die Flüsse des Kontinents als große, fette, glänzende Silberaale. Beim Wiedereintritt in das (salzige) Meer wächst ihnen der After zu. Trotzdem schaffen sie es offenbar, ohne Nahrungaufnahme die 5000 km entfernte Sargassosee zu erreichen und dort zu laichen, vermutlich unter Benutzung einer geeigneten Meeresströmung in hinreichender Tiefe. Mit welchen Sinnen?

Hilft ihnen hierbei vielleicht ein vierter, wichtiger Sinn, eine absolute Temperaturfühligkeit? Eine sensible Temperaturfühligkeit ist bekannt bei Meerestieren, z.B. bei Schollen, die sich hierdurch der jeweils passenden Meeresströmung anvertrauen. Tiere sind oft deutlich temperatursensibler als wir Menschen. So kann eine Laus noch Temperaturunterschiede von 0,05 Grad in 1 cm Entfernung wahrnehmen. Bienen stabilisieren (!) die Temperatur ihrer Brutnester auf 35 °C, Termiten die Temperatur im Nestzentrum, in der Kammer ihrer Königin, auf 30 °C, und die australischen Großfußhühner die Temperatur ihrer ‚Inkubatoren' auf 33 °C. Falls Ihnen die Großfußhühner nicht vertraut sein sollten: Sie sind die australischen Komposthaufenbauer, d.h. Anleger von Bruthügeln von doppelter Mannshöhe und etwa 15 m Durchmesser, die durch Kompost und Mist beheizt und durch Sand und Erde wärmeisoliert werden, wobei die Eier in deren Kuppeln vergraben werden. Zu den Großfußhühnern zählen die Inselgrabhühner, Wallnister, Tallegallahühner und Hammerhühner, deren Bauten entweder nur von den Hähnen, oder aber von der ganzen Sippschaft ausgeführt werden und an denen im Extremfall beinahe das ganze Jahr hindurch gearbeitet wird [Akimuschkin 1988]. Das (absolute) Thermometer der Hühner befindet sich wahrscheinlich in ihren Schnäbeln.

Und welcher eventuelle weitere Sinn erlaubt es vielen Tieren, Erdbeben oder Tsunamis vorherzuempfinden, Sekunden, Minuten oder gar Stunden im Voraus? Am 4. Februar 1975 ereignete sich in der Stadt Haicheng (Liaoning, Mandschurei, China) ein Erdbeben der Stärke 7,3. Die Stadt war am Vortage des Bebens geräumt worden, weil Schlangen trotz scharfen Frostes aus dem Boden gekommen (und erfroren) waren und weil Wasserläufe Veränderungen gezeigt hatten; hierdurch wurden über 100000 Menschenleben gerettet. Diese einmalig frühen Vorboten des Bebens sind wohl durch das Auftreten schwacher Bodenverformungen und Risse zu erklären, wodurch u.a. Bodengase austreten; sie blieben leider bei anderen, auch stärkeren Erdbebenkatastrophen aus bzw. unregistriert. Dröscher berichtet von einem Unruhigwerden von Pferden, Hunden, Hühnern und Katzen etwa zehn Minuten vor dem großen chilenischen Erdbeben im Jahre 1835, das die Stadt Concepciön zerstörte. Ähnlich war es bei der Katastrophe von Valdivia im Jahre 1960. Ist es ihr sensibles Tastempfinden, das diese Tiere das unvermeidliche Anwachsen der

Bodenspannungen kurz vor den Hauptstößen spüren lässt? Oder kündigen sich Erdbeben gar bisweilen durch (vorangehende) elektromagnetische Signale an, für geeignet sensible Tiere, wenn inselförmige Magneteinschlüsse versetzt werden? Mit ‚magnetischem' Sinn? Bei den jeweils über 100 folgenden kleineren und über zehn schweren Nachbeben von 1835 und 1960 waren die gleichen Tiere wiederum unruhig, wobei ihre ‚Vorwarnzeit' auf einige Sekunden schrumpfte. Sogar ein Ringfasan soll jedes Nachbeben durch lautes Gocken angekündigt haben, zehn Sekunden vor den menschlichen Wahrnehmungen. Zehn Sekunden entsprechen jedenfalls der Laufzeitdifferenz von Schallsignalen gegenüber solchen mit Lichtgeschwindigkeit aus Entferungen der Größe 3 km, d.h sprechen für magnetische Signale. Auch von Elefanten und Delfinen wird Erdbebenvorausfühligkeit berichtet.

Doch zurück zur zentralen Fragestellung dieses Abschnitts: Haben (vor allem) die Zugtiere einen magnetischen Sinn? Oder genügen optisches und Wärme-Sehen, Geruch und Temperaturfühligkeit, akustisches Echolot (mittels Ultraschall, z.B. bei Fledermäusen, fliegenden Hunden, Robben und Walen) und Erkennen der linearen Polarisation des Himmelslichts (bei den Bienen, Wespen, Hummeln, Ameisen und Fliegen, bei Raupen, Käfern und Spinnen, ja sogar bei Kraken und Tintenfischen), um alle Navigationswunder im Tierreich zu erklären? Wie finden denn die Weddell-Robben unter dem 3 m dicken Packeis zu ihren Jungen zurück, in die selbstgebauten Eishöhlen, nach ihren $\gtrsim$30-km weiten Unterwasser-Fischzügen? Fragen über Fragen. Eine zuverlässige Antwort fällt uns schwer, trotz der vielen, aufwändigen Beobachtungen und Experimente der Zoologen. Immerhin scheint uns der Sinn für die Lorentzkraft bestenfalls eine untergeordnete Rolle zu spielen, in Anbetracht der vielen anderen Sinne, die im Tierreich hervorragend ausgebildet und z.T. noch gar nicht erschöpfend untersucht sind. „Absence of evidence is not evidence of absence", lautet ein englischer Spruch.

9.8 Elastische Energiespeicher in tierischen Schnellläufern?

***Känguruhs* haben eine recht seltene und begehrenswerte Fähigkeit: Wenn es darauf ankommt, ihr Kind vor einem Fressfeind zu schützen, können sie trotz der Mehrbelastung in ihrem Beutel ebenso schnell fliehen wie mit leerem Beutel. Ihnen hilft dabei ein elastischer Energiespeicher irgendwo in ihrer unteren Körperhälfte, aber wo genau?**

In der Literatur gibt es konkrete Vorschläge für einen solchen Energiespeicher, der (kinetische) Fallenergie partiell in Sprungenergie zurückverwandelt, in einem geeigneten Gewichtsintervall, ähnlich einem Pogo-Sprungstab für Kinder. Er kann nur in *Resonanz* arbeiten, muss hinreichend viel *Masse* haben und muss schwerkraftsbezogen *ausgerichtet* sein. Die von Wikipedia gegebene Erklärung verletzt diese Bedingungen.

Känguruhs begeistern den Tierliebhaber durch ihre ausgefallene Fortbewegungsart, die ihnen problemlos Silber bis Gold bei jeder Tierolympiade einbringen würde, mit bis zu 13,50 m beim Weitsprung, und mit Sprunghöhen von 3,30 m; lediglich der Weißwedelhirsch hat es schon einen knappen Meter weiter geschafft. Känguruhs sind wehrhaft, durch ihre kräftigen Beine, scharfen Krallen und ihren starken, langen Schwanz, der u.a. ihrer Stabilisierung dient, beim Hocken wie auch beim Springen. Es gibt Känguruhs in den verschiedensten Größen, von Rattenformat bis zu menschlichen Ausmaßen, wobei die mittelgroßen auch ‚Wallabys' genannt werden, und die größten ‚Riesen-Känguruhs', oder ‚Makropodidae'; auch baumbewohnende Känguruhs gibt es. Die meisten von ihnen sind anspruchslose Pflanzenfresser und kommen mit sehr wenig Wasser aus. Ihre Babys sind bei der Geburt extrem winzig, wiegen $\lesssim$1 g, über 30000-mal leichter als ihre Mütter, sind daher monatelang auf die anschließende mütterliche Bauchtasche angewiesen. Doch die vermutlich einzigartige Veranlagung der Känguruhs im gesamten Tierreich ist ihre Fähigkeit, ihre Hüpfgeschwindigkeit in einem gewissen Gewichtsbereich steigern zu können ohne Mehraufwendung von Kräften, bei konstantem Sauerstoffverbrauch.

Diese Fähigkeit, sich deutlich schneller fortbewegen zu können bei gleichbleibender (metabolischer) Leistung, oder sich gleichschnell fortbewegen zu können bei erheblicher Zusatzbelastung ohne Mehraufwand an Kräften, erstreckt sich über einen Übergewichtsbereich von 0 % bis $\lesssim$20 % und hilft insbesondere einer Känguruhmutter, ohne oder mit einem Säugling im Bauchbeutel gleichschnell hopsen zu können, während ihrer fast achtmonatigen Tragezeit. Elastische Energiespeicherung beim Sprung ermöglicht dies, im günstigen Arbeitsbereich. Die Fähigkeit teilweise elastischer Fortbewegung hat man bisweilen auch anderen Huftieren zugesprochen, z.B. Rennpferden, sogar auch den Frauen der Luo- und Kikuyu-Stämme in Kenya, vielleicht auch Hasen beim Hakenschlagen; aber uns fehlen z.Z. überzeugende Daten, um dies prüfen zu können. Insbesondere im schnellen Nach-vorn-Schleudern der Vorderbeine – eigentlich der ‚Hände' – galoppierender Rennpferde, wie es in *Nature* 421, 35-36 (2003) behauptet wird, sehen wir eher einen Rechenfehler als die Notwendigkeit elastischer Energieversorgung: Solche Leistungen lassen sich mit denjenigen Elfmeter-schießender Fußballerbeine oder ausschlagender Pferde oder Giraffen vergleichen, die bislang mittels normaler Muskeltätigkeit verstanden worden sind.

Bei den Wallabys überzeugen uns nicht nur die Beobachtungen der Einheimischen, dass Mütter mit oder ohne nahezu erwachsenem Säugling im Beutel ähnlich leicht einem Verfolger entkommen, sondern vor allem die in Baudinette & Biewener [1998] beschriebenen Tretmühlenexperimente an zahmen Tieren mit vorgehaltener (durchsichtiger) Durchflussmaske zur Messung der absorbierten Sauerstoffrate, wobei letztere bei veränderlicher Belastung (und konstanter Sprungrate) konstant bleibt, während die Muskel- und Sehnenspannungen mit zunehmender Belastung anwachsen. Dabei verlängert sich zugleich die Dauer der Bodenberührung pro Sprungperiode durch die beiden Füße: Die Füße arbeiten zunehmend länger (pro Sprung) und stärker, bei der Inversion der Fallbewegung und zugleich Aufrechterhaltung der Horizontalgeschwindigkeit. Hierbei, so kann man sogar neuerlich bei Wikipedia (als ‚Lehrbuchwissen' des 21. Jahrhunderts) nachlesen, speichern die drei oder mehr Sehnen (tendons) der Hinterhand periodisch einen signifikanten Anteil der Fallenergie elastisch, geben ihn also gleich anschließend wieder ab an die nächste Aufwärtsbewegung, s. Abb. 9.8.1. Nein: Bei der letzten Aussage ist die moderne Physik auf Abwege geraten, behaupten wir.

Denn der angebliche elastische Energiespeicher muss u.a. die folgenden drei notwendigen Bedingungen erfüllen, die offenbar in der umfangreichen Literatur übersehen worden sind: Erstens muss er in Resonanz mit dem Antrieb arbeiten, d.h., Aufnahme und Rückgabe der Fallenergie müssen während des Zeitintervalls Δt starker Bodenberührung erfolgen, welches gegeben ist durch den freien Fall im irdischen Schwerefeld g mit der Periode P, und durch die Fußhöhe h des Springers, als $\Delta t = 2h/gP$ = einige Zehntelsekunden (für h im Dezimeterbereich und P in Bruchteilen einer Sekunde), entsprechend einer Arbeitsfrequenz $\nu := 1/\Delta t$ von einigen Hertz. Sehnen sind aber fast unausdehnbar und massearm: Sie haben Resonanzfrequenzen $\nu = \sqrt{E/\varrho}/2\pi l$ im kHz-Bereich, wobei E = Elastizitätsmodul der Sehnen ≈1GPa. = 10^4bar = 10^{10}dyn/cm^2, ρ = deren Massendichte ≈ 1g/cm^3 und l = typische Länge ≈ einige cm, nämlich das geometrische Mittel aus der Länge der Sehne und ihrer Mehrausdehnung. Sehnen reagieren also rund 10^3-mal zu schnell, um als Speicher infrage zu kommen; Wikipedia gibt eine fehlweisende Auskunft.

Zweitens muss der gesuchte Energiespeicher der Wallabys massereich genug sein, um einen signifikanten Bruchteil der Fallenergie des springenden Tieres periodisch zu speichern, (jeweils während Sekundenbruchteilen). Da er naturgemäß viel leichter ist als das ganze Tier, muss er entsprechend robuster sein, d.h. schwer verformbar, ohne dabei die erste (Resonanz-) Forderung zu verletzen, d.h. zu schnell zu reagieren; uns kommt so etwas wie Hartgummi in den Sinn, oder wie ein Flummi. Sitzt er nahe bei der Ferse, nahe beim Knie, oder nahe bei der Hüfte? Die Autoren im *Journal of Experimental Biology* 201, 1681-1694 (1998) lassen die letzte dieser drei Möglichkeiten ganz außer acht; in ihrer Figur 2B fällt der starke, spindelförmige Muskel Plantaris (PL, zwischen Ferse und Knie) besonders ins Auge, der menschlichen Wade analog, hier aber offenbar aus drei Teilmuskeln bestehend. Hat PL vielleicht die singuläre Eigenschaft,

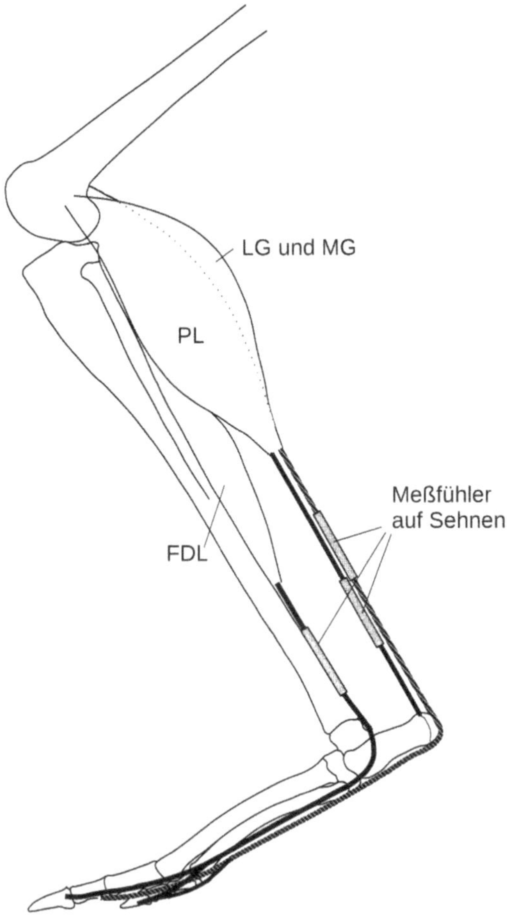

Abbildung 9.8.1: Elastische Energiespeicher der *Wallaby-Sprungbeine*: in ihren Sehnen, Knochen, oder aber in speziellen Muskelpaketen? Zur Entscheidung maßgeblich ist nicht allein die Masse des Energiespeichers, sondern vor allem auch seine Resonanz (mit der Sprungfrequenz), nach: Biewener, A.A. & Baudinette, V.: The Journal of Experimental Biology 198, 1829-1841 (1995).

dass er bei Zugbelastung (reversibel) schlanker wird, wie gedehnte Gummibänder, d.h. in seinem ganzen Inneren Verformungsenergie elastisch speichert? Er wäre dann viel leichter verformbar als die Sehnen, u.a. weil transversal, jedoch mit viel größerem Volumen, und mit viel langsamerer Reaktionszeit, mit einer 10^6-mal geringeren Transversalspannung σ_{xz} als (effektivem) Elastizitätsmodul E in obiger Formel für ν. Diese Deutung würde zugleich den in der o.g. Arbeit zitierten Bedenken von R.I.Griffiths recht geben, dass die Sehnen als Speicher ungeeignet seien, weil sie in Serie mit (weicheren) Muskeln arbeiten. Ferner greift PL (vernünftigerweise) am Überbein des Fußes an, mit vergrößertem Hebelarm (gegenüber dem Muskel FDL), also mit viel größerem Verformungsweg. Schließlich würde unsere neue Deutung die eigenartigen Messkurven der Figuren 6 bis 8 sowie 3 (in o.g. Arbeit) verständlich machen, in denen die Muskelkraft von PL um Größenordnungen variiert, bei nahezu konstanter Muskellänge: Die Muskelfasern dehnen sich zwar aus mit wachsender Zugkraft, aber nur gerade so sehr, wie es die zunehmende Entfernung zum Ende des Überbeins bei zunehmend tieferer Kniebeuge verlangt. Ist vielleicht das hochelastische Muskelprotein ‚Titin' involviert, vgl. *Nature* 465, 44-45 (2010)?

Noch eine dritte Forderung ergeht an den bislang einzigartigen Energiespeicher der Känguruhs: Er soll periodisch Fallenergie in Sprungenergie umwandeln, d.h. die Vertikalkomponente ihrer Bewegungsenergie periodisch spiegeln, wie der gelegentlich von Kindern geschätzte Pogo-Sprungstab, bei dem die Füße des Springers auf Pedalen stehen, die eine seinen Stab umfangende spiralige Metallfeder periodisch ausdehnen und sogleich sich wieder zusammenziehen lassen, wobei dann die Feder ihn hochwirft. Hierfür muss der Speicher nicht nur massereich und langsam genug sein, sondern muss außerdem auf die Beinknochen einwirken, sollte also anatomisch bestens erkennbar sein. Andererseits sollte sein Gewicht keinen störenden Ballast für das Tier darstellen. Wir haben bereits die Sehnen ausgeschlossen, als zu fest und zu leicht. Wir haben die PL-Muskeln verdächtigt, entgegen der Deutung ihrer Vermesser, weil sie allen primären physikalischen Anforderungen genügen. Daher kommt unseres Erachtens nur mehr eine einzige weitere Komponente ihres Bewegungsapparates in Betracht: ihre Knochen. Sind sie biegsam und elastisch genug, mit der Frequenz einiger Hertz? Falls „Ja“, dann könnten sie Ähnliches vollbringen wie der Glasfiberstab eines Stabhochspringers. Haben eventuell die Frauen der Luo- und Kikuyu-Stämme Knochen mit solchen Eigenschaften? Bislang sind uns derartig elastisch verbiegbare Knochen nicht bekannt. Deshalb geben wir der sonderbaren PL-Muskelgruppe der Wallabys den Vorzug, als resonantem Energie-Speicher, dicht unterhalb ihrer Knie.

Es gibt im Tierreich auch noch eine andere Art der Energiewandlung, von potenzieller in kinetische Energie: bei den Grashüpfern, Flöhen und Schnellkäfern (Schaumzikaden, froghoppers, spittle bugs), deren Beschleunigungen beim Absprung das 8-Fache, $\gtrsim$200-Fache, bzw. $\gtrsim$400-Fache der Gravitationsbeschleunigung g betragen. Sie speichern ihre Sprungenergie in elastischen Hornschalen oder Häuten, die sie vor dem geplanten Exkurs anspannen. Zum Vergleich: Wir Menschen nehmen gewöhnlich bereits Schaden bei Beschleunigungen (Unfällen) mit mehr als 6 g ! Viele Überlegungen dieser Art finden sich in dem reichlich bebilderten Buch von McMahon & Bonner [1985].

9.9 Wie funktioniert das Gehirn? Was ist Intelligenz?

Mit dem Gehirn wagen wir uns erneut an ein Thema, das wir (noch) nicht im Griff haben, das uns allein durch seine Bedeutung gelockt hat und das uns durch Jeff Hawkins [2005] nähergebracht worden ist. Wie viel weiß man über tierische und menschliche Gehirne? Immerhin so viel, dass sie im Spezialfall der *Savanten* ähnlich viel leisten können wie technische Kopiergeräte! Und natürlich auch, dass Gehirne viele Aufgaben schneller erlernen können als Computer – wie z.B. Sprachen, oder Fahrradfahren – und schließlich, dass alles menschliche Wissen und alle menschliche Kultur durch die Gehirne bedeutender Vorfahren erarbeitet und kreiert worden sind. Gehirne sind intelligent, zum Unterschied von Computern.

Es tut uns leid, mit dieser Vorschau zumindest alle diejenigen unserer Leser(innen) enttäuschen zu müssen, die etwa zu lernen gehofft hatten, wie man ein Gehirn in silico nachbauen kann.

Tiere haben Gehirne, die ihr Verhalten steuern. Unser menschliches Gehirn, (1,4 $\pm$ 0,2) kg schwer, ist wohl das bestausgestattete Gehirn aller Lebewesen, mit seinen $10^{10,6}$ Neuronen und deren $\gtrsim 10^{14,3}$ Synapsen, dicht gefolgt vom Gehirn der Delphine, dann von dem der Menschenaffen, Paviane (baboons), Elefanten, Krähen und Papageien. (Die genaue Kapazität des menschlichen Gehirns ist sehr unsicher, ist auch schon mit $\gtrsim 10^{17}$ synaptischen Speicherplätzen angegeben worden). Als ein grobes quantitatives Maß für die Leistungsfähigkeit eines Gehirns hat sich sein ‚Enzephalisations-Quotient‘ (EQ) herausgestellt, das ist die Größe $M(G)/M(K)^{2/3}$ dividiert durch ihren Mittelwert $<M(G)/M(K)^{2/3}> \approx 10^{-2}$ kg$^{1/3}$ für alle erfassten Wirbeltiere, wobei M(G) und M(K) ihre jeweilige ‚Gehirn‘- bzw. ‚Körper‘-Masse bedeuten [McMahon & Bonner 1985, Güntürkün 2008]. D.h., man hat herausgefunden, durch doppelt logarithmisches Auftragen des

Gehirngewichts gegen das Körpergewicht für 200 (neuerdings 3700) verschiedene Tierarten, dass die Gehirnmasse eines Tieres ungefähr wie die 2/3te Potenz seiner Körpermasse anwächst – kleine Tiere haben kleine Gehirnmassen, große Tiere große – wobei selbst einige Gramm leichte Tiere noch immer zehnmal schwerer sind als ihr Gehirn, während das schwerste aller Tiere, der Blauwal mit seinen $\lesssim$140 Tonnen, über ein Gehirn von (nur) $\gtrsim$ 6 kg verfügt. Darüber hinaus hat man aber bemerkt, dass seine Masse allein nicht die Leistungsfähigkeit eines Gehirns misst, eher schon die Stärke der Abweichung des Quotienten $M(G)/M(K)^{2/3}$ von seinem oben angegebenen Mittelwert, und betrachtet die oben definierte Größe EQ als ein dimensionsloses, brauchbares Maß für die durchschnittliche Intelligenz eines Lebewesens. Männer haben schwerere Gehirne als Frauen, aber (im Mittel) gleiche EQ-Werte. EQ variiert bei den Wirbeltieren zwischen $\lesssim$ 8 und $\gtrsim$ 0,02 , mit Homo sapiens an der Spitze, und mit Alligatoren und Aalen nahe dem unteren Rand der Verteilung, s. Abb. 9.9.1. Hiernach wurde der Delphin erst vor 1,5 Millionen Jahren von Hominiden in seiner geistigen Führungsrolle auf unserem Planeten abgelöst [Morris 2005].

Funktioniert unser Gehirn so ähnlich wie ein Computer, d.h. wie eine elektronische Rechenmaschine? Oft hat man Gehirne vereinfachend als ‚neuronale Netze' bezeichnet.

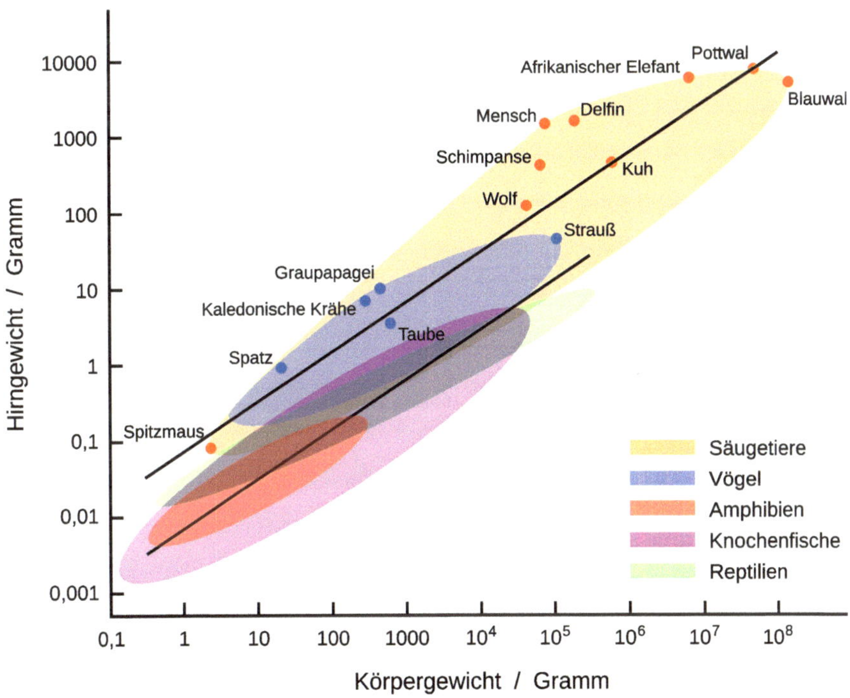

Abbildung 9.9.1: Doppelt-logarithmisches Diagramm der *Hirnmassen*, M(G), gegen die *Körpermassen*, M(K), für eine größere Anzahl bekannter Tiere, aus dem hervorgeht, dass für verwandte Tierarten, M(G) im Mittel wie $M(K)^{2/3}$ mit dem Körpergewicht zunimmt. Diese (geradlinige) Potenzrelation hat zu der im Text gegebenen Definition des *Enzephalisationsquotienten EQ* geführt, als quantitatives Maß tierischer Intelligenz, wobei herausragende Fähigkeiten beiderlei Vorzeichens durch Streuungen nach oben bzw. unten auffallen; nach [Güntürkün 2008]. Hiernach führt an Intelligenz erwartungsgemäß der Mensch, eng gefolgt vom Pavian, Delphin, dem Kraken (Octopus) und dem Papagei.

Aber Jeff Hawkins [2005] hat auf diese Frage bereits vor über 30 Jahren mit einem deutlichen „Nein“ geantwortet: Gehirne sind intelligent, im Gegensatz zu Computern. Ermutigt worden war er in seiner Passion, die Arbeitsweise des menschlichen Gehirns zu verstehen, u.a. durch Francis Crick, dem einen der beiden mit dem Nobelpreis ausgezeichneten Entschlüsseler der DNS und zugleich einem der Autoren der Septemberausgabe 1979 von Scientific American über das Gehirn, der dort schrieb: „What is conspicuously lacking is a broad framework of ideas“. Oder auch, mit den Worten von Jeff Hawkins: „We don't have a clue how this thing works“. Immerhin war Hawkins damals schon klar, dass das Gehirn ganz anders funktioniert als ein Computer, als ‚künstliche Intelligenz‘ (artificial intelligence, AI): AI wird programmiert, während das Gehirn selbst lernt. AI kann nur fehlerfrei oder gar nicht arbeiten, während das Gehirn flexibel und fehlerverzeihend vorgeht. Und: AI hat einen zentralen Prozessor, im Gehirn gibt es keine zentrale Kontrolle. Dabei ähneln die Speicherkapazitäten der (gegenwärtigen) leistungsfähigen Computer denjenigen der menschlichen Gehirne: TeraByte-Speicher entsprechen $10^{14,4}$-stelligen Zahlen, wir denken mit $10^{14,3}$ Synapsen.

In vielen Fähigkeiten ist das Gehirn einem Computer haushoch überlegen, z.B. im Erlernen von Sprachen, im Suchen nach versteckten Strukturen (z.B. in Vexierrätseln), im Erkennen von Gesten, im Heraushorchen eines einzigen Gesprächs inmitten einer lebhaft plaudernden Gesellschaft, oder im Beherrschen komplizierter Motorik, z.B. beim Radfahren, Jonglieren, bei schnellen Ballspielen. Das Gehirn ist überlegen, obwohl seine Synapsen nur alle 5 msec feuern, statt alle nsec, wie die Einzeloperationen in einem Computer, d.h. mehrmillionenfach langsamer arbeiten als moderne Elektronik; es ist überlegen durch seine große Redundanz und durch seine Fähigkeit, in die Zukunft zu extrapolieren. Auch kann sich das Gehirn eines betagten Menschen an erstaunlich viele Dinge und Geschehnisse aus seinem Leben erinnern, oft mit verblüffendem Detailwissen, obwohl seine $10^{14,3}$ Synapsen keineswegs ausreichen, alles Gesehene, Gehörte, Gerochene, Geschmeckte, Gefühlte, Empfundene, Getane mit hinreichender Zeitauflösung abrufbar zu speichern; es kann sich nur leisten, geeignet *reduzierte Informationen* zu speichern. Hawkins spricht von „invarianter Form“, in der „Folgen von Mustern“ gespeichert werden, die „auto-assoziative Erinnerungen“ erlauben, z.B. von Verwandten, Freunden, Wohnungen, Gärten, Landschaften, Arbeitsstätten und deren Verkehrsverbindungen, sowie den täglichen Routinetätigkeiten des Kochens, Essens und Trinkens, Waschens, Tränkens und Fütterns, von denen wir viele nahezu unterbewusst verrichten. Die invarianten Fakten werden täglich auf den neuesten Stand gebracht, in invarianter Form gespeichert; dafür braucht das Gehirn Ungestörtheit, dafür müssen wir schlafen. Unfälle haben gezeigt, dass dem Gedächtnis Informationen über Geschehnisse verlorengehen können, die sich oft nur einige Sekunden, oft auch etwa eine Stunde, oder in *einem* Fall gar mehrere Tage vor dem Unfall ereignet hatten; sie waren offenbar zur Zeit des Unfalls noch nicht dauerhaft invariant weggespeichert worden. Und welche Rolle spielt beim Schlafen das Träumen, Hilfestellung oder Ballast?

Allmählich mag sich der aufmerksame Leser fragen, wo denn im vorliegenden Abschnitt die Physik auf Abwege gerät. Nein, beim Gehirn befinden wir uns z.Z. noch im weglosen Frontgebiet der Forschung, im Durcheinander sich schlängelnder Trampelpfade ins unbekannte Dickicht. Immerhin dürfte dieser Fragenkreis zu den wichtigsten überhaupt in der Biophysik dieses Jahrhunderts zählen, wo jede bescheidene neue Teileinsicht willkommen ist. Deshalb stört es uns im Nachherein, dass Hawkins Forschungsanträge zu diesem Thema im Jahre 1980 – auf seinem Weg ins Neuland – sowohl von Intel als auch am MIT abgewiesen wurden mit den Begründungen, dass sie „didn't believe it would be possible to figure out how the brain works in the foreseeable future“ bzw. dass sie „didn't believe that you needed to study real brains to understand intelligence and build intelligent machines“. Unsere Computer von heute führen genau die Operationen aus, für die wir sie programmieren, nichts darüber hinaus; sie sind grundsätzlich nicht ‚intelligent‘. Hingegen hat ein Gehirn offenbar die Fähigkeit, neue Einsichten zu gewinnen, wie es die großen Forscher der Vergangenheit demonstriert haben. Ein Gehirn hat die Fähigkeit zur Vorhersage.

Das menschliche Gehirn ist offenbar strukturreich genug, um im physikalischen Sinne Bewusstsein, Vorstellungskraft, Realität, Selbsterkenntnis, Geist, Instinkt und Seele seines Besitzers zu realisieren. Unser Handeln ist zielorientiert. Falls es gelänge, eine Maschine zu bauen, die wesentliche Eigenschaften des Gehirns imitieren kann, so sollte diese Maschine intelligente Eigenschaften haben. Das Ziel ist also klar. Und wie bewältigt das Gehirn diese Aufgaben? Wegweisend sind die Sonderfälle eines Erik Weihenmayer, ein Spitzensportler aus Colorado, der im Alter von 13 Jahren erblindete und trotzdem als Erwachsener (im Jahre 2002) den Gipfel des Mount Everest erstieg, als Blinder. Er lernte im Jahr darauf ein zweites Mal das Sehen, durch eine auf seine Stirn geschnallte Kamera und einen Chip auf seiner Zunge, der das von der Kamera eintreffende Bild in ein mechanisches Druckbild übersetzte. Sein Gehirn registrierte nach kurzer Zeit die mechanischen Muster auf seiner Zunge in ähnlicher Weise wie die elektrochemischen Muster seiner Augen in seiner Kindheit es getan hatten. So flexibel kann ein Gehirn arbeiten! Inzwischen ist er Profibergsteiger und Freund des blind geborenen Lienzer Andy Holzer, einem nicht weniger talentierten Bergsteiger, in dessen (alleiniger) Begleitung er u.a. (im Jahre 2006, in den Dolomiten) die „Südrampe" am Roten Turm bestieg. Ein drittes Beispiel dieser Art menschlicher Extremleistungen ist Helen Keller, ein Mädchen, das blind und taub geboren wurde, dennoch eine Sprache erlernte und eine erfolgreiche Schriftstellerin wurde.

Aus solchen und unzähligen weiteren (gesammelten) Beobachtungen schließt Hawkins, dass das Gehirn ein außerordentlich flexibles Organ ist, dem es in seinen Eingangsbereichen (genannt ‚Lage 1') ständig möglich ist, mehrere Millionen verschiedener, gleichzeitig einlaufender Signale zu empfangen und sortiert weiterzuleiten, aus Augen, Ohren, Nase, Mund und allen (weiteren) Sinnesorganen, dazu alle motorischen Signale über Gestalt und Bewegung des Körpers, dem es angehört, derart, dass hier wenig später – gemessen in Millisekunden – eine Vorhersage eintrifft, von den sechs ‚höheren Lagen', die mit den neu einlaufenden Signalen (Fakten) verglichen und sogleich zu neuen, verbesserten motorischen Anweisungen verwendet werden. Man denke z.B. an einen Boxkampf, wo es in jedem Augenblick darauf ankommt, optimale, hochaktuelle Bewegungen auszuführen, in Abhängigkeit von den Bewegungen des Gegenübers. Bei diesem iterierten Vorhersage-Fakten-Aktualisierungs-Zyklus erfolgen beständige Rücksprachen der Großhirnrinde (Neocortex) mit dem Thalamus, den Basal-Ganglien, dem Cerebellum und dem Hippocampus, die es noch genauer zu verstehen gilt.

Aufschlussreich für die Arbeitsweise des menschlichen Gehirns ist dabei vor allem die Aufbereitung optischer Signale auf der Netzhaut der beiden Augen, wo die von 130 Millionen erregbarer Nervenleitungen empfangene Bildinformation in nur eine einzige Million solcher Stränge projiziert wird, die dann gebündelt im Sehnerv zum Gehirn weitergeleitet werden, wo deren Auswertung ca 135 Millisekunden in Anspruch nimmt. Wir erfahren unsere Umwelt daher stets nur eingeschränkt und mit etwa einer Zehntelsekunde Verspätung, was unser Gehirn durch eine zukunftsorientierte Extrapolation um 6 Millisekunden (partiell) auszugleichen versucht, um uns das Verfolgen schnell ablaufender Vorgänge nach Kräften zu erleichtern oder überhaupt erst zu ermöglichen. Darüber hinaus führen unsere Augäpfel beständig *Zitterbewegungen* (saccades) aus, dreimal pro Sekunde – die wir gar nicht bewusst erleben – während deren sie variable, selektive Bildausschnitte anvisieren, um $\lesssim 10$ Bogenminuten seitlich versetzt, zur dynamischeren Bildanalyse. Augen von Fröschen, welche sich wegen ihres kleineren Gehirns solch eine Zitterbewegung nicht leisten können, sehen ihre Umgebung viel eintöniger als wir, behaupten die Zoologen; dafür entgeht ihnen nur selten ein Insekt, dessen Flugbahn sich unbeabsichtigt ihrem Maul nähert.

Die soeben besprochene Zitterbewegung unserer Augäpfel darf übrigens nicht verwechselt werden mit unserem *Blinzeln,* dem regelmäßigen Schließen oder beinahe Schließen unserer Augenlider, etwa 15-mal pro Minute, jeweils eine Viertelsekunde lang, je nach Stärke unserer Konzentration. Das Blinzeln dient wohl hauptsächlich der Spülung; es findet über 10-mal seltener statt als die Zitterbewegung, offenbar komplementär (auf

Lücke) dazu. Augen wollen beständig gewartet werden. Doch zurück zu den Funktionen des Gehirns.

Ist ‚Instinkt' eine Teilstruktur davon? Oder wird ein Gehirn ohne jegliche Anfangsinformation geboren? Bekommen z.B. Zugvögel, wie die Glanzkuckucke, ihre Wanderroute (von Neuseeland über die Ostküste Australiens zum Bismarck-Archipel) über ihre Gene mitgeteilt – sodass sie einen Monat nach ihren Eltern entlang der gleichen Route fliegen wie diese, ohne sie überhaupt kennengelernt zu haben – oder lediglich als eine Art Fernweh, in Gestalt allgemeiner Verhaltensmuster? Sollten tierische (und menschliche) Verhaltensweisen nicht vielmehr gesteuert sein durch Bedürfnisse, Düfte, Verlockungen, statt durch ererbte, starre Klischees? Oft schließen die Zoologen bei Instinkten auf vererbliche Fähigkeiten, statt auf noch unbekannte Sinne; auch gibt es Gegenbeispiele, bei denen sich junge Zugvögel anders verhalten als ihre älteren Verwandten. Dröscher [1991] nennt Beispiele, bei denen Bienen oder Ameisen mit außergewöhnlichen Problemen konfrontiert wurden, die sie in klarer Erkennung der Situation zielstrebig kollektiv lösten. Und wie schafft es eine neugeborene Giraffe, bereits wenige Minuten nach ihrer Geburt einer hungrigen Löwin davonzulaufen, sobald sie die offene Steppe erreicht hat? Und wie gelingt es dem neugeborenen, weniger als grammschweren Känguruhbaby, ohne mütterliche Hilfe in deren Bauchbeutel zu klettern und sich an einer ihrer vier Zitzen festzusaugen? Lernt das Gehirn bereits im Uterus?

Vielleicht. Vor allem aber sollten wir nicht übersehen, dass sich selbst in uns ausgewachsenen Menschen fortlaufend Prozesse abspielen, die wir weder erlernt noch verbessert haben, die uns vom ersten Atemzug an bedingungslos zur Verfügung standen: Herzschlag, Atmung, Verdauung, Temperaturregelung (durch ‚Gänsehaut' oder Schwitzen), Schlafen, Schnarchen. Bereits der Säugling macht von ihnen Gebrauch. Diese Prozesse werden gesteuert durch ‚unterbewusste' Sinne; wir brauchen sie nicht zu erlernen, auch nicht zu aktualisieren, oder gar zu intensivieren. Sie dienen uns automatisch. Wahrscheinlich haben die unterbewussten Sinne (ebenfalls) ihre festen Plätze im Gehirn, verschieden von den bewussten Sinnen wie auch von den sog. Instinkten, die es wahrscheinlich gar nicht gibt. Vielleicht sind die recht unterschiedlichen Fähigkeiten der verschiedenen Tiere, und insbesondere ihrer Säuglinge, vollständig zu begreifen als unterschiedliche Aufteilungen zwischen bewussten und unterbewussten Fähigkeiten, vor allem bei den ganz jungen Lebewesen. Das Gehirn besser zu verstehen erscheint uns eine große physikalische Herausforderung, eine lohnende, wahrscheinlich lösbare und umsetzbare wissenschaftliche Aufgabe. Ist ein erster Schritt in diese Richtung bereits getan [Strukov 2011]?

Zwei weitere mögliche Zugänge zum Verständnis der Arbeitsweise unseres Gehirns sollten nicht unerwähnt bleiben: **1)** die extremen Inselbegabungen einiger seltener Individuen – im Amerikanischen ‚Savants' genannt – riesige Datenmengen schnell und fehlerfrei speichern zu können: wie z.B. den Inhalt von (Telefon-) Büchern, den Anblick von Städten, vielstellige Ergebnisse langer Rechnungen, nur einmal gehörte Musikstücke, neue Sprachen (binnen weniger Tage), die genauen Formen nur einmal gesehener Tiere, eine auf die Sekunde genau ablesbare innere Uhr, oder den Verlauf aller Tage ihres bisherigen Lebens. Oft handelt es sich bei solchen individuellen Sonderbegabungen um *Autisten*, die Schwierigkeiten mit den meisten alltäglichen Tätigkeiten haben. (Die ‚gewöhnlichen Autisten' treten mit einer Wahrscheinlichkeit von $\gtrsim 1$ % auf, sind also keineswegs selten). Vor allem die *Savanten* demonstrieren, dass das menschliche Gehirn in Ausnahmefällen die Fähigkeit fehlerfreier Speicherung oder auch Verarbeitung großer Datenmengen besitzt, vergleichbar einem maschinell gefertigten Computer, meist auf Kosten elementarer, sozialer Beziehungen. Zwar besteht im menschlichen Normalfall die auffällige Tendenz zu gelegentlichen Fehlerinnerungen und Fehlleistungen: ‚Irren ist menschlich'; sie ist aber offenbar nicht unumgänglich. Falls die kleine Statistik von nur etwa 50 bekannten Fällen auf der ganzen Erde nicht fehlleitet, zurückgehend bis ins 18. Jahrhundert, so handelt es sich bei diesen Savanten fast immer, aber nicht ausschließlich um männliche, oft mit stark beschädigter linker Hirnhälfte; sind zwei gesunde Hirnhälften notwendig für das normale Verhalten des Gehirns, oder zumindest eine intakte linke Hälfte? Fehlt den extremen Autisten vielleicht die Fähigkeit ihrer Gehirne zur Reduktion, bei der die volle Information schnell wieder gelöscht wird, zugunsten von nur stark projizierter, invarianter Information? Wobei sich mit zunehmender Reduktion – und anschließender Rekonstruktion – dann auch die Fehleranfälligkeiten häufen, zugleich aber auch die Fähigkeiten zu Fantasie und Inspiration, zu Ideenreichtum. Haben normalveranlagte Menschen daher (noch)leistungsfähigere Gehirne als Savanten, bei geeigneter Bewertung?

Und hier der zweite Zugang: **2)** Alle Tiere haben Gehirne, wie bereits eingangs beim EQ erwähnt, vom 10^2Tonnen schweren Blauwal oder Elefanten bis hinab zur Biene und zur ≈mg leichten Ameise, wobei uns vor allem die hochgradig geordneten, kollaborativen Leistungen der diversen Bienen- und Ameisenvölker beeindrucken, bei bis zu 10^{11}-fach geringeren Körpermassen (als die Giganten), entsprechend bis zu 10^7-fach geringeren Gehirnmassen (bei ähnlichem EQ). Immer wieder faszinieren die unterschiedlichen Verhaltensweisen und athletischen Rekordleistungen der verschiedensten Tiergruppen, die sich keineswegs einfach auf die Synapsenzahl ihrer Gehirne zurückführen lassen. Immerhin reagieren kleinere Lebewesen (z.B. Fliegen) bekanntlich schneller als größere (Menschen, oder gar Elefanten) auf drohende Gefahren. Da sie alle aus ähnlichen Bauelementen gefertigt sind, nämlich aus Neuronen, als Kreationen der terrestrischen Evolution, sollte ihre Intelligenz durch die Anzahl-, Längen- und Querschnittsverteilungen ihrer Axone und/oder die Wirkungsweise ihrer Synapsen bestimmt sein. Hohe Axondichten verlangen geringe Durchmesser d, jedoch ist d $\gtrsim 10^{-5}$ cm erforderlich u.a. für ihre hinreichend große elektrische Leitfähigkeit. Liegt dabei die Größe von Homo sapiens – mit seiner geistigen Führerrolle – aus gutem Grund nahe dem oberen Rand der tierischen Gewichtsverteilung?

9.10 Korrelieren Artensterben mit Naturkatastrophen?

In diesem Abschnitt rütteln wir an erlernten, historischen ‚Fakten': Durch welches katastrophale Naturereignis starben die *Dinosaurier* aus? Durch gar keines, meinen wir! Arten sterben nicht instantan, durch Katastrophen mit angeblich weltweiten Konsequenzen, sondern allmählich, im Zuge der irdischen Evolution, bei welcher schlecht angepasste Arten schrumpfen und besser angepasste Arten auf der Bühne des Lebens neu erscheinen.

Gebildete Menschen wissen, dass die Dinosaurier vor 65 Millionen Jahren ausgestorben sind, als Folge des gewaltigen Meteoriteneinschlags auf der Halbinsel Yucatán, der einst den fast 200 km (im Durchmesser) großen Chicxulub-Krater geschlagen hat. Das Gewicht des Meteoriten wurde auf 10^{12} Tonnen geschätzt, weit größer als bei allen anderen dokumentierten Einschlägen außerirdischer Körper. Diese hart erarbeitete Einsicht hat vor allem Walter Alvarez durch sein faszinierendes Buch [1997] verbreitet, in teilweiser Zusammenarbeit mit seinem Vater Luis Alvarez, einem der weltbesten Physiker seiner Tage. Danach erzeugte der Einschlag – wie vom Vulkanausbruch des Tambora (im Jahre 1815, auf der Insel Sumbawa) her bekannt – ein Jahr ‚ohne Sommer', dem dann u.a. die Dinosaurier zum Opfer fielen. Vielleicht verdanken wir Menschen unsere Existenz diesem Ereignis, so wird weiter spekuliert, denn ein hungriger Tyrannosaurus Rex war sicher für die damals (schon) lebenden Säugetiere ein haushoch überlegener Zeitgenosse. Nach der Lektüre des frisch herausgekommenen Buches von Walter Alvarez waren auch wir anfangs von der Zwangsläufigkeit seiner Überlegungen überzeugt.

Doch mit den Jahren kamen Bedenken auf. Warum waren nur die Dinosaurier gestorben, nicht auch alle die anderen damals lebenden Tiere und Pflanzen? Falls vielleicht nur ein geografischer Breitenstreifen betroffen war, warum gab es dann nicht auch Dinosaurier bei anderen Breiten, die das Weiterleben der Spezies garantiert hätten? Die meisten Dinosaurier waren Vegetarier, also friedliebende Tiere. Und Tyrannosaurus Rex war zwar muskulös und fleischfressend, aber wahrscheinlich recht langsam in seinen Bewegungen, weil schwer und hoch; hatte er bereits Wundernetze in seinem Kopf, wie die Giraffe und der Pottwal, und Rückschlagventile in seinen langen Adern, die ihm erlaubten, seinen schweren Kopf zum Trinken bis Bodenhöhe zu senken, ohne anschließend, beim Wiederanheben, schwindelig zu werden? Und wodurch wurden die (fünf bis neun) weiteren, früheren, größeren Artensterben bewirkt, vor $\{443, 359, 251, 200, 65\}Ma$, die sich nicht augenscheinlich noch größeren Einschlägen von Himmelskörpern zuordnen lassen? Während der vergangenen 0,6 Gigajahre hat nämlich die Zahl N(t) verschiedener Arten von Pflanzen und Tieren auf der Erde im Mittel exponentiell mit der Zeit t zugenommen: $N(t) \sim e^{\alpha t}$, genauer jedoch nur ‚intervallweise logistisch' zugenommen, d.h. das exponentielle Wachstum hat zwischenzeitlich mehrfach stagniert, sogar mit anschließenden kleinen Einbrüchen (75 %), jedoch nie gravierenden solchen, s. Abb. 9.10.1, auch *Nature* 381,146(1996), 392,19(1998), 471,51(2011), und Ward [2005]. Ferner waren die größten Naturkatastrophen der Vergangenheit – gemessen an der Energie ihrer Zerstörungen – stets tektonischer Art: Vulkanausbrüche, an Land und unter Wasser, riesige Basaltlavaflüsse, Tsunamis, Überschwemmungen. Sie waren 30-mal häufiger als Einschläge gleicher Energie. Die jüngste unter ihnen geschah 1908, nahe der steinigen Tunguska, Abschnitt 1.11. Es gab viel mehr Ausbrüche als Einstürze, und es gab viel mehr Katastrophen als (registrierte) Artensterben.

Überdies behauptet Zillmer in seinen faktenreichen Sachbüchern [1998, 2001], dass es noch Fußabdrücke und Knochenreste von Dinosauriern gäbe, die nur 30000 Jahre alt seien! Die Dinos seien von Indianern realistisch an Felswände gezeichnet worden, und als ‚Drachen' in die gegenwartsnahe Weltliteratur eingegangen. Dabei weist er u.a. darauf hin, dass sich beim Ausbruch des Mount St. Helens (am 18. Mai 1980) Gesteinsprofile binnen Tagen gebildet haben, denen man andernorts paläontologische Alter von Jahrmillionen zugeordnet hätte. Beton ist ein Gemisch aus Zement, Sand und Wasser, das unter günstigen Bedingungen binnen Stunden erhärtet, nicht binnen

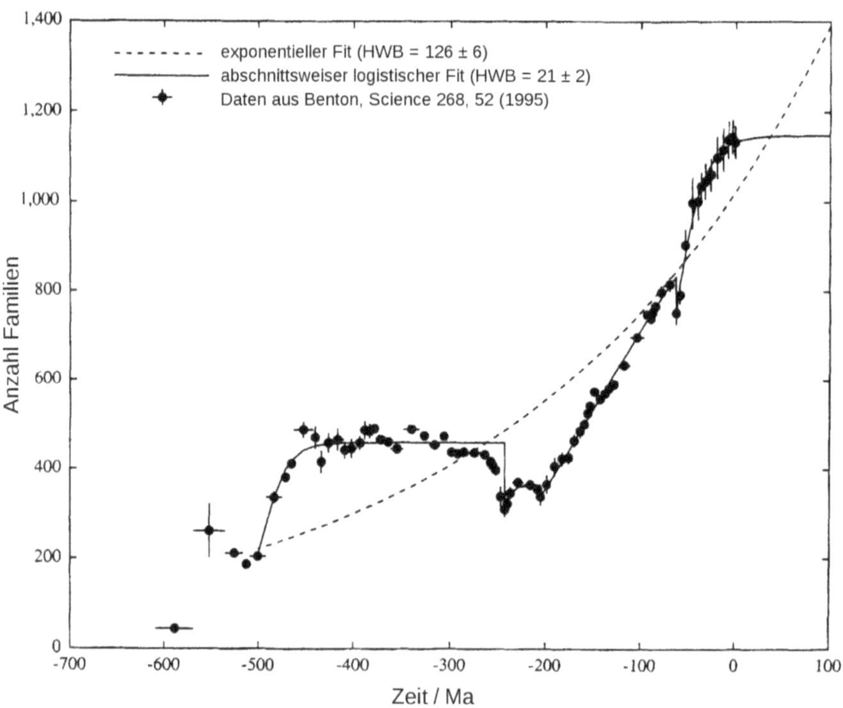

Abbildung 9.10.1: Anwachsen der historischen *Artenvielfalt*: im Mittel exponentiell, jedoch mit starken Einbrüchen – zu Zeiten des großen Artensterbens – daher genauer „*iteriert logistisch*"; s. Nature 381, 146 (1996).

Jahrmillionen, und viele dünne Gesteinsschichten übereinander können ähnlich schnell während Vulkanausbrüchen abgelegt werden, mit Vulkanasche statt Zement als Baustoff. Geologische Altersbestimmungen sind nicht immer eindeutig.

Aber ganz unabhängig von dem, was in manchen Büchern behauptet wird: Wie können einige biologische Spezies durch eine Katastrophe binnen Tagen komplett weltweit aussterben – vielleicht auch nur binnen Jahrhunderttausenden – während andere Spezies überleben? Und warum stirbt dabei jeweils nur ein gewisser Teil aller Arten, nicht nur ganz wenige, oder aber gleich alle? Können nicht ganze Arten von Tieren oder Pflanzen binnen wenigen friedvollen Jahrhunderten aussterben, lediglich weil sie gefressen werden, oder weil ihre Nahrung knapp wird, weil eine Seuche wütet, oder weil sich die Klimabedingungen zu ihren Ungunsten entwickeln?! Katastrophen töten Individuen, nicht Arten. Artensterben hat, unserer Meinung nach, überhaupt nichts mit Katastrophen zu tun. Die großen historischen Katastrophen korrelieren nicht – in ihrer Anzahl und/oder in ihren Zeitpunkten – mit den großen registrierten Artensterben. Das englische Wort ‚mass extinctions' ist missverständlich geprägt worden, ‚extinctions of species' wäre besser gewesen. Lokale Massensterben korrelieren mit Katastrophen, Artensterben jedoch nicht. Artensterben gehen einher mit langsamen, quasi friedvollen Veränderungen der Lebens- und Koexistenzbedingungen, wobei neuerdings Homo sapiens kräftig mithilft. Sie charakterisieren das Phänomen der biologischen Evolution, auf das wir im kommenden Abschnitt näher eingehen möchten.

9.11 Spekulationen zur Makro-Evolution

Wir kommen zur Schöpfungsgeschichte: Entstand das Leben auf der Erde während der vertrauten biblischen sieben Tage? Oder nahm sich Charles Robert Darwins Evolution hierfür die plausibleren $(3 \pm 1)\ 10^9$ Jahre, zwischen einer Frühphase der Erde mit schwerem kosmischem Bombardement und der gegenwärtigen Dominanz von Homo sapiens, während der letzten $10^{4\pm2}$ Jahre der irdischen Evolution? Vor allem aber: Durch welchen Mechanismus entstanden kompliziertere Lebewesen aus einfacheren, entstand Homo sapiens aus der Maus, wobei zugleich das biologische Erbgut, die DNS, an Länge und Effektivität korreliert wuchsen?

Diese letztgenannte Evolution des Erbgutes in Sprüngen, von David Layzer [1990] *Makro-Evolution* genannt, ist noch immer unbeobachtet und spekulativ. Für sie schlagen wir (gelegentliche) genetische Virusinfektionen vor, in Analogie zu den gelegentlichen großen Seuchen der Menschheit und der Tierwelt. Eine *genetische Virusinfektion* dürfte alle Randbedingungen erfüllen, die an eine Darwin'sche Evolution im Zeitalter der DNS zu stellen sind.

Den Begriff ‚Makro-Evolution' haben wir von David Layzer [1990] gelernt, als einen unstetigen Entwicklungsschritt in der Darwinschen Evolution der Lebewesen. Bei der gewöhnlichen, quasi stetigen Evolution unterscheiden sich die ererbten Eigenschaften der Kinder nur wenig von denen ihrer Eltern: Ein Apfel fällt nicht weit vom Stamm. Solche kleinen Änderungen in den ererbten Eigenschaften, sog. ‚Mikro-Evolution', lassen sich leicht im Labor verfolgen, gehorchen den Mendel'schen Gesetzen und sind befriedigend erklärt durch eine geeignete (zufällige) Mischung der auf den (etwas) voneinander verschiedenen RNS-Strängen kodierten Eigenschaften der beiden Eltern bei der Befruchtung der weiblichen Eizelle. Auf diese Weise entstehen in jeder Generation neue, bisweilen sogar besser angepasste Individuen der gleichen Spezies.Warum sollte es dann außerdem noch eine Makro-Evolution geben, ein Abweichen von dieser einfachen und plausiblen Regel?

Das soeben skizzierte Darwin'sche Evolutionsschema mag plausibel klingen, in Anbetracht der hervorragenden Weise, in welcher das Phänomen Leben alle uns bekannten Nischen der Erde erobert hat: Land, Luft und Wasser, tiefe und hohe Temperaturen ({-22, 121} °C), niedrige und hohe Drücke, niedrige und hohe Feuchtigkeiten, niedrige und hohe Salzgehalte und mit CO_2-reichen Atmosphären gefüllte, dunkle Höhlen sowie Bakterienkolonien (im Darm) und Spermienschwärme (im Samenleiter) als eigenständige Fremdkolonien innerhalb aller größeren Lebewesen. Zur „konvergenten Evolution" empfehlen wir das faszinierende Buch von Simon Conway Morris [2003], welches deutlicher als irgendein anderes das physikalische ‚Wunder' des Phänomens ‚Leben' präsentiert: Alle Kreaturen sind quasi-perfekt an ihre Umwelt angepasst, d.h. stabil als physikalische Maschinen, heute wie vor Jahrmilliarden, und folgen ähnlichen Entwicklungsschemata, in scheinbarem Widerspruch zum 2. Hauptsatz der Thermodynamik, (nach dem bei etwas komplizierteren Maschinen gewöhnlich alles schiefgeht, was überhaupt schiefgehen kann). Steht bei solch hochgradig komplexen und zugleich zielstrebigen Prozessen der organischen Chemie gewöhnlich quantenmechanische Verschränkung Pate, wie in 10.7 spekuliert?

Aber haben sich alle die verschiedenen Kreaturen wirklich ganz von selbst im Zuge zunehmender Anpassung gebildet, allein durch Aussterben der jeweils schlechter Angepassten, so wie Darwin es bei Betrachtung des paläontologischen Stammbaums der Lebewesen interpretiert hat, und wie Richard Dawkins es in seinem „Blinden Uhrmacher" [1987] in großer Ausführlichkeit neu begründet? Danach überließ der Schöpfer die Evolution seiner Kreaturen dem ‚blinden' Zufall! Wobei zugleich die Länge und der Bauplan der Desoxyribo-Nuklein-Säure (*DNS*) von den Eltern zum Sprössling springen müssten, in optimaler Weise! In diesem Zusammenhang spricht Gold [1999] in seinem 9. Kapitel vom „Darwinschen Dilemma": Eine quantitative Abschätzung der hierfür notwendigen, dem Zufall überlassenen Mutationsraten lässt so etwas plausibel erscheinen auf der Massenskala der Viren mit ihren astronomisch hohen Reproduktionsraten, ist hingegen hoffnungslos zu langsam z.B. für den Entwicklungsschritt vom Primaten zum Homo sapiens, der sich innerhalb von (nur) $\lesssim 2$ Millionen Jahren abgespielt hat, entsprechend $\lesssim 10^5$ Generationen.

Denn um eine neue Art zu erzeugen, die nicht sogleich wieder ausstirbt, muss man schon in derselben Generation (der Erzeugung) mindestens 10^2 Individuen der neuen Art erschaffen, die sich dann (hoffentlich) in der Folge exponentiell vermehren. Hat man nur 10^5 Generationen Zeit, und benötigt 10^2 lebensfähige ‚Missgeburten' (derselben Art!) in mindestens einer dieser Generationen, so steht das in krassem Widerspruch zu der Tatsache, dass wir in den vergangenen 10^2 Jahren einige 10^{11} Geburten von Menschen und ihren Haustieren miterlebt haben, ohne dass dabei auch nur ein einziges Mal ein fortpflanzungsfähiges Pärchen einer (genetisch) neuen Art geboren worden wäre. Und es steht gleichermaßen in krassem Widerspruch zur bekanntlich hochgradig fehlerfreien ($\lesssim 10^{-9}$) Reproduktion der *DNS* bei allen ihren Vervielfältigungen; und zwar sowohl ihrer für Proteine kodierenden Anteile als auch ihrer noch immer nicht voll durchschauten sog. ‚*Junk*'-Anteile, denen wahrscheinlich ähnlich wichtige Aufgaben zufallen [Ponting & Lunter 2006, Biémont & Vieira 2006].

Die Paläontologie hat uns nun aber gelehrt, dass der rekonstruierte Stammbaum der Lebewesen horizontale Äste aufweist, in statistisch gleichmäßigen zeitlichen Abständen, d.h. dass in der Vergangenheit immer wieder neue Arten aufgetreten sind, von einem Zeitschritt zum nächsten, wobei fossil aufgelöste Zeitschritte 10^4 bis bestenfalls 10^3 Jahre andauern, s. Abb. 9.11.1. David Layzer [1990] hat auf dieses Phänomen der Makro-Evolution hingewiesen und geschlossen, dass es einer Steuerung bedarf, weil es viel häufiger als zufällig auftritt, nämlich ähnlich häufig wie viele der großen Seuchen der Vergangenheit. Hierzu gehören: afrikanische Schweinepest, Aids, Ebola, Gelbfieber, Gelbsucht, Grippe, Hepatitis A, B, E, Herpes, Masern, Maul- und Klauenseuche, Mumps, Pfeiffersches Drüsenfieber, Pocken, Polio, Röteln, Sars, Schnupfen, Tabakmosaik, Tollwut, Warzen, Windpocken, und neuerdings Corvid-19. Dürfen wir spekulieren, dass Makro-Evolution durch gelegentliche genetische Viruserkrankungen stabiler Populationen zustande kam? Ist bisweilen ein ‚Bornavirus' von der Partie, s. *Nature* 463, 39 (2010)? Folgen dann auch die *Stichlinge* im *Tanganjikasee* und seinen Nachbarseen diesem Evolutionsschema, als Geschwindigkeits-Rekordhalter in genetischer Aufspaltung unter den Wirbeltieren, mit

$\gtrsim$500 neuen Arten in (nur) 15000 Jahren [Kocher 2005], oder haben sie eine unabhängige, noch schnellere Lösung gefunden?

Der mühsam erarbeitete paläontologische Stammbaum der Lebewesen gründet sich auf ihre Erscheinungsformen, auf ihre Morphologie. Seit einigen Jahrzehnten lässt er sich in zunehmendem Maße durch die weit zuverlässigere, molekular-genetische Abstammungsrelation testen und ggf. korrigieren, sodass nach und nach alle Inkonsistenzen zwischen den beiden Stammbäumen verschwinden sollten, vgl. Ward [2005]. Danach begann das irdische Leben mit höchstens Einzellern, Bakterien oder auch nur Viren, aus denen sich dann sukzessive alle übrigen, insbesondere vielzelligen Lebewesen entwickelten. Noch immer bleibt dabei offen, wie diese ersten Einzeller entstanden sind: irgendwo im benachbarten Weltenraum, genannt ‚Panspermia', oder aber hier ‚daheim', auf unserer Erde? Während es Freeman Dyson [1985] schaffte, eine mögliche abiogene, rein thermodynamische Erzeugung einer Basismenge von Proteinen vorzurechnen – der sog. biologischen ‚hardware' – bevorzugt Christian De Duve [1995] die gleichzeitige Erzeugung von hardware und ‚software', d.h. von Proteinen und Kernschleifen, weil sie sich in hohem Maße gegenseitig bedingen.

Zum besseren Verständnis: Alle uns bekannten Lebewesen sind (katalytisch) gesteuert von Millionen verschiedener Proteine, die sich aus 20 verschiedenen (linkshändigen) Aminosäuren zusammensetzen und für den Metabolismus zuständig sind, sowie bauplanmäßig

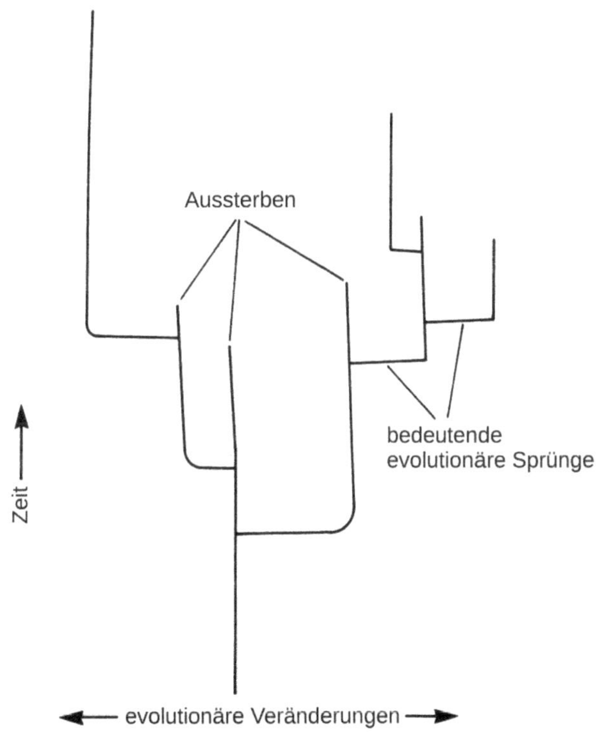

Abbildung 9.11.1: *Makro-Evolution*, nach [David Layzer 1990]: Während beständig kleine Änderungen des Erbgutes erfolgen, von Generation zu Generation, genannt „Mikro-Evolution" – durch geschlechtliche Fortpflanzung – geschehen in größeren zeitlichen Abständen diskrete Sprünge im Erbgut innerhalb von nur *einer* Generation, genannt „Makro-Evolution", die wir als *genetische Virusinfektionen* deuten. Bestes Beispiel: Wer war der Vorfahre des Pottwals?

gesteuert von ihrem Erbgut oder Genom, das sich aus vier verschiedenen (rechtshändigen) Nukleinsäuren U, C, A und G plus (rechtshändigem) Zucker und Phosphat aufbaut, in Gestalt einer gewendelten Leiter mit vier verschiedenen Sprossen, der berühmten RNS oder DNS, deren Länge bis zu 10^{10} Sprossen zählen kann. Je drei aufeinanderfolgende Sprossen der DNS werden als ,Buchstaben' des *genetischen Codes* bezeichnet und können u.a. für eine Aminosäure kodieren; der genetische Code besitzt also $4^3 = 64$ verschiedene Buchstaben. In der DNS ist der vollständige Bauplan eines Individuums gespeichert. Die außerordentlich ähnlichen Eigenschaften eineiiger Zwillinge zeigen, dass unterschiedliche Umweltbedingungen zwar nicht vernachlässigbar sind, jedoch die geerbten Fähigkeiten eines Individuums nur wenig abzuwandeln vermögen.

Kehren wir zum Anfang der Evolution zurück, zum Wunder der Urzeugung des Lebens: Am Anfang der Evolution stand ein höchstens Einzeller, bestehend aus dem gleichen Baumaterial wie wir, und organisch keinesfalls schlechter ausgestattet als wir, denn wenn er nicht stabile Nachfahren erzeugt hätte, wäre der Stammbaum nie gewachsen, es gäbe uns gar nicht. Jener gemeinsame Urahne allen Lebens, LUCA genannt (Last Universal Common Ancestor), war per definitionem in der Lage, sich zu ernähren und fortzupflanzen, wie keineswegs alle heute geborenen Lebewesen; er unterschied sich von toter Materie. War er irdischer Herkunft? Wir meinen „Ja". Denn wenn wir außer Dyson [1985] und De Duve [1995] auch noch Thomas Gold [1999, 2012] zu Worte kommen lassen, der als möglichen Entstehungsort des Lebens weder Urozeane noch warme Tümpel in Betracht zog, sondern vielmehr die gesamte obere Erdkruste, $\lesssim$10 km dick, mit ihren thermisch und druckmäßig stabilisierten sowie gegen das (anfängliche) kosmische Bombardement abgeschirmten Höhlen und Spalten, mit hilfreichen Kristall- und Lehm-Schablonen, und mit permanenter Nahrungs- und Energieversorgung durch emporquellende Kohlenwasserstoffe – insbesondere Methan – dann fällt uns kein noch geeigneterer Ort für die Urzeugung des Lebens ein. Und das langwierige Transportproblem der ersten Zelle durch den lebensfeindlichen interplanetaren Raum entfällt. Unser Heimatplanet Erde, der das Leben bereits mehrere Milliarden Jahre lang stabil beherbergt hat, sollte auch die geeignete Nische für die Urzeugung bereitgestellt haben.

Jetzt endlich sind die nötigen Voraussetzungen beisammen, um uns dem eigentlichen Problem dieses Abschnitts zuwenden zu können, der Makro-Evolution: Wer hat dem Genom zu seinen gelegentlichen Makro-Sprüngen verholfen? Gab es eine Steuerung der Evolution im Layzer'schen Sinne, die aus einem Einzeller den *Fadenwurm* Caenorhabdtis elegans hervorgehen ließ, desgleichen die *Taufliege* Drosophila melanogaster, später die *Maus*, und noch viel später die *Primaten*, und dann uns, den *Homo Sapiens*? Wer hat die jeweiligen DNSn verlängert, sukzessive von $\lesssim 10^4$ auf $\gtrsim 10^9$ Basispaare? Mikro-Evolution kann so etwas nicht, bei ihr behält die DNS ihre Länge und Gliederung in Strenge bei. Aber Viren können das Erbgut verändern, jedenfalls von Bakterien, sog.,transduction'; das hat Joshua Lederberg [2008] gezeigt. Auch wissen wir seit einigen Jahren, dass die menschliche DNS Sequenzen von Virus-DNS enthält. Nun ist zwar die stabile Vermehrung von Säugetieren abgesichert gegen Eindringlinge in die weibliche Eizelle. Aber Viren sind bekannt als Banditen, die in Sonderfällen das Unmögliche möglich machen. Die Anzahl aller Viren ist astronomisch groß, ihre Vermehrung schneller als diejenige aller anderen Lebewesen, und nach hinreichend vielen Fehlversuchen ist ihnen zuzutrauen, eine Spezies hervorzubringen, die es schafft, in die weibliche Eizelle einer gegebenen Lebensgemeinschaft einzudringen und ihr Erbgut darin zu deponieren, derart, dass ein neues Lebewesen mit neuer (und i.A. zugleich längerer) DNS entsteht. Und sobald diese Viren-Spezies dies *einmal* geschafft hat, wird sie es auch mindestens 100 weitere Male in derselben Generation schaffen, wie bei einer Epidemie: Ein genetischer Makro-Sprung ist angesagt! Danach wird eine resistentere Population überleben, bei der solche illegitimen Erbgutveränderungen vorerst nicht wieder auftreten.

Die soeben geäußerte Spekulation deutet an, wie der Stammbaum der Lebewesen gewachsen sein könnte, trotz der andernfalls garantierten (fast) fehlerfreien Reproduktion der DNS. Wir nennen sie eine ,*genetische Virus-Infektion*'. Uns scheint diese Möglichkeit naheliegend, weil sie an der Grundidee von Darwin und Dawkins festhält, dass allein der ‚blinde' Zufall die Evolution hervorgebracht hat, nicht irgendein außerirdischer Eingriff. Sie ist quantitativ verträglich mit der paläontologisch bekannten Häufigkeit ihres Auftretens, mit der bekannten Zuverlässigkeit der DNS-Reproduktion und mit dem singulären Verhalten der Viren. Und sie lässt uns Seuchen in einem neuen Lichte sehen: ohne Seuchen keine Evolution!

Als vielleicht bestes Beispiel für einen Makro-Sprung in der Evolution möchten wir erneut den *Pottwal* (vgl. 9.6) anvisieren: Wer war sein direkter Vorfahre? Seine Mutter im Stammbaum muss wasserlebig und sehr groß gewesen sein, um ihn zur Welt zu bringen, sonst wäre er als Baby nicht gesäugt worden. Der *Blauwal* ist als zwar größter, jedoch krillfressender Bartenwal unwahrscheinlich als direkter Vorfahre: Pottwale sind (kampffähige) Zahnwale. Ähnelte der direkte Vorfahre des Pottwals vielleicht einem *Seeelefanten*? Auf jeden Fall sollte sein direkter Vorfahre ebenfalls ein guter Taucher gewesen sein, d.h. ein Bewohner der (salzreichen) Weltmeere, weil das Tieftauchen eine Reihe von Sonderorganen erfordert, nämlich: 1) ein Spezialwachs und Spezialöle, die das Gewicht temperaturabhängig (und druckstabil) regulieren, sodass ohne Arbeitsleistung getaucht werden kann, 2) gute Wärmeisolierung während des Tauchgangs, sowie Kühlaggregate in den Flossen, um den Tauchgang einzuleiten, 3) Wundernetze und einen kurzschließbaren Blutkreislauf, (wie Giraffen in ihren Köpfen), um Embolieprobleme beim Auftauchen zu vermeiden, 4) eine zusammenfaltbare Lunge sowie mit Sauerstoff aufladbare Muskeln, um den Stickstoff beim Tauchen weitgehend zurückzulassen und als Ausstattung für die oft erbitterten Kämpfe mit der Beute am Meeresboden, und 5) eine Regulierung des Atemzwanges, die den Tauchbedürfnissen gerecht wird. Ein derartig anspruchsvolles Funktionsschema sollte einen entsprechend unterschiedlichen Bauplan, sprich eine unterschiedliche DNS verlangen, die sich schwerlich durch eine lange Kette von Mikro-Mutationen erreichen lässt; ein Makro-Sprung scheint unentbehrlich.

Und noch ein biologisches Wunder, im nachherein: der Eisbär: wodurch wird er T-stabilisiert, z.B. unter den oft extrem variablen Wetterbedingungen nahe den Polen der Erde, unter denen freilebenden Menschen leicht täglich mehrere Glieder abfrieren würden, selbst bei geeigneter Bekleidung? [Rex, 2020].

LITERATUR (KAPITEL 9)

[Akimuschkin 1988] Akimuschkin, Igor, 1988: *Launen der Natur*, Brockhaus Verlag Leipzig, 1-320.

[Alberts et al. 1989] Alberts, B., Bray, D., Lewis, J., Raff, M., Roberts, K., Watson, J.D., 1989: *Molecular Biology of THE CELL*, Garland Publ., N.Y., p. 306.

[Alvarez 1997] Alvarez, Walter, 1997: *T.Rex and the Crater of Doom*, Penguin Books, 1-185.

[Baudinette & Biewener 1998] Baudinette, Russell V., Biewener, Andrew A., 1998: Young wallabies get a free ride, *Nature* **395**, 653.

[Biémont & Vieira 2006] Biémont, Christian, Vieira, Cristina, 2006: Junk DNA as an evolutionary force, *Nature* **443**, 521-524.

[Bose 1996] Bose, Acharya J.C., 1996: Scientific Papers 1895-1918, collected by Prantosh Bhattacharyya & Meher Engineer, Bose Institute, Calcutta,1-592.

[Dawkins 1987] Dawkins, Richard, 1987: *The blind Watchmaker*, Norton, New York, 1-400.

[De Duve 1995] De Duve, Christian, 1995: *Aus Staub geboren: Leben als kosmische Zwangsläufigkeit*, Spektrum Verlag, 1-549.

[Denny 1993] Denny, Mark W., 1993: *Air and Water*, Princeton Univ. Press, 1-360.

[Dröscher 1991] Dröscher, Vitus B., 1991 (1975): *Magie der Sinne im Tierreich*, dtv, 1-299.

[Dyson 1985] Dyson, Freeman, 1985: *Origins of Life*, Cambridge Univ. Press, 1-81.

[Gold 1999] Gold, Thomas, 1999: *The Deep Hot Biosphere*, Copernicus, Springer-Verlag, 1-235.

[Gold 2012] Gold, Thomas, 2012: *Taking the Back off the Watch*, ed. Simon Mitton, Astrophys. and Space Sci. Library **381**, 1-232.

[Güntürkün 2008] Güntürkün, Onur, 2008: Spektrum der Wissenschaft **11**, 132.

[Hawkins 2005] Hawkins, Jeff, 2005: *On Intelligence*, Holt Paperback, 1-261.

[Kocher 2005] Kocher, Thomas, D., 2005: Ghost of speciation past, *Nature* **435**, 29-30.

[Kundt 1998b] Kundt, Wolfgang, 1998b: The Gold Effect: Odyssey of Scientific Research, in: *Understanding Physics*, ed. A.K.Richter, Copernicus Ges.e.V., Katlenburg-Lindau, 220. Also: astro-ph/9810059.

[Kundt 2005] Kundt, Wolfgang, 2005: *Astrophysics, A new Approach*, Springer, 1-223.

[Kundt & Gruber 2004] Kundt, Wolfgang, Gruber, Eva, 2004: The Water Circuit of the Plants: Do Plants have Hearts? arXiv:q-bio/0603019.

[Layzer 1990] Layzer, David, 1990: *Cosmogenesis*, Oxford University Press, 1-322.

[Lederberg 2008] Lederberg, Joshua, 2008: Orbituary (by Baruch S. Blumberg), *Nature* **452**, 422.

[McMahon & Bonner 1985] McMahon, Thomas A., Bonner, John Tyler, 1985, *Form und Leben*, Spektrum der Wissenschaft, 1-221.

[Morris 2005] Morris, Simon Conway, 2003-2005: *Life's Solution*, Cambridge Univ. Press, 1-464.

[Nultsch 1991] Nultsch, Wilhelm, 1991: *Allgemeine Botanik*, Thieme, 1-560.

[Pickard 1981] Pickard, William L., 1981: The Ascent of Sap in Plants, Progress in Biophysics and molecular Biology 37, 181-229.

[Ponting & Lunter 2006] Ponting, Chris P., Lunter, Gerton, 2006: Human brain gene wins genome race, *Nature* **443**, 149-150.

[Rex 2020] Rex, Markus, 2020: Eingefroren am Nordpol, C. Bertelsmann, 1-317.

[Strukov 2011] Strukov, Dmitri B., 2011: Smart connections, *Nature* **476**, 403-405.

[Treiber et al. 2012] Treiber, Christoph Daniel, et al (12 Autoren), 2012: Clusters of iron-rich cells in the upper beak of pigeons are macrophages, not magnetosensitive neurons, *Nature* **484**, 367-370.

[Ward 2005] Ward, Peter D., 2005: *Life as we do not know it*, Penguin Books, 1-298.

[Yogeshwar 2008] Yogeshwar, Ranga, 2008: *Sonst noch Fragen?*, Kiepenheuer & Witsch, Köln, 1-305.

[Zillmer 1998] Zillmer, Hans-Joachim, 1998: *Darwins Irrtum*, Langen Müller, 1-304.

[Zillmer 2001] Zillmer, Hans-Joachim, 2001: *Irrtümer der Erdgeschichte*, Langen Müller, 1-335.

10. FUNDAMENTALPHYSIK

Mit diesem zehnten Kapitel erreichen wir das Ende dieses Buches, dessen Inhalt im Grunde zur Basis aller unserer obigen Überlegungen zählt und manche vorangegangenen Aussagen in neuem Licht erscheinen lassen wird: Welche irdischen Erkenntnisse können uns helfen, die Phänomene im Weltraum besser zu verstehen?

Abschnitt 10.1 beantwortet die Fage nach der maximalen *Signalgeschwindigkeit* in einem Medium, hier oder anderwo im Weltraum. Zum Beispiel: Lässt sich die Lichtgeschwindigkeit durch *μ-Neutrinos* überbieten, wie unlängst von CERNs OPERA- Experiment behauptet wurde, oder schieben unsere Feldgleichungen einen Riegel davor? Um diese Frage zu beantworten, müssen einige Grundtatsachen vorab geklärt werden: Wie sehen wir einer Theorie an, ob sie Signale mit Überlichtgeschwindigkeit zulässt? Die bekannten Zustandsgrößen Phasen- und Gruppengeschwindigkeit für Wellen sind hierfür ungeeignet, weil sie in Bereichen anomaler Dispersion ihre Aussagekraft verlieren. Für Signalübertragung ist vielmehr die *Frontgeschwindigkeit* zuständig, der Limes der Phasengeschwindigkeit für Wellenlänge gegen null. Und diese Frontgeschwindigkeit kann zwar für (Newton'sch behandelte) Wasseroberflächenwellen unbeschränkt anwachsen, nicht hingegen für Wellen in fast allen speziellrelativistisch invarianten Medien, darunter die Wellen im Standardmodell der Elementarteilchen: Kausalitätsverletzungen sind für solche Teilchen verboten, ihre Maximalgeschwindigkeit ist die Lichtgeschwindigkeit.

Wie stark strahlen *gleichförmig beschleunigte* elektrische *Ladungen*, fragen wir uns in Abschnitt 10.2, wobei wir mit ‚gleichförmig' nicht nur den Betrag der Beschleunigung meinen, sondern zugleich ihre Richtung: Ringbeschleuniger sind hierbei ausgeschlossen. Im – gewöhnlich vorbildlichen – Lehrbuch von Landau & Lifschitz [1974] bekommen wir auf diese Frage eine falsche Antwort: Danach strahlen linear konstant beschleunigte Ladungen zwar sehr wenig, aber immerhin einen endlichen, durch eine Formel beschriebenen Betrag. Desgleichen errechnet Bill Unruh hierfür einen endlichen Strahlungsbetrag mittels der Quantenfeldtheorie, während Ashok Singal rein klassisch den Wert null vorrechnet. Und Einsteins Äquivalenz von Schwere- und Beschleunigungsfeldern, im Verein mit dem Fermi-Prinzip der Quantenmechanik, verlangt ebenfalls den Strahlungswert null. Dürfen wir unseren Fundamentaltheorien vertrauen, wenn sich ihre Vorhersagen in konkreten Situationen widersprechen, wie hier die klassische und die quantische Strahlungstheorie?

Abschnitt 10.3 behandelt den über 150-jährigen 2. Hauptsatz der Thermodynamik, den *Entropiesatz*. In Hunderten thermodynamischer Prozesse hat er sich bewährt, quantitativ, beim Berechnen von Effektivitäten von Wärmekraftmaschinen. Wie lautet seine allgemeinste Formulierung, vor allem im Kontinuumsfall? Landau & Lifschitz [1974] sprechen (etwas ängstlich) von der ,Wärmetransportgleichung', wo sie sich in ihrem wegweisenden Lehrbuch anschicken, eine Kontinuumsfassung des Entropiesatzes herzuleiten. Nämlich den Entropiesatz herzuleiten als die quantitative Formulierung der Umwandlung von geordneter kinetischer Energie in ungeordnete, mikroskopische Energieformen. Bestärkt durch diese Unsicherheit sind Astrophysiker oft bereit, den Entropiesatz außer Acht zu lassen, z.B. wenn sie sich Gedanken machen, wie innerhalb unserer Milchstraße große Scharen von Ionen und/oder Elektronen auf die höchsten beobachteten Energien beschleunigt worden sind. Sie sprechen dann von ,In-situ-' oder auch ,Fermi-Beschleunigung', ohne zu prüfen, ob ihre im Probeteilchenlimes erhaltenen Ergebnisse auch noch jenseits davon gelten und ob der Entropiesatz die erforderlichen hohen Effektivitäten der Ionenbeschleunigung auch gewährleistet. Sind die wahren Erzeuger der Kosmischen Strahlen nicht vielleicht schnell rotierende Magnete? Und: Mit welcher Effektivität schafft es ein magnetischer Dynamo, ungeordnete, turbulente Plasmaenergie in geordnete, magnetische Energie umzuwandeln, z.B. in der (außen liegenden) Konvektionszone unserer Sonne? Wir geben der geordneten Energie eines differenziellen Rotators den Vorzug.

Abschnitt 10.4 gilt Stephen Hawkings Theorie sich bildender Schwarzer Löcher und sich explosionsartig zerstrahlender Schwarzer Mini-Löcher. Wie steht es um deren Entropiebilanz, die gern in gegenwartsnahen Rechnungen als Kriterium für die Richtigkeit quantenfeldtheoretischer Rechnungen genommen wird? Sind dabei unerlaubte thermodynamische Annahmen gemacht worden? Bekanntlich nimmt die Entropie kollabierender schwerer Körper mit zunehmender Kompaktheit ab, nicht (gewaltig) zu. Faszinierend ist ein Rückblick zu den Geburtsjahren der Idee, dass Schwarze Löcher aller möglichen Massen relevant sein könnten für unseren astrophysikalischen Alltag, sowie das Engagement, mit dem sich diese Idee weltweit Beachtung verschafft hat, ohne dass sie durch entsprechende Fakten bestätigt worden wäre. Ziemlich unbeachtet bleiben dabei die ,*Nackten Singularitäten*', obwohl sie neuerdings noch viel ernster hätten genommen worden sein sollen als ihre hochsymmetrischen Spezialfälle, die Schwarzen Löcher, weil sie den allgemeinen Kollaps beschreiben würden. Dieser Abschnitt ist nur noch interessant als Mahnmal, welche Ausmaße der 'Gold Effekt' annehmen kann, [Kundt, 1998], auch heute noch. Heute findet sich unsere kürzeste Antwort in Kapitel 7.6.

Zur Erde zurückkehrend, bemühen wir uns im fünften Abschnitt um eine Klasse von Laborexperimenten, die zum Messen der Schallgeschwindigkeit von dem deutschen Physiker August Kundt (1839-1894) erfunden worden ist und als ,*Kundt'sche Röhre*' u.a. den Weg in physikalische Praktika und Experimentalphysik-Lehrbücher gefunden hat. Die Röhre kann sowohl mit leichten Pulvern als auch mit (schweren) Flüssigkeiten beschickt werden und zeigt bei starken Anregungen verblüffende Bewegungsmuster, quer zur Ausbreitungsrichtung der stehenden Wellen. Sie ist unser bestes Laborbeispiel für Symmetrieverletzungen bei starken Anregungen, das bisher noch keinerlei Anwendung auf außerirdische Phänomene gefunden hat.

Von ganz anderer Art und Bedeutung sind die beiden letzten Abschnitte dieses Kapitels: In ihnen geht es um die Grundlagen der Physik im Mikroskopischen, die *Quantentheorie* und ihre noch immer gesuchte(n) Verallgemeinerung(en) auf subatomare Teilchen und Prozesse. Seit über fünfzig Jahren wird weltweit nach einer Hut-Theorie gesucht, die uns alle submikroskopischen Vorgänge quantitativ zu beschreiben gestatten sollte. Sicherlich heißt diese Theorie nicht mehr Quantenfeldtheorie, String-Theorie oder Quanten-Chromodynamik, trotz aller anfänglich erzielten Erfolge dieser Zugänge. Gesucht ist eine handliche Theorie, nicht allzu unähnlich der (gewöhnlichen) Quantentheorie, die uns erlaubt, alle Vorgänge zwischen Atomen und Molekülen, Elektronen und Ionen, zwischen Atomkernen und ihren Bausteinen sowie den daraus bei Beschuss hervorgehenden Elementarteilchen zu beschreiben. Ist das zu viel verlangt? Vielleicht nicht. Neu an der Quantentheorie ist u.a., dass es in der Mikrowelt nicht mehr beliebige Teilchen gibt, sondern nur noch Teilchen diskret unterschiedlicher Sorten, dass der Unterschied zwischen Teilchen und Welle zu fließen beginnt und dass die Bewegungen aller Teilchen durch ihre De-Broglie-Wellen gesteuert werden. Dabei sollten die beinahe Nobelpreis-gewürdigten Bell'schen Ungleichungen nicht als Hürde für einen klassischen Zugang angesehen werden, weil sie ‚Lokalität‘ voraussetzen, eine Eigenschaft, die Newtons drittem Gesetz (actio = reactio) oder auch der Zeitumkehrinvarianz aller physikalischen Grundlagentheorien widerspricht.

Alle diese Forderungen erfüllt Klaus Hasselmanns metrische Soliton- (=:*Metron-*) *Theorie*, deren Teilchen als Lösungen der klassischen Einstein'schen Vakuumfeldgleichungen auf einem 12D-Faserbündel über der 4D-Raumzeit erhalten werden, für deren geeignet angesetzte Metrik – nach Abzug ‚unscharfer‘ Grundlösungen – er ein System nicht-linearer Randwertgleichungen 2. Ordnung herleitet, das demjenigen des bewährten Standardmodells der Elementarteilchen ähnelt. Gleichzeitig gewinnt er auf der 4D-Raumzeit die gravischen (Einstein'schen) sowie die elektrodynamischen Maxwell'schen Feldgleichungen zurück. Um diesen ‚vereinheitlichten, klassischen Zugang‘ zu einer ‚Theorie von Feldern, Teilchen und Quantenphänomenen‘ hat er jahrzehntelang mit allerlei technischen Schwierigkeiten gerungen – insbesondere mit Kaluzas superstarken Kräften, der relativen Größe $\gtrsim 10^{20}$ – die er inzwischen beinahe gelöst hat, durch den Abzug von unscharfen ‚Grundlösungen‘. Damit wäre der Weg frei für eine einheitliche (klassische) Theorie aller Quantenphänomene, deren oft gerügte Unbestimmtheit nicht unüberwindbar zu sein scheint, wenn es z.B. gelingt, Quanten-Computer zu bauen, die unsere gegenwärtigen, klassischen Computer bei gewissen Problemen in den Schatten stellen. Allerdings erreicht uns kurz vor Ultimo (22.8.2013) die aufregende Kunde, dass der jahrzehntealte (und ‚renormierte‘) Metron-Ansatz – wegen seiner KSS-Terme – im Detail doch noch auf Schwierigkeiten stößt, z.B. bei den Neutrinos, und dass evtl. ein 4D-, dafür aber inhomogener Zugang zu den Elementarteilchen der Realität (noch) näher kommt, dessen Lösungen dann den Namen *„Duonen“* (statt Metronen) verdienen, in Anspielung auf den (konsequent) dualen Welle-Teilchen-Charakter aller mikroskopischen Größen bei dieser Beschreibung.

Ferner deutet sich an, dass sich die perfekt gesteuerten organischen Prozesse innerhalb jeder biologischen Zelle – insbesondere bei der Entwicklung eines Embryos aus dem fast homogen erscheinenden, befruchteten Ei – quantentheoretische Verschränktheit zunutze machen. Wobei bemerkenswert bleibt, dass ihr Bauplan zwar ziemlich genau, aber doch nicht streng realisiert wird: Eineiige Zwillinge haben unterschiedliche Daumenabdrücke.

10.1 Die ‚Frontgeschwindigkeit‘ als die maximale Signalgeschwindigkeit

Gegeben sei eine Feldgleichung, wie schnell breitet sich ein Signal aus, das ihr gehorcht? Für kleine Störungen eines stationären Anfangszustandes wird man linearisieren und die Fouriertransformierte ermitteln, dann breitet sich jede Komponente $\sim e^{i(kx-\omega t)}$ mit der Phasengeschwindigkeit $v_{ph} := \omega/k$ aus. Aber Phasengeschwindigkeiten eignen sich nicht zur Signalübermittlung, eher schon Gruppengeschwindigkeiten $v_{gr} := d\omega/dk$, als lokale Ausbreitungsgeschwindigkeiten von Wellenpaketen. Doch auch Gruppengeschwindigkeiten verlieren ihren Signalcharakter in Gebieten anomaler Dispersion, wo $\omega(k)$ singulär wird. Das einfachste Signal ist das Anwachsen einer Amplitude von null auf einen endlichen Wert, das Einschaltsignal, es propagiert mit der Frontgeschwindigkeit, dem Limes der Phasengeschwindigkeit für $k \to \infty$, und sollte für kausale Theorien die Lichtgeschwindigkeit nicht überschreiten. Insbesondere kennen wir keine Teilchensorte, Neutrinos einbezogen, die sich superluminal bewegen würde.

Von speziellem Interesse für die Astrophysik ist eine Abschätzung der Signalgeschwindigkeit im Inneren von Neutronensternen. Sie dürfte sehr nahe

bei c liegen, jedoch unterhalb von c.

Signale, einerlei ob elektromagnetisch, gravisch, oder akustisch, werden durch Wellen übertragen, die sich in einem Medium ausbreiten; lediglich olfaktorische Signale breiten sich langsamer und ungleichmäßiger aus, nämlich diffusiv. Die schnellsten unter den Signalen, so glaubt man zu wissen, breiten sich exakt mit Lichtgeschwindigkeit aus; andernfalls gäbe es Probleme mit der Lorentz'schen Kausalstruktur der Welt, die durch Einsteins Relativitätstheorie impliziert wird. Diese schnellsten Signale sind elektromagnetischer Natur: Vakuumwellen beliebiger Frequenz ν, von Radiofrequenzen über submillimeter, infrarot, optisch, ultraviolett, Röntgen bis in den (weichen und harten) Gammabereich, entsprechend Wellenlängen $\lambda := c/\nu$ zwischen Tausenden von km und Bruchteilen von 10^{-10}nm. Wie bereits gesagt, breiten sie sich alle mit Lichtgeschwindigkeit c aus, z.B. relativ zum Ruhraum ihrer Quelle, dann aber auch relativ zu jedem ihm gegenüber gleichförmig bewegten Raum. Und vermutlich auch nur sie; denn gewöhnlich pflanzen sich Wellen innerhalb von Materie etwas langsamer fort als mit c, unabhängig davon, ob es sich bei dem Medium um Festkörper, Flüssigkeiten, Gase oder Plasmen handelt. Trotzdem sind sie alle viel schneller als die einstigen Trommelsignale der Indianer, oder allgemeiner: als Schallsignale beliebiger Frequenz, d.h. Schallsignale im hörbaren (audio), sub- oder super-hörbaren Bereich. Und olfaktorische, d.h. Geruchsignale? Diese breiten sich in homogenen Medien noch einmal sehr viel langsamer aus, diffusiv statt ballistisch; d.h., für sie gibt es gar keine wohldefinierte Ausbreitungsgeschwindigkeit. Trotzdem können sie in gewissen Situationen ein Wettrennen gewinnen, z.B. wenn ein unerwartetes Telefongespräch im Wohnzimmer länger dauert als der Braten auf dem Küchenherd zum Garwerden benötigt, oder wenn ein Seidenspinnermännchen nach einer Braut Ausschau hält, im Umkreis von einigen Kilometern. Auch im Termitenleben dürften Gerüche entscheidend als Signale verwendet werden.

Doch zurück zu den elektromagnetischen Wellen innerhalb von Materie: Von ihnen wissen wir, dass sie sich nicht mehr geradlinig gleichförmig ausbreiten, sobald das Medium eine ortsabhängige Ausbreitungsgeschwindigkeit besitzt. Solch eine Situation ist vor allem bekannt durch das Phänomen der Fata Morgana in Wüstengegenden, hervorgerufen durch starke Temperaturkontraste der Luft in Bodennähe. Allgemein spricht man bei optisch inhomogenen Medien vom Phänomen der ‚Dispersion' oder ‚Beugung', wobei die Strahlen zum Einfallslot hin gebogen werden, wann immer sie in Gebiete höherer optischer Dicke gelangen. Für Wellen fester Frequenz ν hängt ihre Ausbreitungs- oder Phasengeschwindigkeit v mit ihrer Wellenlänge λ zusammen gemäß $v = \nu\lambda$, denn ν gibt gerade an, wie viele Wellenlängen pro Zeiteinheit am (ruhenden) Beobachter vorbeistreichen. Im Vakuum gilt $v = c$. Sobald sich aber in dem Medium elektrische Ladungen befinden, werden diese zum Mitschwingen angeregt, also auch zum Strahlen, und ihre Strahlung überlagert sich derjenigen der einfallenden Welle; bei Wellen im sichtbaren Spektralbereich liegen die Frequenzen so hoch, dass lediglich die Valenzelektronen der Atome maßgeblich mitschwingen können. Hierbei bleibt die Frequenz des Wellenfeldes unverändert, nicht aber seine Wellenlänge: Üblicherweise schrumpft sie, (im optisch dickeren Medium), und mit ihr die Phasengeschwindigkeit v. Lediglich nahe den Eigenfrequenzen der mitschwingenden Ladungen (Resonatoren) spielt λ und damit auch v verrückt, d.h. kann der Brechungsindex $n := c/v$ sowohl größer als auch kleiner als eins werden. Man beachte: $n < 1$ bedeutet $v > c$, d.h. Überlichtgeschwindigkeit!

Allein mit (unendlich ausgedehnten) monofrequenten Wellen lässt sich kein Signal übertragen: Signale verlangen variable Intensität. Menschen ohne moderne Technik benutzen ihre Sprache, z.B. beim Startkommando eines Rennens: „Auf die Plätze, fertig, los!". Beim Morsen verwendet man kurze und lange Zeichen, sowie Pausen dazwischen. Bei diesen und allen anderen Botschaften trifft ein Signal genau dann ein, wenn die Intensität einer Wellengruppe einen kritischen Wert erreicht, wenn sie von null auf eins springt.

Für die meisten praktischen Zwecke werden Signale durch Wellengruppen übertragen: durch Sirenen, Funk, Telefon, Telegraf, Radio oder Television, mit Wellenbergen und

Wellentälern, wie sie am deutlichsten bei Wasseroberflächenwellen sichtbar sind. Solche Wellengruppen können über große Entfernungen hinweg ihre Gestalt beibehalten, nämlich bei vernachlässigbarer Dispersion, können sich bisweilen aber auch schnell wieder auflösen, wenn ihre Komponenten stark verschiedene Phasengeschwindigkeiten $v = \lambda\nu = \omega/k$ haben, wobei man $k := 2\pi/\lambda$ die ‚Wellenzahl' und $\omega := 2\pi\nu$ die ‚Kreisfrequenz' nennt. In den Lehrbüchern wird nun durch Fourierentwicklung gezeigt, dass sich eine Wellengruppe in Gebieten geringer Dispersion mit der ‚Gruppengeschwindigkeit' $d\omega/dk$ bewegt, fast wie ein Teilchen, wobei auch ihr Impuls und ihre Energie mit der gleichen Geschwindigkeit transportiert werden. Aber auch Gruppengeschwindigkeiten können größer werden als c, in Phasenraumgebieten ‚anomaler Dispersion', nahe den Resonanzen eines Mediums.

Der Grund, warum eine superluminale Gruppengeschwindigkeit keinen Konflikt mit der Kausalität erzeugt, liegt darin, dass Wellengruppen in Gebieten anomaler Dispersion auseinanderlaufen, sodass dort die Definition der Gruppengeschwindigkeit unbrauchbar wird. Ihre Definition hat nur approximativen Charakter, gültig in niedrigster Näherung, bei geringfügiger Nichtlinearität der Dispersionsrelation. In superluminalen Gebieten kann man mit Wellengruppen keine Signale übertragen. Diese Einsicht ist keineswegs Allgemeingut: Z.B. präsentiert Chiao [1996] eine nette Kollektion angeblicher Kausalitätsverletzungen mittels des Casimir-Effektes und mittels quantenmechanischer Tunnelstrecken. Und Behauptungen solcher Art reichen bis in die Gegenwart, weil ihre Widerlegungen meist unveröffentlicht bleiben.

Wie bereits oben angesprochen, lässt sich ein Signal stets zurückführen auf einen Einschaltprozess, auf den Übergang von Funkstille zu Alarm, durch einen (deutlich wahrnehmbaren) Intensitätssprung von 0 auf >0. Hierfür braucht man ein quasi unstetiges Anwachsen der Intensität zu einem bestimmten Zeitpunkt, das sich laut Fourier nur durch unbeschränkte Überlagerung von Partialwellen mit gegen null strebenden Wellenlängen erzeugen lässt. Krotscheck & Kundt [1978] definierten hierfür die ‚Frontgeschwindigkeit'

$$v_{\text{Front}} := lim_{k \longrightarrow \infty}(\omega/k) \ , \tag{10.1}$$

als den Limes der Phasengeschwindigkeit einer Wellengruppe für Wellenzahl k nach unendlich, und konnten zeigen, dass diese Definition alle wünschenswerten Eigenschaften einer ‚Signalgeschwindigkeit' besitzt. Zwar führen nicht automatisch alle relativistisch invarianten Zustandsgleichungen zu Signalgeschwindigkeiten $\leq c$, aber bereits schwache, vernünftige Zusatzvoraussetzungen über das Medium, in dem sich eine Welle ausbreitet, schließen Überlichtgeschwindigkeiten aus. In der Welt Einsteins propagieren realistische Signale nicht schneller als mit Lichtgeschwindigkeit.

Eine scheinbare Ausnahme von dieser Behauptung wurde am 22. September 2011 von CERNs OPERA-Kollaboration mit dem italienischen Neutrinodetektor im Gran Sasso-Tunnel bekannt gegeben: Auf ihrem Flug durch die Erde erreichten ihre Neutrinos den Detektor angeblich (60 ± 2) Nanosekunden früher als mit Lichtgeschwindigkeit, d.h. rund 60 nsec früher als nach 2,5 msec, entsprechend einer $10^{-4,6}$-mal kürzeren Flugzeit (als mit Lichtgeschwindigkeit). Hierbei hatten die GPS-Spezialisten die Schwierigkeit der extremen Kurzzeitmessung ($\gtrsim$ns) an getrennten Orten mit Hilfe der „common view"-Methode gelöst, bei der 24 Navigationssatelliten, auf Kreisbahnen vom Radius 20000 km die Erde geodätisch umlaufend und mit Caesium-Uhren bestückt, durch ihre beständigen Zeitzeichen die terrestrischen Uhren synchronisieren. Andernfalls, ohne diese Synchronisierung, hätte bei dieser hohen Messgenauigkeit die Allgemeine Relativitätstheorie (*ART*) auf unserem schweren, rotierenden Heimatplaneten voll angewendet werden müssen. Die o.g. Diskrepanz von 60 nsec stellte sich dann fünf Monate später als verursacht durch einen Wackelkontakt heraus, an dem 8,3 km langen Glasfaserkabel, das die Gran Sasso-Antenne (vor dem Tunneleingang) mit dem Neutrinodetektor (im Tunnel) verband. Seitdem fliegen die Neutrinos wieder lichtschnell ($\pm 10^{-6.4}$) im Rahmen der Messgenauigkeit, auf keinen Fall schneller.

10.2 Eine (geradlinig) gleichförmig beschleunigte Ladung strahlt nicht

Elektrische Ladungen, die auf Kreisbahnen umlaufen, strahlen erheblich, je schneller, desto stärker. Bei kleinen Geschwindigkeiten spricht man von Zyklotronstrahlung, bei Geschwindigkeiten nahe der Lichtgeschwindigkeit von *Synchrotronstrahlung*. Die Strahlung limitiert die maximal erreichbaren Lorentzfaktoren der umlaufenden Ladungen und motiviert den Bau von Linearbeschleunigern. Aber auch der Linearbeschleuniger in Stanford hat Strahlungsverluste, weil die Beschleunigung seiner Elektronen nicht streng gleichförmig erfolgt, sondern in Schüben. Aber ein streng gleichförmiger Linearbeschleuniger, wäre dieser verlustfrei?

Hier findet man in der Literatur keine einmütige Antwort, weder im Lehrbuch von Landau & Lifschitz [1974] noch bei den Pionieren der Quantenfeldtheorie (QFT). Die gegenwartsnahe Arbeit von Ashok Singal behauptet ein klares „Ja", im Einklang mit Diracs relativistischer Bewegungsgleichung, womit zugleich die (uneingeschränkte) Gültigkeit der QFT torpediert wird.

Elektromagnetische Wellen entstehen, wenn eletrische Ladungen beschleunigt werden, weil dann die in ihnen verankerten elektrischen Felder augenblicklich global verändert werden; das verlangt die allgemein akzeptierte Nahewirkungstheorie der modernen Physik. Zwischenzeitlich müssen Wellen den stetigen Übergang von den alten zu den neuen Feldern vermitteln. Am stärksten ist dieser Strahlungseffekt bei den leichtesten Ladungen, die es gibt, den Elektronen und ihren (gleich leichten) Antiteilchen, den Positronen. Auch beschleunigte Multipole strahlen, sowohl elektrische als auch magnetische. Nahezu alle zeitlich schnell veränderlichen elektromagnetischen Felder involvieren Wellenfelder, mit nur *einer* nicht-trivialen Ausnahme: Geradlinig gleichförmig beschleunigte Ladungen strahlen so gut wie gar nicht, wenn man der fast fehlerfreien Lehrbuchserie von Landau & Lifschitz [1962-1974] glaubt, oder aber überhaupt nicht, wenn man der 1938 von Paul-Adrian-Maurice Dirac hergeleiteten relativistischen Bewegungsgleichung vertraut. Dabei kann der Stanford'sche Linearbeschleuniger für Elektronen nicht als (experimenteller) Schiedsrichter einspringen, weil die zwar geradlinige (auf 3 km Länge), jedoch diskrete Anordnung seiner Beschleunigungsstrecken nur eine Approximation an einen gleichförmigen Beschleuniger darstellt, wiewohl eine recht gute Approximation.

Noch ein zweiter Grund ist seit Jahrzehnten in Fachkreisen wiederholt diskutiert worden, warum gleichförmig beschleunigte Ladungen überhaupt nicht strahlen sollten: Zur Basis von Einsteins Allgemeiner Relativitätstheorie zählt die Überzeugung, dass beschleunigte Bewegungen wesensgleich sind mit Bewegungen in geeigneten Gravitationsfeldern. Identifiziert man das Schwerefeld der Erde mit einem lokal nahezu homogenen Beschleunigungsfeld, so werden alle Gegenstände, die auf einem Tisch liegen, beständig (vertikal) beschleunigt, obwohl sie sich in Ruhe befinden bzgl. ihrer statischen Umgebung. Also müssten sie beständig ein klein wenig strahlen und dabei Energie abgeben. Aufgrund der Einstein'schen Energie-Masse-Relation $\mathrm{E} = \mathrm{m}\,\mathrm{c}^2$ müssten sie zugleich also auch Masse m verlieren, d.h. beständig leichter werden. Betrachtet man ferner zwei Elektronen, die auf zwei Tischen in verschiedenen Stockwerken desselben Hochhauses liegen, so würde das höher liegende Elektron schwächer strahlen, weil weiter vom Erdmittelpunkt entfernt, und damit zunehmend von Jahr zu Jahr schwerer werden als sein Schwester-Elektron im tieferen Stockwerk. Dann aber dürften Elektronen nicht der Fermi-Dirac-Statistik gehorchen, nach welcher sie in allen ihren Eigenschaften ununterscheidbar sind, u.a. auch in ihrer Masse.

Mit anderen Worten: Im Rahmen einer konsistenten physikalischen Theorie dürfen geradlinig gleichförmig beschleunigte (elektrische) Ladungen e nicht strahlen. Dies fordert vor allem die bereits oben erwähnte (Abraham-Laue-) Lorentz-Dirac'sche Bewegungsgleichung:

$$\mathring{u}^a \;=\; (e/m_0c)\; F^{ab}\, u_b \;+\; r^a \;,\;\; r^a := \xi(\mathring{\mathring{u}}^a \;-\; u^a \,\mathring{u}^b \,\mathring{u}_b) \;, \tag{10.2}$$

$$\xi \;:=\; (2e^2\;/3m_0c^3\;) \;=\; 10^{-23{,}3}\mathrm{s}\;(m_e/m_0) \;\;, \tag{10.3}$$

in der ein kleiner Kreis über der (dimensionslosen!) relativistischen Vierergeschwindigkeit $u^a := \gamma(1, \beta)$ ihre kovariante Ableitung nach der Eigenzeit τ bedeutet: $\mathring{u}^a := \mathrm{d}u^a/\mathrm{d}\tau = \gamma \mathrm{d}u^a/\mathrm{d}t$, $m_o :=$ Ruhmasse, F^{ab} $(= - F^{ba})$ = der (antimetrische) elektromagnetische Feldtensor, und $\gamma := 1/\sqrt{1-\beta^2}$ = Lorentzfaktor, vgl. [Kundt 2005, S. 45]. Dieser Differentialgleichung (10.2) sieht der Fachphysiker an, dass der durch r^a gegebene Strahlungsterm i.A. recht klein ist, (wegen der Kürze der Zeitkonstante ξ), vor allem aber, dass er in Strenge verschwindet für konstante Beschleunigungen $\mathring{u}^b \mathring{u}_b$ = const in fester Richtung. Für solche Beschleunigungen reduziert sich Gleichung (10.2) auf die vertraute Lorentz-Einstein-Maxwell'sche Bewegungsgleichung in elektromagnetischen Feldern: $\mathring{u}^a = (e/m_0c)\; F^{ab}\; u_b$. Auch hat Ashok Singal dieses zentrale theoretische Ergebnis unlängst direkt vorgerechnet [Singal 2011], s. Abb. 10.2.1.

$$\mathbf{E} = \mathrm{c}\,\left[\frac{\mathbf{n}-\boldsymbol{\beta}}{R^2\gamma^2(1-\mathbf{n}\cdot\boldsymbol{\beta})^3}\right] + \frac{e}{c}\left[\frac{\mathbf{n}\times\{(\mathbf{n}-\boldsymbol{\beta})\times\boldsymbol{\beta}\}}{R(1-\mathbf{n}\cdot\boldsymbol{\beta})^3}\right] \quad , \quad \mathbb{B} = \mathbf{n} \times \mathbf{E}$$

Abbildung 10.2.1: Singals (strenge) *Strahlungsformel* einer gleichförmig beschleunigten elektrischen Ladung [Singal 2011].

Nun würde es den vorliegenden Abschnitt in diesem Buch nicht geben, wenn sich die Physikerwelt einig wäre, dass eine (vektoriell) konstant beschleunigte Ladung nicht strahlt. Tatsächlich trifft aber das Gegenteil zu: Seit mehr als drei Jahrzehnten zählen Bill Unruhs Teilchenwechselwirkungen mit den Vakuumfluktuationen der Raumzeit zu den Vorzeige-Resultaten der Quantenfeldtheorie, wonach jede Form von Beschleunigung den ‚Bugwind' virtueller Teilchen zu überwinden hat und dadurch Strahlungs-Energieverluste erleidet [Crispino et al 2008]. Was trifft zu? Wo steht geschrieben, die Geometrie der Raumzeit solle quantisiert werden? Welche prinzipiellen Messmöglichkeiten gibt es, solch eine Theorie zu testen? Wir kennen keine und sind geneigt, alle derartigen Ansätze als abwegig zu verdächtigen. Der Bogen einer physikalischen Theorie scheint uns insbesondere dann überspannt, wenn sie zu Inkonsistenzen führt.

10.3 Der Entropie-Satz als Folge aus der Viererimpuls-Erhaltung

Bereits in der klassischen Thermodynamik gilt der Entropiesatz als schwierig, auch wenn er insbesondere mit seinen Wirkungsgraden von Wärmekraftmaschinen zu den gesicherten Ergebnissen der Laborphysik zählt. Aber wie allgemein gilt er? Warum taucht er im Hydrodynamik-Band VI des Lehrbuchs von Landau & Lifschitz [1974] erst schüchtern im Kapitel V über ‚Wärmeleitung in Flüssigkeiten' auf, in (49,5), als „Wärmetransportgleichung", statt gleichwertig mit den Navier-Stokes-Gleichungen in Kapitel II, in (16,1), als „Entropiesatz"?

Dann nämlich würde er wahrscheinlich nicht so oft vergessen worden sein bei astrophysikalischen Abschätzungen, etwa für die Umwandlung von

turbulenter Plasmaenergie in geordnete Magnetfeldenergie, oder bei der ‚In-situ'-Beschleunigung niederenergetischer Ionen oder Elektronen auf extrem-relativistische Energien, durch vielfach-iterierte Teilchenstöße an starken Plasmawellen. Derartige, selektive Energieübertragungen unterliegen Einschränkungen durch den *Entropiesatz*, dessen Kontinuumsform u.a. eine Mindestumwandlungsrate von *makroskopisch geordneter* kinetischer Energie in *ungeordnete*, mikroskopische Bewegungsenergie der Teilchen fordert, d.h. eine Mindestverlustrate für jeden thermodynamischen Prozess.

Thermodynamik zu verstehen kann nützlich sein. Mit ihr kann man allerlei praktische Fragestellungen beantworten, die aus unserem heutigen Alltag gar nicht mehr wegzudenken sind: Thermostabilisierung von Gebäuden, effektive Kochkunst [Fisher 2003], Kühlschränke, Wärmekraftmaschinen, Verkehrsmittel zu Lande, auf dem Wasser, in der Luft und im interplanetaren Raum, Extrembauten, Steuerung chemischer Reaktionen, Biothermik, Meteorologie und Klimakunde, um nur einige der wichtigsten Anwendungen zu nennen. Oft kommt es dabei darauf an, Phasenübergänge kennenzulernen und sich zunutze zu machen, Reaktionsgeschwindigkeiten zu optimieren, Energie zu sparen, Abfälle umweltverträglich zu deponieren. Dabei steht meist an erster Stelle der Energiesatz – als 1. Hauptsatz der Thermodynamik – bei Tieftemperaturproblemen (Supraleitung, Suprafluidität) auch der 3. Hauptsatz: die nur asymptotische Erreichbarkeit des absoluten Temperatur-Nullpunkts.

Doch dann gibt es noch den Entropiesatz – den 2. Hauptsatz der Thermodynamik – der auf viele Physik-Neulinge den Eindruck eines schwer zu verstehenden physikalischen Sonderlings macht, weil er gewöhnlich nur im Rahmen von in Kästen eingesperrten thermischen Gleichgewichtssystemen ausgewertet wird, als Ungleichung zwischen Anfangs- und Endzuständen wohldefinierter thermodynamischer Prozesse, statt als zusätzliche, lokalisierbare, kontinuierlich veränderliche Größe jedes thermo-hydrodynamischen Systems, zusätzlich zu all den übrigen Zustandsparametern: Dichte, Druck, Temperatur, Geschwindigkeit, Zähigkeit, die in die Bewegungsgleichungen eines solchen Systems eingehen, deren Existenz durch die additiven Stoßinvarianten Masse, Energie, Impuls, elektrische Ladung gewährleistet wird. Während bereits die reversible Thermodynamik erlaubt, viele nützliche Größen für laufende oder geplante Reaktionen zu berechnen, spielt die Entropie oft nur eine warnende Veto-Rolle, etwa: „Es ist unmöglich, eine periodisch arbeitende Maschine zu konstruieren, die in jeder Periode einem einzigen Wärmebehälter Wärme entzieht und diese vollständig in Arbeit überführt". Liest sich das nicht ein wenig wie dunkle Magie? Diese von Clausius, Kelvin und Planck stammende Einsicht lässt sich auch kürzer formulieren, als die ‚Unmöglichkeit eines perpetuum mobile zweiter Art'.

Und dennoch wird dieser über 150 Jahre alte Hauptsatz immer wieder vergessen, z.B. wenn es um die Frage geht, ob unsere Sonne ihr Magnetfeld aus der turbulenten Bewegung der heißen Materie ihrer Konvektionszone regenerieren könne. Um einzusehen, dass dies nicht möglich ist, braucht man im Satz von Kelvin und Planck nur das Wort ‚Arbeit' durch ‚magnetische Energie' zu ersetzen. Andere, nicht ganz so leicht erkennbare Verletzungen des Entropiesatzes sehen wir in der immer wieder von Astrophysikern erwogenen ‚In situ'-Beschleunigung von Ionen oder Elektronen zu hohen Teilchenenergien, 10^6 eV bis $10^{20,5}$ eV, durch Vielfachstreuung an Stoßwellen, wobei man sich gern auf Enrico Fermi als Ideenurheber bezieht: Zwar hat die geordnete Bewegung einer Stoßwelle die Entropie null, aber eine selektive Übertragung ihrer Bewegungsenergie (durch geeignete Vielfachstöße) auf eine unabhängige Teilchensorte, die dadurch noch viel schneller werden soll (als die Stoßwelle), gelingt bestenfalls im Probeteilchenlimes; andernfalls liegt ein entfernter Parallelfall vor zu dem Versuch, heißes Wasser zu erzeugen durch Abkühlen von lauwarmem Wasser. Wir haben in den Kapiteln 2, 3, 7 und 8 astrophysikalische Anwendungen hiervon kennengelernt.

Offenbar vermitteln die Lehrbücher keine allzu klare Vorstellung vom Wesen des 2. Hauptsatzes. In [Landau & Lifschitz 1974, VI, Gleichung (49.5)] z.B. wird unter dem Namen ‚Wärmetransportgleichung' eine Differentialgleichung für die Entropiedichte $s(\mathbf{x},t)$

hergeleitet, die ihr stetiges Anwachsen durch einströmende Wärme (Wärmeleitung), zähe Verscherung (Rühren in Honig) und Vermischung mehrerer Komponenten quantitativ beschreibt, vgl. [Kundt 2007]. Und zwar werden zuerst die thermo-hydrodynamischen (Navier-Stokes'schen) Bewegungsgleichungen aus der lokalen Impulserhaltung bei Teilchenstößen gewonnen. Aus diesen folgt dann bereits die Energieerhaltung der makroskopischen Bewegung. Aber der Energiesatz enthält noch weitere Information, nämlich die Überführung von geordneter Bewegung in ungeordnete, mikroskopische Bewegung der Moleküle, sozusagen das Verheizen von kinetischer Energie, den Entropiesatz. Entropie wird während der Strömung kontinuierlich erzeugt, durch Ausgleichsprozesse (von materiellen Komponenten und ihren Geschwindigkeitsfeldern). *Entropie misst den ungeordneten, mikroskopischen Anteil der Energie.* Sie verschwindet am Nullpunkt der Temperatur, für rein makroskopische Bewegungen, und erreicht ihr Maximum im thermischen Gleichgewicht, nach Abbremsung (und Verheizung) aller Relativbewegungen. Ohne äußere Eingriffe in ein System wächst dessen Entropie so lange an, bis sich alle seine internen Bewegungen ausgeglichen haben. Man spricht dann vom Wärmetod.

Zum Verständnis der Überschrift dieses Abschnitts ist noch hinzuzufügen: In der Relativitätstheorie werden der dreidimensionale Impulsvektor und die (skalare) Energie eines Systems zu dessen ‚Viererimpuls' zusammengefasst, einem vierdimensionalen Vektor in der Raumzeit. Dieser Vierervektor ist für abgeschlossene Systeme (komponentenweise) eine Erhaltungsgröße, er fasst die Newton'schen Erhaltungsgrößen Impuls und Energie in sich zusammen. Soeben haben wir uns klar gemacht, dass sich aus seiner Konstanz der Entropiesatz geradeaus und frei von Magie herleiten lässt, s. Abb. 10.3.1.

$$\mathrm{T}\ \frac{ds}{dt} = 2\ \mathrm{n\ k\ T}\ \tau\ \sigma^{jk}\sigma_{jk} + \zeta\ \Theta^2 + \partial^i(\kappa\ \partial_i kT) \quad ,$$

$$\sigma_{jk} := \tfrac{1}{2}(\partial_j \mathrm{u}_k + \partial_k \mathrm{u}_j) - \tfrac{\Theta}{3}\ \delta_{jk} \quad , \quad \Theta := \partial_j u^j$$

Abbildung 10.3.1: Der nichtrelativistische, thermo-hydrodynamische *Entropiesatz* für kontinuierlich verteilte makroskopische Materie (bei Abwesenheit elektromagnetischer Felder) [Kundt 2007]. Er würde es verdienen, seltener ignoriert zu werden.

Und eine echte Besonderheit der Entropie sollte nicht unangesprochen bleiben: Ihre thermodynamische Definition enthält die (lokale) Temperatur im Nenner. Für allgemeinere, nicht-Maxwellsche Geschwindigkeitsverteilungen muss man auf die statistische Beschreibung des betrachteten Systems im N-Teilchen Phasenraum zurückgreifen, s. [Kundt 2007]; eine rein thermodynamische Beschreibung ist dann nicht mehr möglich. Solche komplizierteren, nicht-thermischen Verteilungen liegen z.B. vor bei der In-situ-Beschleunigung geladener Teilchen durch Stoßwellen, nämlich mehrkomponentige, teilweise fast-periodische Geschwindigkeitsverteilungen, deren Allgemeinheitsgrad weit über den in den oben zitierten Texten hinausgeht. Dann werden strenge Auswertungen des Bewegungsproblems selbst mit Hilfe von Großrechnern schwierig bis unmöglich. Immerhin kann man selbst dann noch den Entropiesatz auf die ein- und auslaufenden Teilchenverteilungen anwenden [Kundt 1984] und erkennen, dass er der Fantasie der Physiker echte Einschränkungen auferlegt. Geordnete Bewegung lässt sich stets uneingeschränkt umwandeln in ungeordnete Bewegung, nicht aber in entgegengesetzter Richtung.

10.4 Junge Schwarze Löcher - falls es sie gegeben hätte - hätten recht kleine Entropien haben sollen

Die Entropie S einer (durch Schwerkraft zusammengehaltenen) Gaskugel ist ungefähr gegeben durch ihre Teilchenzahl N, multipliziert mit der Boltzmannkonstante k und mit ihrer Dichte (pro k) $s := [5/2 - \ln(n\lambda_{th}^3)]$, in der die thermische De-Broglie-Wellenlänge λ_{th} die gemittelte Ausdehnung eines typischen Teilchens angibt, $\lambda_{th} := h/\sqrt{2\pi mkT}$, und wobei sich ihre Dichte s (= S/Nk) zwischen $\lesssim 1$ und $\lesssim 90$ bewegt für bzw. {Tieftemperatursysteme; dünne, heiße Plasmen}. Wenn eine kosmische Gaswolke kontrahiert zu einem Stern, so schrumpft ihre Entropie. Schrumpft dieser Stern weiter zu einem Weißen Zwerg, oder gar zu einem Neutronenstern, so schrumpft seine *Entropie* weiter, weil n wächst. Würde der Neutronenstern noch weiter schrumpfen, durch Massenzuwachs, zu einem Schwarzen Loch (SL), so würde auch S noch weiter schrumpfen, in gewaltigem Kontrast zu der sog. Hawking-Entropie Schwarzer Löcher. Sie war also inkonsistent.

Dieses scheinbare *Paradoxon* läßt sich auflösen, wenn man jeweils das Gesamtsystem betrachtet, Wolke bzw. Stern plus Abstrahlung beim Schrumpfen, dessen Entropie beständig zunimmt, und wenn man unter „Hawking-Entropie eines SL“ die Entropie seines Zerfallsproduktes verstehen würde, nach dessen astronomisch langer Zerstrahlungszeit, wie in [Kundt 1976] vorgeschlagen, jedoch von der Zeitschrift 'Nature' durch Druckfehler recht mißverständlich veröffentlicht wurde.

Was ist ein Schwarzes Loch? Diese noch immer hochkontroverse Frage wurde seit 1972 weltweit mit zunehmender Überzeugung diskutiert, wobei die theoretischen Impulse anfangs am stärksten aus Cambridge (England) kamen, vorwiegend verbunden mit den Namen Stephen Hawking, Roger Penrose, Donald Lynden-Bell, Martin Rees, und Brandon Carter, kräftig unterstützt durch Werner Israel, Roy Kerr und Ted Newman, und die mehr empirischen Impulse aus Princeton (New Jersey, USA), verbunden mit den Namen John Wheeler, Remo Ruffini und Kip Thorne, kräftig unterstützt durch Yakov Zel'dovic und I.D. Novikov, John Bahcall und Ed Salpeter, um nur einige wenige der Fackelträger zu nennen. Dabei wurde der Name ‚Schwarzes Loch‘ in Princeton geprägt und verbreitete sich schnell wie ein Steppenbrand über die ganze Erde, als Parade-Beispiel des 'Gold-Effektes' [Gold, 2012].

Die Idee eines Schwarzen Loches als realistischem Himmelskörper – oder besser: Himmels-Nichtkörper, denn das ‚Loch‘ entsteht ja aus einem kollabierenden Himmelskörper, welcher selbst vollständig in dem von ihm erzeugten Loch (im Raum) verschwindet – entstand durch sorgfältige Analyse der Einstein'schen Vakuum-Feldgleichungen für das gravische Außenfeld einer kompakten, sternartigen Massenzusammenballung: Wie viele verschiedene derartige Außenfelder gibt es? Zum allgemeinen Erstaunen fand man, dass es nur eine sehr kleine Schar solcher Außenfelder gibt, nämlich nur Karl Schwarzschilds einparametrige Schar kugelsymmetrischer Vakuumfelder im Fall verschwindender Rotation und eine zweiparametrige Schar (nur) axialsymmetrischer Vakuumfelder im Fall einer (elektrisch ungeladenen) rotierenden Zentralquelle. „Ein Schwarzes Loch hat keine Haare“, formulierte John Wheeler dieses bemerkenswerte Resultat. Bei zusätzlicher elektrischer Nettoladung im (rotierenden) Schwarzen Loch wird die Gesamtschar der regulären Fernfelder sogar dreiparametrig, und das Loch besitzt ein spinparalleles, konstantes magnetisches Moment. In konkreten astrophysikalischen Situationen hätte sich das Loch allerdings nahezu instantan entladen, durch Aufschlucken der jeweiligen elektrischen Gegenladung aus seiner Umgebung.

Mit diesem Basiswissen schauten die Astrophysiker seit 1971 an den Himmel und suchten, ob sie dort wohl ein Schwarzes Loch entdecken konnten. Zu den ersten derartigen Kandidaten zählte Cyg X-1, die hellste Röntgenquelle im Sternbild Cygnus, ein auch optisch heller Doppelstern, in dem ein Neutronenstern oder ein etwas schwereres Schwarzes

Loch – umringt von einer fluiden oder gasförmigen Akkretionsscheibe – auf einer Keplerbahn um einen gewöhnlichen, massereichen Stern umläuft, s. Abb. 10.4.1. Wie schwer ist die Akkretionsscheibe? Bis heute ist unentschieden, in welchem Verhältnis die Massen der beiden (unaufgelösten) kompakten Komponenten stehen, Neutronenstern und Scheibe. Inzwischen hat man wiederholt Jets aus der kompakten Komponente herauskommen sehen, die allerdings nur selten sehr langlebig waren, weil ihre relativistischen Elektronen starke Invers-Compton-Strahlungsverluste an den optischen Photonen des Begleitsterns hatten. Wir vertreten seit 2011 die Meinung, daß Schwarze Löcher - falls sie realistisch wären - keine Jets erzeugen könnten, bevorzugen daher die Neutronensterndeutung, in Einklang mit allem bisher (hierzu) Gersagten: Cyg X-1 läßt sich - unserer Meinung nach - zwanglos als Neutronenstern innerhalb einer schweren Scheibe deuten.

Aber in diesem Abschnitt geht es uns eigentlich gar nicht um Schwarze Löcher von Sternmasse, sondern um viel leichtere solche, die sog. *Mini-Löcher*, im Massenbereich zwischen der Planckmasse $= 10^{-5}$ g und der Hawkingmasse $= 10^{15}$ g. Er schließt die Bereiche der *Midi-Löcher* aus, zwischen 10^{15} g und der (oberen) stellaren (Chandrasekhar-) Masse $= 10^{35}$ g, sowie der sich daran anschließenden *Maxi-Löcher*, von 10^{35} g bis hin zur Masse des beobachtbaren Universums, der Größenordnung 10^{55} g. Diese drei breiten makroskopischen Massenintervalle, der jeweiligen Größe 10^{20}:1, überdecken das gesamte kosmisch relevante Massenspektrum. Erst seit dem Jahre 2009 gibt es gelegentliche Bedenken, im Zusammenhang mit dem Genfer Large-Hadron-Collider des Forschungsinstituts CERN, dass sich auch im mikroskopischen Massenintervall, zwischen 10^{-25} g und 10^{-5} g, so etwas wie Schwarze Löcher (SLer) hätten bilden können sollen – Schwarze *Mikro-Löcher* – für deren Verhalten eine noch wenig verstandene Quanten-Gravitationstheorie zuständig gewesen wäre.

Ob und wie viele SLer sich heutzutage – in unserem noch recht jungen Kosmos – bereits gebildet haben würden, wäre schwer abzuschätzen gewesen. Die ‚Kandidaten', die seit über 30 Jahren hierfür vorgeschlagen worden sind, sind sämtlich zu leuchtkräftig, zu variabel und zu strukturreich, um dafür infrage zu kommen. SLer sollten recht gleichförmig, lauwarm und unauffällig vor sich hin glimmen, je massereicher, desto dunkler (im Verhältnis), und ohne Erzeugung von Jets. Oft ist ein von einer schweren Akkretionsscheibe umringter Neutronenstern mit einem stellaren SL verwechselt worden,

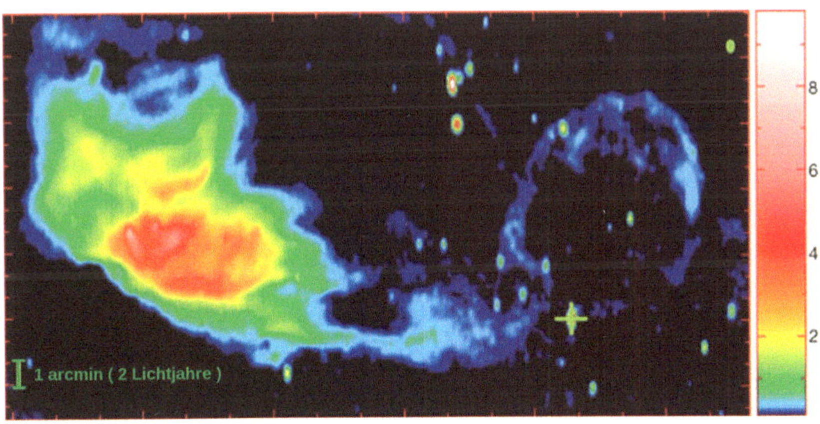

Abbildung 10.4.1: Der historisch erste verdächtigte SL-Kandidat, *Cyg X-1*, die hellste stellare Röntgenquelle im Sternbild Schwan, die wir als binären Neutronenstern mit schwerer Akkretionsscheibe und transientem Zwillings-Jet deuten, aus: Gallo, Elena, Fender, Rob, et al (7 authors), Nature 436, 819 (2005). Insbesondere gehen die Meinungen auseinander, ob (oder ob nicht) die längliche ‚linke' Blase den einen der beiden Ausflüsse darstellt. Wir meinen es.

meinen wir, als ‚SL-Kandidat'. Für die Bildung eines SL bedarf es der Überwindung mehrerer Hürden. Der einzige, bis vor kurzem plausibel erscheinende Mechanismus einer Schwarzloch-Bildung ist der Gravitationskollaps des ausgebrannten Kerns eines hinreichend massereichen Sterns gewesen, oberhalb von Chandrasekhars (Grenz-) Masse ($\approx$3 $M_\odot$). Dafür müsste dann schon aller anfänglicher Wasserstoff (weitgehend) zu Eisen verbrannt sein, weil er sonst den kollabierenden Kern gleich wieder auseinandersprengen würde, auch müsste ein Großteil des anfänglichen Drehimpulses nach außen abgeführt worden sein, durch Reibung an der darüberliegenden Zone, und natürlich müssten alle materiellen Abstoßungskräfte durch die mit wachsender Kompaktheit schließlich nichtlinear anwachsenden Schwerkräfte überwunden werden. Noch (vor kurzem) konnten wir den zu erwartenden Prozentsatz der im Kosmos entstandenen Schwarzen Löcher nicht zuverlässig abschätzen; mit null als dem wahrscheinlichsten Wert. Auch sieht es in zunehmendem Maße so aus, als würde sich der Gravitationskollaps – falls er es denn geschafft hätte, alle Hürden zu überwinden – nicht an die von Roger Penrose erwartete ‚kosmische Zensur' gehalten hätte, sondern als würde er in der erdrückenden Mehrzahl eine ‚Nackte Singularität' erzeugt haben [Joshi 2009, Quevedo 2011, Joshi & Malafarina 2013]. Vielleicht hätte das Postulat der kosmischen Zensur verschärft werden sollen durch dasjenige des AUC (Avoidance of Unhalted gravitational Collapse), der Vermeidung unaufhaltsamen Gravitationskollapses.

Jetzt endlich ist es an der Zeit, auf die eigentliche Thematik dieses Abschnitts zu sprechen zu kommen: Hawkings Thermodynamik Schwarzer Löcher [1974]. Mittels fragwürdiger quantenfeldtheoretischer Methoden – die inzwischen u.a. von Belinski [2006] und Leblanc [2002, 2010] in Gänze abgelehnt werden, jedoch bis heute noch in weiten Theoretikerkreisen sehr ernst genommen werden – ordnete Hawking einem SL der Masse M die Temperatur $T = \hbar c^3/8\pi GMk = 10^{-7}$ K $(M_\odot/M)$ und die Entropie $S_{SL}(M) = 4\pi GM^2k/\hbar \approx 10^{77}$ k $(M/M_\odot)^2$ zu. Damit hätte also ein SL von Sonnenmasse $M_\odot$ die fast verschwindende Temperatur von 10^{-7} K gehabt, bei der es durch Absorption der kosmischen Hintergrundstrahlung (von 2,725 K) in den gegenwärtigen Gigajahren noch hätte wachsen können, während ein gegenwärtiges Verdampfen erst bei SLern mit Massen $\lesssim 10^{26}$ g eingesetzt haben würde. Aber passt diese Aussage in unser sonstiges, klassisches Verständnis der Physik des Sonnensystems und der Milchstraße?

Die Entropie S in Einheiten der Boltzmannkonstante k ist größenordnungsmäßig (innerhalb eines Faktors $\lesssim 10^2$) gegeben durch die Zahl N aller Teilchen im betrachteten System, Photonen einbegriffen. Mithin gilt z.B.: $S/k \approx \{ \lesssim 10^{34}, \lesssim 10^{54}, \lesssim 10^{58}, \lesssim 10^{70}\}$ für {Haus, Planet, Stern, Galaxie}. Und wenn ein Stern zu einem Weißen Zwerg oder sogar Neutronenstern kollabiert, nimmt die Entropie des Endprodukts fortschreitend (ein wenig) ab, weil die gravisch gebundenen Atome enger zusammenrücken, obwohl der Kollaps ohne äußere Hilfe erfolgt: Die Gesamtentropie dieser Systeme wüchse trotzdem jeweils an, wie zu fordern, hauptsächlich durch Abstrahlung von Photonen.

Ja, und wie passen diese Aussagen zu obiger Formel für S ? Überhaupt nicht! Denn der Schritt von einem Neutronenstern zu einem SL geringfügig kleinerer Masse lässt nach dem vorher Gesagten Entropiewerte $\lesssim 10^{58}$ k erwarten, nicht $\gtrsim 10^{77}$ k. Dieses Fehlverhalten wurde in [Kundt 1976] derart gedeutet, dass obiger Ausdruck die Entropie eines gänzlich verdampften SLes beschreibt, nicht diejenige eines neu gebildeten. Was dann allerdings für unsere heutige Astrophysik ziemlich uninterressant wäre, weil es sich auf Zeitskalen von $\lesssim 10^{67}$ Jahren abspielen sollte. Hingegen könnte es hochaktuell werden – falls realistisch – wenn es im Kosmos Schwarze Mini-Löcher gäbe, wie von Hawking [1974] erwogen, als Überbleibsel aus einem (etwas) inhomogenen Urknall, die als Folge ihrer hohen Temperatur zerstrahlen und dabei massemäßig schrumpfen, bis sie schließlich bei einer Masse von $\lesssim 10^9$ g explosionsartig mit $\gtrsim 10^{17}$ K zerplatzen, ohne Rückstände, als harte γ-Strahl-Blitze. Bisher ist kein einziger solcher primordialer Blitz beobachtet worden, mit einer Empfindlichkeit von $\lesssim 10^{-10}$ der mittleren kosmischen Dichte, die durch den Einsatz hochsensibler Radioantennen möglich wurde. Nach Belinski und Leblanc sind diese Sorte von γ-Blitzen auch gar nicht zu erwarten. Haben wir also hiermit die Grenzen realistischer Physik überschritten? Wir meinen (jetzt) "ja".

10.5 Kollektivbewegungen in stark angeregten Kundt-Röhren

Zur Messung der Schallwellenlänge λ in Gasen, bzw. zur Messung der Schallgeschwindigkeit c_s bei bekannter Frequenz ν – entsprechend $c_s = \lambda\,\nu$ – hat der deutsche Physiker August Kundt eine Anordnung erfunden, nämlich eine Glasröhre geeigneter Größe und geeigneten Füllmaterials – Staub oder Wasser – in der er stehende Längsschwingungen anregte. Der durch das Füllmaterial sichtbar gemachte Knotenabstand gleicht der halben Wellenlänge im verwendeten Gas. Problematisch werden die Bewegungen des Füllmaterials bei hohen Anregungsleistungen ($\lesssim$kWatt), wobei sich *schallnah* durchlaufene zweidimensionale *Muster* in Ebenen senkrecht zur Röhrenachse ausbilden, für die bislang keine strengen Lösungen in der (angegebenen) Literatur zu finden sind. Sie erlauben gesteigerte Messgenauigkeiten von λ und lassen sich größenordnungsmäßig abschätzen.

Mit der sog. ‚Kundt'schen Röhre' hat der deutsche Physiker August Kundt (1839-1894) eine Messvorschrift erfunden, mit der man die Wellenlänge von Schallwellen in einem beliebigen Gas messen kann. Man fülle das jeweilige Gas in eine mindestens meterlange, horizontal gelagerte Glasröhre, vom Durchmesser einiger Zentimeter, in die man außerdem ein leichtes Pulver (aus Kork, Lycopodium oder ähnlichem ‚Staub') oder aber eine wässrige Lösung geringer Oberflächenspannung getan hat, verschließe die Röhre an ihrem hinteren Ende mit einem adjustierbaren Kolben und errege sodann das Gas in der Röhre am vorderen Ende mit einer beweglichen Platte oder Membran zu kräftigen Längsschwingungen fester Frequenz, s. Abb. 10.5.1a, sowie: Walker [1977, 1.47]. In der ursprünglichen Laborversion erregte man die zu messenden Schallwellen durch Längsschwingungen in einer Messingstange in Verlängerung der Rohrachse, an der man entlangstrich, bis sie schrill zu quieken begann, während moderne Lautsprecher weit stärkere Anregungen ermöglichen.

Bei schwacher (Resonanz-) Anregung eines reinen Tones in der horizontalen Röhre rutscht der (an der Glaswand klebende) Staub an den Geschwindigkeitsbäuchen zur Talsohle, während er an den Geschwindigkeitsknoten an der Glaswand liegen bleibt; hierdurch entsteht am Boden der Röhre ein periodisches Muster ähnlich demjenigen einer schwingenden Saite, mit Knotenabstand = halber Wellenlänge λ. Außerdem zeigen die Hügel zwischen den Geschwindigkeitsbäuchen regelmäßige Querrippen. Enthält die Röhre Wasser statt Staub, so zeigt dessen Oberfläche ein ähnliches Muster von Bergen und Tälern mit Querrippen, wobei aber diesmal die Berge an den Geschwindigkeitsbäuchen entstehen, (nicht die Mulden). In beiden Fällen lässt sich die Schallwellenlänge im Gas der Röhre aus dem Knotenabstand ablesen. Dass hierbei geringfügig verschiedene Muster entstehen, durch Impulsaustausch mit der stehenden Schallwelle, verwundert nicht sonderlich, wenn man sich klarmacht, dass Wasser mindestens zehnmal schwerer ist pro Volumen als Korkpulver.

Etwas Unerwartetes und qualitativ Neues passiert nun, wenn man eine Kundt'sche Röhre mit zunehmender Leistung anregt und sich dabei der technischen Extremleistung eines Kilowatts nähert: Auf einmal erscheinen diskrete vertikale Wände in der Röhre, aus Staub bzw. aus Wasser, wenige-Teilchen dünn, die den ganzen Rohrquerschnitt ausfüllen, und zwar stets an den Geschwindigkeitsbäuchen des Gases. Wobei es im Falle von Wasser auch noch niedrigere ‚Wände' rechts und links von den hohen Wänden gibt, in gleichmäßigen Abständen, jeweils aufsitzend auf den Querrippen, die an ihren Oberkanten springbrunnenartig auseinanderfallen, s. Abb. 10.5.1b. Die Wände sind so scharf, dass sie eine weit genauere Messung von λ erlauben als die Knoten und Bäuche bei schwächerer Anregung. Wie entstehen diese eindrucksvollen Wände? Offenbar werden die Wandteilchen von zirkulierenden Gasströmungen mit nach oben gerissen, entgegen ihrer Schwerkraft, an den Rippen maximaler Aufwinde.

Weder Jearl Walker noch Standard-Lehrbücher erklären ihre Entstehung, insbesondere das hohe Maß ihrer Ordnung. Auch wir haben keine analytische Herleitung dieser gasdynamischen Bewegungen anzubieten, aber das Bewegungsmuster ist uns nicht unplausibel: Der Lautsprecher erzeugt in niedrigster Näherung eine eindimensionale Schwingung der eingeschlossenen Gassäule, in Längsrichtung (= x-Richtung), der Periode $\lambda/2$, bei der sich Druck p und Massendichte ρ des Füllgases ungefähr energiekonstant verteilen: $p + \rho\, v^2/2 = const$, entsprechend dem Bernoulli-Integral der Bewegungsgleichungen, das die Erhaltung der Summe von potenzieller (p) und kinetischer Energiedichte ($\rho\, v^2/2$) ausdrückt. Die eindimensionale Bewegung in x-Richtung wird nun aber gestört durch Reibungskräfte nahe dem Boden der Röhre, zwischen dem beinahe schallschnell bewegten Gas und dem Staub bzw. Wasser, an dessen Oberfläche sich die Querrippen ausbilden: Hierdurch wird das Gas lokal abgebremst, sein Druck p erhöht sich, und es wird nach oben abgelenkt, in z-Richtung. Die (obere) Rohrwand und die Schwerkraft lenken den beinahe schallschnellen Gasstrom dann wieder nach unten um, sodass sich Konvektionsrollen in der (x,z)-Ebene ausbilden, vergleichbar den atmosphärischen *Konvektionsrollen* unseres Heimatplaneten, die am Äquator aufsteigen und an den Rossbreiten wieder absinken, (allerdings nur mit atmosphärischen Windgeschwindigkeiten). Im Fall unserer Röhre alternieren die Zirkulationsrichtungen der Konvektionsrollen, wobei sie sich vielleicht in Gestalt alternierender Doppelrollen, vielleicht aber auch in Gestalt liegender Achten hintereinanderschalten, zu ‚Konvektionsachten', als Folge der Trägheit des Füllmaterials. Die Achten reißen den Staub bzw. das Wasser mit nach oben, jeweils am aufsteigenden Ast, sodass sich periodische, vertikale Querwände ausbilden.

Mit unserer plausiblen Erklärung haben wir zwei Fälle gleichzeitig behandelt: den (leichten) Staub und das (schwere) Wasser. Im Fall des Staubes bilden sich nur große Konvektionsachten voll aus, jeweils *eine* zwischen zwei benachbarten Geschwindigkeitsbäuchen im Gas, während im Fall des Wassers viel mehr Rollenpaare entstehen, jeweils zwischen zwei benachbarten Rippen; das liegt am Dichtekontrast der jeweiligen Medien. Gemeinsam ist allen Varianten der Kundt'schen Röhre, dass sich bei starker Anregung regelmäßige, sehr scharf ausgeprägte Schwingungsmuster einstellen, die eine sehr genaue Messung von λ gestatten und damit bei bekannter Schallfrequenz ν auch eine sehr genaue Messung der Schallgeschwindigkeit $c_s = \lambda\nu$. Die Schwingungsmuster besitzen die gleiche Symmetrie wie ihre anregenden Kräfte, mit verschwindendem Gesamt-Linearimpuls und Gesamt-Drehimpuls. Sie haben schon vielen Physikern Kopfzerbrechen bereitet.

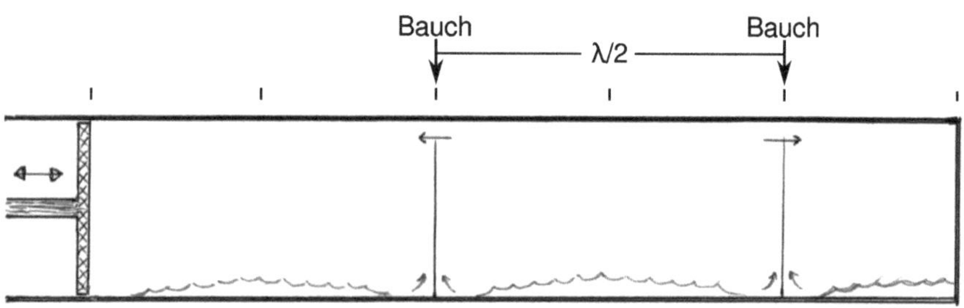

Abbildung 10.5.1: Die *Kundt'sche Röhre* zur Messung der Schallgeschwindigkeit, am Boden gefüllt mit *Staub* (Korkpulver) und hochangeregt durch einen schwingenden Kolben zu (longitudinalen) Schallschwingungen einheitlicher Frequenz ν bzw. Wellenlänge λ. In dem Rohr bilden sich stehende Druckwellen aus, mit Geschwindigkeitsbäuchen im gegenseitigen Abstand $\lambda/2$, an denen das Pulver in die Rohrmitte hinabrutscht, während es mit zunehmender Nähe zu den Geschwindigkeitsknoten zunehmend – wennschon wellenförmig – an der Wand haften bleibt. Bei bekanntem ν lässt sich alsbald die Schallgeschwindigkeit c_s im Füllgas berechnen als $c_s = \nu\lambda$. Verstärkt man nun die Schallanregung durch einen starken Lautsprecher, so bilden sich zusätzlich hohe, hauchdünne Staubwände an den Bäuchen, die eine weit genauere Messung von λ erlauben. Wir deuten diese Wände als mitgerissen durch zusätzlich im Füllgas angeregte vertikale Konvektionsrollen in der Abbildungsebene.

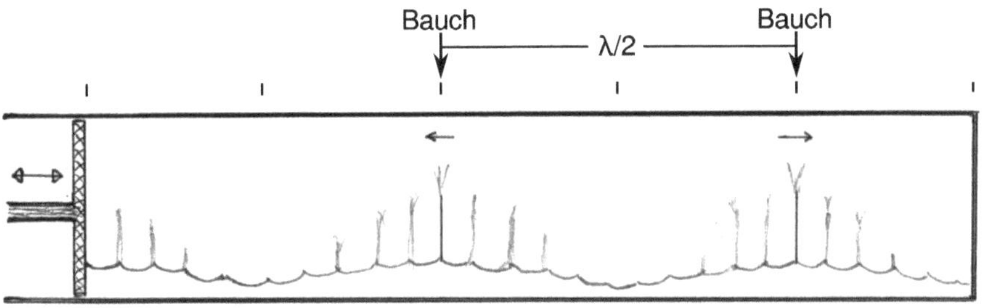

Abbildung 10.5.2: Die in Abb. **a)** besprochene *Kundt'sche Röhre* kann auch mit (entspanntem) *Wasser* betrieben werden: **b)**, dessen Oberfläche (bei starken Anregungen) eine wellenförmige Höhe aufweist, mit Maxima an den Geschwindigkeitsbäuchen, offenbar als Folge der Bernoulli'schen Druckbeziehung $p + \rho v^2/2 = \text{const}$ für das Füllgas im Rohr. Oberhalb einer gewissen Schall-Anregungsstärke bilden sich diesmal ebenfalls dünne (Wasser-) Wände, aber nicht nur genau an den Bäuchen, sondern zusätzlich – jedoch zunehmend weniger hoch mit zunehmendem Abstand – auch in periodischen Abständen von ihnen, nach Maßgabe der Oberflächenriffelung, die wir gleichermaßen als durch longitudinale Konvektionsrollen erzeugt deuten. Mit Wasser betriebene Kundt'sche Röhren verhalten sich also anders als – jedoch ähnlich wie – die mit Korkpulver betriebenen.

10.6 Ist die gesuchte Theorie für Felder und Teilchen vom Metron-Typ?

Vorsicht Frontgebiet! Noch besitzen wir keine aussagekräftige Theorie der Materie bei sehr hohen Teilchenenergien bzw. auf sehr kleinen Längenskalen, $\lesssim$ denjenigen der Atomkerne. Wie viele Elementarteilchen gibt es, und welche Überraschungen enthalten sie uns noch vor? Nachdem sich die String-Theorie jahrzehntelang in Formalismen ohne messbare Vorhersagen ergangen hat, wird ein neuer, realitätsnäherer Zugang gesucht.

Hierfür gefällt uns der schon einige Jahrzehnte lang von Klaus Hasselmann verfolgte Zugang, eine metrische Solitonbeschreibung, kurz *Metron-Theorie* genannt, die den küstennahen Brandungswellen der Ozeane abgelauscht ist. Gesucht werden langlebige Soliton-Anregungen einer höherdimensionalen Feldtheorie zweiter Ordnung, nach dem Muster von Kaluza und Klein, deren Tugend darin besteht, dass sich kraftfreie Bewegungen auf einem (neuerdings) zwölfdimensionalen Faserbündel über der vierdimensionalen Raumzeit als dynamisch strenge Lösungen in diese hinabprojizieren, beschrieben (analog zum Gravitationsvakuum) durch die Einstein'schen Vakuumfeldgleichungen auf dem Bündel, das Verschwinden des Ricci-Tensors R_{LM}. Dabei werden alle Teilchen durch Wellen gesteuert, elektromagnetische, gravische und de Broglie'sche, sind objektiv klassisch vorstellbar, auch wenn ihr mikroskopisches Verhalten durch ihre Wellen bestimmt wird, und können sich nach einfachen Gesetzen aneinanderbinden und/oder ineinander umwandeln, wobei das Gravitationsfeld unquantisiert bleibt. Quantitativ erfasst werden soll das Verhalten nicht nur der Atome, sondern zugleich auch ihrer Kerne sowie aller Kernumwandlungen bei Stößen und aller Strahlungen, d.h. das Verhalten aller Elementarteilchen, aller Fermionen und Bosonen.

Ist die moderne theoretische Physik wirklich ‚kompletter Blödsinn', wie es Egbert Scheunemann in seiner Besprechung des soeben erschienenen Buches ‚Vom Urknall zum Durchknall' seinem Autor in den Mund legt, dem studierten Physiker und Gymnasiallehrer Alexander Unzicker [2010, 2012], der sich in scharfen Worten über Modeströmungen der Gegenwartsphysik äußert? Vielleicht schießt Scheunemanns Formulierung geringfügig über ihr Ziel hinaus, aber ein Körnchen Wahrheit liegt doch bekanntlich in jeder echten Kritik. Unzicker kennzeichnet die Dominanz, und den Stil des in der String-Theorie international führenden Ed Witten u.a. durch das folgende Vaterunser der String-Theoretiker:

Witten unser, der Du bist in Princeton,
Publiziert werde Dein Name,
Dein Bran komme,
Deine Theorie bestehe
Wie in Dimensionen
Also auch auf Erden
Unsern täglich'n Einfall gib uns heute,

Und vergüt' uns uns'ren Kult,
So wie auch wir nur geben unsren Huldigern.
Und führe uns nicht zu Versuchen
Sondern erlöse uns von der Prüfung
Denn Dein ist der String, und die Kraft
Und die Unwiderlegbarkeit
In Ewigkeit. Amen.

Die String-Theorie hat Probleme („is in trouble"), kann man jedenfalls auch bei Smolin [2006] lesen. Sie war ins Leben gerufen worden auf der Suche nach einer Fundamentaltheorie für die Elementarteilchen, das sind alle Teilchen, die nicht offensichtlich aus noch kleineren Teilchen bestehen. Während wir heute wissen, dass Moleküle aus Atomen zusammengesetzt sind und dass die einst ‚unteilbar' (griechisch: ‚atomos') geglaubten Atome in positive Atomkerne und negative Elektronen zerlegt (ionisiert) werden können, bereits durch große Hitze – sprich: große thermische Geschwindigkeiten – zählen schon die Bausteine der Atomkerne, Proton und Neutron, sowie ihre Hüll-Elektronen zu den Elementarteilchen. Sie sind alle so klein, dass ihre Wechselwirkungen untereinander weit über ihre Ränder hinausreichen und durch Führungswellen beschrieben werden, deren (De-Broglie-) Wellenlänge h/mv viel größer ist (bei typischen Geschwindigkeiten v) als ihre ‚normale' Ausdehnung, d.h als ihr mittlerer Abstand von ihren Nachbarn in der flüssigen oder festen Phase. Für ihre Beschreibung ist nicht mehr die klassische Mechanik zuständig, sondern die Quantenmechanik. Aber wenn man die Nukleonen mit hinreichend hohen Geschwindigkeiten aufeinander schießt, in einem der großen Teilchenbeschleuniger der ‚entwickelten' Länder, dann kann man sie – zumindest kurzzeitig – in noch kleinere Bausteine zerlegen, in Leptonen und Baryonen, Quarks, Mesonen, Eich-Bosonen und was es sonst noch alles an Elementarteilchen gibt.

Bis heute fehlt eine vollständige, quantitative Theorie aller dieser Teilchen, d.h., es fehlen Algorithmen zur Berechnung ihrer (genauen) Massen, Ladungen, Spins, magnetischen Momente und der Wechselwirkungen, die ihr Verhalten beim Zusammenstoß mit anderen Teilchen beschreiben, wennschon das sog. ‚Standardmodell' eine für viele Fragestellungen ausreichende, approximative Beschreibung liefert [Kane 1987]. Warum haben Elementarteilchen derselben Sorte identische Eigenschaften, derart, dass sie entweder der (sich gegenseitig ausschließenden) *Fermi-Dirac*-Statistik gehorchen, mit halbzahligem Spin, wie Protonen, Neutronen und Elektronen, oder aber der (sich unbeschränkt überlagernden) *Bose-Einstein*-Statistik, mit ganzzahligem Spin, wie vor allem He^4-Kerne und Photonen, unabhängig von ihrer Vergangenheit? Warum sind einige von ihnen stabil, offenbar für unbegrenzte Zeiträume, während andere zerfallen, mit messbaren Halbwertszeiten?

Wie sollte eine erhoffte, endgültige Theorie der Elementarteilchen und ihrer Wechselwirkungen aussehen? Sollte sie auf die Allgemeine Relativitätstheorie von Einstein und Hilbert aufbauen, oder nur in jedem Ereignis lokal mit ihr verträglich sein [Will 1993]? Sollte sie sich auf die mathematisch recht aufwändige, jedoch hinsichtlich ihrer konkreten Vorhersagen recht dürftige Quantentheorie der Wellenfelder stützen, die vor rund 50 Jahren von Richard Feynman und Julian Schwinger unabhängig ins Leben gerufen wurde, auf zwei verschiedenen Wegen, die anschließend von Freeman Dyson als äquivalent nachgewiesen wurden? Als sich Dyson – neben Einstein und den Vorgenannten einer der fähigsten theoretischen Physiker der Neuzeit – einmal bei Paul Dirac nach dessen Meinung zum endgültigen Wert dieses Zugangs erkundigte, soll sich Letzterer (nach Dysons eigenen Worten) recht ablehnend geäußert haben. Zu den Zweiflern an der endgültigen Verbindlichkeit des quantenfeldtheoretischen Zugangs zählten vor Dirac auch Planck, Einstein, Ehrenfest, Bohm, de Broglie, Heitler, London, Margenau und Schrödinger, während Sommerfeld, Bohr, Born, Heisenberg, Jordan und Pauli von der Endgültigkeit dieses einmal eingeschlagenen Weges der Forschung überzeugt waren. Einstein nannte die (statistische) Kopenhagener Interpretation der Quantentheorie die „Bohr-Heisenberg'sche Beruhigungs-Philosophie", eine Kritik, der sich später auch Landé anschloss. John Stewart Bell schlug sodann vor, eine Entscheidung zwischen diesen beiden Interpretationsrichtungen durch seine stark beachteten Ungleichungen zwischen Erwartungswerten geeigneter Messanordnungen herbeizuführen, und starb (1990) an Herzschlag, als er gerade für den Nobelpreis nominiert war. Bell musste bei seinen berühmten Ungleichungen die ‚Lokalität' der mikrophysikalischen Prozesse voraussetzen, eine Annahme, die nicht mit der *Zeitumkehrinvarianz* aller physikalischen Grundgleichungen verträglich ist: nämlich allen voran die Newton'sche Gravitationstheorie, sodann Maxwells elektromagnetische Grundgleichungen, und ebenfalls Diracs Gleichung für die zeitliche Entwicklung des Viererspinors eines relativistischen Spin-1/2-Teilchens, (in Verallgemeinerung von Wolfgang Paulis 3D–Spin-Vektor). Die durch das Anwachsen der ‚*Grob-Entropie*' quantitativ verfolgbare zeitliche Asymmetrie aller physikalischen Vorgänge gilt lediglich für das statistisch zu beschreibende, makroskopische Verhalten großer Systeme von Teilchen, nicht hingegen für das mikroskopische Verhalten abgeschlossener, endlicher, sog. ‚*verschränkter*' Teilsysteme, (deren ‚*Fein-Entropie*' zeitlich konstant bleibt).

Von allen uns bekannten Auswegen aus diesem Dilemma gefällt uns Klaus Hasselmanns [1998, 2013, 2021] Metron-Zugang am besten, vgl. [Kundt 2007, section 3.2]. Er realisiert Einsteins Traum: eine deterministische Beschreibung aller Elementarteilchen und ihrer Wechselwirkungen – die „Ontologie des Materialismus" in Werner Karl Heisenbergs Worten – in der die gewöhnliche Quantentheorie lediglich als erste Näherung verbindlich bleibt. In seiner neuerdings 12-dimensionalen *Theorie metrischer Solitonen* (= ‚*Metronen*') betrachtet Hasselmann die Welt aus klassischer Sicht, bestehend aus Teilchen (Partonen) und deren (de Broglie'schen) Führungswellen, wobei deren quantisiertes Verhalten hergeleitet wird durch das Lösen klassischer Randwertprobleme zweiter Ordnung. Als Vorbild dienen ihm langlebige, von Wellenleitern ‚eingefangene' Solitonlösungen ufernaher Meeresoberflächenwellen. Dabei folgt er den früheren Zugängen von Theodor Kaluza und Oskar Klein, Albert Einstein, Peter G. Bergmann und Victor Bargmann, und ignoriert die Bell'schen Ungleichungen, weil nicht zeitumkehrinvariant. Sein Zugang hat Ähnlichkeiten mit den Bemühungen von David Bohm und von Asim Barut. Die entscheidende (erste) Idee besteht hierbei darin, die *Dynamik* der wechselwirkenden Teilchen in der vierdimensionalen Raumzeit zurückzuführen auf kraftfreie *Kinematik* in einem darüberliegenden, 12-dimensionalen *Bündelraum*, dessen 8-dimensionale (8D-), normalhyperbolische *Faser* (‚Extra-Dimensionen', ‚harmonischer Faktor', ‚Vertikal-Richtungen') durch die Wellenlängen der (nicht-gravischen) fundamentalen Wechselwirkungen – elektromagnetisch, stark und schwach – aufgespannt werden: Geodätische Kinematik auf dem 12D-Bündel beschreibt dann, bei Projektion in die 4D-Raumzeit, die durch die vorherrschenden Kräfte erzwungene Dynamik unserer Welt. Als Feldgleichungen bedient er sich (im Wesentlichen, s.u.) der bewährten Einstein'schen Vakuumfeldgleichungen der Gravitation: Ricci-Flachheit, d.h. $R_{\mathrm{LM}} = 0$; das sind $n(n+1)/2 = 78$ gekoppelte, nicht-lineare, parameterfreie Differentialgleichungen, welche bei geeignetem Ansatz für die Bündelmetrik g_{LM} im Limes schwacher Felder – erstaunlicherweise – gleichzeitig die gravito-elektromagnetischen Einstein-Maxwellschen Feldgleichungen und die Dirac-Gleichung für die Teilchenbewegungen abwerfen, formuliert für die spurmodifizierte Hilfsmetrik $h_{LM} := g_{LM}$ - $(g/2)\ \eta_{LM}$, worin η_{LM} für die flache Bündelmetrik steht, $g := \det(g_{LM})$. Und wobei u.a. das (diskrete) Massenspektrum (der drei Familien) aller

Elementarteilchen hergeleitet wird, bei nur wenigen, bekannten Fundamentalkonstanten. Klingt dieser neue Zugang nicht verheißungsvoll?!

Beim konkreten Durchrechnen dieses Programms haben sich allerdings (seit 1998) einige Schwierigkeiten eingestellt: Das Kaluza-Klein-Programm enthält, bei näherem Hinschauen (bereits von Einstein), die sog. Kaluza'schen Super-Starken Kräfte (*,KSS'-Kräfte*) ohne physikalische Realität, stärker als die anderen Terme um Faktoren der Größenordnung 10^{20} und dessen Quadrat. Welche Bedeutung haben diese Mammut-Terme? Sind sie notwendige Konsequenzen des riesigen Kräfteverhältnisses von elektrischer und gravischer Anziehung, der Größe der in 6.1 erwähnten Dirac'schen Naturkonstanten? Wie lassen sie sich eliminieren, oder aber wegdämpfen, außerhalb der Teilchen-Kerne? Sie stellen eine Altlast dar, die längst hätte gebrandmarkt und überwältigt werden sollen, (denn sie wurde bei einigen der obigen Aussagen übersehen, jahrzehntelang). Um sie loszuwerden – außer in den Kernbereichen der Partonen – und um auch einige andere Schwächen des Metron-Ansatzes von 1998 zu beheben, bevorzugt Hasselmann neuerdings die Bündeldimension n = 12 (statt 8) sowie eine hyperbolische Signatur der Bündelmetrik mit zwei (statt einem) negativen (zeitartigen) Vorzeichen in der Diagonalform. Auch ergänzt er in der obigen Hilfsmetrik h_{LM} die flache Bündelmetrik $\eta_{LM} = \pm\delta_{LM}$ durch ein 4-dimensionales Lösungskontinuum $\tilde{\eta}_{LM}$: $\eta_{LM} = \pm\delta_{LM} + \tilde{\eta}_{LM}$, wobei $\tilde{\eta}_{LM}$ der Wellengleichung auf dem Bündel ($\Box\, \tilde{\eta}_{LM} = 0$) gehorcht mit zeitartigen, de Broglie'schen Wellenzahlvektoren der Lösungen auf der 4D-Raumzeit, und mit raumartigen Wellenzahlvektoren auf der (8D) Faser, als Folge der Grundgleichungen $\mathrm{R}_{LM} = 0$, mithin *unscharfe Weltschläuche* der Teilchen. beschreibt.

Und auch alle diese kleinen Modifikationen haben noch nicht genügt: Um die superstarken KSS-Kräfte der Partonen außerhalb ihrer Kerne exponentiell wegzudämpfen, lauten Hasselmanns Grundgleichungen neuerdings (30.7.2013) nicht mehr $\mathrm{R}_{LM} = 0$, sondern vielmehr: $\mathrm{R}_{LM} + \mathrm{e}_{LM}\, \mathrm{k}^N\, \mathrm{k}^O\, \eta_{NO} = 0$, mit einem geeigneten Projektionstensor e_{LM} auf einen 5D-Unterraum der Faser, und mit einem konstanten (8D) Wellenzahlvektor k^L, der auf der (4D) Raumzeit senkrecht steht und die fundamentalen Wechselwirkungen der Elementarteilchen in die Theorie einbringt.

Dieses (geringfügig) modifizierte Gleichungssystem und sein neuer Lösungsansatz – ein auf der Faser diskret angesetztes System von Weltschläuchen – bilden den Kern im jetzigen Hasselmann'schen Ansatz, den zweiten Trick, der zugleich die *Kopplungskonstanten* der wechselwirkenden Teilchen in die Theorie einbringt. Das Bündel besitzt damit neuerdings als Nullstellengebilde der Metrik einen 11-dimensionalen Kegel, in den die 3D-Kontinua der Wellenzahlvektoren aller Weltröhren fallen, gekennzeichnet durch die Werte ihrer 8 Faserkomponenten. Und die Lösungen für die Teilchenbahnen und -reaktionen kommen denjenigen des Standardmodells (der Elementarteilchen) erstaunlich nahe, jedoch ohne offensichtliches Higgs-Teilchen, und ohne Singularitäten der Felder in den Kernen der Partonen. Auch gelten die Gleichungen nicht nur für eine – *klassische (!)* – Beschreibung des Verhaltens aller Elementarteilchen, sondern gleichermaßen für eine Beschreibung der (vertrauten) Atome – mitsamt ihren (bestens vermessenen) Spektren – sowie der Atomkerne, d.h. für den gesamten Zuständigkeitsbereich der Quantentheorie. Und aus ihnen leitet er das Massenspektrum der Elementarteilchen her. Sind sie der gesuchte, universelle Pfad zum Teilchenmodell, oder stoßen die Metronen vielleicht doch noch auf neue, unvorhergesehene Hindernisse?

In der Tat sind sie inzwischen (22.8.2013) auf kleinere Schwierigkeiten im Detail gestoßen – trotz ihrer vielseitigen Anfangserfolge – durch die superstarken KSS-Terme, derart, dass eine unmittelbare, inhomogene Beschreibung auf der 4D-Raumzeit den Vorzug gewinnt vor einer 12D-Bündelbeschreibung. Ihre Soliton-Lösungen verdienen damit nicht mehr den Namen „Metronen“, sondern vielmehr „*Duonen*“, in Anspielung auf die strenge Wellen-Teilchen-Struktur aller ihrer Lösungen. Trotzdem sind wir noch immer zuversichtlich, dass Hasselmanns Zugang zum Elementarteilchenproblem eines Tages alle bisherigen Zugänge ablösen wird, durch seine (relative) begriffliche und rechnerische Einfachheit.

10.7 Wie unbestimmt ist die Quantentheorie?

Es gibt eine quantentheoretische Unbestimmtheitsrelation, nach Heisenberg benannt, es gibt aber auch eine klassische Unbestimmtheitsrelation, die nur die ‚Kovarianz' enthält. Beide Theorien kämpfen mit immanenten Messungenauigkeiten, zumal alle physikalischen Messungen rein klassischer Natur sind, mit objektiven Zeigerstellungen am Ende jeder Messung. Mit anderen Worten: Beide Theorien, die klassische und die quantische, sind in hohem Maße einander ähnlich, wie vor allem die *Weyl-Wigner-Moyal-Abbildung* quantifiziert. Die größten Unterschiede zwischen ihnen sind statistischer Art, gegeben durch die Unterschiedlichkeit ihrer reinen Zustände, deren klassisches Analogon trivial ist: die delta-Funktion auf dem Phasenraum. Hierher gehören die Verschränkungen, die Teleportationen und die Quanten-Computer der Zukunft, von denen man sich seit Jahrzehnten viel verspricht. Hängen sie zusammen mit dem größten Selbstorganisations-Phänomen auf der Erde, dem Heranreifen eines Embryos aus einem befruchteten Ei?

Unser eigener Beitrag zu diesem Abschnitt besteht in dem Hinweis auf die Möglichkeit einer einheitlichen mathematischen Formulierung beider Theorien als *Lie-Hilbert-Algebren* ihrer Observablen, die ihren Vergleich erheblich vereinfacht, ihre Gemeinsamkeiten klarer erkennen lässt sowie ihre kleinen Unterschiede quantifiziert.

Bis zum heutigen Tage gilt die Quantentheorie innerhalb der Physik als eine noch immer letztlich unverstandene, nicht ganz willkürfreie, vielleicht unvollständige physikalische Theorie, nicht nur sozusagen im Volksmund, sondern sogar bis hinauf zu authentischen Äußerungen unserer Großmeister. Beispielsweise kritisierte Albert Einstein Niels Bohr mit den Worten: „Der Herrgott würfelt nicht", [Kumar 2009]; er vermisste letztlich die Realität bei der quantentheoretischen Beschreibung (durch Wellenfunktionen), im Kontrast zu allen makroskopischen physikalischen Theorien. Im Jahr 1977 kennzeichnete Paul Dirac das Problem mit den Worten: „This problem of getting the interpretation proved to be rather more difficult than just working out the equations."

Spätere Generationen sehen die Probleme ihrer Vorfahren meist mit größerer Gelassenheit, weil ihnen ungeeignete Zugänge zur Einsicht bei ihrer Ausbildung erspart blieben und durch pragmatischere ersetzt werden. So glauben wir, in diesem Abschnitt die Grundideen der Quantentheorie übersichtlich und als allen Anforderungen gewachsen präsentieren zu können. Wir meinen u.a., die Quantentheorie leiste für die Atomtheorie – nicht notwendig auch für die Hochenergietheorie – genau das von ihr Erwartete; man darf lediglich nicht ihre Anwendbarkeitsgrenzen überschreiten.

In unserer Alltagserfahrung gibt es nur objektive, mit gewisser Genauigkeit reproduzierbare Gegenstände, deren Verhalten durch die klassische Physik beschreibbar sind. Sie werden durch Eigenschaften wie Masse, Volumen, Gestalt, Impuls und kinetische Energie sowie chemische Zusammensetzung beschrieben. Man denke etwa an Bälle, Geschosse, Werkzeuge, Schmuckstücke, Bauwerke, Fahrzeuge auf dem Lande, auf oder unter Wasser, und in der Luft. Im Rahmen gewisser Spezifikationen sind sie identisch reproduzierbar und in großer Zahl herstellbar; wie z.B. Gewichte, oder Münzen. Trotzdem wissen wir (heute), dass sich je zwei ‚identische' makroskopische Objekte unterscheiden, z.B. in ihrem genauen Gewicht. Nicht immer war dieses Wissen präsent: In Lessings Ringparabel ‚Nathan der Weise' stellte ein Künstler (heimlich) zwei mit einem Original ‚identische' Ringe als (zusätzliche) Erbstücke für seine drei Söhne her. Aber heute haben wir uns daran gewöhnt, dass alle Messungen und alle Reproduktionen nur mit endlicher, angebbarer Genauigkeit ausgeführt werden können, sodass stets ein gewisses Maß an (klassischer) Unbestimmtheit oder Unschärfe in Kauf genommen werden muss. Die Zahl der elementaren Bausteine aller makroskopischen Objekte ist ganz einfach zu groß, um uneingeschränkt genaue Messwerte zu ermöglichen.

Anders in der Quantentheorie: Wir wissen heute, aufgrund unzähliger Erfahrungen und Experimente, dass kein (Makro-) Objekt unendlich teilbar ist. Seine elementaren Bausteine heißen ‚*Atome*'. Es gibt davon knapp 300 verschiedene, die am oberen Massenende (bei $\gtrsim$240 Nukleonen) zunehmend instabil sind, d.h. radioaktiv zerfallen. Vor allem aber: Je zwei Atome derselben Massenzahl sind identisch. Die strenge Ununterscheidbarkeit je zweier Atome derselben Sorte ist eng an ihr chemisches Verhalten gekoppelt, sie wird gefordert durch die *Fermi-Dirac-* oder aber *Bose-Einstein*-Statistik, der sie gehorchen, und ist hierdurch unstrittig. Die Objekte der Quantenmechanik unterscheiden sich von denjenigen der klassischen Mechanik durch ihre eindeutigen Quantenzahlen, die – jedenfalls bei beschränkter Energie – nur endlich viele verschiedene Sorten zulassen. Zu diesen verschiedenen ‚Sorten' zählen dann auch die Bausteine der Atome, ihre Kerne und (Hüll-) Elektronen – auch *Baryonen* und *Leptonen* genannt – sowie die Zerfallsprodukte der Kerne bei harten Kollisionen, allen voran die *Mesonen, Quarks* und *Gluonen,* jedoch auch (neutrale) Sonderlinge wie die *Neutrinos.* Wir kennen z.Z. nur eine endliche Anzahl verschiedener Elementarteilchen, vgl. 10.6, mit jeweils eindeutigen n-Tupeln von Quantenzahlen, entsprechend messbaren Eigenschaften wie {Masse, elektrische Ladung, Spin, magnetisches Moment, etc.}; Elementarteilchen mit gleichen Quantenzahlen sind ununterscheidbar.

Aber die Objekte der Quantenmechanik, die *Elementarteilchen*, unterscheiden sich nicht nur durch ihre Kleinheit und ihre sortenweise Ununterscheidbarkeit von denjenigen der klassischen Mechanik, sondern vor allem auch durch ihre Fähigkeit, sich gegenseitig zu überlappen und zu durchdringen und ihre Bewegungen an die Gestalt ihrer Umgebung anzupassen, so wie das Licht, d.h. wie elektromagnetische Wellen. Fliegen Elementarteilchen durch kleine Öffnungen in einer Blende, so ändern sich ihre individuellen Flugrichtungen statistisch dergestalt, dass das Auftreffmuster einer größeren Anzahl von ihnen auf einen dahinter befindlichen Bildschirm das ‚*Beugungsmuster*' der Blende zeigt, nicht etwa das klassisch projizierte Lochmuster der Blende. So kam es zu ihrer Beschreibung – eingeleitet durch Louis de Broglie in seiner Dissertation (1924), etabliert durch Erwin Schrödinger (im März 1926) und später relativistisch verallgemeinert durch Paul Dirac – mittels Wellenfunktionen, die die Teilchen-Aufenthaltswahrscheinlichkeit in Raum und Zeit angeben, wie beim Licht, lediglich mit zusätzlicher Berücksichtigung der Masse und Geschwindigkeit des jeweiligen Teilchens. Darnach besitzt ein nicht-relativistisch bewegtes Elementarteilchen der Geschwindigkeit v die De- Broglie-Wellenlänge λ_{dB} = h/mv, zu vergleichen mit der Wellenlänge $\lambda = c/\nu$ eines Photons im Vakuum, mit: $h\nu = E = mc^2$; h = Planck'sches Wirkungsquantum = $10^{-26,1787}$ erg s. Für makroskopische Objekte ist die Wellenlänge λ_{dB} winzig gegenüber ihrer räumlichen Ausdehnung, d.h., sie verliert ihre physikalische Bedeutung; für mikroskopische Objekte hingegen steuert sie ihre Bewegung in Abhängigkeit von der Beschaffenheit ihrer nahen Umgebung, in mikroskopisch-kleinen Entfernungen. Die Bewegungen der Elementarteilchen erfolgen also viel korrelierter als diejenigen klassischer Teilchen, gesteuert durch ihre kollektiven Führungswellen, die weit über ihre typische Ausdehnung hinaus ihre Dynamik beeinflussen. Hierdurch kommen u.a., bei tiefen Temperaturen, die Phänomene der Suprafluidität (Reibungsfreiheit) und der Supraleitfähigkeit (Widerstandsfreiheit) zustande.

Beim Entstehen der Quantentheorie waren die Schrödinger'schen Führungswellen $\psi(q)$ der Elementarteilchen also ein Novum in der Mechanik; sie beschreiben die wahrscheinlichen Bewegungen der Teilchen in einer vorgegebenen Umgebung, entsprechen aber nur sehr ungefähr den Wahrscheinlichkeitsdichten w(p,q) auf dem Phasenraum (der Orte q und Impulse p) eines klassischen N-Teilchen-Systems. Neu in der Quantenmechanik ist die soeben geschilderte Eigenschaft, dass sich Systeme wechselwirkender Elementarteilchen nicht einfach durch (voneinander unabhängige) Produktwellenfunktionen beschreiben lassen, sondern i.A. durch kompliziertere Vielteilchenwellenfunktionen, die das Gesamtsystem berücksichtigen; man spricht dann von ‚*Verschränkungen*' der Teilchen, (*entanglement*), die es ggf. erlauben, durch Vermessungen eines einzigen Teilchens Auskunft zu erlangen über den Zustand des gesamten verschränkten Vielteilchensystems. Solche verschränkten Teilchensysteme sind von ausschlaggebender Wichtigkeit z.B. für den Bau von *Quanten-*

Computern, von denen erwartet wird, dass sie in wenigen Jahrzehnten die bisherigen, rein klassischen Computer beim Lösen gewisser Probleme an Geschwindigkeit weit übertreffen, z.B. bei der *Primzahlzerlegung* sehr großer ganzer Zahlen [Lloyd 2005]. Von großem Interesse dürfte in diesem Zusammenhang auch die Vermutung von Vedral [2010] sein, dass Verschränkungen sogar in der (quasi-makroskopischen!) Biologie eine entscheidende Rolle spielen, trotz ihrer verhältnismäßig hohen Temperaturen ($\gtrsim$300 K), bei intrazellulären Vorgängen, z.B. bei der pflanzlichen *Fotosynthese* oder in der tierischen Eizelle, sofern bei diesen Prozessen die relevanten chemischen Reaktionen hinreichend schwach an ihre nahe Umgebung angekoppelt sind. Könnte ‚Verschränkung' sogar eine physikalische Erklärung geben, warum sich alle rund 200 verschiedenen Zelltypen im Embryo derart fehlerfrei aus dem fast homogenen Ei im Uterus einer Mutter – oder innerhalb der Kalkschale eines Vogeleis, einer Schildkröte oder eines Krokodils – heranbilden und anordnen, daß anstelle von molekularem Chaos ein neuer, lebensfähiger Mensch (oder Vogel, oder Alligator) entsteht? Wie schon oben bemerkt, widerspricht diese Umwandlung jedenfalls nicht dem Entropiesatz.

Bei dieser Gelegenheit stellt sich die Frage: Weiß man, warum die Mississippi-Alligatoren nur {weiblichen, männlichen} Nachwuchs ausbrüten, wenn die Mütter ihre Nester bei Temperaturen {$\lesssim$30°C, $\gtrsim$34°C} anlegen? Und eine zweite Frage: Wie genau wird bei der Reife eines befruchteten Eis der Bauplan der DNS eingehalten? Antwort: nicht mathematisch genau, sondern nur sinngemäß, denn eineiige Zwillinge haben unterschiedliche Daumenabdrücke!

Und wie lässt sich nun ein klassisches System mit einem ihm entsprechenden quantisierten System quantitativ *vergleichen*? Hierfür musste (während der 1920-er Jahre) erst einmal das quantenmechanische Bewegungsproblem formuliert und gelöst werden. Dies gelang zuerst Max Born und Pascual Jordan [1925] in Gestalt der quantenmechanischen ‚*Vertauschungsrelation*' $[\mathrm{P}, \mathrm{Q}] = \mathrm{I}$ für die *kanonischen Impulse* P und *verallgemeinerten Orte* Q, vgl. [Schweber 1994, Kumar 2009], entsprechend der (etwas konsequenteren) Definition

$$[\mathrm{A}, \mathrm{B}] := (\mathrm{i}/\hbar)\ (\mathrm{AB} - \mathrm{BA}) \tag{10.4}$$

für den (selbstadjungierten) ‚*Kommutator*' [A, B] aus zwei selbstadjungierten Operatoren A(P, Q) und B(P, Q), in direkter Analogie zur klassischen Poisson-Klammer $[\mathrm{a}\ , \mathrm{b}] := \sum(\mathrm{a}_p\ \mathrm{b}_q - \mathrm{a}_q\ \mathrm{b}_p)$ zweier (reeller) Phasenraumvariablen a(p,q), b(p,q), und gelang auch Werner Heisenberg (im Jahre 1927) durch die nach ihm benannte *Unschärfe-* oder *Unbestimmtheits-Relation*

$$\Delta\mathrm{A}\ \Delta\mathrm{B} \geq \sqrt{\mathrm{c}_{\mathrm{AB}}^2 + (\ \hbar/2 <[\mathrm{A}, \mathrm{B}]>)^2} \tag{10.5}$$

für die *Erwartungswerte* $<\mathrm{A}>$, $<\mathrm{B}>$ und *Unschärfen* ΔA, ΔB zweier Observablen A, B im Zustand W, definiert durch:

$$<\mathrm{A}> := \ \mathrm{Sp(WA)} \ =: \ <\mathrm{W}, \mathrm{A}> \ , \ \text{sowie:} \quad \Delta\mathrm{A} := \sqrt{<(\mathrm{A} - \ <\mathrm{A}>\mathrm{I})^2>}\ , \tag{10.6}$$

wobei die ‚Kovarianz'

$$\mathrm{c}_{\mathrm{AB}} := \frac{1}{2}\ [<(\mathrm{A} - <\mathrm{A}>\mathrm{I})(\mathrm{B} - <\mathrm{B}>\mathrm{I}) + (\mathrm{B} - <\mathrm{B}>\mathrm{I})(\mathrm{A} - <\mathrm{A}>\mathrm{I})>] \tag{10.7}$$

selbst im analog definierten klassischen Fall oft nicht verschwindet, im Unterschied zum Kommutator-Beitrag $\hbar/2 <[\mathrm{A}, \mathrm{B}]>$zur Unschärfe. Neu und maßgeblich in dieser Definition des quantenmechanischen Erwartungswertes $<\mathrm{A}>$ist die John von Neumann'sche Formulierung mithilfe eines statistischen oder *Zustandsoperators* W, den er (etwas unglücklich) „Dichtematrix" nannte, als sog. *Spur-Produkt* aus W und A. Sie steht in direkter Analogie zum (geeignet normierten) Phasenraum-Integral $<\mathrm{w}, \mathrm{a}> := \int \mathrm{h}^{-3}\ \mathrm{d}^3\mathrm{p}\ \mathrm{d}^3\mathrm{q}\ \mathrm{w(p,q)}\ \mathrm{a(p,q)}$ zweier klassischer Observablen a(p,q) und b(p,q), mit dem man klassische Erwartungswerte auf dem N-Teilchen-Phasenraum beschreibt. Für sog. ‚reine Zustände' hängt W mit der oben erwähnten Schrödinger-Welle ψ(q) zusammen über: $\mathrm{W} \simeq |\psi><\psi|$.

In beiden Fällen, klassisch wie quantisch, handelt es sich bei der Bildung von *Erwartungswerten* um Hilbert'sche Skalarprodukte, wobei allerdings ein bedeutender Unterschied zwischen den beiden Beschreibungen besteht: Die klassische Wahrscheinlichkeitsdichte $w(p,q)$ ist eine nicht-negative Funktion und auf eins normiert: $0 \leq w(p,q)$, $\langle w,1\rangle = 1$, der quantische Zustandsoperator ist positiv semi-definit mit Spur eins: $0 \leq W$, $\langle W, I\rangle = 1$, und diese beiden Eigenschaften sehen zwar bei unserer Formulierung gleichlautend aus, sind aber deutlich verschieden; wir haben es mit zwei unterschiedlichen Theorien zu tun, vgl. [Kundt 2007].

Zum besseren Verständnis: Sowohl beim Kommutator (10.4) als auch bei der (ihm entsprechenden) Poisson-Klammer handelt es sich, mathematisch gesprochen, um *Lie-Produkte*, die sich aus der modernen Physik gar nicht mehr wegdenken lassen. Und: Der soeben eingeführte Born-Jordan-Heisenberg'sche Matrix-Kalkül und der ihm historisch binnen weniger Monate gefolgte Schrödinger'sche Differenzialgleichungs-Kalkül wurden sehr bald als *gleichwertige* Beschreibungen derselben quantentheoretischen Theorie erkannt, als äquivalente Darstellungen ein und derselben *Lie-Hilbert-Algebra* der physikalischen Observablen. Die neugeborene Theorie zur Beschreibung der Mikrophysik betrat also eingangs die Bühne der Öffentlichkeit in unterschiedlichen Aufmachungen.

Mit den hier gewählten Bezeichnungen haben wir soeben erreicht, die klassische und die Quantenmechanik nahezu gleichlautend zu formulieren: In beiden Theorien bilden die Observablen algebraische Funktionen der kanonischen Variablen (Ort und Impuls), ausgestattet mit einem Hilbert'schen Skalarprodukt, das sie zu einem Hilbert'schen Vektorraum macht, und zugleich mit einem Lie-Produkt – der Poisson-Klammer bzw. dem Kommutator – das sie zu einer (unendlich-dimensionalen) Lie-Algebra macht. In beiden Theorien lautet die (nicht-relativistische) Bewegungsgleichung für die Erwartungswerte:

$$\langle A\rangle^{\cdot} = \langle W, [H, A]\rangle = \langle [W, H], A\rangle \quad , \tag{10.8}$$

im Heisenberg- bzw. Schrödinger-Bild, mit dem hochgestellten Punkt als Zeitableitung. Wie schon gesagt, handelt es sich um analoge *Lie-Hilbert-Algebren*, wobei sogar noch beide Lie-Produkte der *Leibnizschen Produktregel* gehorchen: $[AB, C] = A[B, C] + [A, C]B$. Gottfried Falk hat 1955 gezeigt, dass es über dem Polynomring der Orte und Impulse nur diese zwei Realisierungen der kanonischen Vertauschungsregeln mit Leibniz'scher Produktregel gibt, die klassische und die quantische. Auf uns machen diese Relationen einen ziemlich vertrauenerweckenden, weil eleganten und willkürfreien Eindruck.

Spätestens an dieser Stelle sollten wir uns klarmachen, dass in beiden Theorien – der klassischen, makroskopischen wie auch der quantischen, mikroskopischen – einzig Messungen mittels *makroskopischer Messanordnungen* verwendet werden bzw. verwendbar sind; weil jede Ablesung einer Messskala eine eindeutige, endgültige Zeigerstellung voraussetzt, einen ablesbaren Messwert, den es nur bei klassischen Geräten gibt. Messwerte sind objektiv. Wie schon oben gesagt, werden sie in der klassischen Mechanik für N-Teilchen-Systeme beschrieben durch eine nicht-negative Verteilungsdichte oder Wahrscheinlichkeitsfunktion $w(p,q) \geq 0$ auf dem N-Teilchen-Phasenraum, mit: $\langle w, 1\rangle = 1$, in der Quantenmechanik durch einen nicht-negativen Spur-eins-Operator $W \geq 0$ mit: $\langle W, I\rangle = 1$. In beiden Situationen fehlt uns eine genaue Kenntnis der Orte und Geschwindigkeiten *einzelner Teilchen* im System: Wir haben nur statistische Kenntnisse über sie, jedoch ausreichend, um die zeitliche Entwicklung aller interessierenden (makroskopischen) Erwartungswerte zu berechnen. Wir sehen keine zusätzliche *Unbestimmtheit*, oder Willkür, bei Experimenten an Mikro-Systemen, die wesentlich von Elementarteilchen beeinflusst werden. Wenn es solche gäbe, könnten wir nie hoffen, einen Quanten-Computer zu bauen. Die Quantentheorie gehorcht gleichermaßen strengen Gesetzen für die zeitliche Entwicklung aller *Erwartungswerte*, mit reproduzierbaren Vorhersagen; dieser Sachverhalt war in den Gründerjahren keineswegs immer evident und überschattete u.a. ein Leben lang die Freundschaft zwischen Albert Einstein und Niels Bohr.

Und wo genau befindet sich die Grenze zwischen klassischer und Quantentheorie? Gibt es ein Niemandsland zwischen den beiden? Vermutlich nicht. Vermutlich gehen die beiden Theorien stetig ineinander über. Das suggeriert u.a. die *Weyl-Wigner-Moyal-*

Abbildung zwischen ihnen, durch die der (quantenmechanische) Kommutator auf die (klassische) Moyal-Klammer (statt Poisson-Klammer) abgebildet wird: eine Potenzreihe im Operator $\hbar\partial_p\partial_q$ (angewendet auf a(p,q) b(p,q) / $\hbar$), deren Term niedrigster Ordnung die Poisson-Klammer ist, vgl. [Kundt 2007]. Das aus 60 Kohlenstoffatomen bestehende ‚Fußballmolekül' zeigt jedenfalls Beugungsfiguren bei Streuexperimenten, verhält sich also (noch) wie ein Mikroteilchen, ähnlich die Fullerene – große, nahezu kugelförmige Moleküle aus reinem Kohlenstoff, mit 5- und 6-eckiger Anordnung ihrer Atome –, desgleichen sogar (neuerdings) ein Molekül von $\approx$7-mal größerem Atomgewicht als das Fußballmolekül, während das wesentlich schwerere Myosin-Molekül (vom Molekulargewicht $\gtrsim 10^{5,7}$H) bereits der Boltzmann-Statistik gehorcht, gerade so, wie es für einen glatten Übergang erwartet wird. Das Verhältnis aus der De-Broglie-Wellenlänge λ_{dB} und dem Durchmesser d eines Teilchens, h/mvd, nimmt für Wasserstoffatome bei Zimmertemperatur Werte $\lesssim 1$ an, und skaliert wie $1/\sqrt{\mathrm{mT}}$ mit der Masse m und Temperatur T, nimmt mithin für Fußball- und Myosinmoleküle bei Zimmertemperatur Werte an von 0,03 bzw. $\lesssim$ 0,001, die (gerade noch) diesseits bzw. (gerade schon) jenseits der Mikrophysik liegen.

Bis zum heutigen Tage ist keine bessere Theorie in Sicht als die Quantentheorie zur Beschreibung der gesamten Chemie, Tieftemperaturphänomene, Magneto-Thermo-Hydrodynamik, Berechnung von Atomspektren, sowie sonstigen elektromagnetischen Eigenschaften der Materie. Und vor allem auch zur Beschreibung der Fortpflanzung in der Biophysik der Pflanzen, der Tiere, und dann auch von uns Menschen. Am anschaulichsten ist das befruchtete Straußenei, in der Wüste, vom Straußen-Weibchen in den warmen Sand gelegt, zum Bebrüten. Aus der weiß-gelben Flüssigkeit in seinem Inneren kriecht nach etlichen Tagen ein perfekt strukturiertes Straußenkind hervor, bereit, sich von seiner Mutter in ein jahrzehntelanges Straußenleben einführen zu lassen, entsprechend dem Bauplan, der dem Ei mitgegeben wurde, nach Maßgabe der DRNS, die ihm seine 2 Eltern mitgaben. Hierbei spielten sich Billiarden chemischer Reaktionen im Innern des temperaturstabilisierten, fluiden Eies ab, bei denen alle Glieder und Organe des jungen Straußen erzeugt wurden, durch zuverlässige Chemie, bei denen Wachstum, Atmung, Ernährung, Beweglichkeit des neugeborenen Lebewesens installiert wurden, quasi fehlerfrei; sogar fast identisch im Fall von (seltenen) eineiigen Zwillingen, jedoch nicht perfekt 'identisch', denn bekanntlich haben je 2 eineiige (menschliche) Zwillinge unterschiedliche Fingerabdrücke.

Solch ein biologischer Prozeß - wie die Geburt eines Kindes - ist sicherlich nicht mittels klassischer Mechanik beschreibbar. Aber vielleicht mittels quantischer Mechanik? Nach allem Vorweggesagten halten wir dies für möglich, sogar für plausibel.

Und auch die Theorie der Atomkerne, die Nuklear-Chemie, wird durch die Quantentheorie ziemlich befriedigend erfasst. Lediglich bei sehr hohen Teilchenenergien geschieht etwas, für das wir noch keine gute Theorie haben: Dann kommt es vor, dass bei Kollisionen nicht nur die Atomkerne zerstört werden, sondern sogar ihre Bausteine, die Nukleonen: Proton und Neutron. Sie werden vorübergehend zerlegt in noch elementarere Bausteine, allen voran in Quarks. Insbesondere für die genaue Vorhersage ihrer Massenspektren, aber auch ihrer Wechselwirkungen und sonstigen Eigenschaften haben wir noch keine befriedigende Theorie. Es gibt fragmentäre Theorien, wie die Quanten-Chromodynamik, mit überraschend guten Näherungsaussagen, die allerdings nur sehr mühsam herzuleiten sind, auf den größten gegenwärtigen Rechenanlagen. Sollte die Gravitation zur Beschreibung benötigt werden? Nahe den Oberflächen der Elementarteilchen sind zwar die gravischen Kräfte verschwindend klein, aber falls die Teilchen endliche Ausdehnungen haben, können Gravitationskräfte in ihrem Inneren, nahe ihrem Zentrum, theoretisch unbeschränkt groß werden. Wenn dem so ist, könnte die Allgemeine Relativitätstheorie ein weiteres Mal richtungweisend sein, oder besser ihre Verallgemeinerungsansätze von Kaluza und Klein, und die gesuchte umfassende Theorie der Elementarteilchen könnte ähnlich sein wie im vorherigen Abschnitt 10.6 angedeutet: Einsteins Vakuumfeldgleichungen auf dem Faserbündel der fundamentalen Wechselwirkungen (der elektromagnetischen, starken und schwachen Kräfte), wie von Hasselmann verfolgt. Sicherlich müssten die Prinzipien dieses Abschnitts in eine solche Theorie einfließen. Hingegen meinen wir, dass eine oft diskutierte ‚Quantengravitation' fehl am Platz wäre, die die Längen und Zeiten im Kosmos quantisieren würde: weil für solch eine Theorie gar keine messbaren Experimente existieren, um sie zu testen, nicht einmal Gedankenexperimente. Es wäre eine Theorie ohne Vorhersagen, eine Theorie jenseits von Physik.

Und wie gut verstehen wir die Propagation extrem harter Photonen über kosmische Distanzen? Hier liegen bislang nur wenige, einschränkende Beobachtungen vor.

Ob wohl Einstein mit der in diesem Abschnitt skizzierten Interpretation zufrieden wäre? Wir vermuten es. Denn wir meinen, die weitgehend äquivalente, objektive Struktur von klassischer und quantischer Beschreibung aufgezeigt zu haben, bei der die Realität des submikroskopischen Geschehens nicht angezweifelt wird. Wie sonst könnten wir mit Quanten-Computern kommunizieren, die z.B. Primzahlzerlegungen gigantischer Zahlen fehlerfrei ausführen?! Unsere Computer würfeln nicht.

LITERATUR (KAPITEL 10)

[Aldrovandi & Pereira 2013] Aldrovani, R. & Pereira, Jörg, 2013: Teleparallel gravity, Springer.

[Belinski 2006] Belinski, Vladimir A., 2006: On the existence of BH evaporation yet again, Physics Letters A 354, 249-257.

[Born & Jordan 1925] Born, Max, Jordan, Pascual, 1925: Zur Quantenmechanik, Zeitschrift für Physik 34, 858-888.

[Chiao 1996] Chiao, Raymond Y., 1996, in: *Amazing Light*, a Volume dedicated to C.H. Townes on his 80th birthday, ed. R.Y.Chiao, Springer, 191-211.

[Comay 2014] Comay, Ofer, 2014: Science or Fiction, The Phony Side of Particle Fiction.

[Crispino et al. 2008] Crispino, Luis C.B., Higushi, Atsushi, Matsas, George, E.A., 2008: 30 years of Unruh radiation, Rev. Mod. Phys. 80, 787-838.

[Fisher 2003] Fisher, Len, 2003: *Reise zum Mittelpunkt des Frühstückseis*, Campus Verlag, Frankfurt/Main, 1-290.

[Hasselmann 1998] Hasselmann, Klaus, 1998: The Metron Model: Towards a unified deterministic theory of fields & particles, in: *Understanding Physics*, ed. Arne K. Richter, Copernicus Gesellschaft e.V., Katlenburg-Lindau, F.R.G, 155-186.

[Hasselmann 2013] Hasselmann, Klaus, 2013: A classical path to unification, (improved) writeup of a talk presented at Florence in May 2012.

[Hasselmann 2021] Hasselmann, Klaus, 2021: The Science of Klaus Hasselmann, Preprint by Hans von Storch, honoured by Nobel Prize in Physics of 2021, on some 300 pages, by more than 100 authors.

[Hawking 1974] Hawking, Stephen W.,1974: Black Hole Evaporation, Nature 248, 30-31.

[Joshi 2009] Joshi, Pankaj S., 2009: Naked Singularities, Scientific American, February, 26-33.

[Joshi & Malafarina 2013] Joshi, Pankaj S., Malafarina, Daniele, 2013: Instability of black hole formations under small pressure perturbations, *Gen. Relativ. Grav.* **45**, 305-317.

[Kane 1987] Kane, Gordon L., 1987: *Modern Elementary Particles*, Addison-Wesley, Reading, MA, 1-344.

[Krotscheck & Kundt 1978] Krotscheck, Eckhart, Kundt, Wolfgang, 1978: Causality Criteria, Commun. Math. Phys. 60, 171-180.

[Kumar 2009] Kumar, Manjit, 2009: *Quantum – Einstein, Bohr, and the great debate about the nature of reality*, Icon Books, 1-448.

[Kundt 1976] Kundt, Wolfgang, 1976: Entropy Production by Black Holes, Nature 259, 30-31.

[Kundt 1984] Kundt, Wolfgang, 1984: Astrophysical Boosters, Journal of Astrophysics and Astronomy 5, 277-283.

[Kundt 1998] Kundt, Wolfgang, 1998: Understanding Physics, Arne K. Richter (Ed.), July 1998, p. 187.

[Kundt 2005] Kundt, Wolfgang, 2005: *Astrophysics, A new Approach*, Springer, 1-223.

[Kundt 2007] Kundt, Wolfgang, 2007: Fundamental Physics, Foundations of Physics Vol.17, No.9, 1317-1369.

[Landau & Lifschitz 1974] Landau, Lew D., Lifschitz, Ewgeni M., 1962-1974: *Lehrbuch der Theoretischen Physik I - VIII*, Akademie-Verlag, Berlin.

[Leblanc 2002] Leblanc, Yvan, 2002: The Quantum BH problem, eFieldTheory.com/articles/021201, 1-6.

[Leblanc 2010] Leblanc, Yvan, 2010: Quantum Black Holes: A Critical Analysis, eField Theory.COM^{TM} Series-Vol.1, 1-231.

[Lloyd, 2005] Lloyd, Seth, 2005, Science 309, 1704-1707.

[Quevedo 2011] Quevedo, Hernando, 2011: Multipolar Solutions, in: *COSMOLOGY AND GRAVITATION*, XIVth Brazilian School of Cosmology and Gravitation, eds. M. Novello & S.E.P. Bergliaffa, Cambridge Scientific Publishers, 83.97.

[Schweber 1994] Schweber, Silvan S., 1994: *QED and the Men Who Made it: Dyson, Feynman, Schwinger, and Tomonaga*, Princeton University Press, 1-732, in particular p.5.

[Singal 2011] Singal, Ashok K., 2011: An ab initio derivation of the electromagnetic fields of a point charge in arbitrary motion, *Am. J. Phys.* Vol 79, Issue 10, 1036-1051; see: arXiv:astro-ph/1101.4716v2 ; see also GRG 29, 1371, 1997.

[Smolin 2006] Smolin, Lee, 2006: *The Trouble with Physics*, Penguin Books, 1-392.

[Unzicker 2010] Unzicker, Alexander, 2010: *Vom Urknall zum Durchknall*, Springer, 1-330.

[Unzicker 2012] Unzicker, Alexander, 2012: *Auf dem Holzweg durchs Universum*, Hanser, 1-304.

[Vedral 2010] Vedral, Vlatko, 2010: Hot entanglement, Nature 468, 769-770.

[Walker 1977] Walker, Jearl, 1977: *The Flying Circus of Physics, with Answers*, John Wiley & Sons, 1-295.

[Will 1993] Will, Clifford M., 1993: *Theory and Experiment in Gravitational Physics*, Cambridge Univ. Press, (Erstauflage 1981).

Abbildungsnachweis

1 Titel	NASA, ISS042E340851 (03.09.2015)
1.1.1	Engdahl, E.R., Villaseñor, Global Seismicity: 1900-1999, in: W.H.K. Lee, H. Kanamori, P.C. Jennings & C. Kisslinger (editors), *International Handbook of Earthquake and Engineering Seismology*, A, Kap. 41, S. 665-690, Acadmic Press (2002)
1.1.2	eigene Abbildung
1.1.3	eigene Abbildung
1.1.4	eigene Abbildung
1.1.5	Kundt, W., Jessner, A., *Journal of Geophysics* 60, 33-40 (1986)
1.1.6a,b	*Der Planet Erde*, VULKANE, Time-Life Bücher, Amsterdam, S. 132 und 81 (1982)
1.2.1	Plotts, W., *Isogeotherm, or Monist Theory of Stratified Mineral Occurrence and Origin*, Olinda, California, 1-55 (1940)
1.3.1a	Frederichs, T., Wikipedia (http://de.wikipedia.org/w/ index.php?title=Datei:Magnet_Erde2n2.gif&filetimestamp=20070214183707&)
1.3.1b	Meyer, J., *Geowissen in unserer Zeit* 5, 164 (1986)
1.4.1	Schwämmle, V. & Herrmann, H., *Nature* 426, 619-620 (2003)
1.5.1	eigene Abbildung
1.6.1	Rosenbauer, H., et al. (5 Autoren), *J. Geophys. Res.* 80, 2723-2737 (1975)
1.6.2	Lambeck, K., *The Earth's variable rotation: Geophysical causes and consequences*, Cambridge Univ. Press, Abb. 1.2 (1980)
1.7.1	eigene Abbildung
1.8.1	Danish National Space Center (2005)
1.8.2	Stolzenburg, M., et al., *J. Geophys. Res.* 103, D12 (1998)
1.9.1	Martínez-Frías, J., Huertas, A.D., *AMBIO* 35(6), 314-316 (2006)
1.10.1	Frank, L.A., Huyghe, P., *The Big Splash*, Birch Lane Press (1990)
1.11.1	Serra, R., Cecchini,S., Galli, M., Longo, G., *Planet. & Sp. Sci.* 42, 777-783 (1994)

1.11.2	eigene Abbildung
1.11.3	Ol'khovatov, A. (2001)
1.12.1	Cook, A.H., *Interiors of the Planets*, Cambridge Planetary Science Series, Cambridge, 1-348 (1980)
1.14.1	Kundt, W., Marggraf, O.
2 Titel	NASA/JPL-Caltech/SwRI/MSSS, pia25015.jpg
2.1.1	Flowers, E., Ruderman, M., *Astrophys. Journal* 215, 302-310 (1977)
2.2.1	Kundt, W., in: *The Cosmic Dynamo*, IAU Symp. 157, eds. F. Krause, K.-H. Rädler, & G. Rüdiger, Kluwer, 77-82 (1993, 2005); Kundt, W., *Astrophysics, A new Approach*, Springer, 1-223 (2005)
2.4.1	NASA/GSFC/Arizona State University (2012)
2.6.1	Kundt, W., 1977, *Astronomy & Astrophysics* 60, 85-91 (1977)
2.9.1	Jobse, K., Jenniskens, P., NASA Ames Research Center, Lunar and Planetary Institute (2012)
2.10.1	Kundt, W. & Lüttgens, G. (1998)
2.11.1	McComas, D.J., *Geophysical Research Letters* (1998)
2.13.1	NASA (2012)
3 Titel	Marco Lorenzi, m45_lorenzi_3832.jpg (bearbeitet)
3.1.1	Kundt, W., *Astrophysics, A new Approach*, Springer, 1-223 (2005)
3.1.2	eigene Abbildung
3.3.1	Goodall, P.T., Alouani-Bibi, F., Blundell, K.M., *Monthly Not. Royal Ast. Soc.* 414, 2838-2859 (2011)
3.3.2a	Blundell, K.M., Mioduszewski, A.J., Muxlow, T.W.B., Podsiadlowski, P., Rupen, M.P., *ApJ* 562, L79-L82 (2001)
3.3.2b	Kundt, W., *Astroph. & Sp. Sci.* 134, L407-414 (1987)
3.4.1	Kundt, W., *Astrophysics, A new Approach*, Springer, 1-223 (2005)
3.4.2	Röntgen: Corcoran, M., et al, NASA/CXC/GSFC (2003); Optisch: Smith,, N., Morse, J.A., et al, NASA/STScI (2008); vgl. Kundt, W., Hillemanns, C., *Chinese Journal of Astronomy and Astrophysics* 3, Supplem., 349-360 (2003), auch: `arXiv:astro-ph/0312306v2`
3.5.1	Kundt, W., *Physik in unserer Zeit* 6 (1973)
3.6.1	Vogt, N., *Sterne und Weltraum, 3, 6, 8-9, 12*, zusammen 20 Seiten (1983)
3.9.1	Weaver, H., *Highlights of Astronomy* 3, 509-532 (1974)
4 Titel	NASA, ESA, G. Dubner (IAFE, CONICET-University of Buenos Aires) et al.; A. Loll et al.; T. Temim et al.; F. Seward et al.; VLA/NRAO/AUI/NSF; Chandra/CXC; Spitzer/JPL-Caltech; XMM-Newton/ESA; and Hubble/STScI
4.1.1	Chang, H.-K., *Astron. & Astrophys.* 301, 456-462 (1995)
4.1.2	Keane, E.F., Kramer, M., et al (5 Autoren), *MNRAS* 415, 3065-3080 (2011)
4.2.1	eigene Abbildung
4.3.1	Kundt, W., *Fundamentals of Cosmic Physics* 20, 1-119 (1998)
4.3.2a-d	Kundt, W., *Fundamentals of Cosmic Physics* 20, 1-119 (1998)
4.4.1	eigene Abbildung
4.8.1	eigene Abbildung
5 Titel	NASA, ESA, J. Hester, A. Loll (ASU)
5.1.1	Hwang, U., et al, NASA/CXC/GSFC (2012)
5.1.2	Kundt, W., Yar, A., *Astroph. & Sp. Sc* 254, 1-12 (1997)
5.1.3a,b	ESO (2001)
5.1.4a,b	NASA/ESA/J. Hester (2005)
5.2.1	Trimble, V., Doktor-Arbeit, Caltech (1968)
5.2.2	Wang, L., Wampler, E.J., *Astron. & Astrophys.* 262, L9-L12 (1992)
5.3.1a-e	Kundt, W., *Fundamentals of Cosmic Physics* 20, 1-119 (1998); Kundt, W., in: *Understanding Physics*, ed. A.K. Richter, Copernicus Gesellschaft, Katlenburg-Lindau, 187-240 (1998)

5.4.1	Chincarini, G., et al. (14 Autoren), *The Messenger* 123, 54-58 (2006)
5.4.2	Kundt, W., *MemSAI* 81, N.1, 449-459 (2010)
5.4.3	eigene Abbildung
5.6.1	Kundt, W., *MemSAI* 83, 38-44 (2012)
5.6.2	Kundt, W., *MemSAI* 83, 38-44 (2012)
6 Titel	NASA, ESA, and D. Jones (University of California – Santa Cruz); Processing: Gladys Kober (NASA/Catholic University of America)
6.1.1	NASA/GSFC (2012)
6.1.2	Kundt, W., *Astroph. & Sp. Sci.* 172, 109-134 (1990)
6.2.1	Kundt, W., Müller, P., *Astroph. & Sp. Sci.* 136, 281-287 (1987)
6.2.2a,b	Kundt, W., *Astroph. & Sp. Sci.* 172, 109-134 (1990)
6.2.3	Baganoff, F.K. (2003)
6.2.4	Kundt, W., *AIP Conf. Proc.* 1132, eds. M. Novello & S.E. Perez Bergliaffa, Melville, New York, 288-302 (2009)
6.2.5	Kundt, W., *Astroph. & Sp. Sci.* 129, 195-201 (1987)
6.4.1	Sofue, Y., Vogler, A., *Astron. & Astrophys.* 370, 53-64 (2001)
7 Titel	ESA/Hubble/NASA, B. Reipurth, B. Nisin
7.1.1a	sichtbar: NOAO/CTIO Radio: NRAO/VLA, beobachtet von: J.O. Burns & D. Clarke (2012)
7.1.1b	NRAO/AUI, beob. von: C. O'Dea & F. Owen (2012)
7.1.1c	NASA/ESA, beob. von: S. Baum & C. O'Dea, NRAO/AUI/NSF, beob. von: R. Perley & W. Cotton und vom Hubble Heritage Team NASA/STScI/AURA (2012)
7.1.1d	Hardcastle, M. (1995)
7.1.1e	Hardcastle, M. (1995)
7.1.2a,b	eigene Abbildung
7.1.3a-c	Kundt, W., *Astrophysics, A new Approach*, Springer, 1-223 (2005)
7.1.3d	Reipurth, B., et al. (5 Autoren), *Astrophys. Journal* 123, 362-381 (2002)
7.1.4	ESO/FORS2 (1999)
7.2.1	NASA/OXC/HST/ASU, beob. von: J. Hester et al. (2002)
7.3.1a	Goodall, P.T., Alouani-Bibi, F., Blundell, K.M., *Monthly Not. Royal Ast. Soc.* 414, 2838-2859 (2011)
7.3.1b	Kundt, W., *Comments on Astrophys.* 15, 255-277 (1991)
7.3.2	Soria, R., et al. (5 Autoren), *MNRAS* 409, 541-553 (2010)
7.4.1	Bahcall, J., et al. (8 Autoren), *Astrophys. Journal* 452, L91-93 (1995)
7.4.2	Carlotta Pittori (AGILE)
7.4.3a-g	Balick, B., Frank, A., *Ann. Rev. Astron. & Astrophys.* 40, 439-486 (2002)
7.4.4	NRAO/AUI, R. Perley, C. Carilli, J. Dreher, *Astrophys. Journal* 285, L35-38 (1984)
7.4.5	NASA/DOE/Fermi LAT Collaboration, Capella Observatory, und: I. Feain, T. Cornwell, R. Ekers (CSIRO/ATNF), R. Morganti (ASTRON) und N. Junkes (MPIfR)
7.4.6	NRAO/AUI und F. Owen, J. Biretta & J. Eilek (2012)
7.5.1	López-Corredoira, M., Gutiérrez, C.M., *Astron. & Astrophys.* 390, L15-L18 (2002), 421, 407-423 (2004)
7.6.1	eigene Abbildung
7.6.2	eigene Abbildung
7.6.3	eigene Abbildung
8 Titel	NASA/CXC/SAO/Sejong Univ./Hur et al; Optical: NASA/STScI
8.1.1	SDSS DR3, Vestergaard, M., Fan, X., Tremonti, C.A., Osmer, P.S., Richards, G.T., *Astrophys. Journal* 674, L1 (2008)
8.3.1	Kundt, W., *AIP Conf. Proc.* 1132, eds. M. Novello & S.E. Perez Bergliaffa, Melville, New York, 288-302 (2009)
8.4.1	Kundt, W., *Astrophysics, A new Approach*, Springer, 1-223 (2005)
8.4.2	Womble et al. (1996)

8.4.3	Malin, D.F. & Carter, D., *Nature* 285, 643-645 (1980)
8.4.4	Kundt & Krause, *Astron. & Astrophys.* 142, 150-156 (1985)
8.4.5	2dfGRS (2003)
9 Titel	pixabay, Public Domain Pictures, dna-163466_960_720.webp
9.1.1	Henderson, *Nature* 490, 348 (2012)
9.1.2	eigene Abbildung
9.1.3	Nultsch, W., *Allgemeine Botanik*, Thieme, 1-560 (1991)
9.2.1	Kundt, W. & Gruber, E., arXiv:q-bio/0603019 (2004)
9.2.2	Olesen, P.& Robards, A.W., *NATO ASI H* 46, Ed. Robards et al. (5 Autoren), Springer, 145-170 (1990)
9.3.1	Nultsch, W., *Allgemeine Botanik*, Thieme, 1-560 (1991)
9.4.1	Camera Technica (2011)
9.5.1	Robert, D., Miles, R.N., Hoy, R.R., *J. Comp. Physiol. A* 179, 29-44 (1996)
9.6.1	Kundt, W., *Understanding Physics*, Ed. A.K. Richter, Copernicus Ges. e.V., Katlenburg-Lindau, S. 226-227 (1998); auch: *astro-ph/9810059*
9.7.1	Dröscher, V.B., *Magie der Sinne im Tierreich*, dtv, S. 224-225 (1975/1991)
9.7.2	Dröscher, V.B., *Magie der Sinne im Tierreich*, dtv, S. 261 (1975/1991)
9.8.1	Biewener, A.A. & Baudinette, V., *The Journal of Experimental Biology* 198, 1829-1841 (1995)
9.9.1	Güntürkün, O., *Spektrum der Wissenschaft* 11, 132 (2008)
9.10.1	Courtillot V. & Gaudemer Y., *Nature* 381, 146 (1996)
9.11.1	Layzer, D., *Cosmogenesis*, Oxford University Press, 1-322 (1990)
10 Titel	pixabay, Public Domain Pictures, geralt, physics-3871216_960_720.jpg
10.4.1	Gallo, E., Fender, R., et al. (7 Autoren), *Nature* 43, 819 (2005)
10.5.1a,b	eigene Abbildung

Stichwortverzeichnis